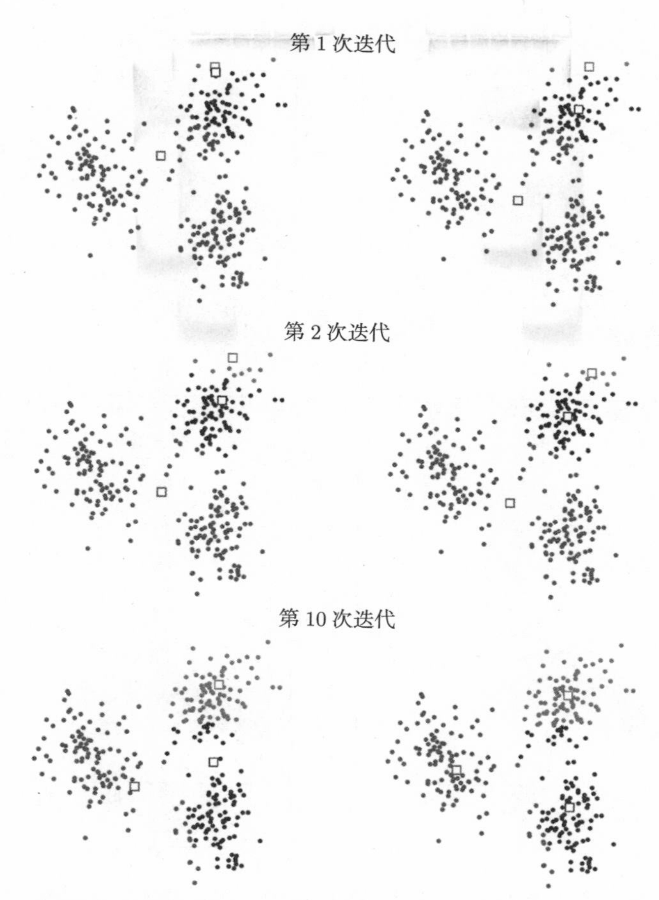

图 4-3　k-means 算法的三次迭代. 簇代表向量用方块表示. 在每一行，左图给出了向量分为 3 个簇的结果（算法 4.1 的第 1 步）. 右图给出了代表向量更新后的结果（算法的第 2 步）

图 4-4　聚类结果

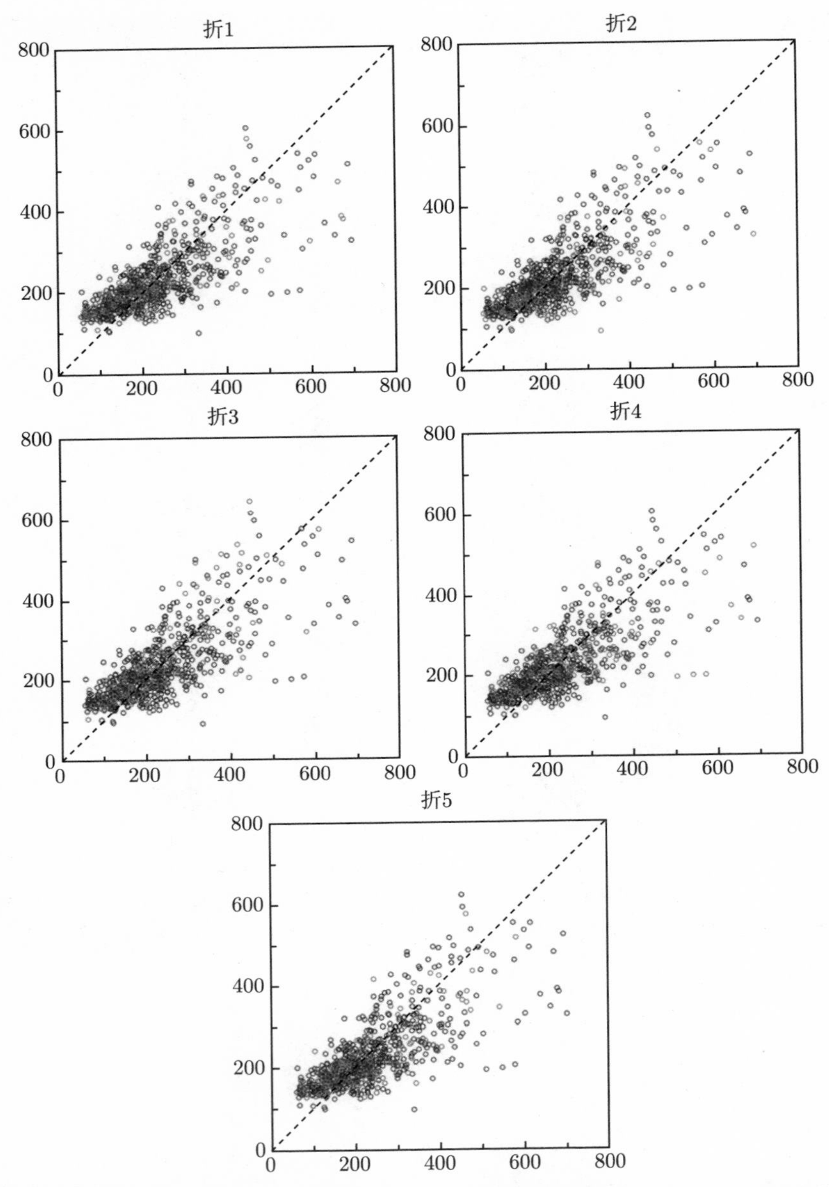

图 13-12 真实价格和表 13-1 中回归模型得到的预测价格的散点图. 横轴为真实的销售价格，纵轴为预测的价格，单位均为千美元. 蓝色的圆圈为训练集中的样本，红色的圆圈为测试集中的样本

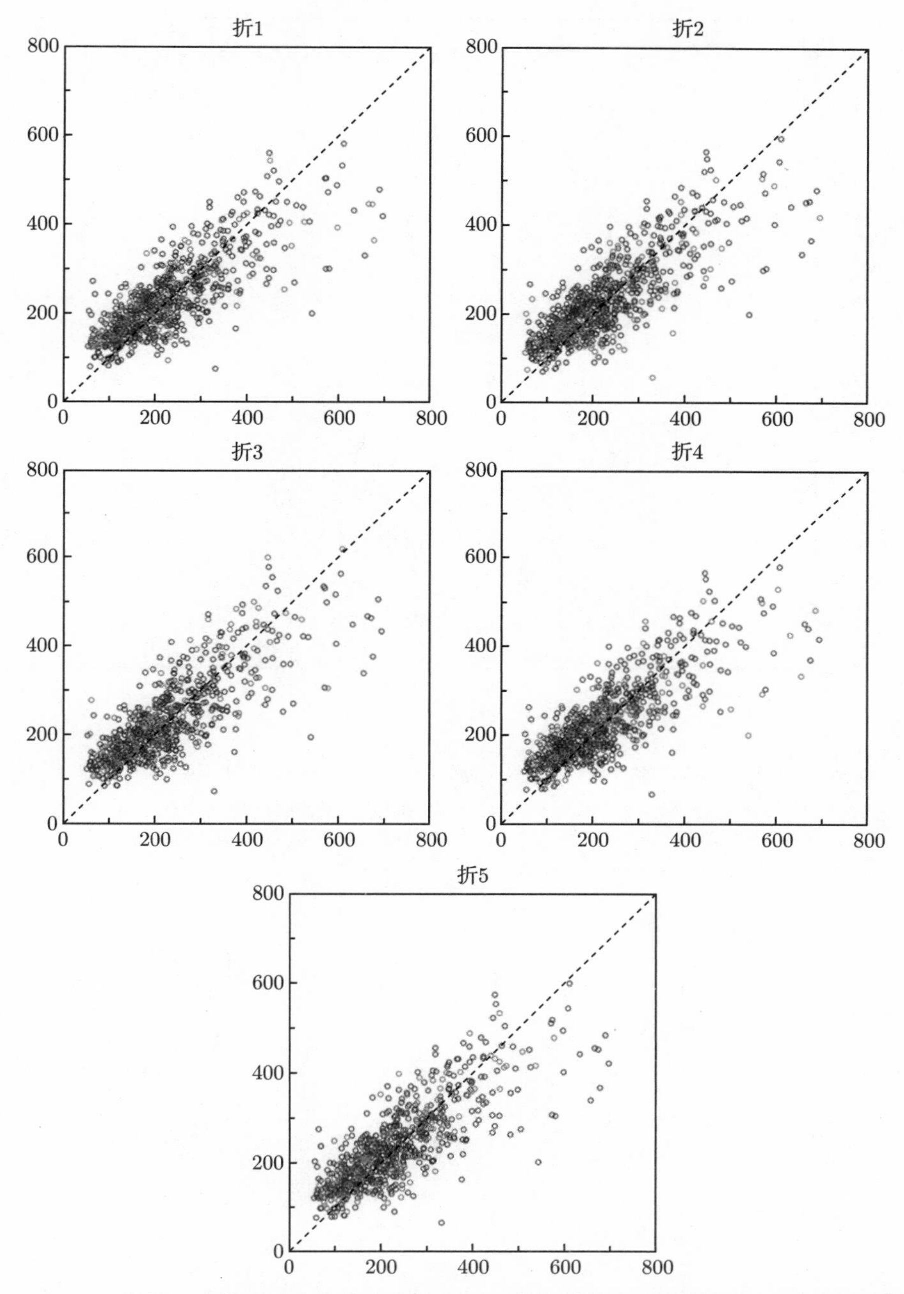

图 13-16　表 13-5 中的五个模型对应的真实价格和预测价格的散点图. 横轴为真实的销售价格，纵轴为预测的价格，单位均为千美元. 蓝色圆圈表示训练集中的样本，红色圆圈表示测试集中的样本

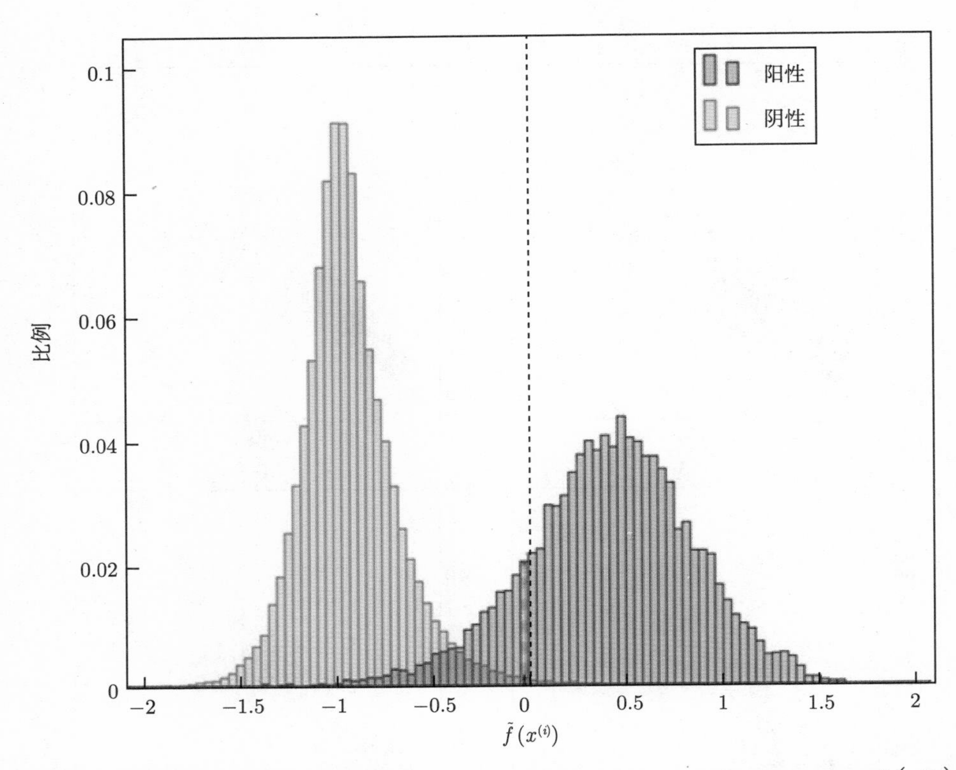

图 14-2　对所有训练集中的元素 $x^{(i)}$，(14.1) 给出识别数字 0 的布尔型分类器对应的 $\tilde{f}\left(x^{(i)}\right)$ 的分布. 红色条形对应于 -1 类（即数字 $1\sim9$）中的数字；蓝色条形对应于 $+1$ 类（即数字 0）中的数字

Introduction to Applied Linear Algebra

Vectors, Matrices, and Least Squares

应用线性代数

向量、矩阵及最小二乘

[美] 斯蒂芬·博伊德 (Stephen Boyd) 利芬·范登伯格 (Lieven Vandenberghe) 著

张文博 张丽静 译

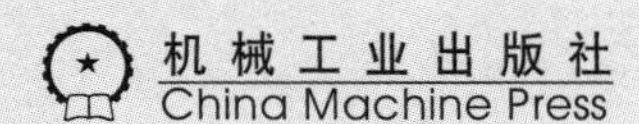

图书在版编目（CIP）数据

应用线性代数：向量、矩阵及最小二乘 /（美）斯蒂芬·博伊德（Stephen Boyd），（美）利芬·范登伯格（Lieven Vandenberghe）著；张文博，张丽静译．—北京：机械工业出版社，2020.8（2021.10 重印）
（华章数学译丛）
书名原文：Introduction to Applied Linear Algebra: Vectors, Matrices, and Least Squares

ISBN 978-7-111-66276-1

I. 应…　II. ①斯…　②利…　③张…　④张…　III. 线性代数　IV. O151

中国版本图书馆 CIP 数据核字（2020）第 144722 号

本书版权登记号：图字　01-2019-7977

本书以直观解释与丰富的实例相结合的方式创新性地讲解线性代数，涵盖工程应用所需的线性代数知识，如向量、矩阵和最小二乘等，并给出数据科学、机器学习和人工智能、信号和图像处理、层析成像、导航、控制和金融等领域的例子．通过大量的实践练习，学生可以测试自己的理解能力，并将学到的知识用于解决现实世界的问题．

本书仅需熟悉基本的数学符号和微积分，无须了解概率和统计知识，特别适合大学本科生学习，同时适合对计算机科学和数据科学研究领域感兴趣的读者参考．

出版发行：机械工业出版社（北京市西城区百万庄大街 22 号　邮政编码：100037）

责任编辑：柯敬贤　　责任校对：李秋荣

印　刷：大厂回族自治县益利印刷有限公司　　版　次：2021 年 10 月第 1 版第 2 次印刷

开　本：186mm×240mm　1/16　　印　张：26.25（含 0.25 印张彩插）

书　号：ISBN 978-7-111-66276-1　　定　价：139.00 元

客服电话：（010）88361066　88379833　68326294　　投稿热线：（010）88379604

华章网站：www.hzbook.com　　读者信箱：hzjsj@hzbook.com

译 者 序

线性代数是一门讲授大量科学研究及工程应用需要的知识的课程. 通常，线性代数课程包括以下内容：线性方程组、向量、矩阵、向量空间、线性变换及与这些基本概念相关的运算、性质和方法. 这些内容是人们在生产、生活及探索世界的过程中，对大量具体的经验不断解读、淬炼、凝聚、升华后，历经几千年才逐渐形成的. 不论其具体的表现形式如何，也不论人们如何对其中的内容进行解读，这些基本的概念之间仍然保持着内在联系，浑然一体. 对于代数精妙理论的理解，也许需要读者对其中的内容细细品味. 因为它的精妙不仅仅在于对具体概念的表述，还根植于概念之间的联系和对概念的解读. 而这可不是仅仅通过一本书籍就能够深刻体会的.

本书站在一个更加侧重应用的角度对线性代数基本知识进行解读. 全文通过对最小二乘思想的阐述及实现，重新组织了线性代数理论体系包含的基本概念. 最小二乘的朴素思想被广泛应用于科学研究和工程实践中. 因此，有理由相信，本书不论是对刚刚入门的新手，还是对深入科学研究和工程实践的专家学者都会有所帮助.

书中给出了很多非常具体的例子. 一方面，通过对这些实际例子的解读，一些较为一般的、抽象的代数概念能够得到比较具体的说明，这对理解这些概念是非常有帮助的；另一方面，通过对具体实例中一般性原理的总结和归纳，也使具体问题得以抽象，并有可能被推广到更为广阔的应用领域中去.

除了对这些例子的理论阐述外，本书作者还设计了不少计算机程序练习，以增强读者对代数基本知识的理解；同时，这些练习也能帮助读者理解抽象代数知识是如何应用于具体实践问题的. 通过完成这些计算机练习，读者应能体会到，代数知识实际上并不都是抽象的，它也可能是十分具体的，其严密的逻辑性保证了多数使用代数方法刻画的问题都有可能轻易地使用计算机程序解决.

虽然本书的结构与传统的代数学教程有着较大的区别，但其内容覆盖了大学本科应当掌握的线性代数相关基本知识，适合大学本科学生学习. 特别地，那些对计算机科学或数据科学研究领域感兴趣的读者，可能更容易对本书中的内容产生共鸣.

本书的翻译得到了我们的学生朱鼎成、王玉想、叶锦梅和岳子贤的帮助，在此对他们表示感谢. 机械工业出版社华章公司的编辑王春华女士，对本书译稿的整理工作提供了非常大的帮助，为本书的顺利出版做出了贡献，在此也对她表示感谢. 此外，在本书的翻译过程中，我的同事、朋友也对译稿给出了很多非常有益的建议，在此一并对他们表示感谢.

译者在尽力保证忠实于原文的基础上，对译稿进行了一些微小调整，以增强可读性. 由于水平有限，译文可能还会存在各种错误，恳请读者在发现错误后及时与译者联系（zhangwb@bupt.edu.cn），以期提高本书的质量，谢谢大家!

译者

2020 年 3 月于北京

前　言

本书介绍向量、矩阵与最小二乘法，它们是应用线性代数的基本主题. 本书的目标是让有很少或根本没有接触过线性代数知识的学生打下相关基本思想的良好基础，同时也让他们体会这些思想是如何在很多应用问题中使用的，这些应用问题包括数据拟合、机器学习和人工智能、层析成像、导航技术、图像处理、金融及自动控制系统.

对读者的基本要求是熟悉基本的数学记号. 微积分仅在很少的地方用到，它不是至关重要的，也不是必需的. 尽管本书涵盖了传统意义上概率和统计课程中的部分内容，例如根据数据拟合数学模型，但并不需要概率和统计的知识或背景.

相比传统的应用线性代数教材，本书涉及的数学知识很少：只使用了线性代数的一个理论知识（线性无关）和一个计算工具（QR 分解）；书中对多数应用问题的结论仅依赖于最小二乘这一种方法（或者该方法的某些推广）. 虽然本书的目标是用极少的数学基本思想、概念和方法处理大量的应用问题，但经过对每一个数学结论的仔细调整，本书给出的数学知识仍是完整的. 与多数介绍线性代数的教材不同，本书给出了大量的应用，包括通常被认为比较高级的主题，如文档分类、控制、状态估计和投资组合优化.

本书在学习时不需要任何计算机编程的知识，可被用作常规教材，即通过阅读章节的内容并完成不需要数值计算的练习来学习. 但这样的学习方法无法让学生体会到线性代数基本思想的广泛应用：本书中描述的思想和方法可以解决很多实践问题，比如从数据中构造一个预测模型、增强图像或进行投资组合的优化. 随着计算机计算能力的增长，以及高级计算机语言及支持向量与矩阵计算的软件包的开发，本书中给出的方法非常容易用在真实的应用问题中. 因此，希望使用本书的每个学生能够完成计算机编程练习（包括那些使用真实数据的）进行补充学习. 本书包括了一些需要计算的练习. 此外，相关的数据文件和特定语言资源可通过在线的方式获取.

如果你通读本书，完成部分练习和计算机练习以实现或使用书中的思想和方法，将会受益颇多. 虽然要学习的还有很多，但你会看到现代数据科学和其他应用领域背后的许多基本思想. 希望你能拥有足够的能力将这些方法应用于实践.

本书分为三部分. 第一部分介绍向量及各种向量运算和函数（例如加法、内积、距离及夹角），描述在应用问题中如何使用向量表示文档的单词计数、时间序列、患者的特点、商品的销售、音轨、图像或投资组合. 第二部分对矩阵做了类似的介绍，最后介绍矩阵的逆和求解线性方程组的方法. 第三部分介绍最小二乘法，它是结果，至少从应用的角度看是这样的. 本书展示了近似求解一组超定方程的简单而又自然的思想，以及该基本思想的一些推广，使其可被用于求解很多应用问题.

全书的内容需要 15 周（一个学期）的课程来讲授；10 周（半学期）的课程可以讲授大部分的材料，一些应用和最后两章关于非线性最小二乘的部分可以跳过. 本书也可用于学生自学，其辅助材料可通过互联网获得. 从课程设计的角度来说，对第一部分和第二部分中的很多细节和简单例子，以及第三部分中更高级的例子和应用，课程的节奏可以稍稍加快一些. 对有很少或完全没有线性代数基础的学生来说，可以集中学习第一部分和第二部分，并涉及第三部分少量更为高级的应用. 对于更高级的应用线性代数课程，可将第一部分和第二部分作为复习内容快速完成，然后将重点放在第三部分的应用以及一些附加的主题上.

我们在此对很多同事、教务人员和学生表示深深的感谢，他们在本书的撰写过程中就本书及课程相关的问题给出了大量有益的建议，并进行了充分的讨论. 特别感谢同事 Trevor Hastie、Rob Tibshirani、Sanjay Lall 和 Nick Boyd 与我们一起讨论了关于数据拟合及分类的问题；感谢斯坦福大学的本科生 Jenny Hong、Ahmed Bou-Rabee、Keegan Go、David Zeng 和 Jaehyun Park，他们帮助编写了课程 EE103 的讲义. 感谢 David Tse、Alex Lemon、Neal Parikh 和 Julie Lancashire 认真阅读了本书的草稿并给出了很多好的建议.

斯蒂芬 · 博伊德

于加州斯坦福

利芬 · 范登伯格

于加州洛杉矶

目　录

第三部分 最小二乘法

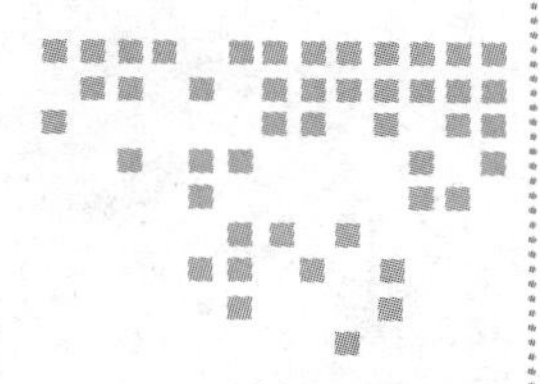

第一部分 *Part 1*

向　　量

第1章　向　　量

本章介绍向量及其常用运算, 同时对向量运算的复杂度进行描述.

1.1　定义

向量为一个有序的有限长度数字列表. 向量通常被写为用方括号或圆括号括起的竖排数组，例如：

$$\begin{bmatrix} -1.1 \\ 0.0 \\ 3.6 \\ -7.2 \end{bmatrix} \text{或} \begin{pmatrix} -1.1 \\ 0.0 \\ 3.6 \\ -7.2 \end{pmatrix}$$

它们也可被写为一组由圆括号括起并用逗号分隔的数的形式. 使用这种记号时，前述向量可写为

$$(-1.1, 0.0, 3.6, -7.2)$$

一个向量的**元素**（或**元**、**系数**、**分量**）为数组中的值. 向量的**大小**（也称为**维数**或**长度**）为向量包含的元素的个数. 例如，前述向量的大小为 4，其第三个元素为 3.6. 一个大小为 n 的向量称为 n **向量**. 一个 1 向量可被看作与一个数一样，即不区分 1 向量 [1.3] 和数 1.3.

向量通常使用符号进行表示. 若用符号 a 表示一个 n 向量，则向量 a 的第 i 个元素记为 a_i，其中下标 i 为一个从 1 到 n 的整数索引，n 为向量的大小.

若两个向量 a 和 b 的大小相同，且每个对应位置的元素都相同，则称它们是**相等**的，记为 $a = b$. 若 a 和 b 为 n 向量，则 $a = b$ 意味着 $a_1 = b_1$，$\cdots$，$a_n = b_n$.

1 ~ 3

一个向量中的数字或元素取值称为**标量**. 本书将主要考虑在很多应用问题中遇到的情形，这些应用中标量都是实数. 此时，向量称为**实向量**. （有时，其他类型的标量也会出现，例如复数，此时称向量为**复向量**.）所有实数的集合记为 $\mathbb{R}$，所有实 n 向量的集合记为 $\mathbb{R}^n$，因此 $a \in \mathbb{R}^n$ 表示 a 是集合 $\mathbb{R}^n$ 中的一个元素，参见附录 A.

分块或堆叠向量　有时将两个或更多向量**级联**起来或**堆叠**在一起是十分有用的，例如

$$a = \begin{bmatrix} b \\ c \\ d \end{bmatrix}$$

其中 a，b，c 和 d 为向量. 若 b 为一个 m 向量，c 为一个 n 向量，且 d 为一个 p 向量，则上式定义了一个（$m+n+p$）向量

$$a=(b_1,b_2,\cdots,b_m,c_1,c_2,\cdots,c_n,d_1,d_2,\cdots,d_p)$$

堆叠向量 a 也可写为 $a=(b,c,d)$.

堆叠向量可以包含标量（数）. 例如，若 a 为一个 3 向量，则 $(1,a)$ 为一个 4 向量 $(1,a_1,a_2,a_3)$.

子向量 在上述的方程中，称 b，c 和 d 为**子向量**或 a 的**切片**，其大小分别为 m，n 和 p. **冒号记号**通常用于表示子向量. 若 a 为一个向量，则 $a_{r:s}$ 是大小为 $s-r+1$ 的向量，其元素为 a_r，$\cdots$，a_s：

$$a_{r:s}=(a_r,\cdots,a_s)$$

下标 $r:s$ 称为**索引范围**. 因此，在前例中有

$$b=a_{1:m},\quad c=a_{(m+1):(m+n)},\quad d=a_{(m+n+1):(m+n+p)}$$

作为一个更具体的例子，若 z 为一个 4 向量 $(1,-1,2,0)$，切片 $z_{2:3}$ 为 $z_{2:3}=(-1,2)$. 冒号这个记号并不是完全标准的，但它正变得越来越普及.

传统记号 很多作者都试图使用记号帮助读者区分向量与标量（数）. 例如，希腊字母（α，β，$\cdots$）可能用于表示数，小写字母（a，x，f，$\cdots$）则用于表示向量. 其他的传统记号包括用黑体来表示向量（$\mathbf{g}$），或者在字母的上面加上一个箭头来表示向量（$\vec{a}$）. 这些传统记号都不是标准的，因此，无论作者的符号规则（如果存在的话）是什么，读者都有必要总是能够指出对象是什么（即标量或向量）.

4

索引 在考虑下标索引记号 a_i 之前，需要给出一系列的警示. 第一个警示是关于索引范围的. 在很多计算机语言中，长度为 n 的数组被索引的范围是从 $i=0$ 到 $i=n-1$. 但在标准的数学记号中，n 向量则被索引为从 $i=1$ 到 $i=n$，故本书中向量将被索引为从 $i=1$ 到 $i=n$.

下一个警示是有关记号 a_i 在表示向量 a 的第 i 个分量时存在的歧义. 相同的记号有时会表示一个由 k 个向量 a_1，$\cdots$，a_k 构成的向量集合或向量列表中第 i 个向量. a_3 指的是一个向量 a 的第三个元素（此时 a_3 为一个数），还是向量列表中的第三个向量（此时 a_3 为一个向量）应能结合内容清楚地区分出来. 当需要引用一个索引向量集合中的向量的元素时，可以用记号 $(a_i)_j$ 表示向量列表中的第 i 个向量 a_i 的第 j 个元素.

零向量 一个**零向量**是所有元素都为零的向量. 有时，大小为 n 的零向量被写为 0_n，其中的下标表示向量的大小. 但通常，零向量就仅仅记为 0，同样的记号也用于表示数 0. 此时，读者必须从上下文中找出零向量的大小. 一个简单的例子是，若 a 是一个 9 向量，且已知 $a=0$，则右侧的 0 向量的大小必然为 9.

尽管不同大小的零向量是不同的向量，但仍用相同的记号 0 来表示它们. 在计算机编程中，这称作**重载**：符号 0 需要重载，因为依赖于上下文（例如，它在什么方程中出现），它可能意味着不同的内容.

单位向量　一个（标准的）**单位向量**是除了一个等于一的元素外，其他元素都是零的向量.（大小为 n 的）第 i 个单位向量是第 i 个元素为一的单位向量，记为 e_i. 例如，向量

$$e_1 = \begin{bmatrix} 1 \\ 0 \\ 0 \end{bmatrix}, \quad e_2 = \begin{bmatrix} 0 \\ 1 \\ 0 \end{bmatrix}, \quad e_3 = \begin{bmatrix} 0 \\ 0 \\ 1 \end{bmatrix}$$

是三个大小为 3 的单位向量. 单位向量的记号就是前述记号歧义的一个例子. 此处，e_i 为第 i 个单位向量，而不是向量 e 的第 i 个元素. 因此，第 i 个单位 n 向量 e_i 可表示为

$$(e_i)_j = \begin{cases} 1 & j = i \\ 0 & j \neq i \end{cases}$$

其中，i，$j = 1$，$\cdots$，n. 上式中左侧的 e_i 为一个 n 向量；$(e_i)_j$ 是一个数，是第 j 个元素. 和零向量一样，e_i 的大小通常也是由上下文决定.

全一向量　记号 $\mathbf{1}_n$ 为所有元素都等于 1 的 n 向量. 如果向量的大小可以从上下文中得出，也可以使用记号 $\mathbf{1}$.（一些作者用 e 来表示所有元素都是一的向量，但本书将使用此处定义的记号.）向量 $\mathbf{1}$ 有时称为**全一向量**.

5

稀疏性　如果一个向量的多数元素都是零，则该向量称为**稀疏的**；其**稀疏模式**为其非零元素的索引集合. n 向量 x 中非零元素的个数记为 $\mathbf{nnz}(x)$. 单位向量是稀疏的，因为它只有一个元素非零. 零向量是最稀疏的，因为它没有非零元素. 很多应用问题中都会出现稀疏向量.

例子

一个 n 向量可用于表示一个应用问题中的 n 个量或值. 在某些情形下，这些数值天然具有一些相似性（例如，它们都具有相同的物理单位）；在另一些情形下，向量元素表示的量却非常不同. 下面简要介绍一些典型的例子，书中还会介绍更多的例子.

位置和位移　如图 1-1 所示，一个 2 向量可以用来表示一个二维（2D）空间（即一个平面）中点的位置. 一个 3 向量可以用来表示一个三维空间（3D）中点的位置. 向量的元素就给出了点的位置.

一个向量也可以用来表示在一个平面或三维空间内的位移，此时通常将其绘制为一个箭头，如图 1-1 所示. 一个向量也可以用来表示三维空间中一个点在给定时间的速度或加速度.

颜色　一个 3 向量可以表示一种颜色，其元素给出了红色、绿色和蓝色（RGB）强度的值（通常在 0 和 1 之间）. 向量 $(0,0,0)$ 表示黑色，向量 $(0,1,0)$ 表示明亮的纯绿色，向量 $(1,0.5,0.5)$ 表示一种粉红色. 图 1-2 展示了它们.

6

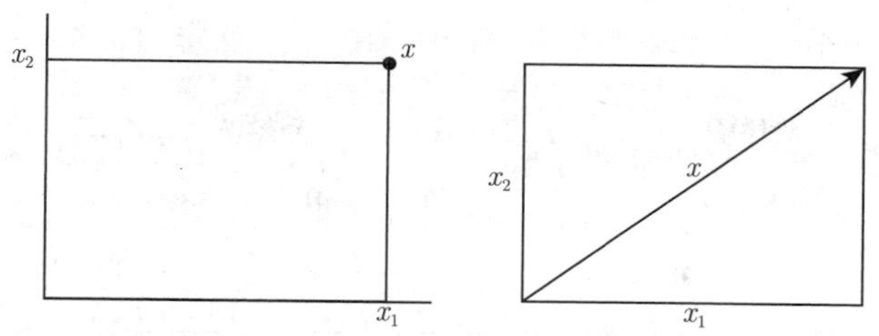

图 1-1 左图：2 向量 x 指出了坐标为 x_1 和 x_2 的点的位置（如图中的点所示）．右图：2 向量 x 表示平面上在第一个轴上为 x_1，在第二个轴上为 x_2 的一个位移（如图中的箭头所示）

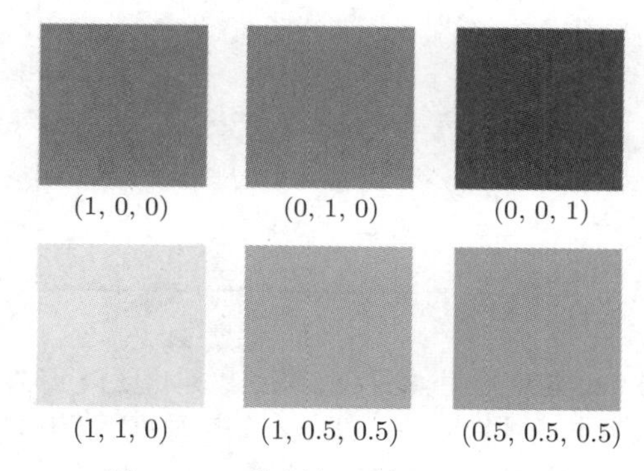

图 1-2 6 种颜色及其 RGB 向量

数量 在一个公司中，一个 n 向量 q 的元素可以表示 n 种不同的原材料或持有的产品（或成品、需求）的数量. 负值表示被其他人占有的原料（或消耗、销毁）的数量. 例如，**原材料清单**就是一个向量，它可以给出制造一件产品或完成一道工序需要的 n 种原料的数量.

投资组合 一个 n 向量 s 可以表示 n 种不同资产的持股组合或投资组合，其中 s_i 给出了持有第 i 种资产份额的数量. 向量 $(100, 50, 20)$ 表示包含资产 1 的份额为 100、资产 2 的份额为 50、资产 3 的份额为 20 的投资组合. 空头头寸（即亏欠他方的份额）由投资组合向量中的负元素表示. 投资组合向量的元素也用美元的数量给出，或用相对于投资总额的比例给出.

群体值 一个 n 向量可以给出一组个体或群体中某些量的值. 例如，一个 n 向量 b 可以给出一组 n 个患者的血压数据，其中 b_i 表示患者 i（$i=1, \cdots, n$）的血压.

比例 一个向量 w 可以用来给出 n 个选择、结果或选项中的比例，其中 w_i 表示选择或结果 i 的比例. 此时，向量的所有元素均为非负的，且它们的和为一. 这种向量可以被理解为混合了 n 个条目的配方、在 n 个位置上的配置，或者有 n 个结果的概率空间中的概率值. 例如，一个有 4 个结果的均匀整合可以表示为一个 4 向量 $(1/4, 1/4, 1/4, 1/4)$.

时间序列 一个 n 向量可以表示一个**时间序列**或**信号**，也就是说，它是某个量在不同时刻时的取值.（一个表示时间序列的向量中的每一个元素有时又称为**样本**，特别是在取值有时是测量得到的情形.）一段音频（或声音）信号可表示为一个向量，其每一个元素为在相

7

等时间间隔（通常是每秒 48000 或 44100）的声压值. 一个向量可能给出了在某一地点，某个时间段内每小时的降雨量（或者温度、气压）. 当一个向量表示一个时间序列时，自然会绘制 x_i 相对于 i 并用直线连接时间序列的值.（这些直线并不携带信息；加入它们仅仅是为了直观上更容易理解.）图 1-3 给出一个例子，其中 48 向量 x 给出了洛杉矶市区两天时间内每小时的温度.

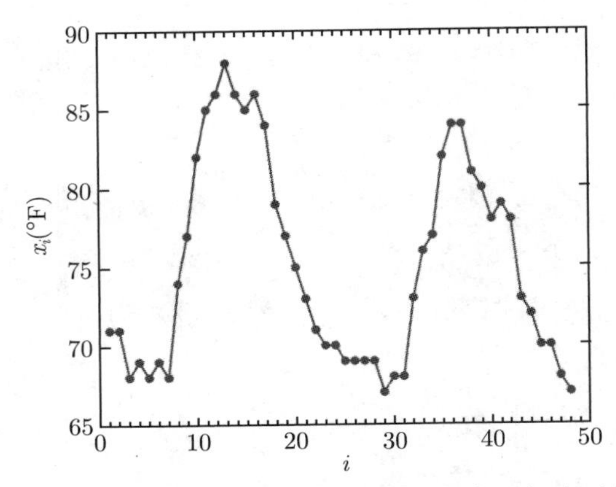

图 1-3　2015 年 8 月 5 日和 6 日洛杉矶市区每小时的温度
（起始时间为上午 12 : 47，结束时间为下午 11 : 47）

日收益率　一个向量可用来表示一只股票的日收益率，即其每天价值的增加比例（如果为负值，则表示减少比例）. 例如，收益时间序列向量 $(-0.022, +0.014, +0.004)$ 表示股票价格在第一天下跌了 2.2%，在第二天上涨了 1.4%，然后在第三天再次上涨了 0.4%. 在这个例子中，样本在时间上的分布并不均匀；其索引表示的是交易日，它不包括周末或股市的假期. 一个向量也可以表示对某一感兴趣资产的其他量（例如价格或成交量）的每日（或每季度、每小时、每分钟）值.

现金流　流入和流出某一实体（例如，一个公司）的现金流可以用一个向量表示，其中正的元素表示向实体付钱，负的元素表示由实体付钱. 例如，根据实体每个季度披露的现金流，向量 $(1000, -10, -10, -10, -1010)$ 表示第一年获得贷款 1000 美元，每季度仅支付 1% 的利息，然后本金和最后一次利息在最后一个季度支付..

图像　单色图（黑白图）是一个 $M \times N$ 像素（有均匀灰度值的方形小块）的矩阵，它有 M 行 N 列. 这 MN 个像素中的每一个都有一个灰度值或强度值，其中 0 表示黑色，1 对应亮白色.（其他取值范围同样也可以使用.）一个图像可以表示为一个长度为 MN 的向量，其元素给出了像素点位置处的灰度值. 通常，这些元素按列或行进行排列

图 1-4 给出了一个简单的例子，它是一个 8×8 的图像.（这个图像的分辨率是很低的；通常 M 和 N 的数值是成百上千的.）将向量的元素按照行方式排列，该图对应的 64 向量为

$$x = (0.65, 0.05, 0.20, \cdots, 0.28, 0.00, 0.90)$$

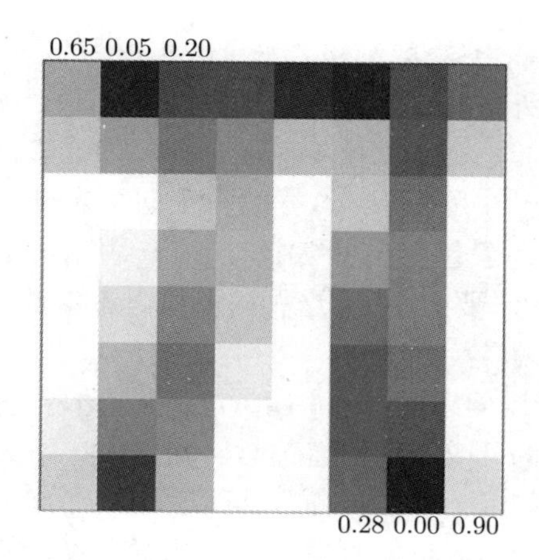

图 1-4 8×8 图像及其在六个像素点处的灰度值

一个彩色的 $M\times N$ 像素的图像可以表示为一个长度为 $3MN$ 的向量，其元素按照某些约定的顺序给出了每一个像素点处的 R（红色），G（绿色）和 B（蓝色）的值.

视频 一个单色视频，即一个长度为 K 的包含 $M\times N$ 个像素点的图像的序列，可以用一个长度为 KMN 的向量表示（当然，也要按照某种特定的顺序）.

单词计数及直方图 一个长度为 n 的向量可以用来表示在某文档中，n 个字典单词中每个词出现的次数. 例如，$(25,2,0)$ 意味着字典中第一个单词出现了 25 次，第二个单词出现了 2 次，第三个单词根本没有出现.（用于文档单词计数的字典通常会远多于 3 个元素.）图 1-5 给出了一个小例子. 一个变化是，向量的元素给出了文件中单词频率的**直方图**，因此，比如 $x_5=0.003$ 意味着在文档的所有单词中，字典中的第五个单词出现的比例为 0.3%.

Word count vectors are used in computer based document analysis. Each entry of the word count vector is the number of times the associated dictionary word appears in the document.

$$
\begin{array}{ll}
\text{word} & \\
\text{in} & \\
\text{number} & \\
\text{horse} & \\
\text{the} & \\
\text{document} &
\end{array}
\qquad
\begin{bmatrix} 3 \\ 2 \\ 1 \\ 0 \\ 4 \\ 2 \end{bmatrix}
$$

图 1-5 一段文本（上）、字典（左下）及单词计数向量（右下）

将单词及其变体（例如，词干相同，但结尾不同）看作同一个单词是一种常见的做法，例如，“rain”“rains”“raning”和“rained”都可以看作“rain”. 将每一个单词归并到其词干的过程称为**词干提取**. 去掉过于常见的单词（如“a”或“the”）—— 它们被称为**停用词** —— 或非常少见的单词也是一种常见的做法.

9

消费者采购 一个 n 向量 p 可以用来表示一个特定的消费者在一段时间内从某商家购买商品的记录，用 p_i 表示该消费者购买商品 i 的数量，其中 $i=1,\cdots,n$.（除非 n 非常小，可以预期向量中的多数元素都是零，即消费者没有购买该商品.）一个小的改变是，可以用 p_i 表示消费者购买第 i 种商品所支出的总的钱数.

事件或子集 一个 n 向量 o 可以用来记录 n 个不同的事件是否发生，用 $o_i = 0$ 表示事件 i 没有发生，$o_i = 1$ 表示它发生了. 这样的一个向量对有 n 个对象集合的子集进行了编码，用 $o_i = 1$ 表示第 i 个对象包含在子集中，$o_i = 0$ 表示第 i 个对象没有包含在子集中. 向量 o 的每一个分量要么是 0，要么是 1；这种向量称为**布尔型**的，它以一位逻辑学的先驱，数学家 George Boole 的名字命名.

特征或属性 在很多应用问题中，一个向量汇集了有关一件事情或一个对象的 n 种不同的量. 这些量是可以测量的，或者可以通过对象测量或导出的. 这种向量称为**特征向量**，其元素称为**特征**或**属性**. 例如，一个 6 向量 f 可以给出一个在医院就诊的病人的年龄、身高、体重、血压、体温及性别.（向量的最后一个元素可以编码为 $f_6 = 0$ 为男性，$f_6 = 1$ 为女性.）这个例子中，向量中每一个元素表示的量都是完全不同的，其物理单位也完全不同.

10

向量元素的标签 如前所述的应用中，向量的每一个元素都有其特定的含义，例如一个文档中某特定单词出现的数量，一个投资组合中特定股票的持有数量，或特定小时的降雨量. 一种常见的做法是，使用单独的标题或标签列表来解释或标注向量的元素. 例如，对一个投资组合 $(100, 50, 20)$，可以为其附加一个符号标签列表（AAPL，INTC，AMZN），由此即可知道，资产 1，2 和 3 分别为 Apple，Intel 和 Amazon. 在一些应用中，例如图像，元素的含义和顺序遵循已知的惯例或标准.

1.2 向量加法

两个**相同大小**的向量可以通过将它们的对应元素求和，来得到另一个有相同大小的向量，该新向量称为两个向量的**和**. 向量加法记为符号 $+$.（因此，符号 $+$ 在其左边和右边的操作数为标量时被重载为标量加法，当其左边和右边出现向量时被重载为向量加法.）例如，

$$\begin{bmatrix} 0 \\ 7 \\ 3 \end{bmatrix} + \begin{bmatrix} 1 \\ 2 \\ 0 \end{bmatrix} = \begin{bmatrix} 1 \\ 9 \\ 3 \end{bmatrix}$$

向量减法的定义是类似的. 例如，

$$\begin{bmatrix} 1 \\ 9 \end{bmatrix} - \begin{bmatrix} 1 \\ 1 \end{bmatrix} = \begin{bmatrix} 0 \\ 8 \end{bmatrix}$$

向量减法的结果称为两个向量的**差**（difference）.

性质 一些向量加法的性质是容易验证的. 对有相同大小的向量 a，b 和 c 有如下的结论.

- 向量加法是可**交换的**：$a + b = b + a$.

- 向量加法是可**结合的**：$(a+b)+c=a+(b+c)$. 因此它们都可写作 $a+b+c$.
- $a+0=0+a=a$. 零向量加到一个向量上没有影响.（作为从上下文中得到零向量大小的一个例子是：该向量的大小必然与向量 a 相同.）
- $a-a=0$. 将一个向量从其自身中减去得到零向量.（此处 0 的大小也与 a 相同.）

为证明这些性质成立，需要用到向量加法和向量相等的定义. 例如，证明对任何 n 向量 a 和 b，有 $a+b=b+a$. 根据向量加法的定义，$a+b$ 的第 i 个元素为 a_i+b_i. $b+a$ 的第 i 个元素为 b_i+a_i. 对任意两个数，有 $a_i+b_i=b_i+a_i$，因此向量 $a+b$ 和 $b+a$ 的第 i 个元素是相同的. 这一结论对所有元素都是成立的，故根据向量相等的定义，有 $a+b=b+a$.

11

验证与上面的等式类似的等式，以及很多将来会遇到的等式，将会是冗长的. 但理解这些性质都可以使用类似上面这个等式讨论的方法导出是非常重要的. 建议读者选择后面会用到的几个性质进行推导，仅仅看到它们成立即可.（全部进行推导是多余的.）

例子

- *位移*. 当向量 a 和 b 表示位移时，和向量 $a+b$ 为首先移动 a，然后移动 b 得到的净位移，如图 1-6 所示. 需要说明的是，若首先移动 b，然后移动 a，可以得到相同的向量. 若向量 p 表示一个位置，向量 a 表示一个位移，则 $p+a$ 为点 p 的位置移动 a，如图 1-7 所示.

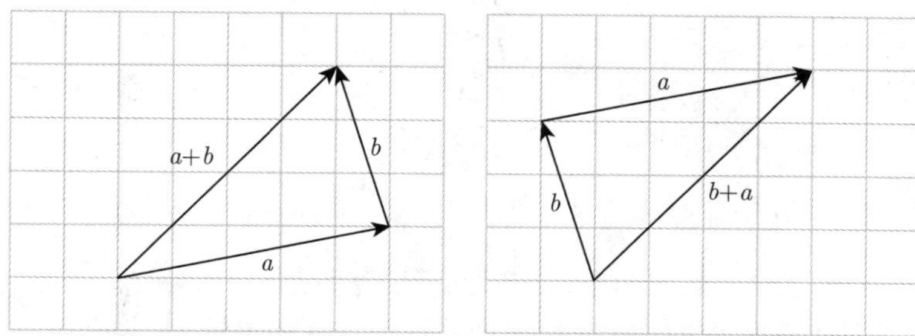

图 1-6　左图：下面的箭头表示位移 a；稍短一些的箭头表示位移 b；从位移 a 的起点开始到位移 $a+b$ 的终点结束的位移用较长的箭头表示. 右图：位移 $b+a$

- *两点间的位移*. 若向量 p 和 q 表示二维或三维空间的两个点，则 $p-q$ 为从 q 到 p 的位移向量，如图 1-8 所示.
- *单词计数*. 若 a 和 b 为两个文档的单词计数向量（使用相同的字典），和向量 $a+b$ 就是将两个原始文档合并（按照任何顺序）后得到的新文档的单词计数向量. 单词计数向量的差 $a-b$ 给出了第一个文档中的每一个单词出现的数量比在第二个文档中多的数量.
- *原材料清单*. 假设 n 向量 $q_1, \cdots, q_N$ 为完成 N 项任务所需的 n 种不同原材料的量. 则 n 和向量 $q_1+\cdots+q_N$ 给出了完成所有 N 项任务所需的原材料总量.

12

- *市场清算*. 假设 n 向量 q_i 表示代理 i 生产（当其为正值时）或消耗（当其为负值时）n 种商品或资源的数量，其中 $i=1, \cdots, N$. 则 $(q_5)_4=-3.2$ 表示代理 5 消耗了 3.2 单位的资源 4. 和向量 $s = q_1 + \cdots q_N$ 为一个表示资源净盈余（或不足，若其元素为负值）的 n 向量. 当 $s = 0$ 时，就得到了一个封闭的市场，意味着所有代理处每一种资源的生产与消耗达到了总量平衡. 换句话说，n 种资源只在所有的代理之间**交换**. 此时称为**市场清算**（是相对于资源向量 $q_1, \cdots, q_N$ 的）.

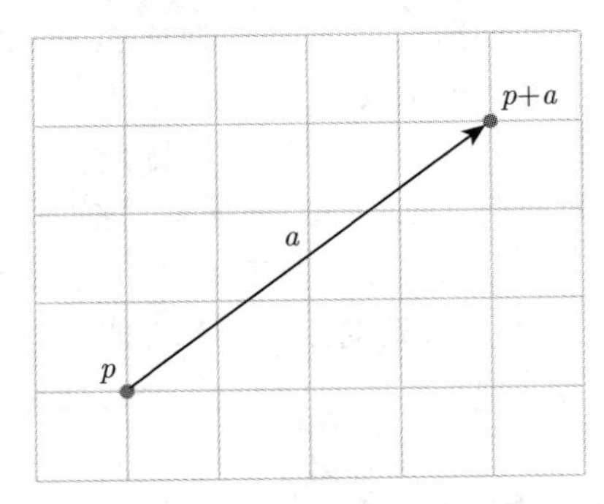

图 1-7　向量 $p + a$ 为表示 p 的点移动 a 表示的位移后的位置

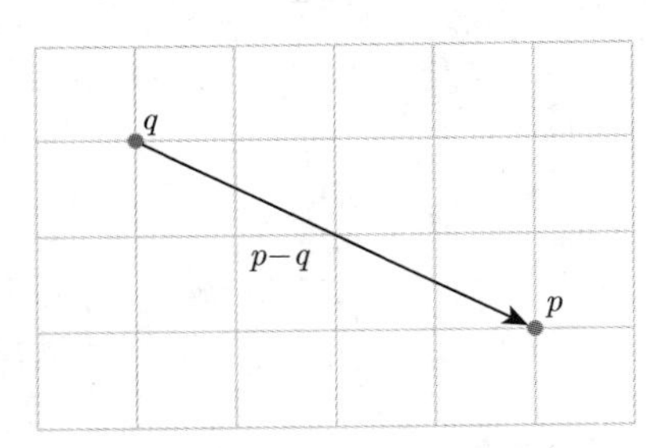

13

图 1-8　向量 $p - q$ 表示从表示 q 的点移动 p 表示的位移

- *音频加法*. 当 a 和 b 表示两个相同时间段的音频信号时，和 $a + b$ 表示将所有音频信号混合为一个后得到的信号. 若 a 表示一个声音的记录，b 为一段音乐的记录（长度相同），音频信号 $a + b$ 将得到包含所有声音及音乐的记录.
- *特征差异*. 若 f 和 g 是表示两个对象的 n 个特征值的 n 向量，则差向量 $d = f - g$ 给出了两个对象特征值的差异. 例如，$d_7 = 0$ 表示这两个对象的第 7 个特征值是相同的；$d_3 = 1.67$ 表示第一个对象的第 3 个特征值比第二个对象的第 3 个特征值高 1.67.
- *时间序列*. 若 a 和 b 表示同一个量的两个时间序列，例如两个不同商店的日利润，则时间序列 $a + b$ 表示两个商店的总日利润. 图 1-9 中给出了一个例子（有关月降雨量的）.
- *投资组合交易*. 设 n 向量 s 给出了一个投资组合中 n 种资产的比例，n 向量 b 给出了购买资产（当 b_i 为正数时）或出售资产（当 b_i 为负数时）的比例. 在资产购买和销售后，投资组合可由 $s + b$ 给出，即它是原始投资组合向量与购买向量 b 的和. 它也被称为**交易向量**或**交易清单**.（当投资组合和交易向量使用美元数值表示时，这一解释仍然成立.)

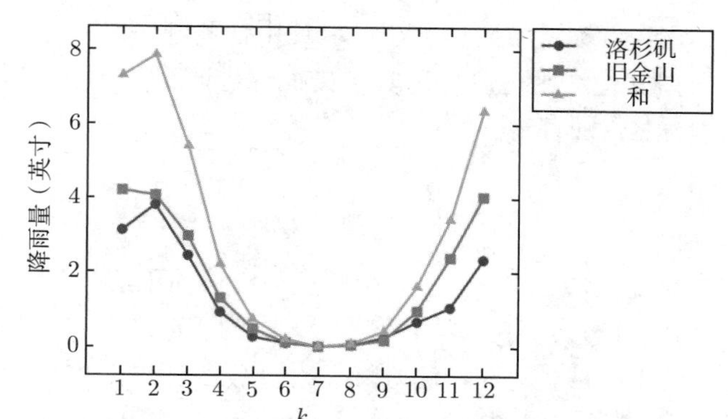

图 1-9 在洛杉矶国际机场和旧金山国际机场的月均降雨量以及它们的和. 平均指的是 30 年的平均（1981~2010）

计算机语言中加法的记号 一些处理向量的计算机语言中，一个向量与一个标量的和被定义为一个向量，它是将标量加到向量的每一个元素上得到的. 但这种定义并不是标准的数学记号，因此，本书不使用它. 更令人混淆的是，某些计算机语言中，加号用于将两个数组进行串联，就是将一个数组接在另一个数组的后面，例如 $(1,2)+(3,4,5)=(1,2,3,4,5)$. 这种记号在某些计算机语言中有可能给出有效的表达式，但它也不是标准的数学记号，本书中也不会使用它. 一般地，区分向量的数学记号（本书使用的）和特定计算机语言或处理向量的软件包中特定的语法是非常重要的.

14

1.3 标量与向量的乘法

另一个运算是**标量乘法**或**标量与向量的乘法**，它将向量乘以一个标量（即一个数），这一运算是通过将向量的每一个元素都乘以这个标量来实现的. 标量乘法被记作两个并列在一起的量，通常将标量写在左边，例如

$$(-2)\begin{bmatrix}1\\9\\6\end{bmatrix}=\begin{bmatrix}-2\\-18\\-12\end{bmatrix}$$

标量与向量的乘法中，也可以将标量写在右边，例如

$$\begin{bmatrix}1\\9\\6\end{bmatrix}(1.5)=\begin{bmatrix}1.5\\13.5\\9\end{bmatrix}$$

它们的含义是相同的：结果向量是将原向量的每一个分量乘以标量后得到的. 一个类似的记号是 $a/2$，其中 a 是一个向量. 该记号表示 $(1/2)a$. 标量与向量乘积 $(-1)a$ 可简写为 $-a$. 注意 $0a=0$（其中左侧的零是标量零，右侧的零是与 a 大小相同的零向量）.

性质 由定义，可以得到 $\alpha a = a\alpha$，其中 α 为任意标量，a 为任意向量. 这称为标量与向量乘法的**交换律**；它意味着标量与向量乘法可以使用任何顺序书写.

15

标量乘法满足的一些其他法则可以通过其定义很容易证明. 例如，它满足**结合律**：若 a 为一个向量，β 和 γ 为标量，则有

$$(\beta\gamma)\, a = \beta\,(\gamma a)$$

上式左侧是一个标量与标量的乘法 $(\beta\gamma)$ 和一个标量与向量的乘法；右侧为两个标量与向量的乘法. 由此，上面的向量可写为 $\beta\gamma a$，因为不管将其写为 $\beta\,(\gamma a)$ 还是 $(\beta\gamma)\, a$ 都是没关系的.

当将标量与向量乘法中的标量写在右侧时，结合律也是成立的. 例如，有 $\beta\,(\gamma a) = (\beta a)\,\gamma$，因此也可以将其写为 $\beta\gamma a$ 或 $(\beta\gamma)\, a$.

若 a 为一个向量，β，γ 为标量，则

$$(\beta + \gamma)\, a = \beta a + \gamma a$$

（这是标量与向量乘法的**左分配律**.）与通常的乘法类似，在方程中标量乘法的优先级要高于向量加法，因此，上式右侧中的 $\beta a + \gamma a$ 表示 $(\beta a) + (\gamma a)$. 在上面的公式中确定出现的符号是很有帮助的. 上式左侧的 $+$ 表示的是标量加法，而右侧的 $+$ 则是向量加法. 当将标量乘法中的标量写在右侧时，得到**右分配律**：

$$a\,(\beta + \gamma) = a\beta + a\gamma$$

标量与向量的乘法也满足其他形式的右分配律：

$$\beta\,(a + b) = \beta a + \beta b$$

其中 β 为标量，a 和 b 为 n 向量. 在该方程中，$+$ 都表示 n 向量的加法.

例子

- *位移.* 当向量 a 表示一个位移，标量 $\beta > 0$，βa 就是一个与 a 同向的位移，其模长被放缩了标量 β 倍. 当 $\beta < 0$ 时，βa 表示一个与 a 反向的位移，其模长被放缩了 $|\beta|$ 倍. 如图 1-10 所示.
- *原材料需求.* 假设 n 向量 q 表示生产某产品一个单位需要的原材料清单，即 q_i 为生产一单位产品所需的原材料的数量. 要生产 α 单位产品所需的原材料即由 αq 给出.（此处假设 $\alpha \geqslant 0$.）
- *音频放缩.* 若 a 为表示音频信号的向量，标量与向量的乘积 βa 给出了相同的音频信号，但音量改变了 $|\beta|$ 倍. 例如，当 $\beta = 1/2$（或 $\beta = -1/2$）时，βa 表示相同的音频信号，但音量较小.

16

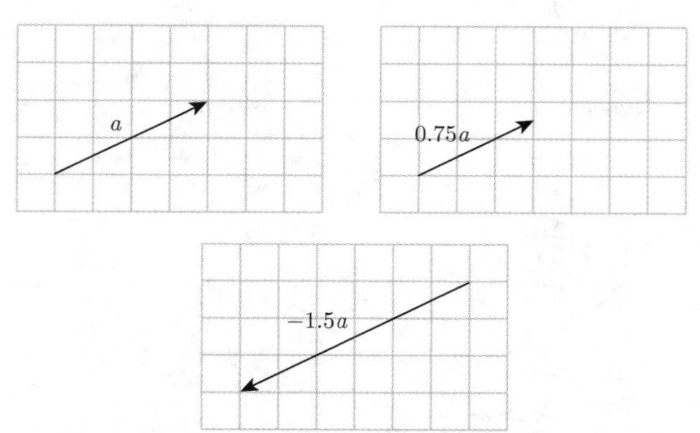

图 1-10　向量 $0.75a$ 表示一个与 a 同向的位移，但长度缩小为 0.75 倍；$(-1.5)a$ 表示与 a 反向的位移，长度伸长为 1.5 倍

线性组合　若 a_1，⋯，a_m 为 n 向量，β_1，⋯，β_m 为标量，则 n 向量

$$\beta_1 a_1 + \cdots + \beta_m a_m$$

称为向量 a_1，⋯，a_m 的一个**线性组合**（linear combination）. 标量 β_1，⋯，β_m 称为该线性组合的**系数**（coefficients）.

单位向量的线性组合　任何 n 向量 b 都可表示为一组标准单位向量的线性组合，即

$$b = b_1 e_1 + \cdots + b_n e_n \tag{1.1}$$

方程中 b_i 为 b 的第 i 个元素（即一个标量），e_i 是第 i 个单位向量. 在式 (1.1) 中给出的 e_1，⋯，e_n 的线性组合中，系数就是向量 b 的各个元素. 例如

$$\begin{bmatrix} -1 \\ 3 \\ 5 \end{bmatrix} = (-1)\begin{bmatrix} 1 \\ 0 \\ 0 \end{bmatrix} + 3\begin{bmatrix} 0 \\ 1 \\ 0 \end{bmatrix} + 5\begin{bmatrix} 0 \\ 0 \\ 1 \end{bmatrix}$$

特殊的线性组合　一些向量 a_1，⋯，a_m 的线性组合有着特殊的名字. 例如，当 $\beta_1 = \cdots = \beta_m = 1$ 时，线性组合 $a_1 + \cdots + a_m$ 被称为向量的**和**；当 $\beta_1 = \cdots = \beta_m = 1/m$ 时，$(1/m)(a_1 + \cdots + a_m)$ 被称为向量的**平均**. 当系数的和为 1 时，即 $\beta_1 + \cdots + \beta_m = 1$ 时，线性组合被称为**仿射组合**. 当仿射组合的系数均为非负时，又被称为**凸组合**、**混合**，或**加权平均**. 仿射组合或凸组合的系数有的使用百分比给出，它们的和为 100%.

17

例子

- 位移. 当向量表示位移时，线性组合表示伸缩以后位移的和. 如图 1-11 所示.

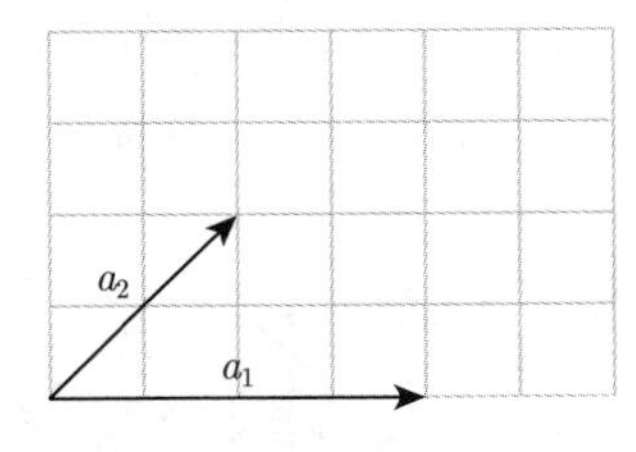

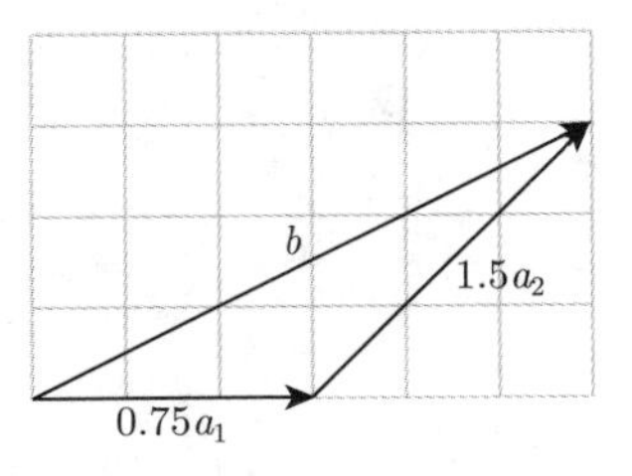

图 1-11　左图：两个 2 向量 a_1 和 a_2. 右图：线性组合 $b = 0.75a_1 + 1.5a_2$

- **音频混合**. 当 a_1, $\cdots$, a_m 为表示音频信号的向量时（在同一个时间段内的，例如，同时记录的声音），它们被称为**音轨**. 线性组合 $\beta_1 a_1 + \cdots + \beta_m a_m$ 就给出了一个混合的音轨（也被称为**混音**），其相对响度由 $|\beta_1|$, $\cdots$, $|\beta_m|$ 给出. 演播室的制作人或现场演出的音响工程师通过选择 β_1, $\cdots$, β_m 使得不同的乐器、声音和鼓达到一个良好的平衡.
- **现金流复制**. 假设 c_1, $\cdots$, c_m 为表示现金流的向量，例如某些类型的贷款或投资的现金流. 线性组合 $f = \beta_1 c_1 + \cdots + \beta_m c_m$ 表示另一个现金流. 称现金流 f 为由原现金流 c_1, $\cdots$, c_m **复制**（通过线性组合）得到的. 例如，$c_1 = (1, -1.1, 0)$ 表示 1 美元的贷款从第 1 到第 2 个周期时的利息为 10%，$c_2 = (0, 1, -1.1)$ 表示 1 美元的贷款从第 2 到第 3 周期时的利息为 10%. 线性组合

$$d = c_1 + 1.1c_2 = (1, 0, -1.21)$$

表示一个两周期 1 美元的贷款用 1 个周期表示，其组合利率为 10%. 此处，一个两周期的贷款可由两个一周期的贷款复制得到.
- **直线和线段**. 当 a 和 b 为两个不同的 n 向量时，仿射组合 $c = (1-\theta)a + \theta b$ 表示通过 a 和 b 的**直线**上的一个点，其中 θ 为一个标量. 当 $0 \leqslant \theta \leqslant 1$ 时，c 为 a 和 b 的一个凸组合，它被称为在 a 和 b 之间的**线段**上. 当 $n = 2$ 和 $n = 3$ 时，利用二维和三维空间中表示点的坐标的向量，前述的结果与几何中常见的直线和线段是完全吻合的. 但是，对两个 100 维的向量，也将它称为通过这两个向量的直线. 图 1-12 展示了它们.

18

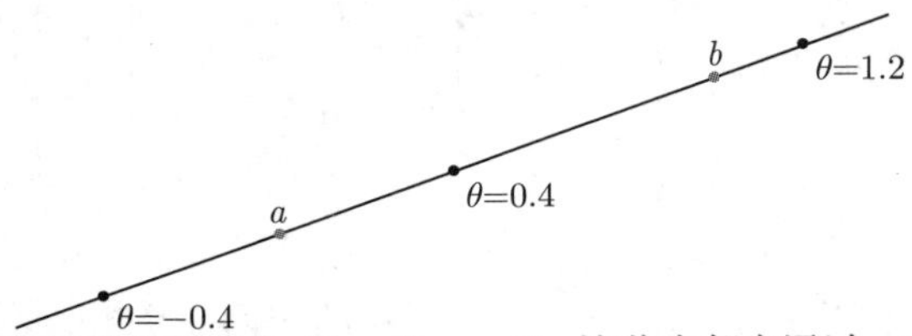

图 1-12　θ 取不同值时的仿射组合 $(1-\theta)a + \theta b$. 这些点都在通过 a 和 b 的直线上；当 θ 在 0 和 1 之间时，这些点在 a 和 b 之间的线段上

1.4　内积

两个 n 向量的（标准）**内积**（也称作**点积**）定义为如下的标量：

$$a^{\mathrm{T}} b = a_1 b_1 + a_2 b_2 + \cdots + a_n b_n$$

即对应元素乘积的和.（内积记号 $a^{\mathrm{T}}b$ 中的上标“T”的起源将在第 6 章介绍.）其他表示内积的记号（本书中将不使用它们）有 $\langle a, b\rangle$，$\langle a|b\rangle$，(a, b) 和 $a \cdot b$.（本书使用的记号中，(a, b) 表示长度为 $2n$ 的堆叠向量.）正如你可能猜测到的，在 10.1 节中，还会遇到一个向量的**外积**. 作为内积的一个例子，有

$$\begin{bmatrix} -1 \\ 2 \\ 2 \end{bmatrix}^{\mathrm{T}} \begin{bmatrix} 1 \\ 0 \\ -3 \end{bmatrix} = (-1)(1) + (2)(0) + (2)(-3) = -7$$

当 $n = 1$ 时，内积就转化为通常两个数的乘法.

性质 内积满足一些简单的性质，它们很容易使用定义来验证. 若 a，b 和 c 为大小相同的向量，γ 为标量，则有如下的结论：

- *交换律*. $a^{\mathrm{T}}b = b^{\mathrm{T}}a$. 内积的结果与两个向量操作数的顺序无关.
- *对标量乘法的结合律*. $(\gamma a)^{\mathrm{T}}b = \gamma\left(a^{\mathrm{T}}b\right)$. 因此，它们都可以写为 $\gamma a^{\mathrm{T}}b$.
- *对向量加法的分配律*. $(a+b)^{\mathrm{T}}c = a^{\mathrm{T}}c + b^{\mathrm{T}}c$. 内积运算可以对向量加法进行分配.

通过对这些性质的组合，可以得到其他的等式，例如 $a^{\mathrm{T}}(\gamma b) = \gamma\left(a^{\mathrm{T}}b\right)$，或 $a^{\mathrm{T}}(b+\gamma c) = a^{\mathrm{T}}b + \gamma a^{\mathrm{T}}c$. 又如，对任意大小相同的向量 a，b，c 和 d，

$$(a+b)^{\mathrm{T}}(c+d) = a^{\mathrm{T}}c + a^{\mathrm{T}}d + b^{\mathrm{T}}c + b^{\mathrm{T}}d$$

19

这一公式将左侧的内积表示为右侧四个内积的和，这类似于代数中将和的乘积展开. 在上式左边，两个加号表示向量的加法，而在右边，三个加号表示标量（数）的加法.

一般例子

- *单位向量*. $e_i^{\mathrm{T}}a = a_i$. 一个向量 a 与第 i 个标准单位向量的乘积得到（或“选出”）a 的第 i 个元素.
- *和*. $\mathbf{1}^{\mathrm{T}}a = a_1 + \cdots + a_n$. 一个向量与一个全一向量的内积就给出了向量所有元素的和.
- *平均*. $(\mathbf{1}/n)^{\mathrm{T}}a = (a_1 + \cdots + a_n)/n$. 一个 n 向量与向量 $\mathbf{1}/n$ 的内积给出了向量所有元素的平均值. 一个向量所有元素的平均值记为 $\mathbf{avg}(x)$. 通常用希腊字母 μ 来表示平均值.
- *平方和*. $a^{\mathrm{T}}a = a_1^2 + \cdots + a_n^2$. 一个向量与其自身的内积可得到向量所有元素的平方和.
- *选择性求和*. 令 b 为元素均为 0 或 1 的向量. 则 $b^{\mathrm{T}}a$ 为向量 a 中对应 $b_i = 1$ 的元素的和.

分块向量 若向量 a 和 b 为分块向量，且对应的每一块大小都相同（此时称它们**一致**），

则有

$$a^{\mathrm{T}}b=\left[\begin{array}{c}a_1\\ \vdots\\ a_k\end{array}\right]^{\mathrm{T}}\left[\begin{array}{c}b_1\\ \vdots\\ b_k\end{array}\right]=a_1^{\mathrm{T}}b_1+\cdots+a_k^{\mathrm{T}}b_k$$

分块向量的内积就是每一块内积的和.

应用　内积在很多应用中非常有用，此处列出了它们中的极少数.

- 同现性．若 a 和 b 为表示事件发生的 n 向量，即其每一个元素是 0 或 1，则 $a^{\mathrm{T}}b$ 得到 a_i 和 b_i 同时为一的数量，即**同现**的数量．若用向量 a 和 b 表示 n 个对象的子集，则 $a^{\mathrm{T}}b$ 就得到了两个子集交集的对象数．如图 1-13 所示，当两个子集 A 和 B 分别包含 7 个对象时，它们分别编号为 1，$\cdots$，7，则其对应的出现向量为

$$a=(0,1,1,1,1,1,1),\quad b=(1,0,1,0,1,0,0).$$

20

此时有 $a^{\mathrm{T}}b=2$，即集合 A 和 B 中共同对象的数量（即对象 3 和 5）.

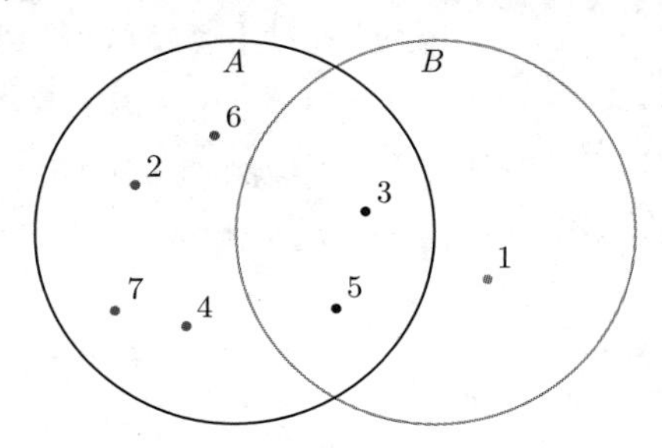

图 1-13　两个集合 A 和 B，包含 7 个对象

- 权重、特征和评分．　当向量 f 表示一个对象的特征集合时，w 为一个相同大小的向量（通常称为**权重向量**），内积 $w^{\mathrm{T}}f$ 就是特征值经权重放缩（加权）的和，有时被称为**评分**．例如，如果特征与一个贷款申请人相关（如年龄、收入 $\cdots\cdots$），可以将 $s=w^{\mathrm{T}}f$ 理解为申请人的信用评分．此例中，w_i 可理解为在构造评分时，第 i 个特征所具有的权重.
- 价格–数量．若 p 为 n 种商品的价格向量，q 为 n 种商品的数量向量（例如，某产品的原材料清单），则其内积 $p^{\mathrm{T}}q$ 就是向量 q 给出的商品的总价.
- 速度–时间．车辆在通过 n 个路段时，在每个路段上都保持恒定速度．设 n 向量 s 给出了每一路段上的速度，n 向量 t 给出了每一路段上行驶的时间．则 $s^{\mathrm{T}}t$ 就给出了行驶的总距离.
- 概率和期望．设 n 向量 p 的元素均非负且和为一，故它描述了 n 个条目所占比例的一个集合，或所有必然发生的 n 种结果的概率集合中的一个可能．假设 f 为另一个 n 向量，其中 f_i 表示第 i 个结果发生的概率．则 $f^{\mathrm{T}}p$ 为在 p 给定的概率（或比例）条件下的期望或均值.

- 多项式计算. 设 n 向量 c 表示一个次数为 $n-1$ 或更低次的多项式 p 的系数：

$$p(x)=c_1+c_2x+\cdots+c_{n-1}x^{n-2}+c_nx^{n-1}$$

令 t 为一个数，并令 $z=(1,t,t^2,\cdots,t^{n-1})$ 为 t 的幂次对应的一个 n 向量. 则 $c^{\mathrm{T}}z=p(t)$ 就是多项式 p 在点 t 处的取值. 因此多项式系数向量与数的各幂次向量的内积就给出了多项式在取该数时的值.

21

- 贴现总额. 令 c 为一个表示现金流的 n 向量，其中（当 $c_i>0$ 时）c_i 为第 i 个周期收到的现金. 令 d 为如下定义的 n 向量：

$$d=\left(1,1/(1+r),\cdots,1/(1+r)^{n-1}\right)$$

其中 $r\geqslant 0$ 为利率. 则

$$d^{\mathrm{T}}c=c_1+c_2/(1+r)+\cdots+c_n/(1+r)^{n-1}$$

为现金流的贴现总额，即其**净现值**（NPV），其利率为 r.

- 投资组合价值. 设 s 为一个表示持有的 n 种不同资产股份的 n 向量，用负值表示空头头寸. 若 p 为一个给出了资产价格的 n 向量，则 $p^{\mathrm{T}}s$ 就是投资组合的总（或净）值.
- 投资组合收益率. 设 r 为在某时间周期内 n 种资产（比例）收益率的 n 向量，即资产相对价格的变化

$$r_i=\frac{p_i^{\text{final}}-p_i^{\text{initial}}}{p_i^{\text{initial}}},\quad i=1,\cdots,n$$

其中 p_i^{initial} 和 p_i^{final} 为在投资周期开始和结束时资产 i 的价格（正数）. 若 h 为一个给出投资组合的 n 向量，其中 h_i 表示持有的第 i 种资产的美元数，则内积 $r^{\mathrm{T}}h$ 就是在投资周期内，投资组合以美元计价的总收益率. 若 w 表示投资组合中的比例（美元），则 $r^{\mathrm{T}}w$ 就给出了总的投资组合收益. 例如，若 $r^{\mathrm{T}}w=0.09$，则投资组合收益率为 9%. 若开始时的投资额为 10000 美元，则收益将为 900 美元.

- 文档情感分析. 设 x 为一个表示文档中 n 个字典单词出现频率的 n 向量. 每一个字典中的单词都被赋以三种情感类型之一：乐观、悲观和中性. 乐观的单词列表也许包括“nice”和“superb”；悲观的单词列表也许包括“bad”和“terrible”. 中性单词则是那些既不乐观也不悲观的词. 单词的分类可以被编码为一个 n 向量 w，用 $w_i=1$ 表示单词 i 是乐观的，$w_i=-1$ 表示单词 i 是悲观的，$w_i=0$ 表示单词 i 是中性的. 则 $w^{\mathrm{T}}x$ 的值就给出了文档情感的一个（粗糙的）度量.

1.5 向量运算的复杂度

数及向量在计算机中的表示 在计算机中，使用**浮点格式**存储实数，该样式用 64 个**比特**（取值为 0 或 1）或 8 个**字节**（每 8 个比特为一个字节）表示一个实数. 2^{64} 种可能的比特

22

序列中的每一个就对应着一个实数. 浮点数的取值范围很大，并且它们之间的距离非常近，故应用问题中遇到的数可以用浮点数近似到 10 位精度，这一精度对多数实际应用问题都是足够的了. 整数则使用更为紧凑的形式存储，且它们是被准确表示的.

向量被存储为浮点数（或当所有元素都是整数时，使用整数）的数组. 存储一个 n 向量需要 $8n$ 个字节的存储空间. 现在的计算机内存和存储设备，容量使用吉字节㊀（10^9 字节）度量，可以轻松存储数百万或数十亿维的向量. 稀疏向量则使用一种仅记录其非零元素的更为高效的方式进行存储.

浮点运算　在计算机实现加法、减法、乘法、除法或其他用浮点形式表示的数的算术运算时，其结果会被舍入到最近的浮点数. 这种运算称为**浮点运算**. 计算结果中很小的误差称为（浮点数的）**舍入误差**. 在很多应用问题中，这种很小的舍入误差不会对应用造成影响. 浮点数的舍入误差以及降低舍入误差影响的方法是**数值分析**领域研究的内容. 本书中将不考虑浮点数的舍入误差，但读者需要知道它是存在的. 例如，当计算机计算等式的左边和右边时，不必奇怪等式两边的值不相等. 但是，它们应当是很接近的.

浮点运算的数量及复杂度　到目前为止，读者仅见到了很少的向量运算，例如标量乘法、向量加法以及内积. 计算机能以多快的速度完成这些计算非常依赖于计算机的硬件、软件以及向量的大小.

完成某些计算（例如内积）所需时间的粗略估计，可以通过对浮点运算总数（或 FLOPs㊁）进行计数求得. 这一术语由于太过常用，它都被使用小写形式“flops”来表示了；速度，即单位时间计算机可以完成浮点运算的次数，则用 Gflop/s 来表示（每秒吉浮点运算，即每秒十亿次浮点运算）. 当前比较常见的范围为 $1 \sim 10$Gflop/s，但这可能会有几个数量级的变化. 计算机得到某些计算结果真正需要的时间除了依赖于浮点运算数以外，还有很多其他因素，因此，基于浮点数估计计算时间是非常粗糙的，而且即便将其乘以因子 10 或其他数，也不会使其更为精确. 正因如此，粗略估计（例如忽略因子 2）可被用于统计计算过程中需要的浮点运算数.

一个运算的**复杂度**为实现该运算所需的浮点运算数，它是一个与大小或运算输入量的大小有关的函数. 复杂度通常都被大大简化了，当输入量的大小很大时，那些较小或不重要（相对于其他项来说）的项就被丢掉了. 在理论计算机科学中，术语“复杂度”则表示不同的含义，它指的是实现计算的最好方法使用的浮点计算数，即所需的最少浮点计算数. 本书中，复杂度表示某特定方法使用的浮点计算数.

23

向量运算的复杂度　标量与向量的乘法 ax（其中 x 是一个 n 向量）需要 n 次乘法，即 ax_i，$i = 1, \cdots, n$. 两个 n 向量的向量加法 $x + y$ 需要 n 次加法，即 $x_i + y_i$，$i = 1, \cdots, n$. 计算两个 n 向量的内积 $x^{\mathrm{T}}y = x_1y_1 + \cdots + x_ny_n$ 需要 $2n - 1$ 次浮点运算、n 次标量乘法和 $n - 1$ 次标量加法. 因此，n 向量的标量乘法、向量加法和内积分别需要 n、n 和 $2n - 1$ 次浮点运算. 因为仅需估计即可，故最后一个被简化为 $2n$ 次浮点运算，并称 n 向量的标量乘法、

㊀ 吉字节通常指的是 $2^{30} \approx 1.07374 \times 10^9$ 字节，用符号 GB 表示. —— 译者注

㊁ FLOPs 是英文单词 Floating Point Operations Per second 的缩写. —— 译者注

向量加法和内积的复杂度分别为 n、n 和 $2n$ 次浮点运算. 可以想象，一台 1Gflop/s 的计算机计算两个长度为 100 万的向量的内积大约用千分之一秒，但不必奇怪的是真正需要的时间可能与这个数字相差 10 倍.

计算的**阶**是忽略维数幂次前的所有常数得到的. 因此，三个向量运算标量乘法、向量加法和内积都是 n 阶的. 忽略内积真正复杂度计算中的因子 2 是合理的，因为我们不期望预期真正的运行时间与浮点运算数准确度相差小于因子 2. 阶数在理解计算执行的时间是如何随着操作数的大小变化而变化时是非常有用的. 一个阶为 n 的计算在输入数据变成 10 倍时，其运行时间也会增长 10 倍.

稀疏向量运算的复杂度　若 x 是稀疏的，则计算 ax 需要 $\mathbf{nnz}(x)$ 次浮点运算. 若 x 和 y 都是稀疏的，计算 $x+y$ 所需的浮点运算数不会大于 $\min\{\mathbf{nnz}(x), \mathbf{nnz}(y)\}$ 次浮点运算（因为当 x_i 或 y_i 为零时，计算 $(x+y)_i$ 不需要任何算术运算）. 如果 x 和 y 稀疏的方式并不重合（相交），计算 $x+y$ 时需要的浮点运算数为零. 内积的计算也是类似的: 计算 $x^{\mathrm{T}}y$ 需要的浮点运算数不超过 $2\min\{\mathbf{nnz}(x), \mathbf{nnz}(y)\}$ 次. 当 x 和 y 不重合时，计算 $x^{\mathrm{T}}y$ 需要的浮点运算数为零，因为此时 $x^{\mathrm{T}}y = 0$.

24

练习

1.1 向量方程组　判断下列方程是正确的、错误的或者使用了不当的记号（因此就没有意义）.

(a) $\begin{bmatrix} 1 \\ 2 \\ 1 \end{bmatrix} = (1, 2, 1)$.

(b) $\begin{bmatrix} 1 \\ 2 \\ 1 \end{bmatrix} = [1, 2, 1]$.

(c) $(1, (2, 1)) = ((1, 2), 1)$.

1.2 向量记号　下列表达式中哪些记号的使用是正确的？当表达式有意义时，给出它的长度. 下列表达式中，a 和 b 为 10 向量，c 为一个 20 向量.

(a) $a + b - c_{3:12}$.

(b) $(a, b, c_{3:13})$.

(c) $2a + c$.

(d) $(a, 1) + (c_1, b)$.

(e) $((a, b), a)$.

(f) $\begin{bmatrix} a & b \end{bmatrix} + 4c$.

(g) $\begin{bmatrix} a \\ b \end{bmatrix} + 4c$.

1.3 重载 下列表达式中，哪一个使用了正确的记号？若记号是正确的，是否还会引起混淆？假设 a 为一个 10 向量，b 为一个 20 向量.

(a) $b = (0, a)$.

(b) $a = (0, b)$.

(c) $b = (0, a, 0)$.

(d) $a = 0 = b$.

1.4 周期性能量消耗 168 向量 w 给出了一个制造厂从周日午夜到 1 点开始，持续一周，以 MWh（兆瓦小时）为单位的每小时耗电量. 每天耗电的模式是类似的，即它是 24 周期的，这意味着 $w_{t+24} = w_t$，其中 $t = 1, \cdots, 144$. 令 d 为给出一天中能量消耗的 24 向量，起始时间为午夜.

(a) 用向量记号将 w 表示为 d 的形式.

(b) 用向量记号将 d 表示为 w 的形式.

1.5 稀疏性的解释 设 n 向量 x 为稀疏的，即它仅有少量的非零元素. 用一两句话对下面文字所表述的含义进行解释.

(a) x 为某企业 n 天某些业务的日现金流.

(b) x 为一个客户在一年内购买的 n 种产品或服务.

(c) x 为一个投资组合，例如以美元计价的 n 种股票的持有量.

(d) x 为某一项目的原材料清单，即 n 种原材料的需求量.

(e) x 为一个单色图，即 n 个像素点的亮度值.

25

(f) x 为某地一年内的日降雨量.

1.6 向量的差分 设 x 为一个 n 向量. 与此相关的差分向量是一个 $(n-1)$ 向量 d，定义为 $d = (x_2 - x_1, x_3 - x_2, \cdots, x_n - x_{n-1})$. 用向量的记号（例如，切片记号、和、差、线性组合、内积）将 d 用 x 表示. 当 x 表示一个时间序列时，差分向量有一个简单的解释. 例如，若 x 给出了某个量每日的数值，则 d 给出了该量每天的变化量.

1.7 两种布尔向量编码之间的转换 一个布尔 n 向量是一个所有元素是 0 或 1 的向量. 这种向量可用于表示 n 个条件是否成立的编码，其中 $a_i = 1$ 表示条件 i 成立. 与前述信息相同的另外一种编码将每个元素用两个数值 -1 和 $+1$ 表示. 例如布尔向量 $(0,1,1,0)$ 也可以编码为 $(-1,+1,+1,-1)$. 设 x 为一个元素为 0 或 1 的布尔向量，y 为与 x 的信息相同但使用 -1 和 $+1$ 进行编码的向量. 使用向量记号将向量 y 用 x 表示. 同时，也用向量记号将 x 用 y 表示.

1.8 利润和销售向量 一个公司销售 n 种不同的商品或条目. n 向量 p 的每一个元素给出了 n 个以美元计价的每单位商品的利润.（p 的元素通常是正的，但有很少的商品可能会取负值. 这些商品称为**特价商品**，它们被用于增加消费者的关注度，以期消费者可以购买其他有利润的商品.）n 向量 s 给出了每一种商品在某一周期（如一月）内总的销售量，即 s_i 为条目 i 销售的单位总数.（这些量通常也是非负的，但负数也可以用于表示在前一周期内购买而在本周期内退货的商品.）用向量记号将总利润用 p 和 s 表示.

1.9 症状向量 一个 20 向量 s 记录了一个患者对 20 种症状中的每一种是否有所表现，用 $s_i = 1$ 表示该患者有症状 i，$s_i = 0$ 表示该患者无症状 i. 用向量记号表示下列内容.

(a) 患者表现出的症状总数.

(b) 列出前 10 个症状中患者表现出的 5 个.

1.10 课程记录中的总分 一个班级中每一个学生的成绩可以使用一个 10 向量 r 表示，其中 $r_1, \cdots, r_8$ 表示 8 次作业的成绩，每一个成绩的得分在 $0 \sim 10$ 之间，r_9 表示期中考试的成绩，得分在 $0 \sim 120$ 之间，r_{10} 表示期末考试的成绩，得分在 $0 \sim 160$ 之间. 学生的课程总分 s 中（使用 $0 \sim 100$ 分制），25% 基于作业成绩，35% 基于期中考试，40% 基于期末考试. 将 s 表示为 $s = w^{\mathrm{T}}r$ 的形式.（即求 10 向量 w.）w 中的系数可以精确到小数点后 4 位.

1.11 单词计数和单词计数直方图向量 设 n 向量 w 为某一文档对应的 n 个字典中单词的单词计数向量. 为简单起见，假设所有的单词都出现在字典中.

(a) $\mathbf{1}^{\mathrm{T}}w$ 表示什么？

(b) $w_{282} = 0$ 表示什么？

(c) 令 h 为给出单词计数直方图的 n 向量，即 h_i 为单词 i 在文档中出现的比例. 用向量的记号将 h 用 w 表示.（可以假设文档至少包含一个单词.）

1.12 总现值 某跨国公司持有五种货币：USD（美元）、RMB（人民币）、EUR（欧元）、GBP（英镑）和 JPY（日元），它们的数量用一个 5 向量 c 表示. 例如，c_2 表示其持有 RMB 的数量. c 中的负值表示债务或欠款. 用向量的记号将公司的总（净）值用 USD 表示. 确认给出的解中任何新引入向量的大小及其元素的意义. 解中可以使用相关的货币汇率.

26

1.13 人均年龄 设 x 为一个表示人群中年龄分布的 100 向量，其中 x_i 为 $i-1$ 岁的人数，$i = 1, \cdots, 100$.（可以假设 $x \neq 0$，且人群中没有人的年龄超过 99 岁.）用向量记号表示下列各量.

(a) 人群的总人数.

(b) 人群中年龄为 65 岁及以上的总人数.

(c) 人群的平均年龄.（表达式中可以使用通常的数的除法.）

1.14 企业或行业敞口 考虑 n 种资产或股票投资的集合. 令 f 为一个表示某企业或行业是否持有每种资产的 n 向量，例如，药品或电子产品. 特别地，$f_i = 1$ 表示资产 i 在这个行业中，$f_i = 0$ 则表示不在. 令 h 为表示投资的 n 向量，其中 h_i 为以美元计价的资产 i 的持有量（负数表示空头头寸）. 内积 $f^{\mathrm{T}}h$ 被称为（以美元计价的）组合投资的行业**敞口**. 它给出了投资组合在某行业中投资资产的净美元价值. 一个（有关行业或企业的）投资组合 h 若满足 $f^{\mathrm{T}}h = 0$ 则被称为**中性的**.

若一个投资组合 h 的每一个元素都是非负的，则被称为**仅限多头的**，即对每一个 i，$h_i \geqslant 0$. 这意味着该投资组合策略不包含任何空头头寸.

如果一个仅限多头的投资组合对某行业（如医药行业）是中性的表示什么意思呢？答案可以简洁，但应当给出论点来支撑结论.

1.15 最廉价的供应商　设必须购买 n 种原料的数量用一个 n 向量 q 给出，其中 q_i 表示需要购买的第 i 种原料的数量. 在 K 个可能的供应商构成的集合中，每个供应商提供原料的价格用 n 向量 $p_1, \cdots, p_K$ 给出.（注意 p_k 为一个 n 向量，$(p_k)_i$ 表示第 k 个供应商提供每单位原料 i 的价格.）假设所有的数量和价格都是正的.

若只能选择一个供应商，应如何选择？用向量记号给出答案.

一个（高薪聘请的）顾问建议选择两个供应商可能会更好（即总开销会更好），其做法是，将订单拆分为两个，选择两个供应商并分别从他们中的每一个处订货 $(1/2)q$（即总量的一半）. 他声称存在一种对供应商的更好的切分方式. 他的结论是否正确？如果是正确的，如何找到两个可以满足订单要求的供应商？

1.16 非负向量的内积　若一个向量的所有元素都是非负的，则它被称为**非负的**.

(a) 解释为什么两个非负向量的内积是非负的.

(b) 假设两个非负向量的内积为零. 可以得到关于它们的什么结论？答案应当用它们对应的稀疏模式给出，即元素是零和非零.

1.17 现金流的线性组合　考虑 T 个时间周期上的现金流向量，其元素为正表示收到款项，元素为负表示支付的款项. 一（单位）**单期贷款**，在周期 t 处，为一个 T 向量 l_t，对应于在周期 t 时收到 1 美元，在 $t+1$ 周期归还 $(1+r)$ 美元，而其他的支付项均为零. 此处 $r>0$ 为（一个周期上的）利率.

令 c 为一个 1 美元的 $T-1$ 期贷款，其起始时刻为第 1 周期. 这意味着在第 1 周期时收到 1 美元，在第 T 周期时归还 $(1+r)^{T-1}$ 美元，所有其他的支付项（即 $c_2, \cdots, c_{T-1}$）均为零. 将 c 表示为单期贷款的线性组合.

1.18 线性组合的线性组合　设 $b_1, \cdots, b_k$ 中的每一个向量都是向量 $a_1, \cdots, a_m$ 的一个线性组合，c 为 $b_1, \cdots, b_k$ 的线性组合. 则 c 为 $a_1, \cdots, a_m$ 的线性组合. 当 $m=k=2$ 时，证明这一结论.（证明结论一般不是非常复杂的，但记号会变得比较复杂.）

27

1.19 自回归模型　设 $z_1, z_2, \cdots$ 为一个时间序列，z_t 给出了周期或时刻 t 处的取值. 例如 z_t 可能表示在某一商店第 t 天中的销售总额. **自回归**模型利用 $z_t, z_{t-1}, \cdots, z_{t-M+1}$ 的值来预测 z_{t+1}:

$$\hat{z}_{t+1} = (z_t, z_{t-1}, \cdots, z_{t-M+1})^{\mathrm{T}}\beta, \quad t = M, M+1, \cdots$$

此处 $\hat{z}_{t+1}$ 为 z_{t+1} 的自回归模型预测，M 为自回归模型的记忆长度，M 向量 β 为自回归模型的系数向量. 对这一问题将假设时间周期为天，且 $M=10$. 因此，自回归模型在给定了最近 10 天的数据后，可预测明天的值.

对下列每种情形，不使用数学概念，例如向量，内积等，给出自回归模型的简短说明或描述. 可以使用如“昨天”或“今天”这样的词汇.

(a) $\beta \approx e_1$.

(b) $\beta \approx 2e_1 - e_2$.

(c) $\beta \approx e_6$.

(d) $\beta \approx 0.5e_1 + 0.5e_2$.

1.20 存储 100 个长度为 10^5 的向量需要多少字节？构造一个由它们构成的线性组合（有 100 个非零系数）需要多少次浮点运算？若计算机的计算能力为 1Gflop/s，计算这个线性组合大概需要多长时间？

28

第2章 线性函数

本章介绍线性函数和仿射函数，并描述它们的一些常见设置，包括在回归模型中的设置.

2.1 表示形式

函数记号 记号 $f:\mathbb{R}^n \to \mathbb{R}$ 表示 f 是一个将 n 向量映射为实数的**函数**，即它是一个 n 向量的标量值函数. 若 x 为一个 n 向量，则标量 $f(x)$ 为函数 f 在 x 处的**值**.（在记号 $f(x)$ 中，x 称为函数的**参数**.）f 也可以表示为一个有 n 个标量参数或者向量元素的函数，此时，$f(x)$ 可写为

$$f(x)=f(x_1,x_2,\cdots,x_n)$$

此处称 x_1，$\cdots$，x_n 为 f 的参数. 有时又称 f 为实值函数或标量值函数，以强调 $f(x)$ 是一个实数或标量.

为描述函数 $f:\mathbb{R}^n \to \mathbb{R}$，需要指出对任何可能的参数 $x\in\mathbb{R}^n$ 其值都是什么. 例如，可用如下的方式定义函数 $f:\mathbb{R}^4 \to \mathbb{R}$：

$$f(x)=x_1+x_2-x_4^2$$

其中 x 为任意 4 向量. 用文字来说就是 f 的值等于前两个参数的和减去最后一个参数的平方.（这一特殊的函数并不依赖于其第三个参数.）

有时函数的引入并不用正式的符号表示，而是直接将其写成输入参数的公式，或表示成如何利用参数求值. **和函数**就是这样一个例子，其值为 $x_1+\cdots+x_n$. 可以给函数的值起一个名字，例如 $y=x_1+\cdots+x_n$，并称 y 为 x 的函数，此时，就是 x 的元素之和.

很多函数并不是使用公式或方程给出的. 一个简单的例子是，设 $f:\mathbb{R}^3 \to \mathbb{R}$ 给出了特定飞机的升力（垂直向上的力），它是一个 3 向量 x 的函数，其中 x_1 为飞机的攻角（即飞机机身与其飞行方向的夹角），x_2 为空气速度，x_3 为空气密度.

内积函数 设 a 为一个 n 向量. 一个 n 向量的标量值函数 f 可定义为

$$f(x)=a^{\mathrm{T}}x=a_1x_1+a_2x_2+\cdots+a_nx_n \tag{2.1}$$

其中 x 为任意 n 向量. 这一函数给出了 n 向量参数 x 和某（给定的）n 向量 a 的内积，也可以认为 f 是 x 的元素的加权和，a 的元素就给出了加权和中的权重.

叠加性和线性性　式 (2.1) 中定义的内积函数 f 满足如下的性质：

$$\begin{aligned} f(\alpha x+\beta y) &= a^{\mathrm{T}}(\alpha x+\beta y) \\ &= a^{\mathrm{T}}(\alpha x)+a^{\mathrm{T}}(\beta y) \\ &= \alpha\left(a^{\mathrm{T}} x\right)+\beta\left(a^{\mathrm{T}} y\right) \\ &= \alpha f(x)+\beta f(y) \end{aligned}$$

其中 x 和 y 为 n 向量，α 和 β 为标量. 这一性质称为**叠加性**. 满足叠加性的函数被称为是**线性的**. 前面已经证明了一个与给定向量做内积的函数是线性函数.

叠加性等式

$$f(\alpha x+\beta y)=\alpha f(x)+\beta f(y) \tag{2.2}$$

看起来似乎非常简单，它很容易被看作是对新的项进行了模式和顺序的重新整理. 但事实上，它说明了很多东西. 在等式的左侧，项 $\alpha x+\beta y$ 用到了标量与向量的乘积和向量的加法. 在等式的右侧，项 $\alpha f(x)+\beta f(y)$ 用到了常见的标量乘法和标量加法.

若函数 f 是线性的，叠加性可以扩展到对多个向量的线性组合的情形，而不仅仅是两个向量的线性组合：

$$f\left(\alpha_1 x_1+\cdots+\alpha_k x_k\right)=\alpha_1 f\left(x_1\right)+\cdots+\alpha_k f\left(x_k\right)$$

其中 x_1，$\cdots$，x_k 为任意 n 向量，α_1，$\cdots$，α_k 为标量.（这一针对一般情形的 k- 叠加公式在 $k=2$ 时就退化为两项的公式.）为证明之，注意到

$$\begin{aligned} f\left(\alpha_1 x_1+\cdots+\alpha_k x_k\right) &= \alpha_1 f\left(x_1\right)+f\left(\alpha_2 x_2+\cdots+\alpha_k x_k\right) \\ &= \alpha_1 f\left(x_1\right)+\alpha_2 f\left(x_2\right)+f\left(\alpha_3 x_3+\cdots+\alpha_k x_k\right) \\ &\ \ \vdots \\ &= \alpha_1 f\left(x_1\right)+\cdots+\alpha_k f\left(x_k\right) \end{aligned}$$

30

在此处的第一行，对输入参数使用了（两项）叠加：

$$\alpha_1 x_1+(1)\left(\alpha_2 x_2+\cdots+\alpha_k x_k\right)$$

并递归地在其他行不断使用.

等式 (2.2) 中的叠加性有时可以分成两个性质，一个包含标量与向量的乘积，另一个包含有关输入参数的加法. 如果函数 $f: \mathbb{R}^n \rightarrow \mathbb{R}$ 满足下列两个性质，则被称为线性的.

- 齐次性．对任意 n 向量 x 和标量 α，$f(\alpha x)=\alpha f(x)$.
- 可加性．对任意 n 向量 x 和 y，$f(x+y)=f(x)+f(y)$.

齐次性说明将（向量）参数的放缩等价于将函数值进行放缩；可加性说明（向量）参数的相加与函数值的相加相同.

线性函数的内积表示法　如前所述，一个定义为输入参数和某给定向量内积的函数是线性的. 其逆命题也成立：若一个函数是线性的，则它可以表示为其输入参数和某给定向量的内积.

设 f 为一个 n 向量的标量值函数，且是线性的，即 (2.2) 对所有 n 向量 x，y 和所有标量 α，β 都成立. 则存在一个 n 向量 a 使得对所有 x 有 $f(x)=a^{\mathrm{T}}x$. 称 $a^{\mathrm{T}}x$ 为 f 的**内积表示**.

为证明之，利用等式 (1.1) 将任意 n 向量 x 表示为 $x=x_1e_1+\cdots+x_ne_n$. 若 f 是线性的，则根据多项叠加性公式，有

$$\begin{aligned} f(x) &= f(x_1e_1+\cdots+x_ne_n) \\ &= x_1f(e_1)+\cdots+x_nf(e_n) \\ &= a^{\mathrm{T}}x \end{aligned}$$

其中 $a=(f(e_1),f(e_2),\cdots,f(e_n))$. 刚才得到的公式

$$f(x)=x_1f(e_1)+x_2f(e_2)+\cdots+x_nf(e_n) \tag{2.3}$$

对任何线性标量值函数 f 都是成立的，并且有很多有趣的含义. 例如，设线性函数 f 可以用子程序（或物理系统）的形式给出，它计算（或得到输出）$f(x)$ 在给定参数（或输入）x 时的值. 一旦通过 n 次调用子程序（或进行了 n 次实验）求得了 $f(e_1)$，$\cdots$，$f(e_n)$，就可根据公式 (2.3) 对任意向量 x 预测（或模拟）$f(x)$ 是什么.

线性函数 f 的表达式 $f(x)=a^{\mathrm{T}}x$ 是**唯一的**，这意味着仅存在一个向量 a 使得 $f(x)=a^{\mathrm{T}}x$ 对所有的 x 都成立. 为证明之，设对所有 x 有 $f(x)=a^{\mathrm{T}}x$，且对所有 x，也有 $f(x)=b^{\mathrm{T}}x$. 取 $x=e_i$，则根据公式 $f(x)=a^{\mathrm{T}}x$ 可得 $f(e_i)=a^{\mathrm{T}}e_i=a_i$. 利用公式 $f(x)=b^{\mathrm{T}}x$，可得 $f(e_i)=b^{\mathrm{T}}e_i=b_i$. 这两个数值必然相等，故有 $a_i=b_i$. 对 $i=1,\cdots,n$ 重复这一过程，可以得到 a 和 b 的所有对应元素都相等，因此 $a=b$.

31

例子

- *平均值*. n 向量的**均值**或**平均值**定义为

  $$f(x)=(x_1+x_2+\cdots+x_n)/n$$

  并被记为 $\mathbf{avg}(x)$（有时又被记为 $\bar{x}$）. 一个向量的平均值是线性函数. 它可以表示为 $\mathbf{avg}(x)=a^{\mathrm{T}}x$，其中

  $$a=(1/n,\cdots,1/n)^{\mathrm{T}}=\mathbf{1}/n$$

- *最大值*. 一个 n 向量 x 的元素的最大值 $f(x)=\max\{x_1,\cdots,x_n\}$ 不是线性函数（除 $n=1$ 外）. 当 $n=2$ 时，可以给出一个反例. 令 $x=(1,-1)$，$y=(-1,1)$，$\alpha=1/2$，$\beta=1/2$. 则

  $$f(\alpha x+\beta y)=0\neq\alpha f(x)+\beta f(y)=1$$

仿射函数 一个线性函数加上一个常数称为**仿射**函数. 函数 $f:\mathbb{R}^n \to \mathbb{R}$ 为仿射函数的充分必要条件是它可以表示为 $f(x)=a^{\mathrm{T}}x+b$，其中 a 为某 n 向量，b 为标量，这个标量有时又称为**偏移**. 例如，一个如下定义的 3 向量函数

$$f(x)=2.3-2x_1+1.3x_2-x_3$$

是仿射的，其中 $b=2.3$，$a=(-2,1.3,-1)$.

任何仿射的标量值函数都满足下列的叠加性性质的变体：

$$f(\alpha x+\beta y)=\alpha f(x)+\beta f(y)$$

其中 x，y 为 n 向量，α 和 β 为满足 $\alpha+\beta=1$ 的标量. 对线性函数，叠加性对任意的系数 α 和 β 都是成立的；对仿射函数，只有当系数的和为 1 时（即当参数是一个仿射组合时），叠加性才成立.

为证明仿射函数 $f(x)=a^{\mathrm{T}}x+b$ 满足的受限的叠加性性质，注意到，对任意向量 x，y 和满足条件 $\alpha+\beta=1$ 的标量 α，β，

$$\begin{aligned}
f(\alpha x+\beta y)&=a^{\mathrm{T}}(\alpha x+\beta y)+b\\
&=\alpha a^{\mathrm{T}}x+\beta a^{\mathrm{T}}y+(\alpha+\beta)b\\
&=\alpha\left(a^{\mathrm{T}}x+b\right)+\beta\left(a^{\mathrm{T}}y+b\right)\\
&=\alpha f(x)+\beta f(y)
\end{aligned}$$

（在第二行使用了关系 $\alpha+\beta=1$.）

这一对仿射函数成立的受限的叠加性对证明函数 f 不是仿射时非常有用：找出向量 x，y 和数 α，β（满足 $\alpha+\beta=1$），然后验证 $f(\alpha x+\beta y)\neq\alpha f(x)+\beta f(y)$ 即可. 这就证明了 f 不是仿射的. 例如，前面已经验证最大值函数（当 $n>1$ 时）不满足这一叠加性；反例中的系数为 $\alpha=\beta=1/2$，它们的和是 1，这说明最大值函数不是仿射的.

32

这一结论的逆也是成立的：任何满足受限的叠加性性质的标量值函数是仿射的. 与公式 (2.3) 类似的公式

$$f(x)=f(0)+x_1(f(e_1)-f(0))+\cdots+x_n(f(e_n)-f(0)) \tag{2.4}$$

在 f 是仿射的，且 x 为任意 n 向量时成立.（参见练习 2.7.）这一公式表明，对一个仿射函数，一旦知道了 $n+1$ 个数 $f(0)$，$f(e_1)$，$\cdots$，$f(e_n)$，就可以预测（或重构、计算）任何 n 向量 x 对应的 $f(x)$. 它也说明表达式 $f(x)=a^{\mathrm{T}}x+b$ 中的向量 a 和常数 b 可以利用函数 f 求得：$a_i=f(e_i)-f(0)$，且 $b=f(0)$.

在某些上下文中仿射函数也被称为线性函数. 例如，当 x 为一个标量时，函数 $f(x)=\alpha x+\beta$ 有时也被称为 x 的线性函数，也许是因为它的图形是一条直线. 但当 $\beta\neq0$ 时，在经典的数学意义下，f 不是 x 的线性函数，它是关于 x 的仿射函数. 在本书中将区分线性函数和仿射函数. 图 2-1 中给出了两个简单的例子.

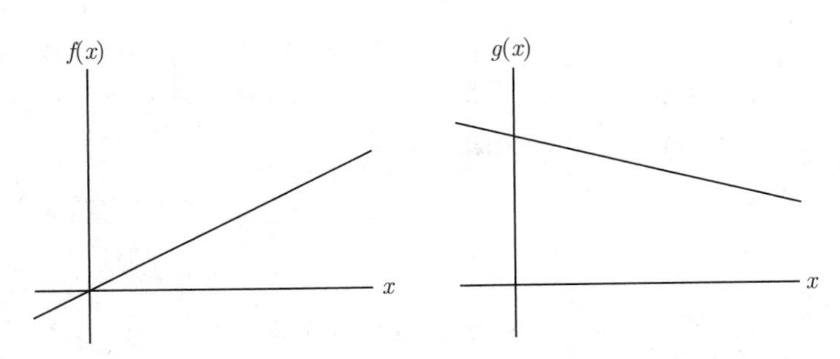

图 2-1　左图：函数 f 为线性函数. 右图：函数 g 为仿射函数，但不是线性函数

土木工程的例子　很多科学和工程领域中出现的标量值函数都可以使用线性函数或仿射函数很好地近似. 一个典型的例子是考虑一个钢架结构（例如桥梁）的荷载，可令 n 向量 w 表示桥梁在 n 个特定位置上的荷载，单位是吨. 这些荷载会引起桥梁轻微的变化（运动或形变）. 令 s 为桥梁上某一点处由于荷载 w 产生的向下弯曲的位移，单位是毫米. 如图 2-2 所示. 对于桥梁设计中可以承受的荷载，这种弯曲能够用线性函数 $s=f(x)$ 很好地近似. 这一函数可以表示为一个内积 $s=c^{\mathrm{T}}w$，其中 c 为某 n 向量. 从方程 $s=c_1w_1+\cdots+c_nw_n$ 可以看出，c_1w_1 就是由于荷载 w_1 引起的弯曲量，对其他荷载也是如此. 系数 c_i，单位为 mm/t（毫米每吨），被称为**柔度**，它给出了荷载作用于 n 个位置时桥梁下弯的敏感度.

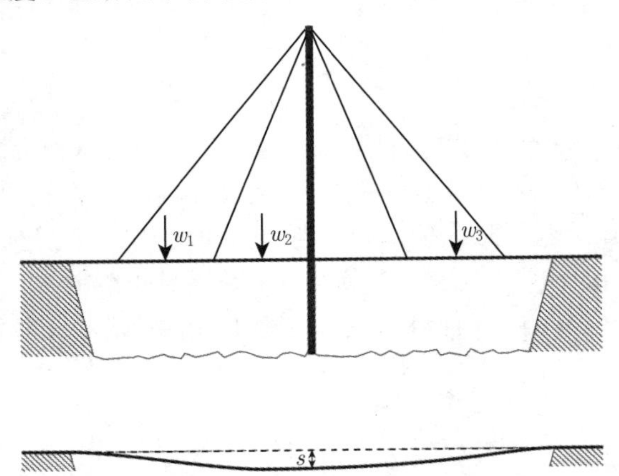

图 2-2　在一个桥梁上 3 处作用荷载 w_1，w_2，w_3. 这些荷载使得桥梁的中心出现下弯，下弯量为 s（此图中的下弯量被夸大了）

33 ~ 34

向量 c 可通过（数值地）求解偏微分方程得到，这一方程给出了桥梁设计中的细节和用于构建桥梁的钢材料的力学特性. 这通常是在桥梁设计阶段完成的. 向量 c 也可以在桥梁建成后用公式 (2.3) 测得. 令 $w=e_1$，表示在第一个桥梁荷载点上放置一个 1 吨的荷载，而其他荷载点上不添加荷载. 然后测量下弯量，即 c_1. 重复该实验，将这 1 吨的荷载置于荷载点 2，3，$\cdots$，n，就给出了 c_2，c_3，$\cdots$，c_n. 由此可得向量 c，利用它即可**预测**任何荷载情形下的下弯量. 为检验测量的数据（以及下弯函数的线性性），需要测量一些比较复杂情形下

的荷载，并在每一种情形下将预测值（即 $c^{\mathrm{T}}w$）与真实下弯量进行比较.

表 2-1 给出了这些实验可能的结果，其中每一行代表一次实验（即配置荷载后测量下弯量）. 最后两行比较了测量的下弯量和预测的下弯量，预测的下弯量使用前三次实验得到的线性函数的系数进行计算.

表 2-1　桥梁上的荷载（前三列）、在对应点处测量的下弯量（第四列）和利用前三次实验构造的线性模型的预测的下弯量（第五列）

w_1	w_2	w_3	测量的下弯量	预测的下弯量
1	0	0	0.12	—
0	1	0	0.31	—
0	0	1	0.26	—
0.5	1.1	0.3	0.481	0.479
1.5	0.8	1.2	0.736	0.740

2.2 Taylor 近似

在很多应用中，n 个变量的标量值函数，或 n 个变量与一个标量之间的关系，可以用一个线性函数或仿射函数进行**近似**. 这些情况下，有时又称这一关联变量和标量变量的线性函数或仿射函数为**模型**，借此提醒这种关系是一个近似，并不精确.

微分计算给出了一个有组织的方式来求一个近似的仿射模型. 设 $f:\mathbb{R}^n\to\mathbb{R}$ 为可微的，这意味着其所有偏导数都存在（参见 C.1 节）. 令 z 为一个 n 向量. 函数 f 在 z 点附近对变量 x 的（一阶）**Taylor 近似**（Taylor approximation）函数 $\hat{f}(x)$ 定义为

$$\hat{f}(x)=f(z)+\frac{\partial f}{\partial x_1}(z)(x_1-z_1)+\cdots+\frac{\partial f}{\partial x_n}(z)(x_n-z_n)$$

其中 $\dfrac{\partial f}{\partial x_i}(z)$ 表示 f 相对于其第 i 个参数在 n 向量 z 处的偏导数. 左端表达式中 f 上的尖号是一个常用的记号，用以提醒它是函数 f 的一个近似.（这一近似以数学家 Brook Taylor 的名字命名.）

35

一阶 Taylor 近似 $\hat{f}(x)$ 在所有 x_i 都在 z_i 附近时是 $f(x)$ 的一个很好的近似. 有时 $\hat{f}$ 也被写为附加第二个向量参数的形式，即 $\hat{f}(x;z)$，以说明该近似是在点 z 处进行的. Taylor 近似的第一项为常数，其他项可看作是由于 x 分量（相对 z）的变化引起的函数值（相对 $f(z)$）的（近似）变化的贡献.

显然，$\hat{f}$ 是一个关于 x 的仿射函数.（有时它被称为 f 在 z 附近的**线性近似**，尽管它一般是仿射的、非线性的.）利用内积的记号，它可被紧凑地写为

$$\hat{f}(x)=f(z)+\nabla f(z)^{\mathrm{T}}(x-z)\tag{2.5}$$

其中 $\nabla f(z)$ 是一个 n 向量，函数 f（在点 z 处）的**梯度**为

$$\nabla f(z)=\begin{bmatrix}\dfrac{\partial f}{\partial x_1}(z)\\ \vdots\\ \dfrac{\partial f}{\partial x_n}(z)\end{bmatrix}\tag{2.6}$$

Taylor 近似公式 (2.5) 的第一项是一个常数 $f(z)$，其取值为函数在 $x=z$ 处的值. 第二项为函数 f 在 z 处的梯度与 x 相对于 z 的**偏差**或**扰动**（即 $x-z$）的内积.

一阶 Taylor 近似可以用一个线性函数加上一个常数的形式表示：

$$\hat{f}(x)=\nabla f(z)^{\mathrm{T}}x+\left(f(z)-\nabla f(z)^{\mathrm{T}}z\right)$$

但公式 (2.5) 看起来更容易理解.

一阶 Taylor 近似给出了一个有组织的方式来构造函数 $f:\mathbb{R}^n\to\mathbb{R}$ 在 z 附近的仿射近似，前提是存在描述函数 f 的公式或方程，并且函数是可微的. 一个简单的例子是 $n=1$ 时的情形，参见图 2-3. 在整个 x 轴上，Taylor 近似 $\hat{f}$ 并不能给出函数 f 的一个好的近似. 但是，当 x 在 z 附近时，Taylor 近似的效果是很好的.

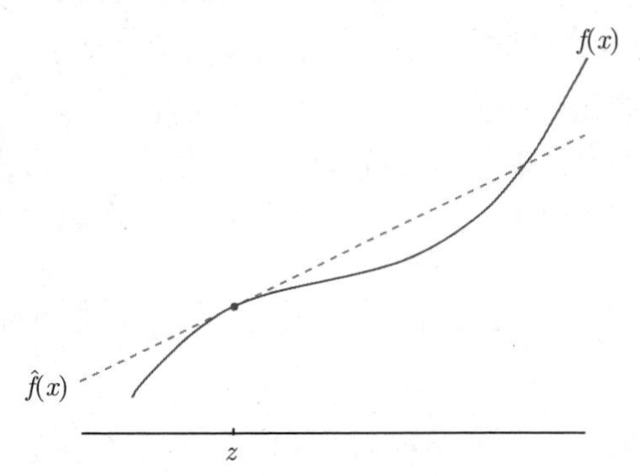

图 2-3　一个单变量函数 f 及其在点 z 处的一阶 Taylor 近似 $\hat{f}(x)=f(z)+f'(z)(x-z)$

例子　考虑函数 $f:\mathbb{R}^2\to\mathbb{R}$，其定义为 $f(x)=x_1+\exp(x_2-x_1)$，它不是线性或仿射函数. 为求其在 $z=(1,2)$ 附近的 Taylor 近似 $\hat{f}$，对其求偏导可得

$$\nabla f(z)=\begin{bmatrix}1-\exp(z_2-z_1)\\ \exp(z_2-z_1)\end{bmatrix}$$

它在点 $z=(1,2)$ 处的计算值为 $(-1.7183, 2.7183)$. 于是，在 $z=(1,2)$ 处的 Taylor 近似为

$$\begin{aligned}\hat{f}(x)&=3.7183+(-1.7183,2.7183)^{\mathrm{T}}(x-(1,2))\\&=3.7183-1.7183(x_1-1)+2.7183(x_2-2)\end{aligned}$$

表 2-2 给出了 $f(x)$ 和 $\hat{f}(x)$ 以及在与 z 相对比较近处的近似误差 $|\hat{f}(x)-f(x)|$. 可以看到 $\hat{f}$ 确实是 f 的一个好的近似，特别是在 x 接近 z 时.

表 2-2 x 的取值（第一列）、函数值 $f(x)$（第二列）、Taylor 近似 $\hat{f}(x)$（第三列）及误差（第四列）

x	$f(x)$	$\hat{f}(x)$	$\lvert\hat{f}(x)-f(x)\rvert$
(1.00, 2.00)	3.7183	3.7183	0.0000
(0.96, 1.98)	3.7332	3.7326	0.0005
(1.10, 2.11)	3.8456	3.8455	0.0001
(0.85, 2.05)	4.1701	4.1119	0.0582
(1.25, 2.41)	4.4399	4.4032	0.0367

36 ~ 37

2.3 回归模型

本节将介绍一个非常常用的仿射函数，特别是当 n 向量 x 为一个特征向量的时候. 这个仿射函数定义为

$$\hat{y}=x^{\mathrm{T}}\beta+v \tag{2.7}$$

其中 β 为一个 n 向量，v 为一个标量. 该函数被称为**回归模型**. 本书中，x 的元素被称为**回归因子**，$\hat{y}$ 被称为**预测**，这是因为回归模型通常是一个对某真实值 y 的近似或预测，y 通常被称为**因变量**、**输出**或**标签**.

在回归模型中，向量 β 被称为**权重向量**或**系数向量**，标量 v 被称为**偏移**或**截距**. β 和 v 都被称作回归模型的**参数**.（在第 13 章可以看到回归模型中的参数是如何被估计或猜测的，这一过程是基于对特征向量 x 的过去数据的观察，并结合输出 y 进行的.）回归模型中使用的符号 $\hat{y}$ 用以强调它是某输出 y 的一个*估计*或者*预测*.

权重向量中的元素有着简单的解释：β_i 就是当特征 i 有单位增加（其他特征保持不变）时 $\hat{y}$ 的增加量（若 $\beta_i>0$）. 若 β_i 很小，预测值 $\hat{y}$ 并不强烈依赖于特征 i. 偏移 v 为所有特征取值为 0 时 $\hat{y}$ 的取值.

当所有的特征都是布尔型时，即它们的取值要么是 1，要么是 0，回归模型很容易解释. 这一情形通常出现在特征表示两个输出结果中的某一个时. 一个简单的例子是，当考虑某类人群中人的寿命时，若此人是女性则 $x_1=0$（若为男性，则 $x_1=1$），若此人有 II 型糖尿病则 $x_2=1$，若此人吸烟则 $x_3=1$. 此时，回归模型中的 v 就是无糖尿病、不吸烟的女性的寿命. β_1 表示此人是男性时寿命的增长量；β_2 表示此人有糖尿病时寿命的增长量；β_3 表示此人吸烟时寿命的增长量.（在一个对真实数据进行拟合的模型中，这三个系数可能都是负的，即在寿命的回归模型中，它们都会使回归模型预测的寿命减少.）

简化的回归模型记号 向量的堆叠可用于将回归模型 (2.7) 中的权重和偏移转化为一个参数向量，并借此将回归模型进行一些简化. 新的回归因子记为向量 $\tilde{x}$，它有 $n+1$ 个元素，写为 $\tilde{x}=(1,x)$. 可以将 $\tilde{x}$ 理解为一个新的特征向量，它包含了 n 个原有的特征以及一

个新追加在前面的特征 ($\tilde{x}_1$)，这个值总是 1. 定义参数向量 $\tilde{\beta}=(v,\beta)$，则回归模型 (2.7) 可以用内积形式简写为

$$\hat{y}=x^{\mathrm{T}}\beta+v=\begin{bmatrix}1\\x\end{bmatrix}^{\mathrm{T}}\begin{bmatrix}v\\\beta\end{bmatrix}=\tilde{x}^{\mathrm{T}}\tilde{\beta} \tag{2.8}$$

通常将字母上的波浪号去掉，将其简写作 $\hat{y}=x^{\mathrm{T}}\beta$，其中假设 x 中的第一个特征为常数 1. 一个特征的取值总是 1，说明这个特征不能提供特定信息或有意义的事情，但它确实可以将回归模型中的记号化简.

38

房屋价格回归模型　作为一个简单的回归模型例子，设 y 为一套房屋在某区域、某时间周期内的售价，2 向量 x 包含了房屋的属性：

- x_1 为房屋的面积（以 1000 平方英尺㊀为单位）.
- x_2 为卧室的数量.

若 y 表示该房屋的售价，单位为千美元，则回归模型

$$\hat{y}=x^{\mathrm{T}}\beta+v=\beta_1x_1+\beta_2x_2+v$$

根据给出的属性或特征预测房屋的价格. 这一回归模型不可能准确描述房屋属性与其售价之间的关系，它是一个模型或者近似. 事实上，对这样的模型最好的期望仅仅是给出了售价的一个粗略近似.

作为一个特定的数值例子，考虑回归模型的参数为

$$\beta=(148.73,-18.85),\quad v=54.40 \tag{2.9}$$

这些参数值使用将在第 13 章中介绍的方法从 Sacramento 地区的 774 个售房记录中得到. 表 2-3 给出了 5 套在销售期间的房屋的特征向量 x，其真实的销售价格为 y，利用前述的回归模型得到的预测价格为 $\hat{y}$. 图 2-4 给出了 774 套房屋的预测价格和真实价格的散点图，其中包括表 2-3 中的 5 套房屋，图中的横轴为真实价格，纵轴为预测价格.

表 2-3　5 套房屋对应的特征向量在表中的第二列和第三列. 第四列和第五列给出了真实的价格和使用回归模型预测的价格

房屋	x_1 (面积)	x_2 (卧室)	y (价格)	$\hat{y}$ (预测价格)
1	0.846	1	115.00	161.37
2	1.324	2	234.50	213.61
3	1.150	3	198.00	168.88
4	3.037	4	528.00	430.67
5	3.984	5	572.5	552.66

可以看到，回归模型给出了合理的预测价格的结果，但是并不精确.（对实际问题使用房屋价格回归模型时，回归因子的数量远远大于两个，且模型更为准确.）

㊀ 1 平方英尺 =0.092 903 平方米. —— 编辑注

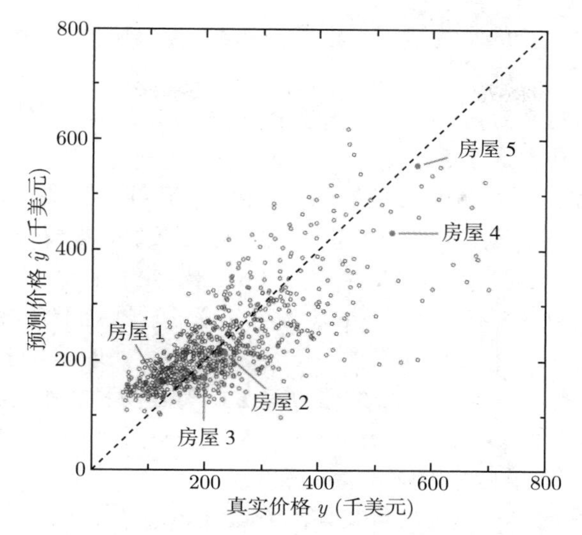

图 2-4　774 套在 Sacramento 的房屋，五天内销售的真实价格和预测价格的散点图

(2.9) 中的模型参数是很容易解释的. 参数 $\beta_1 = 148.73$ 为房屋面积每增加 1000 平方英尺（卧室数量不变）时，回归模型预测的价格增加量（以千美元计）. 参数 $\beta_2 = -18.85$ 为房屋面积不变时，随卧室数量的增加预测价格的增加量，其单位为千美元每卧室数. 可以看到一个奇怪的现象是 β_2 为负数，因为人们可能猜测增加房屋的卧室数量会增加房屋的价格，而不应当使其减少. 为理解为什么 β_2 是负的，注意到增加卧室数量时它给出的预测价格是在没有增加任何房屋面积的情况下得到的. 若将房屋模型修改为增加卧室数量的同时增加 127 平方英尺的房屋面积，则回归模型 (2.9) 确实说明了房屋的销售价格是在上升的. 偏移 $v = 54.40$ 为房屋没有面积且没有卧室时预测的价格，这一价格被称为模型预测的土地价格. 但这一回归模型太粗糙了，其结果也是值得怀疑的.

39 ~ 40

41

练习

2.1 线性还是非线性？ 判断下列每一个 n 向量的标量值函数是否是线性的. 如果是线性的，给出它的内积表示形式，也即有一个 n 向量 a 使得 $f(x) = a^{\mathrm{T}}x$ 对一切 x 都成立. 若它不是线性的，给出特定的 x，y，α 和 β 使得叠加性不成立，也即

$$f(\alpha x + \beta y) \neq \alpha f(x) + \beta f(y)$$

(a) 向量值的传播，定义为 $f(x) = \max_k x_k - \min_k x_k$.

(b) 最后一个元素和第一个元素的差，$f(x) = x_n - x_1$.

(c) 一个 n 向量的中位数，其中假设 $n = 2k + 1$ 为奇数. 向量 x 的中位数定义为 x 的元素中第 $k+1$ 大的数. 例如，$(-7.1, 3.2, -1.5)$ 的中位数为 -1.5.

(d) 下标为奇数的元素的平均值减去下标为偶数的元素的平均值. 可以假设 $n=2k$ 是偶数.

(e) 向量的外推，定义为 $x_n+(x_n-x_{n-1})$，其中 $n\geqslant 2$.（它是 x_{n+1} 应当是什么的一个简单预测，利用了通过 x_n 和 x_{n-1} 的直线.）

2.2 处理器的功率和温度　有三个处理器的电子器件的温度 T 为一个有关三个处理器的功率消耗 $P=(P_1,P_2,P_3)$ 的仿射函数. 当所有的三个处理器都处于怠速时，有 $P=(10,10,10)$，此时的温度为 $T=30$. 当第一个处理器处于全功状态，其他两个处理器为怠速时，有 $P=(100,10,10)$ 及 $T=60$. 当第二个处理器处于全功状态，其他两个处理器为怠速时，有 $P=(10,100,10)$ 及 $T=70$. 当第三个处理器处于全功状态，其他两个处理器为怠速时，有 $P=(10,10,100)$ 及 $T=65$. 现假设三个处理器工作于相同（same）的功率 P^{same}. 若要求 $T\leqslant 85$，则 P^{same} 是多少？**提示**：利用给定的数据，求 3 向量 a 和数 b 使得 $T=a^{\mathrm{T}}P+b$.

2.3 力作用下物体的运动　设单位质量物体沿着直线运动（在一维空间）. 该物体在时刻 t（单位是秒）的位置记为 $s(t)$，其导数（速度和加速度）为 $s'(t)$ 和 $s''(t)$. 以时间为变量的位置函数可使用牛顿第二定律确定：

$$s''(t)=F(t)$$

其中 $F(t)$ 为在时刻 t 作用在物体上的力，初始条件为 $s(0)$ 和 $s'(0)$. 假设 $F(t)$ 为分片常数，且在每一秒的时间长度内都是常数. 此时，力 $F(t)$（$0\leqslant t<10$）可用一个 10 向量 f 进行表示，即

$$F(t)=f_k,\quad k-1\leqslant t<k$$

导出最终速度 $s'(10)$ 和最终位置 $s(10)$ 所满足的关系式. 证明 $s(10)$ 和 $s'(10)$ 为关于 f 的仿射函数，并给出 10 向量 a，c 和常数 b，d 满足

$$s'(10)=a^{\mathrm{T}}f+b,\quad s(10)=c^{\mathrm{T}}f+d$$

这意味着将作用力的序列映射到最终位置和最终速度的映射为仿射的.

提示：可以使用

$$s'(t)=s'(0)+\int_0^t F(\tau)\,\mathrm{d}\tau,\quad s(t)=s(0)+\int_0^t s'(\tau)\,\mathrm{d}\tau$$

42

可以发现，物体的速度 $s'(t)$ 是一个分片线性函数.

2.4 线性函数?　函数 $\phi:\mathbb{R}^3\to\mathbb{R}$ 满足

$$\phi(1,1,0)=-1,\quad \phi(-1,1,1)=1,\quad \phi(1,-1,-1)=1$$

从后面的结论中选择正确的，并验证选择的结论：ϕ 必为线性的；ϕ 可能是线性的；ϕ 不可能是线性的.

2.5 仿射函数 设 $\psi:\mathbb{R}^2\to\mathbb{R}$ 为一个仿射函数，满足 $\psi(1,0)=1$，$\psi(1,-2)=2$.

(a) 对 $\psi(1,-1)$ 可以得到什么结论？给出 $\psi(1,-1)$ 的值或者说明它是不能被确定的.

(b) 对 $\psi(2,-2)$ 可以得到什么结论？给出 $\psi(2,-2)$ 的值或者说明它是不能被确定的.

证明上述结果.

2.6 调查问卷的评分 某杂志中的一个调查问卷有 30 个问题，分为两个有 15 个问题的集合. 某一参与问卷调查的人需对其中的每个问题在“很少”“有时”或“经常”中选择一个. 答案被记录为一个 30 向量 a，其中 $a_i=1,2,3$ 分别对应问题 i 的答案“很少”“有时”或“经常”. 一个完整问卷的总分是如下得到的：对问题 1~15 回答为“有时”的答案加 1 分，“经常”的答案加 2 分；对问题 16~30 回答为“有时”的答案加 2 分，“经常”的答案加 4 分. （当答案为“很少”时，不加分.）将总分 s 表示为一个仿射函数 $s=w^{\mathrm{T}}a+v$，其中 w 为一个 30 向量，v 为一个标量（数）.

2.7 仿射函数的一般公式 验证公式 (2.4) 对一切仿射函数 $f:\mathbb{R}^n\to\mathbb{R}$ 都成立. 可以使用事实 $f(x)=a^{\mathrm{T}}x+b$ 对某 n 向量 a 和 b 成立.

2.8 多项式的积分和导数 设 n 向量 c 给出了多项式 $p(x)=c_1+c_2x+\cdots+c_nx^{n-1}$ 的系数.

(a) 令 α 和 β 为数，满足 $\alpha<\beta$. 求一个 n 向量 a 使得

$$a^{\mathrm{T}}c=\int_{\alpha}^{\beta}p(x)\,\mathrm{d}x$$

总是成立的. 这意味着在一个区间上的多项式积分是一个关于其系数的线性函数.

(b) 令 α 为一个数. 求一个 n 向量 b 使得

$$b^{\mathrm{T}}c=p'(\alpha)$$

这意味着在某点处多项式的导数是其系数的一个线性函数.

2.9 Taylor 近似 考虑函数 $f:\mathbb{R}^2\to\mathbb{R}$，其定义为 $f(x_1,x_2)=x_1x_2$. 求其在点 $z=(1,1)$ 处的 Taylor 近似 $\hat{f}$. 对下列 x 的取值，比较 $f(x)$ 和 $\hat{f}(x)$：

$$x=(1,1),\quad x=(1.05,0.95),\quad x=(0.85,1.25),\quad x=(-1,2)$$

对每种情形下 Taylor 近似的精度做一个简要的评论.

2.10 回归模型 考虑回归模型 $\hat{y}=x^{\mathrm{T}}\beta+v$，其中 $\hat{y}$ 为预测的响应，x 为表示特征的一个 8 向量，β 为表示系数的 8 向量，v 为偏移项. 判定下列各命题的真假.

(a) 若 $\beta_3>0$ 且 $x_3>0$，则 $\hat{y}\geqslant 0$.

(b) 若 $\beta_2=0$，则预测值 $\hat{y}$ 不依赖于特征 x_2.

(c) 若 $\beta_6=-0.8$，则增加 x_6（保持其他的 x_i 不变）将减少 $\hat{y}$.

43

2.11 稀疏回归权向量 设一个 n 向量 x 给出了某对象的 n 种特征，标量 y 为某个与对象相关的输出. 回归模型 $\hat{y}=x^{\mathrm{T}}\beta+v$ 使用稀疏的权向量 β 的含义是什么？给出答案，以 $\hat{y}$ 表示预测的输出值.

2.12 改变价格使利润最大化　一个企业销售 n 种产品，它现在考虑改变其中一种产品的价格以期提高总利润．经济分析师给出了一个产品价格变化时，（合理、准确地）预测总利润的回归模型，其形式为 $\hat{P} = \beta^{\mathrm{T}}x + P$，其中 n 向量 x 为产品价格变化的比例，$x_i = (p_i^{\text{new}} - p_i)/p_i$．此处 P 为当前价格的利润，$\hat{P}$ 为改变价格后预测的利润，p_i 为产品 i 当前（正的）价格，p_i^{new} 为产品 i 的新价格．

(a) $\beta_3 < 0$ 的含义是什么？（是的，这是会发生的．）

(b) 假设只允许修改一种产品的价格，且最多不超过 1%，以提高总利润．应当选择哪种产品，其价格应该是增加还是减少？增加或减少多少？

44

(c) 重复 (b)，假设允许改变两种产品的价格，每种最多不超过 1%，应当如何做呢？

第 3 章　范数和距离

本章重点介绍向量的范数，它是一种向量大小的度量，有很多与之有关的概念，比如距离、夹角、标准差和相关性等.

3.1　范数

一个 n 向量 x 的**Euclid 范数**（以希腊数学家 Euclid 的名字命名），记为 $\|x\|$，定义为向量元素平方和的平方根，

$$\|x\| = \sqrt{x_1^2 + x_2^2 + \cdots + x_n^2}$$

Euclid 范数也可以表示为向量与其自身做内积的平方根，即 $\|x\| = \sqrt{x^{\mathrm{T}}x}$.

Euclid 范数有时又添加一个下标 2，写为 $\|x\|_2$.（下标 2 表示 x 的分量被提升到二次幂.）关于向量的 Euclid 范数的其他并不非常通用的术语是向量的**大小**，或**长度**.（术语*长度*应当避免使用，因为它也常用于给出向量的维数.）使用相同的记号表示不同维数向量的范数.

作为一个简单的例子，有

$$\left\|\begin{bmatrix} 2 \\ -1 \\ 2 \end{bmatrix}\right\| = \sqrt{9} = 3, \quad \left\|\begin{bmatrix} 0 \\ -1 \end{bmatrix}\right\| = 1$$

当 x 为一个标量，即一个 1 向量时，其 Euclid 范数与 x 的绝对值相同. 事实上，Euclid 范数可被认为是绝对值或大小的概念被应用于向量时的推广. 双竖线的记号就有这样的含义. 与数的绝对值类似，一个向量的范数也是一个（数值）度量向量大小的量. 如果向量的范数是一个很小的数，则称向量是**小向量**，如果其范数是一个很大的数，则称其为**大向量**.（范数大小的数值值是小还是大依赖于应用和上下文.）

范数的性质　下面给出 Euclid 范数的一些重要性质. 其中 x 和 y 为相同大小的向量，β 为一个标量.

- *非负的齐次性*. $\|\beta x\| = |\beta|\,\|x\|$. 向量乘以一个标量倍数的范数等于向量的范数乘以标量的绝对值.
- *三角不等式*. $\|x + y\| \leqslant \|x\| + \|y\|$. 两个向量 Euclid 范数的和比它们和的 Euclid 范数大.（这一性质的名字将在以后进行解释.）该不等式的另一个名字是**次可加性**.
- *非负性*. $\|x\| \geqslant 0$.

- **确定性**. 只有当 $x=0$ 时，$\|x\|=0$.

最后两个性质可以合并在一起，说明范数总是非负的，且其值只有在向量为零向量时才会是零，这被称为**正定**. 第一、三和四个性质容易用范数的定义直接证明. 作为一个例子，此处验证确定性. 若 $\|x\|=0$，则有 $\|x\|^2=0$，它说明 $x_1^2+\cdots+x_n^2=0$. 这是 n 个非负数的和，它等于零. 因为如果这个和中的 n 个数任何一项非零，则它应当为正，所以 n 个数任何一项都为零. 因此得到 $x_i^2=0$，$i=1,\cdots,n$，故 $x_i=0$，$i=1,\cdots,n$，因此，$x=0$. 第二个性质（三角不等式）的建立并不容易；其推导过程在 3.4 节给出.

一般的范数 满足前面给出的四个性质的任意 n 向量的实值函数都称为（一般的）范数. 但在本书中，将只使用 Euclid 范数，故自此处开始，Euclid 范数将在本书中被称为范数.（参见练习 3.5，它给出了一些其他有用的范数.）

均方根值 一个 n 向量 x 的范数和其**均方根值**（root-mean-square，RMS）紧密相关，它的定义为

$$\mathbf{rms}\,(x)=\sqrt{\frac{x_1^2+\cdots+x_n^2}{n}}=\frac{\|x\|}{\sqrt{n}}$$

上式中间表达式根号内的参数称为 x 的**均方**，记为 $\mathbf{ms}\,(x)$，而均方根值则是均方的平方根. 一个向量 x 的均方根值在用于比较不同维数的向量范数时非常有用；均方根值指明了 $|x_i|$ 的“典型”取值是什么. 例如，$\mathbf{1}$，即所有分量均为 1 的 n 向量的范数为 $\sqrt{n}$，但其均方根值为 1，与 n 的取值无关. 更一般地，若向量的所有元素都是相同的，如 α，则向量的均方根值为 $|\alpha|$.

和的范数 两个向量 x 和 y 的和的范数公式为

46

$$\|x+y\|=\sqrt{\|x\|^2+2x^{\mathrm{T}}y+\|y\|^2} \tag{3.1}$$

为导出该公式，首先考虑 $x+y$ 的范数的平方并利用内积的各种性质：

$$\begin{aligned}\|x+y\|^2&=(x+y)^{\mathrm{T}}(x+y)\\&=x^{\mathrm{T}}x+x^{\mathrm{T}}y+y^{\mathrm{T}}x+y^{\mathrm{T}}y\\&=\|x\|^2+2x^{\mathrm{T}}y+\|y\|^2\end{aligned}$$

将上式两边取平方根即得到前述公式 (3.1). 在证明过程的第一行，使用了范数的定义. 在第二行，将内积进行了展开. 在第三行，使用了范数的定义以及 $x^{\mathrm{T}}y=y^{\mathrm{T}}x$ 这个事实. 其他与向量的范数、和、内积有关的等式请参见练习 3.4.

分块向量的范数 堆叠向量的范数平方等于其子向量的范数平方和. 例如，对 $d=(a,b,c)$（其中 a，b 和 c 均为向量），有

$$\|d\|^2=d^{\mathrm{T}}d=a^{\mathrm{T}}a+b^{\mathrm{T}}b+c^{\mathrm{T}}c=\|a\|^2+\|b\|^2+\|c\|^2$$

这一思想常被逆向使用，即将多个向量范数的平方和表示为它们构成的分块向量范数平方的形式.

上面的等式写成范数的形式为

$$\|(a,b,c)\| = \sqrt{\|a\|^2 + \|b\|^2 + \|c\|^2} = \|(\|a\|, \|b\|, \|c\|)\|$$

用文字来描述就是：堆叠向量的范数为该向量的子向量的范数构成的向量的范数. 上述等式的右端项需要仔细阅读. 最外层的范数符号包含了一个 3 向量，其（标量）元素为 $\|a\|$，$\|b\|$ 和 $\|c\|$.

Chebyshev 不等式　设 x 为一个 n 向量，且其 k 个元素满足 $|x_i| \geqslant a$，其中 $a > 0$. 则其 k 个分量满足 $x_i^2 \geqslant a^2$. 因此，

$$\|x\|^2 = x_1^2 + \cdots + x_n^2 \geqslant ka^2$$

因为和中有 k 个数至少为 a^2，且其他 $n-k$ 个数非负. 由此可得 $k \leqslant \|x\|^2/a^2$，这一不等式称为**Chebyshev 不等式**. 该不等式以数学家 Pafnuty Chebyshev 的名字命名. 当 $\|x\|^2/a^2 \geqslant n$ 时，不等式什么也说明不了，因为总有 $k \leqslant n$. 在其他情形，该不等式限制了向量中具有较大取值的元素的个数. 当 $a > \|x\|$ 时，不等式为 $k \leqslant \|x\|^2/a^2 < 1$，故可知 $k = 0$（因为 k 为一个整数）. 换句话说，向量中不存在大小超过向量范数的元素.

Chebyshev 不等式很容易用向量的均方根值进行表示. 该关系可写为

$$\frac{k}{n} \leqslant \left(\frac{\mathbf{rms}(x)}{a}\right)^2 \tag{3.2}$$

如前所述，其中 k 为 x 中绝对值至少为 a 的元素的个数. 左端项为向量元素中绝对值至少为 a 的项数所占的比例. 右端项为 a 与 $\mathbf{rms}(x)$ 比值倒数的平方. 它说明，例如，一个向量不会有超过 $1/25 = 4\%$ 的元素超过向量均方根值的 5 倍. Chebyshev 不等式在一定程度上证明了向量的均方根值可以反映向量中典型元素的大小：它表明向量中不会有很多的元素（绝对值）大于向量的均方根值.（该命题的逆命题也成立：一个向量中至少有一个元素的绝对值和向量的均方根值一样大；参见练习 3.8.）

47

3.2　距离

Euclid 距离　可以使用范数的定义将两个向量 a 和 b 之间的**Euclid 距离** 定义为这两个向量差的范数：

$$\mathbf{dist}(a,b) = \|a - b\|$$

对一维、二维和三维情形，这一距离就是通常坐标为 a 和 b 的两个点之间的距离，参见图 3-1. 但 Euclid 距离可以对任意维数的向量定义，例如，可以定义两个维数为 100 的向量之间的距离. 由于本书只使用 Euclid 范数，两个向量之间的 Euclid 距离也简称为两个向量之间的距离. 若 a 和 b 为两个 n 向量，它们差的均方根值，$\|a-b\|/\sqrt{n}$，称为两个向量的**均方根偏差**.

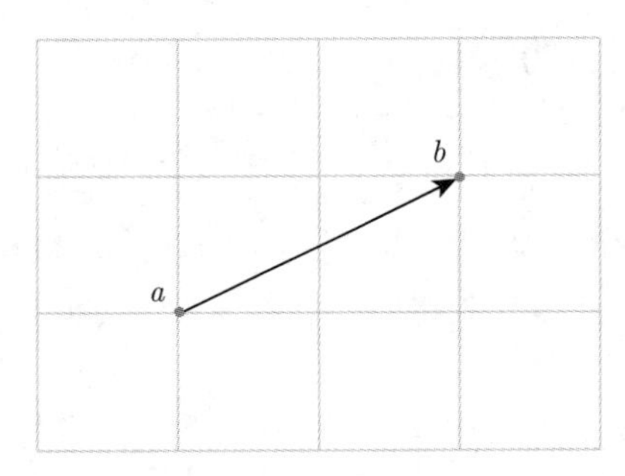

图 3-1 位移 $b-a$ 的范数就是以 a 和 b 为坐标的点之间的距离

当两个 n 向量 x 和 y 之间的距离很小时，称它们很“接近”或“毗邻”，当距离 $\|x-y\|$ 较大时，则称它们“远离”. 特定的 $\|x-y\|$ 的数值是“接近”还是“远离”取决于特定的应用.

48

例如，考虑 4 向量

$$u=\begin{bmatrix}1.8\\2.0\\-3.7\\4.7\end{bmatrix},\quad v=\begin{bmatrix}0.6\\2.1\\1.9\\-1.4\end{bmatrix},\quad w=\begin{bmatrix}2.0\\1.9\\-4.0\\4.6\end{bmatrix}$$

它们中每两个向量之间的距离为

$$\|u-v\|=8.368,\quad \|u-w\|=0.387,\quad \|v-w\|=8.533$$

故称 u 比 v 距离 w 更近. 也称 w 比 v 更接近 u.

三角不等式 现在可以解释三角不等式是如何得名的了. 考虑二维或三维空间中的一个三角形，其顶点对应的坐标为 a，b 和 c. 其边长为向量之间的距离，

$$\mathbf{dist}\,(a,b)=\|a-b\|,\quad \mathbf{dist}\,(b,c)=\|b-c\|,\quad \mathbf{dist}\,(a,c)=\|a-c\|$$

几何直观说明三角形任何一条边的长度都不能超过其他两边边长的和. 例如，有

$$\|a-c\|\leqslant\|a-b\|+\|b-c\| \tag{3.3}$$

这可从三角不等式得到，因为

$$\|a-c\|=\|(a-b)+(b-c)\|\leqslant\|a-b\|+\|b-c\|$$

49

这一结果在图 3-2 中进行了说明.

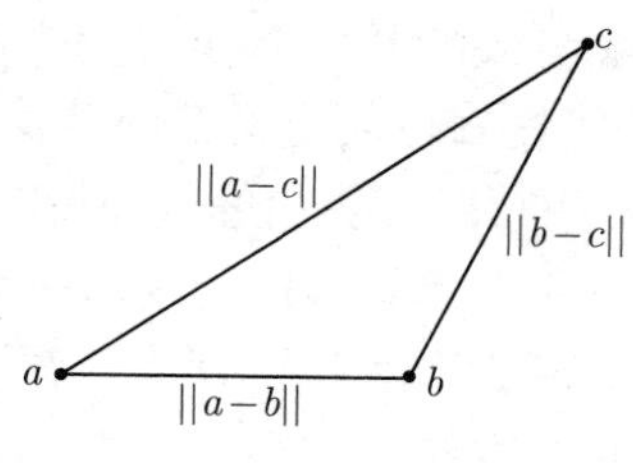

图 3-2 三角不等式

例子

- *特征的距离*. 若 x 和 y 为两个对象的特征 n 向量，$\|x-y\|$ 称为**特征的距离**（feature distance），它给出了一种度量两个对象差距的方法（根据它们特征的取值）. 例如，设特征向量为医院中两个患者的特征，其元素为重量、年龄、是否胸痛、呼吸困难和其他测试的结果. 利用特征向量的距离可以说明一个患者跟另一个患者很接近（至少在特征向量的意义下）.
- RMS *预测误差*. 设 n 向量 y 表示某一量的时间序列，例如，某地每小时的温度，$\hat{y}$ 为表示根据时间序列 y 预测得到的另一个 n 向量. 它们的差称为**预测误差**，其 RMS 值为 $\mathbf{rms}(y-\hat{y})$，被称为 **RMS 预测误差**. 若这个值很小（相对于 $\mathbf{rms}(y)$），则该预测是好的.
- *最近邻*. 设 z_1，$\cdots$，z_m 为 m 个 n 向量的集合，x 为另外一个 n 向量. 若

$$\|x-z_j\| \leqslant \|x-z_i\|, \quad i=1,\cdots,m$$

则称 z_j 为 x （在 z_1，$\cdots$，z_m 之中）的**最近邻**. 用文字来描述就是：z_j 为向量 z_1，$\cdots$，z_m 中与向量 x 最接近的向量. 参见图 3-3. 最近邻的基本思想和其推广，如 k 最近邻，已被应用于很多应用问题.

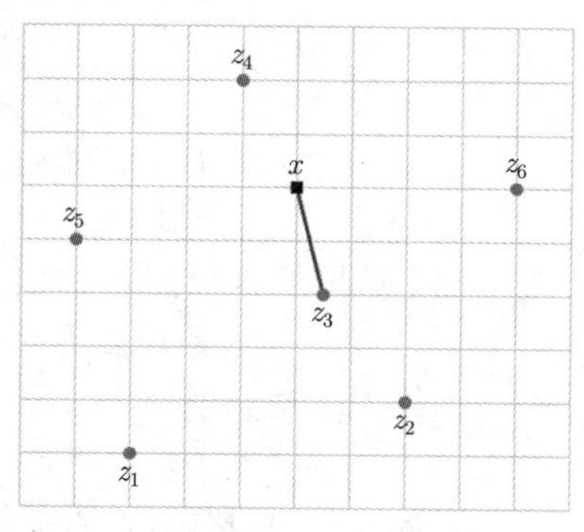

图 3-3 点 x（用方块表示）与 6 个其他的点 z_1，$\cdots$，z_6. 点 z_3 是 z_1，$\cdots$，z_6 中离 x 最近的点

- *文档差异性*. 设 n 向量 x 和 y 表示两个文档中单词出现的直方图. 则 $\|x-y\|$ 表示两个文档差异的一个度量. 当两个文档有相同的体裁、主题或作者时，可以期待文

50

档的差异会很小；当它们属于不同的主题，或有不同的作者时，可以期待它们的差异会很大. 例如，可以构造 5 篇维基百科上文章的单词计数直方图，它们的标题分别为 "Veterans Day" "Memorial Day" "Academy Awards" "Golden Globe Awards" 和 "Super Bowl"，它们共包含字典单词 4423 个.（更为详细的内容请参见 4.4 节.）单词统计直方图之间的两两距离如表 3-1 所示. 可以看出，相关度较大的两篇文章之间的单词统计直方图距离比相关度较小的小.

表 3-1　5 篇维基百科文章之间的成对单词统计直方图距离

	Veterams Day	Memorial Day	Academy Awards	Golden Globe Awards	Super Bowl
Veterans Day	0	0.095	0.130	0.153	0.170
Memorial Day	0.095	0	0.122	0.147	0.164
Academy A.	0.130	0.122	0	0.108	0.164
Golden Globe A.	0.153	0.147	0.108	0	0.181
Super Bowl	0.170	0.164	0.164	0.181	0

向量异性元素的单位　两个 n 向量 x 和 y 之间距离的平方由下式给出：

$$\|x-y\|^2=(x_1-y_1)^2+\cdots+(x_n-y_n)^2$$

即它们对应元素差的平方和. 粗略地讲，向量中的所有元素对向量之间距离的贡献都有相同的地位. 例如，若 x_2 和 y_2 的差异为 1，其对向量之间距离的贡献应当是与 x_3 和 y_3 的差异为 1 是一样的. 这种情形在向量 x 和 y 的元素表示同一类型的量且使用相同的单位（如在不同的时间或地点）时是有意义的，例如都使用米或者美元. 又如，若 x 和 y 为单词统计直方图，它们的元素是所有单词出现的频率，并且当它们的距离很小时称它们是相近的是有意义的.

当向量的元素表示不同类型的量时，例如，当向量的元素表示与对象相关的不同类型的特征时，需要仔细考虑用数值的方法表示的元素的单位. 若期望不同的元素在确定距离时具有几乎相同的地位，其数值取值应当具有相近的大小. 因此向量中不同元素的单位通常采用使它们的数值取值有相近大小的方法，这样做，就使得不同的元素在确定距离时扮演了相似的角色.

例如，设 x，y 和 z 为 2.3 节中例子给出的表示被出售的三套房屋特征的 2 向量. 每一个向量的第一个元素给出了房屋的面积，第二个元素给出了卧室的数量. 它们是完全不同的特征，因为第一个是物理上的面积，而第二个是一个计数，即整数. 在 2.3 节的例子中，选择用于表示第一个特征（面积）的单位是千平方英尺. 采用这样的单位表示面积后，向量中所有特征的数值取值都大概在 1 到 5 之间；它们的取值大概都具有相同的大小. 在确定与两套房屋相关的特征向量的距离时，面积的差异（以千平方英尺记），以及卧室数量的差异扮演着相同的角色.

51

例如，考虑如下特征向量对应的三套房屋

$$x=(1.6,2),\quad y=(1.5,2),\quad z=(1.6,4)$$

前两个房屋是“接近的”或“相似的”，因为 $\|x-y\|=0.1$ 很小（与 x 和 y 的范数相比，它们的范数大概是 2.5）. 这与人们的直观感觉是匹配的，即前两套房屋是相似的，因为它们都有两个卧室并且面积差不多. 第三套房屋可以被认为距离前两套房屋“很远”或与其“不同”，粗略地讲该结论是成立的，因为它有四个卧室而不是两个.

为从这个例子中看到合理选择单位的显著效果，假设将该例中的面积直接使用平方英尺来表示，而不是使用千平方英尺. 此时，前述的三个特征向量表示为

$$\tilde{x}=(1600,2),\quad \tilde{y}=(1500,2),\quad \tilde{z}=(1600,4)$$

第一套和第三套房屋之间的距离现在变成了 2，这与向量的范数（大概在 1600）相比非常小. 第一和第二套房屋之间的距离相差太大了. 将两卧室的房屋和四卧室的房屋认为“非常相近”似乎有些奇怪，而同样具有两卧室且面积相近的房屋却大不相同. 其原因是简单的：当使用平方英尺来度量面积时，距离强烈地依赖于面积的差异，卧室数量则起（相对）很小的作用.

3.3 标准差

对任意向量 x，向量 $\tilde{x}=x-\mathbf{avg}(x)\mathbf{1}$ 称为其相应的**去均值的向量**，该向量是通过将向量 x 中的每个元素减去向量的均值得到的.（这不是一个标准的记号，即 $\tilde{x}$ 通常并不是用来表示去均值的向量的记号.）$\tilde{x}$ 元素的均值是零，即 $\mathbf{avg}(\tilde{x})=0$. 这解释了 $\tilde{x}$ 被称为 x 的去均值形式的原因；它是从 x 中去除均值后得到的. 去均值的向量对理解向量的元素如何在向量均值附近分布非常有益. 若原始向量 x 的所有元素都是相同的，则它是零向量.

一个 n 向量 x 的**标准差**定义为去均值的向量 $x-\mathbf{avg}(x)\mathbf{1}$ 的均方根值，即

$$\mathbf{std}(x)=\sqrt{\frac{(x_1-\mathbf{avg}(x))^2+\cdots+(x_n-\mathbf{avg}(x))^2}{n}}$$

52

这和一个向量 x 与一个所有元素都是 $\mathbf{avg}(x)$ 的向量的均方根偏差是相同的. 它可以写成内积和范数的形式：

$$\mathbf{std}(x)=\frac{\|x-(\mathbf{1}^{\mathrm{T}}x/n)\mathbf{1}\|}{\sqrt{n}} \tag{3.4}$$

一个向量 x 的标准差给出了其元素与其平均值典型偏差的量. 一个向量的标准差只有在其元素都相等的情形下才为零. 当向量中的所有元素都很相近的时候，其标准差是比较小的.

作为一个简单的例子，考虑向量 $x=(1,-2,3,2)$. 其均值或平均值为 $\mathbf{avg}(x)=1$，故去均值的向量为 $\tilde{x}=(0,-3,2,1)$. 其标准差为 $\mathbf{std}(x)=1.872$. 这个数值可理解为其元素取值偏离向量均值的“典型”值. 这些数字是 0，3，2 和 1，故 1.872 是合理的.

值得读者注意的是，向量标准差另一个稍有不同的定义也被广泛使用，在这个定义中，公式 (3.4) 分母中的 $\sqrt{n}$ 被替换为 $\sqrt{n-1}$（$n\geqslant 2$）. 本书中将仅使用 (3.4) 给出的定义.

在一些应用中希腊字母 σ（sigma）通常用于表示一个向量的标准差，而均值通常记为 μ（mu）. 利用这些记号，对一个 n 向量 x，有

$$\mu=\mathbf{1}^{\mathrm{T}}x/n, \quad \sigma=\|x-\mu\mathbf{1}\|/\sqrt{n}$$

只在解释说明时用记号 $\mathbf{avg}(x)$ 和 $\mathbf{std}(x)$ 分别替换 μ 和 σ，而在描述应用问题时通常仍使用希腊字母.

平均值、均方根值和标准差 向量的平均值、均方根值和标准差之间满足的关系是

$$\mathbf{rms}(x)^2=\mathbf{avg}(x)^2+\mathbf{std}(x)^2 \tag{3.5}$$

这一公式很有意义：$\mathbf{rms}(x)^2$ 为 x 元素的均方值，它可表示为向量均值的平方加上 x 的元素围绕其均值的均方膨胀. 这一公式可由前面给出的有关 $\mathbf{std}(x)$ 的向量记号导出. 易见

$$\begin{aligned}
\mathbf{std}(x)^2 &= (1/n)\left\|x-\left(\mathbf{1}^{\mathrm{T}}x/n\right)\mathbf{1}\right\|^2 \\
&= (1/n)\left(x^{\mathrm{T}}x-2x^{\mathrm{T}}\left(\mathbf{1}^{\mathrm{T}}x/n\right)\mathbf{1}+\left(\left(\mathbf{1}^{\mathrm{T}}x/n\right)\mathbf{1}\right)^{\mathrm{T}}\left(\left(\mathbf{1}^{\mathrm{T}}x/n\right)\mathbf{1}\right)\right) \\
&= (1/n)\left(x^{\mathrm{T}}x-(2/n)\left(\mathbf{1}^{\mathrm{T}}x\right)^2+n\left(\mathbf{1}^{\mathrm{T}}x/n\right)^2\right) \\
&= (1/n)\,x^{\mathrm{T}}x-\left(\mathbf{1}^{\mathrm{T}}x/n\right)^2 \\
&= \mathbf{rms}(x)^2-\mathbf{avg}(x)^2
\end{aligned}$$

将其重新整理即可得到前面的等式 (3.5). 这一推导使用了很多范数和内积的性质，要理解这个过程需要认真理解每一个步骤. 在第二行，将两个向量和的范数的平方进行了展开. 在第三行，利用了标量与向量乘法的交换率，例如，将类似 $(\mathbf{1}^{\mathrm{T}}x/n)$ 的项中的标量移到每一项的前边，并利用 $\mathbf{1}^{\mathrm{T}}\mathbf{1}=n$ 这一事实.

53

例子

- *平均收益和风险.* 设一个 n 向量表示一项投资收益率在某时间段内的 n 个时间周期用百分比表示的收益时间序列. 其平均值给出了在整个时间段上的平均收益，通常简称为**收益**. 其标准差就是在这段时间内，周期与周期之间收益是如何变化的一个度量，即其取值相对于平均值的典型变化量的大小，通常称为（每周期）的投资**风险**. 对多个投资的比较可以通过绘制它们的**风险–收益图**实现，这个图给出了每一项投资在某时间段上收益的均值和标准差. 一个令人满意的收益历史向量应当是有较高的均值和较小的风险；这意味着收益在不同的周期内都应是差不多高的. 图 3-4 给出了一个例子.
- *温度或降雨量.* 设一个 n 向量表示某地一年内日平均温度的时间序列. 其平均值给出了该地（一年内）的平均温度，其标准差给出了温度相对于其平均温度变化量大小的度量. 可以想象在赤道处某地的平均温度会较高而标准差会较小，纬度较高的地区则正相反.

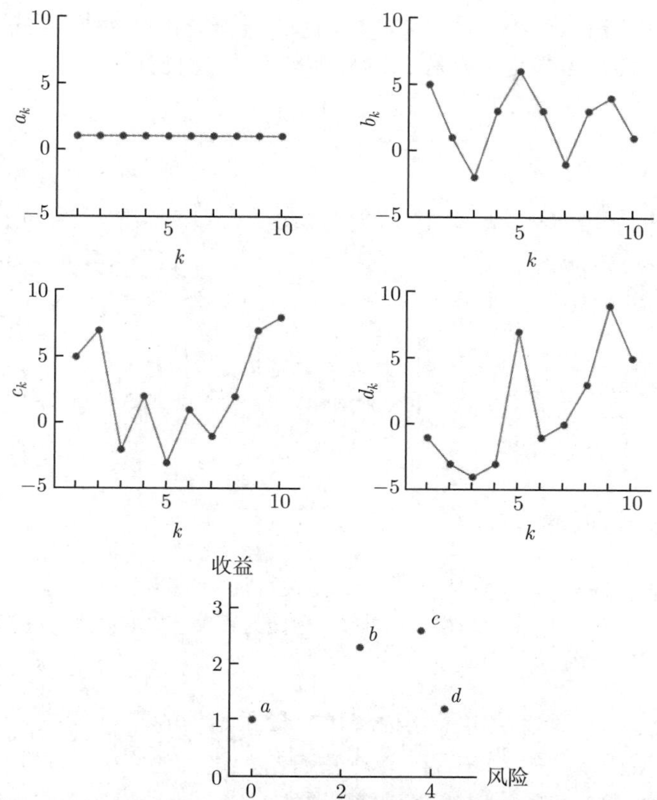

图 3-4　向量 a，b，c 和 d 表示 10 个投资周期内的收益时间序列. 最下面的图给出了风险–收益平面，其中收益被定义为平均值，风险为对应向量的标准差

标准差的 Chebyshev 不等式　Chebyshev 不等式 (3.2) 可以改写为用均值和标准差表示的不等式：若 k 为 x 中满足 $|x_i - \mathbf{avg}(x)| \geqslant a$ 的元素的数量，则 $k/n \leqslant (\mathbf{std}(x)/a)^2$.（这一不等式仅在 $a > \mathbf{std}(x)$ 时有意义.）例如，一个向量中最多有 $1/9 = 11.1\%$ 的元素与向量均值 $\mathbf{avg}(x)$ 的偏差超过 3 倍标准差. 这一事实的另一种说法是：向量 x 的元素中与 $\mathbf{avg}(x)$ 的偏差不超过 α 的元素个数比例至少是 $1 - 1/\alpha^2$（其中 $\alpha > 1$）.

作为一个例子，考虑一个表示投资收益的时间序列，其平均收益为 8%，其风险（标准差）为 3%. 根据 Chebyshev 不等式，在这些周期上投资亏损的比例（即 $x_i \leqslant 0$）不会超过 $(3/8)^2 = 14.1\%$.（事实上，不管投资收益是亏损（$x_i \leqslant 0$）还是非常好（$x_i \geqslant 16\%$），其收益总和不会超过 14.1%.）

标准差的性质

- **加上一个常数.**　对任意向量 x 和任意数 a，有 $\mathbf{std}(x + a\mathbf{1}) = \mathbf{std}(x)$. 将向量的每一个元素都加上一个常数不改变标准差.
- **乘以一个标量.**　对任意向量 x 和任意数 a，有 $\mathbf{std}(ax) = |a|\,\mathbf{std}(x)$. 向量乘以一个标量系数后其标准差乘以该标量的绝对值.

54 ~ 55

标准化 对任意向量 x，称 $\tilde{x} = x - \mathbf{avg}(x)\mathbf{1}$ 为 x 的去均值形式，因为其平均值或均值为零. 若将其除以 $\tilde{x}$ 的均方根值（就是 x 的标准差），可得向量

$$z = \frac{1}{\mathbf{std}\,(x)}\,(x - \mathbf{avg}\,(x)\mathbf{1})$$

这一向量被称为 x 的**标准**形式. 标准形式的向量均值为零，标准差为 1. 标准形式的向量的所有元素有时又称为原向量中元素的z **评分**. 例如，$z_4 = 1.4$ 意味着元素 x_4 以 1.4 倍标准差高于 x 的均值. 图 3-5 给出了一个例子.

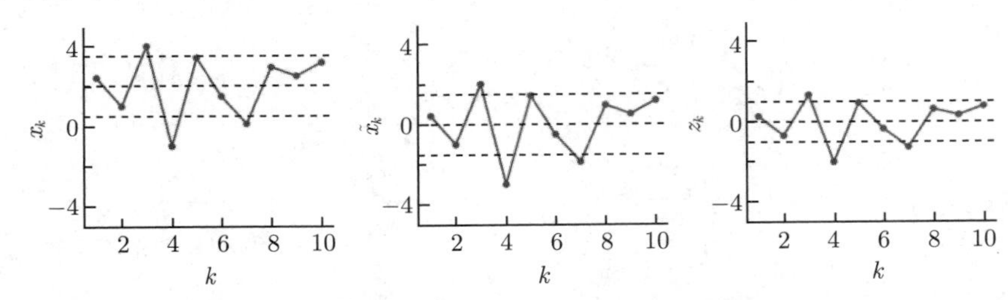

图 3-5 一个 10 向量 x，去均值的向量 $\tilde{x} = x - \mathbf{avg}(x)\mathbf{1}$，以及标准向量 $z = (1/\mathbf{std}\,(x))\,\tilde{x}$. 水平的虚线表示每一个向量的均值与标准差. 中间的线表示均值；其他两条线与中间线的距离为标准差

一个向量标准化后的数值给出了一种解释向量原始值的简单方法. 例如，若一个 n 向量 x 为某种药物在某医院获得允许后在 n 个患者身上进行的实验，标准化的数值或 z 评分说明了相对于整个人群，患者数据的高或低. 例如 $z_6 = -3.2$ 说明患者 6 的测试结果很低；而 $z_{22} = 0.3$ 说明患者 22 的测试结果很接近平均水平.

3.4 夹角

Cauchy-Schwarz 不等式 一个将范数和内积相互关联的重要不等式是**Cauchy-Schwarz 不等式**:

$$\left|a^{\mathrm{T}}b\right| \leqslant \|a\|\,\|b\|$$

其中 a 和 b 为 n 向量. 用元素的形式将其写出，就是

56

$$|a_1b_1 + \cdots + a_nb_n| \leqslant \left(a_1^2 + \cdots + a_n^2\right)^{1/2}\left(b_1^2 + \cdots + b_n^2\right)^{1/2}$$

这看起来很吓人. 这个不等式应当归功于数学家 Augustin-Louis Cauchy；Hermann Schwarz 给出了下面的推导.

Cauchy-Schwarz 不等式可按照如下的方式证明. 该不等式在 $a = 0$ 和 $b = 0$ 时显然成立（此时，不等式两边都是零）. 现证明 $a \neq 0$，$b \neq 0$ 的情形，并定义 $\alpha = \|a\|$，$\beta = \|b\|$. 可以

看到

$$\begin{aligned}0 &\leqslant \|\beta a-\alpha b\|^2\\&=\|\beta a\|^2-2(\beta a)^{\mathrm{T}}(\alpha b)+\|\alpha b\|^2\\&=\beta^2\|a\|^2-2\beta\alpha\left(a^{\mathrm{T}}b\right)+\alpha^2\|b\|^2\\&=\|b\|^2\|a\|^2-2\|b\|\|a\|\left(a^{\mathrm{T}}b\right)+\|a\|^2\|b\|^2\\&=2\|a\|^2\|b\|^2-2\|a\|\|b\|\left(a^{\mathrm{T}}b\right)\end{aligned}$$

上式两边除以 $2\|a\|\|b\|$ 可得 $a^{\mathrm{T}}b\leqslant\|a\|\|b\|$. 将此不等式用于 $-a$ 和 b 的情形可得 $-a^{\mathrm{T}}b\leqslant\|a\|\|b\|$. 联立这两个不等式，即可得到 Cauchy-Schwarz 不等式，$|a^{\mathrm{T}}b|\leqslant\|a\|\|b\|$.

这一讨论在 a 和 b 使得 Cauchy-Schwarz 不等式中的等号成立时也是成立的. 此时，$\|\beta a-\alpha b\|=0$，即 $\beta a=\alpha b$. 这意味着每一个向量是另外一个向量的标量倍数（当它们是非零向量时）. 这一结果在 a 或 b 为零向量时也是成立的. 因此 Cauchy-Schwarz 不等式在其中一个向量为另一个向量的标量倍数时取得等号；在其他情况，它是严格的不等式.

验证三角不等式 用 Cauchy-Schwarz 不等式验证三角不等式. 令 a 和 b 为任意向量，则

$$\begin{aligned}\|a+b\|^2&=\|a\|^2+2a^{\mathrm{T}}b+\|b\|^2\\&\leqslant\|a\|^2+2\|a\|\|b\|+\|b\|^2\\&=(\|a\|+\|b\|)^2\end{aligned}$$

其中，在第二行中使用了 Cauchy-Schwarz 不等式. 将其两边开平方可得三角不等式，$\|a+b\|\leqslant\|a\|+\|b\|$.

向量夹角 两个非零向量 a 和 b 的**夹角**定义为

$$\theta=\arccos\left(\frac{a^{\mathrm{T}}b}{\|a\|\|b\|}\right)$$

其中 arccos 为反余弦函数，其取值范围在 $[0,\pi]$ 之间. 换句话说，定义 θ 为在 0 和 π 之间的一个唯一的数，满足

$$a^{\mathrm{T}}b=\|a\|\|b\|\cos\theta$$

向量 a 和 b 之间的夹角记为 $\angle(a,b)$，有时使用度来表示.（默认的角度单位为**弧度**；360° 为 2π 弧度.）例如，$\angle(a,b)=60^\circ$ 表示 $\angle(a,b)=\pi/3$，即 $a^{\mathrm{T}}b=(1/2)\|a\|\|b\|$.

如果两个向量是二维和三维向量，它们之间的夹角与通常使用的夹角记号是一致的，且它们可被认为是将两个向量置于同一个点时形成的角度. 例如，向量 $a=(1,2,-1)$ 和 $b=(2,0,-3)$ 之间的夹角为

57

$$\arccos\left(\frac{5}{\sqrt{6}\sqrt{13}}\right)=\arccos(0.5661)=0.9690=55.52^\circ$$

（精确到 4 位小数）. 角度的定义实际上是非常一般的；完全可以对两个 100 维向量定义它们之间的夹角.

夹角是 a 和 b 的对称函数：有 $\angle(a,b)=\angle(b,a)$. 夹角不受每一个向量被拉伸标量放缩的影响：对任意向量 a 和 b 及任意正数 α 和 β,

$$\angle(\alpha a,\beta b)=\angle(a,b)$$

锐角和钝角　向量的夹角可根据 $a^{\mathrm{T}}b$ 的符号进行分类. 设 a 和 b 是两个相同大小的非零向量.

- 若夹角为 $\pi/2=90°$，即 $a^{\mathrm{T}}b=0$，则这两个向量被称为**正交**. 若 a 和 b 正交，将其记为 $a\perp b$.（按照惯例，零向量被称为与任意向量正交的向量.）
- 若夹角为零，意味着 $a^{\mathrm{T}}b=\|a\|\|b\|$，则这两个向量被称为**同向**（aligned）. 每一个向量都是另外一个向量的正标量倍数.
- 若夹角为 $\pi=180°$，意味着 $a^{\mathrm{T}}b=-\|a\|\|b\|$，则这两个向量被称为**反向**（anti-aligned）. 每一个向量都是另外一个向量的负标量倍数.
- 若 $\angle(a,b)<\pi/2=90°$，则称这两个向量所夹的角为**锐角**. 这与 $a^{\mathrm{T}}b>0$ 是相同的，即向量的内积是正的.
- 若 $\angle(a,b)>\pi/2=90°$，则称这两个向量所夹的角为**钝角**. 这与 $a^{\mathrm{T}}b<0$ 是相同的，即向量的内积是负的.

这些定义在图 3-6 中给出了示意.

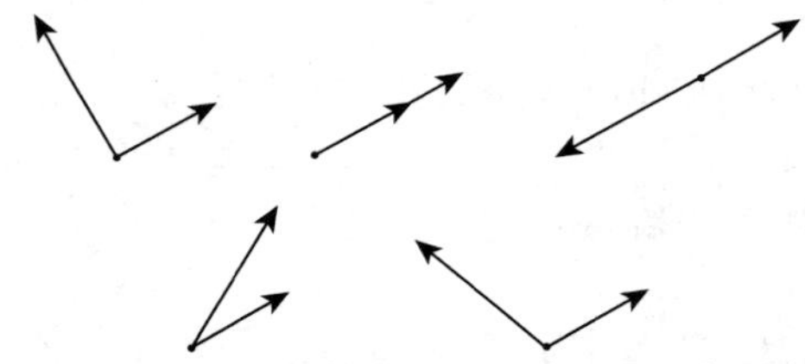

图 3-6　顶部行：正交、同向和反向的向量. 底部行：向量夹角为锐角和钝角

例子

- **球面距离**. 设 a 和 b 为表示半径为 R 的球面上的两个点的 3 向量（例如，地球上的两个位置）. 它们之间的球面距离，即沿着球面测量的距离，由 $R\angle(a,b)$ 给出. 参见图 3-7.

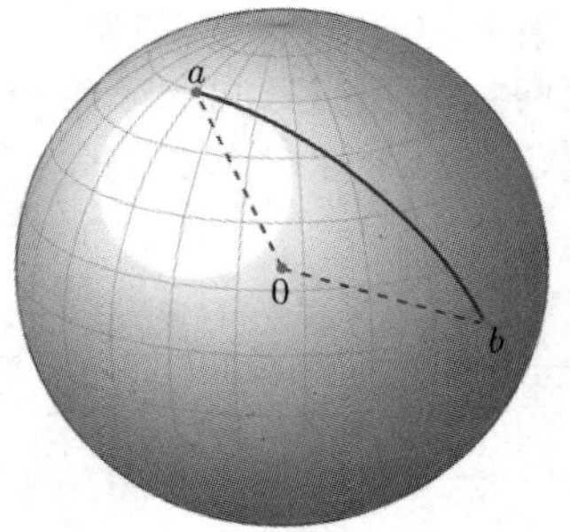

图 3-7　中心在原点，半径为 R 的球面上的两个点 a 和 b. 这两个点之间的球面距离等于 $R\angle(a,b)$

- **利用夹角衡量文档的相似度**. 若 n 向量 x 和 y 表示两个文档的单词计数向量，它们的夹角 $\angle(x,y)$ 即可用于度量文档的相似性.（当使用夹角度量文档的相似性时，计数向量和直方图都是可以使用的；它们会得到相同的结果.）表 3-2 给出了 3.2 节结尾处给出的文档的单词直方图的夹角.

表 3-2 5 篇维基百科中文档的单词直方图之间的两两夹角（单位为度）

	Veterams Day	Memorial Day	Academy Awards	Golden Globe Awards	Super Bowl
Veterans Day	0	60.6	85.7	87.0	87.7
Memorial Day	60.6	0	85.6	87.5	87.5
Academy A.	85.7	85.6	0	58.7	86.1
Golden Globe A.	87.0	87.5	58.7	0	86.0
Super Bowl	87.7	87.5	86.1	86.0	0

58 ~ 59

用夹角表示的和向量的范数 对向量 x 和 y，有

$$\|x+y\|^2 = \|x\|^2 + 2x^{\mathrm{T}}y + \|y\|^2 = \|x\|^2 + 2\|x\|\|y\|\cos\theta + \|y\|^2 \tag{3.6}$$

其中 $\theta = \angle(x,y)$.（第一个等式来自公式 (3.1).）利用该式可得如下的一些观察结果.

- 若 x 和 y 是同向的（$\theta = 0$），则有 $\|x+y\| = \|x\| + \|y\|$. 即将它们的范数直接相加.
- 若 x 和 y 为正交的（$\theta = 90°$），则有 $\|x+y\|^2 = \|x\|^2 + \|y\|^2$. 此时是范数平方相加，且 $\|x+y\| = \sqrt{\|x\|^2 + \|y\|^2}$. 该公式有时被称为**Pythagoras 定理**[㊀]，该定理以希腊数学家 Pythagoras of Samos 的名字命名.

相关系数 设 a 和 b 为 n 向量，它们对应的去均值的向量分别为

$$\tilde{a} = a - \mathbf{avg}(a)\mathbf{1}, \quad \tilde{b} = b - \mathbf{avg}(b)\mathbf{1}$$

设这些去均值的向量非零（当原始向量的所有元素都相等时，去均值的向量为零向量），它们的**相关系数**定义为

$$\rho = \frac{\tilde{a}^{\mathrm{T}}\tilde{b}}{\|\tilde{a}\|\|\tilde{b}\|} \tag{3.7}$$

因此，$\rho = \cos\theta$，其中 $\theta = \angle(\tilde{a},\tilde{b})$. 相关系数也可以使用将向量 a 和 b 标准化后得到的向量 u 和 v 表示. 其中 $u = \tilde{a}/\mathbf{std}(a)$，$v = \tilde{b}/\mathbf{std}(b)$，有

$$\rho = u^{\mathrm{T}}v/n \tag{3.8}$$

（此处使用公式 $\|u\| = \|v\| = \sqrt{n}$.）

这一函数对向量是对称的：向量 a 和 b 的相关系数与 b 和 a 的相关系数相同. Cauchy-Schwarz 不等式说明相关系数的取值范围在 -1 和 $+1$ 之间. 因此，相关系数有时也可以表示为百分比. 例如，$\rho = 30\%$ 意味着 $\rho = 0.3$. 当 $\rho = 0$ 时，称向量是**不相关**（uncorrelated）的.（通常，如果向量的所有元素都相同，则称该向量与任何向量都无关.）

㊀ 我们通常称其为“勾股定理”. —— 译者注

相关系数说明了两个向量之间元素是如何一起变化的. 较高的相关性系数（例如，$\rho = 0.8$）说明 a 和 b 的元素通常都大于它们相同位置元素的平均值. 一种极端的情况是 $\rho = 1$，出现这种情形的充分条件是 $\tilde{a}$ 和 $\tilde{b}$ 是同向的，即这两个向量其中一个是另外一个的正标量倍数. 另一种极端的情况是 $\rho = -1$，此种情形只有在 $\tilde{a}$ 和 $\tilde{b}$ 相互之间是负标量倍数时才成立. 这一思想在图 3-8 中给出了解释，图中给出了两个向量在相关系数接近 1，−1 和 0 时的元素，同时也给出了它们的散点图.

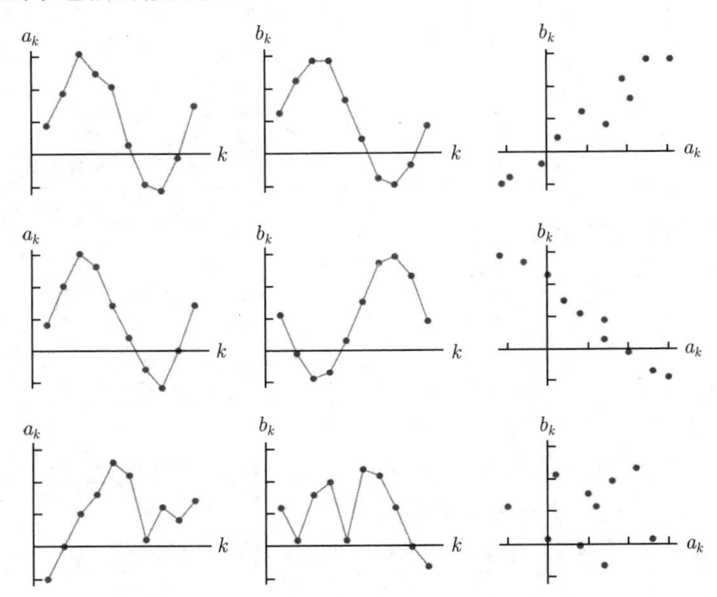

图 3-8　一对长度为 10 的向量 a，b，其相关系数为 0.968（顶部），−0.988（中部）和 0.004（底部）

60～61

当向量表示时间序列时，通常使用相关系数，例如在某一时间段内的两个投资收益，或在某一时间段内两个地点的降雨量. 若它们高度相关（例如，$\rho > 0.8$），这两个时间序列通常同时比它们的均值大. 例如，可以期望两个地理位置毗邻地区的降雨时间序列是高度相关的. 另外一个例子是，可以期望两个类似的公司（即经营范围相同的公司）的收益向量是高度相关的.

向量和的标准差　利用向量和的公式 (3.6) 可得如下的标准差公式：

$$\mathbf{std}(a+b) = \sqrt{\mathbf{std}(a)^2 + 2\rho\mathbf{std}(a)\mathbf{std}(b) + \mathbf{std}(b)^2} \tag{3.9}$$

为从公式 (3.6) 导出这一公式，令 $\tilde{a}$ 和 $\tilde{b}$ 分别为 a 和 b 的去均值向量. 则 $\tilde{a}+\tilde{b}$ 为 $a+b$ 的去均值向量，且 $\mathbf{std}(a+b)^2 = \|\tilde{a}+\tilde{b}\|^2/n$. 利用公式 (3.6) 和 $\rho = \cos\angle\left(\tilde{a}, \tilde{b}\right)$，有

$$\begin{aligned} n\mathbf{std}(a+b)^2 &= \|\tilde{a}+\tilde{b}\|^2 = \|\tilde{a}\|^2 + 2\rho\|\tilde{a}\|\|\tilde{b}\| + \|\tilde{b}\|^2 \\ &= n\mathbf{std}(a)^2 + 2\rho n\mathbf{std}(a)\mathbf{std}(b) + n\mathbf{std}(b)^2 \end{aligned}$$

将上式两端除以 n 并开平方即可得到前述公式.

当 $\rho=1$ 时，向量和的标准差就是它们标准差的和，即

$$\mathbf{std}(a+b)=\mathbf{std}(a)+\mathbf{std}(b)$$

当 ρ 递减时，向量和的标准差也递减. 当 $\rho=0$ 时，即 a 和 b 是不相关的，和 $a+b$ 的标准差为

$$\mathbf{std}(a+b)=\sqrt{\mathbf{std}(a)^2+\mathbf{std}(b)^2}$$

它小于 $\mathbf{std}(a)+\mathbf{std}(b)$（除非它们中的一个是零）. 当 $\rho=-1$ 时，和的标准差取得其最小可能取得的值

$$\mathbf{std}(a+b)=|\mathbf{std}(a)-\mathbf{std}(b)|$$

对冲投资 假设向量 a 和 b 表示两种有相同收益（均值）μ 和风险（标准差）σ 的资产收益的时间序列，其相关系数为 ρ.（这里使用了传统的记号.）向量 $c=(a+b)/2$ 为每一种资产投资 50% 的收益时间序列. 这种混合投资与原始资产投资的收益是相同的，因为

$$\mathbf{avg}(c)=\mathbf{avg}((a+b)/2)=(\mathbf{avg}(a)+\mathbf{avg}(b))/2=\mu$$

这一混合投资的风险（标准差）为

$$\mathbf{std}(c)=\sqrt{2\sigma^2+2\rho\sigma^2}/2=\sigma\sqrt{(1+\rho)/2}$$

此结果源于公式 (3.9). 利用这个结果，可以看到混合投资的风险不会超过原始资产，且当原有资产收益的相关性较小时，它会更小. 当收益是不相关的时候，风险因子是 $1/\sqrt{2}=0.707$，它小于原始资产的风险. 若资产收益是强负相关的（即 ρ 接近 -1），混合投资的风险远小于原始资产的风险. 当考虑两种不相关的资产，或负相关的资产时，收益被称为**对冲**（hedging）（它是“对冲赌资”的简称）. 对冲降低了风险.

62

异性向量元素的单位 当向量的元素表示不同类型的量时，表示每一个元素时使用的单位会影响一对向量的夹角、标准差和相关性. 3.2 节讨论了参数单位的选择如何影响一对向量间的距离，并因此也会同时影响那些量. 选择不同元素单位的最重要原则是使典型向量元素的取值较小或范围较小.

3.5 复杂度

计算一个 n 向量的范数需要使用 n 个乘法（将每个元素平方），$n-1$ 个加法（将平方相加），以及一个开方. 尽管计算开方通常使用的时间比计算两个数相乘要长，但都被记为一次浮点运算. 因此计算范数需要使用 $2n$ 次浮点运算. 计算 n 向量的均方根值需要的计算量是相同的，因为可以忽略这两次浮点运算中用到的除以 $\sqrt{n}$ 这个因子. 计算两个向量之间的距离需要 $3n$ 次浮点运算，计算它们之间的夹角则需要 $6n$ 次浮点运算. 所有这些运算的阶数都是 n.

一个 n 向量去均值的向量可使用 $2n$ 次浮点运算求得（n 次运算用于求均值，另外 n 次浮点运算用于从元素中减去均值）. 标准差为去均值的向量的均方根值，它可以使用 $4n$ 次浮点运算完成（$2n$ 次用于计算去均值的向量，$2n$ 次用于计算其均方根值）. 方程 (3.5) 给出了一种稍稍高效的方法，其复杂度为 $3n$ 次浮点运算：首先计算平均值（n 次浮点运算）和均方根值（$2n$ 次浮点运算），于是可求得标准差为 $\mathbf{std}(x) = (\mathbf{rms}(x)^2 - \mathbf{avg}(x)^2)^{1/2}$. 一个 n 向量的标准化需要 $5n$ 次浮点运算. 计算两个向量的相关系数需要 $10n$ 次浮点运算. 这些运算的阶数也是 n.

作为一个稍微复杂一点的计算，假设考虑确定 k 个 n 向量 $z_1, \cdots, z_k$ 中距离另一个 n 向量 x 最近的相邻向量的问题.（这将在下一章中出现.）最简单的做法是计算 $\|x - z_i\|$，$i = 1, \cdots, k$，然后计算其中的最小值.（有时，比较两个数使用的浮点运算也会被计算在内.）这样做需要 $3kn$ 次浮点运算计算距离，及 $k-1$ 次比较来求得最小值. 最后一项可以忽略，因此，浮点运算数量为 $3kn$. 求 k 个 n 向量的最近邻需要的浮点运算数量的阶数为 kn.

63

练习

3.1 两个布尔向量之间的距离 设 x 和 y 为两个 n 布尔向量，即它们的每一个元素取值要么是 0 要么是 1. 它们的距离 $\|x - y\|$ 是什么？

3.2 分块向量的均方根值和平均值 令 x 为一个分块向量，它有两个向量元素，$x = (a, b)$，其中 a 和 b 分别是大小为 n 和 m 的向量.

(a) 用 $\mathbf{rms}(a)$，$\mathbf{rms}(b)$，m 和 n 表示 $\mathbf{rms}(x)$.

(b) 用 $\mathbf{avg}(a)$，$\mathbf{avg}(b)$，m 和 n 表示 $\mathbf{avg}(x)$.

3.3 逆三角不等式 设 a 和 b 为相同大小的向量. 三角不等式说明 $\|a + b\| \leqslant \|a\| + \|b\|$. 证明 $\|a + b\| \geqslant \|a\| - \|b\|$. 提示：绘制得到该结果的图像. 为证明不等式，将三角不等式应用于 $(a + b) + (-b)$.

3.4 范数恒等式 验证下列的等式对任意两个大小相同的向量 a 和 b 都是成立的.

(a) $(a + b)^{\mathrm{T}}(a - b) = \|a\|^2 - \|b\|^2$.

(b) $\|a + b\|^2 + \|a - b\|^2 = 2(\|a\|^2 + \|b\|^2)$. 这被称为**平行四边形法则**.

3.5 一般范数 满足 3.1 节给出的四个性质的任意实值函数 f（非负齐次性、三角不等式、非负性和确定性）被称为**向量范数**，通常记为 $f(x) = \|x\|_{mn}$，其中下标为某种类型的标识符或者助记符用来区分它. 本书中最常用的一种范数是 Euclid 范数，有时使用下标 2 进行书写，如 $\|x\|_2$. 另外两个常见的 n 向量的范数为 1 范数 $\|x\|_1$ 和 ∞ 范数 $\|x\|_\infty$，定义为

$$\|x\|_1 = |x_1| + \cdots + |x_n|, \quad \|x\|_\infty = \max\{|x_1|, \cdots, |x_n|\}$$

这些范数分别将向量元素的绝对值相加求和与求最大值. 1 范数和 ∞ 范数在一些最近的、先进的应用中被提出，但本书中将不涉及它们.

3.6 范数的 Taylor 近似 求函数 $f(x) = \|x\|$ 在某非零向量 z 附近的 Taylor 近似. 可以将

这一近似写成 $\hat{f}(x) = a^{\mathrm{T}}(x - z) + b$ 的形式.

3.7 Chebyshev 不等式 设 x 为一个 100 向量，且 $\mathbf{rms}(x) = 1$. 向量 x 中能够满足 $|x_i| \geqslant 3$ 的最大元素个数是多少？若答案为 k，说明为什么不存在 $k+1$ 个元素绝对值至少是 3 的向量，并给出一个均方根值为 1 的 100 向量，其 k 个元素的绝对值大于 3.

3.8 逆 Chebyshev 不等式 证明一个向量中至少有一个元素的绝对值和向量的均方根值一样大.

3.9 距离平方的差 定义两个给定向量 c 和 d 的距离平方差的函数如下：

$$f(x) = \|x - c\|^2 - \|x - d\|^2$$

确定其是线性的、仿射的或者两者都不是. 如果它是线性的，给出其内积表达式，即一个 n 向量 a 满足对一切的 x 有 $f(x) = a^{\mathrm{T}}x$. 如果它是仿射的，给出 a 和 b 使得对所有 x 有 $f(x) = a^{\mathrm{T}}x + b$. 如果它既不是线性的也不是仿射的，给出特定的 x，y，α 和 β，使得叠加原理不成立，即

$$f(\alpha x + \beta y) \neq \alpha f(x) + \beta f(y)$$

（假如 $\alpha + \beta = 1$，则说明函数既不是线性的也不是仿射的.）

64

3.10 文档的最近邻 考虑表 3-1 中的 5 篇维基百科文档. 其他文档中，与“Veterans Day”（的单词计数直方向量）最接近的文档是哪篇？这一结果有意义吗？

3.11 电子健康记录的最近邻 令 $x_1, \cdots, x_N$ 为一个有 N 条 N 个患者的**电子健康记录**集合中表示 n 个特征的 n 向量.（特征可能包括患者的属性和当前及过去的症状、诊断信息、实验结果、就诊信息、治疗过程和用药信息.）用语言简单描述找到一个给定的电子健康记录的 10 个最近邻的实际应用（以相关的特征向量度量）.

3.12 直线上最接近的点 令 a 和 b 为不同的 n 向量. 通过 a 和 b 的一条直线上的点集对应的向量可用 $(1-\theta)a + \theta b$ 的形式进行表示，其中 θ 为一个确定直线上某特定点的标量.（参见 1.3 节.）

令 x 为任意 n 向量. 求在直线上与 x 最近的点 p. 点 p 称为 x 在直线上的**投影**. 证明 $(p - x) \perp (a - b)$，并在二维空间中绘制一个简单的图形. 提示：利用直线上的点和 x 间距离的平方，即 $\|(1-\theta)a + \theta b - x\|^2$. 将其展开并求出使其最小化的 θ.

3.13 最近的非负向量 令 x 为一个 n 向量，定义 y 为一个最接近 x 的非负向量（即该向量的所有元素都非负）. 给出元素 y 的一个表达式. 证明：向量 $z = y - x$ 也是非负的且 $z^{\mathrm{T}}y = 0$.

3.14 最近的单位向量 单位向量 $e_1, \cdots, e_n$ 中与一个 n 向量 x 最接近的向量是什么？

3.15 平均值、均方根值和标准差 利用公式 (3.5) 证明对任意的向量 x，下列两个不等式成立：

$$|\mathbf{avg}(x)| \leqslant \mathbf{rms}(x), \quad \mathbf{std}(x) \leqslant \mathbf{rms}(x)$$

这些不等式中的等号是否可能成立？若 $|\mathbf{avg}(x)| = \mathbf{rms}(x)$ 成立，给出 x 满足的条件. 对 $\mathbf{std}(x) = \mathbf{rms}(x)$ 重复前述工作.

3.16 放缩与平移对均值和标准差的影响　设 x 为一个 n 向量，α 和 β 为标量.

(a) 证明 $\mathbf{avg}(\alpha x + \beta \mathbf{1}) = \alpha \mathbf{avg}(x) + \beta$.

(b) 证明 $\mathbf{std}(\alpha x + \beta \mathbf{1}) = |\alpha| \mathbf{std}(x)$.

3.17 线性组合的平均值和方差　令 x_1，$\cdots$，x_k 为 n 向量，α_1，$\cdots$，α_k 为数，考虑线性组合 $z = \alpha_1 x_1 + \cdots + \alpha_k x_k$.

(a) 证明 $\mathbf{avg}(z) = \alpha_1 \mathbf{avg}(x_1) + \cdots + \alpha_k \mathbf{avg}(x_k)$.

(b) 现假设向量是不相关的，即当 $i \neq j$ 时，x_i 和 x_j 是不相关的. 证明 $\mathbf{std}(z) = \sqrt{\alpha_1^2 \mathbf{std}(x_1)^2 + \cdots + \alpha_k^2 \mathbf{std}(x_k)^2}$.

3.18 三角不等式　三角不等式中的等号什么时候成立？即 a 和 b 满足什么条件时有 $\|a+b\| = \|a\|\|b\|$？

3.19 和的范数　利用公式 (3.1) 和 (3.6) 证明下列结论：

(a) $a \perp b$ 的充要条件是 $\|a+b\| = \sqrt{\|a\|^2 + \|b\|^2}$.

(b) 非零向量 a 和 b 的夹角为锐角的充要条件为 $\|a+b\| > \sqrt{\|a\|^2 + \|b\|^2}$.

(c) 非零向量 a 和 b 的夹角为钝角的充要条件为 $\|a+b\| < \sqrt{\|a\|^2 + \|b\|^2}$.

绘制一个二维图像说明它们.

3.20 回归模型的敏感性　考虑线性回归模型 $\hat{y} = x^{\mathrm{T}} \beta + v$，其中 $\hat{y}$ 为预测值，x 为特征向量，β 为系数向量，v 为偏移项. 若 x 和 $\tilde{x}$ 分别为相应于预测值 $\hat{y}$ 和 $\tilde{y}$ 的特征向量，证明 $|\hat{y} - \tilde{y}| \leqslant \|\beta\| \|x - \tilde{x}\|$. 这意味着当 $\|\beta\|$ 很小时，预测值对特征向量的变化并不敏感.

65

3.21 信号的 Dirichlet 能量　设 T 向量 x 表示信号或时间序列. 下面的量

$$\mathcal{D}(x) = (x_1 - x_2)^2 + \cdots + (x_{T-1} - x_T)^2$$

为信号中两个相邻值的差的平方和，它被称为信号的**Dirichlet 能量**，以数学家 Peter Gustav Lejeune Dirichlet 的名字命名. Dirichlet 能量是时间序列粗糙程度或者扭曲的一个度量. 有时将其除以 $T-1$ 来得到相邻信号的均方差.

(a) 将 $\mathcal{D}(x)$ 用向量记号表示.（可以使用向量切片、向量加法或减法、内积、范数和夹角.）

(b) $\mathcal{D}(x)$ 最小是多少？当 Dirichlet 能量取得最小时信号 x 是什么样的？

(c) 求每一个元素的绝对值都不超过 1，但使得 Dirichlet 能量取得最大值的信号 x. 给出它能达到的 Dirichlet 能量.

3.22 从帕洛阿尔托到北京的距离　地球的表面可以被近似看作是一个半径 $R = 6367.5$ 千米的球面. 地球表面上的一个点通常使用其纬度 θ 和经度 λ 来表示，它们分别对应于与赤道和本初子午线的夹角. 一个地点的三维坐标可由下式给出：

$$\begin{bmatrix} R\sin\lambda\cos\theta \\ R\cos\lambda\cos\theta \\ R\sin\theta \end{bmatrix}$$

（在这个坐标系中，$(0,0,0)$ 为地球的中心，$R(0,0,1)$ 为北极，$R(0,1,0)$ 为赤道和本初子午线的交点，伦敦外皇家天文台正南.）

两个地点（3 向量）a 和 b 穿过地球的距离是 $\|a-b\|$. 两个点 a 和 b 之间沿着地球表面的距离为 $R\angle(a,b)$. 求从帕洛阿尔托到北京之间的这两个距离，两个城市的维度和经度如下表所示.

城市	纬度 θ	经度 λ
北京	39.914°	116.392°
帕洛阿尔托	37.429°	−122.138°

3.23 两个非负向量之间的夹角 令 x 和 y 为两个 n 向量，其所有元素均非负，即 $x_i \geqslant 0$ 且 $y_i \geqslant 0$. 证明：x 和 y 之间的夹角在 0° 和 90° 之间. 当 $n=2$ 时，绘制这一情形的图像，给出一个简短的几何解释. 什么时候 x 和 y 正交？

3.24 距离与夹角的最近邻 设 z_1，$\cdots$，z_m 为一组 n 向量，x 为另一个 n 向量. 向量 z_j 与 x（距离）最接近（沿着给定的向量）时满足

$$\|x-z_j\| \leqslant \|x-z_i\|, \quad i=1,\cdots,m$$

即 x 与 z_j 之间的距离最小. 若

$$\angle(x,z_j) \leqslant \angle(x,z_i), \quad i=1,\cdots,m$$

称 z_j 为 x 的夹角最近邻，即 x 与 z_j 的夹角是最小的.

(a) 给出一个简单的数值例子，其中（距离）最近邻向量与夹角最近邻向量不相同.

(b) 设 z_1，$\cdots$，z_m 是归一化的向量，即 $\|z_i\|=1$，$i=1,\cdots,m$. 证明：此时距离最近邻向量与夹角最近邻向量总是一样的. 提示：可以使用函数递减的结论，即对任意的 u 和 v，其中 $-1 \leqslant u < v \leqslant 1$，有 $\arccos(u) > \arccos(v)$.

66

3.25 杠杆 考虑一个在 T 个周期中收益时间序列用一个 T 向量 r 给出的资产. 该资产的平均收益为 μ，风险为 σ，可以假设它们都是正的. 并考虑将现金视为资产，收益向量为 $\mu^{\mathrm{rf}}\mathbf{1}$，其中 μ^{rf} 为每个周期现金利率. 因此，我们将现金建模为收益为 μ^{rf}、风险为零的资产.（记号 μ^{rf} 中的上标表示“risk-free”（无风险）.）将该资产和现金构造一个简单的投资组合. 若令比例 θ 为资产的比例，$1-\theta$ 为现金的比例，则投资组合的组合收益率时间序列为

$$p=\theta r+(1-\theta)\mu^{\mathrm{rf}}\mathbf{1}$$

θ 称为投资组合中资产的持有量. 同时允许 $\theta>1$ 或 $\theta<0$. 第一种情形称为**现金借入**，

将其用于购买更多的资产的过程，称为**杠杆**. 第二种情形称为资产**空头**. 当 θ 在 0 和 1 之间时，资产和现金进行了混合投资，这称为**对冲**.

(a) 推导组合投资的收益和风险公式，即 p 的均值和方差. 将这些量用 μ，σ，μ^{rf} 和 θ 进行表示. 对 $\theta=0$ 和 $\theta=1$ 的特殊情形，验证公式的正确性.

(b) 说明如何选择 θ 使得组合投资达到目标风险水平 σ^{tar}（一个正数）. 若有多个 θ 值使其达到目标风险水平，选择其中具有最大组合投资收益率的值.

(c) 设 θ 为 (b) 中选择的值. 什么时候需要使用杠杆？什么时候使用资产空头？什么时候使用对冲？

3.26 时间序列的自相关　设 T 向量 x 是一个不全为常数的时间序列，其中 x_t 为 t 时刻（或周期）的取值. 令 $\mu=(\mathbf{1}^{\mathrm{T}}x)/T$ 为其平均值. x 的**自相关**为函数 $R(\tau)$，其中 $\tau=0, 1, \cdots$ 为两个向量 $(x, \mu\mathbf{1}_\tau)$ 和 $(\mu\mathbf{1}_\tau, x)$ 的相关系数.（下标 τ 表示全一向量的长度.）所有这些向量都有相同的均值 μ. 粗略地讲，$R(\tau)$ 说明时间序列与其自身延迟或平移 τ 个周期后的相关性是如何的.（参数 τ 被称为时滞.）

(a) 说明为什么 $R(0)=1$，$R(\tau)=0$，其中 $\tau>T$.

(b) 令 z 表示向量 x 的 z 评分（参见 3.3 节）. 证明对 $\tau=0, \cdots, T-1$，

$$R(\tau)=\frac{1}{T}\sum_{t=1}^{T-\tau} z_t z_{t+\tau}$$

(c) 求时间序列 $x=(+1,-1,+1,-1,\cdots,+1,-1)$ 的自相关. 可以假设 T 是偶数.

(d) 设 x 为某一饭店在第 τ 天中提供的服务的数量. 通过观察注意到 $R(7)$ 很高，$R(14)$ 也很高，但不像前面那么高. 说明这可能是什么原因造成的.

3.27 一个向量元素散布的另一个度量　标准差是一个向量与其均值偏差的一个度量. 另一个表现 n 向量 x 中元素两两不同的度量，称为均方差，定义为

$$\mathrm{MSD}(x)=\frac{1}{n^2}\sum_{i,j=1}^{n}(x_i-x_j)^2$$

（和意味着应当将 i 和 j 从 1 到 n 变化时的所有 n^2 项相加.）证明 $\mathrm{MSD}(x)=2\mathbf{std}(x)^2$. 提示：首先观察 $\mathrm{MSD}(\tilde{x})=\mathrm{MSD}(x)$，其中 $\tilde{x}=x-\mathbf{avg}(x)\mathbf{1}$ 为去均值的向量. 将和式展开，然后利用 $\sum_{i=1}^{n}\tilde{x}_i=0$.

67

3.28 加权范数　3.2 节讨论了如果向量元素是异性的，则对每一个向量的元素选择单位或放缩的重要性. 对一个向量 x，另外一个方法是使用**加权范数**，其定义为

$$\|x\|_w=\sqrt{w_1x_1^2+\cdots+w_nx_n^2}$$

其中 $w_1, \cdots, w_n$ 为给定的正**权重**，利用它们可以指出 n 向量 x 中每一个元素的重要程度. 若所有的权重都是 1，加权范数就退化为通常的（“不加权的”）范数. 可以证明，

加权范数是一种更一般的范数，即它满足 3.1 节给出的四个范数性质. 类似 3.2 节的讨论，一种常见的首选方法是令 w_i 为应用问题中 x_i^2 的典型值的倒数.

对加权范数，Cauchy-Schwarz 不等式也是成立的：对任意 n 向量 x 和 y，有

$$|w_1x_1y_1 + \cdots + w_nx_ny_n| \leqslant \|x\|_w \|y\|_w$$

（表达式左侧绝对值符号内的部分有时又称为 x 和 y 的加权内积.）证明该不等式是成立的. **提示**：考虑向量 $\tilde{x} = (x_1\sqrt{w_1}, \cdots, x_n\sqrt{w_n})$ 和 $\tilde{y} = (y_1\sqrt{w_1}, \cdots, y_n\sqrt{w_n})$，并利用（标准的）Cauchy-Schwarz 不等式.

68

第4章 聚　　类

本章考虑将一组向量，通过度量它们之间的两两距离划分为彼此接近的向量集的方法. 本章中给出了一种著名的聚类方法，称为 k-means 算法，也给出了它的一些典型的应用.

本章的材料在后续内容中将不会使用. 但其思想，特别是 k-means 算法，在很多应用问题中广泛使用，并且也依赖于前面三章中给出的思想. 因此本章可以被认为是一个插曲，它涵盖一些利用了前面建立的思想的有用的资料.

4.1　向量的聚类

设有 N 个 n 向量，x_1，$\cdots$，x_N. **聚类**的目标是将向量（如果可能）分组或划分成 k 个簇或类，使得每一簇中的向量彼此接近. 聚类在很多领域中有着广泛的应用，典型的是（但不是经常）向量表示对象的属性.

通常，k 会比 N 小很多，即向量的个数比簇的数量多很多. 典型的应用中 k 的取值范围可以从屈指可数到几百或更多，而 N 的取值则通常从几百到几十亿. 聚类中的一部分工作是确定需要被分类的向量是否可以被分为 k 簇，其中每簇中的向量相互之间都比较接近. 当然这依赖于 k，即簇的数量，以及特定的数据，即向量 x_1，$\cdots$，x_N.

图 4-1 给出了一个简单的例子，其中 $N=300$ 个 2 向量，用小圆圈表示. 容易看到，这些向量可以被划分为 $k=3$ 个类，如右面的图所示. 这些数据也可以被划分为其他数量的类，但可以看到 $k=3$ 是一个好的取值.

图 4-1　平面上的 300 个点. 如右图所示，这些点可以被划分为三个簇

这一结果在很多方面并不典型. 首先，向量的维数为 $n=2$. 任何 2 向量集合的聚类都是简单的：只需绘制数据的散点图并可视化地检验这些数据是否可以聚类即可，而且如果可以进行聚类，簇的数量是多少也容易确定. 几乎所有的应用问题中 n 都是比 2 大的（通常，还会远远大于 2），此时，这种简单的可视化方法就无法使用了. 该问题不典型的第二

个原因是这些点都能非常好地聚类. 在多数应用问题中，数据并不像这个简单的例子一样能清楚地分类；会有很多甚至大量的点在两个簇之间. 最后，在本例中，显然 k 的最佳选择是 $k=3$. 在真正的问题中，k 的最好取值并不清晰. 但即便簇不能像本例中那样清晰，k 的最好取值也并不清楚，在实践过程中，聚类方法仍然非常有用.

例子 在更深入讨论聚类和聚类算法的细节之前，下面首先列出一些常见的可使用聚类方法的应用.

- *主题发现*. 设 x_i 为 N 个文档的单词直方图. 一个聚类方法将这些文档划分为 k 个簇，通常这些文档被称为一组有相同主题、体裁或作者的文档. 由于聚类算法自动运行，不需要理解字典中单词的含义，故该方法有时被称为**自动主题发现**.
- *患者聚类*. 若 x_i 为 N 个医院接受的患者的特征向量，一个聚类方法可以将患者分成相似患者的 k 个簇（至少在他们特征向量相似的意义下）.
- *消费者市场细分*. 设向量 x_i 给出了消费者 i 在某时间周期内购买的 n 种商品的数量（或美元数）. 一个聚类算法可以将这些消费者划分为 k 个市场区隔，它们是一些购买了类似产品的消费者的群体.

70

- *邮政编码聚类*. 设 x_i 为一个给出了 n 个值的向量或邮政编码为 i 的居民的统计数据，例如居民不同的年龄组别、住房面积、教育情况及收入.（这个例子中 N 大约为 40000.）一个聚类算法可将这 40000 个邮政编码划分为例如 $k=100$ 簇，每一簇中的统计数据都相似.
- *学生聚类*. 设 x_i 给出了学生 i 在某门课程中详细的打分记录，即她在平时回答问题时每一个问题的得分、作业的得分及考试的得分. 一个聚类方法可能可以将学生分为表现相似的 $k=10$ 个簇.
- *调查问卷聚类*. 由 N 个人构成的一群人，回答了一个调查中的 n 个问题. 每一个问题都包括一个论述，例如"电影太长了"，其后跟随一些有序的选项，例如

  非常不同意，不同意，一般，同意，非常同意

  （这被称为**Likert 评分**，其名称以心理学家 Rensis Likert 的名字来命名.）设 n 向量 x_i 对第 i 个调查表中的 n 个问题进行了编码，对前述的答案分别赋予 -2，-1，0，$+1$，$+2$. 一个聚类算法可将调查问卷划分为 k 个簇，每个簇对应相似的调查结果.
- *气象带*. 对 N 个县中的每一个都有一个 24 向量 x_i，其前 12 个元素为每个月的平均气温，后 12 个元素为每个月的平均降雨量.（所有的气温和降雨量数据都可以标准化，使得它们的取值范围在 -1 和 $+1$ 之间.）向量 x_i 就汇总了县 i 的年温度模式. 一个聚类方法可将所有的县划分成 k 个簇，每簇中的县都有着相似的温度模式，这样的簇被称为**气象带**. 这种簇可展示在地图上，并可在气象带中推荐景观植物.
- *日能量消耗模式*. 24 向量 x_i 给出了 N 个消费者在某时间段内（例如，一个月）每天每小时平均消耗的电能. 一个聚类算法可将消费者划分为不同的簇，每簇内的消费者有着相似的日能量消耗模式. 可以期待聚类算法能够"发现"哪一个消费者拥有浴

池、电热水器或太阳能板.

- 金融行业. N 个公司中的每一个都可用一个 n 向量表示其金融或商业的属性，例如资产总额、季度收益和风险、交易量、利润和亏损或者股东股息.（这些量通常被放缩到相近的范围或取值.）一个聚类算法可以将这些公司划分为不同的**行业**，即每一簇中的企业有着相似的属性.

上述的每一个例子中，都能够很好地清楚这些向量可以被划分为不同的 k 个簇，例如，$k=5$ 或 $k=37$. 这可以用于对数据的洞察分析. 通过查看各个簇，通常是可以理解这些数据的，且可将其赋以标签或对它们进行描述.

71

4.2　聚类的目标函数

本节介绍形式化的聚类思想，同时引入对给出的聚类结果的质量进行评估的自然方法.

指定聚类的分配　通过指出向量所属的类别，可以对向量进行聚类. 首先将每个簇编号为 $1,\cdots,k$，并使用一个 N 向量 c 给 N 个给定的向量指定簇，其中 c_i 为向量 x_i 所属的簇号（数字）. 作为一个简单的例子，考虑 $N=5$ 个向量，$k=3$ 个簇，$c=(3,1,1,1,2)$ 的含义为 x_1 属于簇 3，x_2，x_3 和 x_4 属于簇 1，x_5 属于簇 2. 簇也可以用集合的记号进行表示. 令 G_j 为对应于簇 j 的集合. 对上述简单的例子，有

$$G_1=\{2,3,4\},\quad G_2=\{5\},\quad G_3=\{1\}$$

（此处使用了集合的记号；参见附录 A.）形式化地讲，这些将向量进行分簇的向量 c 的下标的集合可以表示为

$$G_j=\{i|c_i=j\}$$

即 G_j 是所有下标 i 的集合，其中 $c_i=j$.

簇代表向量　对每一个簇，都指定一个**簇代表** n 向量，记为 $z_1,\cdots,z_k$. 这些代表向量可以是任意的 n 向量；它们不需要是一个已经给出的向量. 我们期望每一个代表向量能够跟簇中的其他向量足够接近，即希望

$$\|x_i-z_{c_i}\|$$

很小.（注意到 x_i 在簇 $j=c_i$ 中，故 z_{c_i} 为与数据向量 x_i 对应的代表向量.）

聚类的目标函数　现在可以给出在选定了簇的代表向量后用于评判簇（clustering）的选择的一个数值. 定义

$$J^{\text{clust}}=\left(\|x_1-z_{c_1}\|^2+\cdots+\|x_N-z_{c_N}\|^2\right)/N \tag{4.1}$$

它是向量到其对应的代表向量之间的均方差. 注意到 J^{clust} 依赖于簇的分配（即 c），同时也依赖于簇的代表向量 $z_1,\cdots,z_k$ 的选择. J^{clust} 越小，聚类结果就越好. 一个极端的情形是 $J^{\text{clust}}=0$，它意味着每一个原始向量与其对应的代表向量之间的距离都是零. 这种情形仅发生在原始向量集合中只有 k 个不同的取值，并且每一个向量都被作为代表向量时.（这种极端的情形不太可能在实践中出现.）

选择 J^{clust} 作为聚类的目标函数是有意义的，因为它促使所有点都与其对应的代表向量接近，但也存在其他合理的选择. 例如，也可以选择目标函数促进各个类之间的平衡. 但此处将会坚持使用这一基本的（也是非常广泛使用的）聚类目标函数.

72

最优和次优聚类 求一个聚类，即寻找一簇分配 c_1，$\cdots$，c_N 并选择一簇代表向量 z_1，$\cdots$，z_k，使得目标函数 J^{clust} 最小化. 称这种类型的聚类为**最优的**. 不幸的是，除了极少数的问题，寻找最优聚类在实践上是不可行的.（从原理上讲，是可以找到的，但随着 N 的增加，计算量会极其快速地增长.）有幸的是，下一节中介绍的 k-means 算法需要的计算量非常少（事实上，它可用于处理 N 以十亿计的问题），而且它通常可以找到非常好的（不是绝对最佳的）簇.（此处，"非常好"意味着簇及其选择的代表向量接近 J^{clust} 可能取得的最小值.）称由 k-means 算法找到的簇为**次优的**，意味着它可能并没有给出 J^{clust} 的最小值.

尽管如此，选择最好的簇并给出最好的代表向量仍然是一个困难的问题，结果表明，如果固定代表向量，则可以找到最好的簇，如果固定簇，则能够找到最好的代表向量. 下面就这两个主题展开讨论.

给定代表向量时对向量进行划分 设簇的代表向量 z_1，$\cdots$，z_k 已经给定，求一个分配 c_1，$\cdots$，c_N，达到 J^{clust} 的最小可能取值. 结果表明这一问题可以被准确地求解.

目标函数 J^{clust} 是一个 N 项的和. 改变 c_i（即改变向量 x_i 所属的簇）只会影响 J^{clust} 中的第 i 项，$(1/N)\|x_i - z_{c_i}\|^2$. 这一项可通过选择 c_i 而最小化，因为 c_i 的选择不影响 J^{clust} 的其他 $N-1$ 项. 如何选择 c_i 最小化这一项呢？这很容易：只需简单选择 c_i 为 j 的值，使得 $\|x_i - z_j\|$ 对所有的 j 最小化. 换句话说，应当将每一个数据向量 x_i 分配给它最近的代表向量. 这一选择非常自然，并且容易实现.

因此，当簇代表向量固定时，可以快速地找到最好的簇分配（即能最小化 J^{clust} 的分配），只需将每一个向量分配给离它最近的代表向量即可. 通过这样选择的簇分配，有（按照找到的方式分配）

$$\|x_i - z_{c_i}\| = \min_{j=1,\cdots,k} \|x_i - z_j\|$$

故 J^{clust} 的值为

$$\left(\min_{j=1,\cdots,k} \|x_1 - z_j\|^2 + \cdots + \min_{j=1,\cdots,k} \|x_N - z_j\|^2\right) / N$$

它有一个简单的解释：它是数据向量到其最近的代表向量之间距离平方的平均值.

73

簇固定时最优化簇代表向量 接下来考虑为使 J^{clust} 最小化，当聚类（簇分配）固定时，簇代表向量的选择问题. 结果表明这一问题也有一个简单且自然的答案.

首先从重新排列 N 项的和为 k 个和开始，每一个和都与一个簇对应. 记

$$J^{\text{clust}} = J_1 + \cdots + J_k$$

其中

$$J_j = (1/N) \sum_{i \in G_j} \|x_i - z_j\|^2$$

为簇 j 中向量对目标函数 J^{clust} 的贡献.（此处的和意味着需要将所有形如 $\|x_i - z_j\|^2$ 的项都加起来，其中 $i \in G_j$，即对任意簇 j 中的向量 x_i；参见附录 A.）

簇代表向量 z_i 的选择仅会影响到 J_j；它不会影响 J^{clust} 中的其他项. 因此可以选择每一个 z_j 最小化 J_j. 因此，应当选择那些簇 j 中能使均方差最小化的 z_j. 这一问题有着一个非常简单的答案：应当选择 z_j 为该簇中所有向量 x_i 的平均值（或均值，或质心）：

$$z_j = (1/|G_j|) \sum_{i \in G_j} x_i$$

其中 $|G_j|$ 为表示集合 G_j 中元素个数的标准数学符号，即簇 j 的大小.（参见练习 4.1.）

据此，如果固定簇的分配，可以通过选择每一个簇的向量的平均值或质心作为该簇的代表向量使得 J^{clust} 最小化.（这有时称为**簇质心**或**聚类质心**.）

4.3　*k*-means 算法

看起来现在可以求解选择簇分配和簇代表向量来最小化 J^{clust} 的问题了，因为已经知道，当一个或其他选择确定时，如何求得这个最小值了. 但是这两个选择是环环相扣的，也即，每一个选择都是依赖于另一个选择的. 事实上，该问题的解决依赖于计算中的一个非常古老的思想：只需在这两个选择之间**迭代**即可. 这意味着需要使用前面提出的方法在更新簇分配和更新代表向量之间交替切换. 每一步执行完毕后，除非该步骤不改变选择，目标函数 J^{clust} 都会变得越来越好（也即，函数值减少）. 在选择簇代表向量与簇分配之间进行交替就构成了对一簇向量进行聚类的 k-means 算法.

k-means 算法最早由 Stuart Lloyd 和 Hugo Steinhaus 于 1957 年提出. 有时又称为 Lloyd 算法. “k-means”这个名字是从 20 世纪 60 年代开始使用的.

74

算法 4.1　k-means 算法

给定 N 个向量 $x_1, \cdots, x_N$，以及 k 个簇的代表向量 $z_1, \cdots, z_k$.

重复下列各步直到收敛

1. *将向量划分为 k 个簇.* 对每一个向量 $i = 1, \cdots, N$，将 x_i 关联到与其最近的代表向量.
2. *更新代表向量.* 对每一个簇 $j = 1, \cdots, k$，将 z_j 设置为簇 j 中向量的均值.

---

k-means 算法的一次迭代过程如图 4-2 所示.

说明与解释

- 第 1 步中的约束可用将 x_i 关联到离它最近的代表向量中最小编号 j 的向量来打破.
- 在第 1 步中，一个或多个簇可能是空集，也即不包含任何向量. 此时，只需将这些簇抛弃即可（包括它的代表向量）. 最终得到的向量的划分数量会少于 k 个簇.

75

- 如果第 1 步中完成的簇分配在两次迭代中都相同，则第 2 步中的代表向量也会相同. 此后，簇分配和簇代表向量在未来的迭代过程中将永远不会改变，故应当终止算法. 这就是“直到收敛”的含义. 在实践中，一旦成功完成迭代后 J^{clust} 的增量变得很小，算法通常会被提前终止.
- 使用随机选择的簇代表向量来启动算法. 一种简单的方法是从原始向量中随机选择代表向量；另一种启动的方法是将原始向量随机分为 k 个簇，并用各簇的均值作为初始的代表向量.（有很多更为精细的选择初始代表向量的方法，但是这一主题超出了本书的范畴.）

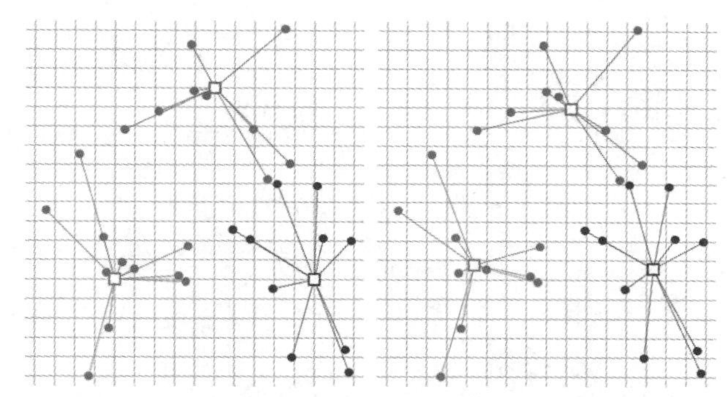

图 4-2 k-means 算法的一次迭代. 实心圆圈给出了 30 个 2 向量 x_i，3 个簇的代表向量 z_i 用方块表示. 左图中每一个向量都被与其最近的代表向量关联. 右图中，代表向量用聚类的质心进行替换

收敛 J^{clust} 在每一步中都下降意味着 k-means 算法会在有限步后终止. 但是，由于初始代表向量的不同选择，算法能够且也确实是会收敛到不同的划分结果，且有不同的目标函数.

k-means 算法是**启发式的**（heuristic），也即它无法保证其找到的划分一定会最小化目标函数 J^{clust}. 因此通常会多次运行 k-means 算法，每一次都使用不同的初始代表向量，并从这些结果中选择 J^{clust} 的目标函数值最小的结果. 除了 k-means 算法是一种启发式算法外，它在实践应用中也非常有用，且被广泛使用.

图 4-3 给出了 k-means 算法利用图 4-1 中的例子几次迭代后的结果. 令 $k=3$ 并随机选择簇的代表向量. 聚类的最终结果见图 4-4. 图 4-5 说明了聚类目标函数值在迭代的过程中是如何下降的.

代表向量的解释 聚类中每一簇关联的代表向量 $z_1, \cdots, z_k$ 是很好解释的. 例如，假设选举中的投票人可以根据包括人口数量和问卷，或投票数据的数据集很好地划分到 7 个簇中. 若向量的第 4 个分量为投票人的年龄，则 $(z_3)_4 = 37.8$ 说明第 3 簇中投票人的平均年龄为 37.8 岁. 从这些数据中获得的见解可用于调整活动消息，或选择用于投放活动广告的媒体.

另一种解释簇代表向量的方法是找到一个或几个最接近每个代表向量的原始数据点. 这些数据点可以被认为是这个簇的原型.

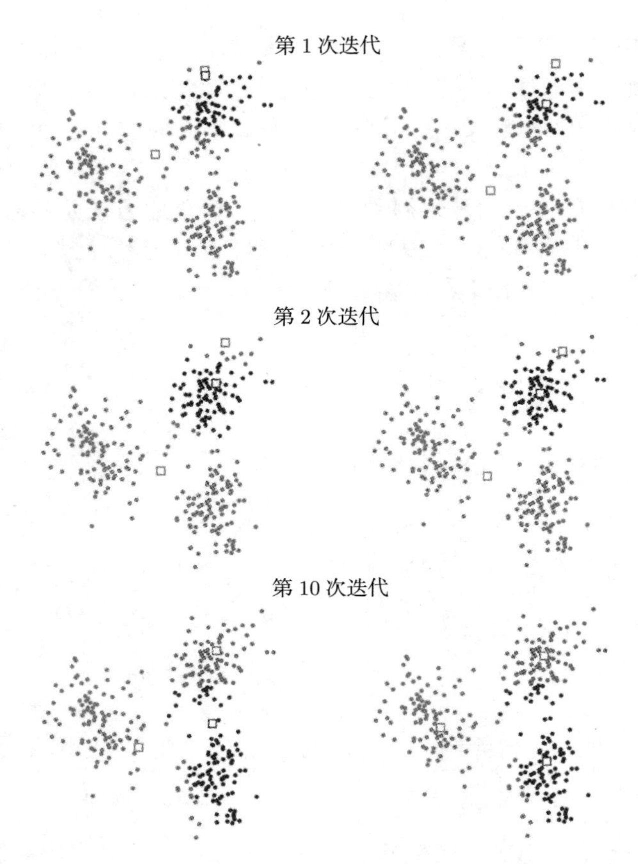

图 4-3 k-means 算法的三次迭代. 簇代表向量用方块表示. 在每一行，左图给出了向量分为 3 个簇的结果（算法 4.1 的第 1 步）. 右图给出了代表向量更新后的结果（算法的第 2 步）（见彩插）

图 4-4 聚类结果（见彩插）

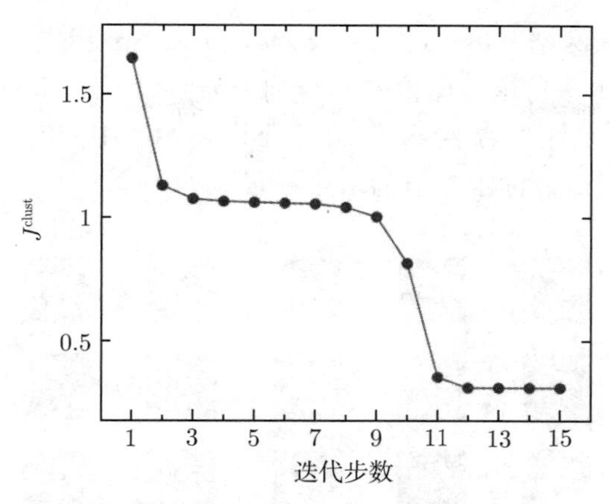

图 4-5　每次迭代的第 1 步后聚类的目标函数 J^{clust}

选择 k　使用不同的 k 值多次运行 k-means 算法并比较它们的结果，是一个很常见的做法. 如何选择这些 k 则依赖于聚类是如何被使用的，这将在 4.5 节中进行更进一步的讨论. 但一些一般的结论总是可以得到的. 例如，若 $k=7$ 时对应的 J^{clust} 的值比 $k=2,\cdots,6$ 的 J^{clust} 的值小一些，并且比 $k=8,9,\cdots$ 时 J^{clust} 的值大得不多，那么有理由选择 $k=7$，并可以得到数据（向量的列表）可被很好地划分为 7 个簇.

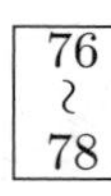
76
~
78

复杂度　k-means 算法的第 1 步中，需要在 k 个质心的列表中，对 N 个 n 向量中的每一个寻找其最近邻向量. 这需要大概 $3Nkn$ 次浮点运算. 在第 2 步中，对每个簇中的 n 向量求平均值. 在一个有 p 个向量的簇中，这需要 $n(p-1)$ 次浮点运算，它可以近似地用 np 次浮点运算来计算. 计算所有簇需要总数为 Nn 次浮点运算. 这少于第 1 步用于划分向量的开销. 因此，k-means 算法每次迭代需要大概 $(3k+1)Nn$ 次浮点运算. 其阶数是 Nkn 次浮点运算.

每次运行 k-means 算法通常使用不超过几十次的迭代，且 k-means 通常被运行多次，例如 10 次. 因此，对 k-means 运行 10 次（以便于从中选择最好的分划）所需的浮点运算数的一个非常粗略的猜测为 $1\,000Nkn$ 次浮点运算.

例如，设用 k-means 算法将 $N=100000$ 个大小为 $n=100$ 的向量划分为 $k=10$ 个簇. 可以猜测一台 1Gflop/s 的计算机完成这一过程需要 100 秒左右. 此处给出的近似（例如，k-means 每次运行需要的迭代次数），显然是一个粗略的估计.

4.4　例子

4.4.1　图像聚类

MNIST（Mixed National Institute of Standards，混合国家标准委员会）有关数字化手写体数字的数据库是一个包含了 $N=60000$ 个大小为 28×28 的灰度图片的数据集，其中每一个图片可以表示为一个 n 向量，$n=28\times 28=784$. 图 4-6 给出了数据集中的部分样本.（该数据集由 Yann LeCun 在网站 `yann.lecun.com/exdb/mnist` 提供.）

下面利用 k-means 算法将这些图像的集合划分为 20 个簇，算法启动时对向量进行随机分簇，然后重复实验 20 次. 图 4-7 给出了 20 个不同初始簇中的三个聚类目标函数随迭代步数的变化，其中两个分别是目标函数值为最小和最大的两个.

图 4-6　MNIST 数据集中数字手写体的 25 张图片. 每一张图片的大小为 28×28，可被表示为一个 784 向量

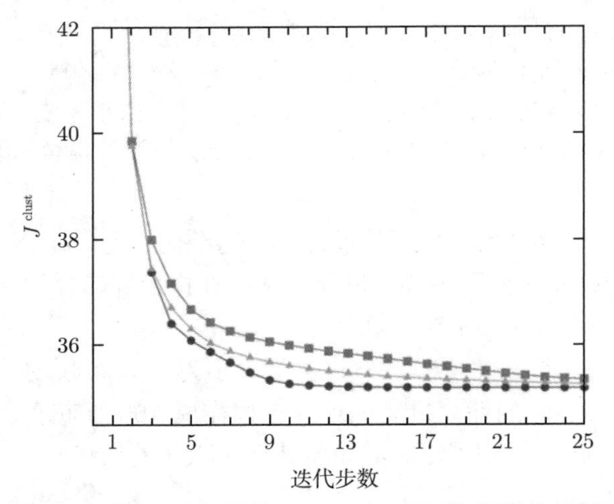

图 4-7　对 MNIST 数据集，采用三个初始簇，k-means 算法中聚类的目标函数 J^{clust} 在每次迭代后的值

图 4-8 给出了最终聚类目标函数值最低的代表向量. 图 4-9 给出了最终聚类目标函数值最高的代表向量. 可以看到，多数代表向量为可以识别的数字，伴有可以理解的混淆，例如“4”和“9”之间，或者“3”和“8”之间的混淆. 如果考虑到 k-means 算法对数字一无所知，这一结果令人印象深刻，因为算法不知道它们是否是手写字迹，甚至不知道一个 784 向量表

示一个 28×28 的图像；算法知道的仅仅是 784 向量之间的距离. 一种解释是 k-means 算法从数据集中“发现了”数字.

79 ≀ 80

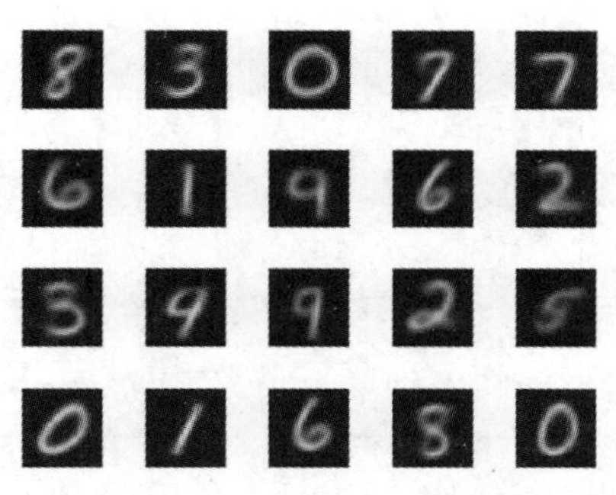

图 4-8　k-means 算法在应用于 MNIST 数据集后得到的簇代表向量

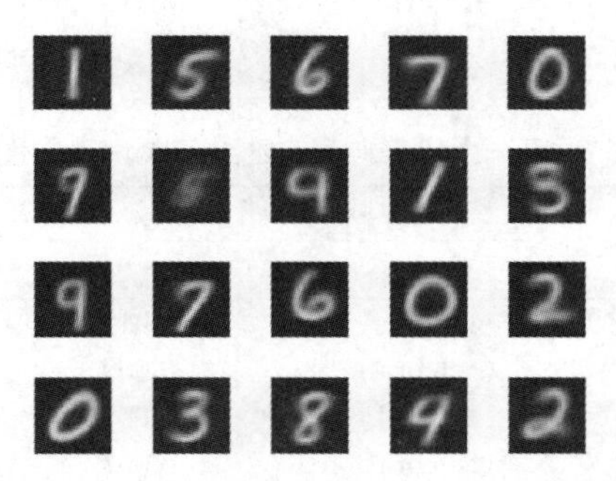

图 4-9　k-means 算法在应用于 MNIST 数据集后得到的簇代表向量，但其初始分类与图 4-8 不同

81

4.4.2　文档主题发现

首先从一个包含 $N = 500$ 个维基百科文档的语料库开始，这些文档是从 2015 年 9 月 6 日开始到 2016 年 6 月 11 截止的每周最受欢迎的文章. 此处将文档中的章节标题和参考文献部分删去（即书目、注释、参考文献和进一步阅读部分），并将其转换为文字的列表. 转换过程中将数字和结束词删去，并对名词和动词使用了词干算法. 然后将至少在 20 篇文档中出现的单词列出，构成一个词典. 最终得到了一个包含 4423 个单词的字典. 据此，语料库中的每一篇文档可用一个长度为 4423 的单词直方图向量表示.

令 k-means 算法中的 $k = 9$，并 20 次随机选择初始划分运行算法. 对于每一种情形，k-means 算法都收敛到相似的但稍有不同的文档簇. 图 4-10 给出了这些过程中聚类的目标函数值随迭代次数变化的规律，其中包括了最终给出最小的 J^{clust} 值的情形，这也是本书后面使用的结果.

表 4-1 对 J^{clust} 取值最小的簇进行了概括. 对 9 个簇中的每一个，我们都给出了簇代表单词直方图向量中系数最大的 10 个系数. 表 4-2 给出了每个簇的大小及与簇代表向量最接近的 10 篇文档.

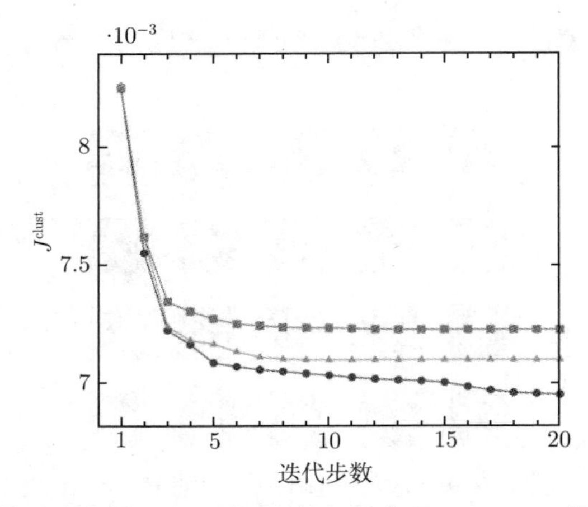

图 4-10 基于维基百科单词直方图，对三种不同的初始分配，k-means 算法在每次迭代后目标函数 $J^{\rm clust}$ 的值

82

表 4-1 9 个簇的代表向量．对每一个代表向量，给出其单词直方图中系数最大的前 10 个单词

第 1 簇		第 2 簇		第 3 簇	
单词	系数	单词	系数	单词	系数
fight	0.038	holiday	0.012	united	0.004
win	0.022	celebrate	0.009	family	0.003
event	0.019	festival	0.007	party	0.003
champion	0.015	celebration	0.007	president	0.003
fighter	0.015	calendar	0.006	government	0.003
bout	0.015	church	0.006	school	0.003
title	0.013	united	0.005	American	0.003
Ali	0.012	date	0.005	university	0.003
championship	0.011	monn	0.005	city	0.003
bonus	0.010	event	0.005	attack	0.003
第 4 簇		**第 5 簇**		**第 6 簇**	
单词	系数	单词	系数	单词	系数
album	0.031	game	0.023	series	0.029
release	0.016	season	0.020	season	0.027
song	0.015	team	0.018	episode	0.013
music	0.014	win	0.017	character	0.011
single	0.011	player	0.014	film	0.008
record	0.010	play	0.013	television	0.007
band	0.009	league	0.010	cast	0.006
perform	0.007	final	0.010	announce	0.006
tuor	0.007	score	0.008	release	0.005
chart	0.007	record	0.007	appear	0.005

（续）

第 7 簇		第 8 簇		第 9 簇	
单词	系数	单词	系数	单词	系数
match	0.065	film	0.036	film	0.061
win	0.018	star	0.014	million	0.019
championship	0.016	role	0.014	release	0.013
team	0.015	play	0.010	star	0.010
event	0.015	series	0.009	character	0.006
style	0.014	appear	0.008	role	0.006
raw	0.013	actor	0.007	weekend	0.005
episode	0.010	character	0.006	story	0.005
perform	0.010	release	0.006	gross	0.005

83

表 4-2　簇的大小以及最接近簇代表向量的 10 篇文档

簇号	大小	标　题
1	21	Floyd Mayweather, Jr; Kimbo Slice; Ronda Rousey; José Aldo; Joe Frazier; Wladimir Klitschko; Saul Álvarez; Gennady Golovkin; Nate Diaz; Conor McGregor.
2	43	Halloween; Guy Fawkes Night; Diwali; Hanukkah; Groundhog Day; Rosh Hashanah; Yom Kippur; Seventh-day Adventist Church; Remembrance Day; Mother's Day.
3	189	Mahatma Gandhi; Sigmund Freud; Carly Fiorina; Frederick Douglass; Marco Rubio; Christopher Columbus; Fidel Castro; Jim Webb; Genie (feral child); Pablo Escobar.
4	46	David Bowie; Kanye West; Celine Dion; Kesha; Ariana Grande; Adele; Gwen Stefani; Anti (album); Dolly Parton; Sia Furler.
5	49	Kobe Bryant; Lamar Odom; Johan Cruyff; Yogi Berra; José Mourinho; Halo 5; Guardians; Tom Brady; Eli Manning; Stephen Curry; Carolina Panthers.
6	39	The X-Files; Game of Thrones; House of Cards (U.S. TV series); Daredevil (TV series); Supergirl (U.S. TV series); American Horror Story; The Flash (2014 TV series); The Man in the High Castle (TV series); Sherlock (TV series); Scream Queens (2015 TV series).
7	16	Wrestlemania 32; Payback (2016); Survivor Series (2015); Royal Rumble (2016); Night of Champions (2015); Fastlane (2016); Extreme Rules (2016); Hell in a Cell (2015); TLC; Tables, Ladders & Chairs (2015); Shane McMahon.
8	58	Ben Affleck; Johnny Deppp; Maureen O'Hara; Kate Beckinsale; Leonardo DiCaprio; Keanu Reeves; Charlie Sheen; Kate Winslet; Carrie Fisher; Alan Rickman.
9	39	Star Wars: The Force Awakens; Star Wars Episode I: The Phantom Menace; The Martian (film); The Revenant (2015 film); The Hateful Eight; Spectre (2015 film); The Jungle Book (2016 film); Bajirao Mastani (film); Back to the Future II; Back to the Future.

每一个簇都是有意义的，并且多数包含了相似的主题或相似的思想. 簇代表向量中系数最大的单词也是有意义的. 很有趣的是，k-means 聚类将电影和电视剧（很多都是）放到了不同的簇中（9 和 6）. 此外，也可以注意到簇 8 和 9 有着一些共同的重要关键词，但它们属于不同的主题（分别是演员和电影）.

84

如果考虑到 k-means 算法并不理解文档中单词的含义（事实上，甚至不知道文档中单词的顺序），就能够将这些文档按照它们的主题进行划分是非常令人印象深刻的. 它仅仅使用了文档的不相似性这个基本概念，而这个概念仅仅通过单词计数直方图向量之间的距离来度量.

4.5 应用问题

聚类方法，特别是 k-means 算法，有着大量的应用. 它可被用于探索性的数据分析，目的是从大量“看起来很像”的向量中获得思想. 当 k 足够小，例如不超过几十，考察簇代表向量就变得很平常了，很多在相关簇中的向量也代表了该簇或给簇加了标签. 聚类方法也可以应用在一些非常特殊的问题中，下面将简单介绍一些.

分类 将大量向量划分为 k 个簇，并手工为簇添加标签. 然后，对于一个新向量，可以通过找出其最近的簇代表向量，来确定其所属簇. 前述手写数字的例子，给出了一个基本的数字分类器，它可以自动从图片中猜测书写的数字是什么. 在主题发现的例子中，可以将新文档自动分类到 k 个主题中.（第 14 章会看到一种更好的分类方法.）

推荐引擎 聚类方法可被用于构造一个**推荐引擎**，它可以根据用户或消费者可能的喜好来推荐产品. 设向量给出在某段时间内，一个用户在 n 首曲目中收听或播放每首歌曲的次数. 这些向量通常是稀疏的，因为每一个用户仅仅听取了音乐库中非常小的比例. 聚类方法即可将这些用户向量按照他们相近的音乐喜好进行分簇. 簇代表向量有着很好的含义：$(z_j)_i$ 为簇 j 中的用户播放歌曲 i 的平均的时间长度.

这一表述使得对每一个用户可以建立一个推荐集合. 首先确定一个音乐听众向量 x_i 所属的簇 j. 然后可以向她推荐与她同簇的其他人（也即，那些有着相同音乐爱好的人）经常听，但她没听过的歌曲. 为向她推荐 5 首歌，可以通过寻找下标 l 满足 $(x_i)_l = 0$ 且 $(z_j)_l$ 为最大的 5 个达到.

猜测缺失的元素 假设有一组向量，其中某些向量的某些位置存在缺失或没有给出.（符号“?”或“*”有时被用于表示一个向量中缺失的位置.）例如，假设这些向量收集了一群人的特征，比如，年龄、性别、受教育年限、收入、子女数量等. 如果一个向量的年龄这个元素的符号是“?”，表示不知道该人的年龄. 猜测一组向量中的缺失元素有时又称为缺失元素的**替代**. 此处的例子中，希望能够猜测不知道年龄的人的年龄.

85

可以使用聚类方法，特别是 k-means 方法，来猜测缺失的元素. 首先仅在已知的完整的数据上运行 k-means 聚类方法，也即，这些向量的对应元素都是已知的. 然后考虑集合中有一个或多个元素缺失的向量 x. 因为 x 的部分元素是未知的，不能计算距离 $\|x - z_j\|$，因此不能说哪一个簇代表向量最接近 x. 取而代之的是，可以利用 x 仅有的已知元素寻找与其最接近的簇代表向量，即求 j，使得下式最小化

$$\sum_{i \in \mathcal{K}} \left(x_i - (z_j)_i\right)^2$$

其中 $\mathcal{K}$ 为向量 x 的已知元素的下标集合. 这将给出仅使用已知元素得到的最接近 x 的代表向量. 为猜测 x 中的缺失元素，可简单使用 z_j 中的对应元素，即最接近的代表向量中的对

应元素.

回到例子中，可以通过寻找与一个缺失年龄信息的人最接近的代表向量（忽略年龄）来猜测其年龄；然后使用代表向量的年龄信息，它实际上就是所有在该簇中的人的平均年龄.

86

练习

4.1 最小化到一个向量集合的均方距离 令 $x_1, \cdots, x_L$ 为一组 n 向量. 在该练习中，读者需要补充论证中缺失的部分，以证明最小化一组向量距离平方和

$$J(z)=\|x_1-z\|^2+\cdots+\|x_L-z\|^2$$

的向量 z 为这些向量的均值或质心，$\bar{x}=(1/L)(x_1+\cdots+x_L)$.（这一结果可用于 k-means 算法中的一步. 但在此处将记号进行了简化.）

(a) 说明为什么对任意的 z 有

$$J(z)=\sum_{i=1}^{L}\|x_i-\bar{x}-(z-\bar{x})\|^2=\sum_{i=1}^{L}\left(\|x_i-\bar{x}\|^2-2(x_i-\bar{x})^{\mathrm{T}}(z-\bar{x})\right)+L\|z-\bar{x}\|^2$$

(b) 说明为什么 $\sum_{i=1}^{L}(x_i-\bar{x})^{\mathrm{T}}(z-\bar{x})=0$. **提示**：将其左端项写为

$$\left(\sum_{i=1}^{L}(x_i-\bar{x})\right)^{\mathrm{T}}(z-\bar{x})$$

并证明左端项的向量为 0.

(c) 结合 (a) 和 (b) 中的结果得到 $J(z)=\sum_{i=1}^{L}\|x_i-\bar{x}\|^2+L\|z-\bar{x}\|^2$. 说明为什么对 $z\neq\bar{x}$，有 $J(z)>J(\bar{x})$. 这表明选择 $z=\bar{x}$ 能最小化 $J(z)$.

4.2 非负、比例或布尔型向量的 k-means 方法 设向量 $x_1, \cdots, x_N$ 使用了 k-means 方法进行了聚类，其簇代表向量为 $z_1, \cdots, z_k$.

(a) 设原始向量 x_i 非负，也即它们的元素都是非负的. 说明为什么代表向量 z_j 也是非负的.

(b) 设原始向量 x_i 表示比例，也即它们的元素是非负的且和为 1.（例如，在 x_i 表示单词计数直方图时就是这种情形.）说明为什么代表向量 z_j 也表示比例，即其元素是非负的且和为 1.

(c) 设原始向量 x_i 是布尔型向量，也即它们的元素要么是 0，要么是 1. 给出簇 j 的代表向量的第 i 个元素 $(z_j)_i$ 的一个解释.

提示：每一个代表向量都是某些原始向量的平均值.

4.3 二划分问题中的线性划分 将一些向量聚类为 $k=2$ 个簇的问题称为二划分问题，因为向量只被划分成 2 个簇，向量下标的集合记为 G_1 和 G_2. 若对向量 $x_1, \cdots, x_N$ 运行 k-means，其中 $k=2$. 证明存在一个非零向量 w 和一个标量 v 满足

$$w^{\mathrm{T}}x_i+v\geqslant 0, i\in G_1$$

$$w^{\mathrm{T}}x_i+v\leqslant 0, i\in G_2$$

换句话说，仿射函数 $f(x)=w^{\mathrm{T}}x+v$ 在第 1 簇中是大于或等于零的，在第 2 簇中是小于或等于零的. 这称为两个簇的**线性划分**（尽管**仿射划分**更为精确）.

提示：考虑函数 $\|x-z_1\|^2-\|x-z_2\|^2$，其中 z_1 和 z_2 为簇的代表向量.

4.4 预分配向量　设某些向量 x_1，$\cdots$，x_N 被分配给了特定的簇. 例如，可能固定将 x_{27} 分给第 5 簇. 给出一个 k-means 算法的简单改进，以满足这个要求. 描述一个可能遇到的实际例子，其中每一个向量表示一个患者的 n 个特征.

87

第5章 线性无关

本章探索线性无关的概念，它在本书后续的内容中占有着重要的地位.

5.1 线性相关

一组 n 向量 a_1，$\cdots$，a_k（其中 $k \geqslant 1$）若满足

$$\beta_1 a_1 + \cdots + \beta_k a_k = 0$$

其中 β_1，$\cdots$，β_k 不全为零，则被称为**线性相关**. 换句话说，零向量可以被表示为一组向量的线性组合，其组合系数不全为零. 一组向量的线性相关性并不依赖于这一组向量的顺序.

若一组向量是线性相关的，则其中至少一个向量可以被表示为其他向量的线性组合：若在上述方程中 $\beta_i \neq 0$（根据定义，这必然对至少一个 i 是成立的），则项 $\beta_i a_i$ 可被移动到等式的另外一边，将方程两边同时除以 β_i 即可得到

$$a_i = (-\beta_1/\beta_i)\, a_1 + \cdots + (-\beta_{i-1}/\beta_i)\, a_{i-1} + (-\beta_{i+1}/\beta_i)\, a_{i+1} + \cdots + (-\beta_k/\beta_i)\, a_k$$

上述命题的逆命题也是成立的：若一组向量中的一个可以表示为组中其他向量的线性组合，则这组向量是线性相关的.

参照标准的数学语言，称"向量 a_1，$\cdots$，a_k 是线性相关的"的含义为"向量组 a_1，$\cdots$，a_k 是线性相关的". 但需要记住的是线性相关性是一组向量的属性，而不是一个向量的.

线性无关的向量 一组 n 向量 a_1，$\cdots$，a_k（其中 $k \geqslant 1$）被称为**线性无关**，若它们不是线性相关的，也即

$$\beta_1 a_1 + \cdots + \beta_k a_k = 0 \tag{5.1}$$

88~89

只有在 $\beta_1 = \cdots = \beta_k = 0$ 时成立. 换句话说，该组向量的线性组合只有在其全部系数都为零时才是零向量.

与线性相关的情形一样，称"向量 a_1，$\cdots$，a_k 线性无关"意味着"向量组 a_1，$\cdots$，a_k 线性无关". 但是，类似线性相关，线性无关也是针对一组向量的，而不是一个单独向量的.

一般通过不确定的检查方式很难确定向量组是线性相关的还是线性无关的. 但很快可以看到，有一个算法可以完成这一工作.

例子

- 一个向量是线性相关的充要条件是该向量为零向量. 它是线性无关的充要条件是该向量是非零向量.

- 任何包含零向量的向量组都是线性相关的.
- 两个向量线性相关的充要条件是其中一个是另一个的倍数. 更一般地，一组向量中，如果一个向量是另外一个向量的倍数，则这一组向量线性相关.
- 向量

$$a_1 = \begin{bmatrix} 0.2 \\ -7.0 \\ 8.6 \end{bmatrix}, \quad a_2 = \begin{bmatrix} -0.1 \\ 2.0 \\ -1.0 \end{bmatrix}, \quad a_3 = \begin{bmatrix} 0.0 \\ -1.0 \\ 2.2 \end{bmatrix}$$

是线性相关的，因为 $a_1 + 2a_2 - 3a_3 = 0$. 其中任何一个向量都可以表示为另外两个向量的线性组合. 例如，有 $a_2 = (-1/2)a_1 + (3/2)a_3$.

- 向量

$$a_1 = \begin{bmatrix} 1 \\ 0 \\ 0 \end{bmatrix}, \quad a_2 = \begin{bmatrix} 0 \\ -1 \\ 1 \end{bmatrix}, \quad a_3 = \begin{bmatrix} -1 \\ 1 \\ 1 \end{bmatrix}$$

是线性无关的. 为证明之，设 $\beta_1 a_1 + \beta_2 a_2 + \beta_3 a_3 = 0$. 这意味着

$$\beta_1 - \beta_3 = 0, \quad -\beta_2 + \beta_3 = 0, \quad \beta_2 + \beta_3 = 0$$

将最后两个方程相加可得 $2\beta_3 = -0$，因此 $\beta_3 = 0$. 利用这一结论，第一个方程为 $\beta_1 = 0$，第二个方程为 $\beta_2 = 0$.

- 标准单位 n 向量 e_1，$\cdots$，e_n 是线性无关的. 为证明之，设 (5.1) 成立. 则有

$$0 = \beta_1 e_1 + \cdots + \beta_n e_n = \begin{bmatrix} \beta_1 \\ \vdots \\ \beta_n \end{bmatrix}$$

90

由此可得 $\beta_1 = \cdots = \beta_n = 0$.

线性无关向量的线性组合　设向量 x 为 a_1，$\cdots$，a_k 的一个线性组合，

$$x = \beta_1 a_1 + \cdots + \beta_k a_k$$

当向量 a_1，$\cdots$，a_k 线性相关时，构成 x 的系数是**唯一的**: 若同时有

$$x = \gamma_1 a_1 + \cdots + \gamma_k a_k$$

则 $\beta_i = \gamma_i$，$i = 1, \cdots, k$. 这说明，至少在原理上，可以求得向量 x 用一组线性无关向量的线性组合表示的系数.

为证明之，将上述两个方程相减可得

$$0 = (\beta_1 - \gamma_1)a_1 + \cdots + (\beta_k - \gamma_k)a_k$$

因为 a_1，$\cdots$，a_k 是线性无关的，可得 $\beta_i-\gamma_i$ 将全部为零.

该命题的逆命题也成立：若一组向量的任何一个线性组合都只能用一组线性组合系数表示，则这一组向量是线性无关的. 这给出了线性无关性的一个很好的解释：一组向量线性无关的充要条件是对于它们的任何线性组合，我们总可以将其相关的系数进行化简.（如何做到请参见后续的讨论.）

超集和子集　若一组向量是线性相关的，则其任何超集都是线性相关的. 换句话说：若向一组线性相关的向量组中添加向量，新得到的向量组仍然是线性相关的. 任何线性无关的向量集合的非空子集也是线性无关的. 换句话说：从一组线性无关的向量集合中删去部分向量后得到的向量集合仍然是线性无关的.

5.2　基

线性无关–维数不等式　设 n 向量 a_1，$\cdots$，a_k 为线性无关的，则 $k\leqslant n$. 用文字来说就是：

一个 n 向量构成的线性无关的集合最多有 n 个元素

用另外一种形式也可以说：

任何 $n+1$ 个 n 向量构成的集合是线性相关的

作为一个非常简单的例子，可以得出任意三个 2 向量必然是线性相关的结论. 这一结果在图 5-1 中进行了展示.

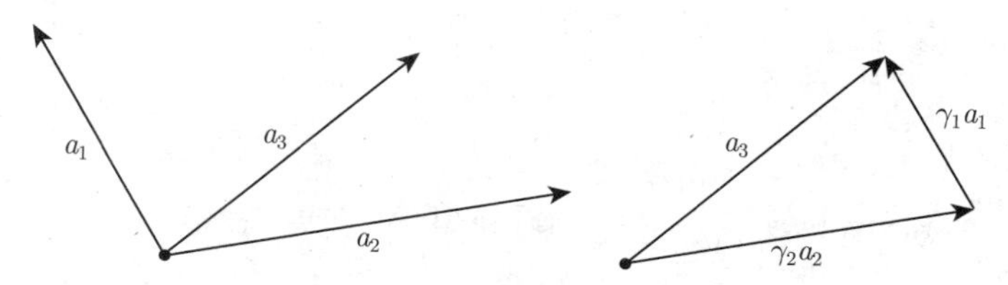

图 5-1　左图：三个 2 向量. 右图：向量 a_3 为向量 a_1 和 a_2 的线性组合，这说明这些向量是线性相关的

这一基本的事实将在下面进行证明；但首先，需要说明基的概念，它依赖于线性无关–维数不等式.

91

基　n 个线性无关的 n 向量构成的向量组（即一组达到其最大数量的线性无关的向量组）称为**基**. 若 n 向量 a_1，$\cdots$，a_n 是一组基，则任意 n 向量 b 可以表示为它们的一个线性组合. 为证明之，考虑 $n+1$ 个 n 向量构成的集合 a_1，$\cdots$，a_n，b. 根据线性无关–维数不等式，这些向量是线性相关的，因此存在不全为零的 β_1，$\cdots$，β_{n+1}，满足

$$\beta_1 a_1+\cdots+\beta_n a_n+\beta_{n+1} b=0$$

若 $\beta_{n+1}=0$，则有

$$\beta_1 a_1+\cdots+\beta_n a_n=0$$

因为 a_1，$\cdots$，a_n 线性无关，这意味着 $\beta_1 = \cdots = \beta_n = 0$. 于是，所有的 β_i 都等于零，这就得到了矛盾. 所以结论是 $\beta_{n+1} \neq 0$. 因此

$$b = (-\beta_1/\beta_{n+1})\, a_1 + \cdots + (-\beta_n/\beta_{n+1})\, a_n$$

也即，b 为 a_1，$\cdots$，a_n 的一个线性组合.

综合前述的观察结果，即任何线性无关向量的线性组合只能用一种方法表示，可得

任何 n 向量 b 可以唯一地用基 a_1，$\cdots$，a_n 的一个线性组合表示

基下的展开　当将一个 n 向量 b 表示为一组基 a_1，$\cdots$，a_n 的一个线性组合时，称

$$b = \alpha_1 a_1 + \cdots + \alpha_n a_n$$

为*b 在基* a_1，$\cdots$，a_n *下的展开*. 数 α_1，$\cdots$，α_n 称为 b 在基 a_1，$\cdots$，a_n 下的展开*系数*.（后面将会看到如何求一个向量在一组基下的展开式系数.）

92

例子

- n 个标准单位 n 向量 e_1，$\cdots$，e_n 就构成了一组基. 任意 n 向量 b 可以写为如下的线性组合：

$$b = b_1 e_1 + \cdots + b_n e_n$$

（这已经在 1.3 节观察到了.）这个表示是唯一的，即不存在 e_1，$\cdots$，e_n 的其他线性组合等于 b.

- 向量

$$a_1 = \begin{bmatrix} 1.2 \\ -2.6 \end{bmatrix}, \quad a_2 = \begin{bmatrix} -0.3 \\ -3.7 \end{bmatrix}$$

为一组基. 向量 $b = (1, 1)$ 可唯一地用它们的线性组合表示为：

$$b = 0.6513 a_1 - 0.7280 a_2$$

（系数精确到 4 位小数. 后面将看到如何计算这些系数.）

现金流和单期贷款　作为一个实际的例子，考虑 n 个周期的现金流，元素为正表示收入或现金入账，为负则表示支出或现金出账. 定义单期贷款现金流向量为

$$l_i = \begin{bmatrix} 0_{i-1} \\ 1 \\ -(1+r) \\ 0_{n-i-1} \end{bmatrix}, \quad i = 1, \cdots, n-1$$

其中 $r \geqslant 0$ 为单期利率. 现金流 l_i 表示在第 i 期贷款 1 美元，在第 $i+1$ 期需要以利率 r 归还.（0 向量的下标给出了它们的维数.）将 l_i 放缩就改变了贷款的额度；将其放缩系数变成负的就表示贷款给其他企业（在第 $i+1$ 期连带利息一起归还）.

向量 e_1，l_1，$\cdots$，l_{n-1} 是一组基.（第一个向量 e_1 表示在第 1 期收入 1 美元.）为证明之，只需证明它们是线性无关的. 设

$$\beta_1 e_1 + \beta_2 l_1 + \cdots + \beta_n l_{n-1} = 0$$

上式可表示为

$$\begin{bmatrix} \beta_1 + \beta_2 \\ \beta_3 - (1+r)\,\beta_2 \\ \vdots \\ \beta_n - (1+r)\,\beta_{n-1} \\ -(1+r)\,\beta_n \end{bmatrix} = 0$$

其最后一个元素为 $-(1+r)\,\beta_n = 0$，意味着 $\beta_n = 0$（因为 $1+r>0$）. 利用 $\beta_n = 0$，倒数第二个元素就化简为 $-(1+r)\,\beta_{n-1} = 0$，故可得 $\beta_{n-1} = 0$. 继续这一过程，可以发现 β_{n-2}，$\cdots$，β_2 都为零. 上面方程的第一个位置为 $\beta_1 + \beta_2 = 0$，意味着 $\beta_1 = 0$. 由此，可以得到向量 e_1，l_1，$\cdots$，l_{n-1} 是线性无关的，因此它们是一组基.

93

这意味着任意现金流 n 向量 c 可被表示为其初始款项和单期贷款的线性组合（即由它们来构造）：

$$c = \alpha_1 e_1 + \alpha_2 l_1 + \cdots + \alpha_n l_{n-1}$$

求出这些系数是可能的（参见练习 5.3）. 有意思的是第一项的系数

$$\alpha_1 = c_1 + \frac{c_2}{1+r} + \cdots + \frac{c_n}{(1+r)^{n-1}}$$

恰好是利率为 r 的现金流的净现值（net present value，NPV）. 因此，可以看到任何现金流都可看作其 1 期收入的复制，它等于其净现值加上利率为 r 的单期贷款的线性组合.

线性无关–维数不等式的证明 该证明使用对维数 n 的数学归纳法得到. 首先考虑一组线性无关的 1 向量 a_1，$\cdots$，a_k. 显然 $a_1 \neq 0$. 这意味着向量组中的每个向量 a_i 可以表示为第一个元素 a_1 的一个倍数 $a_i = (a_i/a_1)\,a_1$. 这与它们线性无关矛盾，除非 $k=1$.

下面假设 $n \geqslant 2$ 且线性无关–维数不等式对维数为 $n-1$ 成立. 令 a_1，$\cdots$，a_k 为线性无关的 n 向量的集合. 需要证明 $k \leqslant n$. 将向量划分为

$$a_i = \begin{bmatrix} b_i \\ \alpha_i \end{bmatrix}, \quad i = 1, \cdots, k$$

其中 b_i 为一个 $(n-1)$ 向量且 α_i 为一个标量.

首先假设 $\alpha_1 = \cdots = \alpha_k = 0$. 则向量 b_1，$\cdots$，b_k 是线性无关的：$\sum_{i=1}^{k} \beta_i b_i = 0$ 成立的充要条件是 $\sum_{i=1}^{k} \beta_i a_i = 0$. 这一条件只有在 $\beta_1 = \cdots = \beta_k = 0$ 时可能成立，因为 a_i 是线性无关的. 由此，向量 b_1，$\cdots$，b_k 构成了一组线性无关的 $(n-1)$ 向量. 根据归纳假设有 $k \leqslant n-1$，故 $k \leqslant n$.

下面假设标量 α_i 不全为零. 设 $\alpha_j \neq 0$. 按如下的方式定义 $k-1$ 个长度为 $n-1$ 的向量 c_i：

$$c_i = b_i - \frac{\alpha_i}{\alpha_j} b_j, \quad i = 1, \cdots, j-1, \qquad c_i = b_{i+1} - \frac{\alpha_{i+1}}{\alpha_j} b_j, \quad i = j, \cdots, k-1$$

这 $k-1$ 个向量是线性无关的：若 $\sum_{i=1}^{k-1} \beta_i c_i = 0$，则

$$\sum_{i=1}^{j-1} \beta_i \begin{bmatrix} b_i \\ \alpha_i \end{bmatrix} + \gamma \begin{bmatrix} b_j \\ \alpha_j \end{bmatrix} + \sum_{i=j+1}^{k} \beta_{i-1} \begin{bmatrix} b_i \\ \alpha_i \end{bmatrix} = 0 \tag{5.2}$$

其中

$$\gamma = -\frac{1}{\alpha_j} \left(\sum_{i=1}^{j-1} \beta_i \alpha_i + \sum_{i=j+1}^{k} \beta_{i-1} \alpha_i \right)$$

由于向量组 $a_i = (b_i, \alpha_i)$ 是线性无关的，等式 (5.2) 仅在所有的系数 β_i 和 γ 全为零时成立. 由此意味着 c_1，$\cdots$，c_{k-1} 是线性无关的. 根据归纳假设 $k-1 \leqslant n-1$，可知 $k \leqslant n$.

94

5.3　规范正交向量

一组向量 a_1，$\cdots$，a_k 被称为**正交**或**相互正交**，若对任意的 i，j，都有 $a_i \perp a_j$，其中 $i \neq j$，$i, j = 1$，$\cdots$，k. 一组向量被称为**规范正交**，若它们是正交的且 $\|a_i\| = 1$，$i = 1$，$\cdots$，k.（范数为 1 的向量称为**规范的**；将一个向量除以其范数的过程称为将其**规范化**.）因此，在规范正交集中的向量是规范的，其中两个不同的向量是正交的. 这两个条件可以用一对向量内积的概念将其合并为一句话：a_1，$\cdots$，a_k 是规范正交的含义为

$$a_i^{\mathrm{T}} a_j = \begin{cases} 1 & i = j \\ 0 & i \neq j \end{cases}$$

正如线性相关性和线性无关性，规范正交性是一组向量具有的性质，而不是单个向量的性质. 传统上，称"向量 a_1，$\cdots$，a_k 是规范正交的"的含义是"向量组 a_1，$\cdots$，a_k 是规范正交的".

例子　标准单位 n 向量 e_1，$\cdots$，e_n 是规范正交的. 作为另外一个例子，3 向量集

$$\begin{bmatrix} 0 \\ 0 \\ -1 \end{bmatrix}, \quad \frac{1}{\sqrt{2}} \begin{bmatrix} 1 \\ 1 \\ 0 \end{bmatrix}, \quad \frac{1}{\sqrt{2}} \begin{bmatrix} 1 \\ -1 \\ 0 \end{bmatrix} \tag{5.3}$$

是规范正交的. 图 5-2 给出了两个规范正交的 2 向量.

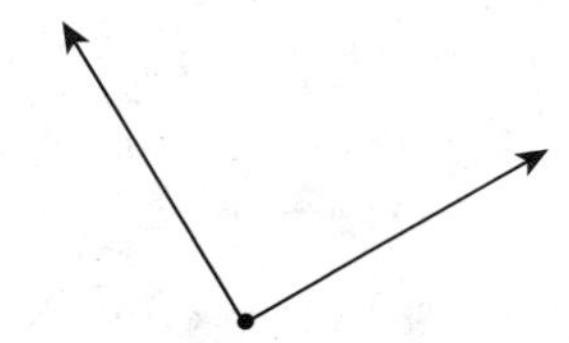

图 5-2　一个平面上的规范正交向量

95

规范正交向量的线性无关性 规范正交向量是线性无关的. 为证明之，设 a_1，$\cdots$，a_k 是规范正交的，且

$$\beta_1 a_1 + \cdots + \beta_k a_k = 0$$

将这个等式两边与 a_i 作内积可得

$$\begin{aligned} 0 &= a_i^{\mathrm{T}}\left(\beta_1 a_1 + \cdots + \beta_k a_k\right) \\ &= \beta_1\left(a_i^{\mathrm{T}} a_1\right) + \cdots + \beta_k\left(a_i^{\mathrm{T}} a_k\right) \\ &= \beta_i \end{aligned}$$

由于当 $i \neq j$ 时，$a_i^{\mathrm{T}} a_j = 0$，且 $a_i^{\mathrm{T}} a_i = 1$. 因此，使 a_1，$\cdots$，a_k 的线性组合为零的唯一选择是所有组合系数都为零.

规范正交向量的线性组合 假设一个向量 x 为 a_1，$\cdots$，a_k 的一个线性组合，其中 a_1，$\cdots$，a_k 是规范正交的，

$$x = \beta_1 a_1 + \cdots + \beta_k a_k$$

将这个方程的左边和右边与 a_i 作内积得到

$$a_i^{\mathrm{T}} x = a_i^{\mathrm{T}}\left(\beta_1 a_1 + \cdots + \beta_k a_k\right) = \beta_i$$

其原因与前述讨论相同. 因此，若向量 x 是规范正交向量的一个线性组合，其线性组合系数可以通过将其与这些规范正交的向量作内积容易地求得.

对由规范正交向量 a_1，$\cdots$，a_k 进行线性组合得到的一个任意向量 x，有如下的等式

$$x = \left(a_1^{\mathrm{T}} x\right) a_1 + \cdots + \left(a_k^{\mathrm{T}} x\right) a_k \tag{5.4}$$

这一等式给出了检验一个 n 向量是否为规范正交向量 a_1，$\cdots$，a_k 的线性组合的一个简单方法. 若等式 (5.4) 对 y 成立，即

$$y = \left(a_1^{\mathrm{T}} y\right) a_1 + \cdots + \left(a_k^{\mathrm{T}} y\right) a_k$$

则（显然）y 是 a_1，$\cdots$，a_k 的一个线性组合；反之，如果 y 是 a_1，$\cdots$，a_k 的一个线性组合，等式 (5.4) 对 y 成立.

规范正交基 若 n 向量 a_1，$\cdots$，a_n 是规范正交的，则它们是线性无关的，因此它们也是一组基. 此时称它们为**规范正交基**. 前述三个例子中的向量集都是规范正交基.

若 a_1，$\cdots$，a_n 是一个规范正交基，则有

$$x = \left(a_1^{\mathrm{T}} x\right) a_1 + \cdots + \left(a_n^{\mathrm{T}} x\right) a_n \tag{5.5}$$

为证明之，注意到因为 a_1，$\cdots$，a_n 是一个基，x 可表示为它们的一个线性组合；因此前面的等式 (5.4) 成立. 上面的方程有时又被称为**规范正交展开式**；右端项被称为 x 在基 a_1，$\cdots$，a_n

下的**展开**. 该式说明任意 n 向量可以表示为基的一个线性组合，其系数由 x 与基中的元素作内积得到.

作为一个例子，将 3 向量 $x=(1,2,3)$ 表示为 (5.3) 中给出的规范正交基的一个线性组合. x 与这些向量的内积为

96

$$\begin{bmatrix} 0 \\ 0 \\ -1 \end{bmatrix}^{\mathrm{T}} x=-3, \quad \frac{1}{\sqrt{2}}\begin{bmatrix} 1 \\ 1 \\ 0 \end{bmatrix}^{\mathrm{T}} x=\frac{3}{\sqrt{2}}, \quad \frac{1}{\sqrt{2}}\begin{bmatrix} 1 \\ -1 \\ 0 \end{bmatrix}^{\mathrm{T}} x=\frac{-1}{\sqrt{2}}$$

可以验证在这一组基下 x 的展开为

$$x=(-3)\begin{bmatrix} 0 \\ 0 \\ -1 \end{bmatrix}+\frac{3}{\sqrt{2}}\left(\frac{1}{\sqrt{2}}\begin{bmatrix} 1 \\ 1 \\ 0 \end{bmatrix}\right)+\frac{-1}{\sqrt{2}}\left(\frac{1}{\sqrt{2}}\begin{bmatrix} 1 \\ -1 \\ 0 \end{bmatrix}\right)$$

5.4 Gram-Schmidt 算法

本节给出一个算法，利用它可以确定一组 n 向量 $a_1, \cdots, a_k$ 是否为线性无关的. 在后面的章节中我们将会看到，该算法还有很多其他的应用. 该算法以数学家 Jørgen Pedersen Gram 和 Erhard Schmidt 的名字命名，尽管该算法在他们的工作之前就已经存在.

若向量是线性无关的，Gram-Schmidt 算法可以得到一组规范正交向量 $q_1, \cdots, q_k$ 的集合，该集合满足下面的性质：对每一个 $i=1, \cdots, k$，a_i 为 $q_1, \cdots, q_i$ 的一个线性组合，其中 q_i 为 $a_1, \cdots, a_i$ 的一个线性组合. 若向量 $a_1, \cdots, a_{j-1}$ 是线性无关的，但 $a_1, \cdots, a_j$ 是线性相关的，该算法能够检测出这一结果并终止. 换句话说，Gram-Schmidt 算法给出了第一个可以表示为前面向量 $a_1, \cdots, a_{j-1}$ 的一个线性组合的向量 a_j.

算法 5.1 Gram-Schmidt 算法

给定 n 向量 $a_1, \cdots, a_k$

对 $i=1, \cdots, k$，

1. **正交化**. $\tilde{q}_i=a_i-\left(q_1^{\mathrm{T}} a_i\right) q_1-\cdots-\left(q_{i-1}^{\mathrm{T}} a_i\right) q_{i-1}$
2. **线性相关性的检验**. 若 $\tilde{q}_i=0$，退出.
3. **规范化**. $q_i=\tilde{q}_i / \|\tilde{q}_i\|$

在正交化步中，当 $i=1$ 时，简化为 $\tilde{q}_1=a_1$. 若算法（在第 2 步）没有退出，即 $\tilde{q}_1, \cdots, \tilde{q}_k$ 全都是非零向量，可知原向量集合中的向量是线性无关的；若算法提前退出，例如 $\tilde{q}_j=0$，则可知原向量组是线性相关的（事实上，a_j 是 $a_1, \cdots, a_{j-1}$ 的线性组合）.

图 5-3 给出了对 2 向量 Gram-Schmidt 算法的演示. 最上面的行给出了原始向量；中间和最后的两行给出了 Gram-Schmidt 算法的第一和第二个迭代的循环，其左侧给出了正交化

步，右侧给出了规范化步.

97

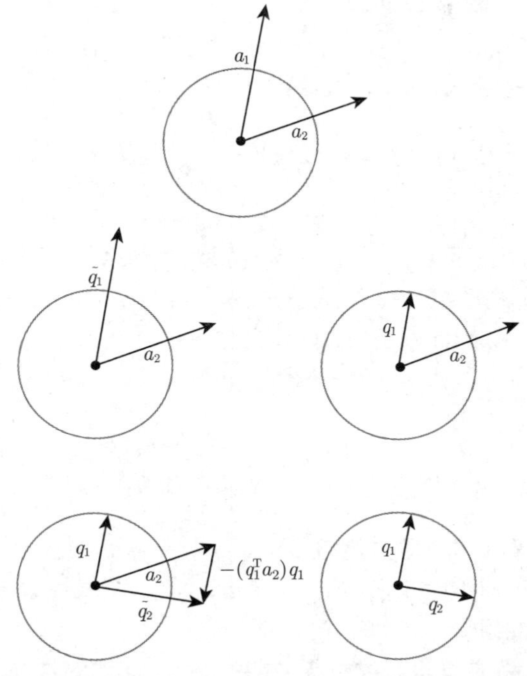

图 5-3 将 Gram-Schmidt 算法应用于两个 2 向量 a_1，a_2. 上图：原始向量 a_1 和 a_2. 圆表示所有范数为 1 的点. 中左图：第一次迭代中的正交化步，得到 $\tilde{q}_1=a_1$. 中右图：第一次迭代中的规范化步，将 $\tilde{q}_1$ 放缩得到范数为 1 的向量 q_1. 下左图：第二次迭代中的正交化步，减去一个 q_1 的倍数得到 $\tilde{q}_2$，它与 q_1 是正交的. 下右图：第二次迭代中的规范化步，将 $\tilde{q}_2$ 放缩得到范数为 1 的向量 q_2

98

Gram-Schmidt 算法分析 当 $i=1,\cdots,k$ 时，设 $a_1,\cdots,a_k$ 是线性无关的，则下面结论成立.

1. $\tilde{q}_i\neq 0$，因此第 2 步中的检验条件不满足，故第 3 步中没有除以零的错误.
2. $q_1,\cdots,q_i$ 为规范正交的.
3. a_i 是 $q_1,\cdots,q_i$ 的线性组合.
4. q_i 是 $a_1,\cdots,a_i$ 的线性组合.

这些结论可用数学归纳法证明. 当 $i=1$ 时，有 $\tilde{q}_1=a_1$. 由于 $a_1,\cdots,a_k$ 是线性无关的，则必有 $a_1\neq 0$，因此 $\tilde{q}_1\neq 0$，所以断言 1 是成立的. 一个向量 q_1（看作是只有一个向量的向量集）显然是规范正交的，因为 $\|q_1\|=1$，因此断言 2 是成立的. 因为 $a_1=\|\tilde{q}_1\|q_1$，且 $q_1=(1/\|\tilde{q}_1\|)\,a_1$，故断言 3 和 4 是成立的.

设所有的断言对 $i-1$ 成立，其中 $i<k$；下面证明它们对 i 也成立. 若 $\tilde{q}_i=0$，则 a_i 为 $q_1,\cdots,q_{i-1}$ 的线性组合（自算法的第 1 步开始）；但这些向量中的每一个（根据归纳假设）

都是向量 a_1，$\cdots$，a_{i-1} 的线性组合，由此可得 a_i 是 a_1，$\cdots$，a_{i-1} 的一个线性组合，这与假设 a_1，$\cdots$，a_k 线性无关矛盾. 因此断言 1 对 i 成立.

算法的第 3 步保证了 q_1，$\cdots$，q_i 是规范化的；为证明它们是正交的，可以证明 $q_i \perp q_j$，$j = 1$，$\cdots$，$i-1$.（归纳假设说明 $q_r \perp q_s$，r，$s < i$.）对任意的 $j = 1$，$\cdots$，$i-1$，（利用第 1 步）有

$$\begin{aligned} q_j^{\mathrm{T}} \tilde{q}_i &= q_j^{\mathrm{T}} a_i - \left(q_1^{\mathrm{T}} a_i\right)\left(q_j^{\mathrm{T}} q_1\right) - \cdots - \left(q_{i-1}^{\mathrm{T}} a_i\right)\left(q_j^{\mathrm{T}} q_{i-1}\right) \\ &= q_j^{\mathrm{T}} a_i - q_j^{\mathrm{T}} a_i = 0 \end{aligned}$$

其中用到了 $q_j^{\mathrm{T}} q_k = 0$，$j \neq k$ 及 $q_j^{\mathrm{T}} q_j = 1$.（这说明了为什么第 1 步称为正交化步：从 a_i 中减去 q_1，$\cdots$，q_{i-1} 的一个线性组合可以保证 $q_i \perp \tilde{q}_j$，其中 $j < i$.）因为 $q_i = (1/\|\tilde{q}_i\|)\,\tilde{q}_i$，故有 $q_i^{\mathrm{T}} q_j = 0$，$j = 1$，$\cdots$，$i-1$. 因此断言 2 对 i 成立.

立刻可以得到 a_i 为 q_1，$\cdots$，q_i 的一个线性组合：

$$\begin{aligned} a_i &= \tilde{q}_i + \left(q_1^{\mathrm{T}} a_i\right) q_1 + \cdots + \left(q_{i-1}^{\mathrm{T}} a_i\right) q_{i-1} \\ &= \left(q_1^{\mathrm{T}} a_i\right) q_1 + \cdots + \left(q_{i-1}^{\mathrm{T}} a_i\right) q_{i-1} + \|\tilde{q}_i\|\, q_i \end{aligned}$$

由算法的第 1 步，可以看到 $\tilde{q}_i$ 是向量组 a_i，q_1，$\cdots$，q_{i-1} 的一个线性组合. 根据归纳假设，q_1，$\cdots$，q_{i-1} 中的每一个向量都是 a_1，$\cdots$，a_{i-1} 的一个线性组合，因此 $\tilde{q}_i$（也因此 q_i）为 a_1，$\cdots$，a_i 的一个线性组合. 因此断言 3 和 4 成立.

Gram-Schmidt 的完成蕴含着线性无关性　利用前述的性质 1~4，可以讨论原向量 a_1，$\cdots$，a_k 的线性无关性. 为证明之，假设

$$\beta_1 a_1 + \cdots + \beta_k a_k = 0 \tag{5.6}$$

99

对某些 β_1，$\cdots$，β_k 成立. 下面证明 $\beta_1 = \cdots = \beta_k = 0$.

首先注意到 q_1，$\cdots$，q_{k-1} 的任意线性组合与 q_k 的任意倍数都是正交的，因为 $q_1^{\mathrm{T}} q_k = \cdots = q_{k-1}^{\mathrm{T}} q_k = 0$（由定义）. 但 a_1，$\cdots$，a_{k-1} 中的每一个都是 q_1，$\cdots$，q_{k-1} 的一个线性组合，故有 $q_k^{\mathrm{T}} a_1 = \cdots = q_k^{\mathrm{T}} a_{k-1} = 0$. 将 (5.6) 式的左右两边都与 q_k 作内积可得

$$\begin{aligned} 0 &= q_k^{\mathrm{T}}\left(\beta_1 a_1 + \cdots + \beta_k a_k\right) \\ &= \beta_1 q_k^{\mathrm{T}} a_1 + \cdots + \beta_{k-1} q_k^{\mathrm{T}} a_{k-1} + \beta_k q_k^{\mathrm{T}} a_k \\ &= \beta_k \|\tilde{q}_k\| \end{aligned}$$

其中在最后一行用到了 $q_k^{\mathrm{T}} a_k = \|\tilde{q}_k\|$. 因此可得 $\beta_k = 0$.

由式 (5.6) 及 $\beta_k = 0$，有

$$\beta_1 a_1 + \cdots + \beta_{k-1} a_{k-1} = 0$$

重复前面的讨论可得结论 $\beta_{k-1} = 0$. 重复 k 次就得到所有的 β_i 为零的结论.

提前终止 设 Gram-Schmidt 算法在第 j 步由于 $\tilde{q}_j=0$ 而提前终止. 前述结论 1~4 对 $i=1,\cdots,j-1$ 仍然成立，因为在这些步中 $\tilde{q}_i$ 不是零. 由于 $\tilde{q}_j=0$，有

$$a_j=\left(q_1^{\mathrm{T}}a_j\right)q_1+\cdots+\left(q_{j-1}^{\mathrm{T}}a_j\right)q_{j-1}$$

这说明 a_j 是 $q_1,\cdots,q_{j-1}$ 的一个线性组合. 但根据前述结论 4，这些向量中的每一个都是 $a_1,\cdots,a_{j-1}$ 的一个线性组合. 因此 a_j 为 $a_1,\cdots,a_{j-1}$ 的一个线性组合，因为它是它们线性组合的线性组合（参见练习 1.18）. 这意味着 $a_1,\cdots,a_j$ 是线性相关的，也意味着更大的集合 $a_1,\cdots,a_k$ 是线性相关的.

综上所述，Gram-Schmidt 算法给出了一种显式地确定一组向量是线性相关的还是线性无关的方法.

例子 定义三个向量

$$a_1=(-1,1,-1,1),\quad a_2=(-1,3,-1,3),\quad a_3=(1,3,5,7)$$

应用 Gram-Schmidt 算法得到下列结论.

- $i=1$. 有 $\|\tilde{q}_1\|=2$，因此

$$q_1=\frac{1}{\|\tilde{q}_1\|}\tilde{q}_1=(-1/2,1/2,-1/2,1/2)$$

也就是将 a_1 进行规范化.

- $i=2$. 有 $q_1^{\mathrm{T}}a_2=4$，因此

$$\tilde{q}_2=a_2-\left(q_1^{\mathrm{T}}a_2\right)q_1=\begin{bmatrix}-1\\3\\-1\\3\end{bmatrix}-4\begin{bmatrix}-1/2\\1/2\\-1/2\\1/2\end{bmatrix}=\begin{bmatrix}1\\1\\1\\1\end{bmatrix}$$

100

它事实上与 q_1（及 a_1）正交. 其范数 $\|\tilde{q}_2\|=2$；将其规范化可得

$$q_2=\frac{1}{\|\tilde{q}_2\|}\tilde{q}_2=(1/2,1/2,1/2,1/2)$$

- $i=3$. 有 $q_1^{\mathrm{T}}a_3=2$ 和 $q_2^{\mathrm{T}}a_3=8$，因此

$$\begin{aligned}\tilde{q}_3&=a_3-\left(q_1^{\mathrm{T}}a_3\right)q_1-\left(q_2^{\mathrm{T}}a_3\right)q_2\\&=\begin{bmatrix}1\\3\\5\\7\end{bmatrix}-2\begin{bmatrix}-1/2\\1/2\\-1/2\\1/2\end{bmatrix}-8\begin{bmatrix}1/2\\1/2\\1/2\\1/2\end{bmatrix}\\&=\begin{bmatrix}-2\\-2\\2\\2\end{bmatrix}\end{aligned}$$

它与 q_1 和 q_2 都正交（且与 a_1 和 a_2 正交）. 因为 $\|\tilde{q}_3\|=4$，故规范化的向量为

$$q_3=\frac{1}{\|\tilde{q}_3\|}\tilde{q}_3=(-1/2,-1/2,1/2,1/2)$$

完整地执行 Gram-Schmidt 算法而不提前终止，说明向量 a_1，a_2，a_3 是线性无关的.

确定一个向量是否是一组线性无关向量的一个线性组合 设向量 a_1，$\cdots$，a_k 线性无关，希望确定另外一个向量 b 是否是它们的一个线性组合.（在 5.1 节已经说明，如果它是这些向量的一个线性组合，其系数是唯一的.）Gram-Schmidt 算法给出了一个显式的方法达到这一目的. 对下列 $k+1$ 个向量

$$a_1,\cdots,a_k,b$$

应用 Gram-Schmidt 算法. 如果 b 是 a_1，$\cdots$，a_k 的一个线性组合，则这些向量是线性相关的；如果 b 不是 a_1，$\cdots$，a_k 的一个线性组合，则这些向量是线性无关的. Gram-Schmidt 算法可以确定这两种情况的哪一种是成立的. 由于假设 a_1，$\cdots$，a_k 是线性无关的，算法不会在前 k 步时终止. 如果 b 是 a_1，$\cdots$，a_k 的一个线性组合，算法将会在第 $k+1$ 步由于 $\tilde{q}_{k+1}=0$ 而终止. 否则，算法将不会在第 $k+1$ 步终止（即 $\tilde{q}_{k+1}\neq 0$）.

检验一组向量是否是一组基 检验 n 向量 a_1，$\cdots$，a_n 是否是一组基，可以对它们执行 Gram-Schmidt 算法. 若 Gram-Schmidt 算法提前终止，则它们不是一组基；如果算法完整运行，可知它们是一组基.

101

Gram-Schmidt 算法的复杂度 下面推导 Gram-Schmidt 算法的计算量. 在算法第 i 步迭代的第 1 步中，需要计算 $i-1$ 个长度为 n 的向量之间的内积

$$q_1^{\mathrm{T}}a_i,\cdots,q_{i-1}^{\mathrm{T}}a_i$$

这使用了 $(i-1)(2n-1)$ 次浮点运算. 利用这些内积为系数计算其与向量组 q_1，$\cdots$，q_{i-1} 进行的标量乘法. 这需要 $n(i-1)$ 次浮点运算. 然后从向量 a_i 中减去这 $i-1$ 个结果向量，需要 $n(i-1)$ 次浮点运算. 第 1 步所需的浮点运算总数为

$$(i-1)(2n-1)+n(i-1)+n(i-1)=(4n-1)(i-1)$$

在第 3 步中需计算 $\tilde{q}_i$ 的范数，它需要大概 $2n$ 次浮点运算. 然后将 $\tilde{q}_i$ 除以其范数，这需要 n 个标量运算. 所以，第 i 次迭代需要的浮点运算总数为 $(4n-1)(i-1)+3n$.

算法所有 k 次迭代需要的浮点运算总数可以将求得的数量对 $i=1$，$\cdots$，k 求和：

$$\sum_{i=1}^{k}((4n-1)(i-1)+3n)=(4n-1)\frac{k(k-1)}{2}+3nk\approx 2nk^2$$

其中利用了如下的事实：

$$\sum_{i=1}^{k}(i-1)=1+2+\cdots+(k-2)+(k-1)=\frac{k(k-1)}{2} \tag{5.7}$$

这一结论将在下面验证. Gram-Schmidt 算法的复杂度为 $2nk^2$；其阶数大概为 nk^2. 可以猜测其运行时间的增长是随向量长度 n 的增长而线性增长，且是向量个数 k 的二次方.

对特殊情形 $k=n$，Gram-Schmidt 方法的复杂度为 $2n^3$. 例如，若 Gram-Schmidt 算法被用于确定一个 1000 个 1000 向量的集合是否是线性无关的（并因此确定它们能否构成一组基），其计算量大概为 2×10^9 次浮点运算. 在一台现代计算机上，这一结果可以用一秒左右的时间完成.

一个非常著名的趣闻宣称公式 (5.7) 是数学家 Carl Friedrich Gauss 在他还是一个孩子的时候发现的，尽管这个公式很早就已经被人们熟知. 当 k 为奇数时，此处是他的讨论. 将第一项与最后一项相加，第二项与倒数第二项相加，并以此类推. 每一对数的和都是 k；由于共有 $(k-1)/2$ 个这样的数对，故其和为 $k(k-1)/2$. 当 k 为偶数时，可以类似地讨论.

改进的 Gram-Schmidt 算法 在实现 Gram-Schmidt 算法时，通常使用另外一个称为**改进的 Gram-Schmidt 算法**的算法. 这一算法与 (5.1) 中给出的 Gram-Schmidt 算法得到的结果相同，但它对在算术运算过程中使用浮点数时出现的很小的截断误差不太敏感.（在本书中不考虑浮点计算过程中的截断误差.）

102

练习

5.1 堆叠向量的线性无关性 考虑堆叠向量

$$c_1=\begin{bmatrix}a_1\\b_1\end{bmatrix},\cdots,c_k=\begin{bmatrix}a_k\\b_k\end{bmatrix}$$

其中 a_1，$\cdots$，a_k 为 n 向量，b_1，$\cdots$，b_k 为 m 向量.

(a) 设 a_1，$\cdots$，a_k 为线性无关的.（对向量组 b_1，$\cdots$，b_k 不作任何假设.）能否得到堆叠向量 c_1，$\cdots$，c_k 是线性无关的结论？

(b) 现假设 a_1，$\cdots$，a_k 是线性相关的.（同样，对向量组 b_1，$\cdots$，b_k 不作任何假设.）能否得到堆叠向量 c_1，$\cdots$，c_k 是线性相关的结论？

5.2 一个令人震惊的发现 一个实习生在做定量对冲时考察了近 400 只股票在一年内的日收益率数据（每年有 250 个交易日）. 她告诉她的导师说，她发现有一只股票的收益，Google（GOOG），可以表示为其他股票收益的线性组合，其中包括很多与 Google 无关的（即不同商业模式或不同行业的）股票.

于是她的导师说："那些与 GOOG 无关的公司的收益率曲线的线性组合根本不可能重构它的日收益率数据. 因此，你在计算时犯了一个错误."

这个导师的话是否正确？这个实习生是否犯了错误？给出一个简洁的解释.

5.3 将一个现金流用单期贷款替换 继续 5.2 节的例子. 令 n 向量 c 为表示 n 个周期上的现金流. 求用基 e_1，l_1，$\cdots$，l_{n-1} 表示 c 时的系数 α_1，$\cdots$，α_n，使得

$$c=\alpha_1e_1+\alpha_2l_1+\cdots+\alpha_nl_{n-1}$$

验证 α_1 就是现金流在利率为 r 时 c 的净现值，其定义在 1.4 节. **提示**：使用与论证 e_1，l_1，$\cdots$，l_{n-1} 线性无关相同的论证方法. 该论证过程将首先求得 α_n，然后是 α_{n-1}，并以此类推.

5.4 规范正交向量线性组合的范数 设 a_1，$\cdots$，a_k 为规范正交的 n 向量，且 $x=\beta_1 a_1+\cdots+\beta_k a_k$，其中 β_1，$\cdots$，β_k 为标量. 将 $\|x\|$ 用 $\beta=(\beta_1,\cdots,\beta_k)$ 表示.

5.5 向量的正交化 设 a 和 b 为任意 n 向量. 证明总可以找到标量 γ 使得 $(a-\gamma b)\perp b$，并且若 $b\neq 0$，γ 是唯一的.（给出 γ 的公式.）换句话说，总可以从另一个向量中减去一个向量的倍数，其结果将与原向量正交. 在 Gram-Schmidt 算法中的正交化步是向量正交化的一个应用.

5.6 Gram-Schmidt 算法 考虑 n 个 n 向量

$$a_1=\begin{bmatrix}1\\0\\0\\\vdots\\0\end{bmatrix},\quad a_2=\begin{bmatrix}1\\1\\0\\\vdots\\0\end{bmatrix},\quad \cdots,\quad a_n=\begin{bmatrix}1\\1\\1\\\vdots\\1\end{bmatrix}$$

的集合（向量 a_i 的前 i 个元素等于一，其他元素为零.）描述在这一组向量上运行 Gram-Schmidt 算法时会发生什么，即说明什么是 q_1，$\cdots$，q_n. a_1，$\cdots$，a_n 是否是一个基？

103

5.7 两次运行 Gram-Schmidt 算法 首先在向量组 a_1，$\cdots$，a_k 上运行 Gram-Schmidt 算法一次（假设这一过程可以成功完成），得到 q_1，$\cdots$，q_k. 然后再在向量组 q_1，$\cdots$，q_k 上运行一次 Gram-Schmidt 算法，得到的向量组 z_1，$\cdots$，z_k 是什么？关于 z_1，$\cdots$，z_k 你能得到什么结论？

5.8 Gram-Schmidt 算法的提前终止 设当 Gram-Schmidt 算法运行于 10 个 15 向量上时，它在第 5 次迭代时终止（因为 $\tilde{q}_5=0$）. 下列哪个结论必然为真？

(a) a_2，a_3，a_4 是线性无关的.

(b) a_1，a_2，a_5 是线性相关的.

(c) a_1，a_2，a_3，a_4，a_5 是线性相关的.

(d) a_4 是非零的.

5.9 某特定计算机可以在大约 2 秒的时间内完成对 $k=1000$ 个 n 向量（其中 $n=10000$）的 Gram-Schmidt 算法. 如果 Gram-Schmidt 算法运行于 $\tilde{k}=500$ 个 $\tilde{n}$ 向量，其中 $\tilde{n}=1000$，你认为大概需要多长时间？

104

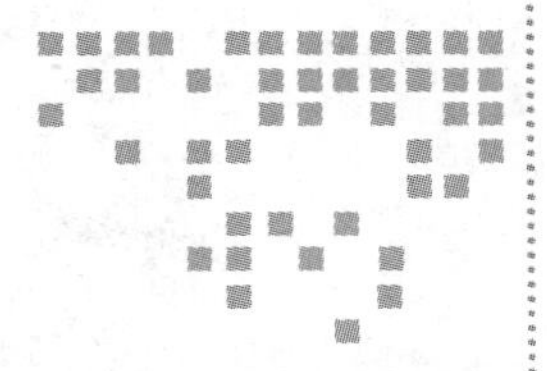

第二部分 Part 2

矩　阵

第6章 矩　　阵

本章介绍矩阵及它们的一些基本运算. 同时，也给出一些用到它们的应用.

6.1 矩阵的形式

一个**矩阵**是写在方括号内的一个矩形数组，例如

$$\begin{bmatrix} 0 & 1 & -2.3 & 0.1 \\ 1.3 & 4 & -0.1 & 0 \\ 4.1 & -1 & 0 & 1.7 \end{bmatrix}$$

用大个的圆括号代替方括号也是一个常见的用法，例如

$$\begin{pmatrix} 0 & 1 & -2.3 & 0.1 \\ 1.3 & 4 & -0.1 & 0 \\ 4.1 & -1 & 0 & 1.7 \end{pmatrix}$$

一个矩阵的重要属性是其**大小**或**维数**，即其行和列的数量. 上面给出的矩阵有 3 行 4 列，所以其大小为 3×4. 一个大小为 $m\times n$ 的矩阵称为一个 $m\times n$ 矩阵.

一个矩阵的**元**（或**元素**或**系数**）是数组中的值. i，j 元素为第 i 行第 j 列的值，将其以下标方式标记：一个矩阵 A 的 i，j 元素记为 A_{ij}（或 $A_{i,j}$，若 i，j 包含一个或多个数字或字符）. 正整数 i 和 j 被称为（行和列的）**索引**. 若 A 为一个 $m\times n$ 矩阵，则行索引 i 从 1 变化到 m，列索引 j 从 1 变化到 n. 行索引从顶部变化到底部，因此第 1 行为顶行，第 m 行为最后一行. 列索引从左侧变化到右侧，因此第 1 列为最左侧的列，第 n 列为最右侧的列.

若上述的矩阵为 B，则有 $B_{13}=-2.3$，$B_{32}=-1$. 最下面一行最左侧的元素（取值为 4.1）的行索引为 3；其列索引为 1.

105~107

两个矩阵相等说明它们有着相同的大小，并且对应的元素全相等. 正如向量一样，本书中通常处理元素为实数的矩阵，如无特殊声明，本书将使用这一假设. 实 $m\times n$ 矩阵被记为 $\mathbb{R}^{m\times n}$. 但是元素为复数的矩阵确实在很多应用中出现.

矩阵索引　正如向量一样，数学上一个矩阵行列索引的标准记号是从 1 开始的. 在计算机语言中，它经常（但不总是）被存储为 2 维数组，其索引方式依赖于语言. 低级语言的索引项通常从 0 开始；高级语言或者支持矩阵运算的软件包通常使用数学上的索引，即从 1 开始.

方形、高形和宽形矩阵 一个**方形**矩阵是行数和列数相等的矩阵. 方阵的大小 $n\times n$ 被称为**阶数**为 n. 一个**高形**矩阵的行数比列数多（其大小为 $m\times n$，其中 $m>n$）. 一个**宽形**矩阵的列数比行数多（其大小为 $m\times n$，其中 $n>m$）.

列向量与行向量 一个 n 向量可被看作是一个 $n\times 1$ 矩阵；本书中不区分向量与只有一列的矩阵. 一个只有一行的矩阵，即大小为 $1\times n$，被称为**行向量**；为给出其大小，可以将其称为 n **行向量**. 例如，

$$\begin{bmatrix} -2.1 & -3 & 0 \end{bmatrix}$$

是一个 3 行向量（或 1×3 矩阵）. 为将其与行向量进行区分，向量有时又被称为**列向量**. 一个 1×1 矩阵被看作与标量相同.

传统记号 很多作者（包括我们）倾向于使用大写字母表示矩阵，小写字母表示（列或行）向量. 但这种传统并不标准，因此总是需要做好准备从上下文中确认一个符号是表示一个矩阵、一个列向量、一个行向量，还是一个标量. （考虑比较充分的作者会说明符号表示的是什么，例如，当介绍它们时用“矩阵 A”.）

一个矩阵的列和行 一个 $m\times n$ 矩阵 A 有 n 列，形如（m 向量）

$$a_j=\begin{bmatrix} A_{1j} \\ \vdots \\ A_{mj} \end{bmatrix}$$

其中 $j=1,\cdots,n$. 相同的矩阵有 m 行，形如（n 行向量）

$$b_i=\begin{bmatrix} A_{i1} & \cdots & A_{in} \end{bmatrix}$$

其中 $i=1,\cdots,m$.

作为一个具体的例子，2×3 矩阵

$$\begin{bmatrix} 1 & 2 & 3 \\ 4 & 5 & 6 \end{bmatrix}$$

108

的第 1 行为

$$\begin{bmatrix} 1 & 2 & 3 \end{bmatrix}$$

（它是一个 3 行向量或一个 1×3 矩阵），其第 2 列

$$\begin{bmatrix} 2 \\ 5 \end{bmatrix}$$

（它是一个 2 向量或一个 2×1 矩阵），它也可以使用紧凑格式写为 $(2,5)$.

分块矩阵与子矩阵 考虑元素为其他矩阵的矩阵是非常有用的，例如

$$A=\begin{bmatrix} B & C \\ D & E \end{bmatrix}$$

其中 B，C，D 和 E 均为矩阵. 这样的矩阵称为**分块矩阵**；元素 B，C，D 和 E 称为 A 的**块**或**子矩阵**. 使用子矩阵也可以使用它们分块的行索引和列索引；例如，C 为矩阵 A 的 1，2 块.

分块矩阵必须有匹配的维数才能组合在一起. 在同一（分块）行中的矩阵必须有相同的行数（即"高度"相同）；在同一（分块）列中的矩阵必须有相同的列数（即"宽度"相同）. 在上面的例子中，B 和 C 必须有相同的行数，C 和 E 必须有相同的列数. 在同一行内相邻的矩阵块被称为**级联**；在同一列内相邻的矩阵块被称为**堆叠**.

例如，考虑

$$B = [0 \quad 2 \quad 3], \quad C = [-1], \quad D = \begin{bmatrix} 2 & 2 & 1 \\ 1 & 3 & 5 \end{bmatrix}, \quad E = \begin{bmatrix} 4 \\ 4 \end{bmatrix}$$

此时，上述的分块矩阵 A 为

$$A = \begin{bmatrix} 0 & 2 & 3 & -1 \\ 2 & 2 & 1 & 4 \\ 1 & 3 & 5 & 4 \end{bmatrix} \tag{6.1}$$

（注意，此处将每一个矩阵块的左右括号都去掉了. 这与去掉 1×1 矩阵的括号来得到标量是非常相似的.）

也可以将大的矩阵（或向量）划分为一些"块". 本书中将块称为大矩阵的**子矩阵**. 正如向量，可以使用冒号来表示子矩阵. 若 A 是一个 $m\times n$ 的矩阵，且 p，q，r，s 是整数，其中 $1\leqslant p\leqslant q\leqslant m$，$1\leqslant r\leqslant s\leqslant n$，则 $A_{p:q,r:s}$ 表示子矩阵

109

$$A_{p:q,r:s} = \begin{bmatrix} A_{pr} & A_{p,r+1} & \cdots & A_{ps} \\ A_{p+1,r} & A_{p+1,r+1} & \cdots & A_{p+1,s} \\ \vdots & \vdots & & \vdots \\ A_{qr} & A_{q,r+1} & \cdots & A_{qs} \end{bmatrix}$$

这一子矩阵的大小为 $(q-p+1)\times(s-r+1)$，可通过将 A 的第 p 行到第 q 行，第 r 列到第 s 列的元素提取得到.

对 (6.1) 中给出的矩阵 A，有

$$A_{2:3,3:4} = \begin{bmatrix} 1 & 4 \\ 5 & 4 \end{bmatrix}$$

一个矩阵的列和行表示　使用分块矩阵的记号，可以将一个 $m\times n$ 矩阵 A 用分块矩阵的形式表示为一个行块和 n 个列块的形式，

$$A = [a_1 \quad a_2 \quad \cdots \quad a_n]$$

其中 a_j 是一个 m 向量，为 A 的第 j 列. 因此，一个 $m \times n$ 矩阵可以被看作为其 n 列的级联.

类似地，一个 $m \times n$ 矩阵 A 可以被写为一个由 m 个行块构成的列矩阵：

$$A = \begin{bmatrix} b_1 \\ b_2 \\ \vdots \\ b_m \end{bmatrix}$$

其中一个 n 行向量 b_i 为 A 的第 i 行. 在这个记号中，矩阵 A 被表示为 m 行的堆叠.

例子

表格的表示 矩阵的最直接的解释就是一个依赖于两个索引 i 和 j 的数的表格.（一个向量就是一个仅依赖于一个索引的数的表格.）此时矩阵的行和列通常都有一些简单的解释. 下面给出部分例子.

- *图像*. 一个 $M \times N$ 像素的黑白图像自然可以表示为一个 $M \times N$ 矩阵. 行索引 i 给出了像素在竖直方向上的位置，列索引 j 给出了像素在水平方向上的位置，i, j 位置给出了像素的取值.
- *降雨量数据*. 一个 $m \times n$ 矩阵 A 给出了在 m 个不同的地点连续 n 天的降雨量，因此 A_{42}（一个数值）表示地点 4 在第 2 天的降雨量. A 的第 j 列，是一个 m 向量，给出了第 j 天 m 个地点的降雨量. A 的第 i 行，是一个 n 行向量，给出了地点 i 降雨量的时间序列.
- *资产收益*. 一个 $T \times n$ 矩阵 R 给出了 n 种资产（称为所有资产）在 T 期中的收益，R_{ij} 给出了第 j 种资产在第 i 期的收益. 故 $R_{12,7} = -0.03$ 表示资产 7 在第 12 期亏损了 3%. R 的第 4 列为一个 T 向量，表示资产 4 收益的时间序列. R 的第 3 行是一个 n 行向量，给出了所有资产在第 3 期的收益.

  作为一个资产收益矩阵的例子，表 6-1 中给出了所有 $n = 4$ 种资产在 $T = 3$ 期的收益数据.

110

表 6-1 Apple（AAPL），Google（GOOG），3M（MMM）和 Amazon（AMZN）在 2016 年 3 月 1，2 和 3 日的日收益（以收盘价格为准）

日期	AAPL	GOOG	MMM	AMZN
2016 年 3 月 1 日	0.00219	0.00006	−0.00113	0.00202
2016 年 3 月 2 日	0.00744	−0.00894	−0.00019	−0.00468
2016 年 3 月 3 日	0.01488	−0.00215	0.00433	−0.00407

- *多个供应商的价格*. 一个 $m \times n$ 矩阵 P 给出了 m 个供应商（或产地）n 种不同商品的价格：P_{ij} 为供应商 i 对商品 j 的收费. 矩阵 P 的第 j 列为一个 m 向量，给出了所有供应商对商品 j 的价格；其第 i 行给出了供应商 i 的所有商品的价格.

- *列联表*. 设一个对象的集合中包含了两个属性，第一个属性有 m 种可能的取值，第二个属性有 n 种可能的取值. 一个 $m \times n$ 矩阵 A 可被用于表示不同属性对的对象的个数：A_{ij} 为第一个属性为 i 第二个属性为 j 的对象的个数.（这与一个计数 n 向量类似，它记录了一个集合一个属性的计数值.）例如，一群大学生可以用一个 4×50 的矩阵描述，其 i,j 元素为第 i 年在第 j 个州学习的学生数量（例如，各州的名字可以按照字母顺序排序）. 矩阵 A 的第 i 行给出了第 i 年学生学习的地理分布；A 的第 j 列是一个 4 向量，它给出了从第一年到第四年的学习中，在第 j 个州的学生数量.
- *消费者的采购历史*. 一个 $n \times N$ 矩阵 P 可被用于存储 N 个消费者采购 n 种产品、项目或服务在某时间周期内的交易历史. 元素 P_{ij} 表示消费者 j 在这一时间周期内购买商品 i 所支付的美元数（或者，商品的数量）. P 的第 j 列为消费者 j 的采购历史向量；第 i 行给出了商品 i 在 N 个消费者中的销售报告.

一组向量的矩阵表示 矩阵常常被用于紧凑地表示一组索引了的相同大小的向量的集合. 例如，若 x_1，$\cdots$，x_N 为给出 N 个对象中每个对象的 n 个特征的 n 向量，则它们可被汇集在一个 $n \times N$ 矩阵中

111

$$X = [x_1 \quad x_2 \quad \cdots \quad x_N]$$

该矩阵常被称为**数据矩阵**或**特征矩阵**. 其第 j 列为表示第 j 个对象属性的 n 向量（在本文中有时将其称为第 j 个**样本**）. 数据矩阵 X 的第 i 行是一个 N 行向量，其元素为所有样本中第 i 个特征的取值. 也可以直接说明数据矩阵中的元素：X_{ij}（为一个数）是第 j 个样本的第 i 个特征的取值.

另外一个例子是，一个 $3 \times M$ 矩阵可用于表示在三维空间中的 M 个点的位置，其第 j 列给出了第 j 个点的位置.

关系或图的矩阵表示 设有 n 个对象，编号为 $1, \cdots, n$. $\mathcal{R}$ 为一个对象集合 $\{1, \cdots, n\}$ 中的一对有序对象之间的**关系**. 例如，$\mathcal{R}$ 可以表示对 n 种产品或选择的**偏好关系**，其中 $(i,j) \in \mathcal{R}$ 意味着选择 i 比选择 j 更优先.

关系也可以被看作是一个**有向图**，其结点（或顶点）编号为 $1, \cdots, n$，每一个 $(i,j) \in \mathcal{R}$ 就可表示一条从 j 到 i 的有向边. 这通常使用一个图形进行表示，箭头表示边的方向，如图 6-1 所示，它给出了 4 个对象的关系

$$\mathcal{R} = \{(1,2), (1,3), (2,1), (2,4), (3,4), (4,1)\} \tag{6.2}$$

一个 $\{1, \cdots, n\}$ 上的关系 $\mathcal{R}$ 可以表示为一个 $n \times n$ 矩阵 A，其中

$$A_{ij} = \begin{cases} 1 & (i,j) \in \mathcal{R} \\ 0 & (i,j) \notin \mathcal{R} \end{cases}$$

这一矩阵称为图的**邻接矩阵**.（一些作者采用相反的方法定义邻接矩阵，其中 $A_{ij} = 1$ 意味

着有一条从 i 到 j 的边.）例如，关系 (6.2) 用矩阵可以表示为

$$A = \begin{bmatrix} 0 & 1 & 1 & 0 \\ 1 & 0 & 0 & 1 \\ 0 & 0 & 0 & 1 \\ 1 & 0 & 0 & 0 \end{bmatrix}$$

这是图 6-1 中的图对应的邻接矩阵.（在 7.3 节中将会考虑另外一个与有向图相关的矩阵.） 112

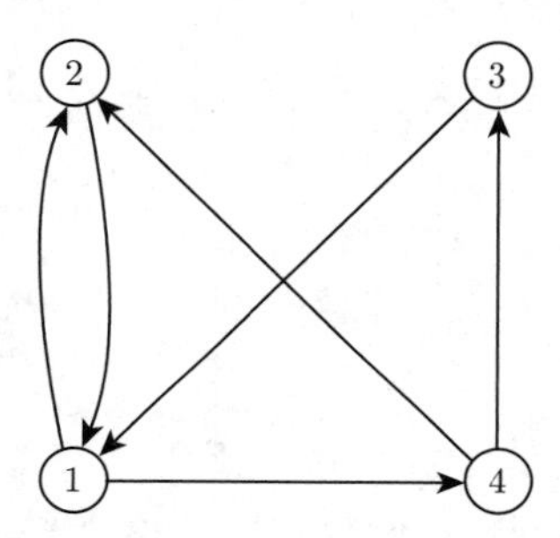

图 6-1　关系 (6.2) 对应的有向图

6.2　零矩阵与单位矩阵

零矩阵　零矩阵是所有元素都为零的矩阵. 大小为 $m \times n$ 的零矩阵有时被写为 $0_{m\times n}$，但通常零矩阵仅仅被记为 0，它与表示数字 0 或者零向量的记号相同. 此时，零矩阵的大小必须通过上下文来确定.

单位矩阵　单位矩阵是另一个常见的矩阵. 它总是方阵. 其**对角**元素，即那些行和列索引相等的元素都等于一，所有非对角元素（那些行和列索引不相等的元素）均为零. 单位矩阵被记为 I. 正式地讲，大小为 n 的单位矩阵定义为

$$I_{ij} = \begin{cases} 1 & i = j \\ 0 & i \neq j \end{cases}$$

其中 i，$j = 1$，$\cdots$，n. 例如

$$\begin{bmatrix} 1 & 0 \\ 0 & 1 \end{bmatrix}, \quad \begin{bmatrix} 1 & 0 & 0 & 0 \\ 0 & 1 & 0 & 0 \\ 0 & 0 & 1 & 0 \\ 0 & 0 & 0 & 1 \end{bmatrix}$$

为 2×2 和 4×4 单位矩阵.

$n \times n$ 单位阵的列向量为大小为 n 的单位向量. 利用分块矩阵的记号，有

$$I = [e_1 \quad e_2 \quad \cdots \quad e_n]$$

其中 e_k 为第 k 个大小为 n 的单位向量.

有时使用一个下标来表示单位矩阵的大小，例如 I_4 或 $I_{2\times 2}$. 但更多情况下其大小是被忽略的，需要通过上下文进行判断. 例如，若

$$A=\begin{bmatrix}1 & 2 & 3\\ 4 & 5 & 6\end{bmatrix}$$

则

$$\begin{bmatrix}I & A\\ 0 & I\end{bmatrix}=\begin{bmatrix}1 & 0 & 1 & 2 & 3\\ 0 & 1 & 4 & 5 & 6\\ 0 & 0 & 1 & 0 & 0\\ 0 & 0 & 0 & 1 & 0\\ 0 & 0 & 0 & 0 & 1\end{bmatrix}$$

两个单位矩阵的维数与矩阵 A 的大小相匹配. 在 1,1 位置的单位矩阵必须是 2×2 的，在 2,2 位置的单位矩阵必须是 3×3 的. 这同样决定了 2,1 处的零矩阵的大小.

113

在 10.1 节中，单位矩阵的重要性将变得更为清晰.

稀疏矩阵　一个矩阵 A 被称为是**稀疏的**，若其多数元素为零，或（换句话说）只有很少的元素非零. 其**稀疏模式**为下标 (i,j) 的集合，其中 $A_{ij}\neq 0$. 稀疏矩阵 A 的**非零元素个数**为其稀疏模式集合中元素的个数，记为 $\mathbf{nnz}(A)$. 若 A 为一个 $m\times n$ 矩阵，则有 $\mathbf{nnz}(A)\leqslant mn$. 其**密度**为 $\mathbf{nnz}(A)/(mn)$，它不会超过 1. 应用问题中提出的稀疏矩阵的密度通常是非常小的，例如 10^{-2} 或 10^{-4}. 对于密度是多小就可以称为稀疏矩阵是没有精确定义的. 一个著名的有关稀疏矩阵的定义是由数学家 James H. Wilkinson 提出的：一个矩阵是稀疏的，如果它的零元素多到能够利用它们. 稀疏矩阵可以在计算机上高效地存储和操作.

很多通常见到的矩阵都是稀疏的. 一个 $n\times n$ 单位阵是稀疏的，因为它只有 n 个非零元素，因此其密度为 $1/n$. 零矩阵是最稀疏的矩阵，因为它没有非零元素. 很多特殊的稀疏模式具有独特的名字；下面将给出部分重要的矩阵.

类似稀疏向量，稀疏矩阵也在很多应用问题中被提出. 一个典型的消费者的采购历史矩阵（参见 6.1 节）是稀疏的，因为每一个消费者仅购买了大量可销售商品中的很小的一部分.

对角矩阵　一个稀疏的 $n\times n$ 矩阵 A 被称为是**对角的**，若 $A_{ij}=0$，其中 $i\neq j$.（满足 $i=j$ 的矩阵元素称为**对角元**；满足 $i\neq j$ 的元素称为**非对角元**.）对角矩阵是所有非对角元均为零的矩阵. 已经看到的对角矩阵有零方阵和单位阵. 其他的例子如

$$\begin{bmatrix}-3 & 0\\ 0 & 0\end{bmatrix},\quad \begin{bmatrix}0.2 & 0 & 0\\ 0 & -3 & 0\\ 0 & 0 & 1.2\end{bmatrix}$$

（请注意，在第一个例子中，其中一个对角元素也为零.）

记号 $\mathbf{diag}(a_1,\cdots,a_n)$ 被用于紧凑地描述对角元素为 $A_{11}=a_1$，$\cdots$，$A_{nn}=a_n$ 的对角矩阵. 这一记号并不标准，但它正变得越来越流行. 例如，上述的矩阵可以分别被表示为

$$\mathbf{diag}(-3,0), \quad \mathbf{diag}(0.2,-3,1.2).$$

diag 运算也可以接受一个 n 向量作为其参数，例如 $I=\mathbf{diag}(\mathbf{1})$.

三角矩阵 一个 $n\times n$ 方阵 A 被称为是**上三角的**，若 $A_{ij}=0$，其中 $i>j$；被称为是**下三角的**，若 $A_{ij}=0$，其中 $i<j$.（因此，一个对角矩阵既是上三角矩阵又是下三角矩阵.）若一个矩阵是上三角的或下三角的，它称为**三角的**. 例如，矩阵

$$\begin{bmatrix} 1 & -1 & 0.7 \\ 0 & 1.2 & -1.1 \\ 0 & 0 & 3.2 \end{bmatrix}, \quad \begin{bmatrix} -0.6 & 0 \\ -0.3 & 3.5 \end{bmatrix}$$

分别为上三角的和下三角的.

114

一个三角的 $n\times n$ 矩阵 A 最多有 $n(n+1)/2$ 个非零元，即其近一半的元素都是零. 三角矩阵通常不被认为是稀疏矩阵，因为其密度大概是 50%，但其特殊的稀疏模式在下文中将是重要的.

6.3 转置、加法和范数

6.3.1 矩阵的转置

若 A 是一个 $m\times n$ 矩阵，其**转置**，记为 A^{T}（有时记为 A' 或 A^*），是一个 $n\times m$ 矩阵，满足 $\left(A^{\mathrm{T}}\right)_{ij}=A_{ji}$. 用文字来说就是，矩阵 A 的行和列在 A^{T} 中进行了交换. 例如

$$\begin{bmatrix} 0 & 4 \\ 7 & 0 \\ 3 & 1 \end{bmatrix}^{\mathrm{T}} = \begin{bmatrix} 0 & 7 & 3 \\ 4 & 0 & 1 \end{bmatrix}$$

若将矩阵转置两次，就得到了原来的矩阵：$(A^{\mathrm{T}})^{\mathrm{T}}=A$.（转置记号中的上标 T 与表示两个 n 向量内积中的记号是相同的；很快将会看到它们是相关的.）

行和列向量 转置将行向量转化为列向量，反之亦然. 有时为了方便将行向量写为 a^{T}，其中 A 是一个列向量. 例如，一个 $m\times n$ 矩阵的 m 行可以表示为 $\tilde{a}_1^{\mathrm{T}}$，$\cdots$，$\tilde{a}_m^{\mathrm{T}}$，其中 $\tilde{a}_1$，$\cdots$，$\tilde{a}_m$ 为 n（列）向量. 又如，矩阵

$$\begin{bmatrix} 0 & 7 & 3 \\ 4 & 0 & 1 \end{bmatrix}$$

的第二行可被写为（行向量）(4, 0, 1).

将这一概念从（列）向量推广到行向量是容易做到的，只需将转置的概念直接应用于行向量即可. 如果一组行向量的转置（结果是列向量）是线性相关（或者线性无关）的，则称它们是是线性相关（或线性无关）的. 例如，“矩阵 A 的各行是线性无关的”的含义是 A^{T} 的各列是线性无关的. 此外，“矩阵 A 的各行是规范正交的”的含义是 A^{T} 的各列是规范正交的. “矩阵 X 各行的簇”的含义是 X^{T} 各列的簇.

分块矩阵的转置 分块矩阵的转置有着如下的简单形式（以一个 2×2 分块矩阵进行说明）：

$$\begin{bmatrix} A & B \\ C & D \end{bmatrix}^{\mathrm{T}} = \begin{bmatrix} A^{\mathrm{T}} & C^{\mathrm{T}} \\ B^{\mathrm{T}} & D^{\mathrm{T}} \end{bmatrix}$$

其中 A，B，C 和 D 为大小匹配的矩阵. 分块矩阵的转置为其转置的分块矩阵，其每一个元素都要进行转置.

115

文献–检索词矩阵 考虑一个有 N 篇文档的语料库（文档的集合），其单词计数向量是针对字典中的 n 个单词的. 与该语料库对应的**文献–检索词**矩阵是一个 $N\times n$ 矩阵 A，其中 A_{ij} 为第 j 个单词出现在文档 i 中的次数. 文献–检索词矩阵的各行为 a_1^{T}，$\cdots$，a_N^{T}，其中 n 向量 a_1，$\cdots$，a_N 分别为文档 1，$\cdots$，N 的单词计数向量. 文献–检索词矩阵的各列也是有意义的. A 的第 j 列，是一个 N 向量，说明了单词 j 在语料库的 N 个文档出现的次数.

数据矩阵 一组 N 个 n 向量，例如与 N 个对象相关的 n 特征向量，可以使用一个 $n\times N$ 的矩阵表示，其 N 个列都是如 6.1 节所描述的向量. 用这个矩阵的转置来描述这一组向量也是常见的. 此时，用一个 $N\times n$ 矩阵 X 给出这些向量. 其第 i 行为 x_i^{T}，即第 i 个向量的转置. 其第 j 列给出了该组向量中 N 个向量的第 j 个元素（或特征）. 当作者使用*数据矩阵*或*特征矩阵*时，可以通过上下文确定（例如，其维数）数据矩阵中行或列的具体含义.

对称矩阵 一个方阵 A 被称为是**对称的**，若 $A=A^{\mathrm{T}}$，即 $A_{ij}=A_{ji}$ 对所有 i 和 j 都成立. 对称矩阵在很多应用问题中出现. 例如，设 A 为一个图或关系的邻接矩阵（参见 6.1 节）. 当关系是对称的时，其对应的矩阵 A 是对称的，也即当 $(i,j)\in\mathcal{R}$ 时，也有 $(j,i)\in\mathcal{R}$. 又如 n 个人之间的*朋友关系*，其中 $(i,j)\in\mathcal{R}$ 意味着第 i 个人和第 j 个人是朋友.（此时，其对应的图称为“社交网络图”.）

6.3.2 矩阵加法

两个大小相同的矩阵可以相加. 其结果是另一个相同大小的矩阵，每一个元素为两个矩阵对应元素的和. 例如，

$$\begin{bmatrix} 0 & 4 \\ 7 & 0 \\ 3 & 1 \end{bmatrix} + \begin{bmatrix} 1 & 2 \\ 2 & 3 \\ 0 & 4 \end{bmatrix} = \begin{bmatrix} 1 & 6 \\ 9 & 3 \\ 3 & 5 \end{bmatrix}$$

矩阵减法可以类似地定义. 例如

$$\begin{bmatrix} 1 & 6 \\ 9 & 3 \end{bmatrix} - I = \begin{bmatrix} 0 & 6 \\ 9 & 2 \end{bmatrix}$$

（这给出了必须确定单位矩阵大小的另一个例子. 因为只有相同大小的矩阵才能进行加法或减法，这里 I 只能是 2×2 单位矩阵.）

矩阵加法的性质　下列矩阵加法的重要性质可以直接使用定义验证. 假设 A，B 和 C 为相同大小的矩阵.

116

- *交换律*. $A + B = B + A$.
- *结合律*. $(A + B) + C = A + (B + C)$. 因此它们都可以写为 $A + B + C$.
- *与零矩阵相加*. $A + 0 = 0 + A = A$. 将一个矩阵加上一个零矩阵不影响原矩阵.
- *和的转置*. $(A + B)^{\mathrm{T}} = A^{\mathrm{T}} + B^{\mathrm{T}}$. 两个矩阵和的转置等于它们转置的和.

6.3.3　标量与矩阵的乘法

矩阵的标量乘法与向量的标量乘法的定义类似，但它是通过对矩阵的每一个元素乘以一个标量实现的. 例如

$$(-2)\begin{bmatrix} 1 & 6 \\ 9 & 3 \\ 6 & 0 \end{bmatrix} = \begin{bmatrix} -2 & -12 \\ -18 & -6 \\ -12 & 0 \end{bmatrix}$$

类似标量与向量的乘法，标量也可以出现在右侧. 特别地，$0A = 0$（其中左侧的零为标量零，右侧的 0 为零矩阵）.

一些有用的标量乘法的性质可以直接从其定义得到. 例如，$(\beta A)^{\mathrm{T}} = \beta\left(A^{\mathrm{T}}\right)$ 对任意的标量 β 和矩阵 A 都成立. 若 A 为一个矩阵，β，γ 为标量，则

$$(\beta + \gamma) A = \beta A + \gamma A, \quad (\beta\gamma) A = \beta(\gamma A)$$

确定两个方程中出现符号所表示的含义是非常重要的. 在左侧方程的左边中出现的“+”号为标量的加法，而左侧方程的右边中出现的“+”号则表示矩阵的加法. 右侧方程左边中出现的是标量与标量的乘法 $(\beta\gamma)$ 以及标量与矩阵的乘法；在其右边则看到两种情形的标量与矩阵的乘法.

最后，需要指出，标量与矩阵的乘法比矩阵的加法优先级高，也即（如果没有使用括号来固定顺序的话）应当在进行矩阵加法之前，先计算乘法. 因此，前述左侧方程的右边可以表示为 $(\beta A) + (\gamma A)$.

6.3.4　矩阵范数

一个 $m \times n$ 矩阵 A 的范数，记为 $\|A\|$，为其元素平方和的平方根，

117

$$\|A\| = \sqrt{\sum_{i=1}^{m}\sum_{j=1}^{n} A_{ij}^2} \tag{6.3}$$

这与 A 是向量时的向量范数的定义是吻合的，也即，$n=1$ 时的情形. 一个 $m\times n$ 矩阵的范数是一个 mn 向量的范数，该向量的元素为矩阵中的元素（按照任何顺序排列都可以）. 正如向量范数，矩阵范数也是一种度量矩阵大小的量. 在一些应用中，使用矩阵元素的均方根值，$\|A\|/\sqrt{mn}$，来衡量矩阵元素的大小是一个自然的选择. 矩阵元素的均方根值给出了矩阵元素的典型大小，它不依赖于矩阵的维数.

矩阵范数 (6.3) 满足任何范数满足的性质，这些性质可参见 3.1 节. 对任意的 $m\times n$ 矩阵 A，有 $\|A\|\geqslant 0$（即范数是非负的），且 $\|A\|=0$ 的充分条件是 $A=0$（确定性）. 矩阵范数是非负齐次的：对任意标量 γ 和 $m\times n$ 矩阵 A，有 $\|\gamma A\|=|\gamma|\,\|A\|$. 最后，对任意两个 $m\times n$ 矩阵 A 和 B，有如下的三角不等式，

$$\|A+B\|\leqslant\|A\|+\|B\|$$

（左边的加号表示矩阵的加法，右边的加号表示数的加法.）

利用矩阵范数，可以定义两个矩阵之间的距离 $\|A-B\|$. 正如向量一样，如果两个矩阵之间的距离很小，可以说一个矩阵接近，或靠近另外一个矩阵.（什么样的量算是比较小的依赖于应用问题.）

本书中将只使用 (6.3) 定义的矩阵范数. 矩阵范数的其他一些类型也是常用的，但它们超出了本书讨论的范围. 如果在文中使用了其他类型的矩阵范数，(6.3) 定义的范数就被称为**Frobenius 范数**)，它以数学家 Ferdinand Georg Frobenius 的名字命名，且通常使用下标表示，例如 $\|A\|_F$.

矩阵范数的一个简单性质是 $\|A\|=\|A^{\mathrm{T}}\|$，即矩阵的范数与其转置的范数相等. 另一个是

$$\|A\|^2=\|a_1\|^2+\cdots+\|a_n\|^2$$

其中 a_1，$\cdots$，a_n 为 A 的列. 用文字来说就是：一个矩阵的范数平方为其列向量范数平方的和.

6.4　矩阵与向量的乘法

若 A 为一个 $m\times n$ 矩阵，x 为一个 n 向量，则**矩阵与向量的乘积** $y=Ax$ 为一个 m 向量 y，其元素为

$$y_i=\sum_{k=1}^{n}A_{ik}x_k=A_{i1}x_1+\cdots+A_{in}x_n,\quad i=1,\cdots,m \tag{6.4}$$

一个简单的例子是

$$\begin{bmatrix} 0 & 2 & -1 \\ -2 & 1 & 1 \end{bmatrix} \begin{bmatrix} 2 \\ 1 \\ -1 \end{bmatrix} = \begin{bmatrix} (0)(2)+(2)(1)+(-1)(-1) \\ (-2)(2)+(1)(1)+(1)(-1) \end{bmatrix} = \begin{bmatrix} 3 \\ -4 \end{bmatrix}$$

118

行与列表示 矩阵与向量的乘积可以使用矩阵的行或列进行表示. 由 (6.4) 可知，y_i 为 x 与 A 的第 i 行的内积：

$$y_i = b_i^{\mathrm{T}} x, \quad i = 1, \cdots, m$$

其中 b_i^{T} 为 A 的第 i 行. 矩阵与向量的乘积也可以用 A 的列来表示. 若 a_k 为 A 的第 k 列，则 $y = Ax$ 可以写为

$$y = x_1 a_1 + x_2 a_2 + \cdots + x_n a_n$$

这说明 $y = Ax$ 是矩阵 A 各列的线性组合；线性组合中的系数就是 x 的元素.

一般例子 在下面的例子中，A 是一个 $m \times n$ 矩阵，x 是一个 n 向量.

- *零矩阵*. 当 $A = 0$ 时，有 $Ax = 0$. 换句话说，$0x = 0$.（左侧的 0 是一个 $m \times n$ 矩阵，右侧的 0 为一个 m 向量.）
- *单位阵*. 对任意向量 x 有 $Ix = x$.（此处单位阵的维数为 $n \times n$.）换句话说，一个向量乘以单位阵将得到与其相同的向量.）
- *提取列和行*. 一个重要的等式是 $Ae_j = a_j$，即 A 的第 j 列. 一个矩阵乘以一个单位向量就是从矩阵中“提取出”一列. $A^{\mathrm{T}} e_i$ 的结果是一个 n 向量，它就是 A 的第 i 行的转置.（换句话说，$(A^{\mathrm{T}} e_i)^{\mathrm{T}}$ 是 A 的第 i 行.）
- *列或行的和或平均*. m 向量 $A\mathbf{1}$ 为 A 的各列的和；其第 i 个元素为 A 的第 i 行各列元素的和. m 向量 $A(\mathbf{1}/n)$ 为 A 的各列的平均值；其第 i 个元素为 A 的第 i 行中所有元素的平均值. 利用类似的方法，$A^{\mathrm{T}}\mathbf{1}$ 为一个 n 向量，其第 j 个元素为矩阵 A 的第 j 列中各元素的和.
- *差分矩阵*. $(n-1) \times n$ 矩阵

$$D = \begin{bmatrix} -1 & 1 & 0 & \cdots & 0 & 0 & 0 \\ 0 & -1 & 1 & \cdots & 0 & 0 & 0 \\ & & \ddots & \ddots & & & \\ & & & \ddots & \ddots & & \\ 0 & 0 & 0 & \cdots & -1 & 1 & 0 \\ 0 & 0 & 0 & \cdots & 0 & -1 & 1 \end{bmatrix} \tag{6.5}$$

（其中未显示的元素都是 0，对角线上的点表示的都是 1 或 −1，其形式连续）称为差

分矩阵. 向量 Dx 为一个表示 x 的两个连续分量的差构成的 $(n-1)$ 向量：

$$Dx = \begin{bmatrix} x_2 - x_1 \\ x_3 - x_2 \\ \vdots \\ x_n - x_{n-1} \end{bmatrix}$$

119

- **累加阵**. $n \times n$ 矩阵

$$S = \begin{bmatrix} 1 & 0 & 0 & \cdots & 0 & 0 \\ 1 & 1 & 0 & \cdots & 0 & 0 \\ & & \ddots & \ddots & & \\ & & & \ddots & \ddots & \\ 1 & 1 & 1 & \cdots & 1 & 0 \\ 1 & 1 & 1 & \cdots & 1 & 1 \end{bmatrix} \tag{6.6}$$

称为**累加阵**. n 向量 Sx 的第 i 个元素为 x 的前 i 个元素的和：

$$Sx = \begin{bmatrix} x_1 \\ x_1 + x_2 \\ x_1 + x_2 + x_3 \\ \vdots \\ x_1 + \cdots + x_n \end{bmatrix}$$

应用实例

- **特征矩阵与权重向量**. 设 X 为一个特征矩阵，其 N 个列 x_1，$\cdots$，x_N 为 N 个对象或样本的特征 n 向量. 令 n 向量 w 为一个**权重向量**，并令 $s_i = x_i^{\mathrm{T}} w$ 为对某对象 i 应用权重向量 w 得到的得分. 于是它可以写为 $s = X^{\mathrm{T}} w$，其中 s 为对象的 N 得分向量.
- **投资组合收益时间序列**. 设 R 为一个 $T \times n$ 资产收益矩阵，它给出了 n 种资产在 T 期的收益. 一种常见的投资策略是保持各种资产在 T 期中所占的比重不变，这些比重用一个 n 向量 w 给出. 例如，$w_4 = 0.15$ 意味着全部投资组合资产价值的 15% 为资产 4. （空头在 w 中用负元素标记.）于是 Rw，一个 T 向量，为表示时间周期 1，$\cdots$，T 上的投资组合收益时间序列.

  例如，考虑表 6-1 中给出的 4 种资产的投资组合，其权重为 $w = (0.4, 0.3, -0.2, 0.5)$. 乘积 $Rw = (0.00213, -0.00201, 0.00241)$ 就给出了一个投资组合收益在三期中的例子.
- **计算多项式在多个点上的取值**. 设 n 向量 c 的每一个元素表示一个 $n-1$ 次或更低

次的多项式 p 的系数:

$$p(t) = c_1 + c_2 t + \cdots + c_{n-1} t^{n-2} + c_n t^{n-1}$$

令 t_1, $\cdots$, t_m 为 m 个数, 并定义 m 向量 y 为 $y_i = p(t_i)$. 于是, 有 $y = Ac$, 其中 A 为一个 $m \times n$ 矩阵

$$A = \begin{bmatrix} 1 & t_1 & \cdots & t_1^{n-2} & t_1^{n-1} \\ 1 & t_2 & \cdots & t_2^{n-2} & t_2^{n-1} \\ \vdots & \vdots & & \vdots & \vdots \\ 1 & t_m & \cdots & t_m^{n-2} & t_m^{n-1} \end{bmatrix} \tag{6.7}$$

120

因此, 将向量 c 乘以矩阵 A 就与计算以 c 为系数的多项式在 m 个点的取值一样. (6.7) 中的矩阵 A 经常会出现, 它称为 Vandermonde *矩阵* (又称为在点 t_1, $\cdots$, t_m 定义的次数为 $n-1$ 的 Vandermonde 矩阵), 该矩阵以数学家 Alexandre-Théophile Vandermonde 的名字命名.

- *多供应商的总价*. 设 $m \times n$ 矩阵 P 给出了 m 个供应商 (或者 m 个不同的地区) 的 n 种商品的价格. 若 q 为一个表示 n 种商品数量的 n 向量 (有时称为*购物车*), 则 $c = Pq$ 为一个给出了从 m 个供应商的每一个处购买商品总开销的 m 向量.
- *文献评分*. 设 A 为一个 $N \times n$ 文献–检索词矩阵, 它给出了 N 个文献的语料库中使用 n 个单词字典的单词计数向量, 因此 A 的每一行表示一个文献的单词计数向量. 设 w 为一个给出了字典单词权重的 n 向量. 则 $s = Aw$ 为一个利用权重和单词计数向量给文献评分的 N 向量. 例如一个搜索引擎可以通过选择 w (基于搜索查询) 使得分成为文献预测的得分 (可用于搜索).
- *音频混合*. 设 A 的 k 个列向量表示长度为 T 的音频信号或音轨, w 为一个 k 向量. 则 $b = Aw$ 为一个表示混合音频信号的 T 向量, 每一音轨的权重由向量 w 给出.

内积 当 a 和 b 为 n 向量时, $a^{\mathrm{T}}b$ 恰为向量 a 和 b 的内积, 这一结论可以从矩阵转置的定义和矩阵与向量的乘法得到. 此处从 n (列) 向量 a 开始, 将其看作是 $n \times 1$ 的矩阵, 将其转置得到一个 n 行向量 a^{T}. 接下来将这个 $1 \times n$ 矩阵乘以 n 向量 b, 得到一个 1 向量 $a^{\mathrm{T}}b$, 它通常被看作是标量. 因此内积的记号 $a^{\mathrm{T}}b$ 仅仅是矩阵与向量乘法的一个特殊情形.

各列的线性相关性 线性相关和线性无关的概念可以使用矩阵与向量的乘法进行化简. 若对某些 $x \neq 0$ 有 $Ax = 0$, 则矩阵 A 的各列是线性相关的. 若 $Ax = 0$ 意味着 $x = 0$, 则矩阵 A 的各列是线性无关的.

基下的展开 若矩阵 A 的各列构成一组基, 它意味着 A 是方阵且其各列 $a_1, \cdots, a_n$ 是线性无关的, 则对任意 n 向量 b 存在一个唯一的 n 向量 x 满足 $Ax = b$. 此时向量 x 给出了 b 在基 a_1, $\cdots$, a_n 下的展开.

矩阵与向量乘法的性质 矩阵与向量乘法的一些性质是可以直接验证的. 首先, 它对

向量的运算满足分配律：对任意 $m \times n$ 矩阵 A 和 n 向量 u 与 v，有

$$A(u+v) = Au + Av$$

121

与通常数的乘法类似，矩阵与向量的乘法比加法的优先级高，即在没有括号强制运算顺序的情况下，乘法将比加法优先计算. 这意味着上面公式的右边可以表示为 $(Au)+(Av)$. 这一等式看起来是非常自然的，但必须认真阅读. 在其左边，首先将 u 和 v 相加，其中的加法为 n 向量的加法. 然后将结果 n 向量乘以矩阵 A. 在右边，首先将每个 n 向量乘以 A（这是两个矩阵与向量的乘法）；然后将结果 m 向量相加. 上述等式的左边和右边使用了完全不同的步骤和运算，但其最终的结果都是相同的 m 向量.

矩阵与向量的乘法对矩阵变量也是可以分配的：对任意两个 $m \times n$ 矩阵 A 和 B，及任意 n 向量 u，有

$$(A+B)u = Au + Bu$$

上式左边的加号是矩阵的加法；右边是向量的加法.

另外一个基本性质是，对任意 $m \times n$ 矩阵 A，任意 n 向量 u 和任意标量 α，有

$$(\alpha A)u = \alpha(Au)$$

（因此可以将其写为 αAu.）在左边，先使用了标量与矩阵的乘法，然后是矩阵与向量的乘法；在右边，首先使用了矩阵与向量的乘法，然后使用了标量与向量的乘法.（注意，此处还有 $\alpha Au = A(\alpha u)$.）

输入输出的解释　关系 $y = Ax$，其中 A 是一个 $m \times n$ 矩阵，可解释为一个从 n 向量 x 到 m 向量 y 的映射. 文中 x 可以被认为是一个输入，y 为其对应的输出. 由等式 (6.4)，A_{ij} 可解释为 y_i 依赖于 x_j 的因子. 下面给出一些可以得到的结论的例子.

- 若 A_{23} 是正数且较大，则 y_2 强烈依赖于 x_3，且随 x_3 的增加而增加.
- 若 A_{23} 远大于矩阵 A 第三行中的其他元素，则相比其他的输入，y_3 的取值强烈依赖于 x_2 的输入.
- 若 A 为一个方阵且为下三角的，则 y_i 仅依赖于 x_1，$\cdots$，x_i.

6.5　复杂度

矩阵在计算机中的表示　一个 $m \times n$ 矩阵在计算机中通常表示为一个 $m \times n$ 浮点数数组，需要 $8mn$ 字节存储. 在一些软件系统中，对称矩阵则采用一种更高效的方法表示，在这种存储方法中使用了某种特定的规则，仅存储矩阵上三角部分的元素. 这样做减少了近一半的内存需求. 稀疏矩阵可采用多种不同的方法对每一个非零元素的行号 i（一个整数）、列号 j（一个整数）和它的取值 A_{ij}（一次浮点数）进行编码. 若将行号和列号用 4 个字节存储（这允许 m 和 n 的取值范围最大到大概 43 亿），则需要大概 $16\mathbf{nnz}(A)$ 字节的存储空间.

122

矩阵加法、标量乘法和转置的复杂度 两个 $m\times n$ 矩阵的加法或一个标量与一个 $m\times n$ 矩阵的乘法都需要 mn 次浮点运算. 当 A 为稀疏矩阵时，标量乘法需要 $\mathbf{nnz}(A)$ 次浮点运算. 当 A 和 B 中至少有一个是稀疏的时候，计算 $A+B$ 需要最多 $\min\{\mathbf{nnz}(A),\mathbf{nnz}(B)\}$ 次浮点运算.（对任何 i，j 元素，如果 A_{ij} 或 B_{ij} 中的一个为 0，则计算 $(A+B)_{ij}$ 不需要任何算术运算.）矩阵转置，例如计算 A^{T}，需要 0 次浮点运算，因为只需将 A 的元素复制到 A^{T} 中即可.（复制元素确实需要时间来完成，但是在计算浮点运算次数时是没有体现的.）

矩阵与向量乘积的复杂度 一个 $m\times n$ 矩阵 A 和一个 n 向量 x 的矩阵与向量的乘积需要 $m(2n-1)$ 次浮点运算，这个数字只简单地表示为大约 $2mn$ 次浮点运算. 这一结果可证明如下. $y=Ax$ 运算的结果是一个 m 向量，因此需要计算 m 个数. y 的第 i 个元素为 A 的第 i 行与向量 x 的内积，需要 $2n-1$ 次浮点运算.

若 A 是稀疏的，计算 Ax 需要 $\mathbf{nnz}(A)$ 次乘法（对 A 中每一个非零的 A_{ij} 和 x_j）及数量不超过 $\mathbf{nnz}(A)$ 次的加法. 因此，其计算复杂度介于 $\mathbf{nnz}(A)$ 和 $2\mathbf{nnz}(A)$ 次浮点运算之间. 特别地，设 A 为一个 $n\times n$ 对角阵. 则 Ax 可用 n 次乘法（A_{ii} 乘以 x_i）而不用加法求得，其浮点运算次数为 $n=\mathbf{nnz}(A)$.

123

练习

6.1 矩阵与向量的记号 设 $a_1,\cdots,a_n$ 为 m 向量. 确定下列表达式是否有意义（即是否是合法的记号）. 若表达式有意义，给出它的维数.

(a) $\begin{bmatrix} a_1 \\ \vdots \\ a_n \end{bmatrix}$

(b) $\begin{bmatrix} a_1^{\mathrm{T}} \\ \vdots \\ a_n^{\mathrm{T}} \end{bmatrix}$

(c) $[a_1 \quad \cdots \quad a_n]$

(d) $[a_1^{\mathrm{T}} \quad \cdots \quad a_n^{\mathrm{T}}]$

6.2 矩阵记号 设分块矩阵

$$\begin{bmatrix} A & I \\ I & C \end{bmatrix}$$

是有意义的，其中 A 为一个 $p\times q$ 矩阵. C 的维数是什么？

6.3 分块矩阵 设矩阵

$$K=\begin{bmatrix} I & A^{\mathrm{T}} \\ A & 0 \end{bmatrix}$$

是有意义的，下列论述中，必然正确的是哪个？（“必然正确”指的是该论述不需要任何附加假设.）

(a) K 为一个方阵.

(b) A 为一个方阵或宽形矩阵.

(c) K 为对称的，即 $K^{\mathrm{T}}=K$.

(d) K 中的单位子矩阵与零子矩阵有着相同的维数.

(e) 零子矩阵为方阵.

6.4 邻接矩阵的行和与列和　设 A 为一个有向图（参见 6.1 节）的邻接矩阵. 向量 $A\mathbf{1}$ 的各元素是什么？向量 $A^{\mathrm{T}}\mathbf{1}$ 的各元素是什么？

6.5 反向图的邻接矩阵　设 A 为一个有向图（参见 6.1 节）的邻接矩阵. **反向图**是将原图所有边的方向都反向得到的图. 这个反向图的邻接矩阵是什么？（将结果用 A 进行表示.）

6.6 矩阵与向量的乘法　对下列各矩阵，用文字描述 x 和 $y=Ax$ 之间的关系. 在每种情形中，x 和 y 都是 n 向量，其中 $n=3k$.

(a) $A=\begin{bmatrix} 0 & 0 & I_k \\ 0 & I_k & 0 \\ I_k & 0 & 0 \end{bmatrix}$.

(b) $A=\begin{bmatrix} E & 0 & 0 \\ 0 & E & 0 \\ 0 & 0 & E \end{bmatrix}$，其中 E 为一个 $k\times k$ 矩阵，所有元素都为 $1/k$.

124

6.7 兑汇矩阵　考虑一个有 n 种货币的集合，货币分别被标记为 $1,\cdots,n$.（它们可以对应于美元、人民币、欧元等.）在特定的时刻，这 n 种货币的汇率或转换比例可以用一个 $n\times n$（汇率）矩阵 R 表示，其中 R_{ij} 为换得一单位货币 j 需要使用货币 i 的数量.（R 的所有元素都是正的.）由于汇率中包含了手续费，因此 $R_{ji}R_{ij}<1$，$i\neq j$. 可以假设 $R_{ii}=1$.

设 $y=Rx$，其中 x 为一个向量（元素均为非负），表示持有的货币的数量. 那么 y_i 是什么？

6.8 现金流与银行账号余额　设 T 向量 c 表示在 T 期中一个有息银行账号的现金流. c 中的正数表示存款，负数表示取款. T 向量 b 表示在 T 期中银行账号的余额. 显然 $b_1=c_1$（初始时的存款或取款），且

$$b_t=(1+r)\,b_{t-1}+c_t,\quad t=2,\cdots,T$$

其中 $r>0$ 为（每期）利率.（第一项表示前一期的余额加上利息，第二项为存款或取款.）

求 $T\times T$ 矩阵 A 使得 $b=Ac$. 也即，矩阵 A 将现金流与银行账号余额序列建立了关系. 答案中必须清楚地描述 A 的所有元素.

6.9 多渠道营销 潜在的消费者可以被划分为 m 个细分市场，每一组消费者都有着相似的统计数据，例如，年龄在 $25\sim29$ 岁之间、接受过大学教育的女性. 一个公司通过在多个渠道投放广告来营销其产品，比如，特定的电视或广播节目、杂志、网站、博客、直接发邮件等. 这些渠道能够将信息打动或传递给潜在消费者的能力可以用一个**可达矩阵**来刻画，它是一个 $m\times n$ 矩阵 R，其中 R_{ij} 为在渠道 j 每支出一美元，细分市场 i 中消费者能看到消息的数量.（假设在每一个细分市场看到消息的总数量就等于其从每一个渠道看到消息数量的和，这些消息的数量和支出之间是线性倍数关系.）n 向量 c 表示企业在 n 个渠道投放广告所支出的美元数. m 向量 v 给出了在 m 个细分市场中，通过所有渠道的广告对消费者形成的印象数. 最后，引入 m 向量 a，其中 a_i 给出了在细分市场 i 中每单位印象收益率的美元数. R，c，v 和 a 的元素都是非负的.

(a) 将企业支出在广告上的钱数用向量/矩阵记号进行表示.

(b) 使用其他的向量与矩阵，将 v 用向量/矩阵记号进行表示.

(c) 将所有细分市场的收益率用向量/矩阵记号进行表示.

(d) 使用每美元产生的印象来衡量，如何寻找一个到达细分市场 3 的最有效的渠道?

(e) 若（与 R 中的其他元素相比）R_{35} 非常小意味着什么?

6.10 资源需求 考虑一个有 n 种不同作业（类型）的应用，每一种作业需要消耗 m 种不同的资源. 定义一个 $m\times n$ 资源矩阵 R，其中元素 R_{ij} 给出了完成一个单位的作业 j 需要消耗资源 i 的数量，其中 $i=1,\cdots,m$，$j=1,\cdots,n$.（这些取值通常都是正的.）每一种不同的作业需要执行或运行的次数（或数量）可用一个 n 向量 x 给出.（这些量通常是非负整数，但如果作业可以分解，它们也可以是分数.）m 向量 p 的元素给出了每单位特定资源的价格.

(a) 令 y 为一个 m 向量，其元素给出完成 x 给出的作业需要的 m 种资源中每一种的总量. 用矩阵与向量记号将 y 用 R 和 x 进行表示.

125

(b) 令 c 为一个 n 向量，其元素给出了完成每单位每种类型作业的开销.（这是完成一单位作业需要的消耗资源的总开销.）用矩阵与向量的记号将 c 用 R 和 p 进行表示.

注：数据中心就是一个例子，在其中运行着 n 类应用程序的大量实例. 资源则包括核心数、内存数、硬盘和网络带宽.

6.11 令 A 和 B 为两个 $m\times n$ 矩阵. 在下列每一个假设下，确定 $A=B$ 一定成立，还是仅在某些时候成立.

(a) 设 $Ax=Bx$ 对所有 n 向量 x 都成立.

(b) 设 $Ax=Bx$ 对某些非零的 n 向量 x 成立.

6.12 反对称矩阵 若一个 $n\times n$ 矩阵 A 满足 $A^{\mathrm{T}}=-A$，即其转置为其负矩阵，则它被称为**反对称的**.（对称矩阵满足 $A^{\mathrm{T}}=A$.）

(a) 求所有的 2×2 反对称矩阵.

(b) 说明为什么反对称矩阵的对角元必为零.

(c) 证明对一个反对称矩阵 A 及任意 n 向量 x，$(Ax)\perp x$. 这意味着 Ax 和 x 是正交的. **提示**：首先证明对任意 $n\times n$ 矩阵 A 和 n 向量 x，有 $x^{\mathrm{T}}(Ax)=\sum_{i,j=1}^{n}A_{ij}x_ix_j$.

(d) 设 A 为对任意 n 向量 x 满足 $(Ax)\perp x$ 的矩阵. 证明 A 必然是反对称的. **提示**：可以发现公式

$$(e_i+e_j)^{\mathrm{T}}(A(e_i+e_j))=A_{ii}+A_{jj}+A_{ij}+A_{ji}$$

对所有 $n\times n$ 矩阵 A 都成立，它很有用. 当 $i=j$ 时，这一公式化简为 $e_i^{\mathrm{T}}(Ae_i)=A_{ii}$.

6.13 多项式的微分 设 p 为一个次数最多是 $n-1$ 的多项式，定义为 $p(t)=c_1+c_2t+\cdots+c_nt^{n-1}$. 其（对变量 t 的）导数 $p'(t)$ 是一个次数最多不超过 $n-2$ 的多项式，定义为 $p'(t)=d_1+d_2t+\cdots+d_{n-1}t^{n-2}$. 求一个矩阵 D 使得 $d=Dc$.（给出 D 中的元素，并确定其维数正确.）

6.14 矩阵与向量乘积的范数 设 A 为一个 $m\times n$ 矩阵，x 为一个 n 向量. 一个有关 $\|x\|$，$\|A\|$ 和 $\|Ax\|$ 的不等式为：

$$\|Ax\|\leqslant\|A\|\,\|x\|$$

上式左边为矩阵与向量乘积的（向量）范数；右边为矩阵范数和向量范数的（标量）乘积. 证明这一不等式. **提示**：令 a_i^{T} 为 A 的第 i 行. 利用 Cauchy-Schwarz 不等式可得 $\left(a_i^{\mathrm{T}}x\right)^2\leqslant\|a_i\|^2\|x\|^2$. 然后将 m 个不等式的结果相加.

6.15 两个邻接矩阵之间的距离 令 A 和 B 为两个有 n 个顶点的有向图的 $n\times n$ 邻接矩阵（参见 6.1 节）. 其距离的平方 $\|A-B\|^2$ 可用于表示两个图之间的不同. 证明 $\|A-B\|^2$ 为所有在这两个图的一个中但不在另一个中的边的总条数.

6.16 差分矩阵的各列 式 (6.5) 中定义的差分矩阵 D 的各列是否是线性无关的？

6.17 堆叠矩阵 令 A 为一个 $m\times n$ 矩阵，考虑如下定义的堆叠矩阵 S

$$S=\left[\begin{array}{c}A\\I\end{array}\right]$$

何时 S 的各列是线性无关的？何时 S 的各行是线性无关的？答案可以依赖于 m，n 或 A 是否有线性无关的列或行.

126

6.18 Vandermonde 矩阵 Vandermonde 矩阵是一个有如下形式的 $m\times n(m\geqslant n)$ 矩阵

$$V=\left[\begin{array}{ccccc}1 & t_1 & t_1^2 & \cdots & t_1^{n-1}\\ 1 & t_2 & t_2^2 & \cdots & t_2^{n-1}\\ \vdots & \vdots & \vdots & \ddots & \vdots\\ 1 & t_m & t_m^2 & \cdots & t_m^{n-1}\end{array}\right]$$

其中 t_1，$\cdots$，t_m 都是数. Vandermonde 矩阵乘以一个 n 向量 c 等于计算次数小于 n 的多项式在点 t_1，$\cdots$，t_m 处的值，该多项式的系数为 c_1，$\cdots$，c_n；参见 6.4 节. 证明若 t_1，$\cdots$，t_m 各不相同，则 Vandermonde 矩阵的各列是线性无关的，也即，各不相同. 提

示：利用代数中的如下事实：若一个次数小于 n 的多项式 p 有 n 个或更多的根（使得 $p(t)=0$ 的 t），则其所有的系数都是零.

6.19 定时事后检验 $T\times n$ 矩阵 R 给出了 T 期内 n 种资产的收益.（参见 6.4 节.）若 n 向量 w 给出了投资组合的权重，则 T 向量 Rw 就给出了 T 期投资组合收益的时间序列. 利用过去的收益数据计算投资组合收益称为**事后检验**.

考虑有 $n=5000$ 种资产，$T=2500$ 期的特定情形.（这是 10 年的日收益数据，因为每年大概有 250 个交易日.）在一台 1Gflop/s 的计算机上，多长时间能够完成这一事后检验？

6.20 矩阵与向量乘积的复杂度 在 6.5 节考虑了计算 m 向量 Ax 的复杂度，其中 A 为一个 $m\times n$ 矩阵，x 为一个 n 向量，此时 Ax 的每一个元素都可以用 A 的一行与向量 x 的内积进行计算. 设此处利用矩阵 A 的各列的线性组合来计算 Ax，其系数为 $x_1,\cdots,x_n$. 这一方法需要使用多少次浮点运算？与 6.5 节的结果比较会如何呢？

6.21 稀疏矩阵与向量乘法的复杂度 在 6.5 节考虑了计算 Ax 的复杂度，其中 A 为一个稀疏的 $m\times n$ 矩阵，x 为一个 n 向量（x 不能假设是稀疏的）. 现考虑当 A 不是稀疏 $m\times n$ 矩阵，但 n 向量 x 为稀疏的情形，其非零元素的个数为 $\mathbf{nnz}(x)$. 用 m，n 和 $\mathbf{nnz}(x)$ 表示所需浮点运算的总数，并将其在维数很大时通过保留主要项，忽略其他项进行化简. 提示：向量 Ax 是 $\mathbf{nnz}(x)$ 个矩阵 A 的列向量的线性组合.

6.22 分配律是否成立？ 设需要计算 $z=(A+B)(x+y)$，其中 A 和 B 为 $m\times n$ 矩阵，x 和 y 为 n 向量.

(a) 用上述表示式计算 z 大概需要多少次浮点运算？也即，将 A 和 B 相加，将 x 和 y 相加，然后使用矩阵与向量的乘法.

(b) 如果采用 $z=Ax+Ay+Bx+By$ 来计算 z 大约需要多少次浮点运算？也即，使用四个矩阵与向量乘法和三个向量加法.

(c) 上述两个方法哪一个使用的浮点运算次数少？答案可以依赖于 m 和 n. 注：当比较两个计算方法的时候，通常不特别考虑浮点运算次数中的因子 2 或 3，但在本练习中，可以考虑.

第7章 矩阵示例

本章介绍一些经常在应用问题中用到的特殊矩阵.

7.1 几何变换

设 2 向量（或 3 向量）x 表示二维（或者三维）空间中的一个位置. 点到点的一些重要的几何变换或映射可以用矩阵与向量的乘积 $y = Ax$ 表示，其中 A 为一个 2×2（或 3×3）矩阵. 在下面的例子中，考虑从 x 到 y 的映射，并主要讨论二维的情形（此时，一些矩阵描述起来比较简单）.

放缩 放缩为映射 $y = ax$，其中 a 为标量. 它可以表示为 $y = Ax$，其中 $A = aI$. 这一映射将向量放大因子 $|a|$（当 $|a| < 1$ 时是缩小），且当 $a < 0$ 时，它将向量进行了翻转（将其方向反过来）.

扩张 扩张为映射 $y = Dx$，其中 D 为一个对角阵，$D = \mathbf{diag}(d_1, d_2)$. 这一映射将向量 x 在不同坐标轴的方向上使用不同的因子进行伸长.（或当 $|d_i| < 1$ 时缩短，当 $d_i < 0$ 时翻转.）

旋转 设 y 是一个将 x 逆时针旋转 θ 弧度得到的向量. 则有

$$y = \begin{bmatrix} \cos\theta & -\sin\theta \\ \sin\theta & \cos\theta \end{bmatrix} x \tag{7.1}$$

这一矩阵被称为**旋转矩阵**（其原因是显然的）.

反射 设 y 是一个向量 x 经过过原点并与水平方向的夹角为 θ 的直线反射得到的. 则有

$$y = \begin{bmatrix} \cos(2\theta) & \sin(2\theta) \\ \sin(2\theta) & -\cos(2\theta) \end{bmatrix} x$$

128 ≀ 129

向一条直线上的投影 点 x 向一个集合的投影定义为与 x 最接近的点. 设 y 为 x 投影到过原点且与水平方向夹角为 θ 的直线上得到的. 则有

$$y = \begin{bmatrix} (1/2)(1+\cos(2\theta)) & (1/2)\sin(2\theta) \\ (1/2)\sin(2\theta) & (1/2)(1-\cos(2\theta)) \end{bmatrix} x$$

部分几何变换在图 7-1 中进行了演示.

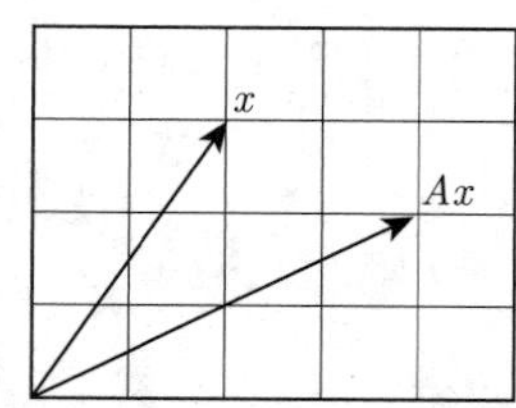

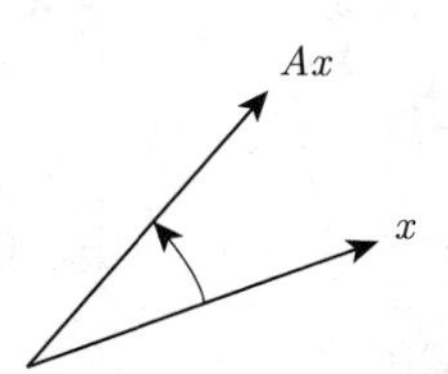

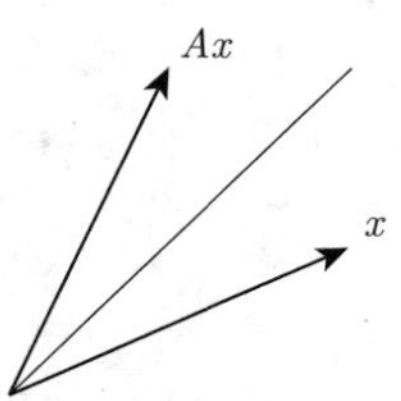

图 7-1 从左到右：一个扩张变换，其中 $A = \mathbf{diag}(2, 2/3)$；一个逆时针旋转 $\pi/6$ 弧度的变换；一个关于与水平方向夹角为 $\pi/4$ 的直线的反射变换

求矩阵 当一个几何变换用矩阵与向量的乘法表示的时候（比如在上面的例子中），一种求矩阵的简单方法是求出其各列. 其第 i 列为将变换作用到 e_i 上时得到的向量. 作为一个简单的例子，考虑二维空间中顺时针旋转 $90°$ 的变换. 将向量 $e_1 = (1, 0)$ 旋转 $90°$ 得到 $(0, -1)$，将向量 $e_2 = (0, 1)$ 旋转 $90°$ 得到 $(1, 0)$，因此，旋转 $90°$ 的变换为

$$y = \begin{bmatrix} 0 & 1 \\ -1 & 0 \end{bmatrix} x$$

坐标变换 在很多应用问题中坐标系被用来描述二维或三维的位置. 例如在研究航天工程问题时，可以用**地心坐标系**或**随体坐标系**来描述位置，此时随体坐标系中的物体指的是一架航天飞机. 地心坐标系是相对于一个特定的原点的，其三个坐标轴分别指向正东、正北以及竖直向上. 随体坐标系的原点为航天飞机上的一个特定位置（常用重心），其三个坐标轴分别指向前（沿着航天飞机机体）、左（相对于航天飞机机体）和上（相对于航天飞机机体）. 设 3 向量 x^{body} 为随体坐标系中表示位置的向量，x^{earth} 为地心坐标系中表示相同位置的向量. 它们之间的关系为

$$x^{\text{earth}} = p + Qx^{\text{body}}$$

其中 p 为航天飞机中心（在地心坐标系下）的位置，Q 为一个 3×3 矩阵. Q 的第 i 列给出了随体坐标系中第 i 个坐标在地心坐标系下的表示. 若飞机保持平飞，机头指向正南，则 130

$$Q = \begin{bmatrix} 0 & 1 & 0 \\ -1 & 0 & 0 \\ 0 & 0 & 1 \end{bmatrix}$$

7.2 提取

一个 $m \times n$ **提取矩阵** A 的每行都是（转置以后的）单位向量：

$$A = \begin{bmatrix} e_{k_1}^{\mathrm{T}} \\ \vdots \\ e_{k_m}^{\mathrm{T}} \end{bmatrix}$$

其中 k_1，$\cdots$，k_m 为 1，$\cdots$，n 之间的整数. 当它乘以一个向量时，仅将 x 向量的第 k_i 个元素复制到 $y = Ax$ 的第 i 个元素中去：

$$y = (x_{k_1}, x_{k_2}, \cdots, x_{k_m})$$

用文字来说就是，Ax 的每一个元素都提取了 x 的一个元素.

单位阵及**逆序阵**

$$A = \begin{bmatrix} e_n^{\mathrm{T}} \\ \vdots \\ e_1^{\mathrm{T}} \end{bmatrix} = \begin{bmatrix} 0 & 0 & \cdots & 0 & 1 \\ 0 & 0 & \cdots & 1 & 0 \\ \vdots & \vdots & & \vdots & \vdots \\ 0 & 1 & \cdots & 0 & 0 \\ 1 & 0 & \cdots & 0 & 0 \end{bmatrix}$$

为提取矩阵中的特例.(逆序阵将一个向量中的元素按照逆序排列：$Ax = (x_n, x_{n-1}, \cdots, x_2, x_1)$.) 另一个是 $r:s$ **切片矩阵**，它可以用下面的分块矩阵来描述：

$$A = [0_{m\times(r-1)} \quad I_{m\times m} \quad 0_{m\times(n-s)}]$$

其中 $m = s - r + 1$.（此处为清晰起见给出了矩阵分块的维数.）此时，$Ax = x_{r:s}$，也即乘以 A 就得到了一个向量的 $r:s$ 切片.

降采样 另外一个例子是 $(n/2)\times n$ 矩阵（其中 n 为偶数）

$$A = \begin{bmatrix} 1 & 0 & 0 & 0 & 0 & 0 & \cdots & 0 & 0 & 0 & 0 \\ 0 & 0 & 1 & 0 & 0 & 0 & \cdots & 0 & 0 & 0 & 0 \\ 0 & 0 & 0 & 0 & 1 & 0 & \cdots & 0 & 0 & 0 & 0 \\ \vdots & \vdots & \vdots & \vdots & \vdots & \vdots & & \vdots & \vdots & \vdots & \vdots \\ 0 & 0 & 0 & 0 & 0 & 0 & \cdots & 1 & 0 & 0 & 0 \\ 0 & 0 & 0 & 0 & 0 & 0 & \cdots & 0 & 0 & 1 & 0 \end{bmatrix}$$

若 $y = Ax$，则 $y = (x_1, x_3, x_5, \cdots, x_{n-3}, x_{n-1})$. 当 x 为一个时间序列时，y 就被称为 x 的 $2\times$**降采样**. 若 x 为某个采样量每小时采样的结果，则 y 就是这个相同的量每 2 小时采样的结果.

131

图像剪裁 一个很有意思的例子是，设 x 为一个有 $M\times N$ 个像素的图像，其中 M 和 N 都为偶数.（即 x 是一个 MN 向量，其元素用某种特定的方式给出了像素点上的取值.）令 y 为 $(M/2)\times(N/2)$ 的图像，它是将向量 x 的左上角裁剪得到的. 则有 $y = Ax$，其中 A 为一个 $(MN/4)\times(MN)$ 的提取矩阵. A 的第 i 行为 $e_{k_i}^{\mathrm{T}}$，其中 k_i 为 x 中对应 y 第 i 个元素的像素索引.

置换矩阵 一个 $n\times n$ **置换矩阵**中的每一列都是一个单位向量，每一行都是一个单位向量的转置.（换句话说，A 和 A^{T} 都是提取矩阵.）因此，每一行中只有一个元素是 1，每一列中也只有一个元素是 1. 这意味着 $y = Ax$ 可表示为 $y_i = x_{\pi_i}$，其中 π 为 1，2，$\cdots$，n 的一个置换，即在 π_1，$\cdots$，π_n 中，1 到 n 之间的整数出现且仅出现一次.

例如，考虑置换 $\pi = (3, 1, 2)$. 其对应的置换矩阵为

$$A = \begin{bmatrix} 0 & 0 & 1 \\ 1 & 0 & 0 \\ 0 & 1 & 0 \end{bmatrix}$$

一个 3 向量乘以 A 就将其元素重新进行了排列：$Ax = (x_3, x_1, x_2)$.

7.3 关联矩阵

有向图 **有向图**为用 1，$\cdots$，n 编号的**顶点**（或结点）及用 1，$\cdots$，m 编号的**有向边**（或分支）组成的集合. 每一条边都将一个结点与另一个结点相连，并称这两个结点是相连的或相邻的. 有向图中通常用圆圈或者点来绘制顶点，用箭头绘制边，如图 7-2 所示. 有向图可以用一个 $n \times m$ **关联矩阵**表示，定义为

132

$$A_{ij} = \begin{cases} 1 & \text{边 } j \text{ 指向结点 } i \\ -1 & \text{边 } j \text{ 从结点 } i \text{ 指出} \\ 0 & \text{其他情形} \end{cases}$$

关联矩阵显然是稀疏的，因为它在每一列中只有两个非零元素（其中一个数值为 1，另一个为 -1）. 其第 j 列与第 j 条边相关联，两个非零元素的索引给出了边连接的结点的信息. A 的第 i 行对应于结点 i, 其非零元素给出了哪一条边与该结点相连，即这些边是指向该结点还是从该结点指出. 图 7-2 中的图对应的关联矩阵是

$$A = \begin{bmatrix} -1 & -1 & 0 & 1 & 0 \\ 1 & 0 & -1 & 0 & 0 \\ 0 & 0 & 1 & -1 & -1 \\ 0 & 1 & 0 & 0 & 1 \end{bmatrix}$$

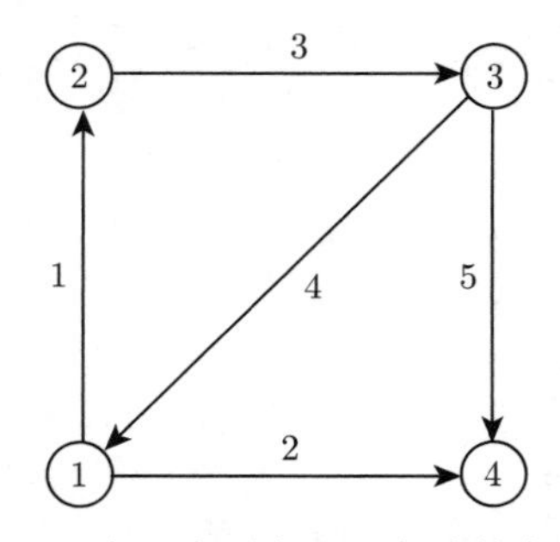

图 7-2 有四个顶点和五条边的有向图

一个有向图也可以用其邻接矩阵来描述. 有向图的邻接矩阵与关联矩阵关系密切，但并不相同. 邻接矩阵不显式地标记边 $j=1,\cdots,m$. 在那些可以使用关联矩阵与邻接矩阵表示的图形中，它们也有着细微的不同. 例如，自连边（起点和终点是同一个顶点的边）就不能用关联矩阵表示.

网络

在很多应用中，图可以用来表示**网络**，一些物理量可以在网络上流动，例如电、水、热量或车辆的交通流. 图的边表示**路径**或**链接**，在其上物理量可以沿任何方向移动或流动. 若 x 是一个表示网络中流量的 m 向量，用 x_j 表示边 j 上的流量（流速），该值为正表示流的方向与边 j 的方向相同，该值为负意味着流的方向与边 j 的方向相反. 在一个网络中，边或链接的方向并不能指明流的方向，它仅仅给出了流的哪一个方向被认为是正方向.

流量守恒　当 x 表示一个网络的流量时，对矩阵与向量的乘积 $y=Ax$ 可以给出一个非常简单的解释. n 向量 $y=Ax$ 可以解释为从边到结点的净流量向量：y_i 等于流入结点 i 的流量，减去从结点 i 流出的流量. y_i 有时又称为结点 i 的**流盈余**.

若 $Ax=0$，则称出现了**流量守恒**，因为在每一个结点，总入流量与总出流量是相等的. 此时流向量 x 称为**环流**. 它可以被用作（一个封闭系统中的）交通流的模型，其结点表示路口，边表示公路（每一条边表示一个方向）.

133

上面用有向图刻画网络的例子中，向量

$$x=(1,-1,1,0,1)$$

为一个环流，因为 $Ax=0$. 这个流对应于一个在外部的边（1，3，5 和 2）上单位顺时针方向的流，且在对角边（4）上没有流.（这一可视化的结果说明了为什么这样的向量称为环流.）

源　如图 7-3 所示，在很多应用中，包含**源流**或**外生流**是很有用的，这些流在结点处进入或离开网络，但并不在边上进行. 将这些流表示为一个 n 向量 s. 可以认为 s_i 为从外部通过结点 i 进入网络的流，也即不是通过任何边进入的. 当 $s_i>0$ 时，外生流称为**源**，因为它在结点处将物理量向网络内部注入. 当 $s_i<0$ 时，外生流称为**汇**，因为它在结点处将物理量从网络中移除.

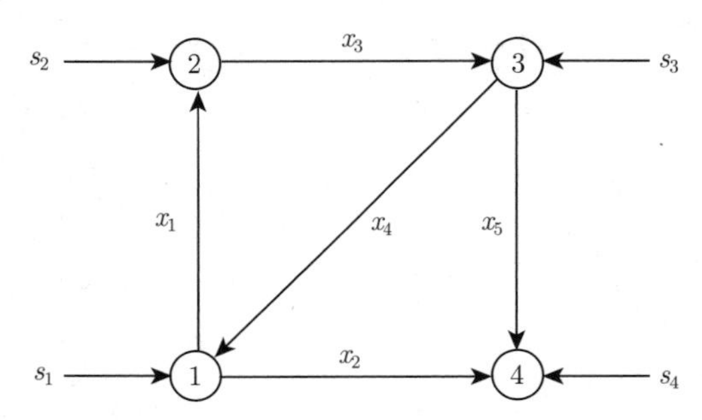

图 7-3　四个结点和五条边的网络，其中包含了源流

带源的流量守恒 方程 $Ax+s=0$ 意味着在考虑了源流之后流量是守恒的：从入边和外生源流入的总流量减去从出边和外生汇流出的总流量为零.

例如，带源的流量守恒可以用来近似电网（忽略损耗），其中 x 为沿着线路传输的电能流量向量，$s_i>0$ 表示在结点 i 处有发电机将电能注入电网，$s_i<0$ 表示在结点 i 处有荷载消耗电能，$s_i=0$ 表示电能在传输线路之间进行交换的变电站，它不产生也不消耗电能.

对上面的例子，考虑源向量 $s=(1,0,-1,0)$，它表示在结点 1 有一单位能量注入网络，并在结点 3 有一单位能量流出网络. 换句话说，结点 1 是一个源，结点 3 为一个汇，流量在结点 2 和 4 保持不变. 对于这个源，流量向量

134

$$x=(0.6,0.3,0.6,-0.1,-0.3)$$

满足流量守恒，即 $Ax+s=0$. 这个流可以用文字描述为：一个单位的外部流从结点 1 进入后被分为三路，其中的 0.6 向上流动，0.3 向右流动，0.1 沿对角线向上流动（沿着边 4）. 沿着边 1 向上的流通过结点 2，其流量是守恒的，然后沿着第 3 条边向结点 3 前进. 沿着边 2 向右的流通过结点 4，流量也守恒，然后沿着边 5 向上到达结点 3. 一单位多余的流量在结点 3 向外流出，故将其移除.

结点的势能 当关注某些物理量在图的每一个顶点或结点上的取值时，图也是非常有用的. 令 v 为一个 n 向量，通常被理解为**势**，其中 v_i 为结点 i 的势能. 对矩阵与向量的乘积 $u=A^{\mathrm{T}}v$ 可以给出一个简单的解释. m 向量 $u=A^{\mathrm{T}}v$ 给出了通过各边后的势能差：$u_j=v_l-v_k$，其中边 j 为从结点 k 指向结点 l.

Dirichlet 能量 当 m 向量 $A^{\mathrm{T}}v$ 很小时，意味着通过边的势能差很小. 对此情形的另一种说法是相连的顶点之间的势能很接近. 其量化的度量是一个关于 v 的函数，定义为

$$\mathcal{D}(v)=\left\|A^{\mathrm{T}}v\right\|^2$$

这一函数在很多应用问题中都会出现，并被称为与图对应的**Dirichlet 能量**（或**Laplace 二次型**）. 它可以表示为

$$\mathcal{D}(v)=\sum_{\text{edges}(k,l)}(v_l-v_k)^2$$

即图中通过所有边的势能向量 v 的势能差的平方和. 当图的所有边的势能差很小时 Dirichlet 能量是很小的，即边所连接的顶点之间的势能是相近的.

Dirichlet 能量通常用来度量图中结点集合势能的非平滑性（粗糙程度）. 结点集合势能具有较小的 Dirichlet 能量可以被认为势能的变化在整个图上比较平滑. 反之，一组势能如果具有较大的 Dirichlet 能量可被认为是不平滑的或者粗糙的. Dirichlet 能量在后面很多需要度量粗糙程度的应用问题中会被考虑.

作为一个简单的例子，考虑图 7-2 中的势能向量 $v=(1,-1,2,-1)$. 对这一势能的集合，通过各边的势能差相对较大，因为 $A^{\mathrm{T}}v=(-2,-2,3,-1,-3)$，且相应的 Dirichlet 能量为 $\left\|A^{\mathrm{T}}v\right\|^2=27$. 现在考虑势能向量 $v=(1,2,2,1)$. 对应的边势能差为 $A^{\mathrm{T}}v=(1,0,0,-1,-1)$，且其 Dirichlet 能量取得了相对较小的数值 $\left\|A^{\mathrm{T}}v\right\|^2=3$.

135

链式图　对如图 7-4 所示的有 n 个顶点和 $n-1$ 条边的**链式图**，其关联矩阵与 Dirichlet 能量函数有非常简单的形式. 其 $n\times(n-1)$ 关联矩阵就是 (6.5) 中定义的差分矩阵 D 的转置. 于是，其 Dirichlet 能量为

$$\mathcal{D}(v)=\|Dv\|^2=(v_2-v_1)^2+\cdots+(v_n-v_{n-1})^2$$

即 n 向量 v 的连续元素差的平方和. 若将 v 看作一个时间序列，则它就被用于度量向量的非平滑性. 图 7-5 给出了一个例子.

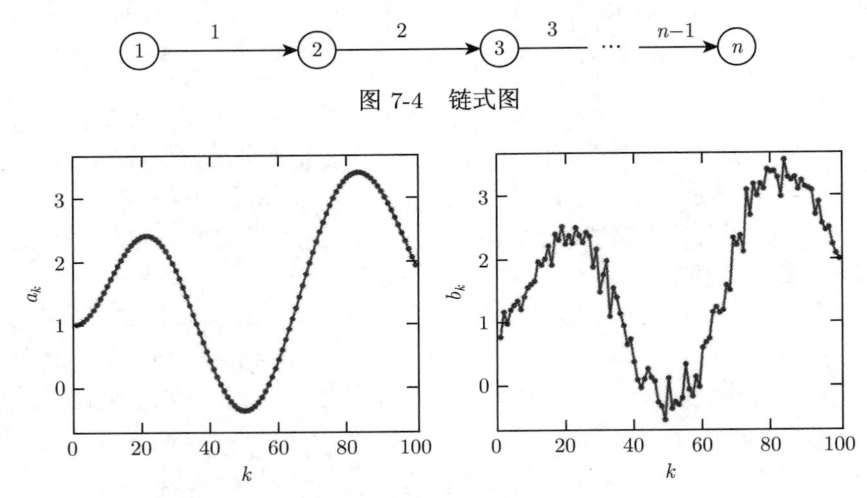

图 7-4　链式图

图 7-5　两个长度为 100 的图，其 Dirichlet 能量为 $\mathcal{D}(a)=1.14$ 和 $\mathcal{D}(b)=8.99$

7.4　卷积

n 向量 a 和 m 向量 b 的**卷积**是一个 $(n+m-1)$ 向量，记作 $c=a*b$，其元素为

$$c_k=\sum_{i+j=k+1}a_ib_j,\quad k=1,\cdots,n+m-1 \tag{7.2}$$

和式中下标的意思是在 i，j 的范围分别为 $1,\cdots,n$ 和 $1,\cdots,m$ 时，满足 $i+j$ 等于 $k+1$ 的所有 i 和 j. 例如，当 $n=4$，$m=3$ 时，有

136

$$\begin{aligned}
c_1&=a_1b_1\\
c_2&=a_1b_2+a_2b_1\\
c_3&=a_1b_3+a_2b_2+a_3b_1\\
c_4&=a_2b_3+a_3b_2+a_4b_1\\
c_5&=a_3b_3+a_4b_2\\
c_6&=a_4b_3
\end{aligned}$$

当 $n=m=1$ 时，卷积就退化为通常的乘法，标量与向量的乘法就是卷积在 $n=1$ 或 $m=1$ 时的情形. 卷积在很多应用和研究中都会出现.

作为一个特定的数值例子，有 $(1,0,-1)*(2,1,-1)=(2,1,-3,-1,1)$，其中卷积的结果如下：

$$\begin{aligned} 2 &= (1)(2) \\ 1 &= (1)(1)+(0)(2) \\ -3 &= (1)(-1)+(0)(1)+(-1)(2) \\ -1 &= (0)(-1)+(-1)(1) \\ 1 &= (-1)(-1) \end{aligned}$$

多项式乘法 若 a 和 b 表示以下两个多项式的系数：

$$p(x)=a_1+a_2x+\cdots+a_nx^{n-1},\quad q(x)=b_1+b_2x+\cdots+b_mx^{m-1}$$

则乘积多项式 $p(x)q(x)$ 的系数可以表示为 $c=a*b$：

$$p(x)q(x)=c_1+c_2x+\cdots+c_{n+m-1}x^{n+m-2}$$

为证明之，需证明 c_k 是 $p(x)q(x)$ 中 x^{k-1} 项的系数. 为此，将乘积多项式展开为 mn 项，并将含有 x^{k-1} 的项进行合并. 这些项形如 $a_ib_jx^{i+j-2}$，其中 i 和 j 满足 $i+j-2=k-1$，即 $i+j=k+1$. 由此可得 $c_k=\sum_{i+j=k+1}a_ib_j$，这与 (7.2) 给出的卷积是相同的.

卷积的性质 卷积是对称的：$a*b=b*a$. 它也是满足结合律的：$(a*b)*c=a*(b*c)$，因此可以将其写为 $a*b*c$. 另外一个性质是，若 $a*b=0$ 则有 $a=0$ 或 $b=0$. 这些性质都可以利用上述多项式系数的性质证明，也可以直接证明. 例如，下面证明 $a*b=b*a$. 设 p 是系数为 a 的多项式，q 是系数为 b 的多项式. 多项式 $p(x)q(x)$ 与 $q(x)p(x)$ 是相同的（因为数的乘法是可以交换的），因此它们的系数相同. $p(x)q(x)$ 的系数是 $a*b$，$q(x)p(x)$ 的系数是 $b*a$. 它们必然相等.

一个基本的性质是，对固定的 a，卷积 $a*b$ 是 b 的线性函数；若固定 b，它也是 a 的线性函数. 这意味着可以将 $a*b$ 用矩阵与向量的乘积表示：

$$a*b=T(b)a=T(a)b$$

137

其中 $T(b)$ 为一个 $(n+m-1)\times n$ 矩阵，其元素为

$$T(b)_{ij}=\begin{cases} b_{i-j+1} & 1\leqslant i-j+1\leqslant m \\ 0 & \text{其他} \end{cases} \tag{7.3}$$

且 $T(a)$ 也类似. 例如，当 $n=4$，$m=3$ 时，有

$$T(b)=\begin{bmatrix} b_1 & 0 & 0 & 0 \\ b_2 & b_1 & 0 & 0 \\ b_3 & b_2 & b_1 & 0 \\ 0 & b_3 & b_2 & b_1 \\ 0 & 0 & b_3 & b_2 \\ 0 & 0 & 0 & b_3 \end{bmatrix}, \quad T(a)=\begin{bmatrix} a_1 & 0 & 0 \\ a_2 & a_1 & 0 \\ a_3 & a_2 & a_1 \\ a_4 & a_3 & a_2 \\ 0 & a_4 & a_3 \\ 0 & 0 & a_4 \end{bmatrix}$$

矩阵 $T(b)$ 和 $T(a)$ 称为 **Toeplitz 矩阵**（它以数学家 Otto Toeplitz 的名字命名），它意味着任何对角元素（即索引 $i-j$ 为常数的元素）都是相同的. Toeplitz 矩阵 $T(a)$ 的列仅仅是将向量 a 进行了平移得到的，其他位置则用零填充.

变体　在不同的应用中，卷积的定义稍有不同. 其中一个变体为，a 和 b 是两个方向都有无限多项的序列（不是向量），其下标范围从 $-\infty$ 到 ∞. 另外一个变体是将 $T(a)$ 各行中顶部和底部没有包含 a 的所有系数的行删除.（此时，$T(a)$ 中的行是将向量 a 的所有系数逆序排列后平移得到的.）考虑到相容性，我们将使用 (7.2) 中给出的定义.

例子

- *时间序列的平滑*. 设 n 向量 x 为一个时间序列，且 $a=(1/3,1/3,1/3)$. 则 $(n+2)$ 向量 $y=a*x$ 可以理解为将原有时间序列进行了**平滑**: 对 $i=3,\cdots,n$，y_i 为 x_i，x_{i-1}，x_{i-2} 的平均值. 时间序列 y 称为时间序列 x 的（3 周期）**滑动平均**. 图 7-6 给出了一个例子.
- *一阶差分*. 若 n 向量 x 是一个时间序列，且 $a=(1,-1)$，则时间序列 $y=a*x$ 给出了序列 x 的一阶差分:

$$y=(x_1, x_2-x_1, x_3-x_2, \cdots, x_n-x_{n-1}, -x_n)$$

（如果令 $x_0=x_{n+1}=0$，则第一项和最后一项的元素也是一阶差分.）

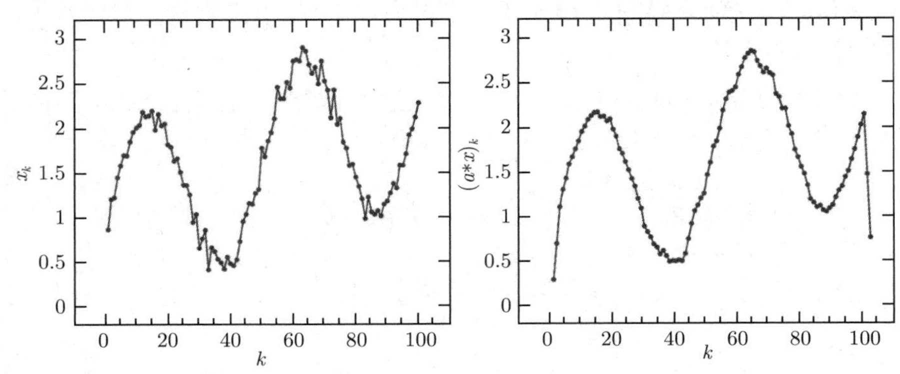

图 7-6　左图: 时间序列可以表示为一个长度为 100 的向量 x. 右图: 时间序列的 3 周期滑动平均表示为一个长度为 102 的向量. 这一向量是 x 和 $a=(1/3,1/3,1/3)$ 的卷积

- **音频滤波**. 若 n 向量 x 是一个音频信号，a 是一个向量（通常对应的实际时间长度不超过 0.1 秒），则向量 $y = a * x$ 称为滤波后的音频信号，其**滤波器系数**为 a. 依赖于系数 a，y 可被视为增强或抑制不同的频率，例如人们熟悉的音调控制.
- **通信信道**. 在一个现代的数据传输系统中，时间序列 u 通过某种（如电的、光的或无线的）信道传送或发射到一个接收机，接收机接收到的时间序列为 y. 一个有关 y 与 u 之间关系的常用模型是卷积形式的：$y = c * u$，其中向量 c 表示**信道冲击响应**.

138 ~ 139

输入-输出卷积系统 很多物理系统的**输入**（时间序列）m 向量 u 和**输出**（时间序列）y 可被很好地模型化为 $y = h * u$，其中 n 向量 h 称为**系统冲击响应**. 例如，若 u_t 表示一个暖气在时间周期 t 时的功率，则 y_t 可以表示温度升高的结果（高于周围温度的数量）. u 和 y 的长度分别为 m 和 $m+n-1$，并且通常都很大，这些数据是不依赖于此应用问题的. 输出 y 的第 i 个元素可以表示为

$$y_i = \sum_{j=1}^{n} u_{i-j+1} h_j$$

其中当 $k \leqslant 0$ 或 $k > m$ 时，u_k 的取值为零. 这一公式说明 y 在时刻 i 的取值为 $u_i, u_{i-1}, \cdots, u_{i-n+1}$ 的一个线性组合，也即一个当前的输入 u_i 和过去的 $n-1$ 个输入 $u_{i-1}, \cdots, u_{i-n+1}$ 的线性组合. 其精确的系数为 $h_1, \cdots, h_n$. 因此 h_3 可以被用于表示当前输出依赖于前两个时间步输入的因子. 换句话说，可称 h_3 为在任何时刻的输入都会对未来两个时间步后的输出造成影响的影响因子.

卷积的复杂度 计算一个 n 向量 a 和一个 m 向量 b 的卷积 $c = a * b$ 的最基本方法是使用公式 (7.2) 来计算 c_k，它需要大概 $2mn$ 次浮点运算. 计算矩阵与向量的乘积 $T(a)b$ 或 $T(b)a$ 需要相同的浮点运算数，其中包含 Toeplitz 矩阵 $T(a)$ 和 $T(b)$ 中右上部和左下部的零元素的数量. 尽管原始的数据仅包含 $m+n$ 个数，但构造这样的矩阵需要存储 mn 个数.

已经发现两个向量的卷积可以使用**快速卷积算法**非常快速地求得. 通过对卷积方程结构的研究，该算法计算一个 n 向量与一个 m 向量的卷积，使用的浮点运算数大约为 $5(m+n)\log_2(m+n)$，并且，该算法除了存储原有的 $m+n$ 个数外，没有其他的内存要求. 快速卷积算法基于**快速 Fourier 变换**，这一内容超出了本书的范围.（Fourier 变换以数学家 Jean-Baptiste Fourier 的名字命名.）

二维卷积

卷积可以自然地推广到多维的情形. 设 A 为一个 $m \times n$ 矩阵，B 为一个 $p \times q$ 矩阵. 其卷积为 $(m+p-1) \times (n+q-1)$ 矩阵

$$C_{rs} = \sum_{i+k=r+1, j+l=s+1} A_{ij} B_{kl}, \quad r = 1, \cdots, m+p-1, \quad s = 1, \cdots, n+q-1$$

其中的索引给出了范围（或者说，当索引超出范围时，假设 A_{ij} 和 B_{kl} 为零）. 但是，在标

140

准的数学记号中，该运算不被表示为 $C = A * B$. 因此，将其记为 $C = A \star B$.

在一维卷积中已经观察到的性质对二维卷积也是成立的：$A \star B = B \star A$，$(A \star B) \star C = A \star (B \star C)$，及对给定的 B，$A \star B$ 是 A 的一个线性函数.

图像模糊化　若 $m \times n$ 矩阵 X 为一个图像，$Y = X \star B$ 表示利用矩阵 B 的元素给出的**点扩散函数**得到的图像**模糊**效果. 若将 X 和 Y 表示为向量，则对某些 $(m+p-1)(n+q-1) \times mn$ 矩阵 $T(B)$，有 $y = T(B)x$.

例如，当

$$B = \begin{bmatrix} 1/4 & 1/4 \\ 1/4 & 1/4 \end{bmatrix} \tag{7.4}$$

时，$Y = X \star B$ 为一个图像，其每一个像素的值为 X 中相邻的 2×2 小块中像素值的平均值. 图像 Y 可被视为将图像 X 中的细节进行了模糊处理的图像. 图 7-7 中给出了一个 8×9 的矩阵

$$X = \begin{bmatrix} 1 & 1 & 1 & 1 & 1 & 1 & 1 & 1 & 1 \\ 1 & 1 & 1 & 1 & 1 & 1 & 1 & 1 & 1 \\ 1 & 1 & 0 & 0 & 0 & 0 & 0 & 1 & 1 \\ 1 & 1 & 1 & 0 & 1 & 1 & 0 & 1 & 1 \\ 1 & 1 & 1 & 0 & 1 & 1 & 0 & 1 & 1 \\ 1 & 1 & 1 & 0 & 1 & 1 & 0 & 1 & 1 \\ 1 & 1 & 1 & 1 & 1 & 1 & 1 & 1 & 1 \\ 1 & 1 & 1 & 1 & 1 & 1 & 1 & 1 & 1 \end{bmatrix} \tag{7.5}$$

与矩阵 B 的卷积

$$X \star B = \begin{bmatrix} 1/4 & 1/2 & 1/2 & 1/2 & 1/2 & 1/2 & 1/2 & 1/2 & 1/2 & 1/4 \\ 1/2 & 1 & 1 & 1 & 1 & 1 & 1 & 1 & 1 & 1/2 \\ 1/2 & 1 & 3/4 & 1/2 & 1/2 & 1/2 & 1/2 & 3/4 & 1 & 1/2 \\ 1/2 & 1 & 3/4 & 1/4 & 1/4 & 1/2 & 1/4 & 1/2 & 1 & 1/2 \\ 1/2 & 1 & 1 & 1/2 & 1/2 & 1 & 1/2 & 1/2 & 1 & 1/2 \\ 1/2 & 1 & 1 & 1/2 & 1/2 & 1 & 1/2 & 1/2 & 1 & 1/2 \\ 1/2 & 1 & 1 & 3/4 & 3/4 & 1 & 3/4 & 3/4 & 1 & 1/2 \\ 1/2 & 1 & 1 & 1 & 1 & 1 & 1 & 1 & 1 & 1/2 \\ 1/4 & 1/2 & 1/2 & 1/2 & 1/2 & 1/2 & 1/2 & 1/2 & 1/2 & 1/4 \end{bmatrix}$$

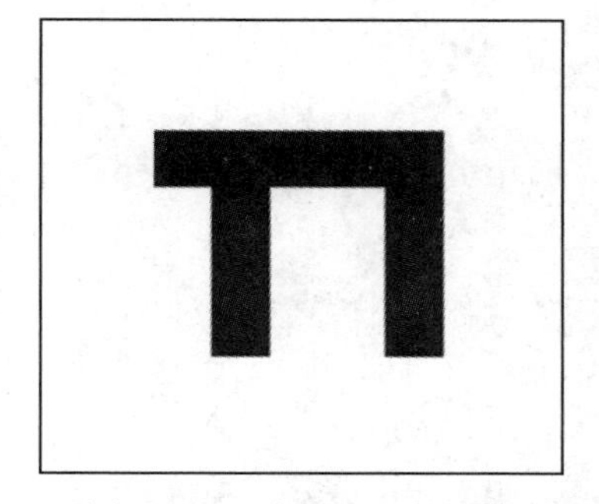
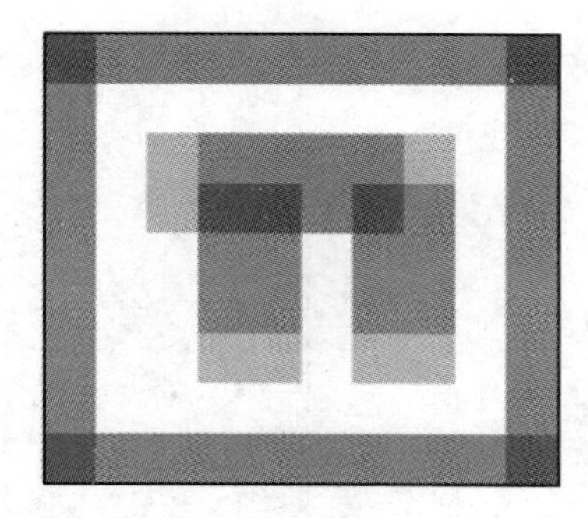

图 7-7 一个 8×9 的图像及将其与点扩散函数 (7.4) 卷积的结果

对点扩散函数

$$D^{\mathrm{hor}} = \begin{bmatrix} 1 & -1 \end{bmatrix}$$

图像 $Y = X \star D^{\mathrm{hor}}$ 中的像素值为 X 中水平（horizontal）像素的一阶差分：

$$Y_{ij} = X_{ij} - X_{i,j-1},\ i = 1, \cdots, m, \quad j = 2, \cdots, n$$

（且对 $i = 1, \cdots, m$，有 $Y_{i1} = X_{i1}$，$X_{i,n+1} = -X_{in}$）. 对点扩散函数

$$D^{\mathrm{ver}} = \begin{bmatrix} 1 \\ -1 \end{bmatrix}$$

141

图像 $Y = X \star D^{\mathrm{ver}}$ 的像素值为 X 中竖直（vertical）像素的一阶差分：

$$Y_{ij} = X_{ij} - X_{i-1,j}, \quad i = 2, \cdots, m, \quad j = 1, \cdots, n$$

（且对 $j = 1, \cdots, n$，有 $Y_{1j} = X_{1j}$，$X_{m+1,j} = -X_{mj}$）. 例如，式 (7.5) 中的矩阵与 D^{hor} 和 D^{ver} 的卷积分别为

$$X \star D^{\mathrm{hor}} = \begin{bmatrix} 1 & 0 & 0 & 0 & 0 & 0 & 0 & 0 & 0 & -1 \\ 1 & 0 & 0 & 0 & 0 & 0 & 0 & 0 & 0 & -1 \\ 1 & 0 & -1 & 0 & 0 & 0 & 0 & 1 & 0 & -1 \\ 1 & 0 & 0 & -1 & 1 & 0 & -1 & 1 & 0 & -1 \\ 1 & 0 & 0 & -1 & 1 & 0 & -1 & 1 & 0 & -1 \\ 1 & 0 & 0 & -1 & 1 & 0 & -1 & 1 & 0 & -1 \\ 1 & 0 & 0 & 0 & 0 & 0 & 0 & 0 & 0 & -1 \\ 1 & 0 & 0 & 0 & 0 & 0 & 0 & 0 & 0 & -1 \end{bmatrix}$$

和

$$X \star D^{\mathrm{ver}} = \begin{bmatrix} 1 & 1 & 1 & 1 & 1 & 1 & 1 & 1 & 1 \\ 0 & 0 & 0 & 0 & 0 & 0 & 0 & 0 & 0 \\ 0 & 0 & -1 & -1 & -1 & -1 & -1 & 0 & 0 \\ 0 & 0 & 1 & 0 & 1 & 1 & 0 & 0 & 0 \\ 0 & 0 & 0 & 0 & 0 & 0 & 0 & 0 & 0 \\ 0 & 0 & 0 & 0 & 0 & 0 & 0 & 0 & 0 \\ 0 & 0 & 0 & 1 & 0 & 0 & 1 & 0 & 0 \\ 0 & 0 & 0 & 0 & 0 & 0 & 0 & 0 & 0 \\ -1 & -1 & -1 & -1 & -1 & -1 & -1 & -1 & -1 \end{bmatrix}$$

图 7-8 给出了卷积在一个大一些的图像上的作用. 给出的图像大小为 512×512，它与一个 8×8 的矩阵 B 进行卷积，矩阵中的元素为 $B_{ij} = 1/64$.

142

图 7-8　512×512 的图像以及将其与一个元素为常数 1/64 的 8×8 矩阵卷积后得到的 519×519 的图像. 图像来源：美国国家航空航天局（NASA）

143

练习

7.1 在一条直线上的投影　令 $P(x)$ 为一个二维点（2 向量）x 在过 $(0,0)$ 和 $(1,3)$ 的直线上的投影.（这意味着 $P(x)$ 为直线上与 x 最近的点，参见练习 3.12.）证明 P 是一个线性函数，并给出矩阵 A，使得对任意的 x 有 $P(x) = Ax$.

7.2 三维旋转　令 x 和 y 为表示三维空间中位置的 3 向量. 设向量 y 是将向量 x 沿着竖直轴（即 e_3）旋转 45° 得到的（逆时针，即从 e_1 转向 e_2）. 求 3×3 矩阵 A 使得 $y = Ax$. 提示：通过求单位向量 e_1，e_2，e_3 经过旋转后得到的向量的方式确定 A 的三个列向量.

7.3 向量修剪　求一个矩阵 A 使得 $Ax = (x_2, \cdots, x_{n-1})$，其中 x 为一个 n 向量.（请指出矩阵 A 的大小，并描述其每个元素.）

7.4 降采样和上变频 考虑用 n 向量 x 表示信号，其中 x_k 为时刻 k（$k=1, \cdots, n$）的信号. 下面描述两个得到新信号 $f(x)$ 的关于 x 的函数. 对每一个函数，给出矩阵 A，使得对任意的 x 有 $f(x)=Ax$.

(a) $2\times$ 降采样. 设 n 为偶数并定义 $f(x)$ 为 $n/2$ 向量 y，其中 $y_k=x_{2k}$. 为简化记号，可以假设 $n=8$，即

$$f(x)=(x_2, x_4, x_6, x_8)$$

（7.3 节给出了另一种类型的降采样，它使用了原始数据中一对数值的平均值.）

(b) 利用线性插值进行 $2\times$ 上变频. 定义 $f(x)$ 为 $(2n-1)$ 向量 y，当 k 为奇数时，其元素 $y_k=x_{(k+1)/2}$，当 k 为偶数时，其元素 $y_k=\left(x_{k/2}+x_{k/2+1}\right)/2$. 为简化记号，可以假设 $n=5$，即

$$f(x)=\left(x_1, \frac{x_1+x_2}{2}, x_2, \frac{x_2+x_3}{2}, x_3, \frac{x_3+x_4}{2}, x_4, \frac{x_4+x_5}{2}, x_5\right)$$

7.5 提取矩阵的转置 设 $m\times n$ 矩阵 A 为一个提取矩阵. 描述 m 向量 u 和 n 向量 v 之间的关系 $v=A^{\mathrm{T}}u$.

7.6 关联矩阵的各行 证明一个图的关联矩阵的各行总是线性相关的. 提示：考虑各行的和.

7.7 反向图的关联矩阵（参见练习 6.5） 设 A 为一个图的关联矩阵. 反向图是将原图的每一条边的方向取反得到的. 反向图对应的关联矩阵是什么？（用含有 A 的项表示答案.）

7.8 带源的流量守恒 设 A 为一个图的关联矩阵，x 为边流量向量，s 为 7.3 节中描述的外部源向量. 设流量是守恒的，即 $Ax+s=0$，证明 $\mathbf{1}^{\mathrm{T}}s=0$. 这意味着由源（$s_i>0$）注入网络的总流量必然和通过汇（$s_i<0$）离开网络的总流量平衡. 例如，若网络为一个（无损耗）电力网络，则总的（进入网络的）发电量必然准确地与总的（从网络中）消耗的电量平衡.

7.9 社交网络图 考虑 n 个人或用户以及他们之间的某对称社交关系. 这意味着有些用户对是**相连的**，或（可以说）他们是**朋友**. 可以通过将结点之间相互连接来构造一个有向图，每对朋友之间用一条边相连，边的方向任意选择. 现在考虑一个 n 向量 v，其中 v_i 为用户 i 的某些量，例如，年龄或者受教育水平（比如说，用年数表示）. 令 $\mathcal{D}(v)$ 表示与图和 v 相关的 Dirichlet 能量，它可被认为是结点的势能.

(a) 说明为什么 $\mathcal{D}(v)$ 的数值与图中各边的方向选择无关.

(b) 能否猜测 $\mathcal{D}(v)$ 是大还是小？这是一个开放的、模糊的问题，没有正确答案. 只需根据自己的期望给出一个猜测即可，同时请给出猜测的依据.

7.10 环图 **环图**（也称为**循环图**）有 n 个顶点，其边从顶点 1 指向顶点 2，从顶点 2 指向顶点 3，$\cdots$，从顶点 $n-1$ 指向顶点 n，最终从顶点 n 指向顶点 1.（最后一条边完成了循环.）

(a) 绘制一个环图，并给出其关联矩阵 A.

(b) 设 x 为一个环图的环流. 关于 x 你能得到什么结论？

(c) 设 n 向量 v 为一个环图的势能. 其 Dirichlet 能量 $\mathcal{D}(v)=\left\|A^{\mathrm{T}}v\right\|^2$ 是什么?

注: 当 n 向量 v 表示一个周期时间序列时, 就会出现环图. 例如, v_1 可以为周一某些量的取值, v_2 为周二某些量的取值, $\cdots$, v_7 为周日某些量的取值. 其 Dirichlet 能量就是这样一个 n 向量 v 的粗糙度的度量.

7.11 树 树是一个无向图, 其每一个顶点都是相连的 (从每一个顶点到其他顶点都有路径) 且不含有圈, 即没有路径的起点和终点是同一个顶点. 图 7-9 给出了一棵有 6 个顶点的树. 对图中的树, 给出一种对顶点和边进行编号的方法, 以及边的方向, 使得图的关联矩阵满足对 $i=1,\cdots,5$ 有 $A_{ii}=1$, 且当 $i<j$ 时, $A_{ij}=0$. 换句话说, A 的前 5 行构成一个对角元素全为 1 的下三角矩阵.

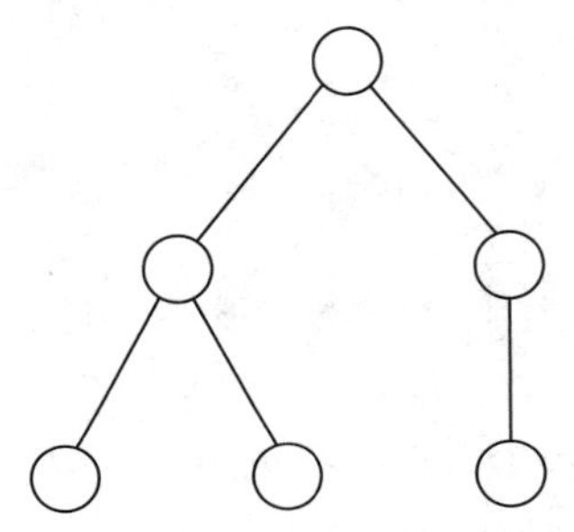

图 7-9　一棵有 6 个顶点的树

7.12 卷积的一些性质 设 a 是一个 n 向量.

(a) 与 1 的卷积. 什么是 $1*a$? (此处将 1 当作一个 1 向量.)

(b) 与单位向量的卷积. 什么是 e_k*a? 其中 e_k 是维数为 q 的第 k 个单位向量. 用数学的方法描述这个向量 (即给出其元素), 并进行简要说明. 可以发现向量切片的记号非常有帮助.

7.13 卷积的和的性质 证明对任意向量 a 和 b, 有 $\mathbf{1}^{\mathrm{T}}(a*b)=\left(\mathbf{1}^{\mathrm{T}}a\right)\left(\mathbf{1}^{\mathrm{T}}b\right)$. 用文字来说就是: 两个向量卷积系数的和等于向量系数和的乘积. 提示: 若向量 a 表示一个多项式 p 的系数, 则 $\mathbf{1}^{\mathrm{T}}a=p(1)$.

145

7.14 降雨量与河流的水位 设 T 向量 r 给出了某地在 T 天中每日的降雨量. 向量 h 给出了在该地区一条河流每天的水位 (超过其正常水位的量). 通过对水流的认真建模, 或用过去的数据来拟合一个模型, 发现这些向量之间的关系 (近似) 为卷积 $h=g*r$, 其中

$$g=(0.1,0.4,0.5,0.2)$$

大致描述一下这一关系 (不要使用数学记号). 例如, 可以说在一次大雨过后多少天内的河流水位会受到影响. 或一旦降雨结束后, 需要多少天河流的水位恢复到其正常水位.

7.15 信道均衡 设 $u_1,\cdots,u_m$ 为一个被传输 (例如, 通过无线传输) 的信号 (时间序列). 一个接收机接收到的信号为 $y=c*u$, 其中 n 向量 c 被称为信道冲击响应. (参见 7.4 节.) 在多数应用中, n 很小, 例如不超过 10, 而 m 则很大. **均衡器**是一个 k 向量 h, 满

足 $h * c \approx e_1$，卷积的结果是一个长度为 $n+k-1$ 的单位向量. 接收机将接收到的信号利用卷积进行均衡得到 $z = h * y$.

(a) z（均衡以后的信号）和 u（初始传输的信号）是如何联系起来的？**提示**：回顾 $h * (c * u) = (h * c) * u$.

(b) **数值示例**. 生成一个长度为 $m = 50$ 的信号 u，其每一个元素为随机的 -1 或 $+1$. 绘制 u 和 $y = c * u$，其中 $c = (1, 0.7, -0.3)$. 同时绘制均衡后的信号 $z = h * y$，其中

$$h = (0.9, -0.5, 0.5, -0.4, 0.3, -0.3, 0.2, -0.1)$$

146

第 8 章　线性方程组

本章考虑向量值的线性函数和仿射函数以及线性方程组.

8.1　线性函数和仿射函数

向量的向量值函数　记号 $f:\mathbb{R}^n\to\mathbb{R}^m$ 表示 f 为将实 n 向量映射为实 m 向量的一个函数. 在一个 n 向量 x 处，函数 f 的取值是一个 m 向量 $f(x)=(f_1(x),f_2(x),\cdots,f_m(x))$. f 的每一个分量 f_i 为 x 的一个标量值函数. 与标量值函数类似，有时写为 $f(x)=f(x_1,x_2,\cdots,x_n)$ 来强调 f 为一个 n 个标量变量的函数. 同样的记号可以用于 f 的每一个分量，即写为 $f_i(x)=f_i(x_1,x_2,\cdots,x_n)$ 来强调 f_i 为将标量变量 x_1，x_2，$\cdots$，x_n 映射为一个标量的函数.

矩阵与向量的乘积函数　设 A 为一个 $m\times n$ 矩阵. 可以用 $f(x)=Ax$ 定义一个函数 $f:\mathbb{R}^n\to\mathbb{R}^m$. 2.1 节中讨论的定义为 $f(x)=a^{\mathrm{T}}x$ 的内积函数 $f:\mathbb{R}^n\to\mathbb{R}$，是 $m=1$ 时的特殊情形.

叠加性和线性性　定义为 $f(x)=Ax$ 的函数 $f:\mathbb{R}^n\to\mathbb{R}^m$ 被称为**线性的**，即它满足下面的叠加性质：

$$f(\alpha x+\beta y)=\alpha f(x)+\beta f(y) \tag{8.1}$$

对所有 n 向量 x 和 y 及所有标量 α 和 β 都成立. 解释这个简单的方程是一个很好的练习，因为它涉及符号的重载. 在其左边，标量与向量的乘法 αx 和 βy 涉及 n 向量，且 $\alpha x+\beta y$ 是两个 n 向量的和. 函数 f 将 n 向量映射为 m 向量，因此 $f(\alpha x+\beta y)$ 是一个 m 向量. 在其右边，标量与向量的乘法及和是关于 m 向量的. 最终，等号符号是两个 m 向量之间的相等.

147

可以利用矩阵与向量和标量与向量的乘法验证 f 满足的叠加性：

$$\begin{aligned} f(\alpha x+\beta y) &= A(\alpha x+\beta y) \\ &= A(\alpha x)+A(\beta y) \\ &= \alpha(Ax)+\beta(Ay) \\ &= \alpha f(x)+\beta f(y) \end{aligned}$$

因此可以给每一个矩阵 A 关联一个线性函数 $f(x)=Ax$.

该命题的逆命题也是成立的. 设 f 是一个将 n 向量映射为一个 m 向量的线性函数，即 (8.1) 对所有 n 向量 x 和 y 及所有标量 α 和 β 都成立. 则存在一个 $m\times n$ 矩阵 A 使得对所有 x 有 $f(x)=Ax$. 该结论可以使用 2.1 节中证明标量值函数的相同方法得到，即若 f 是线性的，则

$$f(x)=x_1f(e_1)+x_2f(e_2)+\cdots+x_nf(e_n) \tag{8.2}$$

其中 e_k 为大小是 n 的第 k 个单位向量. 上式右边也可以写为矩阵与向量的乘积 Ax 的形式，其中

$$A = [f(e_1) \quad f(e_2) \quad \cdots \quad f(e_n)]$$

表达式 (8.2) 和 (2.3) 是相同的，但此处 $f(x)$ 和 $f(e_k)$ 为向量. 其含义完全相同：一个线性向量值函数 f 可以用 f 在 n 个单位向量 e_1，$\cdots$，e_n 处的取值完全刻画.

与 2.1 节中一样，容易证明这一矩阵与向量乘法表示函数的形式是唯一的. 若 $f:\mathbb{R}^n \to \mathbb{R}^m$ 是一个线性函数，则存在唯一的一个矩阵 A 使得对所有 x 有 $f(x) = Ax$.

线性函数的例子　下面的例子将函数 f 定义为一个从 n 向量 x 到 n 向量 $f(x)$ 的映射. 每一个函数都使用文字的方式描述，同时用对任意的 x 的作用描述. 对每种情形，均给出了相应的矩阵乘法的表示形式.

- *取反*. f 改变 x 的符号：$f(x) = -x$.
  取反可以表示为 $f(x) = Ax$，其中 $A = -I$.
- *逆序*. f 将 x 的元素进行逆序：$f(x) = (x_n, x_{n-1}, \cdots, x_1)$.
  逆序函数可以表示为 $f(x) = Ax$，其中

$$A = \begin{bmatrix} 0 & \cdots & 0 & 1 \\ 0 & \cdots & 1 & 0 \\ \vdots & ⋰ & \vdots & \vdots \\ 1 & \cdots & 0 & 0 \end{bmatrix}$$

  （这是一个将 $n \times n$ 单位矩阵的列向量逆序排列得到的矩阵. 它就是 7.2 节中介绍的*逆序阵*.）

148

- *累加*. f 构成向量 x 中元素的累加：

$$f(x) = (x_1, x_1 + x_2, x_1 + x_2 + x_3, \cdots, x_1 + x_2 + \cdots + x_n)$$

  累加函数可以表示为 $f(x) = Ax$，其中

$$A = \begin{bmatrix} 1 & 0 & \cdots & 0 & 0 \\ 1 & 1 & \cdots & 0 & 0 \\ \vdots & \vdots & \ddots & \vdots & \vdots \\ 1 & 1 & \cdots & 1 & 0 \\ 1 & 1 & \cdots & 1 & 1 \end{bmatrix}$$

  也即，若 $i \geqslant j$，则 $A_{ij} = 1$，否则 $A_{ij} = 0$. 这是 (6.6) 中定义的累加矩阵.
- *去均值*. f 从向量 x 的元素中去掉其均值：$f(x) = x - \mathbf{avg}(x)\mathbf{1}$.

去均值函数可以表示为 $f(x)=Ax$，其中

$$A=\begin{bmatrix}1-1/n & -1/n & \cdots & -1/n\\ -1/n & 1-1/n & \cdots & -1/n\\ \vdots & \vdots & \ddots & \vdots\\ -1/n & -1/n & \cdots & 1-1/n\end{bmatrix}$$

非线性函数示例　下面给出一些将 n 向量 x 映射为 n 向量 $f(x)$ 的非线性函数. 对每一种情形，都给出了一个叠加性的反例.

- 绝对值. f 将 x 的每一个元素用其绝对值替换：$f(x)=(|x_1|,|x_2|,\cdots,|x_n|)$.
  绝对值函数不是线性的. 例如，当 $n=1$，$x=1$，$y=0$，$\alpha=-1$，$\beta=0$ 时，有

$$f(\alpha x+\beta y)=1\neq\alpha f(x)+\beta f(y)=-1$$

  故叠加性不成立.
- 排序. f 将 x 中的元素按照降序的方式排列.
  排序函数不是线性的（除了 $n=1$ 的情形，此时 $f(x)=x$）.
  例如，若 $n=2$，$x=(1,0)$，$y=(0,1)$，$\alpha=\beta=1$，则

$$f(\alpha x+\beta y)=(1,1)\neq\alpha f(x)+\beta f(y)=(2,0)$$

仿射函数　一个向量值函数 $f:\mathbb{R}^n\to\mathbb{R}^m$ 被称为是仿射的，若它可以写为 $f(x)=Ax+b$，其中 A 为一个 $m\times n$ 矩阵，b 为一个 m 向量. 可以证明一个函数 $f:\mathbb{R}^n\to\mathbb{R}^m$ 为仿射函数的充分必要条件为

$$f(\alpha x+\beta y)=\alpha f(x)+\beta f(y)$$

149

对所有 n 向量 x，y 和所有满足 $\alpha+\beta=1$ 的标量 α，β 都成立. 换句话说，叠加原理对向量的仿射组合成立.（对线性函数，叠加原理对向量的任意线性组合都成立.）

在一个仿射函数的表达式 $f(x)=Ax+b$ 中，矩阵 A 和向量 b 都是唯一的. 这些参数可以通过计算 f 在向量 0，e_1，$\cdots$，e_n 处的值求得，其中 e_k 为 $\mathbb{R}^n$ 中第 k 个单位向量. 事实上，有

$$A=[f(e_1)-f(0)\quad f(e_2)-f(0)\quad\cdots\quad f(e_n)-f(0)],\quad b=f(0)$$

与标量值的仿射函数类似，向量值的仿射函数也经常被称为是线性的，尽管它们只有在 b 等于零的时候才是真正线性的.

8.2　线性函数模型

在自然科学、工程学和社会科学中出现的很多变量之间的函数或关系都可以用线性函数或者仿射函数近似. 此时，称在两个变量集合之间联系的线性函数为一个**模型**或一个**近似**，以此提醒这种关系仅仅是一个近似，而不是准确的. 此处给出一些例子.

- **需求价格弹性**. 考虑用 n 向量 p 给出的 n 种商品或服务的价格，以及用 n 向量 d 给出的对商品的需求. 价格的一个变化将会引起需求的一个变化. 令 δ^{price} 为给出价格变化比例的 n 向量，即 $\delta_i^{\text{price}}=(p_i^{\text{new}}-p_i)/p_i$，其中 p^{new} 为新（改变后）价格对应的 n 向量. 令 δ^{dem} 为给出产品需求变化比例的 n 向量，即 $\delta_i^{\text{dem}}=(d_i^{\text{new}}-d_i)/d_i$，其中 d^{new} 为新需求对应的 n 向量. 一个线性的需求价格弹性模型将这些向量采用 $\delta^{\text{dem}}=E^{\text{d}}\delta^{\text{price}}$ 的方式进行关联，其中 E^{d} 为 $n\times n$ **需求弹性矩阵**. 例如，设 $E_{11}^{\text{d}}=-0.4$ 及 $E_{21}^{\text{d}}=0.2$. 这意味着第一种商品价格增长 1%，而其他商品价格不变时，对第一种商品的需求将减少 0.4%，但第二种商品的需求将增加 0.2%.（在这个例子中，第二种商品被认为是第一种商品的**部分替代品**.）
- **弹性形变**. 考虑与桥梁或是建筑物衍架相似的金属结构. 令 f 为一个给出在该结构上的 n 个特定位置（n 个特定的方向）处受力情况的 n 向量，有时称其为**荷载**. 由于荷载的存在，结构体会产生微小的形变. 令 d 为一个 m 向量，给出了结构体上 m 个点处（在给定方向上）的位移，例如，在给定点处凹陷的大小. 对微小的位移，位移与荷载的关系可以用线性关系很好地近似：$d=Cf$，其中 C 为 $m\times n$ **柔度矩阵**. C 中元素的单位是 m/N.

150

8.2.1 Taylor 近似

设 $f:\mathbb{R}^n\rightarrow\mathbb{R}^m$ 是可微的，即存在偏导数[㊀]，且 z 是一个 n 向量. 函数 f 在 z 附近的一阶 Taylor 定义为

$$\begin{aligned}\hat{f}(x)_i&=f_i(z)+\frac{\partial f_i}{\partial x_1}(z)(x_1-z_1)+\cdots+\frac{\partial f_i}{\partial x_n}(z)(x_n-z_n)\\&=f_i(z)+\nabla f_i(z)^{\mathrm{T}}(x-z)\end{aligned}$$

其中 $i=1,\cdots,m$.（这仅仅是 2.2 节中描述的标量函数 f_i 的一阶 Taylor 近似.）若 x 很接

㊀ 此处关于函数可微的说明是一种不严格的说法. 事实上，如果一个函数在某点处可微，可以得到该函数在该点处的偏导数都存在. 但如果函数在某一点处的偏导数都存在，并不能得出函数就在该点处可微. 例如，考虑函数

$$f(x)=\begin{cases}\dfrac{xy}{x^2+y^2}, & x^2+y^2\neq 0,\\ 0, & x^2+y^2=0\end{cases}$$

容易证明

$$\begin{aligned}\frac{\partial f}{\partial x}(0,0)&=\lim_{\Delta x\rightarrow 0}\frac{f(\Delta x,0)-f(0,0)}{\Delta x}=\lim_{\Delta x\rightarrow 0}\frac{0}{\Delta x^2}=0,\\ \frac{\partial f}{\partial y}(0,0)&=\lim_{\Delta y\rightarrow 0}\frac{f(0,\Delta y)-f(0,0)}{\Delta y}=\lim_{\Delta y\rightarrow 0}\frac{0}{\Delta y^2}=0\end{aligned}$$

因此，函数 f 在 $(0,0)$ 处存在偏导数. 但注意到对任意的实数 k，有

$$\lim_{\substack{x\rightarrow 0\\ y=kx}}f(x,y)=\lim_{\substack{x\rightarrow 0\\ y=kx}}\frac{kx^2}{(1+k^2)x^2}=\frac{k}{1+k^2}$$

即函数 f 在 $(0,0)$ 处不连续，故函数 f 在 $(0,0)$ 处不可微. ——译者注

近 z，$\hat{f}(x)$ 能够很好地近似 $f(x)$. 这一近似公式可以使用矩阵与向量乘法的记号写得更为紧凑：

$$\hat{f}(x)=f(z)+Df(z)(x-z) \tag{8.3}$$

其中 $m\times n$ 矩阵 $Df(z)$ 为 f 在点 z 处的**导数**或**Jacobi** 矩阵（参见 C.1 节）. 其分量为 f 的偏导数

$$Df(z)_{ij}=\frac{\partial f_i}{\partial x_j}(z),\quad i=1,\cdots,m,\quad j=1,\cdots,n$$

在点 z 处的取值. Jacobi 矩阵的各行为 $\nabla f_i(z)^{\mathrm{T}}$，其中 $i=1,\cdots,m$. Jacobi 矩阵以数学家 Carl Gustav Jacob Jacobi 的名字命名.

与标量值函数的情形类似，Taylor 近似有时也写成双变量 $\hat{f}(x;z)$ 的形式，以表明该近似是在点 z 的附近进行的. 显然，Taylor 近似函数 $\hat{f}$ 是一个 x 的仿射函数.（它通常称为 f 的线性近似函数，尽管一般来说，它不是一个线性函数.）

8.2.2　回归模型

回顾回归模型 (2.7)

$$\hat{y}=x^{\mathrm{T}}\beta+v \tag{8.4}$$

其中 n 向量 x 为某些对象的特征向量，β 是一个表示权重的 n 向量，v 是一个常数（截距），$\hat{y}$ 为（标量形式的）回归模型预测值.

现假设一个集合中有 N 个对象（也称为**样本**或**例子**），其特征向量为 $x^{(1)}$，$\cdots$，$x^{(N)}$. 回归模型采用下面的方法给出了与样本相关的预测值

$$\hat{y}^{(i)}=\left(x^{(i)}\right)^{\mathrm{T}}\beta+v,\quad i=1,\cdots,N$$

151

这些数字通常对应于预测的输出值或者反馈值. 若附加上样本本身具有的特征向量 $x^{(i)}$，则同时给出了与反馈变量相关的真实值，$y^{(1)}$，$\cdots$，$y^{(N)}$，于是**预测误差**或**残差**为

$$r^{(i)}=y^{(i)}-\hat{y}^{(i)},\quad i=1,\cdots,N$$

（有些作者将预测误差定义为 $\hat{y}^{(i)}-y^{(i)}$.）

这一表达式也可以使用矩阵与向量乘积的记号进行紧凑地表达. 构造一个 $n\times N$ 特征矩阵 X，其各列为 $x^{(1)}$，$\cdots$，$x^{(N)}$. 令 y^{d} 为对应于 N 个样本反馈真实值的 N 向量.（上标“d”表示“数据（data）”.）令 $\hat{y}^{\mathrm{d}}$ 为回归模型对 N 个样本反馈预测得到的 N 向量，r^{d} 为残差或预测误差对应的 N 向量. 此时，回归模型针对这一数据集的预测误差用矩阵与向量形式可表示为

$$\hat{y}^{\mathrm{d}}=X^{\mathrm{T}}\beta+v\mathbf{1}$$

对 N 个样本的预测误差向量为

$$r^{\mathrm{d}} = y^{\mathrm{d}} - \hat{y}^{\mathrm{d}} = y^{\mathrm{d}} - X^{\mathrm{T}}\beta - v\mathbf{1}$$

可以通过在每一个特征向量前面附加一个等于 1 的特征，将截距 v 包含进回归模型：

$$\hat{y}^{\mathrm{d}} = \begin{bmatrix} \mathbf{1}^{\mathrm{T}} \\ X \end{bmatrix}^{\mathrm{T}} \begin{bmatrix} v \\ \beta \end{bmatrix} = \tilde{X}^{\mathrm{T}}\tilde{\beta}$$

其中 $\tilde{X}$ 为新的特征矩阵，其第一行新增了一些全一的向量，$\tilde{\beta} = (v, \beta)$ 为回归模型参数的向量. 它通常不使用波浪线的记号，例如写为 $\hat{y}^{\mathrm{d}} = X^{\mathrm{T}}\beta$，它只需将特征一作为其第一个特征即可.

上述方程表明对 N 个样本的预测 N 向量是模型参数 (v, β) 的线性函数. N 预测误差向量是模型参数的一个仿射函数.

8.3 线性方程组及其应用

考虑有 n 个未知量 x_1，$\cdots$，x_n 和 m 个方程的一个集合（它也被称为一个方程组）：

$$\begin{aligned} A_{11}x_1 + A_{12}x_2 + \cdots + A_{1n}x_n &= b_1 \\ A_{21}x_1 + A_{22}x_2 + \cdots + A_{2n}x_n &= b_2 \\ &\vdots \\ A_{m1}x_1 + A_{m2}x_2 + \cdots + A_{mn}x_n &= b_m \end{aligned}$$

数字 A_{ij} 被称作线性方程组的**系数**，数字 b_i 被称为**右边项**（因为在传统上，它们出现在方程的右边）. 使用矩阵的记号，这些方程可以更高效地写作 152

$$Ax = b \tag{8.5}$$

本书中，$m \times n$ 矩阵 A 被称为**系数矩阵**，m 向量 b 被称为**右边项**. 一个 n 向量 x 被称为线性方程组的**解**，若 $Ax = b$ 成立. 一个线性方程组可能无解、有唯一解或有多个解.

例子

- 线性方程的集合

$$x_1 + x_2 = 1, \quad x_1 = -1, \quad x_1 - x_2 = 0$$

可被写作 $Ax = b$ 的形式，其中

$$A = \begin{bmatrix} 1 & 1 \\ 1 & 0 \\ 1 & -1 \end{bmatrix}, \quad b = \begin{bmatrix} 1 \\ -1 \\ 0 \end{bmatrix}$$

它是无解的.

- 线性方程的集合

$$x_1 + x_2 = 1, \quad x_2 + x_3 = 2$$

可被写作 $Ax = b$ 的形式，其中

$$A = \begin{bmatrix} 1 & 1 & 0 \\ 0 & 1 & 1 \end{bmatrix}, \quad b = \begin{bmatrix} 1 \\ 2 \end{bmatrix}$$

它有多个解，包括 $x = (1,0,2)$ 和 $x = (0,1,1)$.

超定的和不定的线性方程组 当 $m > n$ 时，线性方程组被称为**超定的**，当 $m < n$ 时，线性方程组被称为**不定的**，当 $m = n$ 时，被称为**方形的**；它们分别对应于系数矩阵为高形、宽形和方形的情形. 当线性方程组为超定时，方程的个数比变量或未知量的个数多. 当线性方程组为不定时，未知量的个数多于方程的个数. 当线性方程组为方形时，其未知量的个数与方程的个数一样多. 右边项全为零的方程集合，$Ax = 0$，被称为是一个**齐次**方程的集合. $x = 0$ 是任何齐次方程集合的一个解.

在第 11 章中，我们将探讨如何确定一个线性方程组是否具有唯一解的问题，以及当它有解时如何进行求解的问题. 现在，先给出一些有意思的例子.

153

例子

线性组合的系数 令 a_1，$\cdots$，a_n 为 A 的各列. 线性方程组 $Ax = b$ 可以表示为

$$x_1 a_1 + \cdots + x_n a_n = b$$

也即，b 是 a_1，$\cdots$，a_n 以 x_1，$\cdots$，x_n 为系数的一个线性组合. 故求解 $Ax = b$ 与求将向量 b 表示为 a_1，$\cdots$，a_n 的一个线性组合的系数是相同的问题.

多项式插值 求一个次数最多是 $n-1$ 次的多项式 p，它过 m 个给定的点 (t_i, y_i)，$i = 1, \cdots, m$.（这意味着 $p(t_i) = y_i$.）它可以表示为一个有 n 个未知量 c 的 m 个线性方程的集合，其中 c 是多项式系数的 n 向量：$Ac = y$. 此处，矩阵 A 为 Vandermonde 矩阵 (6.7)，向量 c 为 6.4 节应用实例中给出的多项式系数向量.

化学反应平衡 考虑一个有 p 种反应物（分子）和 q 种生成物的化学反应，它可以被写为

$$a_1 R_1 + \cdots + a_p R_p \longrightarrow b_1 P_1 + \cdots + b_q P_q$$

此处，R_1，$\cdots$，R_p 为反应物，P_1，$\cdots$，P_q 为生成物，数字 a_1，$\cdots$，a_p 和 b_1，$\cdots$，b_q 为正数，表明每一种分子中有多少参加了反应. 通常它们是整数，但可以被任意缩放；例如，可以将所有的数字都翻倍，但得到的结果将是相同的反应. 考虑一个简单的例子，电解水的反应为

$$2H_2O \longrightarrow 2H_2 + O_2$$

它有一个反应物——水（H_2O），及两个生成物——氢分子（H_2）和氧分子（O_2）. 其系数说明 2 个水分子能够得到 2 个氢分子和 1 个氧分子. 一个化学反应中的系数可以乘以任何一个非零常数；例如，上述的反应式可以写为 $3H_2O \rightarrow 3H_2 + (3/2)\,O_2$. 传统上，化学反应式中的系数都写为整数，且它们之间的最大公因子为一.

在一个化学反应中，所有成分中的原子个数必须平衡. 这意味着对任意一种在反应物和生成物中出现的原子，方程左边中的总数量必然等于方程右边中的总数量.（若反应物或生成物中的任何一边带有电荷，例如一个铁离子，则总的电荷数也是平衡的.）例如，在前述简单的电解水的化学反应中，在方程的左边共有 4 个氢原子（2 个水分子，每个分子有 2 个氢原子），其右边也有 4 个氢原子（2 个氢分子，每个分子有 2 个氢原子）. 氧原子的个数也是平衡的，故这一反应过程是平衡的.

对有某些特定反应物和生成物的化学反应的配平，就是求 $a_1, \cdots, a_p$ 及 $b_1, \cdots, b_q$，使得化学反应过程可以表示为一个线性方程组. 一个需要配平的化学反应可以表示为一个由 m 个方程构成的集合，其中 m 为在化学反应中出现的不同原子的数目. 按如下方式定义一个 $m \times p$ 矩阵 R: 154

$$R_{ij} = R_j \text{ 中第 } i \text{ 种原子的数量}, \quad i = 1, \cdots, m, \quad j = 1, \cdots, p$$

（R 的元素为非负整数.）矩阵 R 是很有意思的；例如，其第 j 列给出了反应 R_j 对应的化学公式. 令 a 表示元素为 $a_1, \cdots, a_p$ 的 p 向量. 则 m 向量 Ra 给出了在反应物中出现的每一种原子的数量. $m \times q$ 矩阵 p 可以类似定义，故 m 向量 Pb 给出了出现在生成物中的每一种原子的数量.

用向量与矩阵表示的平衡条件为 $Ra = Pb$. 它可以表示为

$$[R \ -P] \begin{bmatrix} a \\ b \end{bmatrix} = 0$$

它是一个有 m 个线性方程的齐次方程集合.

这些方程的一个简单的解是 $a = 0$，$b = 0$. 但此处寻找非零的解. 可以将其中一个参数，例如 a_1，设置为一.（这可能使得其他量成为分数值的.）将条件 $a_1 = 1$ 添加到线性方程组中，可得

$$\begin{bmatrix} R & -P \\ e_1^{\mathrm{T}} & 0 \end{bmatrix} \begin{bmatrix} a \\ b \end{bmatrix} = e_{m+1}$$

最后，得到了一个有 $p + q$ 个变量，$m + 1$ 个方程的集合来表示需要的化学反应平衡. 求解这一方程的集合被称为化学反应方程的**配平**.

在前述电解水的例子中包含了 $p = 1$ 种反应物（水）和 $q = 2$ 种生成物（氢分子和氧分子）. 反应过程中有 $m = 2$ 种原子，氢和氧. 反应物和生成物矩阵为

$$R = \begin{bmatrix} 2 \\ 1 \end{bmatrix}, \quad P = \begin{bmatrix} 2 & 0 \\ 0 & 2 \end{bmatrix}$$

则其平衡方程为

$$\begin{bmatrix} 2 & -2 & 0 \\ 1 & 0 & -2 \\ 1 & 0 & 0 \end{bmatrix} \begin{bmatrix} a_1 \\ b_1 \\ b_2 \end{bmatrix} = \begin{bmatrix} 0 \\ 0 \\ 1 \end{bmatrix}$$

这一方程组很容易求解，其解为 $(1,1,1/2)$.（将这些系数都乘以 2 就得到了上面给出的化学反应.）

扩散系统 **扩散系统**是在很多研究流或电的物理学领域中常见的一种模型. 为说明该问题，首先从有 n 个结点和 m 条边的有向图说起.（参见 6.1 节.）某些量（例如电量、热量、能量或物体）可以通过边从一个结点到另一个结点.

对边 j，将其关联一个流（速）f_j，它是一个标量；所有 m 个流就构成了一个 m 流向量 f. 流 f_j 可以是正的或负的：正的 f_j 意味着沿边 j 上的流与边的方向相同，负的 f_j 表示边 j 上的流与边的方向相反. 例如，这些流可以用来表示热力学模型中的热流（单位是瓦特），电路中的电流（单位是安培），或物体的运动（扩散）（例如，污染物的扩散）. 在每一个结点可以有一个源（或外生）流 s_i，$s_i > 0$ 说明外生流是注入结点 i 的，$s_i < 0$ 说明外生流是离开结点 i 的.（在某些教材中，流离开的结点又被称为**汇**.）在热力系统中，源表示热源；在电路中，它们表示电源；在扩散系统中，它们表示外部物体的注入或去除.

155

在一个扩散系统中，流必然满足（流）**守恒**，它意味着，在每一个结点处，所有与之相邻的边和外生源在该结点流的和必然为零. 图 8-1 给出了这一事实的说明，其中与结点 1 相连的有三条边，两条边进入结点 1（流 1 和 2），一条边离开结点 1（流 3），此外，还有一个外生流. 该结点处的流守恒可被表示为

$$f_1 + f_2 - f_3 + s_1 = 0$$

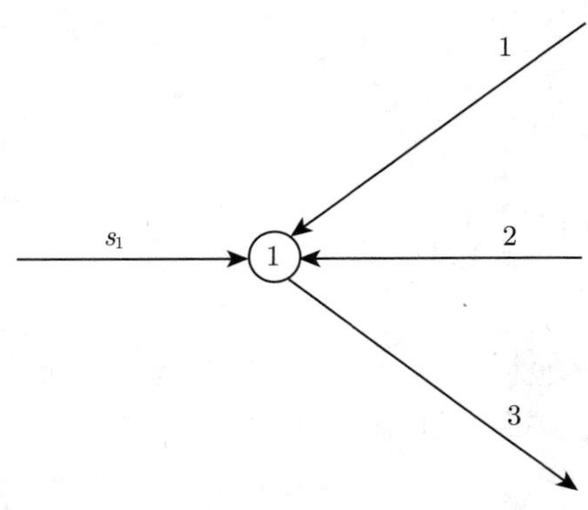

图 8-1 一个扩散系统中的结点标记为 1，外生流为 s_1 以及三个邻边

在每一个结点上的流守恒可被表示为简单的矩阵与向量方程

$$Af + s = 0 \tag{8.6}$$

其中 A 为 7.3 节中描述的关联矩阵.（在电路问题中，这被称为**Kirchhoff 电流定律**，它以物理学家 Gustav Kirchhoff 的名字命名；当流表示物体的运动时，则它被称为**质量守恒定律**.）

为结点 i 关联一个势 e_i；n 向量 e 给出了所有结点的势.（此处请注意，e 为表示势的 n 向量；e_i 为结点 i 处标量形式的势，而不是第 i 个标准单位向量.）在热力学模型中，势可以表示结点处的温度，在电路中，势可以表示电势（电压），在有物体扩散的系统中，势则可以表示浓度.

156

在一个扩散系统中，*通过边的流和与边相邻的两个结点的势差成正比*. 这通常被写为 $r_jf_j = e_k - e_l$，其中边 j 从顶点 k 到顶点 l，r_j（通常是正数）称为边 j 的**阻抗**. 在热力学模型中，r_j 被称为边的热阻；在电路中，r_j 被称为电阻. 如图 8-2 所示，其中的边 8 连接结点 2 和结点 3，对应的边流方程为

$$r_8 f_8 = e_2 - e_3$$

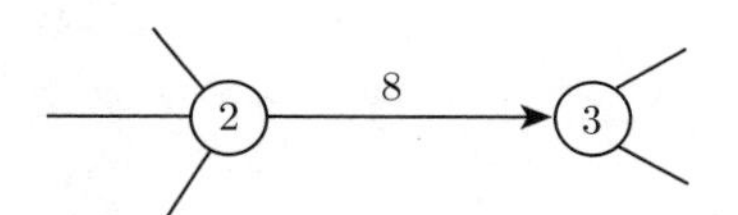

图 8-2 通过边 8 的流等于 $f_8 = (e_2 - e_2)/r_8$

边流的方程也可以使用紧凑的方法给出：

$$Rf = -A^{\mathrm{T}}e \tag{8.7}$$

其中 $R = \mathbf{diag}(r)$ 称为**阻抗矩阵**.

扩散模型可被表示为一个变量 f，s 和 e 的分块线性方程集合：

$$\begin{bmatrix} A & I & 0 \\ R & 0 & A^{\mathrm{T}} \end{bmatrix} \begin{bmatrix} f \\ s \\ e \end{bmatrix} = 0$$

这是一个有 $m+2n$ 个变量，$n+m$ 个齐次方程的集合. 对这个不定方程组，可以附加其他的条件，例如给出 f，s 和 e 的某些元素的值.

Leontief 投入产出模型 考虑一个由 n 个企业构成的各个部分（行业）之间的经济问题. 令 x_i 表示行业 i 的经济活动水平，或者总产出，其中 $i = 1, \cdots, n$，它们通常用一个通用单位计量，例如（十亿）美元. 一个行业中的产出会流向其他行业，以支持其他行业的生产，此外也会流向消费者. 记消费者对行业 i 的总需求为 d_i，其中 $i = 1, \cdots, n$.

设行业 j 要得到 x_j 的产出需要行业 i 的产出 $A_{ij}x_j$. 称 $A_{ij}x_j$ 为行业 i 向行业 j 的**投入**.（应当允许 $A_{ii} \neq 0$；例如需要能量来供给能源的生产.）因此，$A_{i1}x_1 + \cdots + A_{in}x_n$ 就表示 n 个行业对行业 i 的产出的总需求. 矩阵 A 称为经济模型中的**投入产出矩阵**，因为它描述了各行业的产出是如何投入到其自身和其他行业的. 向量 Ax 给出了各行业生产 x 水平的产出时对其他行业的需求.（这听起来很绕口，但其实不然.）

157

最后，对每一个行业，其总生产水平应当与支撑其他行业的总需求之和相等. 这就导出了如下的平衡方程，

$$x = Ax + d$$

设需求向量 d 是给定的，希望求出各行业的生产水平以达到这个要求. 上面的方程可以写为一个 n 个变量的 n 个方程的集合，

$$(I - A)\,x = d$$

这一有关经济体各个行业的投入和产出模型由 Wassily Leontief 在 20 世纪 40 年代后期提出，并被称为 Leontief 投入产出分析. 由于这项工作，他在 1973 年获得了诺贝尔奖.

158

练习

8.1 线性函数的和 设 $f : \mathbb{R}^n \to \mathbb{R}^m$，$g : \mathbb{R}^n \to \mathbb{R}^m$ 为线性函数. 它们的**和**为一个函数 $h : \mathbb{R}^n \to \mathbb{R}^m$，定义为 $h(x) = f(x) + g(x)$，其中 x 为一个 n 向量. 和函数通常被记为 $h = f + g$.（这是符号“+”需要被重载的另外一种情形，此时是两个函数的和.）若 f 的矩阵表示为 $f(x) = Fx$，g 的矩阵表示为 $g(x) = Gx$，其中 F 和 G 为 $m \times n$ 矩阵. 和函数 $h = f + g$ 的矩阵表示是什么呢？请确认答案中出现的任何“+”号所表示的含义.

8.2 平均值和仿射函数 设 $G : \mathbb{R}^n \to \mathbb{R}^m$ 为一个仿射函数. 令 $x_1, \cdots, x_k$ 为 n 向量，定义 m 向量 $y_1 = G(x_1), \cdots, y_k = G(x_k)$. 令

$$\bar{x} = (x_1 + \cdots + x_k)/k, \quad \bar{y} = (y_1 + \cdots + y_k)/k$$

为这两组向量的平均值.（此处 $\bar{x}$ 为一个 n 向量，$\bar{y}$ 为一个 m 向量.）证明总有 $\bar{y} = G(\bar{x})$. 用文字来说就是：作用到一组向量上的一个仿射函数的平均值与将仿射函数作用在这一组向量的平均值上是相同的.

8.3 叉乘 两个 3 向量 $a = (a_1, a_2, a_3)$ 与 $x = (x_1, x_2, x_3)$ 的叉乘定义为向量

$$a \times x = \begin{bmatrix} a_2x_3 - a_3x_2 \\ a_3x_1 - a_1x_3 \\ a_1x_2 - a_2x_1 \end{bmatrix}$$

叉乘的运算来源于物理学，例如在电磁场中，在机器人或卫星的动力学系统中.（对于本练习，读者不需要了解这些知识.）

设 a 是给定的. 证明函数 $f(x)=a\times x$ 为 x 的一个线性函数. 请给出对一切 x，使 $f(x)=Ax$ 成立的矩阵 A.

8.4 图像的线性函数　本问题中将考虑对 $N\times N$ 个像素点构成的单色图像的若干线性函数. 为使得矩阵的规模足够小，以便于手工计算，考虑 $N=3$ 的情形（此时很难说它是一个图像）. 按照下面所示的顺序将一个 3×3 的图像表示为一个 9 向量.

1	4	7
2	5	8
3	6	9

（这一顺序称为**列优先**.）下面的每一个操作或变换都定义了一个函数 $y=f(x)$，其中 9 向量 x 表示原始图像，9 向量 y 表示结果或变换后的图像. 对下面的每一个操作，给出 $y=Ax$ 中的 9×9 矩阵 A.

(a) 将原始图像 x 上下翻转.

(b) 将原始图像 x 顺时针旋转 $90°$.

(c) 将图像向上向右各移动 1 个像素. 在变换后的图像中，令第一列和最后一行中的 $y_i=0$.

(d) 将每一个像素的值 y_i 设置为原始图像中像素 i 相邻元素的平均值. 此处的相邻指的是与像素点直接相邻的上、下、左、右的像素. 中间的像素有 4 个相邻像素；角上的像素有 2 个相邻像素，其余部分则有 3 个相邻像素.

159

8.5 对称和反对称部分　一个 n 向量 x 被称为是**对称的**，若它满足 $x_k=x_{n-k+1}$ 对所有的 $k=1,\cdots,n$ 都成立. 它被称为是**反对称的**，若它满足 $x_k=-x_{n-k+1}$ 对所有的 $k=1,\cdots,n$ 都成立.

(a) 证明任何向量 x 都可以被唯一分解为和 $x=x_s+x_a$，其中向量 x_s 为对称的，x_a 为反对称的.

(b) 证明对称和反对称部分 x_s 和 x_a 为 x 的一个线性函数. 给出矩阵 A_s 和 A_a，使得 $x_s=A_sx$ 及 $x_a=A_ax$ 对所有 x 都成立.

8.6 线性函数　对下面描述的每一个 y，将其表示为 $y=Ax$ 的形式，其中 A 为矩阵.（应当给出 A.）

(a) y_i 为 x_i 与 $x_1,\cdots,x_{i-1}$ 的平均值的差.（令 $y_1=x_1$.）

(b) y_i 为 x_i 与所有的 x_j 的平均值之间的差，即与 $x_1,\cdots,x_{i-1},x_{i+1},\cdots,x_n$.

8.7 多项式插值及求导　一个 5 向量 c 表示一个四次多项式的系数 $p(x)=c_1+c_2x+c_3x^2+c_4x^3+c_5x^4$. 将其条件

$$p(0)=0,\quad p'(0)=0,\quad p(1)=1,\quad p'(1)=0$$

表示为一个形如 $Ac=b$ 的线性方程. 该线性方程是不定的，超定的，还是方形的?

8.8 有理分式函数的表示 一个二次的有理分式的形式为

$$f(t)=\frac{c_1+c_2t+c_3t^2}{1+d_1t+d_2t^2}$$

其中 c_1，c_2，c_3，d_1，d_2 为系数.（“有理”表明函数 f 是一个多项式的比值. f 的另外一个名字是**双二次**.）考虑插值条件

$$f(t_i)=y_i,\quad i=1,\cdots,K$$

其中 t_i 和 y_i 为给定的数值. 将插值条件表示为系数向量 $\theta=(c_1,c_2,c_3,d_1,d_2)$ 的线性方程 $A\theta=b$. 给出 A 和 b，以及它们的维数.

8.9 营养需要 考虑 n 种基本食物的集合（如米饭、豆子和苹果）以及 m 种营养或成分的集合（例如蛋白质、脂肪、糖、维生素 C）. 食物 j 的价格用 c_j 给出（例如，每克多少美元），包含营养 i 的数量为 N_{ij}（每克含有的量）.（营养成分可以使用适当的单位给出，它可以依赖于特定的营养成分.）每天的日常饮食可以表示为一个 n 向量 d，其中 d_i 为每天摄入的食物 i 的量（单位是克）. 将饮食 d 包含的总营养成分 m 向量 n^{des} 和总支出 B（即预算）写成变量 d_1，$\cdots$，d_n 的一个线性方程的集合.（d 的元素必然非负，但此处忽略这一问题.）

8.10 原油混合 一个由 K 种原油混合在一起的集合，每种原油的比例为 θ_1，$\cdots$，θ_K. 这些数字的和是一；它们必然也是非负的，但此处的讨论将忽略这个要求. 第 k 种原油可关联一个 n 向量 c_k，指明该原油对 n 种不同成分的贡献，例如特定的烃类. 求混合系数满足的线性方程组，$A\theta=b$，表示为达到组成成分的目标要求所需的原油配比. 组成成分的目标要求用一个 n 向量 c^{tar} 给出.（将条件 $\theta_1+\cdots+\theta_K=1$ 加入方程组中.）

8.11 距离测量中的位置 3 向量 x 表示在三维空间中的一个位置. x 到四个已知位置 a_1，a_2，a_3，a_4 的**距离**为：

$$\rho_1=\|x-a_1\|,\quad \rho_2=\|x-a_2\|,\quad \rho_3=\|x-a_3\|,\quad \rho_4=\|x-a_4\|$$

将这些距离的条件表示为三个有关向量 x 的线性方程的集合. **提示**: 将距离方程平方，并从其中一个中减去另外一个.

160

8.12 求积法 考虑函数 $f:\mathbb{R}\to\mathbb{R}$. 此处关注函数 f 在某些点 t_1，$\cdots$，t_n 处的取值对 $\alpha=\int_{-1}^{1}f(x)\,\mathrm{d}x$ 进行的**估计**.（通常有 $-1\leqslant t_1<t_2<\cdots<t_n\leqslant 1$，但在此处不需要.）标准的估计 α 的方法是计算函数值 $f(t_i)$ 的加权和：

$$\hat{\alpha}=w_1f(t_1)+\cdots+w_nf(t_n)$$

其中 $\hat{\alpha}$ 为 α 的估计值，w_1，…，w_n 为权重. 这种利用函数在某些点处的函数值估计一个函数的积分的方法是应用数学中被称为**求积**的标准方法. 有很多种求积的方法（也即，有多种点 t_i 和权重 w_i 的选择）. 最为出名的是由数学家 Carl Friedrich Gauss 给出的方法，该方法就以他的名字命名.

(a) 在求积法中，一个典型的要求是，当 f 为次数不超过 d 的多项式时，估计值应当是准确的（即 $\hat{\alpha}=\alpha$），其中 d 已经给定. 此时，称求积方法的**阶数**为 d. 将这一条件表示为其权重的一个线性方程的集合，$Aw=b$，并假定 t_1，…，t_n 已经给出. **提示**：若 $\hat{\alpha}=\alpha$ 对特定情形 $f(x)=1$，$f(x)=x$，…，$f(x)=x^d$ 成立，则它对次数不超过 d 的任意多项式也成立.

(b) 证明下列求积法的阶数分别为 1，2 和 3.

- *梯形求积公式*：$n=2$，$t_1=-1$，$t_2=1$，且

$$w_1=1, \quad w_2=1$$

- *辛普森公式*：$n=3$，$t_1=-1$，$t_2=0$，$t_3=1$，且

$$w_1=1/3, \quad w_2=4/3, \quad w_3=1/3$$

（该方法以数学家 Thomas Simpson 的名字命名.）

- *辛普森 3/8 公式*：$n=4$，$t_1=-1$，$t_2=-1/3$，$t_3=1/3$，$t_4=1$，且

$$w_1=1/4, \quad w_2=3/4, \quad w_3=3/4, \quad w_4=1/4$$

8.13 投资组合行业风险率　（参见练习 1.14.）令 n 向量 h 表示对 n 种资产的一个投资组合，h_i 为以美元计的某种资产 i 的投资. 考虑一个有 m 个企业的行业，例如药品行业或电子消费品行业. 每一种资产都可以属于上述行业中的一个.（更为复杂的模型允许一种资产可以属于多于一个行业.）在行业 i 中的投资组合的**敞口**定义为投资的资产在这个行业的总和. 用一个 m 向量 s 表示行业敞口，其中 s_i 为行业 i 中的投资组合敞口.（当 $s_i=0$ 时，对行业 i 的投资组合称为**中性**的.）一个投资顾问给出了一个关于行业敞口的集合，它们被表示为一个 m 向量 s^{des}. 要求将 $s=s^{\mathrm{des}}$ 表示为一个线性方程组 $Ah=b$ 的形式.（需要给出矩阵 A 和向量 b.）

注：一种实际的情形中有 $n=1000$ 种资产，$m=50$ 个行业. 一个投资顾问在她对企业在行业中的未来没有看法的时候可能给出 $s_i^{\mathrm{des}}=0$；若她认为在行业中企业的未来会很好，则 s_i^{des} 会是一个正数（即得到正的收益），如果她认为企业会变得糟糕，则会给出负值.

8.14 线性方程组解的仿射组合　考虑 n 个变量 m 个线性方程构成的方程组 $Ax=b$，其中 A 是一个 $m\times n$ 矩阵，b 为一个 m 向量，x 是一个变量的 n 向量. 设 n 向量 z_1，…，z_k 为这一方程组的解集，也即，满足 $Az_i=b$. 证明若系数 α_1，…，α_k 满足 $\alpha_1+\cdots+\alpha_k=1$，

则仿射组合

$$w=\alpha_1 z_1+\cdots+\alpha_k z_k$$

也是线性方程组的解，即满足 $Aw=b$. 用文字来说就是：任意线性方程组解的仿射组合也是方程组的解.

161

8.15 化学计量与平衡反应速率　考虑一个包含 m 种代谢物（化学物质）的系统（例如一个细胞），其中在代谢物之间有 n 种化学反应，它们反应的速率用 n 向量 r 给出.（负的反应速率意味着反应的方向是逆方向.）每一种反应都会消耗某种代谢物，并产生其他代谢物，其消耗速率与反应速率成正比. 这些过程可用一个 $m\times n$ 的**化学计量矩阵** S 给出，其中 S_{ij} 表示反应物 i 在以单位速率反应的化学反应 j 中的消耗速率.（当 S_{ij} 为负值时，意味着在反应 j 以单位速率进行时，代谢物 i 是被消耗的.）如果每一种代谢物在所有反应过程中的和都为零，则称系统为平衡的. 这意味着，对每一种代谢物，其产生的速率和消耗的速率是平衡的，因此系统中代谢物的总量保持不变. 将系统平衡的条件表示为以反应速率为变量的线性方程组.

8.16 双线性插值　在二维空间的四个角上，分别给出标量值 (x_1,y_1)，(x_2,y_2)，(x_3,y_3)，(x_4,y_4)，其中 $x_1<x_2$ 且 $y_1<y_2$. 这四个量分别记为 F_{11}，F_{12}，F_{21} 和 F_{22}. 一个双线性插值为一个形如

$$f(u,v)=\theta_1+\theta_2 u+\theta_3 v+\theta_4 uv$$

的函数，其中 θ_1，$\cdots$，θ_4 为系数，满足

$$f(x_1,y_1)=F_{11},\quad f(x_1,y_2)=F_{12},\quad f(x_2,y_1)=F_{21},\quad f(x_2,y_2)=F_{22}$$

也即，它在方形的四个顶点处的函数取值相等.（函数 f 通常只在方形内部的点 (u,v) 计算. 它被称为双线性的原因是对固定的 v，它是 u 的仿射函数，对固定的 u，它是 v 的仿射函数.）

将插值条件表示为一个形如 $A\theta=b$ 的线性方程的集合的形式，其中 A 是一个 4×4 矩阵，b 为一个 4 向量. 给出 A 和 b 的元素，将其表示为 x_1，x_2，y_1，y_2，F_{11}，F_{12}，F_{21} 和 F_{22} 的函数.

注：双线性插值在很多应用中被广泛使用，它可用于猜测或估计二维空间中任意函数的函数值，其前提是给定网格点上的函数值. 为估计在点 (x,y) 处的函数值，首先要求得点所在的方形网格点上的函数值. 然后使用双线性插值得到在 (x,y) 处的函数值.

162

第 9 章 线性动力系统

本章考虑一个矩阵与向量乘法的有用的应用，它可被用于描述很多变化的或随时间发展的系统或现象.

9.1 线性动力系统简介

设 x_1，x_2，$\cdots$ 为一个 n 向量的序列. 下标表示时间或周期，并可被写为 t；x_t 为在时刻（或周期）t 的取值，它称为在时刻 t 的**状态**. 可以将 x_t 认为是一个随时间变化的向量，即一个动态变化的向量. 在本书中，序列 x_1，x_2，$\cdots$ 有时又被称为**轨迹**或**状态轨迹**. 有时称 x_t 为系统的**当前状态**（隐含着假设当前时刻为 t），x_{t+1} 称为**下一个状态**，x_{t-1} 称为**前一个状态**，以此类推.

状态 x_t 可以表示一个投资组合每天的变化，或者力学系统中各部分的位置和速度，或者每季度的经济活动. 若 x_t 表示投资组合每天的变化，$(x_5)_3$ 为投资组合中资产 3 在第 5 天（交易日）时的持有量.

线性动力系统是一个序列的简单模型，其中 x_{t+1} 是 x_t 的一个线性函数：

$$x_{t+1} = A_t x_t, \quad t = 1, 2, \cdots \tag{9.1}$$

此处 A_t 为一个 $n \times n$ 矩阵，称为**动力学矩阵**. 上面的方程称为**动力学**方程或**更新**方程，因为它给出了 x 的下一个值，即 x_{t+1}，它被表示为当前值 x_t 的一个函数. 动力学矩阵一般不依赖于 t，此时该线性动力系统称为**时不变的**.

若知道 x_t（以及 A_t，A_{t+1}，$\cdots$），可以通过对动力学方程 (9.1) 的简单迭代求得 x_{t+1}，x_{t+2}，$\cdots$. 换句话说：若知道 x 的**当前**值，可以求得所有**未来**值. 特别地，它并不需要知道**过去的**状态. 这是称 x_t 为系统**状态**的原因. 它包含了在时刻 t 确定未来系统发展的所有信息.

带输入的线性动力系统 (9.1) 中给出的线性动力系统有很多不同类型的推广，它们中的一部分将在后面用到. 例如，在更新方程中可以附加一些新的项：

$$x_{t+1} = A_t x_t + B_t u_t + c_t, \quad t = 1, 2, \cdots \tag{9.2}$$

此处 u_t 为一个 m 向量，称为**输入**，B_t 为一个 $n \times m$ **输入矩阵**，n 向量 c_t 称为**偏置**，所有这些值都是在时刻 t 处的取值. 输入和偏置用于模型化状态随着时间变化时其他因素的影响. 输入 u_t 的另一个名字是**外生变量**，因为粗略地讲，它是从外部进入系统的.

Markov 模型 线性动力系统 (9.1) 有时被称为 Markov 模型（以数学家 Andrey Markov 的名字命名）. Markov 研究了下一个状态只依赖于其前一个状态，但不依赖于更早状态值

x_{t-1}，x_{t-2}，$\cdots$ 时的系统. 线性动力系统 (9.1) 为一种特殊的 Markov 系统，其下一个状态为当前状态的线性函数.

（线性的）K-Markov 模型是 Markov 模型的一个变体，其下一个状态 x_{t+1} 依赖于当前状态以及前面 $K-1$ 个状态. 这一系统的形式为

$$x_{t+1} = A_1 x_t + \cdots + A_K x_{t-K+1}, \quad t = K, K+1, \cdots \tag{9.3}$$

这一形式的模型常被用于时间序列分析和经济学中，在那里，它被称为（向量的）**自回归模型**. 当 $K=1$ 时，Markov 模型 (9.3) 和线性动力系统 (9.1) 是相同的. 当 $K>1$ 时，Markov 模型 (9.3) 可以通过适当选择状态化简到标准线性动力系统 (9.1)；参见练习 9.4.

仿真　若已经知道了动力学（及输入）矩阵，以及时刻 t 时的状态，可以通过公式 (9.1)（或 (9.2)，此时需要知道输入序列 u_t，u_{t+1}，$\cdots$）迭代得到未来状态轨迹 x_{t+1}，x_{t+2}，$\cdots$. 这称为线性动力系统的**仿真**. 仿真给出了对系统未来状态的预测.（特别指出的是 (9.1) 仅仅是某些真实系统的近似或模型，其结果必须非常小心地解释.）通过模拟运行，可以看到如果系统发生了某种变化，或者如果某些特定的输入出现时，什么情况将会发生.

9.2　人口动力学

线性动力系统可用于描述某人群在某段时间内人口年龄分布的变化. 设 x_t 为一个 100 向量，$(x_t)_i$ 为某人群中（例如，一个国家中）第 t 年（例如，在一月一日当天）年龄为 $i-1$ 的人口数量，其中 $i=1$，$\cdots$，100. 当 $(x_t)_i$ 为整数时，它会非常大，以至于可以将其认为是一个实数进行化简. 多数情形下，模型当然对每一个个体来说都是不准确的. 此外，也注意到模型没有跟踪年龄为 100 岁或更老的人. 图 9-1 中给出了美国人口在 2010 年时的年龄分布.

164

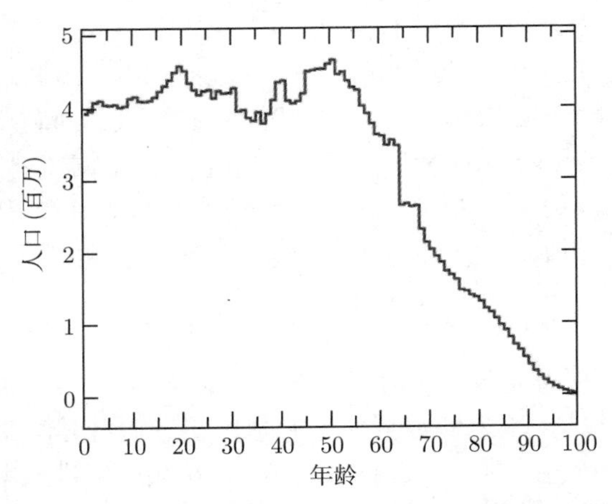

图 9-1　美国 2010 年人口的年龄分布.（美国人口普查局，census.gov）

出生率可以用一个 100 向量 b 给出，其中 b_i 为每一个年龄为 $i-1$ 的人生育子女的平均数量，$i=1$，$\cdots$，100.（它是年龄为 $i-1$ 的每一个女性生育子女平均数量的一半，即假设人口中男性和女性有相同的生育率.）当然，当 $i<13$ 及 $i>50$ 时，b_i 是很接近零的. 美国在 2010 年大概的出生率在图 9-2 中给出. 死亡率可以用一个 100 向量 d 给出，其中 d_i 为那些年龄为 $i-1$ 的人在当年死亡的比例. 美国 2010 年的死亡率在图 9-3 中给出.

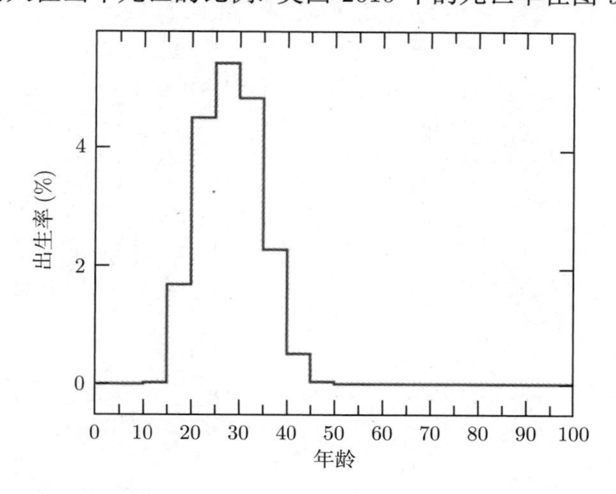

图 9-2 2010 年美国出生率与人口年龄的近似值. 该图是基于每年龄组五年的统计平均值数据的（因此会出现分片常数的形式），同时假设每个年龄组中男性和女性的数量相等.（Martin J. A.，Hamilton B. E.，Ventura S. J. 等, Births: Final data for 2010. National Vital Statistics Reports; vol. 61, no. 1. National Center for Health Statistics, 2012）

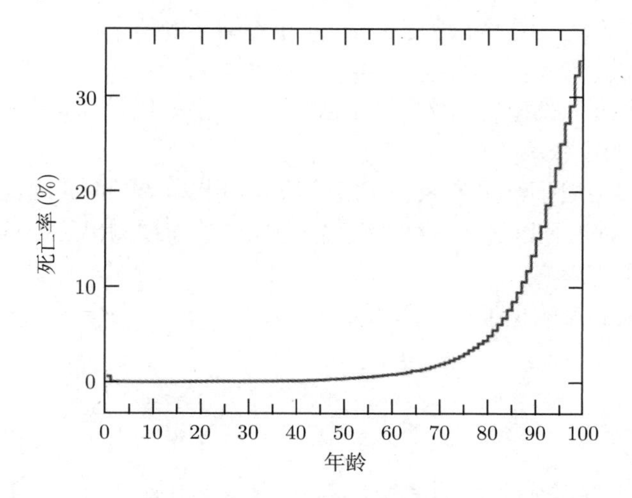

图 9-3 2010 年美国死亡率与人口年龄的分布，年龄范围从 0 到 99 岁.（美国国家卫生统计中心，疾病控制和预防中心，wonder.cdc.gov.）

为导出动力学方程 (9.1)，需要求出用 x_t 表示的 x_{t+1}，此处仅考虑出生和死亡，不考虑移民问题. 所有 0 岁的人数在下一年就是今年出生人口的总数:

$$\left(x_{t+1}\right)_1 = b^{\mathrm{T}} x_t$$

下一年为 i 岁的人数就是今年 $(i-1)$ 岁的人数减去死亡的人数:

$$\left(x_{t+1}\right)_{i+1} = \left(1-d_i\right)\left(x_t\right)_i, \quad i=1,\cdots,99$$

这些方程可以组合成一个时变线性动力系统

165 ~ 166

$$x_{t+1} = A x_t, \quad t=1,2,\cdots \tag{9.4}$$

其中 A 为

$$A = \begin{bmatrix} b_1 & b_2 & b_3 & \cdots & b_{98} & b_{99} & b_{100} \\ 1-d_1 & 0 & 0 & \cdots & 0 & 0 & 0 \\ 0 & 1-d_2 & 0 & \cdots & 0 & 0 & 0 \\ \vdots & \vdots & \vdots & & \vdots & \vdots & \vdots \\ 0 & 0 & 0 & \cdots & 1-d_{98} & 0 & 0 \\ 0 & 0 & 0 & \cdots & 0 & 1-d_{99} & 0 \end{bmatrix}$$

利用这一模型，可以预测 10 年内人口的总数（不包括移民），或者预测学龄儿童的数量，或是已到退休年龄的人数. 图 9-4 给出了 2020 年不同年龄的人口分布，其计算的方式是利用模型 $x_{t+1} = Ax_t$ 进行迭代，$t=1,\cdots,10$，其初始值 x_1 为图 9-1 中给出的年龄分布. 注意到该分布是基于一个近似模型的，因为此处忽略了移民，并假设死亡率和出生率始终保持图 9-2 和图 9-3 中给出的常数.

人口动力学模型被用于给出未来各年龄阶段人口分布的预测，因此可以预测在未来几年有多少人退休. 同时也可以进行多种“假设”分析，从而预测出生率或死亡率的变化对未来各年龄段人口分布的影响.

迁入和迁出人口的影响也很容易添加到人口动力学模型 (9.4) 中，只需附加一个 100 向量 u_t:

$$x_{t+1} = Ax_t + u_t$$

它是一个形如 (9.2) 的时变线性动力系统，其输入量为 u_t 且 $B=I$. 向量 u_t 给出了所有年龄段在第 t 年的净迁入数；$\left(u_t\right)_i$ 为第 t 年年龄为 $i-1$ 的迁入数.（负数表示迁出.）

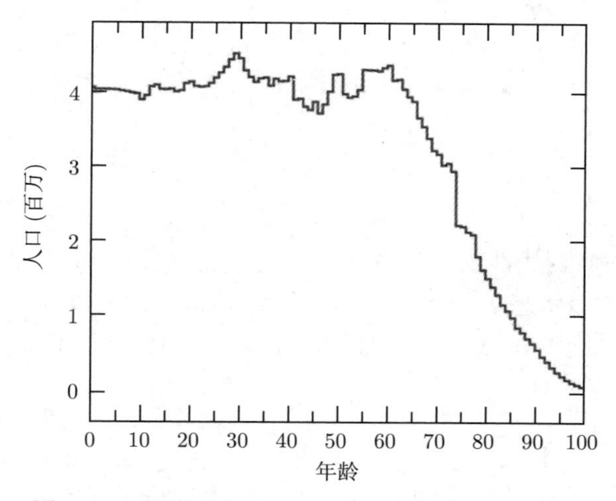

图 9-4 预测的美国在 2020 年各年龄段人口的分布

167

9.3 流行病动力学

一种流行病的传染和扩散可以用一个线性动力系统模型来刻画.(更为复杂的非线性流行病动态模型也可以被使用.)本节将介绍一个简单的例子.

设一群人中出现了某种疾病. 在每一个周期(例如一天)对人群进行四个状态的统计:

- *易感者*. 这些人可能在下一天感染疾病.
- *已感者*. 这些人已经感染了疾病.
- *康复者*. 这些人感染了疾病,但存活了下来,并对疾病产生了免疫.
- *已故者*. 这些人感染了疾病,因此不幸地死亡了.

将这些人数所占的比例用一个 4 向量 x_t 表示,例如 $x_t = (0.75, 0.10, 0.10, 0.05)$ 意味着在第 t 天,人群的 75% 是易感者,10% 是已感者,10% 是康复并免疫者,5% 是由于疾病而身故者.

有很多数学模型对比例 x_t 随时间的发展变化进行了预测. 一种简单的模型可以将其表示为一个线性动力系统. 该模型假设下列事项每天都会发生.

- 5% 的易感者会感染疾病.(其他 95% 的易感者将仍为易感者.)
- 1% 已感者会由于疾病身故,10% 的易感者会康复并产生免疫,4% 的已感者会康复,但没有免疫(因此,他们再次成为易感者). 剩余的 85% 易感者将仍然是已感者.

(那些已康复并产生免疫的人以及身故的人将保持其状态.)

首先需确定 $(x_{t+1})_1$,即下一天易感者的数量. 这些人包括今天的易感者数量中没有被感染的,即 $0.95(x_t)_1$,与今天的已感者中康复了但没有产生免疫的人,即 $0.04(x_t)_2$. 它们的和是 $(x_{t+1})_1 = 0.95(x_t)_1 + 0.04(x_t)_2$. 还有 $(x_{t+1})_2 = 0.85(x_t)_2 + 0.05(x_t)_1$;其第一项给出了那些已感并继续保持状态的人数,第二项给出了易感者中感染了疾病的人数. 类似地讨论能够得到 $(x_{t+1})_3 = (x_t)_3 + 0.10(x_t)_2$ 及 $(x_{t+1})_4 = (x_t)_4 + 0.01(x_t)_2$. 将这些放在一起就得

到了

$$x_{t+1} = \begin{bmatrix} 0.95 & 0.04 & 0 & 0 \\ 0.05 & 0.85 & 0 & 0 \\ 0 & 0.10 & 1 & 0 \\ 0 & 0.01 & 0 & 1 \end{bmatrix} x_t$$

它是一个形如 (9.1) 的时变线性动力学系统.

图 9-5 给出了从初始状态 $x_0 = (1,0,0,0)$ 开始，四群人的人数随时间的变化. 仿真表明，在 100 天后，状态收敛到不到 10% 的人身故，而其他人均免疫的情形.

168

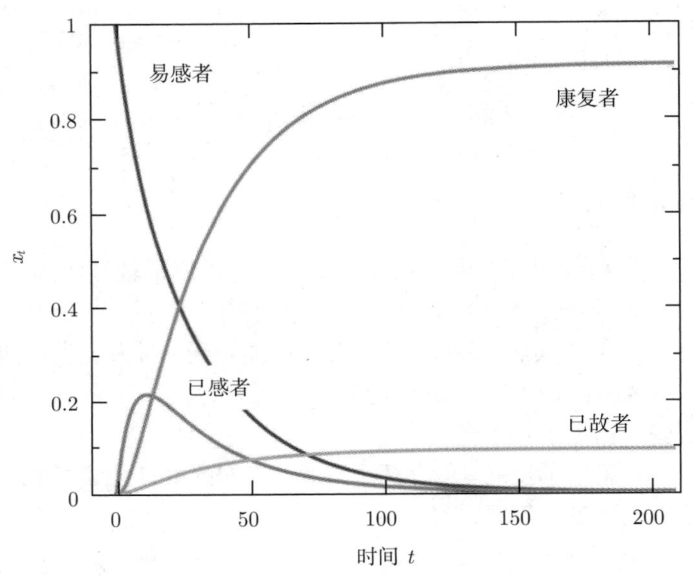

图 9-5　传染病动力学仿真

9.4　物体的运动

线性动力系统可用于（近似）描述任何力学系统的运动，例如，一架飞机（不进行极端的操作），或（希望不是太大的）一个建筑在地震中的运动. 此处给出一个简单的例子：在一个外力和一个阻力的作用下，一个单独的物体在一维空间（即一条直线）上的运动. 参见图 9-6. 在时刻 τ 物体的（标量）位置由 $p(\tau)$ 给出.（此处 τ 是连续的，即是一个实数.）该位置服从牛顿的运动定律，即微分方程

$$m\frac{\mathrm{d}^2 p}{\mathrm{d}\tau^2}(\tau) = -\eta\frac{\mathrm{d}p}{\mathrm{d}\tau}(\tau) + f(\tau)$$

其中 $m > 0$ 为质量，$f(\tau)$ 为在时刻 τ 作用在物体上的外力，$\eta > 0$ 为阻力系数. 方程的右端项为作用在物体上的合力；其第一项为阻力，它与速度成正比，与运动的方向相反.

169

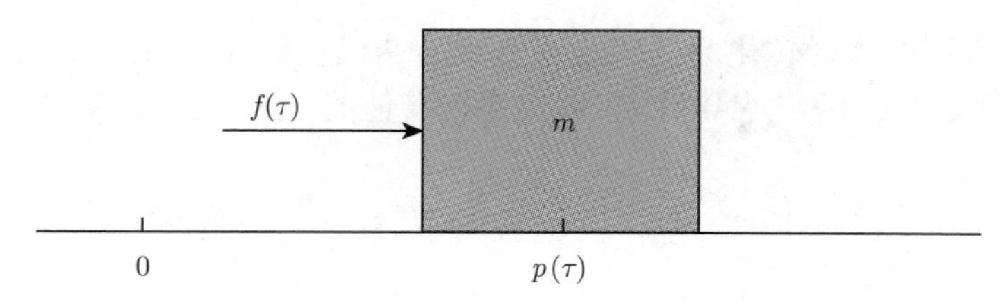

图 9-6　沿一条直线运动的物体

引入物体的速度为 $v(\tau)=\mathrm{d}p(\tau)/\mathrm{d}\tau$，上面的方程可以写为两个相互关联的微分方程，

$$\frac{\mathrm{d}p}{\mathrm{d}\tau}(\tau)=v(\tau), \quad m\frac{\mathrm{d}v}{\mathrm{d}\tau}(\tau)=-\eta v(\tau)+f(\tau)$$

第一个方程将位置和速度进行了关联；第二个方程来自运动定律.

离散化　为从上面的微分方程构造一个（近似的）线性动力系统模型，首先需要将时间离散化. 令 $h>0$ 为时间长度（称为“采样间隔”），它足够小，以至于在 h 秒的时间内系统的速度和力的变化不太大. 定义

$$p_k=p(kh), \quad v_k=v(kh), \quad f_k=f(kh)$$

它们是连续量在 h 秒的倍数处的“采样”. 现在使用近似式

$$\frac{\mathrm{d}p}{\mathrm{d}\tau}(kh)\approx\frac{p_{k+1}-p_k}{h}, \quad \frac{\mathrm{d}v}{\mathrm{d}\tau}(kh)\approx\frac{v_{k+1}-v_k}{h} \tag{9.5}$$

由于 h 很小，故它们是合适的. 这可得到（近似）等式（将 $\approx$ 替换为 $=$）

$$\frac{p_{k+1}-p_k}{h}=v_k, \quad m\frac{v_{k+1}-v_k}{h}=f_k-\eta v_k$$

最后，使用状态 $x_k=(p_k,v_k)$，上式可以写为

$$x_{k+1}=\begin{bmatrix}1 & h\\ 0 & 1-h\eta/m\end{bmatrix}x_k+\begin{bmatrix}0\\ h/m\end{bmatrix}f_k, \quad k=1,2,\cdots$$

这是一个形如 (9.2) 的线性动力系统，其输入为 f_k，动力学和输入矩阵为

$$A=\begin{bmatrix}1 & h\\ 0 & 1-h\eta/m\end{bmatrix}, B=\begin{bmatrix}0\\ h/m\end{bmatrix}$$

这一线性动力系统给出了真实运动的一个近似，它使用了近似的导数公式 (9.5). 但当 h 足够小时，它是准确的. 如果知道了时刻 $k=1$，2，$\cdots$ 时作用在物体上的外力，例如 u_t，这一线性动力系统可被用于仿真物体的运动.

将一个微分方程的集合转化为近似这些方程的迭代型公式 (9.5) 的方法称为**Euler 法**，它以数学家 Leonhard Euler 的名字命名.（也存在其他的、更复杂的方法将微分方程转化为迭代形式.）

170

例子　作为一个简单的例子，考虑 $m=1$（千克），$\eta=1$（牛顿每米每秒），采样的周期为 $h=0.01$（秒）. 外力为

$$f(\tau)=\begin{cases} 0.0 & 0.0\leqslant\tau<0.5 \\ 1.0 & 0.5\leqslant\tau<1.0 \\ -1.3 & 1.0\leqslant\tau<1.4 \\ 0.0 & 1.4\leqslant\tau \end{cases}$$

对这个系统以 6 秒为时间周期进行仿真，其初始状态为 $x_1=(0,0)$，该状态对应于在点 0 处为静止的状态（速度为零）. 该仿真使用了从 $k=1$ 到 $k=600$ 时对动力方程的迭代. 图 9-7 给出了力、位置和物体速度的变化，其中的坐标轴使用了连续的时间 τ 为标签.

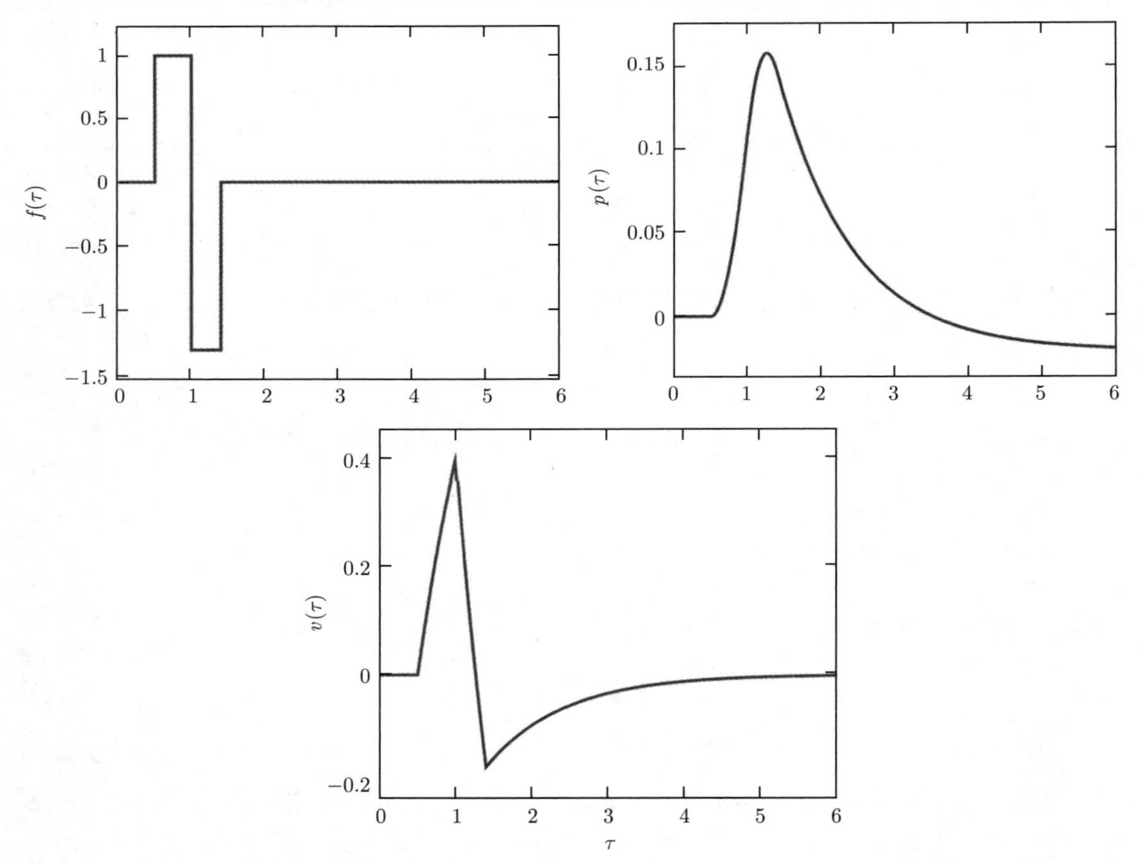

图 9-7　沿直线运动的物体的仿真. 作用力（左图）、位置（右图）和速度（下图）

9.5 供应链动力学

供应链的动力学系统通常被模型化为一个线性动力系统.（这一简单的模型并不包含真实供应链中的一些重要特征，例如仓库的存储限制，或需求的变化.）此处给出一个简单的例子.

考虑一种可分割的商品的供应链（例如，石油、砾石，或很小的可被认为是实数的离散量）. 这种商品被存储在 n 个仓库或存储地点. 每一个地点都有目标（需要）商品的数量，令 n 向量 x_t 表示存储的商品数量与其目标值的**偏差**. 例如，$(x_5)_3$ 为在地点 3，第 5 个时间周期的真实商品存储量减去地点 3 处的目标存储量. 如果为一个正数，则意味着在这个地点的存储量多于目标值；如果为一个负数，则意味着在这个地点的存储量没有达到目标值.

在每一个时间周期，商品在存储地点之间的 m 条链接的集合上被移动或运输，同时也通过（从供货方）购买和出售（到最终用户）进入或离开结点. 购买和销售的向量分别是 n 向量 p_t 和 s_t. 可以期望向量中元素的取值都是正的；但如果包含退货，则它们中元素的取值就可能是负的. 购买和销售的净影响为将 $(p_t - s_t)_i$ 商品附加到地点 i 上.（如果在该地点销售的数量比购买得多，则这一数字是负的.）

结点之间的链接可以使用一个 $n \times m$ 的关联矩阵 A^{sc} 进行描述（参见 7.3 节）. 链接的方向并不表示商品的流向；它仅仅给出了商品流的**参考方向**：商品流和链接的方向是同向的则表示为正数，商品流和链接的方向是反向的则表示为负数. 周期 t 内的商品流可以被描述为一个 m 向量 f_t. 例如，$(f_6)_2 = -1.4$ 意味着在第 6 个时间周期内，1.4 单位的商品沿着与链接 2 相反的方向移动（因为该流是负值）. n 向量 $A^{\text{sc}} f_t$ 给出了在链接上进行运输带来的 n 个地点商品的净流量.

171 ~ 172

考虑到商品在整个网络上的运输，以及商品的购买和销售，可以得到下面的动力学方程

$$x_{t+1} = x_t + A^{\text{sc}} f_t + p_t - s_t, \quad t = 1, 2, \cdots$$

在控制或运行供应链的应用中，s_t 是不可控的，但 f_t（存储地点之间商品的流动）和 p_t（在各地点处的购买）是可以控制的. 这意味着 s_t 应被看作是偏置，$u_t = (f_t, p_t)$ 应被视为 (9.2) 中线性动力系统的输入. 利用动力学和输入矩阵，上面的动力学方程可以写为如下的形式.

$$A = I, \quad B = [A^{\text{sc}} \quad I]$$

（其中 A^{sc} 为供应链图的关联矩阵，A 为 (9.2) 中的动力学矩阵.）方程组为

$$x_{t+1} = A x_t + B(f_t, p_t) - s_t, \quad t = 1, 2, \cdots$$

图 9-8 中给出了一个简单的例子. 该供应链的动力学方程为

$$x_{t+1} = x_t + \begin{bmatrix} -1 & -1 & 0 & 1 & 0 & 0 \\ 1 & 0 & -1 & 0 & 1 & 0 \\ 0 & 1 & 1 & 0 & 0 & 1 \end{bmatrix} \begin{bmatrix} f_t \\ p_t \end{bmatrix} - s_t, \quad t = 1, 2, \cdots$$

一个很好的练习是验证矩阵与向量的乘积（右边项的中间项）给出了每一地点处商品总量的和是运出及购进的结果.

173

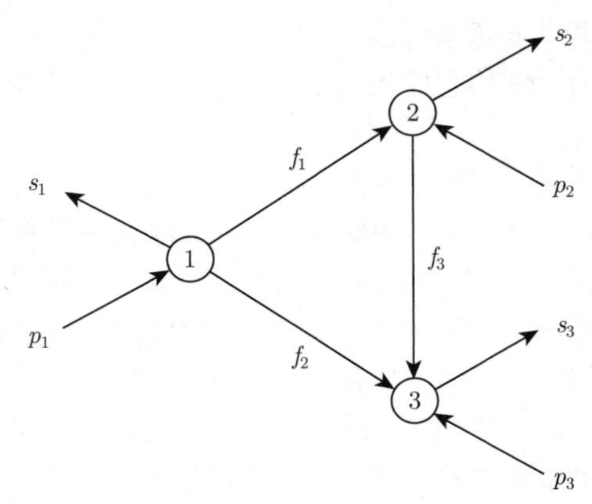

图 9-8 $n = 3$ 个存储地点和 $m = 3$ 个运输链路的简单供应链

练习

9.1 房室系统 **房室系统**为一个刻画由 n 个房室和外部世界之间物质交换的模型. 它被广泛应用于**药物动力学**中，用以研究体内药物的浓度是如何随时间变化的. 在该应用中，物质是药品，房室为血液系统、肺、心脏、肝脏、肾脏等. 房室系统是特殊类型的线性动力系统.

在本题中，考虑一种只有 3 个房室的非常简单的房室系统. 令 $(x_t)_i$ 为房室 i 中的物质（例如，一种药品）在时间周期 t 的量. 在周期 t 和 $t+1$ 之间，物质按照如下的规律流动.

- 10% 房室 1 中的物质移动到房室 2.（这减少了物质在房室 1 中的量，增加了物质在房室 2 中的量.）
- 5% 房室 2 中的物质移动到房室 3.
- 5% 房室 3 中的物质移动到房室 1.
- 5% 房室 3 中的物质被移除.

将这一房室系统表示为一个线性动力系统，$x_{t+1} = Ax_t$.（给出矩阵 A.）确保所有物质进入和离开每一个房室的量.

9.2 一个经济系统的动力学 一个（国家或区域的）经济系统可以表示为一个 n 向量 a_t，其中 $(a_t)_i$ 为第 t 年行业 i 的经济产出（例如，以十亿美元为单位）. 在第 t 年经济系统的总产出可表示为 $\mathbf{1}^{\mathrm{T}}a_t$. 一个描述经济系统的产出随时间变化的简单模型为 $a_{t+1} = Ba_t$，其中 B 为一个 $n \times n$ 矩阵.（这与 8.3 节描述的 Leontief 投入产出模型非常相近. 但 Leontief 模型是静态的，也即，不考虑经济体本身随时间的变化.）a_t 和 B 的元素通常是正数.

在本问题中将考虑行业数为 $n=4$ 的特殊情形，且

$$B=\begin{bmatrix} 0.10 & 0.06 & 0.05 & 0.70 \\ 0.48 & 0.44 & 0.10 & 0.04 \\ 0.00 & 0.55 & 0.52 & 0.04 \\ 0.04 & 0.01 & 0.42 & 0.51 \end{bmatrix}$$

(a) 简单解释 B_{23}.

(b) *仿真*. 设 $a_1=(0.6,0.9,1.3,0.5)$. 绘制四个行业的产出（即 $(a_t)_i$，其中 $i=1,\cdots,4$）及总经济产出（即 $\mathbf{1}^{\mathrm{T}}a_t$）随时间 t 的变化，其中 $t=1,\cdots,20$.

9.3 线性动力系统的平衡点 考虑一个有偏置的时变线性动力系统，$x_{t+1}=Ax_t+c$，其中 x_t 为 n 状态向量. 称一个向量 z 为线性动力系统的**平衡点**，若 $x_1=z$ 蕴含着 $x_2=z$，$x_3=z$，$\cdots$.（用文字来说就是：若系统处于状态 z，则它将一直保持处于状态 z.）

求一个矩阵 F 和向量 g，使得线性方程的集合 $Fz=g$ 给出了平衡点的特征.（这意味着：若 z 为平衡点，则 $Fz=g$；反之，若 $Fz=g$，则 z 为一个平衡点.）用 A，c，任何标准矩阵或向量（例如，I，$\mathbf{1}$，或 0）及矩阵与向量的运算表示 F 和 g.

注：平衡点通常有着很有意思的解释. 例如，若线性动力系统刻画了一个国家的人口动力学，其中向量 c 表示移民的数量（如果 c 为负值则表示迁出），其平衡点表示年复一年不变的一种人口分布. 换句话说，移民的数量恰好抵消了由于老化、出生和死亡造成的人口分布的变化.

174

9.4 将 Markov 模型化简为一个线性动力系统 考虑 2-Markov 模型

$$x_{t+1}=A_1x_t+A_2x_{t-1},\quad t=2,3,\cdots$$

其中 x_t 为一个 n 向量. 定义 $z_t=(x_t,x_{t-1})$. 证明 z_t 满足线性动力系统方程 $z_{t+1}=Bz_t$，其中 $t=2$，3，$\cdots$，B 为一个 $(2n)\times(2n)$ 的矩阵. 这一思想可被用于将任意 K-Markov 模型表示为一个线性动力系统，其状态为 $(x_t,\cdots,x_{t-K+1})$.

9.5 Fibonacci 序列 Fibonacci 序列 y_0，y_1，y_2，$\cdots$ 从 $y_0=0$，$y_1=1$ 开始，且对 $t=2$，3，$\cdots$，y_t 为前面两项的和，即 $y_{t-1}+y_{t-2}$.（Fibonacci 为 13 世纪数学家 Leonardo of Pisa 的曾用名.）将这一序列表示为一个时变线性动力学系统，其状态为 $x_t=(y_t,y_{t-1})$，输出为 y_t，其中 $t=1$，2，$\cdots$. 利用构造的线性动力系统仿真（计算）直到 $t=20$ 的 Fibonacci 序列. 同时仿真一个经过修改的 Fibonacci 序列 z_0，z_1，z_2，$\cdots$，其初始状态有着相同的值 $z_0=0$ 和 $z_1=1$，但当 $t=2$，3，$\cdots$ 时，z_t 为前面两个数的差，即 $z_{t-1}-z_{t-2}$.

9.6 递归平均 设 u_1，u_2，$\cdots$ 为一个 n 向量的序列. 令 $x_1=0$，且对 $t=2$，3，$\cdots$，令 x_t 为 u_1，$\cdots$，u_{t-1} 的平均值，即 $x_t=(u_1+\cdots+u_{t-1})/(t-1)$. 将其表示为一个带输入的线性动力系统，即 $x_{t+1}=A_tx_t+B_tu_t$，其中 $t=1$，2，$\cdots$（初始状态为 $x_1=0$）.

注：通过逐项计算，该方法可用于计算一个非常大的向量集合的平均值.

9.7 线性动力系统仿真的复杂度　考虑 n 状态向量 x_t 的时变线性动力系统，其输入为 m 向量 u_t，动力学关系为 $x_{t+1} = A_t x_t + B_t u_t$，$t = 1, 2, \cdots$. 其中矩阵 A 和 B，初始状态 x_1 以及输入量 $u_1, \cdots, u_{T-1}$ 已经给定. 则实现该仿真的复杂度是多少？即计算 $x_2, x_3, \cdots, x_T$ 的复杂度. 使用 1Gflop/s 的计算机，大概需要多长时间才能完成 $n = 15$，$m = 5$ 及 $T = 10^5$ 的仿真？

175

第10章 矩阵乘法

本章介绍矩阵乘法（一个推广的矩阵与向量的乘法），并描述很多表示法和应用.

10.1 矩阵与矩阵的乘法

两个矩阵是有可能使用**矩阵乘法**将它们相乘的. 当它们的维数相互**匹配**时，矩阵 A 和 B 可以相乘，这意味着 A 的列数等于 B 的行数. 设 A 和 B 的维数是匹配的，即 A 的大小为 $m \times p$，B 的大小为 $p \times n$. 则乘积矩阵 $C = AB$ 为一个 $m \times n$ 的矩阵，其元素为

$$C_{ij} = \sum_{k=1}^{p} A_{ik}B_{kj} = A_{i1}B_{1j} + \cdots + A_{ip}B_{pj}, \quad i = 1, \cdots, m, \quad j = 1, \cdots, n \tag{10.1}$$

有多种方法记忆这一法则. 为求得乘积 $C = AB$ 的 i，j 元素，需要知道 A 的第 i 行和 B 的第 j 列元素. 上面的求和可以表述为“在 A 的第 i 行中从左到右移动”的同时沿着 B 的第 j 列“从上到下”移动. 在移动的时候，不断将元素的乘积相加，乘积中的一个乘数来自 A，另一个乘数来自 B.

作为一个具体的例子，有

$$\begin{bmatrix} -1.5 & 3 & 2 \\ 1 & -1 & 0 \end{bmatrix} \begin{bmatrix} -1 & -1 \\ 0 & -2 \\ 1 & 0 \end{bmatrix} = \begin{bmatrix} 3.5 & -4.5 \\ -1 & 1 \end{bmatrix}$$

为求得右边矩阵中的 1，2 元素，沿着左边第一个矩阵的第一行从左到右，同时沿着中间矩阵的第二列从上到下，得到 $(-1.5)(-1) + (3)(-2) + (2)(0) = -4.5$.

矩阵与矩阵的乘法包含到目前为止已经遇到过的很多特殊的其他类型乘法（或乘积）.

176
~
177

标量与向量的乘积 若 x 为一个 n 向量，a 为一个数，则标量与向量的乘法可以表示为 xa，其中标量在右边，它就是一个矩阵乘法. n 向量 x 可被看作是一个 $n \times 1$ 的矩阵，标量 a 则是一个 1×1 的矩阵. 矩阵乘积 xa 就是有意义的，并且它是一个 $n \times 1$ 的矩阵，可被认为是一个 n 向量. 该计算和标量与向量的乘法 xa 是一致的，后者通常（传统上）被写为 ax. 但需注意 ax 不能被解释为一个矩阵与矩阵的乘法（除非 $n = 1$），因为 a 的列数（其数值为一）不等于 x 的行数（其数值为 n）.

内积 矩阵与矩阵乘法的另外一个重要的特殊情形是一个行向量与一个列向量相乘. 若 a 和 b 都是 n 向量，则内积

$$a^{\mathrm{T}}b = a_1b_1 + a_2b_2 + \cdots + a_nb_n$$

可被看作是 $1\times n$ 矩阵 a^{T} 和 $n\times 1$ 矩阵 b 之间的矩阵与矩阵乘积. 其结果为一个 1×1 的矩阵，它可被认为是一个标量.（这解释了为什么用记号 $a^{\mathrm{T}}b$ 表示在 1.4 节中定义的两个向量 a 和 b 的内积.）

矩阵与向量的乘法　在 (6.4) 中定义的矩阵与向量的乘法 $y=Ax$ 可被看作是矩阵 A 与一个 $n\times 1$ 矩阵 x 的矩阵与矩阵乘积.

向量的外积　一个 m 向量 a 和一个 n 向量 b 的**外积**由 ab^{T} 给出，它是一个 $m\times n$ 矩阵：

$$ab^{\mathrm{T}}=\begin{bmatrix} a_1b_1 & a_1b_2 & \cdots & a_1b_n \\ a_2b_1 & a_2b_2 & \cdots & a_2b_n \\ \vdots & \vdots & & \vdots \\ a_mb_1 & a_mb_2 & \cdots & a_mb_n \end{bmatrix}$$

其元素是由 a 和 b 的所有元素乘积构成的. 请注意外积不满足 $ab^{\mathrm{T}}=ba^{\mathrm{T}}$，即它不是对称的（这一点与内积不同）. 事实上，方程 $ab^{\mathrm{T}}=ba^{\mathrm{T}}$ 甚至可能没有任何含义，除非 $m=n$；即便如此，它在一般情形下也是不成立的.

与单位阵的乘积　若 A 为任意一个 $m\times n$ 矩阵，则 $AI=A$ 且 $IA=A$，即当一个矩阵与一个单位阵相乘时，对原矩阵没有影响.（请注意，公式 $AI=A$ 和 $IA=A$ 中单位阵的大小是不同的.）

矩阵乘法中的顺序的问题　矩阵乘法（通常）是**不可交换的**：（通常）不能得到 $AB=BA$. 事实上，BA 可能根本没有意义，或者，即使它有意义，其大小也与 AB 不同. 例如，若 A 为 2×3 的矩阵，B 为 3×4 的矩阵，则 AB 是有意义的（它们的维数是匹配的），但 BA 甚至没有意义（它们的维数不匹配）. 即便 AB 和 BA 都是有意义的，并且它们有着相同的大小，即 A 和 B 都是方阵，（通常）也不能得到 $AB=BA$. 作为一个简单的例子，考虑矩阵

178

$$A=\begin{bmatrix} 1 & 6 \\ 9 & 3 \end{bmatrix},\quad B=\begin{bmatrix} 0 & -1 \\ -1 & 2 \end{bmatrix}$$

可得

$$AB=\begin{bmatrix} -6 & 11 \\ -3 & -3 \end{bmatrix},\quad BA=\begin{bmatrix} -9 & -3 \\ 17 & 0 \end{bmatrix}$$

两个矩阵 A 和 B 满足 $AB=BA$ 则被称为**可交换**的.（请注意，当 $AB=BA$ 成立时，A 和 B 必然都是方阵.）

矩阵乘法的性质　下列性质都是成立的，容易用矩阵乘法的定义进行验证. 假设 A，B 和 C 为使得下列所有矩阵运算都有效的矩阵，γ 为一个标量.

- *结合律*. $(AB)C=A(BC)$. 因此可以将该乘积简单写作 ABC.

- *与标量乘法的结合律*. $\gamma(AB) = (\gamma A)B$，其中 γ 为标量，A 和 B 为矩阵（它们可以相乘）. 它也可以等于 $A(\gamma B)$.（注意乘积 γA 和 γB 定义为标量与矩阵的乘法，但一般地，除非 A 和 B 只有一行，否则它不被看作是矩阵与矩阵的乘积.）
- *对加法的分配律*. 矩阵乘法可以在矩阵加法上分配：$A(B+C) = AB+AC$，$(A+B)C = AC+BC$. 在前述方程的右边，矩阵乘法的优先级比加法高，因此，例如 $AC+BC$ 应理解为 $(AC)+(BC)$.
- *乘积的转置*. 一个乘积的转置等于它们转置的乘积，但需使用**相反**的顺序：$(AB)^{\mathrm{T}} = B^{\mathrm{T}}A^{\mathrm{T}}$.

利用这些性质，可以导出其他的一些性质. 例如，若 A，B，C 和 D 为大小相等的方阵，则有等式

$$(A+B)(C+D) = AC+AD+BC+BD$$

这和通常标量乘法的展开式是一样的，但对矩阵来说，乘积的顺序必须小心地保持.

内积和矩阵与向量的乘积　作为矩阵与向量乘积和内积的一个练习，可以验证若 A 为一个 $m\times n$ 矩阵，x 为一个 n 向量，y 为一个 m 向量，则

$$y^{\mathrm{T}}(Ax) = \left(y^{\mathrm{T}}A\right)x = \left(A^{\mathrm{T}}y\right)^{\mathrm{T}}x$$

即 y 和 Ax 的内积等于 x 和 $A^{\mathrm{T}}y$ 的内积.（请注意，当 $m\neq n$ 时，这些内积包含不同维数的向量.）

分块矩阵的乘积　设 A 为一个被划分为 $m\times p$ 块的分块矩阵，其中的每一块记作 A_{ij}，B 为一个被划分为 $p\times n$ 块的分块矩阵，其中的每一块记作 B_{ij}，且对 $k=1,\cdots,p$，矩阵乘积 $A_{ik}B_{kj}$ 是有意义的，即 A_{ik} 的列数等于 B_{kj} 的行数.（此时，称分块矩阵是**一致**的或**匹配**的.）于是 $C=AB$ 可表示为一个 $m\times n$ 分块矩阵，其元素为 C_{ij}，由公式 (10.1) 给出. 例如，有

179

$$\begin{bmatrix} A & B \\ C & D \end{bmatrix}\begin{bmatrix} E & F \\ G & H \end{bmatrix} = \begin{bmatrix} AE+BG & AF+BH \\ CE+DG & CF+DH \end{bmatrix}$$

对任何使得上述乘积有意义的矩阵 A，B，$\cdots$，H 都成立. 这一公式和两个 2×2 矩阵乘法的计算公式是一样的（即矩阵元素为标量），但当矩阵元素本身就是矩阵时（如上述的分块矩阵），需要小心保持乘法的顺序.

矩阵与矩阵乘法的列表示　通过将矩阵乘法中第二个矩阵表示为列分块矩阵，可以得到一些有关矩阵乘法的更深入的理解. 考虑一个 $m\times p$ 矩阵 A 和一个 $p\times n$ 矩阵 B，记矩阵 B 的各列为 b_k. 利用分块矩阵的记号，乘积 AB 可以写为：

$$AB = A[b_1 \quad b_2 \quad \cdots \quad b_n] = [Ab_1 \quad Ab_2 \quad \cdots \quad Ab_n]$$

因此，AB 的各列为 A 和 B 各列的矩阵与向量乘积. 乘积 AB 可被看作是将 A“作用到”B 的各列后得到的矩阵.

多个线性方程组的集合 可以使用矩阵乘法的列表示法将有相同 $m \times n$ 系数矩阵 A 的多个方程组

$$Ax_i = b_i, \quad i = 1, \cdots, k$$

紧凑地表示为:

$$AX = B$$

其中 $X = [x_1 \quad \cdots \quad x_k]$，$B = [b_1 \quad \cdots \quad b_k]$. 矩阵方程 $AX = B$ 有时称为**右边项为矩阵的线性方程**，因为它与 $Ax = b$ 很像，但 X（变量）和 B（右边项）现在是 $n \times k$ 矩阵，而不是 n 向量（即 $n \times 1$ 矩阵）.

矩阵与矩阵乘积的行表示 通过将 AB 中的矩阵 A 按照行向量的形式进行分块，乘积 AB 也可以类似地用行的形式进行表示. 令 a_1^{T}，$\cdots$，a_m^{T} 为 A 的各行，则有

$$AB = \begin{bmatrix} a_1^{\mathrm{T}} \\ a_2^{\mathrm{T}} \\ \vdots \\ a_m^{\mathrm{T}} \end{bmatrix} B = \begin{bmatrix} a_1^{\mathrm{T}} B \\ a_2^{\mathrm{T}} B \\ \vdots \\ a_m^{\mathrm{T}} B \end{bmatrix} = \begin{bmatrix} (B^{\mathrm{T}} a_1)^{\mathrm{T}} \\ (B^{\mathrm{T}} a_2)^{\mathrm{T}} \\ \vdots \\ (B^{\mathrm{T}} a_m)^{\mathrm{T}} \end{bmatrix}$$

180

这说明 AB 的行是 B^{T} 作用在 A 的行向量上后，再转置的结果.

内积表示 根据 (10.1) 中给出的 AB 中 i，j 元素的定义，可以看到 AB 的元素为 A 的各行与 B 的各列的内积:

$$AB = \begin{bmatrix} a_1^{\mathrm{T}} b_1 & a_1^{\mathrm{T}} b_2 & \cdots & a_1^{\mathrm{T}} b_n \\ a_2^{\mathrm{T}} b_1 & a_2^{\mathrm{T}} b_2 & \cdots & a_2^{\mathrm{T}} b_n \\ \vdots & \vdots & \ddots & \vdots \\ a_m^{\mathrm{T}} b_1 & a_m^{\mathrm{T}} b_2 & \cdots & a_m^{\mathrm{T}} b_n \end{bmatrix}$$

其中 a_i^{T} 为 A 的各行，b_j 为 B 的各列. 因此，矩阵与矩阵的乘积可被看作是 mn 个内积 $a_i^{\mathrm{T}} b_j$ 排列在一个 $m \times n$ 矩阵中.

Gram 矩阵 设 A 为一个 $m \times n$ 矩阵，其列向量为 a_1，$\cdots$，a_n，矩阵乘积 $G = A^{\mathrm{T}} A$ 称为 m 向量 a_1，$\cdots$，a_n 的一个向量集对应的 **Gram 矩阵**.（该矩阵用数学家 Jørgen Pedersen Gram 的名字命名.）利用前面的内积表示，Gram 矩阵可以表示为

$$G = A^{\mathrm{T}} A = \begin{bmatrix} a_1^{\mathrm{T}} a_1 & a_1^{\mathrm{T}} a_2 & \cdots & a_1^{\mathrm{T}} a_n \\ a_2^{\mathrm{T}} a_1 & a_2^{\mathrm{T}} a_2 & \cdots & a_2^{\mathrm{T}} a_n \\ \vdots & \vdots & \ddots & \vdots \\ a_n^{\mathrm{T}} a_1 & a_n^{\mathrm{T}} a_2 & \cdots & a_n^{\mathrm{T}} a_n \end{bmatrix}$$

Gram 矩阵 G 的元素为 A 中一对列向量两两作内积得到的. 请注意 Gram 矩阵是对称的，因为 $a_i^{\mathrm{T}}a_j = a_j^{\mathrm{T}}a_i$. 这一结果也可以使用乘积的转置规则得到

$$G^{\mathrm{T}} = \left(A^{\mathrm{T}}A\right)^{\mathrm{T}} = \left(A^{\mathrm{T}}\right)\left(A^{\mathrm{T}}\right)^{\mathrm{T}} = A^{\mathrm{T}}A = G$$

在本书的后续内容中，Gram 矩阵将会扮演重要的角色.

作为一个简单的例子，设 $m \times n$ 的矩阵 A 给出了 m 个对象是否为簇 n 中元素的关系，其元素为：

$$A_{ij} = \begin{cases} 1 & \text{对象 } i \text{ 在簇 } j \text{ 中} \\ 0 & \text{对象 } i \text{ 不在簇 } j \text{ 中} \end{cases}$$

（因此 A 的第 j 列给出了在第 j 簇中的成员信息，其第 i 行给出了对象 i 是否为簇成员的信息.）此时，Gram 矩阵 G 有很好的解释：G_{ij} 为同时在第 i 簇和第 j 簇中对象的个数，G_{ii} 为在第 i 簇中对象的个数.

外积表示 若将 $m \times p$ 矩阵 A 表示为列 a_1，$\cdots$，a_p 的形式，将 $p \times n$ 矩阵 B 表示为行 b_1^{T}，$\cdots$，b_p^{T} 的形式，

$$A = [a_1 \quad \cdots \quad a_p], \quad B = \begin{bmatrix} b_1^{\mathrm{T}} \\ \vdots \\ b_p^{\mathrm{T}} \end{bmatrix}$$

则矩阵乘积 AB 可用外积和的形式表示为：

$$AB = a_1 b_1^{\mathrm{T}} + \cdots + a_p b_p^{\mathrm{T}}$$

181

矩阵乘法的复杂度 可以通过多种方法求得矩阵与矩阵乘积 $C = AB$ 需要的浮点运算次数，其中 A 为 $m \times p$ 的矩阵，B 为 $p \times n$ 的矩阵. 乘积矩阵 C 的大小为 $m \times n$，因此它共有 mn 个元素需要计算. 计算一个长度为 p 的两个向量的内积需要 $2p-1$ 次浮点运算. 因此共需 $mn(2p-1)$ 次浮点运算，它大约为 $2mnp$ 次浮点运算. 计算矩阵与矩阵乘积复杂度的阶数为 mnp，即三个需要用到的维数的乘积.

在一些特殊情形，复杂度要低于 $2mnp$ 次浮点运算. 作为一个简单的例子，计算 $n \times n$ Gram 矩阵 $G = B^{\mathrm{T}}B$ 仅需要计算 G 的上半部分（或下半部分）即可，因为 G 是对称的. 这节约了大约一半的浮点运算，因此其复杂度大约为 pn^2 次浮点运算. 但其阶数是相同的.

稀疏矩阵乘法的复杂度 稀疏矩阵的乘法可被高效地完成，因为无须计算其中一个或另一个为零的元素. 首先分析一个稀疏矩阵与一个非稀疏矩阵乘积的复杂度. 设 A 为一个 $m \times p$ 矩阵，且为稀疏的，B 为一个 $p \times n$ 矩阵，但不一定是稀疏的. 计算 A 的第 i 行 a_i^{T} 与 B 的第 j 列的内积需要不超过 $2\,\mathbf{nnz}\left(a_i^{\mathrm{T}}\right)$ 次浮点运算. 对 $i = 1$，$\cdots$，m 和 $j = 1$，$\cdots$，n

求和需要 $2\mathbf{nnz}(A)n$ 次浮点运算. 若 B 为稀疏的，浮点运算总数不会超过 $2\mathbf{nnz}(B)m$ 次. (请注意，当稀疏矩阵的元素都不是零时，这一公式与前面的公式 $2mnp$ 是相容的.)

对两个稀疏矩阵的乘积没有简单的关于复杂度的计算公式，但显然不会超过 $2\min\{\mathbf{nnz}(A)n, \mathbf{nnz}(B)m\}$ 次浮点运算.

三个矩阵乘积的复杂度 考虑三个矩阵的乘积

$$D = ABC$$

其中 A 的大小为 $m \times n$，B 的大小为 $n \times p$，C 的大小为 $p \times q$. 矩阵 D 可以使用两种方式计算，即 $(AB)C$ 或者 $A(BC)$. 在第一种方法中，首先计算 AB（需 $2mnp$ 次浮点运算），然后得到 $D = (AB)C$（需要 $2mpq$ 次浮点运算），总计需要 $2mp(n+q)$ 次浮点运算. 在第二种方法中，计算 BC（需要 $2npq$ 次浮点运算），然后得到 $D = A(BC)$（需要 $2mnq$ 次浮点运算），总计需要 $2nq(m+p)$ 次浮点运算.

你可能会猜想，这两种计算方法需要相同次数的浮点运算，但它们确实是不相等的. 第一种方法在 $2mp(n+q) < 2nq(m+p)$ 时更为合适，即当

$$\frac{1}{n} + \frac{1}{q} < \frac{1}{m} + \frac{1}{p}$$

时第一种方法更好. 例如，若 $m = p$ 且 $n = q$，第一种方法的复杂度正比于 $m^2 n$，而第二种方法的复杂度正比于 mn^2，故当 $m \ll n$ 时，应尽可能使用第一种方法.

作为一个更具体的例子，考虑乘积 $ab^{\mathrm{T}}c$，其中 a，b，c 为 n 向量. 若首先计算外积 ab^{T}，其开销为 n^2 次浮点运算，且需要存储 n^2 个数值. 然后用向量 c 乘以这个 $n \times n$ 矩阵，其开销为 $2n^2$ 次浮点运算. 故总开销为 $3n^2$ 次浮点运算. 另一方面，若首先计算内积 $b^{\mathrm{T}}c$，则开销为 $2n$ 次浮点运算，且只需要存储一个数（结果）. 将向量 a 与这个数相乘，需要的开销为 n 次浮点运算，因此总开销为 $3n$ 次浮点运算. 当 n 很大时，$3n$ 与 $3n^2$ 次浮点运算的差距是非常大的. (用两种方法计算 $ab^{\mathrm{T}}c$ 的存储量需求也有着显著的不同：一个数对 n^2 个数.)

182

10.2 线性函数的复合

矩阵乘法与复合 设 A 是一个 $m \times p$ 矩阵，B 是一个 $p \times n$ 矩阵. 与这些矩阵相关的是两个线性函数 $f : \mathbb{R}^p \to \mathbb{R}^m$ 和 $g : \mathbb{R}^n \to \mathbb{R}^p$，分别定义为 $f(x) = Ax$ 和 $g(x) = Bx$. 两个函数的**复合**是一个函数 $h : \mathbb{R}^n \to \mathbb{R}^m$，其中

$$h(x) = f(g(x)) = A(Bx) = (AB)x$$

用文字来说就是：为求 $h(x)$，首先作用函数 g，得到部分结果 $g(x)$（它是一个 p 向量）；然后将函数 f 作用于这一结果上，得到 $h(x)$（它是一个 m 向量）. 在公式 $h(x) = f(g(x))$ 中，f 在 g 的左侧；但当计算 $h(x)$ 时，首先作用 g. 复合函数 h 显然是一个线性函数，它可以写为 $h(x) = Cx$，其中 $C = AB$.

利用这种将矩阵乘法表示为线性函数复合的方法，容易理解为什么通常 $AB \neq BA$，即使它们的维数是匹配的. 计算函数 $h(x) = ABx$ 意味着首先计算 $y = Bx$，然后计算 $z = Ay$. 计算函数 BAx 意味着首先计算 $y = Ax$，然后计算 $z = By$. 计算的顺序对结果通常是有影响的. 例如，对 2×2 矩阵

$$A = \begin{bmatrix} -1 & 0 \\ 0 & 1 \end{bmatrix}, \quad B = \begin{bmatrix} 0 & 1 \\ 1 & 0 \end{bmatrix}$$

有

$$AB = \begin{bmatrix} 0 & -1 \\ 1 & 0 \end{bmatrix}, \quad BA = \begin{bmatrix} 0 & 1 \\ -1 & 0 \end{bmatrix}$$

映射 $f(x) = Ax = (-x_1, x_2)$ 改变向量 x 第一个元素的符号. 映射 $g(x) = Bx = (x_2, x_1)$ 将 x 两个元素的顺序进行交换. 若计算 $f(g(x)) = ABx = (-x_2, x_1)$，则首先交换向量元素的顺序，然后改变结果向量中第一个元素的符号. 这一结果显然和 $g(f(x)) = BAx = (x_2, -x_1)$ 是不同的，后一个结果首先改变第一个元素的符号，然后将元素的顺序进行交换.

二阶差分矩阵 作为线性复合函数的一个更有意思的例子是，考虑 (6.5) 中定义的 $(n-1) \times n$ 差分矩阵 D_n.（此处用下标 n 表示矩阵 D 的大小.）令 D_{n-1} 表示 $(n-2) \times (n-1)$ 的差分矩阵. 它们的乘积 $D_{n-1}D_n$ 称为**二阶差分矩阵**，有时它被记为 Δ.

183

Δ 可以用线性函数的复合进行表示. 一个 n 向量乘以 D_n 得到 $(n-1)$ 个连续元素的差向量：

$$D_n x = (x_2 - x_1, \cdots, x_n - x_{n-1})$$

将这个向量乘以 D_{n-1} 得到 x 的连续元素差的连续元素差的 $(n-2)$ 向量（或者二阶差分）：

$$D_{n-1}D_n x = (x_1 - 2x_2 + x_3, x_2 - 2x_3 + x_4, \cdots, x_{n-2} - 2x_{n-1} + x_n)$$

$(n-2) \times n$ 乘积矩阵 $\Delta = D_{n-1}D_n$ 为与二阶差分函数相关的矩阵.

当 $n = 5$ 时，$\Delta = D_{n-1}D_n$ 的形式为：

$$\begin{bmatrix} 1 & -2 & 1 & 0 & 0 \\ 0 & 1 & -2 & 1 & 0 \\ 0 & 0 & 1 & -2 & 1 \end{bmatrix} = \begin{bmatrix} -1 & 1 & 0 & 0 \\ 0 & -1 & 1 & 0 \\ 0 & 0 & -1 & 1 \end{bmatrix} \begin{bmatrix} -1 & 1 & 0 & 0 & 0 \\ 0 & -1 & 1 & 0 & 0 \\ 0 & 0 & -1 & 1 & 0 \\ 0 & 0 & 0 & -1 & 1 \end{bmatrix}$$

左端项中的矩阵 Δ 为将 5 向量映射为 3 向量的二阶线性差分函数. 中间的矩阵 D_4 为将 4 向量映射为 3 向量的差分函数对应矩阵. 右端项中的 D_5 为将 5 向量映射为 4 向量的差分函数对应矩阵.

仿射函数的复合　仿射函数的复合是一个仿射函数. 设 $f:\mathbb{R}^p\to\mathbb{R}^m$ 为由 $f(x)=Ax+b$ 给出的仿射函数，$g:\mathbb{R}^n\to\mathbb{R}^p$ 为由 $g(x)=Cx+d$ 给出的仿射函数. 它们的复合由下式给出：

$$h(x)=f(g(x))=A(Cx+d)+b=(AC)x+(Ad+b)=\tilde{A}x+\tilde{b}$$

其中 $\tilde{A}=AC$，$\tilde{b}=Ad+b$.

差分运算的链式法则　令 $f:\mathbb{R}^p\to\mathbb{R}^m$ 和 $g:\mathbb{R}^n\to\mathbb{R}^p$ 是可微函数. f 和 g 的复合为函数 $h:\mathbb{R}^n\to\mathbb{R}^m$，其中

$$h(x)=f(g(x))=f(g_1(x),\cdots,g_p(x))$$

函数 h 是可微的，其偏导数满足从 f 到 g 的链式法则：

$$\frac{\partial h_i}{\partial x_j}(z)=\frac{\partial f_i}{\partial y_1}(g(z))\frac{\partial g_1}{\partial x_j}(z)+\cdots+\frac{\partial f_i}{\partial y_p}(g(z))\frac{\partial g_p}{\partial x_j}(z)$$

其中 $i=1$，$\cdots$，m，$j=1$，$\cdots$，n. 这一关系可以简洁地表示为矩阵与矩阵的乘积：矩阵 h 在 z 处的导数矩阵为

184

$$Dh(z)=Df(g(z))Dg(z)$$

它是 f 在 $g(z)$ 处的求导矩阵及 g 在 z 处的求导矩阵的乘积. 这个紧凑的矩阵公式对单变量标量值函数的链式法则进行了推广，即 $h'(z)=f'(g(z))g'(z)$.

因此，h 在 z 处的一阶 Taylor 近似可以写为

$$\begin{aligned}\hat{h}(x)&=h(z)+Dh(z)(x-z)\\&=f(g(z))+Df(g(z))Dg(z)(x-z)\end{aligned}$$

类似的结果可以用于表示两个仿射函数的复合，f 在 $g(z)$ 处的一阶 Taylor 近似为

$$\hat{f}(y)=f(g(z))+Df(g(z))(y-g(z))$$

g 在 z 处的一阶 Taylor 近似为

$$\hat{g}(x)=g(z)+Dg(z)(x-z)$$

这两个仿射函数的复合为

$$\begin{aligned}\hat{f}(\hat{g}(x))&=\hat{f}(g(z)+Dg(z)(x-z))\\&=f(g(z))+Df(g(z))(g(z)+Dg(z)(x-z)-g(z))\\&=f(g(z))+Df(g(z))Dg(z)(x-z)\end{aligned}$$

它等于 $\hat{h}(x)$.

当 f 为一个标量值函数（$m=1$）时，导数矩阵 $Dh(z)$ 和 $Df(g(z))$ 为梯度变换，其链式法则为

$$\nabla h(z)=Dg(z)^{\mathrm{T}}\nabla f(g(z))$$

特别地，若 $g(x)=Ax+b$ 是仿射变换，则 $h(x)=f(g(x))=f(Ax+b)$ 的梯度为 $\nabla h(x)=A^{\mathrm{T}}\nabla f(Ax+b)$.

有状态反馈的线性动力系统 考虑一个时变线性动力系统，其状态为 n 向量 x_t，输入为 m 向量 u_t，动力学方程为

$$x_{t+1}=Ax_t+Bu_t,\quad t=1,2,\cdots$$

此处，u_t 被认为是某种可以控制的量，例如，一架飞机的控制面偏差或供应链中订购或运输的材料的数量. 在**状态反馈控制**中，测量的状态为 x_t，输入 u_t 为状态的一个线性函数，表示为

$$u_t=Kx_t$$

其中 K 为 $m\times n$ **状态反馈增益矩阵**. 术语**反馈**指的是度量状态，然后将状态（乘以 K 后）重新作为输入进入系统. 这会导致一个循环，其中状态会影响输入，而输入会影响（下一）状态. 状态反馈在很多应用中被广泛使用.（在 17.2.3 节中，将会看到选择或设计一个恰当反馈矩阵的方法.）

185

根据状态反馈，有

$$x_{t+1}=Ax_t+Bu_t=Ax_t+B(Kx_t)=(A+BK)x_t,\quad t=1,2,\cdots$$

这一迭代称为**闭环系统**. 矩阵 $A+BK$ 称为**闭环动力学矩阵**.（在本书中，迭代 $x_{t+1}=Ax_t$ 称为**开环系统**. 它给出了当 $u_t=0$ 时的动力学过程.）

10.3 矩阵的幂

将方阵 A 与其自身相乘得到 AA 是有意义的. 这一矩阵记为 A^2. 类似地，若 k 为一个正整数，则 k 个 A 相乘的结果记为 A^k. 若 k 和 l 为正整数，且 A 是方阵，则 $A^kA^l=A^{k+l}$ 且 $(A^k)^l=A^{kl}$. 按照惯例，记 $A^0=I$，这使得上面的公式对所有的非负整数 k 和 l 都成立.

其他类型的矩阵幂 矩阵幂 A^k 中的 k 为负整数的情形将在 11.2 节中进行讨论. 非整数幂，例如 $A^{1/2}$（矩阵的平方根），不一定有意义，或者很模棱两可，除非 A 的某些特定条件成立才有意义. 这是线性代数中的高级主题，本书将不予讨论.

有向图中的路径 设 A 为一个有 n 个顶点的有向图对应的 $n\times n$ 邻接矩阵：

$$A_{ij}=\begin{cases}1 & \text{有从顶点 } j \text{ 到顶点 } i \text{ 的边}\\ 0 & \text{其他}\end{cases}$$

（参见 6.1 节）. 长度为 ℓ 的**路径**是一个 $\ell+1$ 个顶点的序列，其边从第一个顶点指向第二个顶点，从第二个顶点指向第三个顶点，以此类推. 称该路径从第一个顶点走到最后一个顶点. 一条边可被看作是长度为 1 的路径. 传统上，每一个顶点对应一个长度为 0 的路径（从顶点到其自身）.

矩阵幂 A^{ℓ} 中的元素可以用图中的路径进行简单的解释. 首先考虑方阵 A 的 i，j 元素的表示：

186

$$\left(A^2\right)_{ij}=\sum_{k=1}^{n} A_{ik}A_{kj}$$

和式中的每一项为 0 或 1，它等于 1 的充要条件是从顶点 j 到顶点 k 的边和从顶点 k 到顶点 i 的边同时存在，即存在从顶点 j 到顶点 i 经过顶点 k 的长度恰好为 2 的路径. 对所有的 k 求和，就得到了从 j 到 i 的长度为 2 的路径的总数.

例如，图 10-1 中图的邻接矩阵 A 及其平方为

$$A=\begin{bmatrix} 0 & 1 & 0 & 0 & 1 \\ 1 & 0 & 1 & 0 & 0 \\ 0 & 0 & 1 & 1 & 1 \\ 1 & 0 & 0 & 0 & 0 \\ 0 & 0 & 0 & 1 & 0 \end{bmatrix},\quad A^2=\begin{bmatrix} 1 & 0 & 1 & 1 & 0 \\ 0 & 1 & 1 & 1 & 2 \\ 1 & 0 & 1 & 2 & 1 \\ 0 & 1 & 0 & 0 & 1 \\ 1 & 0 & 0 & 0 & 0 \end{bmatrix}$$

可以验证从顶点 1 到其自身恰有一条长度为 2 的路径，即路径 $(1,2,1)$，从顶点 3 到顶点 1 恰有 1 条长度为 2 的路径，即路径 $(3,2,1)$. 从顶点 4 到顶点 3 有两条路径，$(4,3,3)$ 和 $(4,5,3)$，故 $\left(A^2\right)_{34}=2$.

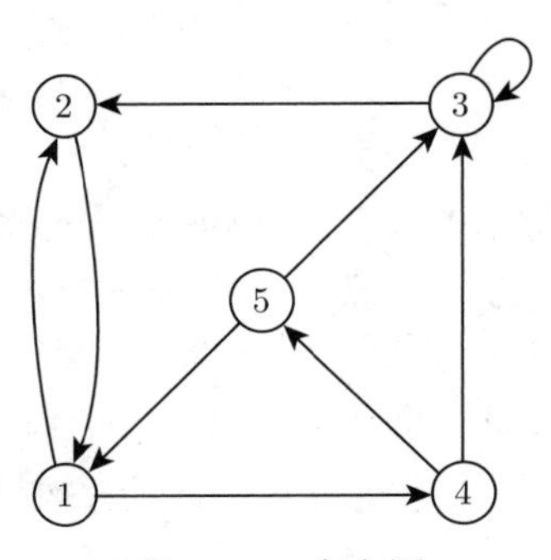

图 10-1　有向图

这一性质可以推广到 A 的高阶幂次. 若 ℓ 为一个正整数，则 A^{ℓ} 的 i，j 元素为从顶点 j 到顶点 i 的长度为 ℓ 的路径. 这可以使用对 ℓ 的归纳法证明. 我们已经证明了 $\ell=2$ 时的结果. 假设 A^{ℓ} 的元素给出了两个不同顶点之间长度为 ℓ 的路径这个结论成立. 考虑 $A^{\ell+1}$ 的

i，j 元素的表示：

$$\left(A^{\ell+1}\right)_{ij}=\sum_{k=1}^{n} A_{ik}\left(A^{\ell}\right)_{kj}$$

在存在从 k 到 i 的边的情形下，和式中的第 k 项等于从 j 到 k 的长度为 ℓ 的路径的数量，否则，它将等于零. 因此，它等于以边 (k,i) 终止的从 j 到 i 的长度为 $\ell+1$ 的路径的数量，即形如 $(j,\cdots,k,i)$ 的路径. 通过对所有 k 求和，即可得到从顶点 j 到 i 所有长度为 $\ell+1$ 的路径的数量.

187

这些结论可以在下面的例子中验证. A 的三次幂为

$$A^3=\begin{bmatrix} 1 & 1 & 1 & 1 & 2 \\ 2 & 0 & 2 & 3 & 1 \\ 2 & 1 & 1 & 2 & 2 \\ 1 & 0 & 1 & 1 & 0 \\ 0 & 1 & 0 & 0 & 1 \end{bmatrix}$$

$\left(A^3\right)_{24}=3$ 条从顶点 4 到顶点 2 长度为 3 的路径为 $(4,3,3,2)$，$(4,5,3,2)$，$(4,5,1,2)$.

线性动力系统　考虑一个由 $x_{t+1}=Ax_t$ 描述的时变线性动力系统. 有 $x_{t+2}=Ax_{t+1}=A\left(Ax_t\right)=A^2x_t$. 继续这一讨论，有

$$x_{t+\ell}=A^{\ell}x_t$$

其中 $\ell=1$，2，$\cdots$. 在一个线性动力系统中，可以将矩阵 A^{ℓ} 看作是将状态向前传播了 ℓ 个时间步.

例如，在一个考虑人口动力学的模型中，A^{ℓ} 为将当前人口分布映射到第 ℓ 个时间周期后的人口分布矩阵，它考虑了出生、死亡和儿童的出生和死亡，以此类推. 未来 ℓ 个周期后的总人口数量为 $\mathbf{1}^{\mathrm{T}}\left(A^{\ell}x_t\right)$，它也可以写为 $\left(\mathbf{1}^{\mathrm{T}}A^{\ell}\right)x_t$. 行向量 $\mathbf{1}^{\mathrm{T}}A^{\ell}$ 的解释很有意思：其第 i 个元素为当前年龄为 $i-1$ 岁的人在 ℓ 个时间周期后对总人口数量的贡献. 图 10-2 绘制了 9.2 节中给出的美国数据.

矩阵的幂在分析很多带输入的时变线性动力系统时也会遇到. 此时有

$$x_{t+2}=Ax_{t+1}+Bu_{t+1}=A\left(Ax_t+Bu_t\right)+Bu_{t+1}=A^2x_t+ABu_t+Bu_{t+1}$$

将这一公式迭代 ℓ 个周期，可得

$$x_{t+\ell}=A^{\ell}x_t+A^{\ell-1}Bu_t+A^{\ell-2}Bu_{t+1}+\cdots+Bu_{t+\ell-1} \tag{10.2}$$

（其第一项与没有输入时的 $x_{t+\ell}$ 公式一样.）其他项则容易解释. $A^jBu_{t+\ell-j}$ 为输入在时刻 $t+\ell-j$ 对状态 $x_{t+\ell}$ 的贡献.

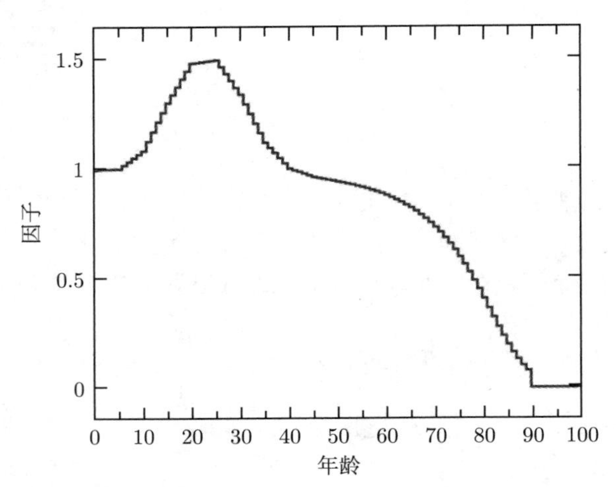

图 10-2　2010 年每一个年龄段的人群对 2020 年人口数量的贡献率因子. 对年龄为 $i-1$ 岁的人，其因子为行向量 $\mathbf{1}^{\mathrm{T}}A^{10}$

188

10.4　QR分解

各列规范正交的矩阵　作为 Gram 矩阵的一个应用，规范正交的 n 向量 a_1，$\cdots$，a_k 可用矩阵记号简单表述为：

$$A^{\mathrm{T}}A=I$$

其中 A 是列向量为 a_1，$\cdots$，a_k 的 $n\times k$ 矩阵. 对于各个列向量规范正交的矩阵没有标准的术语：我们称各列规范正交的矩阵为“一个各列规范正交的矩阵”. 但一个满足 $A^{\mathrm{T}}A=I$ 的方阵称为**正交**的，其各列构成了一个规范正交基. 正交矩阵有很多应用，并在很多实际问题中被用到.

前面已经遇到一些正交阵，包括单位阵、二维反射和旋转矩阵（7.1 节），以及置换矩阵（7.2 节）.

范数、内积和夹角的性质　设 $m\times n$ 矩阵 A 的各列是规范正交的，x 和 y 为任意 n 向量. 令 $f:\mathbb{R}^n\to\mathbb{R}^m$ 为将 z 映射为 Az 的函数. 则有下列结论：

- $\|Ax\|=\|x\|$. 即 f 是**保范的**.
- $(Ax)^{\mathrm{T}}(Ay)=x^{\mathrm{T}}y$. f 保持两个向量的内积.
- $\angle(Ax,Ay)=\angle(x,y)$. f 也保持两个向量之间的夹角.

请注意，对上面三个结论中的每一个，其等号左端和右端中出现的向量，维数都是不同的，即左端的 m 和右端的 n 是不同的.

使用简单的矩阵性质即可验证这些性质. 首先验证第二个，即乘以矩阵 A 会保持内积

不变. 注意到

$$\begin{aligned}(Ax)^{\mathrm{T}}(Ay) &= \left(x^{\mathrm{T}}A^{\mathrm{T}}\right)(Ay) \\ &= x^{\mathrm{T}}\left(A^{\mathrm{T}}A\right)y \\ &= x^{\mathrm{T}}Iy \\ &= x^{\mathrm{T}}y\end{aligned}$$

189

在第一行，使用了乘法转置的运算规则；在第二行，将 4 个矩阵的乘积进行了重新结合（将行向量 x^{T} 和列向量 x 看作是矩阵）；在第三行，使用了 $A^{\mathrm{T}}A=I$；在第四行，用到了 $Iy=y$.

利用第二个性质可以导出第一个：令 $y=x$，可得 $(Ax)^{\mathrm{T}}(Ax)=x^{\mathrm{T}}x$；两边同时开平方可得 $\|Ax\|=\|x\|$. 第三个性质（保角性）可由前面两个得到，因为

$$\angle(Ax,Ay)=\arccos\left(\frac{(Ax)^{\mathrm{T}}(Ay)}{\|Ax\|\,\|Ay\|}\right)=\arccos\left(\frac{x^{\mathrm{T}}y}{\|x\|\,\|y\|}\right)=\angle(x,y)$$

QR 分解 我们使用矩阵可以对 5.4 节中给出的 Gram-Schmidt 算法的结果进行紧凑的表达. 令 A 为一个 $n\times k$ 矩阵，其列向量 a_1，$\cdots$，a_k 是两两线性无关的. 利用线性无关–维数不等式，A 应当为一个高形或方形矩阵. 令 q 为 $n\times k$ 矩阵，其列向量 q_1，$\cdots$，q_k 为 Gram-Schmidt 算法应用于 n 向量 a_1，$\cdots$，a_k 后得到的规范正交向量. 用矩阵形式表示 q_1，$\cdots$，q_k 的规范正交性为 $Q^{\mathrm{T}}Q=I$. a_i 与 q_i 之间的方程可表示为

$$a_i=\left(q_1^{\mathrm{T}}a_i\right)q_1+\cdots+\left(q_{i-1}^{\mathrm{T}}a_i\right)q_{i-1}+\|\tilde{q}_i\|\,q_i$$

其中 $\tilde{q}_i$ 为 Gram-Schmidt 算法在第一步中得到的向量，

$$a_i=R_{1i}q_1+\cdots+R_{ii}q_i$$

其中对 $i<j$，$R_{ij}=q_i^{\mathrm{T}}a_j$，且 $R_{ii}=\|\tilde{q}_i\|$. 当 $i>j$ 时，定义 $R_{ij}=0$，则上面的方程可以用矩阵形式简写为

$$A=QR$$

这称为 A 的**QR 分解**，因为它将矩阵 A 表示为两个矩阵 Q 和 R 的乘积. $n\times k$ 矩阵 Q 的各列是规范正交的，$k\times k$ 矩阵 R 是上三角的，其对角线元素为正. 若 A 是方阵，且其各列线性无关，则 Q 是正交的且 QR 分解将 A 表示为两个方阵的乘积.

QR 分解中的两个矩阵 Q 和 R 的性质可以从 Gram-Schmidt 算法中直接得到. 方程 $Q^{\mathrm{T}}Q=I$ 是向量 q_1，$\cdots$，q_k 规范正交的结果. 矩阵 R 是上三角的，因为每一个向量 a_i 都是 q_1，$\cdots$，q_i 的线性组合.

Gram-Schmidt 算法不是 QR 分解仅有的算法. 很多其他的算法也可以对矩阵进行 QR 分解，它们在有舍入误差的情形下更可靠.（这些 QR 分解方法在处理过程中也可能改变矩阵 A 各列的顺序.）

稀疏 QR 分解　当 A 为稀疏矩阵时，存在能够更为高效地进行 QR 分解的算法. 此时，矩阵 Q 可以使用一个特殊的格式存储在内存中，所需的内存比存储为一般的 $n \times k$ 矩阵形式（即 nk 个数）要小得多. 这种 QR 分解方法需要的浮点运算次数也远远小于 $2nk^2$.

190

练习

10.1 标量与行向量的乘法　设 a 为一个数，$x = [x_1 \quad \cdots \quad x_n]$ 为一个 n 行向量. 标量与行向量的乘积 ax 为一个 n 行向量 $[ax_1 \quad \cdots \quad ax_n]$. 这是矩阵与矩阵乘法的一种特殊情形吗？如果是，能否将标量与行向量乘法表示为矩阵乘法？（回顾标量与向量乘法中，标量在其左侧的情形，它不是矩阵与矩阵乘法的一种特殊情形；参见 10.1 节.）

10.2 全一矩阵　对于所有元素都为一的 $m \times n$ 矩阵，没有特殊的记号对其进行表示. 用矩阵乘法、转置及全一向量 $\mathbf{1}_m$，$\mathbf{1}_n$（其中的下标表示维数）对这一矩阵进行简单表示.

10.3 矩阵的大小　设 A，B 和 C 为满足 $A + BB^{\mathrm{T}} = C$ 的矩阵. 判断下列论述中哪些是必然成立的.（成立的论述可能不止一个.）

(a) A 是方阵.

(b) A 和 B 有相同的维数.

(c) A，B 和 C 有相同的行数.

(d) B 为一个高形矩阵.

10.4 分块矩阵的记号　考虑分块矩阵

$$A = \begin{bmatrix} I & B & 0 \\ B^{\mathrm{T}} & 0 & 0 \\ 0 & 0 & BB^{\mathrm{T}} \end{bmatrix}$$

其中 B 为一个 10×5 的矩阵. 在 A 定义中的五个零矩阵与单位矩阵的维数是多少？A 的维数是多少？

10.5 外积的对称性是什么？　令 a 和 b 为 n 向量. 内积为对称的，即有 $a^{\mathrm{T}}b = b^{\mathrm{T}}a$. 两个向量的外积通常不是对称的，即一般有 $ab^{\mathrm{T}} \neq ba^{\mathrm{T}}$. a 和 b 在满足什么条件的时候有 $ab^{\mathrm{T}} = ba^{\mathrm{T}}$？可以假设 a 和 b 均为非零向量.（即便 a 和 b 中存在部分零元素，此处得到的结论也是成立的.）提示：证明 $ab^{\mathrm{T}} = ba^{\mathrm{T}}$ 意味着 a_i/b_i 是常数（即其取值与 i 无关）.

10.6 旋转矩阵的乘积　令 A 为 (7.1) 中定义的旋转 θ 弧度的 2×2 矩阵，并令 B 为一个旋转 ω 弧度的 2×2 矩阵. 证明 AB 也是一个旋转矩阵，并给出它将向量旋转的角度. 验证此时 $AB = BA$，并给出简单的说明.

10.7 两次旋转　两个 3 向量 x 和 y 之间的关系如下. 首先将向量 x 绕 e_3 轴逆时针（从 e_1 轴向 e_2 轴）旋转 $40°$，得到一个 3 向量 z. 然后将 z 绕 e_1 轴逆时针（从 e_2 轴向 e_3 轴）旋转 $20°$，得到向量 y. 求一个 3×3 矩阵 A，使得 $y = Ax$. 验证 A 是一个正交矩阵. 提示：将 A 表示为两个矩阵的乘积，每一个矩阵分别实现上述的两次旋转.

10.8 三个矩阵乘积的元素（参见 10.1 节） 设 A 的维数为 $m \times n$，B 的维数为 $n \times p$，C 的维数为 $p \times q$，并令 $D = ABC$. 证明：

$$D_{ij} = \sum_{k=1}^{n} \sum_{l=1}^{p} A_{ik} B_{kl} C_{lj}$$

这是一个与两个矩阵乘积的公式 (10.1) 类似的公式.

10.9 与一个对角矩阵的乘法 设 A 为一个 $m \times n$ 矩阵，D 为一个对角阵，$B = DA$. 将 B 用 A 和 D 中的元素进行表述. 可以使用矩阵 A 的整行或整列向量，或其元素.

191

10.10 将采购数量矩阵转换为采购金额矩阵 一个 $n \times N$ 矩阵 Q 可以给出在某时间段，N 个消费者在 n 种商品构成的商品集合中的购买历史，其中 Q_{ij} 为消费者 j 购买商品 i 的数量. n 向量 p 给出了商品的价格. 某一数据分析过程需要 $n \times N$ 矩阵 D，其中 D_{ij} 为消费者 j 购买商品 i 支出的美元. 使用矩阵/向量符号，用 Q 和 p 表示 D. 可以使用任何已经遇到过的记号和思想，例如，堆叠、切片、分块矩阵、转置、矩阵与向量的乘积、矩阵与矩阵的乘积、内积、范数、相关系数、**diag** () 等.

10.11 矩阵与矩阵乘积的迹 方阵对角元素的和称为矩阵的**迹**，记为 $\mathbf{tr}(A)$.

(a) 设 A 和 B 为 $m \times n$ 矩阵. 证明：

$$\mathbf{tr}\left(A^{\mathrm{T}} B\right) = \sum_{i=1}^{m} \sum_{j=1}^{n} A_{ij} B_{ij}$$

计算 $\mathbf{tr}\left(A^{\mathrm{T}} B\right)$ 的复杂度是多少？

(b) $\mathbf{tr}\left(A^{\mathrm{T}} B\right)$ 的数值有时被称为矩阵 A 和 B 的内积.（这使得类似夹角的概念可以推广到矩阵情形.）证明 $\mathbf{tr}\left(A^{\mathrm{T}} B\right) = \mathbf{tr}\left(B^{\mathrm{T}} A\right)$.

(c) 证明 $\mathbf{tr}\left(A^{\mathrm{T}} A\right) = \|A\|^2$. 用文字来描述就是，一个矩阵范数的平方为其 Gram 矩阵的迹.

(d) 证明 $\mathbf{tr}\left(A^{\mathrm{T}} B\right) = \mathbf{tr}\left(B A^{\mathrm{T}}\right)$，尽管一般来说 $A^{\mathrm{T}} B$ 和 $B A^{\mathrm{T}}$ 可能维数不同，甚至即便它们的维数相同，它们也不相等.

10.12 矩阵乘积的范数 设 A 为一个 $m \times p$ 矩阵，B 为一个 $p \times n$ 矩阵. 证明 $\|AB\| \leqslant \|A\| \|B\|$，即矩阵乘积的（矩阵）范数不大于矩阵范数的乘积. 提示：令 a_1^{T}，$\cdots$，a_m^{T} 为 A 的各行，b_1，$\cdots$，b_n 为 B 的各列. 则

$$\|AB\|^2 = \sum_{i=1}^{m} \sum_{j=1}^{n} \left(a_i^{\mathrm{T}} b_j\right)^2$$

现在可以使用 Cauchy-Schwarz 不等式了.

10.13 一个图的 Laplace 矩阵 令 A 为一个有 n 个结点和 m 条边的有向图对应的关联矩阵（参见 7.3 节）. 与该图关联的**Laplace 矩阵**定义为 $L = AA^{\mathrm{T}}$，它是矩阵 A^{T} 的 Gram 矩阵. 它以数学家 Pierre-Simon Laplace 的名字命名.

(a) 证明 $\mathcal{D}(v)=v^{\mathrm{T}}Lv$，其中 $\mathcal{D}(v)$ 为 7.3 节定义的 Dirichlet 能量.

(b) 解释 L 的每一个元素. **提示**：下面的两个量可能会有用：结点的**度**，它是与结点相连的边的数量（沿任何方向）；另一个是连接一对不同顶点之间的边的数量（沿任何方向）.

10.14 Gram 矩阵 令 $a_1,\cdots,a_n$ 为 $m\times n$ 矩阵 A 的各列. 设所有列向量的范数为一，且当 $i\neq j$ 时，$\angle(a_i,a_j)=60°$. 关于 Gram 矩阵 $G=A^{\mathrm{T}}A$，你能得到什么结论？请尽可能具体说明.

10.15 从 Gram 矩阵得到每对向量的距离 令 A 为一个 $m\times n$ 矩阵，其列向量为 $a_1,\cdots,a_n$，对应的 Gram 矩阵为 $G=A^{\mathrm{T}}A$. 用 G 表示 $\|a_i-a_j\|$，明确说明 G_{ii}，G_{ij} 及 G_{jj} 的含义.

192

10.16 协方差矩阵 考虑 k 个 n 向量 $a_1,\cdots,a_k$ 的列表，并定义 $n\times k$ 矩阵 $A=[a_1\ \ \cdots\ \ a_k]$.

(a) 令 k 向量 μ 给出各列的均值，即 $\mu_i=\mathbf{avg}(a_i)$，$i=1,\cdots,k$.（符号 μ 是一个传统上用来表示平均值的符号.）用矩阵 A 表示 μ.

(b) 令 $\tilde{a}_1,\cdots,\tilde{a}_k$ 表示向量 $a_1,\cdots,a_k$ 的去均值向量，定义 $\tilde{A}$ 为 $n\times k$ 矩阵 $\tilde{A}=[\tilde{a}_1\ \ \cdots\ \ \tilde{a}_k]$. 用 A 和 μ 给出矩阵 $\tilde{A}$ 的表达式.

(c) 向量 $a_1,\cdots,a_k$ 的**协方差矩阵**为一个 $k\times k$ 矩阵 $\Sigma=(1/n)\tilde{A}^{\mathrm{T}}\tilde{A}$，它是 $\tilde{A}$ 的 Gram 矩阵乘以 $1/n$. 证明

$$\Sigma_{ij}=\begin{cases}\mathbf{std}(a_i)^2 & i=j\\ \mathbf{std}(a_i)\,\mathbf{std}(a_j)\,\rho_{ij} & i\neq j\end{cases}$$

其中 ρ_{ij} 为 a_i 和 a_j 的相关系数.（表达式中假设当 $i\neq j$ 时 ρ_{ij} 是有定义的，即 $\mathbf{std}(a_i)$ 和 $\mathbf{std}(a_j)$ 都是非零的. 否则，规定 $\Sigma_{ij}=0$.）因此，协方差矩阵就对向量的标准差进行了编码，同时也给出了所有向量对的相关系数. 协方差矩阵在概率论和统计学中广泛应用.

(d) 令 $z_1,\cdots,z_k$ 为 $a_1,\cdots,a_k$ 对应的标准化向量.（假设去均值向量是非零的.）导出标准化向量矩阵 $Z=[z_1\ \ \cdots\ \ z_k]$ 的矩阵表达式. 表达式中应使用 A，μ 和数值 $\mathbf{std}(a_1),\cdots,\mathbf{std}(a_k)$.

10.17 患者与症状 一个有 N 个患者的集合中，每一个患者都可能患有 n 种症状中的任何一个. 将它们表示为一个 $N\times n$ 矩阵 S，其中

$$S_{ij}=\begin{cases}1 & \text{患者 } i \text{ 有症状 } j\\ 0 & \text{患者 } i \text{ 没有症状 } j\end{cases}$$

简单描述下面的表达式，包括它们的维数和元素.

(a) $S\mathbf{1}$.

(b) $S^{\mathrm{T}}\mathbf{1}$.

(c) $S^{\mathrm{T}}S$.

(d) SS^{T}.

10.18 学生、班级和专业 考虑 m 个学生、n 个班级和 p 个专业. 每一个学生可能有任意的班级号（尽管期望数字的取值在 3 到 6 之间），而且可以是任何专业的数字（尽管通常的数值为 0，1 或 2）. 有关学生班级和专业的数据可以用一个 $m\times n$ 矩阵 C 和一个 $m\times p$ 矩阵 M 给出，其中

$$C_{ij}=\begin{cases}1 & \text{学生 } i \text{ 在班级 } j\\ 0 & \text{学生 } i \text{ 不在班级 } j\end{cases}$$

和

$$M_{ij}=\begin{cases}1 & \text{学生 } i \text{ 的专业是 } j\\ 0 & \text{学生 } i \text{ 的专业不是 } j\end{cases}$$

(a) 令 E 为 n 向量，其中 E_i 表示班级 i 中注册的学生. 用矩阵的记号将 E 用 C 和 M 进行表示.

(b) 定义 $n\times p$ 矩阵 S，其中 S_{ij} 为班级 i 中专业为 j 的学生总数. 用矩阵的记号将 S 用 C 和 M 进行表示.

193

10.19 学生社团成员 令 $G\in\mathbb{R}^{m\times n}$ 表示 m 个学生是否为 n 个社团成员的列联矩阵：

$$G_{ij}=\begin{cases}1 & \text{学生 } i \text{ 属于社团 } j\\ 0 & \text{学生 } i \text{ 不属于社团 } j\end{cases}$$

（一个学生可以在任何一个社团中.）

(a) G 的第 3 列含义是什么？

(b) G 的第 15 行含义是什么？

(c) 给出 n 向量 M 的一个简单公式（使用矩阵、向量等记号），其中 M_i 为社团 i 中所有成员的数量（即学生的数量）.

(d) 用文字简要说明 $\left(GG^{\mathrm{T}}\right)_{ij}$.

(e) 用文字简要说明 $\left(G^{\mathrm{T}}G\right)_{ij}$.

10.20 产品、原料和生产地 p 种不同的产品中，每种都需要 M 种不同数量的原料，并需要在 L 个不同的生产地生产，在各个生产地，原料的价格是不同的. 令 C_{lm} 表示原料 m 在生产地 l 的价格，其中 $l=1,\cdots,L$，$m=1,\cdots,M$. 令 Q_{mp} 表示生产某单位产品 p 需要的原材料 m 的量，其中 $m=1,\cdots,M$，$p=1,\cdots,P$. 令 T_{pl} 表示在生产地 l 生产 p 需要的总成本，给出矩阵 T 的表达式.

10.21 多项式乘积的积分 令 p 和 q 为两个二次多项式，定义为

$$p(x)=c_1+c_2x+c_3x^2,\quad q(x)=d_1+d_2x+d_3x^2$$

将积分 $J=\int_0^1 p(x)\,q(x)\,\mathrm{d}x$ 表示为 $J=c^{\mathrm{T}}Gd$，其中 G 为一个 3×3 矩阵. 给出 G 的元素（用数字表示）.

10.22 线性动力系统的复合　考虑两个时变线性动力系统及其输出. 第一个为

$$x_{t+1}=Ax_t+Bu_t,\quad y_t=Cx_t,\quad t=1,2,\cdots$$

其中 x_t 为状态，u_t 为输入，y_t 为输出. 第二个为

$$\tilde{x}_{t+1}=\tilde{A}\tilde{x}_t+\tilde{B}w_t,\quad v_t=\tilde{C}\tilde{x}_t,\quad t=1,2,\cdots$$

其中 $\tilde{x}_t$ 为状态，w_t 为输入，v_t 为输出. 现在将第一个线性动力系统的输出作为第二个系统的输入，即 $w_t=y_t$.（这称为两个系统的**复合**.）证明：这一复合也可以表示为一个线性动力系统，其状态为 $z_t=(x_t,\tilde{x}_t)$，输入为 u_t，输出为 v_t.（给出状态转移矩阵、输入矩阵和输出矩阵.）

10.23 设 A 为一个 $n\times n$ 矩阵，满足 $A^2=0$. 这是否意味着 $A=0$?（这一结论在 $n=1$ 时成立.）若它（总是）成立，说明原因. 如果不成立，给出一个反例，即一个非零矩阵 A 满足 $A^2=0$.

10.24 矩阵幂的恒等式　一个学生说，对任意方阵 A，有

$$(A+I)^3=A^3+3A^2+3A+I$$

她是正确的吗? 如果她是正确的，为什么? 如果她错了，给出一个反例，即存在一个方阵 A，使得公式不成立.

10.25 单位矩阵的平方根　数字 1 有两个平方根（即平方为 1 的数字），它们是 1 和 -1. $n\times n$ 单位阵 I_n 有多个平方根.

(a) 求 I_n 的所有对角的平方根. 它们有多少个?（对 $n=1$，可以得到 2.）

(b) 求一个非对角的 2×2 矩阵 A 满足 $A^2=I$. 这意味着，一般来说 I_n 的平方根比在 (a) 中给出的更多.

10.26 循环移位矩阵　令 A 为 5×5 矩阵

$$A=\begin{bmatrix}0&0&0&0&1\\1&0&0&0&0\\0&1&0&0&0\\0&0&1&0&0\\0&0&0&1&0\end{bmatrix}$$

194

(a) Ax 是如何与 x 相关联的? 请用语言描述回答. 提示: 参见练习的标题.

(b) A^5 是什么? 提示: 答案应当有意义，用 (a) 中的结果给出答案.

10.27 经济系统中的动力学 令 x_1, x_2, $\cdots$ 为给出了一个国家在第 1, 2, $\cdots$ 年中，n 个不同行业经济活动水平的 n 向量（例如能源、国防、生产）. 特别地，$(x_t)_i$ 为第 t 年行业 i 的经济活动水平（例如，以十亿美元计）. 一个将这些经济活动相关联的通用模型为 $x_{t+1} = Bx_t$，其中 B 是一个 $n \times n$ 矩阵.（参见练习 9.2.）

用一个矩阵表示在第 $t = 6$ 年所有行业的经济活动总量，将其用矩阵 B 和初始活动水平向量 x_1 表示. 设可以在第 $t = 1$ 年通过国家拨款，为一个行业的经济活动增加固定的数量（例如，十亿美元）. 为最大化第 $t = 6$ 年的经济活动产出，如何选择在哪个行业中投放?

10.28 可控矩阵 考虑一个时变线性动力系统 $x_{t+1} = Ax_t + Bu_t$，其中状态向量 x_t 为 n 向量，输入向量 u_t 为 m 向量. 令 $U = (u_1, u_2, \cdots, u_{T-1})$ 表示输入序列，它被堆叠为一个向量. 求向量 C_T，使得

$$x_T = A^{T-1}x_1 + C_T U$$

成立. 其第一项为当 $u_1 = \cdots = u_{T-1} = 0$ 时 x_T 的值；第二项说明输入序列 u_1, $\cdots$, u_{T-1} 是如何影响 x_T 的. 矩阵 C_T 称为线性动力系统的**可控矩阵**.

10.29 $2\times$ **降采样的线性动力系统** 考虑一个线性动力系统，其状态向量 x_t 为 n 向量，输入向量 u_t 为 m 向量，动力学方程为

$$x_{t+1} = Ax_t + Bu_t, \quad t = 1, 2, \cdots$$

其中 A 为 $n \times n$ 矩阵，B 为 $n \times m$ 矩阵. 定义 $z_t = x_{2t-1}$，其中 $t = 1,2,\cdots$，即

$$z_1 = x_1, \quad z_2 = x_3, \quad z_3 = x_5, \quad \cdots$$

（序列 z_t 为原状态向量序列 x_t 的 $2\times$“降采样”序列.）定义 $(2m)$ 向量 w_t 为 $w_t = (u_{2t-1}, u_{2t})$，其中 $t = 1$, 2, $\cdots$，即

$$w_1 = (u_1, u_2), \quad w_2 = (u_3, u_4), \quad w_3 = (u_5, u_6), \quad \cdots$$

（序列 w_t 中的每一个元素为两个连续的原始输入的堆叠.）证明：z_t 和 w_t 满足线性动力学方程 $z_{t+1} = Fz_t + Gw_t$，其中 $t = 1$, 2, $\cdots$. 用 A 和 B 表示矩阵 F 和 G.

10.30 一个图中的圈 一个有向图中长度为 ℓ 的圈是一个长度为 ℓ 的路径，其起点和终点为相同的顶点. 对 10.3 节给出例子中的有向图，求长度为 $\ell = 10$ 的圈的总数. 将这一数字拆分为从顶点 1、顶点 2、$\cdots$、顶点 5 开始（或结束）的圈的个数.（它们的和应当与圈的总数相等.）**提示**：不要手工对圈计数.

10.31 一个图的直径 一个有 n 个顶点的有向图可用其 $n \times n$ 邻接矩阵 A 表示（参见 10.3 节）.

(a) 给出路径总条数 P_{ij} 的表达式，即长度不大于 k，从顶点 j 开始到顶点 i 结束的路径总数.（这包含了长度为零的路径数，它是从 j 到其自身的路径.）**提示**：可以推导矩阵 P 的表达式，并用矩阵 A 表示.

(b) 一个图的**直径** D 为从结点 j 到结点 i，对每一对结点 j 和 i，都存在长度 $\leqslant D$ 的路径的最小值. 利用 (a) 中的结论，说明如何用矩阵运算计算图的直径（例如加法、乘法）.

注：设图中的顶点为所有在地球上的人，图中的边表示两人是否熟悉，即若人 j 和人 i 熟悉，则 $A_{ij}=1$.（该图是对称的.）尽管 n 是数以十亿计的，但这一表示熟悉的图仍被认为是非常小的，也许其直径只有 6 或 7. 换句话说，地球上任意两个人之间可以通过一个 6 到 7 个（或更少）的熟人的集合建立联系. 这一思想最初于 20 世纪 20 年代被推测出，它有时又被称为**六度分离**.

10.32 矩阵指数　你可能知道，对任意实数 a，序列 $(1+a/k)^k$ 在 $k\to\infty$ 时会收敛到 e 的 a 次幂，记为 $\exp a$ 或 e^a. 一个方阵 A 的**矩阵指数** 定义为矩阵序列 $(I+A/k)^k$ 在 $k\to\infty$ 时的极限.（可以证明这一序列总是收敛的.）矩阵指数在很多应用中都会出现，并且会在更为深入的线性代数课程中介绍.

(a) 求 $\exp 0$（零矩阵）和 $\exp I$.

(b) 求 $\exp A$，其中 $A=\begin{bmatrix}0 & 1\\ 0 & 0\end{bmatrix}$.

10.33 矩阵方程　考虑两个 $m\times n$ 矩阵 A 和 B. 设对 $j=1,\cdots,n$，A 的第 j 列为 B 的前 j 列的线性组合. 如何将其表示为一个矩阵方程？从下列矩阵方程中选择一个检验你的结论.

(a) $A=GB$，其中 G 为某上三角矩阵.

(b) $A=BH$，其中 H 为某上三角矩阵.

(c) $A=FB$，其中 F 为某下三角矩阵.

(d) $A=BJ$，其中 J 为某下三角矩阵.

10.34 对下列每一个命题从"总是""从不"或"有时"中选择一个. "总是"表示该命题总是成立；"从不"表示该命题从不成立；"有时"表示该命题是否成立依赖于特定的矩阵. 简要给出每一个答案的理由.

(a) 一个上三角矩阵的各列是线性无关的.

(b) 高形矩阵的各行是线性相关的.

(c) A 的各列是线性无关的，且对某些非零矩阵 B，$AB=0$.

10.35 正交矩阵　令 U 和 V 为两个 $n\times n$ 正交矩阵. 证明：矩阵 UV 和 $(2n)\times(2n)$ 矩阵

$$\frac{1}{\sqrt{2}}\begin{bmatrix}U & U\\ V & -V\end{bmatrix}$$

都是正交的.

10.36 二次型 设 A 为一个 $n \times n$ 矩阵，x 为一个 n 向量. 三元乘积 $x^{\mathrm{T}}Ax$ 为一个 1×1 矩阵，通常被认为是标量（即数字），它被称为向量 x 的**二次型**，其系数矩阵为 A. 一个二次型为与二次函数 αu^2 相似的向量，其中 α 和 u 都是数字. 二次型在很多应用问题中被提出.

(a) 证明 $x^{\mathrm{T}}Ax = \sum_{i,j=1}^{n} A_{ij}x_ix_j$.

(b) 证明 $x^{\mathrm{T}}\left(A^{\mathrm{T}}\right)x = x^{\mathrm{T}}Ax$. 用文字来说就是，对任意 x，系数矩阵转置对应的二次型与原二次型的值相等. 提示: 将三元乘积 $x^{\mathrm{T}}Ax$ 取转置.

(c) 证明 $x^{\mathrm{T}}\left(\left(A + A^{\mathrm{T}}\right)/2\right)x = x^{\mathrm{T}}Ax$. 用文字来说就是，以系数矩阵为一个矩阵的对称部分（即 $\left(A + A^{\mathrm{T}}\right)/2$）的二次型的值等于原二次型的值.

(d) 将一个二次型 $2x_1^2 - 3x_1x_2 - x_2^2$ 用对称的系数矩阵 A 表示.

10.37 正交 2 × 2 矩阵 在此问题中，将证明每一个 2×2 正交矩阵要么是旋转矩阵，要么是反射矩阵（参见 7.1 节）.

(a) 令

$$Q = \begin{bmatrix} a & b \\ c & d \end{bmatrix}$$

为一个 2×2 正交矩阵. 证明如下的方程成立：

$$a^2 + c^2 = 1, \quad b^2 + d^2 = 1, \quad ab + cd = 0$$

(b) 定义 $s = ad - bc$. 结合 (a) 中的三个方程来证明

$$|s| = 1, \quad b = -sc, \quad d = sa$$

(c) 设 $a = \cos\theta$. 证明有两种可能的矩阵 Q：一个旋转矩阵（逆时针旋转 θ 弧度）；一个反射矩阵（通过过原点并与水平直线的夹角为 $\theta/2$ 的直线）.

10.38 元素非负的正交矩阵 设 $n \times n$ 矩阵 A 为正交的，且其所有元素都是非负的，即 $A_{ij} \geqslant 0$，其中 $i, j = 1, \cdots, n$. 证明 A 必然为一个置换阵，即每一个元素为 0 或 1，每一行有且只有一个元素为 1，每一个列有且只有一个元素为 1.（参见 7.2 节.）

10.39 Gram 矩阵和 QR 分解 设 A 的各列线性无关，且其 QR 分解为 $A = QR$. A 的 Gram 矩阵与 R 的 Gram 矩阵之间的关系是什么？矩阵 A 的各列与矩阵 R 的各列之间的夹角是多少？

10.40 A 的前 i 列的 QR 分解 设 $n \times k$ 矩阵 A 的 QR 分解为 $A = QR$. 可以定义 $n \times i$ 矩阵

$$A_i = [a_1 \quad \cdots \quad a_i], \quad Q_i = [q_1 \quad \cdots \quad q_i]$$

其中 $i=1,\cdots,k$. 定义 $i\times i$ 矩阵 R_i 为仅包含矩阵 R 的前 i 行和 i 列的子矩阵，其中 $i=1$，$\cdots$，k. 使用下标区间的记号，有

$$A_i=A_{1:n,1:i},\quad Q_i=Q_{1:n,1:i},\quad R_i=R_{1:i,1:i}$$

证明 $A_i=Q_iR_i$ 为 A_i 的 QR 分解. 这意味着当计算 A 的 QR 分解时，同时也计算了所有子矩阵 A_1，$\cdots$，A_k 的 QR 分解.

197

10.41 使用 k-means 聚类来近似矩阵分解 设在 N 个 n 向量 x_1，$\cdots$，x_N 上运行 k-means 算法得到簇代表向量 z_1，$\cdots$，z_k. 定义矩阵

$$X=[x_1\quad\cdots\quad x_N],\quad Z=[z_1\quad\cdots\quad z_k]$$

其中 X 的大小为 $n\times N$，Z 的大小为 $n\times k$. 用 $k\times N$ 聚类矩阵 C 对向量进行分簇，其中 $C_{ij}=1$ 表示 x_j 被分到第 i 簇，否则，$C_{ij}=0$. C 的每一列都是一个单位向量，其转置为一个提取矩阵.

(a) 解释矩阵 $X-ZC$ 的各列及其（矩阵）范数平方 $\|X-ZC\|^2$ 的含义.

(b) 验证下列论述：k-means 算法的目标是求一个 $n\times k$ 矩阵 Z 和一个 $k\times N$ 矩阵 C，其转置为一个提取矩阵，使得 $\|X-ZC\|$ 很小，即 $X\approx ZC$.

10.42 一个 $n\times n$ 矩阵 A 与一个 n 向量 x 的矩阵与向量的乘法 Ax 一般需要 $2n^2$ 次浮点运算. 对形如 $A=I+ab^{\mathrm{T}}$ 的矩阵，构造一个更快速的矩阵与向量乘法的计算方法，其复杂度是 n 的线性函数，其中 A 和 b 为给定的 n 向量.

10.43 某特定计算机计算两个 1500×1500 的矩阵乘法耗时大约 0.2 秒. 若计算 3000×3000 的矩阵乘法，猜测它大约需要多长时间可以完成？给出预测的结果（即用秒表示的时间），以及（非常简洁的）原因.

10.44 四个矩阵乘积的复杂度 （参见 10.1 节） 考虑计算乘积 $E=ABCD$，其中 A 为 $m\times n$ 矩阵，B 为 $n\times p$ 矩阵，C 为 $p\times q$ 矩阵，D 为 $q\times r$ 矩阵.

(a) 使用矩阵与矩阵的三乘法，给出所有计算 E 的方法. 例如，可以先计算 AB，CD，然后计算乘积 $(AB)(CD)$. 给出每种方法需要的浮点运算次数. 提示：有四种方法.

(b) 当 $m=10$，$n=1000$，$p=10$，$q=1000$，$r=100$ 时，哪一种方法使用的浮点运算次数最少？

198

第 11 章 逆 矩 阵

本章将介绍逆矩阵的概念. 本章展示了逆矩阵是如何应用于求解线性方程组的，以及它们是如何利用 QR 分解的方法计算的.

11.1 左逆和右逆

回顾对一个数 a，其（乘法）逆为数 x 满足 $xa = 1$，通常记为 $x = 1/a$ 或（不是非常普遍地）$x = a^{-1}$. 逆 x 在 a 不是零的时候是存在的. 对矩阵来说，逆矩阵的概念比标量的情形要复杂得多；在一般情形下，需要区分左逆和右逆. 本节从讨论左逆开始.

左逆 若一个矩阵 X 满足

$$XA = I$$

则它被称为 A 的**左逆**. 如果矩阵 A 存在一个左逆，则它被称为**左可逆**的. 注意到，如果 A 的大小为 $m \times n$ 的，其左逆 X 的大小将为 $n \times m$，它与 A^{T} 的维数相同.

例子

- 若 A 为一个数（即一个 1×1 矩阵），则 A 的左逆与数的逆相同. 此时，若 A 非零，则 A 为左可逆，且它只有一个左逆.
- 任意非零 n 向量 A 可被认为是 $n \times 1$ 矩阵，它是左可逆的. 对任意下标 i，其中 $a_i \neq 0$，n 行向量 $x = (1/a_i)\, e_i^{\mathrm{T}}$ 满足 $xa = 1$.
- 矩阵

$$A = \begin{bmatrix} -3 & -4 \\ 4 & 6 \\ 1 & 1 \end{bmatrix}$$

199

有两个不同的左逆：

$$B = \frac{1}{9}\begin{bmatrix} -11 & -10 & 16 \\ 7 & 8 & -11 \end{bmatrix}, \quad C = \frac{1}{2}\begin{bmatrix} 0 & -1 & 6 \\ 0 & 1 & -4 \end{bmatrix}$$

它们可以通过检查 $BA = CA = I$ 来验证. 该例子说明左可逆矩阵可能有多于一个的左逆.（事实上，若有多于一个的左逆，则它的左逆就有无穷多个；参见练习 11.1.）

- 一个各列向量规范正交的矩阵 A 满足 $A^{\mathrm{T}}A = I$，因此它是左可逆的；其转置 A^{T} 是它的一个左逆.

左可逆与列的线性无关性　若 A 有一个左逆 C，则 A 的各列是线性无关的. 为证明之，设 $Ax=0$. 左侧乘以一个左逆 C，可得

$$0=C(Ax)=(CA)x=Ix=x$$

这说明使得为 0 的矩阵 A 各列向量的仅有的线性组合，其组合系数全都是零.

下面将看到其逆命题也是成立的；一个矩阵存在左逆的充要条件是其各列线性无关. 因此"一个数可逆的充要条件是它非零"的一个推广是"一个矩阵存在左逆的充要条件是其各列线性无关".

左逆的维数　设 $m\times n$ 矩阵 A 是宽形矩阵，即 $m<n$. 利用线性无关–维数不等式可知，其各列是线性相关的，因此它不是左可逆的. 仅有方阵或高形矩阵可能是左可逆的.

利用左逆求解线性方程组　设 $Ax=b$，其中 A 为一个 $m\times n$ 矩阵，x 为一个 n 向量. 若 C 为 A 的一个左逆，则

$$Cb=C(Ax)=(CA)x=Ix=x$$

该式说明 $x=Cb$ 为线性方程组的一个解. A 的各列是线性无关的（因为它左可逆），因此线性方程组 $Ax=b$ 只有一个解；换句话说，$x=Cb$ 为 $Ax=b$ 的唯一解.

现假设不存在 x 满足线性方程组 $Ax=b$，且令 C 为 A 的左逆. 则 $x=Cb$ 不满足 $Ax=b$，因为根据假设，没有向量能够满足这一方程组. 这给出了一种检验线性方程组 $Ax=b$ 是否有解的方法. 只需简单验证 $A(Cb)=b$ 是否成立即可. 若它成立，则已经求得了线性方程组的一个解；如果不成立，则可以得到 $Ax=b$ 无解.

综上，左逆可被用于判定一个超定线性方程组是否有解，且当解存在时，可求出其唯一解.

200

右逆　现在转而考虑与前面结论紧密联系的右逆的概念. 若一个矩阵 X 满足

$$AX=I$$

它即被称为 A 的**右逆**. 如果 A 存在一个右逆，则它被称为**右可逆**的. 任何右逆的维数都与 A^{T} 相同.

矩阵转置的左逆和右逆　若 A 的右逆为 B，则 B^{T} 为 A^{T} 的左逆，因为 $B^{\mathrm{T}}A^{\mathrm{T}}=(AB)^{\mathrm{T}}=I$. 若 A 的左逆为 C，则 C^{T} 为 A^{T} 的右逆，因为 $A^{\mathrm{T}}C^{\mathrm{T}}=(CA)^{\mathrm{T}}=I$. 这一观察使得能够将所有上述给定的左可逆的结果映射到类似的右可逆的结果中去. 下面给出一些例子.

- 一个矩阵为右可逆的充要条件是其各行线性无关.
- 一个高形矩阵不是右可逆的. 只有方阵或宽形矩阵可能是右可逆的.

利用右逆求解线性方程组　考虑 n 个变量 m 个方程的线性方程组 $Ax=b$. 设 A 为右可逆的，其右逆为 B. 这意味着 A 是方形的或是宽形的，因此线性方程组 $Ax=b$ 是方形的或不定的.

于是对于任意 m 向量 b，n 向量 $x=Bb$ 满足方程组 $Ax=b$. 为证明之，注意到

$$Ax=A(Bb)=(AB)b=Ib=b$$

可得结论为，若 A 是右可逆的，则线性方程组 $Ax=b$ 对任意向量 b 都是可求解的. 事实上，$x=Bb$ 就是一个解.（$Ax=b$ 也可以存在其他的解；解 $x=Bb$ 只是它们中的一个.）

综上，右逆可被用于求解一个方形或不定的线性方程组，其中 b 为任意向量.

例子　考虑在 11.1 节例子中出现的矩阵，

$$A=\begin{bmatrix}-3 & -4\\ 4 & 6\\ 1 & 1\end{bmatrix}$$

及其两个左逆

$$B=\frac{1}{9}\begin{bmatrix}-11 & -10 & 16\\ 7 & 8 & -11\end{bmatrix},\quad C=\frac{1}{2}\begin{bmatrix}0 & -1 & 6\\ 0 & 1 & -4\end{bmatrix}$$

- 超定的线性方程组 $Ax=(1,-2,0)^{\mathrm{T}}$ 有唯一解 $x=(1,-1)^{\mathrm{T}}$，它可用左逆求得：

$$x=B(1,-2,0)^{\mathrm{T}}=C(1,-2,0)^{\mathrm{T}}$$

- 超定的线性方程组 $Ax=(1,-1,0)^{\mathrm{T}}$ 无解，因为 $x=C(1,-1,0)^{\mathrm{T}}=(1/2,-1/2)^{\mathrm{T}}$ 不满足 $Ax=(1,-1,0)^{\mathrm{T}}$.

201

- 不定方程组 $A^{\mathrm{T}}y=(1,2)^{\mathrm{T}}$ 有（不同的）解

$$B^{\mathrm{T}}(1,2)^{\mathrm{T}}=(1/2,2/3,-2/3)^{\mathrm{T}},\quad C^{\mathrm{T}}(1,2)^{\mathrm{T}}=(0,1/2,-1)^{\mathrm{T}}$$

（前面已经说明 B^{T} 和 C^{T} 都是 A^{T} 的右逆.）可以对任意向量 b 求得 $A^{\mathrm{T}}y=b$ 的解.

矩阵乘积的左逆和右逆　设 A 和 D 为两个对矩阵乘积 AD 来说是匹配的矩阵（即 A 的列数等于 D 的行数）. 若 A 有右逆 B，D 有右逆 E，则 EB 为 AD 的一个右逆. 这可由下式得到

$$(AD)(EB)=A(DE)B=A(IB)=AB=I$$

若 A 有左逆 C，D 有左逆 F，则 FC 为 AD 的左逆. 这可由下式得到

$$(FC)(AD)=F(CA)D=FD=I$$

11.2 逆

如果一个矩阵是左右均可逆的，则其左逆和右逆是唯一的，且它们相等. 为证明之，设 $AX=I$，$YA=I$，即 X 为 A 的右逆，Y 为 A 的左逆. 故

$$X=(YA)X=Y(AX)=Y$$

也即，A 的任意左逆等于 A 的任意右逆. 这意味着其右逆是唯一的：若有 $A\tilde{X}=I$，则上面的讨论说明 $\tilde{X}=Y$，因此有 $\tilde{X}=X$，也即，A 只有一个右逆. 通过类似的讨论，可以证明 Y（类似 X）是 A 的唯一左逆.

当一个矩阵 A 有一个左逆 Y 及一个右逆 X 时，简称矩阵 $X=Y$ 为 A 的**逆**，并将其记为 A^{-1}. 称 A 为**可逆的**或**非奇异的**. 一个不可逆的方阵称为**奇异的**.

可逆矩阵的维数　可逆矩阵必然是方阵，因为高形矩阵不是右可逆的，宽形矩阵不是左可逆的. 一个矩阵 A 的逆（如果存在）满足

$$AA^{-1}=A^{-1}A=I$$

若 A 有逆 A^{-1}，则 A^{-1} 的逆为 A；换句话说，$\left(A^{-1}\right)^{-1}=A$. 正是由于这一原因，称 A 和 A^{-1} 是互逆的.

202

用逆求解线性方程组　考虑 n 个变量和 n 个方程的方形线性方程组 $Ax=b$. 若 A 可逆，则对任意 n 向量 b，

$$x=A^{-1}b \tag{11.1}$$

为方程组的一个解.（得到这样的结果是因为 A^{-1} 是 A 的右逆.）此外，它是 $Ax=b$ 的唯一解.（这是因为 A^{-1} 是 A 的左逆.）综合这些重要结果可得

方形线性方程组 $Ax=b$ 中，若 A 可逆，则对任意 n 向量 b，它有唯一解 $x=A^{-1}b$.

从公式 (11.1) 立刻可以得到的结论是一个方形线性方程组的解是其右边向量 b 的一个线性函数.

可逆的条件　对方阵而言，左可逆性、右可逆性和可逆性是等价的：若一个矩阵为方阵且它左可逆，则它也右可逆（故而可逆），反之亦然.

为证明之，设 A 为一个 $n\times n$ 矩阵，且它左可逆. 这意味着 A 的 n 个列向量是线性无关的. 因此，它们构成了一组基，且任意 n 向量可以表示为 A 各列向量的一个线性组合. 特别地，n 个单位向量中的每一个 e_i 可以表示为 $e_i=Ab_i$，其中 b_i 为某 n 向量. 矩阵 $B=[b_1\quad b_2\quad \cdots\quad b_n]$ 满足

$$AB=[Ab_1\quad Ab_2\quad \cdots\quad Ab_n]=[e_1\quad e_2\quad \cdots\quad e_n]=I$$

因此 B 为 A 的一个右逆.

已经证明，对一个方阵 A，

$$\text{左可逆} \Rightarrow \text{列线性无关} \Rightarrow \text{右可逆}$$

（符号 $\Rightarrow$ 表示左侧的条件蕴含着右侧的条件.）将这一结果应用于 A 的转置可以得到下面的结论

$$\text{右可逆} \Rightarrow \text{行线性无关} \Rightarrow \text{左可逆}$$

故所有六个条件都是等价的；如果其中任何一个满足，其他五个都将满足.

综上，对方阵 A，下列论述是等价的：

- A 是可逆的.
- A 的各列是线性无关的.
- A 的各行是线性无关的.
- A 有一个左逆.
- A 有一个右逆.

203

例子

- 由于 $II = I$，单位矩阵 I 是可逆的，且 $I^{-1} = I$.
- 一个对角矩阵 A 可逆的充要条件是其所有对角元素都非零. 一个 $n \times n$ 对角矩阵 A 的对角元素均非零时，其逆为

$$A^{-1} = \begin{bmatrix} 1/A_{11} & 0 & \cdots & 0 \\ 0 & 1/A_{22} & \cdots & 0 \\ \vdots & \vdots & \ddots & \vdots \\ 0 & 0 & \cdots & 1/A_{nn} \end{bmatrix}$$

因为

$$AA^{-1} = \begin{bmatrix} A_{11}/A_{11} & 0 & \cdots & 0 \\ 0 & A_{22}/A_{22} & \cdots & 0 \\ \vdots & \vdots & \ddots & \vdots \\ 0 & 0 & \cdots & A_{nn}/A_{nn} \end{bmatrix} = I$$

使用紧凑的记号，有

$$\mathbf{diag}(A_{11}, \cdots, A_{nn})^{-1} = \mathbf{diag}\left(A_{11}^{-1}, \cdots, A_{nn}^{-1}\right)$$

注意到该方程的左边项为矩阵的逆，而右边项中的逆是标量的逆.

- 作为一个不显然的例子，考虑矩阵

$$A = \begin{bmatrix} 1 & -2 & 3 \\ 0 & 2 & 2 \\ -3 & -4 & -4 \end{bmatrix}$$

它是可逆的，其逆为

$$A^{-1}=\frac{1}{30}\left[\begin{array}{rrr}0 & -20 & -10\\ -6 & 5 & -2\\ 6 & 10 & 2\end{array}\right]$$

可以通过检查 $AA^{-1}=I$ 是否成立来验证结论（或者检查 $A^{-1}A=I$ 是否成立，因为这两个中的任何一个都蕴含着另外一个）.

- **2×2 矩阵.** 一个 2×2 矩阵 A 为可逆的充要条件为 $A_{11}A_{22}\neq A_{12}A_{21}$，其逆为

$$A^{-1}=\left[\begin{array}{cc}A_{11} & A_{12}\\ A_{21} & A_{22}\end{array}\right]^{-1}=\frac{1}{A_{11}A_{22}-A_{12}A_{21}}\left[\begin{array}{rr}A_{22} & -A_{12}\\ -A_{21} & A_{11}\end{array}\right]$$

（对任意大小的矩阵，有着类似的公式，但其复杂度增长得非常快，因此这一方法在很多应用问题中并没有太大的用处.）

- **正交矩阵.** 若 A 为一个各列规范正交的方阵，则可得 $A^{\mathrm{T}}A=I$，因此 A 是可逆的，其逆为 $A^{-1}=A^{\mathrm{T}}$.

204

矩阵转置的逆　若 A 是可逆的，其转置 A^{T} 也是可逆的，且其逆为 $\left(A^{-1}\right)^{\mathrm{T}}$：

$$\left(A^{\mathrm{T}}\right)^{-1}=\left(A^{-1}\right)^{\mathrm{T}}$$

由于转置和求逆的运算顺序不影响结果，这一矩阵有时也被写为 $A^{-\mathrm{T}}$.

矩阵乘积的逆　若 A 和 B 为可逆的（因此，它们是方阵）且大小相同，则 AB 为可逆的，且

$$(AB)^{-1}=B^{-1}A^{-1} \tag{11.2}$$

乘积的逆是相反顺序的逆的乘积.

对偶基　设 A 是可逆的，其逆矩阵为 $B=A^{-1}$. 令 $a_1, \cdots, a_n$ 为 A 的各列，$b_1^{\mathrm{T}}, \cdots, b_n^{\mathrm{T}}$ 为 B 的各行，即 B^{T} 的各列：

$$A=\left[\begin{array}{ccc}a_1 & \cdots & a_n\end{array}\right], \quad B=\left[\begin{array}{c}b_1^{\mathrm{T}}\\ \vdots\\ b_n^{\mathrm{T}}\end{array}\right]$$

因为 A 的各列是线性无关的，故 $a_1, \cdots, a_n$ 构成了一组基. 向量 $b_1, \cdots, b_n$ 也构成了一组基，因为 B 的各行是线性无关的. 它们称为 $a_1, \cdots, a_n$ 的**对偶基**.（$b_1, \cdots, b_n$ 的对偶基是 $a_1, \cdots, a_n$，因此它们互称对偶基.）

现在假设 x 是任意 n 向量. 它可以表示为基向量 $a_1, \cdots, a_n$ 的一个线性组合：

$$x=\beta_1 a_1+\cdots+\beta_n a_n$$

对偶基给出了一种简单的方法来计算系数 β_1，$\cdots$，β_n.

首先从 $AB=I$ 开始，将其乘以 x 得到

$$x=ABx=[a_1 \quad \cdots \quad a_n]\begin{bmatrix} b_1^{\mathrm{T}} \\ \vdots \\ b_n^{\mathrm{T}} \end{bmatrix} x=\left(b_1^{\mathrm{T}}x\right)a_1+\cdots+\left(b_n^{\mathrm{T}}x\right)a_n$$

这意味着（因为向量 a_1，$\cdots$，a_n 是线性无关的）$\beta_i=b_i^{\mathrm{T}}x$. 用文字来说就是：在一个基下向量展开的系数可用该向量与对偶基向量的内积求得. 利用矩阵记号，称 $\beta=B^{\mathrm{T}}x=\left(A^{-1}\right)^{\mathrm{T}}x$ 为 x 在由 A 的列向量给出的基下的系数向量.

作为一个简单的数值例子，考虑基

$$a_1=(1,1)^{\mathrm{T}}, \quad a_2=(1,-1)^{\mathrm{T}}$$

其对偶基由 $[a_1 \quad a_2]^{-1}$ 的各行向量构成，它们是

$$b_1^{\mathrm{T}}=[1/2 \quad 1/2], \quad b_2^{\mathrm{T}}=[1/2 \quad -1/2]$$

为将向量 $x=(-5,1)^{\mathrm{T}}$ 表示为 a_1 和 a_2 的线性组合，有

$$x=\left(b_1^{\mathrm{T}}x\right)a_1+\left(b_2^{\mathrm{T}}x\right)a_2=(-2)\,a_1+(-3)\,a_2$$

该结论可进行直接验证. 205

矩阵的负幂次 现在可以给出矩阵的幂次为负整数时的意义了. 设 A 为一个可逆的方阵，k 为一个正整数. 则通过不断使用性质 (11.2)，可以得到

$$\left(A^k\right)^{-1}=\left(A^{-1}\right)^k$$

将这一矩阵记为 A^{-k}. 例如，若 A 为方阵且可逆，则 $A^{-2}=A^{-1}A^{-1}=(AA)^{-1}$. 其中 A^0 定义为 $A^0=I$，等式 $A^{k+l}=A^kA^l$ 对一切整数 k 和 l 都成立.

三角形矩阵 一个对角线元素非零的三角形矩阵是可逆的. 首先对下三角矩阵探讨这一结论. 令 L 为 $n\times n$ 的下三角矩阵，其对角元素非零. 可以证明其各列向量是线性无关的，即 $Lx=0$ 的唯一解为 $x=0$. 将矩阵与向量的乘积展开，可将 $Lx=0$ 写为

$$\begin{aligned}
L_{11}x_1 &=0 \\
L_{21}x_1+L_{22}x_2 &=0 \\
L_{31}x_1+L_{32}x_2+L_{33}x_3 &=0 \\
&\vdots \\
L_{n1}x_1+L_{n2}x_2+\cdots+L_{n,n-1}x_{n-1}+L_{nn}x_n &=0
\end{aligned}$$

由于 $L_{11} \neq 0$，则第一个方程意味着 $x_1 = 0$. 利用 $x_1 = 0$，第二个方程化简为 $L_{22}x_2 = 0$. 由于 $L_{22} \neq 0$，可以得到 $x_2 = 0$. 利用 $x_1 = x_2 = 0$，第三个方程化简为 $L_{33}x_3 = 0$，又因为 L_{33} 假设为非零，可得 $x_3 = 0$. 继续这个讨论，可以得到所有 x 的元素都为零，这说明 L 的各列是线性无关的. 由此可得 L 是可逆的.

类似的讨论可被用于证明一个所有对角线元素都非零的上三角矩阵也是可逆的. 容易注意到，若 R 为一个上三角矩阵，则 $L = R^{\mathrm{T}}$ 为一个具有相同对角线元素的下三角矩阵，并可用公式 $\left(L^{\mathrm{T}}\right)^{-1} = \left(L^{-1}\right)^{\mathrm{T}}$ 求出其转置的逆.

用 QR 分解求逆　QR 分解给出了一个求可逆矩阵的逆的简单公式. 若 A 是方阵且可逆，其列向量是线性无关的，因此它的 QR 分解为 $A = QR$. 矩阵 Q 是一个正交矩阵，R 是一个上三角矩阵，其对角元素都是正的. 因此，矩阵 Q 和 R 都是可逆的，且利用乘积的逆的公式可得

$$A^{-1} = (QR)^{-1} = R^{-1}Q^{-1} = R^{-1}Q^{\mathrm{T}} \tag{11.3}$$

在下列章节中，给出了计算 R^{-1} 的算法，或者更直接地，计算乘积 $R^{-1}Q^{\mathrm{T}}$. 这给出了一种计算矩阵逆的方法.

206

11.3　求解线性方程组

回代法　首先从一个求解线性方程组 $Rx = b$ 的算法开始，其中 $n \times n$ 矩阵 R 是一个上三角矩阵，其对角线元素全部非零（因此，它是可逆的）. 这个方程组可以写为

$$\begin{aligned}
R_{11}x_1 + R_{12}x_2 + \cdots + R_{1,n-1}x_{n-1} + R_{1n}x_n &= b_1 \\
&\vdots \\
R_{n-2,n-2}x_{n-2} + R_{n-2,n-1}x_{n-1} + R_{n-2,n}x_n &= b_{n-2} \\
R_{n-1,n-1}x_{n-1} + R_{n-1,n}x_n &= b_{n-1} \\
R_{nn}x_n &= b_n
\end{aligned}$$

从最后一个方程，求得 $x_n = b_n/R_{nn}$. 现在已经知道了 x_n，将其代入倒数第二个方程，即可得到

$$x_{n-1} = \left(b_{n-1} - R_{n-1,n}x_n\right)/R_{n-1,n-1}$$

可以继续利用这个方法求得 x_{n-2}，x_{n-3}，$\cdots$，x_1. 这一算法被称为**回代法**，因为该方法每次求出一个变量，从 x_n 开始，然后将已经求出的变量代回到剩余的方程中去.

算法 11.1 回代法

给定一个 $n \times n$ 上三角矩阵 R，其对角线元素均非零，以及一个 n 向量 b.

对 $i = n, \cdots, 1$，

$x_i = (b_i - R_{i,i+1}x_{i+1} - \cdots - R_{i,n}x_n)/R_{ii}$.

（在第一步中，$i = n$，有 $x_n = b_n/R_{nn}$.）回代算法计算了 $Rx = b$ 的解，即 $x = R^{-1}b$. 该算法不会无法执行，因为每一步的除法都是除以 R 的对角线元素，且这些元素都已被假设为非零.

对角线元素均非零的下三角矩阵也是可逆的；由下三角可逆矩阵构成的方程组可以使用**前代法**进行求解，这个算法显然和前面给出的算法类似. 在前代法中，首先计算 x_1，然后计算 x_2，以此类推.

回代法的复杂度 其第一步需要 1 次浮点运算（除以 R_{nn}）. 下一步需要一次乘法、一次减法和一次除法，总共需要 3 次浮点运算. 第 k 步需要 $k-1$ 次乘法、$k-1$ 次减法，以及一次除法，总共需要 $2k-1$ 次浮点运算. 因此，回代法需要的总浮点运算数为

$$1 + 3 + 5 + \cdots + (2n-1) = n^2$$

这一公式可以通过公式 (5.7) 得到，或使用类似的讨论直接得到. 此处讨论当 n 为偶数时的情形；类似地可以讨论当 n 为奇数时的情形. 将和式中的第一个元素与最后一个元素组合在一起，第二个元素与倒数第二个元素组合在一起，并以此类推. 每一对数的和都是 $2n$；由于总共有 $n/2$ 对，故它们的总数为 $(n/2)(2n) = n^2$.

207

使用 QR 分解法求解线性方程组 在 A 可逆时，用 QR 分解法求一个矩阵逆的公式 (11.3) 给出了一个求解方形线性方程组 $Ax = b$ 的方法. 解

$$x = A^{-1}b = R^{-1}Q^{\mathrm{T}}b \tag{11.4}$$

可通过首先计算矩阵与向量的乘积 $y = Q^{\mathrm{T}}b$，然后用回代法求解三角形方程组 $Rx = y$ 来求得.

算法 11.2 用 QR 分解法求解线性方程组

给定一个 $n \times n$ 可逆矩阵 A 和一个 n 向量 b

1. QR分解. 计算 QR 分解 $A = QR$.
2. 计算 $Q^{\mathrm{T}}b$.
3. 回代. 利用回代法求解三角形方程组 $Rx = Q^{\mathrm{T}}b$.

第一步需要 $2n^3$ 次浮点运算（参见 5.4 节），第二步需要 $2n^2$ 次浮点运算，第三步需要

n^2 次浮点运算. 总共需要的浮点运算次数为

$$2n^3 + 3n^2 \approx 2n^3$$

因此其阶数为 n^3，即变量个数的三次方，与方程的个数是相等的.

在上述的复杂度分析中，发现第一步中的 QR 分解相对其他两步来说占主要部分，也即，其他两步的开销在与第一步的开销进行比较的时候可以忽略不计. 这会得到一些很有意思的实践意义，下面将进行讨论.

分解–求解方法 算法 11.2 与很多求解线性方程组的方法类似，有时被称为**分解–求解**格式. 一个分解–求解格式包含两个步骤. 在第一步（分解步）中，系数矩阵被分解为一些具有特定性质的矩阵的乘积. 在第二步（求解步）中，对一个或多个包含分解步中因子的线性方程组进行求解.（在算法 11.2 中，求解步包含了第 2 步和第 3 步.）求解步的复杂度比分解步的复杂度要低，且在很多情形下，在比较的时候它会显得微乎其微. 这与算法 11.2 中的情形是一致的，其中分解步复杂度的阶数为 n^3，求解步复杂度的阶数为 n^2.

使用右边项相乘的分解–求解方法 现假设需要求解一组线性方程组

208

$$Ax_1 = b_1, \cdots, Ax_k = b_k$$

所有方程组都有相同的系数矩阵 A，但右边项不同. 它们可以表示为一个矩阵的形式 $AX = B$，其中 X 为 $n \times k$ 矩阵，其各列为 x_1，$\cdots$，x_k，B 为一个 $n \times k$ 矩阵，各列为 b_1，$\cdots$，b_k（参见 10.1 节）. 设 A 是可逆的，则 $AX = B$ 的解为 $X = A^{-1}B$.

求解 k 个 $Ax_i = b_i$ 问题（或使用矩阵记号，计算 $X = A^{-1}B$）的一个简单方法是使用算法 11.2 k 次，这需要的浮点运算数为 $2kn^3$. 一个更为高效的方法是利用在每一个问题中 A 都相同的事实，可以重复使用在第 1 步中的矩阵分解，并仅仅重复第 2 步和第 3 步来计算 $\hat{x}_k = R^{-1}Q^{\mathrm{T}}b_k$，$l = 1$，$\cdots$，$k$.（这有时被称为**因子分解捕获**，因为在分解完成时，会存储或捕获因子，以便于后续使用.）该算法的开销为 $2n^3 + 3kn^2$ 次浮点运算，或当 $k \ll n$ 时，它大约为 $2n^3$.（令人震惊的）结果是，可以同时求解多个有相同系数矩阵 A 的线性方程组，更重要的是其开销几乎与求解一个线性方程组相同.

反斜杠记号 在很多处理矩阵的软件包中，$A\backslash b$ 用来表示 $Ax = b$ 的解，即 A 可逆时的 $A^{-1}b$. 这一**反斜杠**记号可以扩展到右边项为矩阵的情形：若 B 为 $n \times k$ 矩阵，$A\backslash B$ 表示 $A^{-1}B$，它是线性方程组 $AX = B$ 的解.（其计算使用上面给出的方法，通过仅分解 A 一次，然后使用 k 次回代.）但是，反斜杠记号不是标准的数学记号，故本书中将不使用这一记号.

计算矩阵的逆 现在可以描述一个计算（可逆的）$n \times n$ 矩阵 A 的逆 $B = A^{-1}$ 的方法了. 首先计算 A 的 QR 分解，故 $A^{-1} = R^{-1}Q^{\mathrm{T}}$. 此时可以写为 $RB = Q^{\mathrm{T}}$，或者用列的形式写为

$$Rb_i = \tilde{q}_i, \quad i = 1, \cdots, n$$

其中 b_i 为 B 的第 i 列，$\tilde{q}_i$ 为 Q^{T} 的第 i 列. 可以使用回代法对这一方程进行求解，并由此得到 B 逆的各列.

算法 11.3 用 QR 分解求逆

给定一个 $n \times n$ 可逆矩阵 A

1. **QR 分解.** 计算 QR 分解 $A = QR$.
2. 对 $i = 1, \cdots, n$,

   利用回代法求解三角形方程组 $Rb_i = \tilde{q}_i$.

该方法的复杂度包括（实现 QR 分解）$2n^3$ 次浮点运算和完成 n 个回代运算的 n^3 次浮点运算，每次回代需要的开销为 n^2 次浮点运算. 因此，求矩阵的逆大约需要 $3n^3$ 次浮点运算.

它给出了求解方形线性方程组 $Ax = b$ 的另一个方法：首先计算矩阵的逆 A^{-1}，然后计算矩阵与向量的乘积 $x = \left(A^{-1}\right) b$. 这一方法的浮点运算次数高于直接使用算法 11.2（$3n^3$ 对 $2n^3$），因此算法 11.2 是一个常用的方法. 当矩阵求逆出现在很多公式中时（例如求解一组线性方程组时），该算法的计算量会少很多. 209

稀疏线性方程组 系数为稀疏矩阵的线性方程组在很多应用中都会出现. 通过研究系数矩阵的稀疏性，这些线性方程组可用比算法 11.2 更为高效的方法求解. 一种方法是使用与基本算法 11.2 相同的方法，但是将 QR 分解改进为可以处理稀疏矩阵的形式（参见 10.4 节）. 这些方法的内存需求和复杂度依赖于系数矩阵中稀疏模式的复杂程度. 在阶数上，内存占用通常是 $\mathbf{nnz}(A) + n$ 的一个倍数，这个数据通常与问题数据中的 A 和 b 相关，它一般远小于 $n^2 + n$，即在非稀疏情形时，存储 A 和 b 需要的标量数量. 求解稀疏线性方程组的浮点运算次数通常接近 $\mathbf{nnz}(A)$，而不是 n^3，即当 A 不是稀疏矩阵时的阶数.

11.4 例子

多项式插值 用 4 向量 c 给出一个三次多项式的系数

$$p(x) = c_1 + c_2 x + c_3 x^2 + c_4 x^3$$

（参见 6.4 节和 8.3.1 节）. 需要寻找系数以满足

$$p(-1.1) = b_1, \quad p(-0.4) = b_2, \quad p(0.2) = b_3, \quad p(0.8) = b_4$$

可将它们表示为一个有 4 个方程和 4 个未知量的方程组 $Ac=b$，其中

$$A=\begin{bmatrix}1 & -1.1 & (-1.1)^2 & (-1.1)^3\\ 1 & -0.4 & (-0.4)^2 & (-0.4)^3\\ 1 & 0.2 & (0.2)^2 & (0.2)^3\\ 1 & 0.8 & (0.8)^2 & (0.8)^3\end{bmatrix}$$

它是一个 Vandermonde 矩阵（参见 (6.7)）. 其唯一解为 $c=A^{-1}b$，其中

$$A^{-1}=\begin{bmatrix}-0.5784 & 1.9841 & -2.1368 & 0.7310\\ 0.3470 & 0.1984 & -1.4957 & 0.9503\\ 0.1388 & -1.8651 & 1.6239 & 0.1023\\ -0.0370 & 0.3492 & 0.7521 & -0.0643\end{bmatrix}$$

（精确到 4 位小数）. 如图 11-1 所示，给出了两个三次多项式，对应了用填充的圆圈和方块分别表示的两组点.

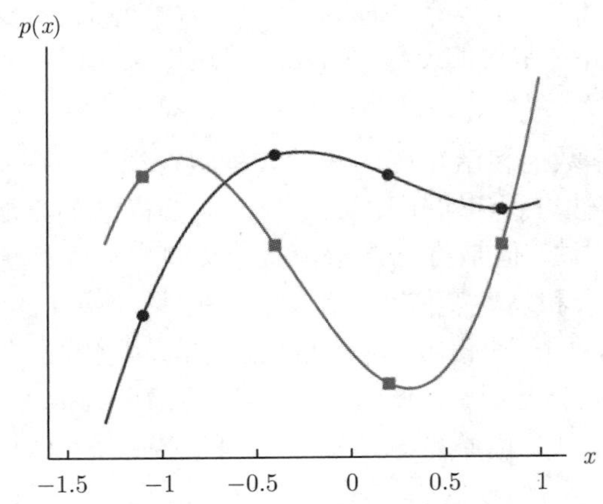

图 11-1　通过两个点集的三次多项式，点集用圆圈和方块分别表示

A^{-1} 的各列是很有意思的：它们给出了在三个点处等于 0，在一个点处等于 1 的多项式的系数. 例如，A^{-1} 的第一列为 $A^{-1}e_1$，给出了多项式在 -1.1 处等于 1，在 $-0.4, 0.2$ 和 0.8 处等于 0 的多项式. 由 A^{-1} 的系数给出的多项式称为与点 -1.1，-0.4，0.2 和 0.8 相关的**Lagrange 多项式**. 它们被绘制在图 11-2 中（Lagrange 多项式以数学家 Joseph-Louis Lagrange 的名字命名，他的名字会在很多其他的内容中多次出现.）

210

A^{-1} 的各行也是很有意思的：其第 i 行给出了在点 -1.1，-0.4，0.2 和 0.8 处的多项式的值 $b_1, \cdots, b_4$ 映射到第 i 个多项式中的系数 c_i. 例如，可以看到系数 c_4 对 b_1 不太敏感（因为 $(A^{-1})_{41}$ 很小）. 也可以看到，在 b_4 上每增加一个单位，系数 c_2 就会增加大约 0.95.

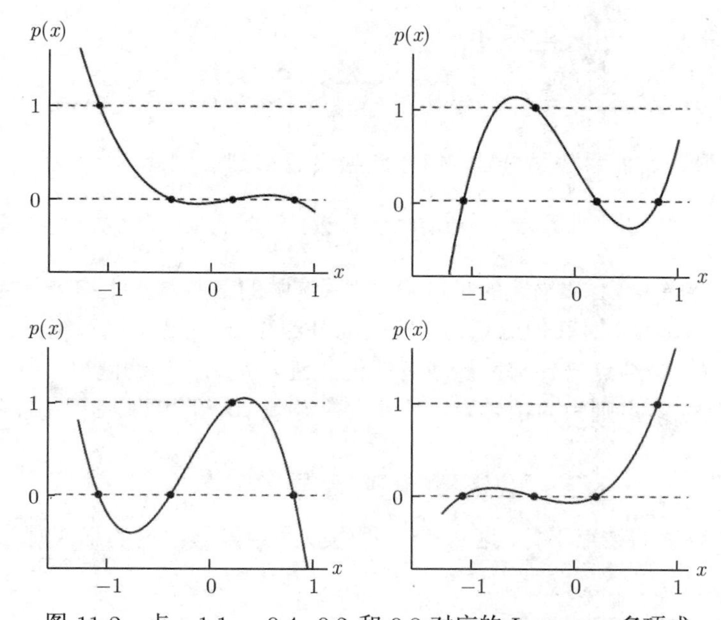

图 11-2 点 −1.1，−0.4，0.2 和 0.8 对应的 Lagrange 多项式

化学反应的配平 （参见 8.3.1 节作为问题的背景.）考虑化学反应的配平问题

$$a_1\mathrm{Cr_2O_7^{2-}} + a_2\mathrm{Fe^{2+}} + a_3\mathrm{H^+} \longrightarrow b_1\mathrm{Cr^{3+}} + b_2\mathrm{Fe^{3+}} + b_3\mathrm{H_2O}$$

其中的上标给出了每一个反应物和生成物中所带电荷的数量. 共有 4 种原子（Cr，O，Fe，H）和电荷需要平衡. 其反应和生成矩阵为（按照刚刚给出的顺序）

$$R = \begin{bmatrix} 2 & 0 & 0 \\ 7 & 0 & 0 \\ 0 & 1 & 0 \\ 0 & 0 & 1 \\ -2 & 2 & 1 \end{bmatrix}, \quad P = \begin{bmatrix} 1 & 0 & 0 \\ 0 & 0 & 1 \\ 0 & 1 & 0 \\ 0 & 0 & 2 \\ 3 & 3 & 0 \end{bmatrix}$$

211 ~ 212

利用条件 $a_1 = 1$，可以得到一个方形有 6 个线性方程的方程组，

$$\begin{bmatrix} 2 & 0 & 0 & -1 & 0 & 0 \\ 7 & 0 & 0 & 0 & 0 & -1 \\ 0 & 1 & 0 & 0 & -1 & 0 \\ 0 & 0 & 1 & 0 & 0 & -2 \\ -2 & 2 & 1 & -3 & -3 & 0 \\ 1 & 0 & 0 & 0 & 0 & 0 \end{bmatrix} \begin{bmatrix} a_1 \\ a_2 \\ a_3 \\ b_1 \\ b_2 \\ b_3 \end{bmatrix} = \begin{bmatrix} 0 \\ 0 \\ 0 \\ 0 \\ 0 \\ 1 \end{bmatrix}$$

求解这些方程可得

$$a_1 = 1, \quad a_2 = 6, \quad a_3 = 14, \qquad b_1 = 2, \quad b_2 = 6, \quad b_3 = 7$$

（令 $a_1 = 1$ 可能得到其他系数是分数，但在此处没有得到.）因此，配平后的化学反应是

$$\mathrm{Cr_2O_7^{2-}} + 6\mathrm{Fe^{2+}} + 14\mathrm{H^+} \longrightarrow 2\mathrm{Cr^{3+}} + 6\mathrm{Fe^{3+}} + 7\mathrm{H_2O}$$

热的扩散 考虑 8.3.1 节描述的扩散系统. 系统中的某些结点上有着固定的势能，即 e_i 的势能是给定的（fixed）；对其他结点，其相关的外源项 s_i 为零. 该系统可被用于刻画一个热力学系统，其中一些结点与外部世界或者热源相连，因此它们的温度（通过外部热流）保持为某一常数；其他结点则为内部结点，且没有热源项. 这给出了 n 个附加方程的集合：

$$e_i = e_i^{\mathrm{fix}}, \quad i \in \mathcal{P}, \quad s_i = 0, \quad i \in \mathcal{P}$$

其中 $\mathcal{P}$ 为有固定势能的结点下标. 这 n 个方程可以用矩阵与向量的形式写为

$$Bs + Ce = d$$

其中 B 和 C 为 $n \times n$ 对角阵，d 为 n 向量，定义为

$$B_{ii} = \begin{cases} 0 & i \in \mathcal{P} \\ 1 & i \notin \mathcal{P}, \end{cases} \qquad C_{ii} = \begin{cases} 1 & i \in \mathcal{P} \\ 0 & i \notin \mathcal{P}, \end{cases} \qquad d_{ii} = \begin{cases} e_i^{\mathrm{fix}} & i \in \mathcal{P} \\ 0 & i \notin \mathcal{P} \end{cases}$$

将流量守恒、边流量和边界条件组合在一起，构成一个有 $m + 2n$ 个方程和 $m + 2n$ 个变量 (f, s, e) 的方程组：

$$\begin{bmatrix} A & I & 0 \\ R & 0 & A^{\mathrm{T}} \\ 0 & B & C \end{bmatrix} \begin{bmatrix} f \\ s \\ e \end{bmatrix} = \begin{bmatrix} 0 \\ 0 \\ d \end{bmatrix}$$

（矩阵 A 为图的关联矩阵，R 为阻抗矩阵；参见 8.3.1 节）设系数矩阵是可逆的，则有

$$\begin{bmatrix} f \\ s \\ e \end{bmatrix} = \begin{bmatrix} A & I & 0 \\ R & 0 & A^{\mathrm{T}} \\ 0 & B & C \end{bmatrix}^{-1} \begin{bmatrix} 0 \\ 0 \\ d \end{bmatrix}$$

图 11-3 中给出了一个例子的说明. 该图是一个 100×100 的网格，共有 10000 个结点，边将每一个结点与其水平和竖直的邻居结点相连. 每一条边上的阻抗是相同的. 顶部和底部的结点温度固定为 0 摄氏度，在三个直线形的位置上温度固定为 1 摄氏度. 所有其他结点的源取值均为零.

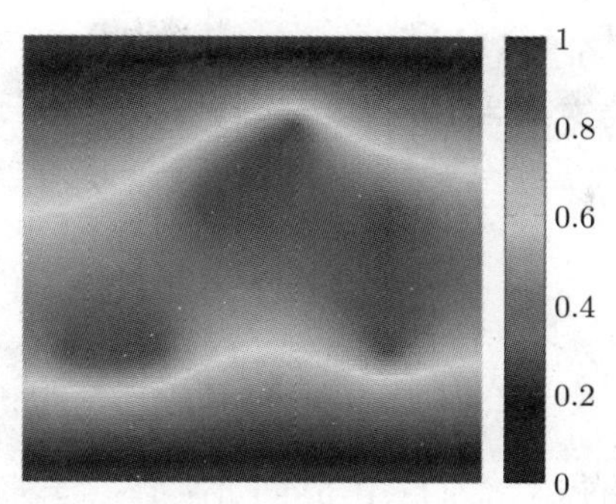

图 11-3 在一个 100×100 网格结点上的温度分布. 在顶端和底端两行结点上，温度设定为 0 摄氏度；在三个直线形的位置上，温度设定为 1 摄氏度

11.5 伪逆

各列的线性无关性及 Gram 可逆性 首先证明一个 $m \times n$ 矩阵 A 各列线性无关的充要条件是 $n \times n$ Gram 矩阵 $A^{\mathrm{T}}A$ 是可逆的.

首先假设 A 的各列是线性无关的. 令 x 为一个 n 向量，满足 $\left(A^{\mathrm{T}}A\right)x=0$. 在其左侧乘以向量 x^{T} 可得

$$0=x^{\mathrm{T}}0=x^{\mathrm{T}}\left(A^{\mathrm{T}}Ax\right)=x^{\mathrm{T}}A^{\mathrm{T}}Ax=\|Ax\|^{2}$$

它意味着 $Ax=0$. 由于 A 的各列是线性无关的，可以得到 $x=0$. 由于 $\left(A^{\mathrm{T}}A\right)x=0$ 仅有解 $x=0$，可以得到 $A^{\mathrm{T}}A$ 是可逆的.

现在证明其逆命题. 设 A 的各列是线性无关的，这意味着有一个非零的 n 向量 x 满足 $Ax=0$. 在其左边乘以 A^{T} 得到 $\left(A^{\mathrm{T}}A\right)x=0$. 这说明 Gram 矩阵 $A^{\mathrm{T}}A$ 是奇异的.

方阵或高形矩阵的伪逆 此处证明，如果 A 的各列线性无关（因此，它是方阵或高形矩阵）则它有左逆. （已经观察到了它的逆命题，即一个矩阵有左逆，则其各列线性无关.）设 A 的各列线性无关，可知 $A^{\mathrm{T}}A$ 是可逆的. 现在考察矩阵 $\left(A^{\mathrm{T}}A\right)^{-1}A^{\mathrm{T}}$ 为 A 的一个左逆：

$$\left(\left(A^{\mathrm{T}}A\right)^{-1}A^{\mathrm{T}}\right)A=\left(A^{\mathrm{T}}A\right)^{-1}\left(A^{\mathrm{T}}A\right)=I$$

这一矩阵 A 的特殊左逆在后续内容中还会用到，并且它的名字是 A 的**伪逆**. 该矩阵被记为 $A^{\dagger}$（或 A^{+}）： 214

$$A^{\dagger}=\left(A^{\mathrm{T}}A\right)^{-1}A^{\mathrm{T}} \tag{11.5}$$

伪逆也称为**Moore-Penrose 逆**，它以数学家 Eliakim Moore 和 Roger Penrose 的名字命名.

当 A 为方阵时，伪逆 $A^{\dagger}$ 退化为通常的逆：

$$A^{\dagger}=\left(A^{\mathrm{T}}A\right)^{-1}A^{\mathrm{T}}=A^{-1}A^{-\mathrm{T}}A^{\mathrm{T}}=A^{-1}I=A^{-1}$$

需要注意的是，当 A 不是方阵时，该方程没有意义（且显然是不正确的）.

一个方阵或宽形矩阵的伪逆　将所有的方程转置，可以证明一个（方形或宽形）矩阵 A 有右逆的充要条件是其各行均线性无关. 事实上，一个右逆可以定义为

$$A^{\mathrm{T}}\left(AA^{\mathrm{T}}\right)^{-1} \tag{11.6}$$

（矩阵 AA^{T} 为可逆的充要条件是 A 的各行是线性无关的.）

(11.6) 中的矩阵也被称为 A 的伪逆，记为 $A^{\dagger}$. 伪逆的定义中唯一可能混淆的地方是，当 A 为方阵时，出现了两个不同的公式 (11.5) 和 (11.6). 但此时，它们都退化为通常的逆矩阵：

$$A^{\mathrm{T}}\left(AA^{\mathrm{T}}\right)^{-1}=A^{\mathrm{T}}A^{-\mathrm{T}}A^{-1}=A^{-1}$$

其他形式的伪逆　伪逆 $A^{\dagger}$ 可对任何矩阵定义，包括当矩阵为高形矩阵但其各列线性相关的情形，当矩阵为宽形矩阵但其各行线性相关的情形，以及当 A 为方阵但不可逆的情形. 但是，在这些情形，它并不分别为矩阵的左逆、右逆或逆矩阵. 此处对此进行说明，因为读者可能会遇到这个问题.（练习 15.11 中将会看到此时 $A^{\dagger}$ 的含义.）

用 QR 分解计算伪逆　QR 分解给出了一种计算伪逆的简单公式. 若 A 为左可逆的，则其各列为线性无关的，且其 QR 分解 $A=QR$ 存在. 有

$$A^{\mathrm{T}}A=(QR)^{\mathrm{T}}(QR)=R^{\mathrm{T}}Q^{\mathrm{T}}QR=R^{\mathrm{T}}R$$

因此

$$A^{\dagger}=\left(A^{\mathrm{T}}A\right)^{-1}A^{\mathrm{T}}=\left(R^{\mathrm{T}}R\right)^{-1}(QR)^{\mathrm{T}}=R^{-1}R^{-\mathrm{T}}R^{\mathrm{T}}Q^{\mathrm{T}}=R^{-1}Q^{\mathrm{T}}$$

可以利用 QR 分解计算伪逆，然后用回代法作用在 Q^{T} 的各列上.（这和 A 为方阵且可逆时的算法 11.3 完全相同.）这一方法的复杂度包括（对 QR 分解）$2n^2m$ 次浮点运算和对 m 个回代过程的 mn^2 次浮点运算. 因此总的浮点运算数为 $3mn^2$.

215

类似地，若 A 为右可逆的，其转置的 QR 分解 $A^{\mathrm{T}}=QR$ 是存在的. 因为有 $AA^{\mathrm{T}}=(QR)^{\mathrm{T}}(QR)=R^{\mathrm{T}}Q^{\mathrm{T}}QR=R^{\mathrm{T}}R$ 及

$$A^{\dagger}=A^{\mathrm{T}}\left(AA^{\mathrm{T}}\right)^{-1}=QR\left(R^{\mathrm{T}}R\right)^{-1}=QRR^{-1}R^{-\mathrm{T}}=QR^{-\mathrm{T}}$$

则转置的伪逆可以用上述方法及下面的公式计算：

$$\left(A^{\mathrm{T}}\right)^{\dagger}=\left(A^{\dagger}\right)^{\mathrm{T}}$$

求解超定和不定线性方程组　伪逆给出了一种求解超定和不定线性方程组的方法，给定系数矩阵的各列向量为线性无关（在超定的情形），或各行向量为线性无关（在不定的情形）. 若 A 的各列为线性无关的，且超定方程组 $Ax=b$ 存在一个解，则 $x=A^{\dagger}b$ 就是这个

解. 若 A 的各行是线性无关的，则不定方程组 $Ax = b$ 对任意向量 b 都有一个解，且 $x = A^{\dagger}b$ 就是其一个解.

数值例子 一个简单的数值例子可以说明这些思想，考虑在 11.1 节中给出的 3×2 矩阵 A，

$$A = \begin{bmatrix} -3 & -4 \\ 4 & 6 \\ 1 & 1 \end{bmatrix}$$

这一矩阵的各列线性无关，其 QR 分解为（精确到 4 位小数）

$$Q = \begin{bmatrix} -0.5883 & 0.4576 \\ 0.7845 & 0.5230 \\ 0.1961 & -0.7191 \end{bmatrix}, \quad R = \begin{bmatrix} 5.0990 & 7.2563 \\ 0 & 0.5883 \end{bmatrix}$$

其伪逆（精确到 4 位小数）为

$$A^{\dagger} = R^{-1}Q^{\mathrm{T}} = \begin{bmatrix} -1.2222 & -1.1111 & 1.7778 \\ 0.7778 & 0.8889 & -1.2222 \end{bmatrix}$$

可以使用伪逆来检验超定方程组 $Ax = b$ 是否有解，其中 $b = (1, -2, 0)^{\mathrm{T}}$，且若有解，可将其求出. 计算 $x = A^{\dagger}(1, -2, 0)^{\mathrm{T}} = (1, -1)^{\mathrm{T}}$ 并验证 $Ax = b$ 是否成立. 它是成立的，故找到了 $Ax = b$ 的唯一解.

216

练习

11.1 左逆的仿射组合 令 Z 为一个高形 $m \times n$ 矩阵，其各列线性无关，X 和 Y 均为 Z 的左逆. 证明对任意满足 $\alpha + \beta = 1$ 的标量 α 和 β，$\alpha X + \beta Y$ 也是 Z 的左逆. 由此得到，若一个矩阵有两个不同的左逆，则它有无穷多个不同的左逆.

11.2 一个向量的左逆和右逆 设 x 为一个非零的 n 向量，其中 $n > 1$.

(a) x 是否有一个左逆？

(b) x 是否有一个右逆？

对每一种情形，若答案为有，给出其一个左逆或右逆；若答案为无，给出一个特定的非零向量，证明它不是左或右可逆的.

11.3 矩阵消去 设标量 a，x 和 y 满足 $ax = ay$. 当 $a \neq 0$ 时，可以得到 $x = y$；也即，可以消去方程左侧的 a. 在本练习中，考虑类似的矩阵消去，特别是，A 需要有什么性质才能由 $AX = AY$ 得到 $X = Y$？其中 A，X 和 Y 为矩阵.

(a) 给出一个例子说明 $A \neq 0$ 不足以得到 $X = Y$.

(b) 证明若 A 左可逆，可以从 $AX = AY$ 得到 $X = Y$.

(c) 证明如果 A 不是左可逆的，那么存在矩阵 X 和 Y，当 $X \neq Y$ 时，有 $AX = AY$.

注：(b) 和 (c) 部分表明，当且仅当矩阵是左可逆时可以消去左侧的矩阵.

11.4 正交矩阵的转置　令 U 为一个 $n \times n$ 正交矩阵. 证明 U^{T} 也是正交矩阵.

11.5 分块矩阵的逆　考虑 $(n+1) \times (n+1)$ 矩阵

$$A = \begin{bmatrix} I & a \\ a^{\mathrm{T}} & 0 \end{bmatrix}$$

其中 a 是一个 n 向量.

(a) 何时 A 可逆？用 a 给出答案. 验证结论.

(b) 设 (a) 中找到的条件成立，给出逆矩阵 A^{-1} 的一个解释.

11.6 分块上三角矩阵的逆　令 B 和 D 为大小分别为 $m \times m$ 和 $n \times n$ 的可逆矩阵，C 为一个 $m \times n$ 矩阵. 求

$$A = \begin{bmatrix} B & C \\ 0 & D \end{bmatrix}$$

的逆，并用 B^{-1}，C 和 D^{-1} 表示.（矩阵 A 称为**分块上三角矩阵**.）

提示：首先将 B，C 和 D 看作标量，观察解看起来应当是什么样子. 对矩阵情形，目标就是寻找矩阵 W，X，Y，Z（用 B^{-1}，C 和 D^{-1} 表示）满足

$$A \begin{bmatrix} W & X \\ Y & Z \end{bmatrix} = I$$

利用分块矩阵的乘法将其表示为四个矩阵方程构成的可以求解的集合. 使用的方法有时被称为**分块矩阵回代法**.

217

11.7 上三角矩阵的逆　设 $n \times n$ 矩阵 R 为上三角可逆矩阵，即其对角线元素均非零. 证明 R^{-1} 也是上三角的. 提示：使用回代法求解 $Rs_k = e_k$（$k = 1, \cdots, n$），并证明 $(s_k)_i = 0$（$i > k$）.

11.8 如果一个矩阵很小，其逆就很大　如果一个数 a 很小，则其倒数 $1/a$（设 $a \neq 0$）就会很大. 在这一练习中，将探索一个有关矩阵的，与此类似的思想. 设一个 $n \times n$ 矩阵 A 是可逆的，证明 $\|A^{-1}\| \geqslant \sqrt{n}/\|A\|$. 这意味着，如果一个矩阵很小，其逆就很大. 提示：可以使用不等式 $\|AB\| \leqslant \|A\|\|B\|$，它对任何使得乘积有意义的矩阵都是成立的.（参见练习 10.12.）

11.9 推送等式　设 A 为一个 $m \times n$ 矩阵，B 为一个 $n \times m$ 矩阵，且 $m \times m$ 矩阵 $I + AB$ 是可逆的.

(a) 证明 $n \times n$ 矩阵 $I + BA$ 是可逆的. 提示：证明 $(I + BA)x = 0$ 意味着 $(I + AB)y = 0$，其中 $y = Ax$.

(b) 建立等式

$$B(I + AB)^{-1} = (I + BA)^{-1}B$$

这一等式有时被称为**推送等式**，因为左边出现的矩阵 B 被“移入”逆中，且逆中的 B 被“推出”到右边. 提示: 从等式

$$B(I+AB)=(I+BA)B$$

开始，将其右边乘以 $(I+AB)^{-1}$，左边乘以 $(I+BA)^{-1}$.

11.10 逆时线性动力系统 一个线性动力学系统的形式为

$$x_{t+1}=Ax_t$$

其中 x_t 为在周期 t 时系统的状态（n 向量），A 为 $n\times n$ 动力学矩阵. 这一公式将下一周期的状态表示为当前状态的一个函数. 此处希望推导形如

$$x_{t-1}=A^{\text{rev}}x_t$$

的一个递推公式，该公式将前一个周期的状态表示为当前状态的一个函数. 这一过程被称为**逆时线性动力系统**.

(a) 什么时候这样做是可能的? 当是可能的时候，A^{rev} 是什么?

(b) 对特定的线性动力系统，其动力学矩阵为

$$A=\begin{bmatrix} 3 & 2 \\ -1 & 4 \end{bmatrix}$$

求 A^{rev}，或说明为什么逆时线性动力系统不存在.

11.11 有理函数的插值（练习 8.8 续） 求有理函数

$$f(t)=\frac{c_1+c_2t+c_3t^2}{1+d_1t+d_2t^2}$$

满足如下的插值条件:

$$f(1)=2,\quad f(2)=5,\quad f(3)=9,\quad f(4)=-1,\quad f(5)=-4$$

在练习 8.8 中，这些条件被表示为系数 c_1，c_2，c_3，d_1 和 d_2 的线性方程组; 此处要求构造这个方程组并（数值地）求解方程组. 在区间 $x=0$ 到 $x=6$ 上绘制求得的有理函数. 绘制的图像中应包含在插值点 $(1,2)$，$\cdots$，$(5,-4)$ 处的标记.（求得的有理函数应当通过这些点.）

218

11.12 可逆矩阵的组合 设 $n\times n$ 矩阵 A 和 B 均为可逆的. 判断下列给出的矩阵是否为可逆的? 对矩阵 A 和 B 不附加任何更进一步的条件.

(a) $A+B$.

(b) $\begin{bmatrix} A & 0 \\ 0 & B \end{bmatrix}$.

(c) $\begin{bmatrix} A & A+B \\ 0 & B \end{bmatrix}$.

(d) ABA.

11.13 另一个左逆　设 $m \times n$ 矩阵 A 是一个高形矩阵，且其各列线性无关. A 的一个左逆为其伪逆 $A^\dagger$. 在本问题中，将探索其另一个伪逆. 将 A 写为分块矩阵

$$A = \begin{bmatrix} A_1 \\ A_2 \end{bmatrix}$$

其中 A_1 为 $n \times n$ 的. 设 A_1 是可逆的（一般并不需要）. 证明下面的矩阵为 A 的一个左逆：

$$\tilde{A} = [A_1^{-1} \quad 0_{n\times(m-n)}]$$

11.14 中逆　设 A 为一个 $n \times p$ 矩阵，B 为一个 $q \times n$ 矩阵. 若存在一个 $p \times q$ 矩阵 X，满足 $AXB = I$，则称其为矩阵对 A，B 的**中逆**.（这不是一个标准的概念.）注意到，当 A 或 B 为单位阵时，中逆就分别退化为右逆或左逆.

(a) 在中逆 X 存在的前提下，描述 A 和 B 需要满足的条件. 仅使用下面的四个概念对答案进行描述：A 各行和各列的线性无关性及 B 各行和各列的线性无关性. 必须对答案进行检验.

(b) 假设 (a) 中的条件成立，给出中逆的一个表达式.

11.15 人口动力学矩阵的可逆性　考虑人口动力学矩阵

$$A = \begin{bmatrix} b_1 & b_2 & \cdots & b_{99} & b_{100} \\ 1-d_1 & 0 & \cdots & 0 & 0 \\ 0 & 1-d_2 & \cdots & 0 & 0 \\ \vdots & \vdots & \ddots & \vdots & \vdots \\ 0 & 0 & \cdots & 1-d_{99} & 0 \end{bmatrix}$$

其中 $b_i \geqslant 0$ 为出生率，$0 \leqslant d_i \leqslant 1$ 为死亡率. 当 A 可逆时，b_i 和 d_i 需满足什么条件？（若矩阵不可能可逆，或总是可逆，回答同样的问题.）验证答案.

11.16 累加矩阵的逆　求 $n \times n$ 累加阵

$$S = \begin{bmatrix} 1 & 0 & \cdots & 0 & 0 \\ 1 & 1 & \cdots & 0 & 0 \\ \vdots & \vdots & \ddots & \vdots & \vdots \\ 1 & 1 & \cdots & 1 & 0 \\ 1 & 1 & \cdots & 1 & 1 \end{bmatrix}$$

219

的逆. 结论有意义吗？

11.17 矩阵等式　设 A 为一个方阵，满足对某些整数 k，$A^k = 0$.（这样的矩阵称为**幂零的**.）一个学生猜测 $(I-A)^{-1} = I + A + \cdots + A^{k-1}$，其原理为对数值 a，若 $|a| < 1$，则有无穷级数 $1/(1-a) = 1 + a + a^2 + \cdots$.

这个学生的结论是正确的还是错误的？如果正确，证明她的结论不需要附加对 A 的任何假设. 如果她错误，给出一个反例，例如一个矩阵 A 满足 $A^k = 0$，但 $I + A + \cdots + A^{k-1}$ 不是 $I - A$ 的逆.

11.18 高形矩阵与宽形矩阵的乘积　设 A 为一个 $n \times p$ 矩阵，且 B 为一个 $p \times n$ 矩阵，因此 $C = AB$ 是有意义的. 说明为什么当 A 是高形且 B 是宽形，即 $p < n$ 时，C 不可能是可逆的. *提示*: 首先说明 B 的各列必为线性无关的.

11.19 限制在一个时间周期中的控制　考虑形如 $x_{t+1} = Ax_t + u_t$ 的线性动力系统，其中 n 向量 x_t 为在时刻 t 时的状态，u_t 为在时刻 t 时的输入. 目标是选择输入序列 $u_1, \cdots, u_{N-1}$，以期达到 $x_N = x^{\text{des}}$，其中 x^{des} 为给定的 n 向量，N 也是给定的. 输入序列必须满足 $u_t = 0$，除非 $t = K$，其中 $K < N$ 是给定的. 换句话说，输入只能在时刻 $t = K$ 进行. 给出达到这一目标的 u_K 的公式. 公式中可以包含 A，N，K，x_1 和 x^{des}. 可以假设 A 是可逆的. *提示*: 首先导出 x_K 的表达式，然后使用动力学方程求出 x_{K+1}. 从 x_{K+1} 即可求得 x_N.

11.20 移民　一个国家的人口动力学方程为 $x_{t+1} = Ax_t + u$，$t = 1, \cdots, T-1$，其中 x_t 为一个 100 向量，给出了在 t 年时人口中各年龄段的分布，u 给出了移民中年龄的分布（负值意味着迁出），此处假设为常数（即不随时间 t 变化）. 对给定的 A，x_1 和一个表示在第 T 年需要达到的人口分布目标的 100 向量 x^{des}. 需要寻找一个 u，使得 $x_T = x^{\text{des}}$.

给出 u 的一个矩阵形式的公式. 若该公式只在某些条件成立时才有意义（例如一个或多个矩阵需要可逆），请指出.

11.21 四次权重　考虑一个四次问题（参见练习 8.12），其中 $n = 4$，点 $t = (-0.6, -0.2, 0.2, 0.6)$. 要求四次的规则对所有最多为 $d = 3$ 次的多项式精确相等.

将该问题用权重向量转化为一个方形的线性方程组. 数值求解这一方程组以得到权重. 计算其真实值，并对特定函数 $f(x) = \mathrm{e}^x$ 进行四次近似，

$$\alpha = \int_{-1}^{1} f(x)\, dx, \quad \hat{\alpha} = w_1 f(-0.6) + w_2 f(-0.2) + w_3 f(0.2) + w_4 f(0.6)$$

11.22 伪逆的性质　对一个 $m \times n$ 矩阵 A 及其伪逆 $A^\dagger$，证明 $A = AA^\dagger A$ 及 $A^\dagger = A^\dagger A A^\dagger$ 对下列各情形都成立.

(a) A 为一个高形矩阵，其各列线性无关.

(b) A 为一个宽形矩阵，其各行线性无关.

(c) A 为一个方形且可逆的矩阵.

11.23 伪逆的乘积 设 A 和 D 为右可逆矩阵，且乘积 AD 存在. 已经看到，若 B 为 A 的右逆，E 为 D 的右逆，则 EB 为 AD 的右逆. 现在假设 B 为 A 的伪逆，E 为 D 的伪逆. EB 是否为 AD 的伪逆? 证明它总是成立或给出一个例子说明它不成立.

11.24 共同左逆 两个矩阵

220

$$A=\begin{bmatrix}1&2\\3&1\\2&1\\2&2\end{bmatrix},\quad B=\begin{bmatrix}3&2\\1&0\\2&1\\1&3\end{bmatrix}$$

均为左可逆的，且都有乘法左逆. 它们是否有共同的左逆? 说明如何求一个 2×4 矩阵 C 满足 $CA=CB=I$，或判定不存在这样的矩阵. （可以使用数值计算来求 C.）提示: 构造一个有关 C 的元素的线性方程组.

注: 两个矩阵 A 和 B 的元素之间没有特定的关系存在.

11.25 检验线性方程组的解 你的一个同学说，当计算一个方形的 n 个方程构成的方程组 $Ax=b$ 的解 x 时（例如，使用 QR 分解），应当计算 $\|Ax-b\|$ 并检验它是否很小.（它不会准确地是零，因为在进行浮点运算的过程中会产生很小的舍入误差.）另外一个同学说这样做很好，但是计算 $\|Ax-b\|$ 所附加的开销太大了. 简要评价你的同学的建议. 谁是对的?

11.26 线性方程组解的敏感性 令 A 为一个可逆的 $n\times n$ 矩阵，b 和 x 为 n 向量，满足 $Ax=b$. 设将 b 的第 j 个元素进行一个扰动 $\epsilon\neq0$（这是一个表示很小的量的传统符号），则 b 变成了 $\tilde{b}=b+\epsilon e_j$. 令 $\tilde{x}$ 为 n 向量，满足 $A\tilde{x}=\tilde{b}$，即右边项扰动后的线性方程组的解. 此处关注 $\|x-\tilde{x}\|$，它是由于改变了右边项导致的解的变化量. 比例 $\|x-\tilde{x}\|/|\epsilon|$ 给出了解对 b 的第 j 个元素变化的敏感性.

(a) 证明 $\|x-\tilde{x}\|$ 不依赖于 b; 它仅依赖于矩阵 A，ϵ 和 j.

(b) 你如何求得使得 $\|x-\tilde{x}\|$ 最大化的下标 j? 利用 (a) 中的结论，答案应当仅用 A（或由 A 导出的量）和 ϵ.

注: 如果右边向量 b 中很小的变化会在解中带来很大的变化，则称线性方程组 $Ax=b$ 为**坏条件的或病态的**. 特别地，它意味着除非你对 b 中的元素非常确信，否则解 $A^{-1}b$ 可能在实践中毫无意义.

11.27 时间实验 对不同的 n，生成一个随机的 $n\times n$ 矩阵 A 及一个 n 向量 b，其中 $n=500$，$n=1000$ 及 $n=2000$. 对每一种情形，计算 $x=A^{-1}b$（例如如果使用的软件支持，可以使用反斜杠运算），并验证 $Ax-b$（非常）小. 给出求解三个线性方程组所用的时间，并对每一情形，给出基于 QR 分解法求解方程组的复杂度 $2n^3$，估算你的计算机处理器的浮点计算能力，单位为 Gflop/s.

11.28 高效求解多个线性方程组 设 $n\times n$ 矩阵 A 是可逆的. 使用算法 11.2 求解线性方程组 $Ax=b$ 的浮点运算数大约为 $2n^3$. 一旦完成（特别是，完成了矩阵 A 的 QR 分解后），再求解另外一个具有相同系数矩阵但右边项不同的线性方程组 $Ay = c$，只需要附加大约 $3n^2$ 次浮点运算数即可. 假设这两个方程组都已经求解，若假设要进一步求解 $Az = d$，其中 $d = \alpha b + \beta c$ 是 b 和 c 的一个线性组合.（系数 α 和 β 都是给定的.）给出一种比重新使用矩阵 A 的 QR 分解结果更为快速的方法. 新方法的复杂度应当为 n 的线性函数. 粗略估算在一台计算能力为 1Gflop/s 的计算机上，当 $n = 3000$ 时，求解 $Ax = b$，$Ay = c$ 和 $Az = d$（使用新方法）大约需要的时间.

221

第三部分 Part 3

最小二乘法

第 12 章　最 小 二 乘

本章将关注一种近似求解超定方程组的强大思想，该思想是最小化方程误差的平方. 该方法以及后续章节中给出的该方法的一些扩展，在很多应用领域中被广泛使用. 这一方法在 19 世纪初被数学家 Carl Friedrich Gauss 和 Adrien-Marie Legendre 分别独立地发现.

12.1　最小二乘问题

设 $m \times n$ 矩阵 A 为高形矩阵，则线性方程组 $Ax = b$ 是超定的，其中 b 为一个 m 向量，也即方程的个数（m）比变量的个数（n）多. 这一方程组只有在 b 为 A 各列的线性组合时才有解.

但是，对 b 的多数选择，不存在 n 向量 x 使得 $Ax = b$. 作为一种让步，求解 x，使得 $r = Ax - b$ 尽可能小，这个量被称为（方程组 $Ax = b$ 的）**残差**. 这说明应当选择 x 使得残差的范数 $\|Ax - b\|$ 最小化. 若求得了一个 x 使残差向量得以最小化，则有 $Ax \approx b$，即 x 几乎满足线性方程组 $Ax = b$.（有些作者将残差定义为 $b - Ax$，这样做并不影响结果，因为 $\|Ax - b\| = \|b - Ax\|$.）

最小化残差的范数与最小化其平方是相同的，因此，可以只最小化

$$\|Ax - b\|^2 = \|r\|^2 = r_1^2 + \cdots + r_m^2$$

即残差的平方和. 在所有可能的 x 的选择中，求一个最小化 $\|Ax - b\|^2$ 的 n 向量 $\hat{x}$ 的问题被称为**最小二乘问题**. 它可用记号表示为

$$\text{最小化} \quad \|Ax - b\|^2 \tag{12.1}$$

222 ~ 225

其中需要指出，x 是**变量**（意味着 x 需要寻找）. 矩阵 A 和向量 b 称为问题 (12.1) 中的**数据**，意味着它们是已经给定的，而需要回答的是如何选择 x. 需要被最小化的量 $\|Ax - b\|^2$，被称为最小二乘问题 (12.1) 的**目标函数**（或简称为目标）.

问题 (12.1) 有时被称为*线性*最小二乘问题，以此强调残差 r（其范数的平方和是需要被最小化的）是 x 的一个仿射函数，并以此将其与*非线性*最小二乘问题进行区分，在非线性最小二乘问题中，残差 r 为 x 的一个任意函数. 非线性最小二乘问题将在第 18 章中进行研究.

对任何向量 x，满足 $\|A\hat{x} - b\|^2 \leqslant \|Ax - b\|^2$ 的向量 $\hat{x}$ 称为最小二乘问题 (12.1) 的**解**. 这一向量称为 $Ax = b$ 的**最小二乘近似解**. 能够理解 $Ax = b$ 的一个最小二乘近似解 $\hat{x}$ 不需要满足方程组 $A\hat{x} = b$ 是非常重要的，它仅仅使得残差的范数尽可能小. 有些作者使用了一

些让人困惑的语言“在最小二乘意义下 $\hat{x}$ 求解了 $Ax=b$”，但需强调的是，最小二乘的近似解 $\hat{x}$ 一般并不能求解方程 $Ax=b$.

若 $\|A\hat{x}-b\|$（被称为**最优残差范数**）很小，则可以称 $\hat{x}$ 近似求解了 $Ax=b$. 另外，如果存在一个 n 向量 x，满足 $Ax=b$，则它是最小二乘问题的解，因为其对应的残差范数为零.

通常在数据拟合的应用中，最小二乘问题 (12.1) 的另外一个名字是**回归**. 称最小二乘问题的一个解 $\hat{x}$ 为用矩阵 A 的列向量对向量 b 的回归结果.

列表示 若 A 的各列为 m 向量 $a_1, \cdots, a_n$，则最小二乘问题 (12.1) 就是求最接近 m 向量 b 的各列向量的线性组合，向量 x 给出了系数：

$$\|Ax-b\|^2 = \|(x_1a_1+\cdots+x_na_n)-b\|^2$$

若 $\hat{x}$ 为最小二乘问题的一个解，则

$$A\hat{x} = \hat{x}_1a_1+\cdots+\hat{x}_na_n$$

为所有 $a_1, \cdots, a_n$ 的线性组合中最接近向量 b 的向量.

行表示 设 A 的各行为 n 行向量 $\tilde{a}_1^{\mathrm{T}}, \cdots, \tilde{a}_m^{\mathrm{T}}$，则残差的分量形式表示为

$$r_i = \tilde{a}_i^{\mathrm{T}}x - b_i, \quad i=1,\cdots,m$$

最小二乘目标函数则为

$$\|Ax-b\|^2 = \left(\tilde{a}_1^{\mathrm{T}}x-b_1\right)^2+\cdots+\left(\tilde{a}_m^{\mathrm{T}}x-b_m\right)^2$$

它是 m 个标量型残差平方和的线性函数. 若目标是在所有可能的向量中选择一个 x，使得这些量很小，则将这些残差的平方和进行最小化是合理的.

226

例子 考虑最小二乘问题，其中数据为

$$A=\begin{bmatrix} 2 & 0 \\ -1 & 1 \\ 0 & 2 \end{bmatrix}, \quad b=\begin{bmatrix} 1 \\ 0 \\ -1 \end{bmatrix}$$

两个变量、三个方程的超定方程组 $Ax=b$ 为

$$2x_1=1, \quad -x_1+x_2=0, \quad 2x_2=-1$$

它是无解的.（利用第一个方程可得 $x_1=1/2$，利用最后一个方程可得 $x_2=-1/2$，但此时，第二个方程不成立.）其对应的最小二乘问题为

$$\text{最小化} \quad (2x_1-1)^2+(-x_1+x_2)^2+(2x_2+1)^2$$

这一最小二乘问题可以用下一节中给出的方法（或者简单的微积分知识）进行求解. 其唯一解是 $\hat{x}=(1/3,-1/3)$. 该最小二乘近似解 $\hat{x}$ 并不满足方程 $Ax=b$，其对应的残差为

$$\hat{r} = A\hat{x} - b = (-1/3, -2/3, 1/3)$$

其平方和的值为 $\|A\hat{x} - b\|^2 = 2/3$. 将这一结果与其他 x 的选择进行对比，如 $\tilde{x} = (1/2, -1/2)$，该解（准确地）求解了 $Ax = b$ 三个方程中的第一个和最后一个. 它给出的残差为

$$\tilde{r} = A\tilde{x} - b = (0, -1, 0)$$

其平方和的值为 $\|A\tilde{x} - b\|^2 = 1$.

列表示说明

$$(1/3)\begin{bmatrix} 2 \\ -1 \\ 0 \end{bmatrix} + (-1/3)\begin{bmatrix} 0 \\ 1 \\ 2 \end{bmatrix} = \begin{bmatrix} 2/3 \\ -2/3 \\ -2/3 \end{bmatrix}$$

为 A 所有列的线性组合中最接近向量 b 的向量.

图 12-1 给出了最小二乘目标函数 $\|Ax - b\|^2$ 与 $x = (x_1, x_2)$ 之间的关系，其中最小二乘解 $\hat{x}$ 用黑色的点表示，其目标函数值为 $\|A\hat{x} - b\|^2 = 2/3$. 图中的曲线给出了目标函数值为 $\|A\hat{x} - b\|^2 + 1$，$\|A\hat{x} - b\|^2 + 2$ 等等的点 x.

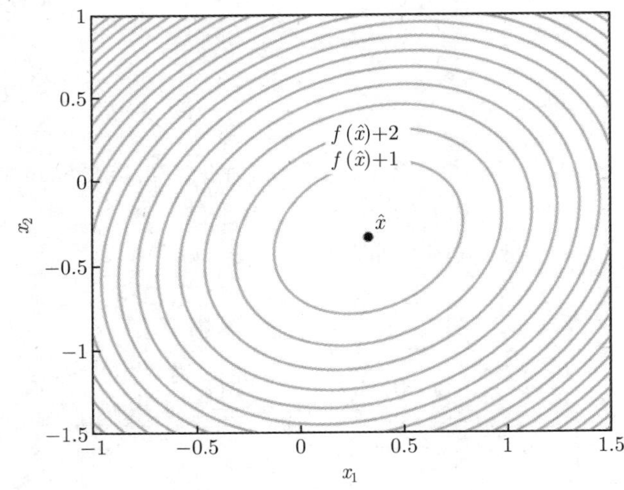

图 12-1　函数 $\|Ax - b\|^2 = (2x_1 - 1)^2 + (-x_1 + x_2)^2 + (2x_2 + 1)^2$ 的等值线图. 点 $\hat{x}$ 为函数的最小值点

12.2　解

本节将导出 (12.1) 中给出的最小二乘问题解的一些表达式，此时假设数据矩阵 A 满足如下条件：

227

$$A \text{ 的各列线性无关} \tag{12.2}$$

用微积分求解 本节使用一些基本的微积分结论对最小二乘问题进行求解，相关知识的回顾请参见 C.2 节.（下面也将给出一个独立的验证方法，该方法并不依赖于微积分.）已知函数 $f(x)=\|Ax-b\|^2$ 的任何一个最小值点 $\hat{x}$ 必然满足

$$\frac{\partial f}{\partial x_i}(\hat{x})=0,\quad i=1,\cdots,n$$

它可以表示为向量方程

$$\nabla f(\hat{x})=0$$

其中 $\nabla f(\hat{x})$ 为 f 在点 $\hat{x}$ 处的梯度. 梯度可以表示为矩阵形式:

$$\nabla f(x)=2A^{\mathrm{T}}(Ax-b) \tag{12.3}$$

这一公式可以用 10.2 节给出的链式法则及 C.1 节给出的二次函数和的梯度导出. 为完整起见，此处将给出公式 (12.3) 的简单推导. 将最小二乘问题的目标函数写为和的形式，可得

$$f(x)=\|Ax-b\|^2=\sum_{i=1}^{m}\left(\sum_{j=1}^{n}A_{ij}x_j-b_i\right)^2$$

228

为求得 $\nabla f(x)_k$，可将函数 f 对 x_k 求偏导. 对和式中的每一项进行微分，可得

$$\begin{aligned}\nabla f(x)_k&=\frac{\partial f}{\partial x_k}(x)\\&=\sum_{i=1}^{m}2\left(\sum_{j=1}^{n}A_{ij}x_j-b_i\right)(A_{ik})\\&=\sum_{i=1}^{m}2\left(A^{\mathrm{T}}\right)_{ki}(Ax-b)_i\\&=\left(2A^{\mathrm{T}}(Ax-b)\right)_k\end{aligned}$$

这就是公式 (12.3) 中每一个分量的表示形式.

现在继续推导最小二乘问题的解. 任何 $\|Ax-b\|^2$ 的最小值点 $\hat{x}$ 必满足

$$\nabla f(\hat{x})=2A^{\mathrm{T}}(A\hat{x}-b)=0$$

它可以写为

$$A^{\mathrm{T}}A\hat{x}=A^{\mathrm{T}}b \tag{12.4}$$

这些方程被称为**正规方程**. 其系数矩阵 $A^{\mathrm{T}}A$ 为 A 对应的 Gram 矩阵，其元素为 A 的各列的内积.

式 (12.2) 中假设 A 的各列线性无关意味着 Gram 矩阵 $A^{\mathrm{T}}A$ 是可逆的（见 11.5 节），也意味着

$$\hat{x}=\left(A^{\mathrm{T}}A\right)^{-1}A^{\mathrm{T}}b \tag{12.5}$$

是正规方程组 (12.4) 的唯一解. 因此，它必然为最小二乘问题 (12.1) 的唯一解.

式 (12.5) 中出现的矩阵 $\left(A^{\mathrm{T}}A\right)^{-1}A^{\mathrm{T}}$ 在前面就已经见过：它是公式 (11.5) 中给出的矩阵 A 的伪逆. 因此，最小二乘问题可以写为如下简单形式：

$$\hat{x}=A^{\dagger}b \tag{12.6}$$

在 11.5 节中已经看到，$A^{\dagger}$ 是 A 的左逆，因此如果一个超定方程组 $Ax=b$ 有解，则 $\hat{x}=A^{\dagger}b$ 就给出了这个解. 但现在可以看到 $\hat{x}=A^{\dagger}b$ 是最小二乘近似解，即它最小化了 $\|Ax-b\|^2$.（如果 $Ax=b$ 存在解，则 $\hat{x}=A^{\dagger}b$ 就是这个解.）

方程 (12.6) 看起来非常像是线性方程组 $Ax=b$ 解的公式，其中 A 为一个方阵且可逆，也即 $x=A^{-1}b$. 理解 (12.6) 中给出的最小二乘问题的近似解与方形线性方程组解的公式 $x=A^{-1}b$ 之间的区别是非常重要的. 如果线性方程组为方形且系数矩阵可逆，那么 $x=A^{-1}b$ 真正求解了 $Ax=b$. 当使用最小二乘近似解时，$\hat{x}=A^{\dagger}b$ 一般不满足 $A\hat{x}=b$.

公式 (12.6) 表明，最小二乘问题的解 $\hat{x}$ 是 b 的一个线性函数. 这推广了方形可逆线性方程组的解是右边项的线性函数的结论.

229

直接验证最小二乘问题的解　这里将直接证明 $\hat{x}=\left(A^{\mathrm{T}}A\right)^{-1}A^{\mathrm{T}}b$ 为最小二乘问题 (12.1) 的最小二乘解，证明过程不使用微积分的知识. 为此，需证明对任意 $x\neq\hat{x}$，有

$$\|A\hat{x}-b\|^2<\|Ax-b\|^2$$

这说明 $\hat{x}$ 为唯一最小化 $\|Ax-b\|^2$ 的向量.

首先写出

$$\begin{aligned}\|Ax-b\|^2&=\|(Ax-A\hat{x})+(A\hat{x}-b)\|^2\\&=\|Ax-A\hat{x}\|^2+\|A\hat{x}-b\|^2+2(Ax-A\hat{x})^{\mathrm{T}}(A\hat{x}-b)\end{aligned} \tag{12.7}$$

其中使用了等式

$$\|u+v\|^2=(u+v)^{\mathrm{T}}(u+v)=\|u\|^2+\|v\|^2+2u^{\mathrm{T}}v$$

(12.7) 中的第三项为零：

$$\begin{aligned}(Ax-A\hat{x})^{\mathrm{T}}(A\hat{x}-b)&=(x-\hat{x})^{\mathrm{T}}A^{\mathrm{T}}(A\hat{x}-b)\\&=(x-\hat{x})^{\mathrm{T}}\left(A^{\mathrm{T}}A\hat{x}-A^{\mathrm{T}}b\right)\\&=(x-\hat{x})^{\mathrm{T}}0\\&=0\end{aligned}$$

第三行中用到了 $A^{\mathrm{T}}A\hat{x}=A^{\mathrm{T}}b$（正规方程）. 利用这一结论进行化简，则 (12.7) 退化为

$$\|Ax-b\|^2=\|A(x-\hat{x})\|^2+\|A\hat{x}-b\|^2$$

由于右边第一项是非负的，故

$$\|Ax-b\|^2\geqslant\|A\hat{x}-b\|^2$$

这说明 $\hat{x}$ 最小化了 $\|Ax-b\|^2$. 下面证明它是唯一的最小值点. 设上面的等号成立，也即 $\|Ax-b\|^2=\|A\hat{x}-b\|^2$. 则有 $\|A(x-\hat{x})\|^2=0$，这意味着 $A(x-\hat{x})=0$. 因为 A 的各列线性无关，可以得到 $x-\hat{x}=0$，即 $x=\hat{x}$. 因此，使得 $\|Ax-b\|^2=\|A\hat{x}-b\|^2$ 成立的唯一 x 是 $x=\hat{x}$，对任意的 $x\neq\hat{x}$，有 $\|Ax-b\|^2>\|A\hat{x}-b\|^2$.

行形式 利用矩阵 A 的行向量 $\tilde{a}_i^{\mathrm{T}}$，最小二乘问题的近似解还可以表示为一个很有用的形式：

$$\hat{x}=\left(A^{\mathrm{T}}A\right)^{-1}A^{\mathrm{T}}b=\left(\sum_{i=1}^{m}\tilde{a}_i\tilde{a}_i^{\mathrm{T}}\right)^{-1}\left(\sum_{i=1}^{m}b_i\tilde{a}_i\right) \tag{12.8}$$

在这一公式中，$n\times n$ Gram 矩阵 $A^{\mathrm{T}}A$ 被表示为 m 个外积的和，n 向量 $A^{\mathrm{T}}b$ 被表示为 m 个 n 向量的和.

230

正交原理 点 $A\hat{x}$ 为 A 的各列的线性组合中最接近 b 的向量. 其最优残差为 $\hat{r}=A\hat{x}-b$. 最优残差满足一个性质，该性质有时被称为**正交原理**：它与 A 的各列正交，因此，它与 A 的各列的任意线性组合都正交. 换句话说，对任意 n 向量 z，有

$$(Az)\perp\hat{r} \tag{12.9}$$

可以从正规方程导出正交原理，正规方程可表示为 $A^{\mathrm{T}}(A\hat{x}-b)=0$. 对任意 n 向量 z，有

$$(Az)^{\mathrm{T}}\hat{r}=(Az)^{\mathrm{T}}(A\hat{x}-b)=z^{\mathrm{T}}A^{\mathrm{T}}(A\hat{x}-b)=0$$

当 $m=3$，$n=2$ 时，正交性在图 12-2 中进行了展示. 阴影部分的平面为矩阵 A 的两个列向量 a_1 和 a_2 的所有线性组合 $z_1a_1+z_2a_2$ 构成的集合. 点 $A\hat{x}$ 为平面内距向量 b 最近的点. 最优残差 $\hat{r}$ 为从 b 到 $A\hat{x}$ 的向量. 该向量与阴影平面中的任意点[⊖] 都正交.

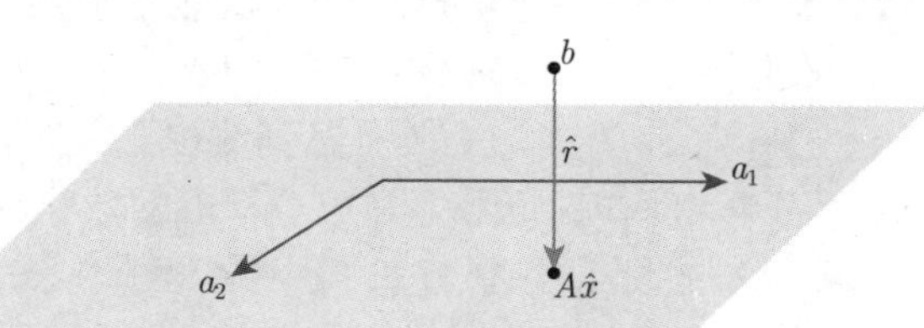

图 12-2 当 $m=3$，$n=2$ 时最小二乘问题的正交原理. 最优残差 $\hat{r}$ 与矩阵 A 的两个列向量 a_1 和 a_2 的任意线性组合都正交

⊖ 此处仅仅使用“点”这个说法是不严格的，它实际上指的是阴影平面内以任意给定的点为终点的向量，或等价地说指的是阴影平面内的任意向量. —— 译者注

12.3　求解最小二乘问题

可以使用 QR 分解法计算 (12.5) 中的最小二乘近似解. 令 $A = QR$ 为 A 的 QR 分解（该分解在假设 (12.2)，即矩阵的各列线性无关下是存在的）. 已经看到，伪逆 $A^\dagger$ 可以表示为 $A^\dagger = R^{-1}Q^{\mathrm{T}}$，故有

$$\hat{x} = R^{-1}Q^{\mathrm{T}}b \tag{12.10}$$

为计算 $\hat{x}$，首先将 b 乘以 Q^{T}，然后使用回代法计算 $R^{-1}\left(Q^{\mathrm{T}}b\right)$. 这一过程可整理为如下的算法，在给定 A 和 b 时，该算法可以计算最小二乘近似解 $\hat{x}$.

231

算法 12.1　使用 QR 分解法求解最小二乘问题

给定一个各列线性无关的 $m \times n$ 矩阵 A 和一个 m 向量 b.

1. QR 分解. 计算 QR 分解 $A = QR$.
2. 计算 $Q^{\mathrm{T}}b$.
3. 回代. 求解三角形方程组 $R\hat{x} = Q^{\mathrm{T}}b$.

与求解方形线性方程组的比较　回顾系数矩阵是方阵且可逆的线性方程组 $Ax = b$，其解为 $x = A^{-1}b$. 可以用 A 的 QR 分解将 x 表示为 $x = R^{-1}Q^{\mathrm{T}}b$（参见式 (11.4)）. 这一方程与 (12.10) 在形式上完全相同. 唯一的不同在于，在 (12.10) 中，A 和 Q 不需要是方阵，$R^{-1}Q^{\mathrm{T}}b$ 是最小二乘近似解，它（一般来说）不是 $Ax = b$ 的解.

事实上，算法 12.1 与算法 11.2 中给出的用 QR 分解求解线性方程组的方法，形式上也是一样的.（唯一的不同是，在算法 12.1 中，A 和 Q 可以是高形矩阵.）

当 A 是方阵时，求解线性方程组 $Ax = b$ 与最小化 $\|Ax - b\|^2$ 是相同的，且算法 11.2 和算法 12.1 也是一样的. 因此，算法 12.1 被看作是算法 11.2 的推广，它在 A 是方阵时求解方程 $Ax = b$，在 A 是高形矩阵时计算最小二乘近似解.

反斜杠记号　某些处理矩阵的软件包将反斜杠运算符进行了推广（参见 11.3 节），用以表示求解一个超定方程组的最小二乘近似解. 在这些软件包中，当 A 为方阵且可逆时，$A\backslash b$ 用于表示 $Ax = b$ 中的 $A^{-1}b$；当 A 为高形矩阵且各列线性无关时，它用于表示最小二乘近似解 $A^\dagger b$.（需要提醒读者的是，反斜杠记号不是一个标准的数学记号.）

复杂度　算法 12.1 第一步的复杂度为 $2mn^2$ 次浮点运算. 第二步中用到了一个矩阵乘法，其浮点运算次数为 $2mn$. 第三步需要 n^2 次浮点运算. 总共需要的浮点运算次数为

$$2mn^2 + 2mn + n^2 \approx 2mn^2$$

此处将左边的第二项和第三项忽略，因为它们比第一项分别小因子 n 和 $2m$. 算法复杂度的阶数为 mn^2. 其复杂度是矩阵 A 的列维数的线性函数，是变量个数的二次方.

稀疏最小二乘 系数矩阵 A 为稀疏矩阵的最小二乘问题也在很多应用中被提出，它可以使用对稀疏矩阵的 QR 分解算法（参见 10.4 节）和改进后的算法 12.1 高效求解.

232

另外一个在 A 为稀疏矩阵时求解正规方程 $A^{\mathrm{T}}A\hat{x}=A^{\mathrm{T}}b$ 的简单方法是求解一个更大（但是稀疏）的方程组

$$\begin{bmatrix} 0 & A^{\mathrm{T}} \\ A & I \end{bmatrix}\begin{bmatrix} \hat{x} \\ \hat{y} \end{bmatrix}=\begin{bmatrix} 0 \\ b \end{bmatrix} \tag{12.11}$$

这是一个有 $m+n$ 个线性方程的方形方程组. 当 A 稀疏时，其系数矩阵为稀疏的. 若 $(\hat{x},\hat{y})$ 满足这些方程，容易看到 $\hat{x}$ 满足 (12.11)；反之，如果 $\hat{x}$ 满足正规方程，$(\hat{x},\hat{y})$ 满足 (12.11)，其中 $\hat{y}=b-A\hat{x}$. 任何用于求解稀疏线性方程组的方法都可用于求解 (12.11).

矩阵最小二乘 最小二乘问题的一个简单推广就是选择 $n\times k$ 矩阵 X，使得 $\|AX-B\|^2$ 最小化. 此处，A 为一个 $m\times n$ 矩阵，B 为一个 $m\times k$ 矩阵，范数为矩阵范数. 这有时被称为**矩阵最小二乘问题**. 当 $k=1$ 时，x 和 b 为向量，矩阵最小二乘问题就退化为通常的最小二乘问题.

矩阵最小二乘问题事实上就是 k 个通常的最小二乘问题. 为证明之，注意到

$$\|AX-B\|^2=\|Ax_1-b_1\|^2+\cdots+\|Ax_k-b_k\|^2$$

其中 x_j 为 X 的第 j 列，b_j 为 B 的第 j 列.（此处利用了矩阵范数的平方为矩阵各列范数的平方和的性质.）因此，目标函数是一个 k 项的和，每一项仅依赖于 X 的一列. 这表明，可以独立地选择列向量 x_j，每一个列向量最小化相应的项 $\|Ax_j-b_j\|^2$. 设 A 的各列线性无关，则其解为 $\hat{x}_j=A^{\dagger}b_j$. 因此，矩阵最小二乘问题的解为

$$\begin{aligned} \hat{X} &= [\hat{x}_1 \quad \cdots \quad \hat{x}_k] \\ &= [A^{\dagger}b_1 \quad \cdots \quad A^{\dagger}b_k] \\ &= A^{\dagger}[b_1 \quad \cdots \quad b_k] \\ &= A^{\dagger}B \end{aligned} \tag{12.12}$$

当 $k=1$ 时，矩阵最小二乘问题最简单的解 $\hat{X}=A^{\dagger}B$ 就与通常的最小二乘问题的解相同（必然如此）. 很多关于线性代数的软件包使用反斜杠运算符 $A\backslash B$ 来表示 $A^{\dagger}B$，但这并不是一个标准的数学记号.

在观察到算法 12.1 实际上是另外一个因子分解算法的例子后，矩阵最小二乘问题可以非常高效地求解. 为计算 $\hat{X}=A^{\dagger}B$，使用 A 的 QR 分解一次；然后对 B 的 k 个列向量分别执行算法 12.1 的第二步和第三步. 其总的开销为 $2mn^2+k\left(2mn+n^2\right)$ 次浮点运算. 当 k 小到可以与 n 匹配时，大约为 $2mn^2$ 次浮点运算，它与求解一个最小二乘问题（即右边项为一个向量时的情形）是相同的.

233

12.4 例子

广告的投放 对于被分成 m 组需要推送广告的受众，每一组的印象数或观看数都被设定了一个目标值，该目标值用向量 v^{des} 表示.（其元素为正.）为能到达受众，需要在 n 个不同的渠道投放广告（例如，不同的网站、广播、海报 ……），其数量可以用一个 n 向量 s 给出.（s 的每一个元素都是非负的，但此处忽略这一点.）$m \times n$ 矩阵 R 给出了在每一个渠道中，向每一组受众投入每美元得到的印象数：R_{ij} 为在渠道 j 中向第 i 组受众投入 1 美元后得到的印象数.（这些数据都是估计的，并且它们也是非负的.）R 的第 j 列给出了渠道 j 的效率或结果（单位为印象数每美元）. R 的第 i 行给出了第 i 组受众主要接触哪个渠道的情形. 每一组受众形成的总印象数为一个 m 向量 v，用 $v = Rs$ 给出. 本问题的目标是，求解 s 使得 $v = Rs \approx v^{\mathrm{des}}$. 达到这一目标可以使用最小二乘法选择最小化 $\left\|Rs - v^{\mathrm{des}}\right\|^2$ 的 s.（算法不能保证在每一个渠道中的投入都是非负的.）这一最小二乘问题没有考虑广告投放需要的总成本，这一问题将在第 16 章中考虑.

考虑一个简单的数值例子，其中有 $n = 3$ 个渠道，$m = 10$ 组受众，且矩阵

$$
R = \begin{bmatrix}
0.97 & 1.86 & 0.41 \\
1.23 & 2.18 & 0.53 \\
0.80 & 1.24 & 0.62 \\
1.29 & 0.98 & 0.51 \\
1.10 & 1.23 & 0.69 \\
0.67 & 0.34 & 0.54 \\
0.87 & 0.26 & 0.62 \\
1.10 & 0.16 & 0.48 \\
1.92 & 0.22 & 0.71 \\
1.29 & 0.12 & 0.62
\end{bmatrix}
$$

其单位为观看 1000 次每美元. 矩阵 R 元素的取值范围超过了 $18:1$，因此从受众可以接触的角度上看，三个渠道非常不同，参见图 12-3.

令 $v^{\mathrm{des}} = \left(10^3\right)\mathbf{1}$，即目标是达到 10 个受众组中的每个组都有 100 万观看者. 最小二乘法给出的广告预算配置为

$$
\hat{s} = (62, 100, 1443)
$$

它与达到观看者要求数量的均方根误差为 132，即目标值的 13.2%. 观看人数向量在图 12-4 中给出.

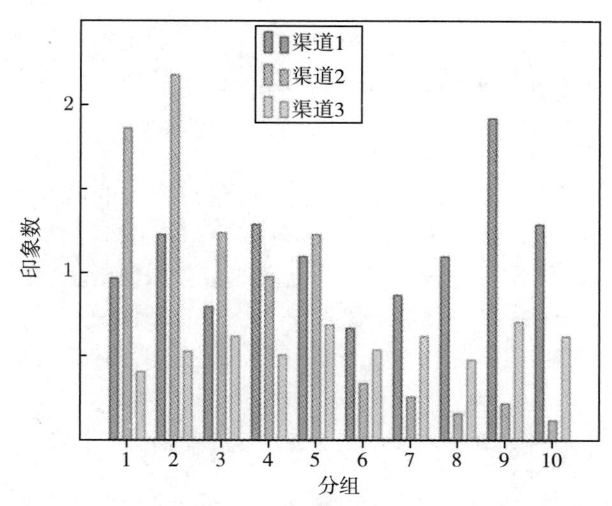

图 12-3 三个渠道中每投入 1 美元在 10 个受众组中形成的印象数. 其单位为观看 1000 次每美元

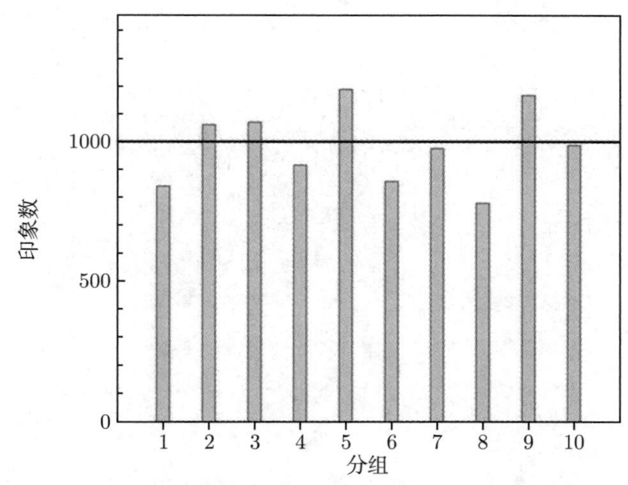

图 12-4 观看者人数向量最佳地近似了每组 100 万印象的目标

照明 使用 n 盏灯给可分为 m 个区域或像素的一块面积照亮. 令 l_i 表示第 i 个区域的光照水平，于是 m 向量 l 就给出了所有区域上照明的水平. 令 p_i 为第 i 盏灯开启时的功率，则 n 向量 p 就给出了灯的功率的集合.（灯的功率是非负的，且不能超过其最大允许的功率，但在此处忽略这些条件.）

234 ~ 235

照明水平的向量为灯的功率的一个线性函数，故有 $l = Ap$，其中 A 为一个 $m \times n$ 矩阵. A 的第 j 列给出了灯 j 照明的样式，即当灯 j 的功率为 1，其他灯都关闭时的照明情况. 假设 A 的各列是线性无关的（因此它是一个高形矩阵）. A 的第 i 行给出了像素 i 对 n 盏灯功率的敏感度.

问题的目标是求出灯的功率以达到要求的照明模式 l^{des}，例如 $l^{\text{des}} = \alpha\mathbf{1}$，即整个区域上

照明的值全都是 α. 换句话说，求 p 使得 $Ap \approx l^{\text{des}}$. 可以使用最小二乘法寻找 $\hat{p}$，使得它与需要照明的偏差的平方和 $\left\|Ap - l^{\text{des}}\right\|^2$ 最小化. 这给出了灯的功率水平

$$\hat{p} = A^{\dagger} l^{\text{des}} = \left(A^{\mathrm{T}} A\right)^{-1} A^{\mathrm{T}} l^{\text{des}}$$

（算法不能保证这些功率都是非负的，或者它们都不超过允许的最大功率.）

图 12-5 给出了一个例子. 其面积为 25×25 格，共 $m = 625$ 个像素，每一个像素（例如）表示 1 平方米. 灯的高度从 3 米到 6 米不等，它们的位置如图所示. 照度的衰减符合平方反比律，即 A_{ij} 与 d_{ij}^{-2} 成正比，其中 d_{ij} 为像素中心与灯的位置的（三维）距离. 矩阵 A 经过了放缩，以使得所有灯的功率都是 1 时，平均照明水平是 1. 需要的照明模式是 $\mathbf{1}$，即均匀地取值为 1.

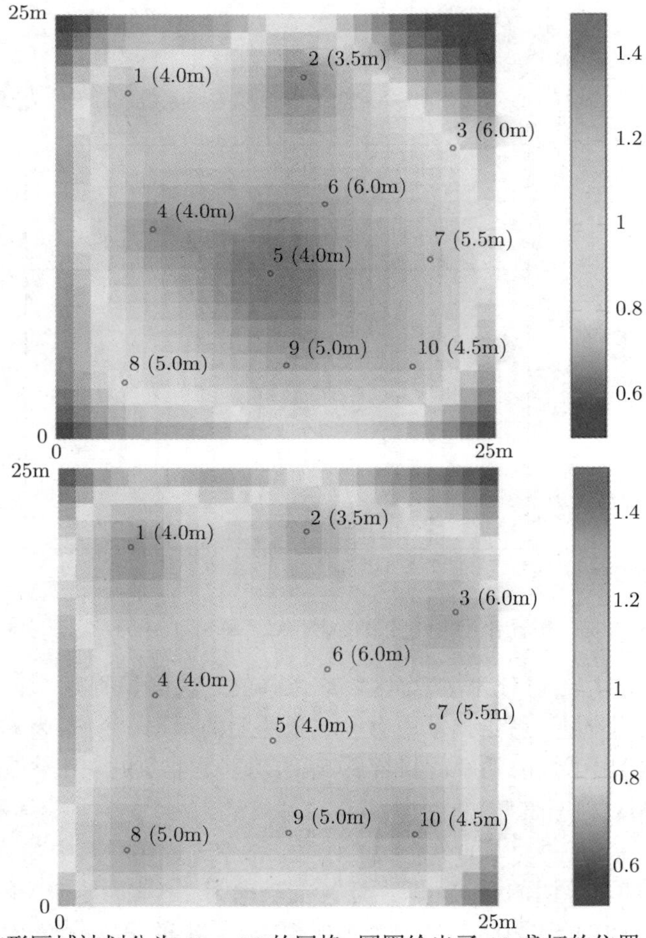

图 12-5　一个正方形区域被划分为 25×25 的网格. 圆圈给出了 10 盏灯的位置，图中每一个圆圈附近的数字表示的是灯的高度. 上面的图给出了所有灯的功率都为 1 时照明的模式. 下面的图给出了灯的功率使得照明模式偏差的平方和最接近需要的全为 1 的均匀分布的照明模式

当 $p = \mathbf{1}$ 时，图 12-5 上面的图给出了照明的结果. 照明的均方根误差为 0.24. 可以看到，拐角处比中心处的亮度明显较弱，而且在每盏灯的下面有明显的亮点. 利用最小二乘法求得灯的功率为

$$\hat{p} = (1.46, 0.79, 2.97, 0.74, 0.08, 0.21, 0.21, 2.05, 0.91, 1.47)$$

得到的照明模式的均方根误差为 0.14，大约是将所有灯的功率都设置为 1 时均方根误差的一半. 其照明模式在图 12-5 的下图中给出，可以看到，照明情况比将所有灯的功率都设置为 1 时的结果均匀得多，其拐角处仍有一些暗，且在每盏灯下也有一点点亮，但这点亮度比所有灯的功率都是 1 时要暗. 由图 12-6 能够清楚地看到这一结果，该图给出了当所有灯的功率都为 1，以及所有灯的功率都为 $\hat{p}$ 时每一块上照明值的直方图.

236 ~ 237

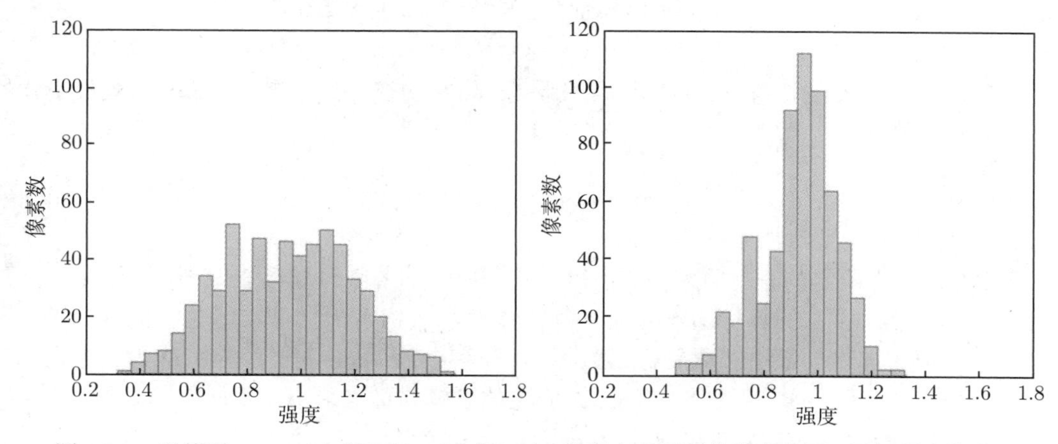

图 12-6 当使用 $p = \mathbf{1}$（左图）和 $\hat{p}$（右图）时，像素点上照明值的直方图. 目标强度值为 1

238

练习

12.1 用另一个向量的倍数近似一个向量 对 $n = 1$ 的特殊情形，一般的最小二乘问题 (12.1) 退化为求一个标量 x 最小化 $\|ax - b\|^2$，其中 a 和 b 为 m 向量.（此处矩阵 A 使用小写形式，因为它是一个 m 向量.）设 a 和 b 均非零，证明 $\|a\hat{x} - b\|^2 = \|b\|^2 (\sin\theta)^2$，其中 $\theta = \angle(a, b)$. 这说明在用另一个向量的倍数近似一个向量时，最优相对误差是依赖于它们之间的夹角的.

12.2 各列规范正交的最小二乘 设 $m \times n$ 矩阵 Q 的各列规范正交，b 为一个 m 向量. 证明 $\hat{x} = Q^{\mathrm{T}} b$ 为一个最小化 $\|Qx - b\|^2$ 的向量. 对给定的 Q 和 b，计算 $\hat{x}$ 的复杂度是多少？它与一个系数为 $m \times n$ 矩阵的一般最小二乘问题的复杂度相比如何？

12.3 最小二乘的最小夹角特性 设 $m \times n$ 矩阵 A 的各列是线性无关的，b 是一个 m 向量. 令 $\hat{x} = A^{\dagger} b$ 为 $Ax = b$ 的最小二乘近似解.

(a) 证明对任意 n 向量 x，$(Ax)^{\mathrm{T}} b = (Ax)^{\mathrm{T}} (A\hat{x})$，即 Ax 和 b 的内积与 Ax 和 $A\hat{x}$ 的内积相等. **提示**：利用 $(Ax)^{\mathrm{T}} b = x^{\mathrm{T}} (A^{\mathrm{T}} b)$ 及 $(A^{\mathrm{T}} A)\hat{x} = A^{\mathrm{T}} b$.

(b) 证明当 $A\hat{x}$ 和 b 均非零时，有

$$\frac{(A\hat{x})^{\mathrm{T}} b}{\|A\hat{x}\|\|b\|}=\frac{\|A\hat{x}\|}{\|b\|}$$

其左边项为 $A\hat{x}$ 和 b 之间的夹角. **提示**：在 (a) 中令 $x=\hat{x}$.

(c) **最小二乘的最小夹角特性**. $x=\hat{x}$ 最小化了 Ax 和 b 之间的距离. 证明 $x=\hat{x}$ 也最小化了 Ax 和 b 之间的夹角.（可以假设 Ax 和 b 都非零.）注：对任意正标量 α，$x=\alpha\hat{x}$ 也最小化了 Ax 和 b 之间的夹角.

12.4 加权的最小二乘　在最小二乘中,（被最小化的）目标函数为

$$\|Ax-b\|^2=\sum_{i=1}^{m}\left(\tilde{a}_i^{\mathrm{T}} x-b_i\right)^2$$

其中 $\tilde{a}_i^{\mathrm{T}}$ 为 A 的各行，n 向量 x 需要被选择. 在**加权的最小二乘问题**中，被最小化的目标函数为

$$\sum_{i=1}^{m} w_i\left(\tilde{a}_i^{\mathrm{T}} x-b_i\right)^2$$

其中 w_i 为给定的正权重. 权重使得对残差向量的各个分量可以赋予不同的权.（加权的最小二乘法的目标函数为加权范数的平方 $\|Ax-b\|_w^2$，其定义参见练习 3.28.）

(a) 证明加权的最小二乘目标函数可以表示为 $\|D(Ax-b)\|^2$，其中 D 为一个适当的对角矩阵. 这使得加权最小二乘问题的求解与标准最小二乘问题的求解一致，都是最小化 $\|Bx-d\|^2$，其中 $B=DA$，$d=Db$.

(b) 证明当 A 的各列线性无关时，矩阵 B 也如此.

(c) 最小二乘近似解由 $\hat{x}=\left(A^{\mathrm{T}} A\right)^{-1} A^{\mathrm{T}} b$ 给出. 对加权的最小二乘问题，给出一个类似的公式. 公式中可以使用矩阵 $W=\mathbf{diag}(w)$.

239

12.5 右逆的近似计算　设高形 $m\times n$ 矩阵 A 各列线性无关. 它没有右逆，也即不存在 $n\times m$ 矩阵 X，使得 $AX=I$. 因此，希望求一个 $n\times m$ 矩阵 X 使得残差矩阵 $R=AX-I$ 的矩阵范数尽可能小. 这一矩阵称为矩阵 A 的**最小二乘近似右逆**. 证明 A 的最小二乘右逆由 $X=A^{\dagger}$ 给出. **提示**: 这是一个矩阵最小二乘问题，参见 12.3 节.

12.6 最小二乘均衡器设计（参见练习 7.15）　给定信道冲击响应 n 向量 c. 求一个冲击响应的均衡器，即 n 向量 h，最小化 $\|h*c-e_1\|^2$. 可以假设 $c_1\neq 0$. **注**：称 h 为均衡器是因为它对卷积 c 进行了近似求逆或解卷积.

说明如何求得 h. 使用你的方法求出信道 $c=(1.0,0.7,-0.3,-0.1,0.05)$ 的均衡器 h. 绘制 c，h 和 $h*c$.

12.7 网络层析成像　一个网络包含了 n 个链接，编号为 $1,\cdots,n$. 网络中的一条**路径**（path）是这些链接的一个子集.（此处，路径中链接的顺序没有关系.）每一个链接均有一个（正的）**延迟**，即穿过该链接需要的时间. 令 d 为一个 n 向量，表示链接的

延迟. 通过一条路径的总延迟就是该路径上链接延迟之和. 目标是根据对不同路径的通过时间的大量（带有噪声的）测量估计链接的延迟（即向量 d）. 这些数据用一个 $N \times n$ 矩阵 P 和一个 N 向量 t 给出，其中

$$P_{ij} = \begin{cases} 1 & \text{链接 } j \text{ 在路径 } i \text{ 上} \\ 0 & \text{其他} \end{cases}$$

N 向量 t 的元素为沿着 N 条路径的（带有噪声的）通过时间. 可以假设 $N > n$. 可以通过最小化测量的通过时间（t）与根据链接的延迟之和预测的通过时间之间的均方根误差来估计 $\hat{d}$. 解释如何达到这一目的，并给出 $\hat{d}$ 的一个矩阵表达式. 若表达式需要对数据 P 或 t 做假设，需显式地给出说明.

注：这一问题在很多教材中都会出现. 网络可以是一个计算机网络，而路径则给出了数据包序列通过通信链路的时间；网络也可以是运输网络，其链接就表示路段.

12.8 最小二乘与 QR 分解　设 A 是一个 $m \times n$ 矩阵，其各列线性无关，且其 QR 分解为 $A = QR$，b 为一个 m 向量. 向量 $A\hat{x}$ 为最接近向量 b 的 A 各列的线性组合，即它是 b 在 A 各列的线性组合构成的集合上的投影.

(a) 证明 $A\hat{x} = QQ^{\mathrm{T}}b$.（矩阵 QQ^{T} 称为**投影矩阵**.）

(b) 证明 $\|A\hat{x} - b\|^2 = \|b\|^2 - \|Q^{\mathrm{T}}b\|^2$.（这是 b 与 A 各列的线性组合中最小距离的平方.）

12.9 稀疏最小二乘方程中矩阵的可逆性　证明方程 (12.11) 中的 $(m+n) \times (m+n)$ 稀疏矩阵可逆的充要条件是 A 的各列线性无关.

12.10 最小二乘近似解的数值检验　随机生成一个 30×10 的矩阵 A 以及一个随机 30 向量 b. 计算其最小二乘近似解 $\hat{x} = A^{\dagger}b$ 及对应的残差范数平方 $\|A\hat{x} - b\|^2$.（也许存在多种方法达到这一目的，依赖于所使用的软件包.）随机生成三个 10 向量 d_1, d_2, d_3，并验证 $\|A(\hat{x} + d_i) - b\|^2 > \|A\hat{x} - b\|^2$ 成立.（这说明 $x = \hat{x}$ 对应的残差比 $x = \hat{x} + d_i$ 的更小，其中 $i = 1, 2, 3$.）

12.11 矩阵最小二乘问题的复杂度　说明如何用 $\hat{X} = A^{\dagger}B$ 计算 $AX = B$ 的矩阵最小二乘问题近似解（参见 (12.12)），使得其总计算量不超过 $2mn^2 + 2mnk$ 次浮点运算.（否则，可通过求 k 个向量最小二乘问题得到 $\hat{X}$ 的各列，用这种最基本的方法，需要 $2mn^2k$ 次浮点运算.）

240

12.12 最小二乘配置　2 向量组 $p_1, \cdots, p_N$ 表示 N 个对象的位置，例如，工厂、仓库和店铺. 其中后 K 个位置是固定的且已经给定，**配置问题**的目标是选择前 $N - K$ 个对象的位置. 对位置的选择需要遵从无向图，两个对象之间的边意味着希望它们之间尽可能靠近. 在**最小二乘配置**问题中，选择位置 $p_1, \cdots, p_{N-K}$，使得有边相连的对象之间距离的平方和能够最小化，

$$\|p_{i_1} - p_{j_1}\|^2 + \cdots + \|p_{i_L} - p_{j_L}\|^2$$

其中 L 为图中的边，由 (i_1, j_1)，$\cdots$，(i_L, j_L) 给出.

(a) 令 $\mathcal{D}$ 为图的 Dirichlet 能量，其定义参见 7.3 节. 证明 N 个对象之间距离的平方和可以表示为 $\mathcal{D}(u)+\mathcal{D}(v)$，其中 $u=((p_1)_1,\cdots,(p_N)_1)$ 及 $v=((p_1)_2,\cdots,(p_N)_2)$ 为 N 向量，分别包含了对象的第一个和第二个坐标.

(b) 将最小二乘配置问题表示为一个最小二乘问题，其变量为 $x=\left(u_{1:(N-K)}, v_{1:(N-K)}\right)$. 换句话说，将上面的对象表示为（所有边距离的平方和）$\|Ax-b\|^2$，其中 A 为适当选择的 $m\times n$ 矩阵，b 为 m 向量. 可以发现 $m=2L$. **提示**：回顾 $\mathcal{D}(y)=\left\|B^{\mathrm{T}}y\right\|^2$，其中 B 为图的关联矩阵.

(c) 对 $N=10$，$K=4$，$L=13$，固定的位置

$$p_7=(0,0),\quad p_8=(0,1),\quad p_9=(1,1),\quad p_{10}=(1,0)$$

和边

$$(1,3),\quad (1,4),\quad (1,7),\quad (2,3),\quad (2,5),\quad (2,8),\quad (2,9),$$

$$(3,4),\quad (3,5),\quad (4,6),\quad (5,6),\quad (6,9),\quad (6,10)$$

的特殊情形，求解最小二乘配置问题. 绘制出各位置，将图的边表示为连接两个位置的直线.

12.13 最小二乘问题的迭代方法　设 A 的各列线性无关，故 $\hat{x}=A^{\dagger}b$ 最小化了 $\|Ax-b\|^2$. 本练习中，探讨一种由数学家 Lewis Richardson 给出的迭代方法，它可被用于计算 $\hat{x}$. 定义 $x^{(1)}=0$，且对 $k=1$，2，$\cdots$，

$$x^{(k+1)}=x^{(k)}-\mu A^{\mathrm{T}}\left(Ax^{(k)}-b\right)$$

其中 μ 是一个正参数，上标表示迭代次数. 这定义了一个收敛到 $\hat{x}$ 的向量序列，其中 μ 为给定的不太大的常数，例如，选择 $\mu=1/\|A\|^2$ 通常是可行的. 该迭代过程在 $A^{\mathrm{T}}\left(Ax^{(k)}-b\right)$ 足够小时终止，这意味着最小二乘的最优条件几乎得以满足. 为实现该方法，只需要将向量乘以 A 及 A^{T}. 如果存在高效的方法实现这两个矩阵与向量的乘法，这一迭代方法可以比算法 12.1 更快速（尽管它并没有给出精确解）. 迭代方法通常被用于求解规模非常大的最小二乘问题.

(a) 证明：若 $x^{(k+1)}=x^{(k)}$，有 $x^{(k)}=\hat{x}$.

(b) 将向量序列 $x^{(k)}$ 表示为一个线性动力系统，其动力学矩阵与偏移都是常数，即形式为 $x^{(k+1)}=Fx^{(k)}+g$.

(c) 随机生成一个 20×10 的矩阵 A 和一个 20 向量 b，然后计算 $\hat{x}=A^{\dagger}b$. 取 $\mu=1/\|A\|^2$ 执行 Richardson 算法 500 次迭代，绘制 $\left\|x^{(k)}-\hat{x}\right\|$ 来验证 $x^{(k)}$ 应当收敛到 $\hat{x}$.

241

12.14 递归最小二乘 在某些最小二乘应用问题中，系数矩阵 A 的各行是顺序可用（或叠加）的，此处希望求解这类增长的最小二乘问题. 定义 $k \times n$ 矩阵及 k 向量：

$$A^{(k)} = \begin{bmatrix} a_1^{\mathrm{T}} \\ \vdots \\ a_k^{\mathrm{T}} \end{bmatrix} = A_{1:k,1:n}, \quad b^{(k)} = \begin{bmatrix} b_1 \\ \vdots \\ b_k \end{bmatrix} = b_{1:k}$$

其中 $k = 1, \cdots, m$. 希望计算 $\hat{x}^{(k)} = A^{(k)\dagger}b^{(k)}$，其中 $k = n, n+1, \cdots, m$. 假设 $A^{(n)}$ 的各列是线性无关的，这意味着 $A^{(k)}$ 的各列是线性无关的，其中 $k = n, \cdots, m$. 也假设 m 是大于 n 的. 计算 $x^{(k)}$ 的基本方法需要 $2kn^2$ 次浮点运算，因此，对 $k = n, \cdots, m$，其总开销为

$$\sum_{k=n}^{m} 2kn^2 = \left(\sum_{k=n}^{m} k\right)(2n^2) = \left(\frac{m^2 - n^2 + m + n}{2}\right)(2n^2) \approx m^2n^2$$

次浮点运算. 对 $k = n, \cdots, m$，有一个更有效地计算 $x^{(k)}$ 的技巧，其开销是随着 m 线性增长的. 该技巧需要存储空间的阶数也是 n^2，它并不依赖于 m. 对 $k = 1, \cdots, m$，定义

$$G^{(k)} = \left(A^{(k)}\right)^{\mathrm{T}} A^{(k)}, \quad h^{(k)} = \left(A^{(k)}\right)^{\mathrm{T}} b^{(k)}$$

(a) 证明 $\hat{x}^{(k)} = \left(G^{(k)}\right)^{-1} h^{(k)}$，其中 $k = n, \cdots, m$. **提示**：参见 (12.8).

(b) 证明 $G^{(k+1)} = G^{(k)} + a_k a_k^{\mathrm{T}}$ 及 $h^{(k+1)} = h^{(k)} + b_k a_k$，其中 $k = 1, \cdots, m-1$.

(c) **递归最小二乘**是下列算法. 对 $k = n, \cdots, m$，利用 (b) 计算 $G^{(k+1)}$ 和 $h^{(k+1)}$，然后用 (a) 计算 $\hat{x}^{(k)}$. 给出这个方法的总浮点运算开销，只需保留主要的项.（可以包括计算 $G^{(n)}$ 和 $h^{(n)}$ 的开销，它们在总开销中应被忽略.）计算使用基本方法时的总浮点运算开销.

注：一个更进一步的技巧称为矩阵求逆引理（这超出了本书的范畴），它可被用于将递归最小二乘问题的复杂度降为 mn^2 阶.

12.15 最小化一个范数平方与一个仿射函数的和 最小二乘问题 (12.1) 的一个推广是在其最小二乘目标函数中添加一个仿射函数：

$$\text{最小化} \quad \|Ax - b\|^2 + c^{\mathrm{T}}x + d$$

其中 n 向量 x 为需要求解的变量，（给定的）数据为 $m \times n$ 矩阵 A，m 向量 b，n 向量 c 和数 d. 此处使用最小二乘问题中相同的假设：A 的各列是线性无关的. 这一推广的问题可通过将其转化为一个标准的最小二乘问题求解，该技巧称为**配方法**.

对某些 m 向量 f 和某常数 g，证明上述问题的目标函数可被表示为

$$\|Ax - b\|^2 + c^{\mathrm{T}}x + d = \|Ax - b + f\|^2 + g$$

据此，推广的最小二乘问题可通过最小化 $\|Ax-(b-f)\|$ 求解，这一通常的最小二乘问题的解是 $\hat{x}=A^{\dagger}(b-f)$.

提示：将右端项中的范数平方 $\|(Ax-b)+f\|^2$ 展开. 然后说明使上述等式成立的条件是 $2A^{\mathrm{T}}f=c$. 一种可能的选择是 $f=(1/2)\left(A^{\dagger}\right)^{\mathrm{T}}c$.（可以验证这些结论.）

242

12.16 计算最小二乘近似解的 Gram 方法 算法 12.1 使用 QR 分解法计算最小二乘近似解 $\hat{x}=A^{\dagger}b$，其中 $m\times n$ 矩阵 A 的各列线性无关. 其复杂度为 $2mn^2$ 次浮点运算. 本练习中，考虑一种迭代方法：首先构造 Gram 矩阵 $G=A^{\mathrm{T}}A$ 和向量 $h=A^{\mathrm{T}}b$，然后计算 $\hat{x}=G^{-1}h$（使用算法 11.2）. 该方法的复杂度是多少？将其与算法 12.1 进行比较. *注*：可以看到 Gram 算法看起来比 QR 方法略快，但其因子并没有大到在应用中足够显著. 这一思想在 G 为部分可知的时候比直接乘以 A 及其转置更高效. 练习 13.21 给出了一个例子.

243 ~ 244

第 13 章　最小二乘数据拟合

本章介绍最小二乘方法的一个非常重要的应用 —— 拟合数据的问题. 其目标是对某些关系，利用给定的数据找到一个数学模型或一个近似模型.

13.1　最小二乘数据拟合简介

最小二乘法被广泛用于从一些数据中构造一个数学模型，这些数据可以是实验的或观察的结果. 设有一个 n 向量 x 和一个标量 y，我们相信它们是相关的，也许粗略地说，它们通过某种函数 $f:\mathbb{R}^n \to \mathbb{R}$

$$y \approx f(x)$$

相互关联，向量 x 也许表示了 n 个特征数据的集合，被称为**特征向量**或**自变量**向量，这取决于上下文. 标量 y 表示关心的某种**输出**（也被称为**反馈变量**）. 或者 x 表示一个时间序列的前 n 个取值，y 表示下一个值.

数据　尽管对函数 f 的一般形式有着某些看法，但 f 是未知的. 确实有一些**数据**，

$$x^{(1)},\cdots,x^{(N)},\quad y^{(1)},\cdots,y^{(N)}$$

其中 n 向量 $x^{(i)}$ 为样本数据 i 的特征向量，$y^{(i)}$ 为相应的输出. 有时将一对 $x^{(i)}$，$y^{(i)}$ 称为第 i 个**数据对**. 这些数据也称为**观测值**、**例子**、**样本**或**测量值**，这取决于上下文. 此处用上标 (i) 表示第 i 个数据点：$x^{(i)}$ 为一个 n 向量，它是第 i 个自变量；$x_j^{(i)}$ 为第 i 个例子的第 j 个特征的值.

245

模型　要建立一个 x 和 y 之间关系的**模型**，

$$y \approx \hat{f}(x)$$

其中 $\hat{f}:\mathbb{R}^n \to \mathbb{R}$. 记 $\hat{y}=\hat{f}(x)$，其中 $\hat{y}$ 为对给定的自变量（向量）x 的（输出 y 标量形式的）**预测**. 在 f 上出现的尖号是一个传统的记号，它表明函数 $\hat{f}$ 为函数 f 的一个近似. 函数 $\hat{f}$ 被称为模型、预测函数或预测. 对特征向量 x 的一个特定取值，$\hat{y}=\hat{f}(x)$ 为输出的一个预测.

线性参数模型　下面讨论一种特殊形式的模型，其形式为

$$\hat{f}(x)=\theta_1 f_1(x)+\cdots+\theta_p f_p(x)$$

其中 $f_i:\mathbb{R}^n \to \mathbb{R}$ 为选择的**基函数**或**特征映射**，θ_i 为选择的**模型参数**. 这一模型称为**线性参数模型**，因为对每一个 x，$\hat{f}(x)$ 是一个对模型参数 p 向量 θ 的线性函数. 基函数通常根据认为的 f 的形式进行选择.（下面将会看到很多例子.）一旦选定了基函数，该问题就是一个在给定了数据集后如何选择模型参数的问题了.

预测误差　问题的目标就是选择模型 $\hat{f}$，使得它与数据相容，即对 $i=1,\cdots,N$ 有 $y^{(i)} \approx \hat{f}\left(x^{(i)}\right)$.（选择 $\hat{f}$ 还有另外一个目的，它将在 13.2 节中进行讨论.）对样本数据 i，模型给出的预测为 $\hat{y}^{(i)} \approx \hat{f}\left(x^{(i)}\right)$，因此对该数据点的**预测误差**或**残差**为

$$r^{(i)} = y^{(i)} - \hat{y}^{(i)}$$

（某些作者用相反的方法定义预测误差，即 $\hat{y}^{(i)} - y^{(i)}$. 可以看到，这样做对建立本章中的方法并无影响.）

输出、预测和残差的向量记号　对给定的数据集和模型，对每一个例子 $i=1,\cdots,N$，有观测到的响应 $y^{(i)}$，预测值 $\hat{y}^{(i)}$ 及预测误差 $r^{(i)}$. 下面将把它们用向量记号分别表示为 N 向量的形式，

$$y^{\mathrm{d}} = \left(y^{(1)},\cdots,y^{(N)}\right), \quad \hat{y}^{\mathrm{d}} = \left(\hat{y}^{(1)},\cdots,\hat{y}^{(N)}\right), \quad r^{\mathrm{d}} = \left(r^{(1)},\cdots,r^{(N)}\right)$$

（上述刻画特征向量与输出之间的近似关系 $y \approx f(x)$ 及预测函数 $\hat{y} = \hat{f}(x)$ 的记号中，符号 y 和 $\hat{y}$ 表示一般的标量值. 对于上标有 d（表示“数据”）的符号，y^{d}，$\hat{y}^{\mathrm{d}}$ 和 r^{d} 分别表示观测数据值、预测值和相应的残差.）

利用这些向量记号，残差（向量）可表示为 $r^{\mathrm{d}} = y^{\mathrm{d}} - \hat{y}^{\mathrm{d}}$. 一个自然的度量模型预测数据好坏，或与观测数据相容程度的的指标是预测误差的均方根 $\mathbf{rms}\left(r^{\mathrm{d}}\right)$. 比值 $\mathbf{rms}\left(r^{\mathrm{d}}\right)/\mathbf{rms}\left(y^{\mathrm{d}}\right)$ 给出了预测的相对误差. 例如，若相对误差为 0.1，可以说模型预测的数据，或拟合的数据的误差在 10% 以内.

246

最小二乘模型拟合　一个广泛使用的选择模型参数 $\theta_1,\cdots,\theta_p$ 的方法是在给定的数据集上最小化预测误差的均方根，它与最小化预测误差的平方和 $\left\|r^{\mathrm{d}}\right\|^2$ 是相同的. 现在说明它是一个最小二乘问题.

将 $\hat{y}^{(i)} = \hat{f}\left(x^{(i)}\right)$ 用模型参数进行表示，有

$$\hat{y}^{(i)} = A_{i1}\theta_1 + \cdots + A_{ip}\theta_p, \quad i=1,\cdots,N$$

其中 $N \times p$ 矩阵 A 定义为

$$A_{ij} = f_j\left(x^{(i)}\right), \quad i=1,\cdots,N, \quad j=1,\cdots,p \tag{13.1}$$

p 向量 θ 为 $\theta=(\theta_1,\cdots,\theta_p)$. A 的第 j 列为第 j 个基函数在每一个数据点 $x^{(1)},\cdots,x^{(N)}$ 处的取值. 其第 i 行给出了 p 个基函数在第 i 个数据点 $x^{(i)}$ 处的取值. 用矩阵与向量的记号，有

$$\hat{y}^{\mathrm{d}} = A\theta$$

这一简单的方程给出了选择的模型参数是如何在 N 个不同的实验与输出的预测值之间进行映射的. 已知矩阵 A 来自给出的数据点和选择的基函数；该问题的目标就是选择模型参数 θ 对应的 p 向量.

由此，残差的平方和为

$$\left\|r^{\mathrm{d}}\right\|^2=\left\|y^{\mathrm{d}}-\hat{y}^{\mathrm{d}}\right\|^2=\left\|y^{\mathrm{d}}-A\theta\right\|^2=\left\|A\theta-y^{\mathrm{d}}\right\|^2$$

（最后一步使用了一个向量的范数与其负向量的范数相等的结论. ）选择 θ 最小化这一函数的问题显然是一个最小二乘问题，它的形式与 (12.1) 一样. 当给出的 A 的各列线性无关时，可求得该最小二乘问题的解 $\hat{\theta}$，此模型参数的取值最小化了数据集上预测误差的范数，其形式为

$$\hat{\theta}=\left(A^{\mathrm{T}}A\right)^{-1}A^{\mathrm{T}}y^{\mathrm{d}}=A^{\dagger}y^{\mathrm{d}} \tag{13.2}$$

称模型参数取值 $\hat{\theta}$ 是通过**在数据集上的最小二乘拟合**得到的.

$\left\|y^{\mathrm{d}}-A\theta\right\|^2$ 的每一项均可给出说明. 项 $\hat{y}^{\mathrm{d}}=A\theta$ 为一个度量模型给出预测输出的 N 向量，其参数向量为 θ. 项 y^{d} 为真实观测到的输出 N 向量. 它们的差 $y^{\mathrm{d}}-A\theta$ 就是预测误差 N 向量. 最后，$\left\|y^{\mathrm{d}}-A\theta\right\|^2$ 为预测误差的平方和，它也被称为残差平方和（residual sum of squares，RSS）. 这个值最小化了最小二乘拟合问题 $\theta=\hat{\theta}$.

$\left\|y^{\mathrm{d}}-A\hat{\theta}\right\|^2$ 被称为最小平方误差（针对模型给定的基和数据集）. 数值 $\left\|y^{\mathrm{d}}-A\hat{\theta}\right\|^2/N$ 被称为**最小均方误差**（针对当前的模型及给定的数据），其平方根为最小拟合误差均方根. 在数据集上模型的性能可以通过可视化地绘制 $\hat{y}^{(i)}$ 与 $y^{(i)}$ 的散点图得到，同时用短划线给出直线 $\hat{y}=y$ 作为参考.

由于 $\left\|y^{\mathrm{d}}-A\theta\right\|^2=\left\|A\theta-y^{\mathrm{d}}\right\|^2$，如果最小二乘问题中的残差或预测误差使用 $\hat{y}^{\mathrm{d}}-y^{\mathrm{d}}$ 来定义，而不是使用（此处定义的）$y^{\mathrm{d}}-\hat{y}^{\mathrm{d}}$，得到的模型参数将会是相同的. 残差平方和、最小均方误差及拟合误差的均方根在替换为该预测误差定义时也是一样的.

247

与第 12 章中部分符号的区别　在继续讨论之前，需要说明在本章进行的数据拟合中的部分符号与第 12 章（最小二乘问题）中相同符号含义之间的差异，读者有必要注意它们的不同. 在第 12 章中，符号 x 表示一个一般的变量，或是需要求解的向量，b 通常被称为右边项，或是希望近似的向量. 在本章中，当使用数据拟合模型时，符号 x 一般指一个特征向量；此时希望寻找 θ，即模型中的系数向量，被近似的向量记为 y^{d}，它是表示（观测）输出数据的向量. 当在本章中使用最小二乘法时，需要将第 12 章中给出的结果或公式迁移到当前的内容中，正如公式 (13.2) 那样.

带有一个常数的最小二乘拟合　首先从最简单的拟合问题开始：取 $p=1$，且对所有 x，$f_1(x)=1$. 此时模型 $\hat{f}$ 是一个常数函数，对所有 x，$\hat{f}(x)=\theta_1$. 此时的最小二乘拟合就是选择最好的常数值 θ_1 来近似数据 $y^{(1)}$，$\cdots$，$y^{(N)}$.

在这种简单的情形，(13.1) 中的矩阵 A 为 $N\times 1$ 矩阵 $\mathbf{1}$，其各列总是线性无关的（因为

它只有一列，而且非零）. 公式 (13.2) 化为

$$\hat{\theta}_1=\left(A^{\mathrm{T}}A\right)^{-1}A^{\mathrm{T}}y^{\mathrm{d}}=N^{-1}\mathbf{1}^{\mathrm{T}}y^{\mathrm{d}}=\mathbf{avg}\left(y^{\mathrm{d}}\right)$$

其中用到了公式 $\mathbf{1}^{\mathrm{T}}\mathbf{1}=N$. 因此，对数据的最佳常数拟合就是它们的均值，

$$\hat{f}(x)=\mathbf{avg}\left(y^{\mathrm{d}}\right)$$

对数据拟合的均方根（即最优残差的均方根值）为

$$\mathbf{rms}\left(y^{\mathrm{d}}-\mathbf{avg}\left(y^{\mathrm{d}}\right)\mathbf{1}\right)=\mathbf{std}\left(y^{\mathrm{d}}\right)$$

它就是数据的标准差. 这给出了输出数据均值和标准差的一个很好的解释，它们分别是对数据的最好常数拟合和相应的误差均方根. 对更为复杂的模型，比较其拟合误差的均方根和输出数据的标准差是一个一般的做法，它给出了一个常数模型的最优拟合误差均方根.

图 13-1 中给出了一个常数拟合的简单例子. 在这个例子中，$n=1$，因此数据点 $x^{(i)}$ 是标量. 左侧图中的圆圈为数据点；直线给出了预测函数 $\hat{f}(x)$（它的取值为常数）. 右侧图中绘制了输出数据 $y^{(i)}$ 和预测值 $\hat{y}^{(i)}$（它们全都相等），虚线给出了直线 $y=\hat{y}$.

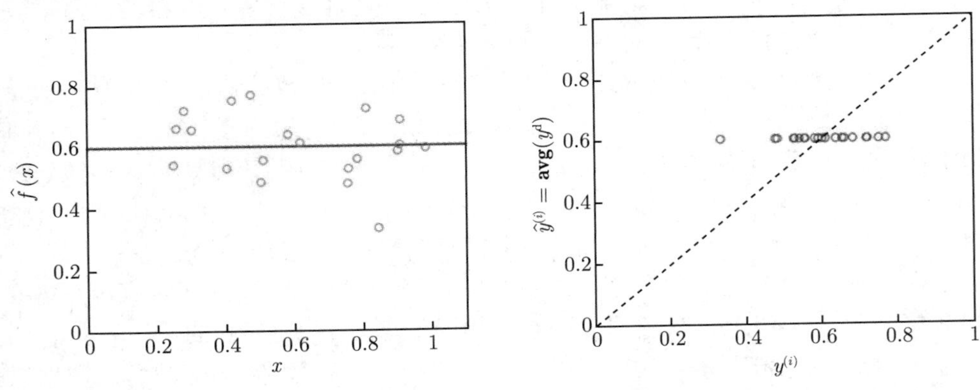

图 13-1　对 $N=20$ 个点的常数拟合 $\hat{f}(x)=\mathbf{avg}\left(y^{\mathrm{d}}\right)$ 以及 $\hat{y}^{(i)}$ 与 $y^{(i)}$ 的散点图

列线性无关的假设　要使用最小二乘拟合，需要假设 (13.1) 中的矩阵 A 是各列线性无关的. 当这一假设不成立时，可以给出一个有意思的解释. 若 A 的各列线性相关，它意味着其中一列可以用其他列的一个线性组合进行表示. 例如，假设最后一列可以表示为前面 $p-1$ 列的一个线性组合. 利用 $A_{ij}=f_j\left(x^{(i)}\right)$，这意味着

248

$$f_p\left(x^{(i)}\right)=\beta_1 f_1\left(x^{(i)}\right)+\cdots+\beta_{p-1}f_{p-1}\left(x^{(i)}\right),\quad i=1,\cdots,N$$

这说明第 p 个基函数在给定的数据集上，可以表示为前 $p-1$ 个基函数的一个线性组合. 因此，显然第 p 个基函数（在给定的数据集上）就是冗余的.

13.1.1 单变量函数的拟合

设 $n=1$，则特征向量 x 为一个标量（与输出 y 相同）. 关系 $y \approx f(x)$ 表明 y 近似地为一个 x 的（单变量）函数 f. 在 (x, y) 平面上，可以绘制出数据点 $\left(x^{(i)}, y^{(i)}\right)$，且可将模型 $\hat{f}$ 表示为 (x, y) 平面内的一个曲线. 这使得可视化数据拟合的模型成为可能.

直线拟合 选取基函数为 $f_1(x)=1$ 和 $f_2(x)=x$. 模型的形式为

$$\hat{f}(x)=\theta_1+\theta_2 x$$

将其绘出时，它是一条直线.（这也许是 $\hat{f}$ 有时被称为线性模型的原因，尽管通常它是一个仿射函数，而不是 x 的线性函数.）图 13-2 中给出了一个例子. (13.1) 中的矩阵 A 为

$$A=\left[\begin{array}{cc}1 & x^{(1)} \\ 1 & x^{(2)} \\ \vdots & \vdots \\ 1 & x^{(N)}\end{array}\right]=\left[\mathbf{1} \quad x^{\mathrm{d}}\right]$$

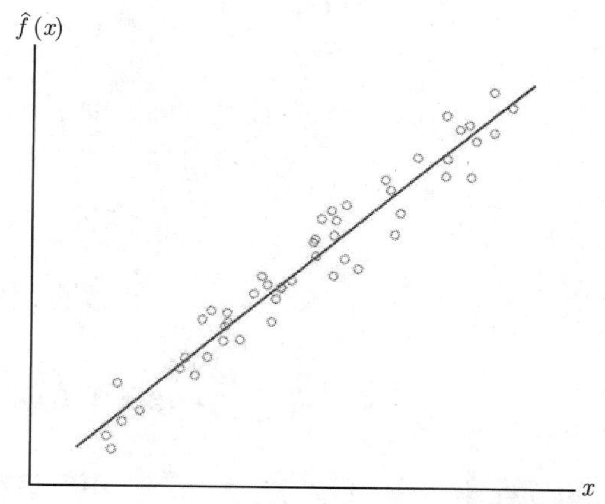

图 13-2 对一个平面内的 50 个点 $\left(x^{(i)}, y^{(i)}\right)$ 进行直线拟合

上式右边，用 x^{d} 表示 N 向量 $x^{\mathrm{d}}=\left(x^{(1)}, \cdots, x^{(N)}\right)$. 给定 $x^{(1)}, \cdots, x^{(N)}$ 中出现的至少两个不同的值，该矩阵的各列将线性无关. 对数据的最优直线拟合中的系数可由下式给出：

249

$$\left[\begin{array}{l}\theta_1 \\ \theta_2\end{array}\right]=\left(A^{\mathrm{T}} A\right)^{-1} A^{\mathrm{T}} y^{\mathrm{d}}$$

该表达式已经简洁到可以显式地求解了，尽管这样做没有任何计算上的优势. 其 Gram 矩阵为

$$A^{\mathrm{T}} A=\left[\begin{array}{cc}N & \mathbf{1}^{\mathrm{T}} x^{\mathrm{d}} \\ \mathbf{1}^{\mathrm{T}} x^{\mathrm{d}} & \left(x^{\mathrm{d}}\right)^{\mathrm{T}} x^{\mathrm{d}}\end{array}\right]$$

2 向量 $A^{\mathrm{T}}y^{\mathrm{d}}$ 为

$$A^{\mathrm{T}}y^{\mathrm{d}}=\left[\begin{array}{c}\mathbf{1}^{\mathrm{T}}y^{\mathrm{d}}\\ \left(x^{\mathrm{d}}\right)^{\mathrm{T}}y^{\mathrm{d}}\end{array}\right]$$

故有（利用 2×2 矩阵求逆的公式）

$$\left[\begin{array}{c}\hat{\theta}_1\\ \hat{\theta}_2\end{array}\right]=\frac{1}{N(x^{\mathrm{d}})^{\mathrm{T}}x^{\mathrm{d}}-\left(\mathbf{1}^{\mathrm{T}}x^{\mathrm{d}}\right)^2}\left[\begin{array}{cc}\left(x^{\mathrm{d}}\right)^{\mathrm{T}}x^{\mathrm{d}} & -\mathbf{1}^{\mathrm{T}}x^{\mathrm{d}}\\ -\mathbf{1}^{\mathrm{T}}x^{\mathrm{d}} & N\end{array}\right]\left[\begin{array}{c}\mathbf{1}^{\mathrm{T}}y^{\mathrm{d}}\\ \left(x^{\mathrm{d}}\right)^{\mathrm{T}}y^{\mathrm{d}}\end{array}\right]$$

上式乘以 N^2，并将矩阵与向量中的项除以 N，则可表示为

$$\left[\begin{array}{c}\hat{\theta}_1\\ \hat{\theta}_2\end{array}\right]=\frac{1}{\mathbf{rms}(x^{\mathrm{d}})^2-\mathbf{avg}(x^{\mathrm{d}})^2}\left[\begin{array}{cc}\mathbf{rms}(x^{\mathrm{d}})^2 & -\mathbf{avg}\left(x^{\mathrm{d}}\right)\\ -\mathbf{avg}\left(x^{\mathrm{d}}\right) & 1\end{array}\right]\left[\begin{array}{c}\mathbf{avg}\left(y^{\mathrm{d}}\right)\\ \left(x^{\mathrm{d}}\right)^{\mathrm{T}}y^{\mathrm{d}}/N\end{array}\right]$$

[250] 直线拟合中 $\hat{\theta}_2$ 的斜率可用数据向量 x^{d} 和 y^{d} 的相关系数 ρ 及它们的标准差更为简单地表示. 有

$$\begin{aligned}\hat{\theta}_2&=\frac{N\left(x^{\mathrm{d}}\right)^{\mathrm{T}}y^{\mathrm{d}}-\left(\mathbf{1}^{\mathrm{T}}x^{\mathrm{d}}\right)\left(\mathbf{1}^{\mathrm{T}}y^{\mathrm{d}}\right)}{N(x^{\mathrm{d}})^{\mathrm{T}}x^{\mathrm{d}}-\left(\mathbf{1}^{\mathrm{T}}x^{\mathrm{d}}\right)^2}\\ &=\frac{\left(x^{\mathrm{d}}-\mathbf{avg}\left(x^{\mathrm{d}}\right)\mathbf{1}\right)^{\mathrm{T}}\left(y^{\mathrm{d}}-\mathbf{avg}\left(y^{\mathrm{d}}\right)\mathbf{1}\right)}{\left\|x^{\mathrm{d}}-\mathbf{avg}\left(x^{\mathrm{d}}\right)\mathbf{1}\right\|^2}\\ &=\frac{\mathbf{std}\left(y^{\mathrm{d}}\right)}{\mathbf{std}\left(x^{\mathrm{d}}\right)}\rho\end{aligned}$$

在最后一步中，使用了第 3 章中的定义

$$\rho=\frac{\left(x^{\mathrm{d}}-\mathbf{avg}\left(x^{\mathrm{d}}\right)\mathbf{1}\right)^{\mathrm{T}}\left(y^{\mathrm{d}}-\mathbf{avg}\left(y^{\mathrm{d}}\right)\mathbf{1}\right)}{N\mathbf{std}\left(x^{\mathrm{d}}\right)\mathbf{std}\left(y^{\mathrm{d}}\right)},\quad \mathbf{std}\left(x^{\mathrm{d}}\right)=\frac{\left\|x^{\mathrm{d}}-\mathbf{avg}\left(x^{\mathrm{d}}\right)\mathbf{1}\right\|}{\sqrt{N}}$$

从两个正规方程中的第一个方程 $N\theta_1+\left(\mathbf{1}^{\mathrm{T}}x^{\mathrm{d}}\right)\theta_2=\mathbf{1}^{\mathrm{T}}y^{\mathrm{d}}$ 中可以得到 $\hat{\theta}_1$ 的一个简单表达式：

$$\hat{\theta}_1=\mathbf{avg}\left(y^{\mathrm{d}}\right)-\hat{\theta}_2\mathbf{avg}\left(x^{\mathrm{d}}\right)$$

将这些结果汇集在一起，可得最小二乘拟合为

$$\hat{f}\left(x\right)=\mathbf{avg}\left(y^{\mathrm{d}}\right)+\rho\frac{\mathbf{std}\left(y^{\mathrm{d}}\right)}{\mathbf{std}\left(x^{\mathrm{d}}\right)}\left(x-\mathbf{avg}\left(x^{\mathrm{d}}\right)\right)\qquad(13.3)$$

（注意 x 和 y 为一般的标量值，而 x^{d} 和 y^{d} 为观测数据值的向量. ）当 $\mathbf{std}\left(y^{\mathrm{d}}\right)\neq 0$ 时，它可表示成更为对称的形式：

$$\frac{\hat{y}-\mathbf{avg}\left(y^{\mathrm{d}}\right)}{\mathbf{std}\left(y^{\mathrm{d}}\right)}=\rho\frac{x-\mathbf{avg}\left(x^{\mathrm{d}}\right)}{\mathbf{std}\left(x^{\mathrm{d}}\right)}$$

它有着很好的解释. 其左边项为预测响应数据与响应数据均值之间的差再除以其标准差. 其右边项为相关系数 ρ 乘以自变量对应的同样的量.

最小二乘直线拟合在很多应用问题中都可以使用.

金融资产 α 和 β 在金融学中,直线拟合被用于根据整个市场的收益来预测个人资产的收益.(整个市场的收益通常选作所有个人资产收益市值的加权和.)直线模型 $\hat{f}(x)=\theta_1+\theta_2 x$ 从市场收益 x 给出了资产收益的预测. 最小二乘直线拟合是利用在某 T 个周期内观察得到的市场(market)收益数据 $r_1^{\text{mkt}},\cdots,r_T^{\text{mkt}}$ 以及个人(individual)资产收益数据 $r_1^{\text{ind}},\cdots,r_T^{\text{ind}}$ 计算得到的. 因此,在公式 (13.3) 中取

$$x^{\text{d}}=\left(r_1^{\text{mkt}},\cdots,r_T^{\text{mkt}}\right),\quad y^{\text{d}}=\left(r_1^{\text{ind}},\cdots,r_T^{\text{ind}}\right)$$

这一模型通常被写为如下的形式:

$$\hat{f}(x)=\left(r^{\text{rf}}+\alpha\right)+\beta\left(x-\mu^{\text{mkt}}\right)$$

251

其中 r^{rf} 为在这些周期上的无风险利率, $\mu^{\text{mkt}}=\mathbf{avg}\left(x^{\text{d}}\right)$ 为平均市场收益. 将这一公式与直线模型 $\hat{f}(x)=\theta_1+\theta_2 x$ 对比,可以发现 $\theta_2=\beta$, $\theta_1=r^{\text{rf}}+\alpha-\beta\mu^{\text{mkt}}$.

资产收益的预测 $\hat{f}(x)$ 由两个部分组成:一个是常数 $r^{\text{rf}}+\alpha$,另一个是与去均值的市场表现成正比的量 $\beta\left(x-\mu^{\text{mkt}}\right)$. 其第二部分联系了市场波动的收益与资产波动的收益,其均值为零;参见练习 13.4. 参数 α 为平均资产收益,它高于无风险利率. 这种使用市场收益表示的资产收益模型是非常常见的,以至于其中的 α 和 β 在金融领域被广泛应用.(尽管并不总是有着准确相同的意义,因为在如何定义这些参数的问题上存在一些小的变化.)

时间序列的趋势 设数据为某一个量 y 在时刻 $x^{(i)}=i$ 处样点的序列. 对这一时间序列数据的直线拟合为

$$\hat{y}^{(i)}=\theta_1+\theta_2 i,\quad i=1,\cdots,N$$

它被称为**趋势线**. 其斜率 θ_2 被称为在一段时间内的**趋势**. 从原始时间序列中减去趋势线可以得到**去趋势时间序列** $y^{\text{d}}-\hat{y}^{\text{d}}$. 去趋势时间序列说明了时间序列与其直线拟合之间的差异:当其为正时,意味着时间序列在其直线拟合的上方,当其为负时,意味着时间序列在其直线拟合的下方.

图 13-3 和图 13-4 中给出了一个例子. 图 13-3 给出了年度的世界石油消耗及其直线拟合. 图 13-4 给出了去趋势的世界石油消耗.

趋势估计和季节性成分 前面的例子中,用包含两个部分和的最小二乘法近似了一个长度为 N 的时间序列: $y^{\text{d}}\approx\hat{y}^{\text{d}}=\hat{y}^{\text{const}}+\hat{y}^{\text{lin}}$,其中

$$\hat{y}^{\text{const}}=\theta_1\mathbf{1},\quad \hat{y}^{\text{lin}}=\theta_2\begin{bmatrix}1\\2\\\vdots\\N\end{bmatrix}$$

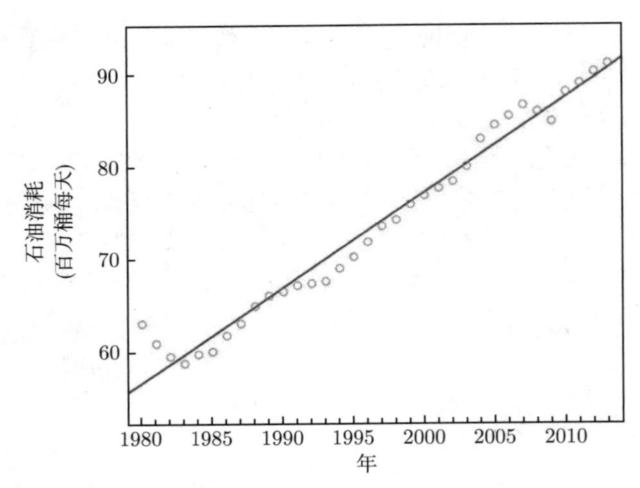

图 13-3　1980 年到 2013 年间的世界石油消耗（用点表示）及其最小二乘直线拟合（数据来源：www.eia.gov）

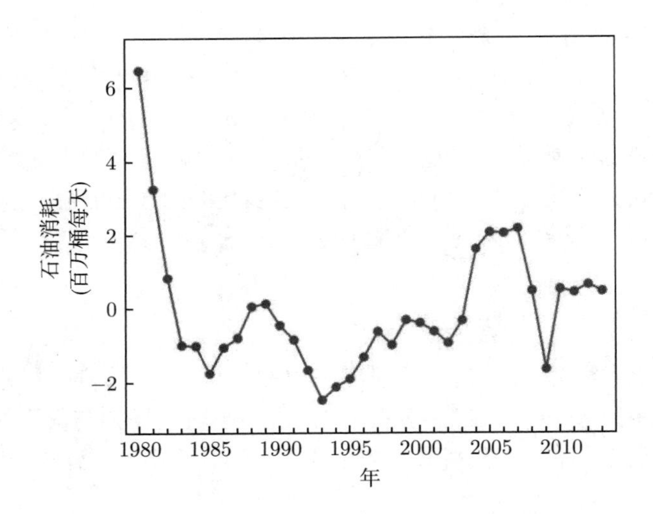

图 13-4　去趋势的世界石油消耗

在很多应用中，去趋势时间序列有着很清楚的周期分量，即周期地重复自身的分量. 作为一个例子，图 13-5 给出了从 2000 年 1 月到 2014 年 12 月之间，每一个月内美国境内一条道路通行量的估计（车辆行驶的总里程）. 这一时间序列中令人震惊的是其模式（几乎）每年都是重复的，该模式在夏天会出现一个峰值，冬天会出现一个低值. 此外，还有一个缓慢增加的长期趋势. 在该图下面的图中，给出了包含两个部分和的最小二乘拟合

252 ~ 253

$$y^{\mathrm{d}} \approx \hat{y}^{\mathrm{d}} = \hat{y}^{\mathrm{lin}} + \hat{y}^{\mathrm{seas}}$$

其中 $\hat{y}^{\text{lin}}$ 和 $\hat{y}^{\text{seas}}$ 定义为

$$\hat{y}^{\text{lin}} = \theta_1 \begin{bmatrix} 1 \\ 2 \\ \vdots \\ N \end{bmatrix}, \quad \hat{y}^{\text{seas}} = \begin{bmatrix} \theta_{2:(P+1)} \\ \theta_{2:(P+1)} \\ \vdots \\ \theta_{2:(P+1)} \end{bmatrix}$$

其第二项为周期的或**季节性的**，周期为 $P=12$，并由模式 $(\theta_2,\cdots,\theta_{P+1})$ 组成，该模式重复了 N/P 次（假设 N 是 P 的一个倍数）. 模型中的常数项被忽略了，因为它可能是多余的：它的作用与在参数 $\theta_2,\cdots,\theta_{P+1}$ 上同加一个常数是相同的.

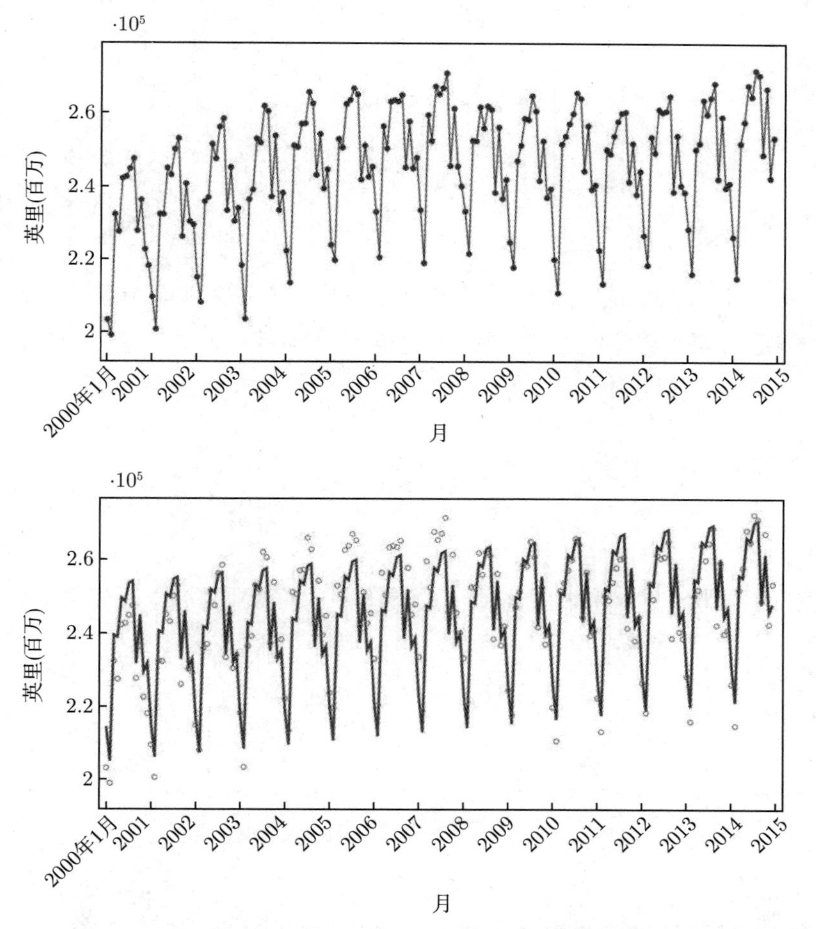

图 13-5 上图：在 2000 年 1 月到 2014 年 12 月间，每月美国车辆行驶的里程（美国运输署，交通统计局，www.transtats.bts.gov）. 下图：两个时间序列和的最小二乘拟合：一个线性的趋势和一个以 12 个月为周期的季节因素

最小二乘拟合通过最小化 $\left\|A\theta - y^{\mathrm{d}}\right\|^2$ 求得，其中 θ 为一个 $(P+1)$ 向量，(13.1) 中的矩阵 A 为

$$A = \begin{bmatrix} 1 & 1 & 0 & \cdots & 0 \\ 2 & 0 & 1 & \cdots & 0 \\ \vdots & \vdots & \vdots & \ddots & \vdots \\ P & 0 & 0 & \cdots & 1 \\ P+1 & 1 & 0 & \cdots & 0 \\ P+2 & 0 & 1 & \cdots & 0 \\ \vdots & \vdots & \vdots & \ddots & \vdots \\ 2P & 0 & 0 & \cdots & 1 \\ \vdots & \vdots & \vdots & & \vdots \\ N-P+1 & 1 & 0 & \cdots & 0 \\ N-P+2 & 0 & 1 & \cdots & 0 \\ \vdots & \vdots & \vdots & \ddots & \vdots \\ N & 0 & 0 & \cdots & 1 \end{bmatrix}$$

在本例中，$N = 15P = 180$. 此时的残差或预测误差称为去趋势或季节调整序列.

多项式拟合　直线拟合的一个简单推广是**多项式拟合**，其中

$$f_i(x) = x^{i-1}, \quad i = 1, \cdots, p$$

因此 $\hat{f}$ 为次数最多为 $p-1$ 次的多项式，

$$\hat{f}(x) = \theta_1 + \theta_2 x + \cdots + \theta_p x^{p-1}$$

（此处需说明，x^i 表示一个一般的标量 x 的 i 次幂；$x^{(i)}$ 表示第 i 个观测的标量数据值.）此时，(13.1) 中的矩阵 A 的形式为

$$A = \begin{bmatrix} 1 & x^{(1)} & \cdots & \left(x^{(1)}\right)^{p-1} \\ 1 & x^{(2)} & \cdots & \left(x^{(2)}\right)^{p-1} \\ \vdots & \vdots & & \vdots \\ 1 & x^{(N)} & \cdots & \left(x^{(N)}\right)^{p-1} \end{bmatrix}$$

254 ~ 255

即它是一个 Vandermonde 矩阵（参见 (6.7)）. 其各列在给定数据 $x^{(1)}, \cdots, x^{(N)}$ 包含至少 p 个不同的值时，是线性无关的. 图 13-6 给出了使用次数为 2，6，10 和 15 的多项式对 100 个数据点进行最小二乘拟合的例子. 当 $r \leqslant s$ 时，因为任一次数不超过 r 的多项式，次数也不超过 s，则用高阶多项式拟合的误差均方根小于（或至多不超过）使用一个低次多项式拟合

得到的误差均方根. 这说明，在拟合时应当使用尽可能高阶的多项式，因为这样能得到最小的残差和最好的误差均方根. 但在 13.2 节中我们将会看到，这个结论是错误的，此外，我们也会探索在一些在可选方法中进行选择的合理方法.

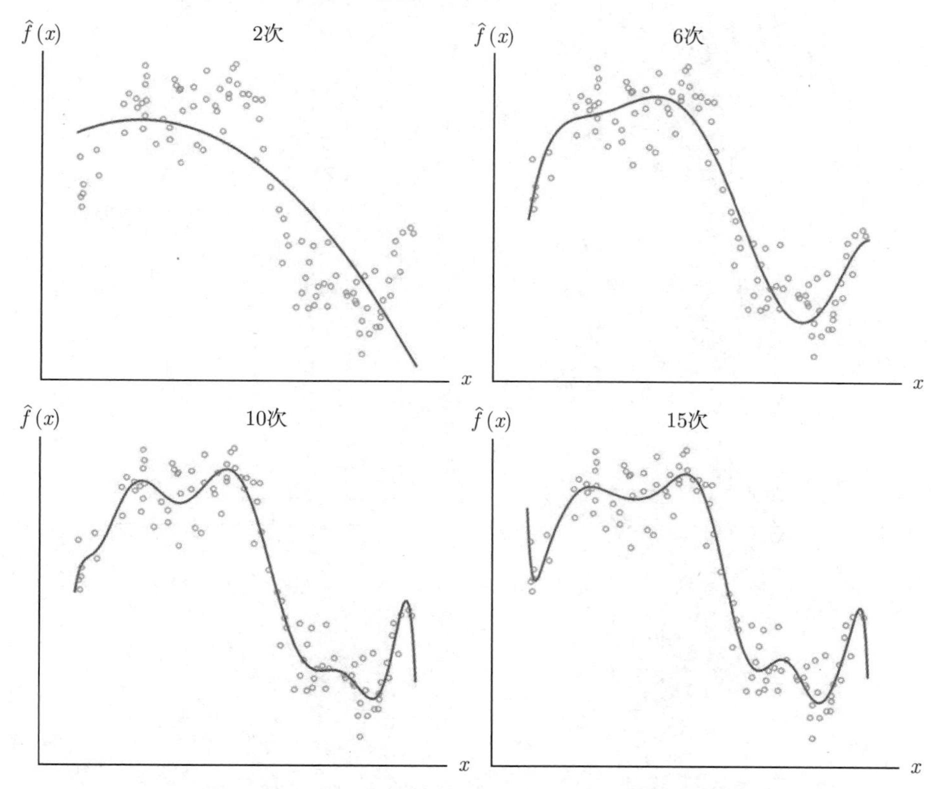

图 13-6 对 100 个数据点的 2，6，10 和 15 次多项式拟合

分片线性拟合 一个**分段点**为 $a_1 < a_2 < \cdots < a_k$ 的**分片线性**函数为一个连续函数，其在相邻分段点之间是仿射函数.（这种函数应当被称为分片仿射函数.）任意有 k 个分段点的分片线性函数可用 $p = k + 2$ 个基函数

256

$$f_1(x) = 1, \quad f_2(x) = x, \qquad f_{i+2}(x) = (x - a_i)_+, \quad i = 1, \cdots, k$$

进行表示，其中 $(u)_+ = \max\{u, 0\}$. 这些基函数在图 13-7 中给出，其中有 $k = 2$ 个分段点，分别为 $a_1 = -1$ 和 $a_2 = 1$. 图 13-8 中给出了一个以这些点为分段点的分片线性拟合的例子.

13.1.2 回归

现在回到 x 为一个一般 n 向量的情形. 回顾形如

$$\hat{y} = x^{\mathrm{T}}\beta + v$$

的回归模型，其中 β 为权向量，v 为截距. 这一模型可用在基函数为 $f_1(x)=1$ 的一般数据拟合中，且

$$f_i(x)=x_{i-1},\quad i=2,\cdots,n+1$$

故 $p=n+1$. 于是，回归模型可以表示为

$$\hat{y}=x^{\mathrm{T}}\theta_{2:(n+1)}+\theta_1$$

且可以看到 $\beta=\theta_{2:(n+1)}$，$v=\theta_1$.

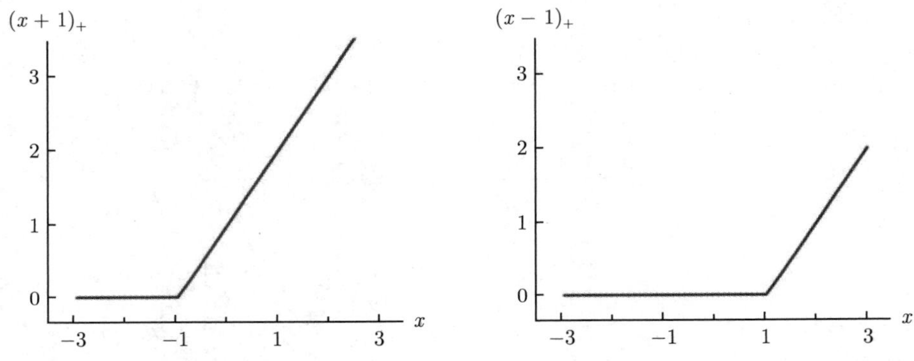

图 13-7　分片线性函数，其中 $(x+1)_+=\max\{x+1,0\}$，$(x-1)_+=\max\{x-1,0\}$

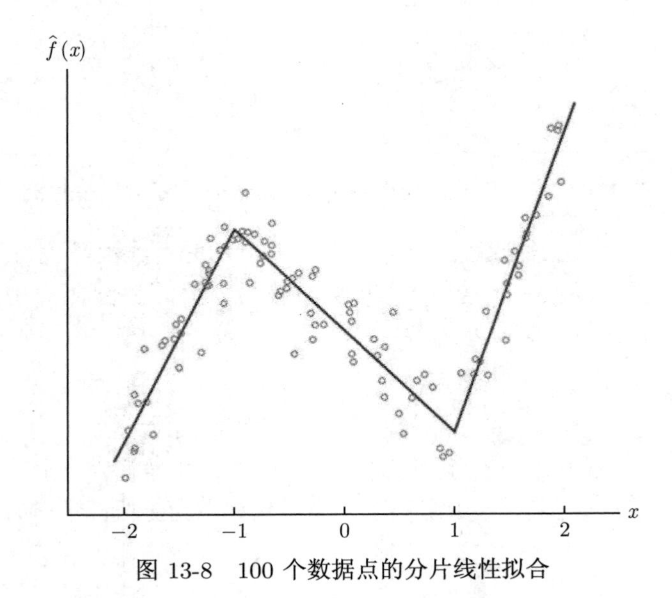

图 13-8　100 个数据点的分片线性拟合

在一般数据拟合中的 $N\times(n+1)$ 矩阵 A 为

$$A=[\mathbf{1}\quad X^{\mathrm{T}}]$$

其中 X 是各列为 $x^{(1)},\cdots,x^{(N)}$ 的特征矩阵. 因此，回归模型是一种带参数的一般线性模型的特例.

257

通用回归模型　回归模型是一般数据拟合模型的一个特例. 反过来说，带线性参数模型也可以看作是回归模型，只不过其特征向量的集合是 $p-1$ 维的. 设第一个基函数 f_1 是一个常数函数，其取值为一，其新的或生成的特征向量 $\tilde{x}$ 为

$$\tilde{x}=\begin{bmatrix} f_2(x) \\ \vdots \\ f_p(x) \end{bmatrix}$$

对输出为 y 且新生成或映射的特征 $\tilde{x}$ 的回归模型形如

$$\hat{y}=\tilde{x}^{\mathrm{T}}\beta+v$$

其中 β 的维数为 $p-1$，v 为一个数. 将其与线性参数模型

$$\hat{y}=\theta_1 f_1(x)+\cdots+\theta_p f_p(x)$$

进行比较，可以看到，它们是相同的，其中 $v=\theta_1$，$\beta=\theta_{2:p}$. 因此，可以认为一般线性参数模型不是别的，就是一个简单的回归模型，但使用了变换后的，或映射后的，或生成的特征 $f_1(x),\cdots,f_p(x)$.（这一思想在 13.3 节中会进一步讨论.）

房屋价格回归　在 2.3 节中给出了一个基于两个特征（面积和卧室数量）的有关房屋销售价格的简单回归模型. (2.9) 中的参数 β 和截距 v 通过 5 天内在 Sacramento 地区销售的 774 套住房价格的数据集合上进行最小二乘拟合得到. 拟合模型的误差均方根为 74.8（单位为千美元）. 为进行对比，得到数据集中价格的标准差是 112.8. 因此，这一非常基本的回归模型性能比使用常数模型（即数据集中给出的房屋均价）有了大幅提升.

258

自回归时间序列模型　设 z_1，z_2，$\cdots$ 为一个时间序列. 该时间序列的**自回归模型**（也被称为**AR 模型**）形如

$$\hat{z}_{t+1}=\theta_1 z_t+\cdots+\theta_M z_{t-M+1},\quad t=M,M+1,\cdots$$

其中 M 为模型的**记忆或延迟**. 此处 $\hat{z}_{t+1}$ 为 z_{t+1} 在时刻 t 的预测值（z_t，$\cdots$，z_{t-M+1} 已知）. 这一预测是时间序列中前 M 个数据的一个线性函数. 通过选择好的参数，在给定当前及前 M 个数据的情况下，AR 模型可以用于预测一个时间序列接下来的数据. 它有着很多的实践应用.

在给定观测数据 z_1，$\cdots$，z_T 的前提下，可以使用最小二乘（或回归）方法来选择 AR 模型中的参数，该方法最小化 $t=M+1$，$\cdots$，T 上预测误差 $z_t=\hat{z}_t$ 的平方和，即

$$(z_{M+1}-\hat{z}_{M+1})^2+\cdots+(z_T-\hat{z}_T)^2$$

(预测过程必须开始于 $t=M+1$，因为每一个预测都用到了时间序列中的前 M 个值，但并不知道 z_0，z_{-1}，$\cdots$.)

通过取

$$y^{(i)}=z_{M+i},\quad x^{(i)}=(z_{M+i-1},\cdots,z_i),\quad i=1,\cdots,T-M$$

将 AR 模型转化为参数模型形式的一般线性模型，我们有 $N=T-M$ 个例子，$n=M$ 个特征.

例如，考虑洛杉矶国际机场每小时的温度对应的时间序列，其时间范围为从 2016 年 5 月 1 日到 31 日，数据长度为 $31\cdot 24=744$. 简单的常数预测为 $\hat{z}_{t+1}=61.76°\mathrm{F}$（平均温度），其预测误差的均方根为 3.05°F（标准差）. 一个简单的预测为 $\hat{z}_{t+1}=z_t$，即用当前的温度猜测下一个小时的温度，其误差的均方根为 1.16°F. 预测 $\hat{z}_{t+1}=z_{t-23}$，即用昨天相同时间的温度猜测下一个小时的温度，其误差的均方根为 1.73°F.

利用最小二乘法拟合记忆为 $M=8$ 的 AR 模型，其中样本个数为 $N=31\cdot 24-8=736$ 个. 这一预测误差的均方根为 1.01°F，它小于前面简单预测给出的误差均方根. 图 13-9 给出了前五天的温度和预测的温度.

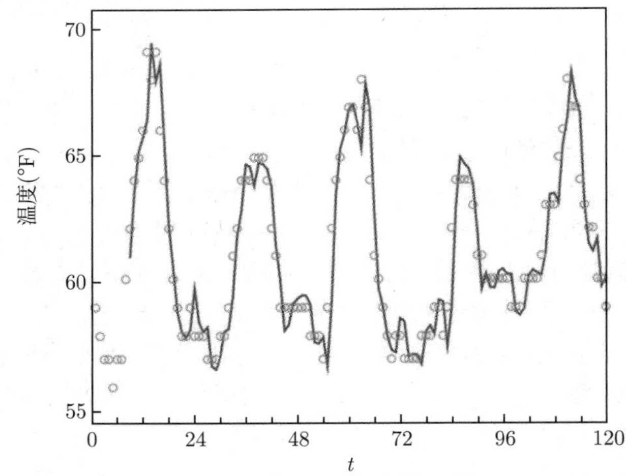

图 13-9 在 2016 年 5 月 1 日 12 : 53 AM 到 2016 年 5 月 5 日 11 : 53 PM 之间洛杉矶国际机场每小时的温度，用圆圈表示. 实线为有八个参数的自回归模型的预测值

13.1.3 因变量的对数变换

当因变量 y 为正，且在很大范围内变化时，通常用其对数变换 $w=\log y$ 来代替它，然后使用最小二乘法来构造 w 的一个模型，$\hat{w}=\hat{g}(x)$. 于是可用 $\hat{y}=\mathrm{e}^{\hat{g}(x)}$ 来近似 y. 在为对数关系 $w=\log y$ 拟合一个模型 $\hat{w}=\hat{g}(x)$ 时，w 的拟合误差可用 $\hat{y}$ 和 y 之间误差的**百分比**或**相对误差**来刻画，它定义为

$$\eta=\max\{\hat{y}/y,y/\hat{y}\}-1$$

因此，$\eta = 0.1$ 表示要么 $\hat{y} = 1.1y$（即高估了 10%）或 $\hat{y} = (1/1.1)y$（即低估了 10%）. $\hat{y}$ 和 y 之间的相对误差与预测 w 的残差 r 之间的关系为

$$\eta = \mathrm{e}^{|r|} - 1$$

259

（参见练习 13.16）. 例如，残差 $|r| = 0.05$（大概）对应 y 预测值 $\hat{y}$ 的相对误差为 5%.（此处使用了当 r 较小（例如 0.15）时的近似关系 $\mathrm{e}^{|r|} - 1 \approx |r|$. ）因此，如果预测 $w = \log y$ 时误差的均方根为 0.05，则 y 的预测值通常不超过其 $\pm 5\%$.

例如，设希望对某一区域和时间段内在 10 万美元到 1 亿美元之间的房屋销售价格构建模型. 直接对数据进行拟合意味着在价格预测时，同等地考虑绝对误差，例如，若预测误差为 2 万美元，它应当使房屋价格是 7 万美元和 650 万美元时，人的感受是相同的. 但（至少由于某些原因）第一种情形时，这个估计非常差，而在第二种情形时，这一估计已经非常好了. 当对房屋销售价格的对数进行拟合时，则寻找的是较低的预测误差百分比，而不是较低的绝对误差.

对因变量（若其均为正值）是否使用对数变换是根据要寻求的是小的绝对预测误差还是小的相对或预测百分比误差进行判断的.

13.2 验证

泛化能力 本节讨论模型拟合过程中的一个关键要点：模型拟合的目标通常*不是*为了对给定的数据集找到一个好的拟合，而是为了对*新的从未见过的数据*给出一个好的拟合. 这提出了一个基本的问题：可以期望一个预测 y 的模型对未来或其他未知的 x 的值有多好的效果？如果对未来的数据不加任何假设，这一问题将没有好的方法进行回答.

260

一个常用的假设是，预测的数据可以用一个概率模型来刻画. 利用这一假设，概率和统计的方法可被用于预测一个模型在新的，从未见过的数据集上表现的好坏. 这一成果已经在很多应用问题上非常成功，读者可以在其他的课程中学习这些方法. 但在本书中，对这一问题只使用一个简单直观的结论.

如果一个模型预测的结果对新的、未见过的数据与使用构造模型的数据能得到相似，或大致相似的结果，则称模型有着**良好的泛化能力**. 反之，如果一个模型在遇到未知数据时表现得比使用给定的数据糟糕，该模型被称为**泛化能力较差**. 因此，问题是：如何评估一个模型的泛化能力？

在测试集上验证 一个简单但有效的评估一个模型泛化能力的方法称为**样本外验证**. 将得到的数据分成两个集合：**训练集**和**测试集**（也被称为**验证集**）. 分类的过程通常是随机的，其中 80% 的数据被划分为训练集，20% 的数据被划分为测试集. 表示这一情形的常用方法是“20% 的数据被留作验证”. 另外一种常用的比例为训练集和测试集的比例是 90% 和 10%.

为拟合模型，*仅使用训练集中的数据*. 得到的模型仅仅是依赖于训练集中的数据的；测试集中的数据是模型“从未见过”的. 然后，*在测试集上*通过考察其拟合均方根来评估模型.

由于模型的构造没有任何来自测试数据集中的知识，用测试数据作为新的、未见过的数据是有效的，且这些数据至少给出了模型在面临新的、未知数据时的性能的估计. 若在测试集上预测误差的均方根比在训练集上预测误差的均方根大了很多，则可得到模型泛化能力较差的结论. 假设测试数据是“典型”的未来数据，在测试集上预测误差的均方根就是猜测的在使用新数据时模型预测误差的均方根.

如果在训练集上模型预测误差的均方根与在测试集上预测误差的均方根相近，则可以提高对模型泛化能力的置信度.（一个更为复杂的验证方法称为**交叉验证**，它将在后面进行描述，这一方法可用于给出更高的置信度.）

例如，若模型预测误差的均方根在训练集上为 10%（与 $\mathbf{rms}(y)$ 相比较）在训练集上为 11%，可以*猜测*对其他的未知数据，预测误差的均方根将会与此类似. 但这一结论是没有保证的，因为没有任何关于未来数据的假设. 此处使用的基本假设是未来数据会“看起来”是测试数据，或测试数据是“典型”的. 利用统计的观点可以将这一想法变得更为精细，但此处则仅将其作为非正式的或直观的结论.

261

过拟合　当训练集上预测误差的均方根比测试集上预测误差的均方根小很多时，称模型是**过拟合的**. 它说明，当对新的、未知数据进行预测时，模型的价值远没有其在训练集数据上表现出得高. 粗略地讲，一个过拟合的模型太过信任其见到的数据（即训练集）；它对未来可能见到的数据变化过于敏感. 一种避免过拟合的方法是保持模型的简单性；另一种方法，称为正则化，将在第 15 章进行讨论. 通过对模型在测试集上的验证，过拟合可以被检测并被（期望）规避.

模型预测的质量和泛化能力　模型泛化能力和训练集预测质量是不同的. 一个模型可能性能很差但却有很好的泛化能力. 例如，考虑（非常简单的）总是给出预测 $\hat{y}=0$ 的模型. 这一模型（看起来）在训练集和测试集上的表现都会不佳，且如果假设这两个集合“相似”，则它会具有相似的误差均方根. 因此，这一模型的泛化能力很强，但其预测质量则很差. 一般地，我们希望寻找一个能够在*训练集上给出好的预测*，并且也能*在测试集上给出好的预测*的模型. 换句话说，应寻找一个具有良好性能且有良好泛化能力的模型. 通常，对模型在测试集上的表现比在训练集上的表现更受关注，因为其在测试集上的性能更可能是模型处理（其他）未见数据时的表现.

在不同的模型之间选择　对相同的数据，可以使用最小二乘法来拟合不同的模型. 例如，在单变量拟合时，可以拟合一个常数、一个仿射函数、一个二次函数或一个高次多项式. 这些模型中哪一个最好呢？假设目标是对未见数据获得好的预测，则*应当选择在测试集上具有最小预测误差均方根的模型*. 若有多个候选方法在测试集上的表现相近，则应在这些候选方法中选择“最简单”的.

前面已经观察到，如果增加模型中基函数的数量，在训练数据上，拟合误差只会减小（或保持不变）. 但这对测试误差是不成立的. 当增加基函数的时候，测试误差并不一定减小. 事实上，当有过多的基函数时，很可能会出现过拟合，即在测试集上的误差较大.

若有一基函数的序列 f_1，f_2，$\cdots$，模型的构造可以考虑仅使用 f_1（它通常是常数函数 1），然后是 f_1 和 f_2，以此类推. 当增加基函数的个数 p 时，训练误差将会下降（或保持不变）. 但测试误差通常首先会下降，然后对较大的 p 又逐渐增加. 产生这一现象的直觉是，当 p 太小的时候，模型对拟合数据来说"过于简单"，因此无法得到足够好的预测；当 p 太大时，模型又"过于复杂"并受到过拟合的影响，因此会得到较差的预测. 在两者之间的某处，模型接近测试集均方根误差最佳的地方，是 p 的好的选择（或一些好的选择）. 262

例子 为展示这些思想，考虑图 13-6 中给出的例子. 利用 100 个点的训练集，求得次数为 0，1，$\cdots$，20 的最小二乘多项式拟合.（次数为 2，6，10 和 15 的拟合多项式也在图中给出.）现在获得了一个新的数据集合用于验证，它也包含 100 个点. 这些测试数据与由训练数据拟合的多项式一起绘制在图 13-10 中. 这是对模型的真实检验，因为这些数据在构建模型的时候并未使用. 图 13-11 给出了不同次数多项式拟合的训练误差和测试误差的均方根. 可以看到，当次数增加的时候，训练误差均方根会减小. 测试误差均方根在次数为 6 之前递减，当次数大于 6 时开始增加. 这个图表明次数为 6 的多项式拟合是合理的选择.（考虑到比较接近最小测试误差，并且比次数为 6 的模型"简单"，次数 4 是另外一个合理的选择.）也注意到，模型的次数为 0，1 和 2 时，其泛化能力较好（即在训练集和测试集上的表现是类似的），但预测性能比高次模型差. 263

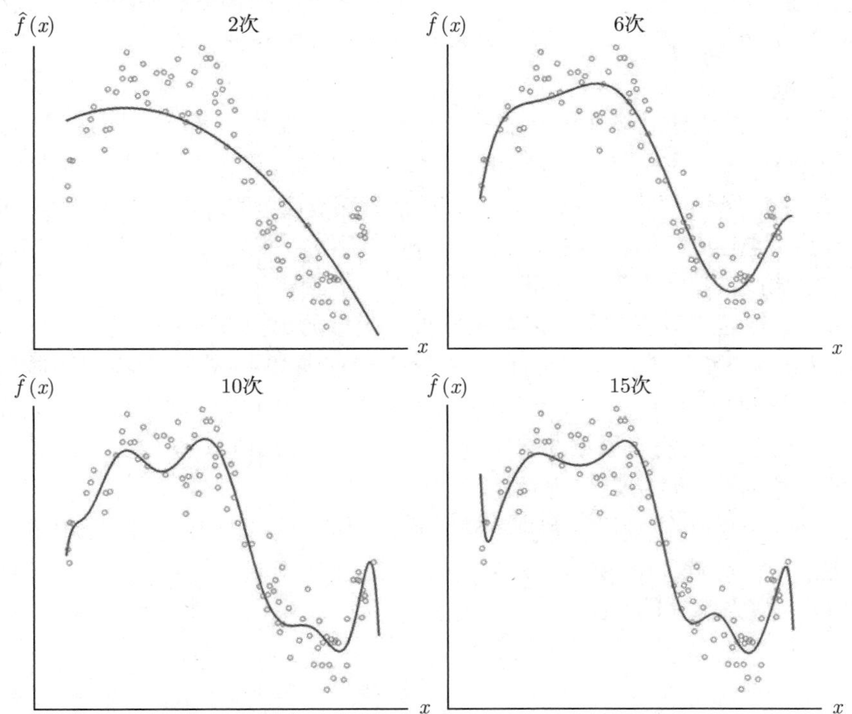

图 13-10 图 13-6 中的多项式拟合在 100 个点的测试集上的评估

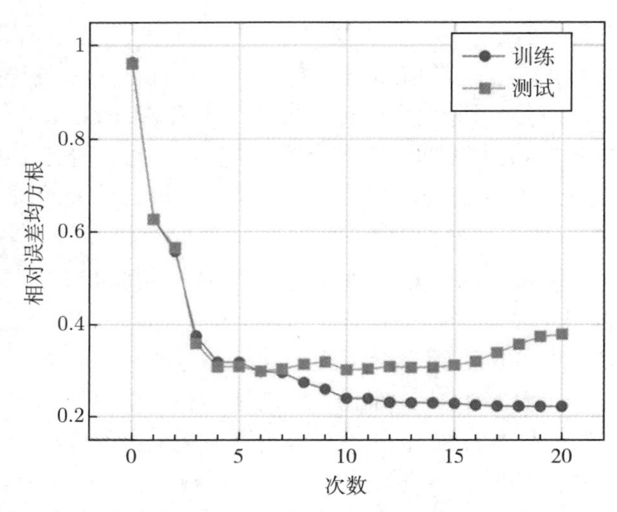

图 13-11 图 13-6 和图 13-10 中拟合例子对应的误差均方根与多项式次数的关系. 圆圈对应训练集上的误差均方根. 方块对应测试集上的误差均方根

对一个 6 次多项式，其在训练集和测试集上的相对测试误差均方根大概都是 0.3. 这是一个很好的信号，在泛化能力的意义下，训练集和测试集上的误差是相似的. 但它没有保证，可以猜测在新的、未见数据上，6 次多项式模型的相对误差均方根大约为 0.3，它与测试集上的取值已经足够接近了.

交叉验证 交叉验证是样本外验证的一种推广，可被用于得到一个模型泛化能力更高的置信度，或更为精确地讲，得到一种构造模型基函数的选择方法. 原始的数据集被划分为 10 个集合，称为**折**. 然后用第 1，2，$\cdots$，9 折中的数据作为训练集，第 10 折中的数据作为测试集. （至此，这与通常的样本外验证是一样的.）然后用第 1，2，$\cdots$，8，10 折作为训练集，第 9 折作为测试集. 如此继续，每次选择一折作为测试集. 最终，可以得到 10 个（很可能不同的）模型，然后用剩下的那折未被用于拟合模型的数据来分别评估这 10 个模型. （此处描述了 10 折交叉验证；最常使用的是 5 折交叉验证.）如果这 10 个模型测试得到的拟合性能是相似的，则可以期待它们在遇到新的未见数据时，也可能是相同的，或至少相似. 在交叉验证中，也可以检查模型系数的**稳定性**. 这意味着使用不同的折得到的模型系数之间是相似的. 模型系数的稳定性更进一步强化了对模型的置信度.

为了能够对新的、未知数据得到预测误差均方根的一个猜测的值，计算所有 10 折模型在其测试集上的预测误差均方根是一种常用的方法. 例如，若 ε_1，$\cdots$，ε_{10} 为在测试集上得到的预测误差均方根，则可选择

264

$$\sqrt{\left(\varepsilon_1^2+\cdots+\varepsilon_{10}^2\right)/10} \tag{13.4}$$

作为模型在应用于新数据时误差均方根的猜测. 如图 13-11 所示，给出了在所有折上的测试误差均方根，而不是使用一个集合或验证集上的测试误差均方根. (13.4) 中给出的这个数被

称为**交叉验证误差均方根**，或（若使用了交叉验证方法）简称**检验误差均方根**.

注意，交叉验证不检验一个特定的模型，因为它创建了 10 个不同（但期望不是非常不同）的模型. 交叉验证检验了一种基函数的选择. 一旦交叉验证验证了模型选择的一组基函数具有良好的预测和泛化能力，接下来的问题是这 10 个模型中的哪一个可以应用. 各个模型不应当是非常不同的，因此如何选择实际上并没有太大影响. 一种可取的选择是将通过拟合得到的参数应用于所有数据；另外一种选择是将不同模型中得到的参数求平均.

房价回归模型 例如，2.3 节中给出的房屋销售数据的简单回归模型，用交叉验证的方法来评估模型的泛化能力. 那里给出的简单回归模型是基于房屋面积和卧室数量构造的，其拟合误差均方根为 7.48 万美元. 交叉验证将帮助回答该模型是否可用于不同的、未见过的房屋.

将 774 间在售房屋记录数据随机地分为五折，其中四折的大小为 155，另外一折的大小为 154. 然后拟合得到五个回归模型，每一个模型具有的形式均为

$$\hat{y} = v + \beta_1 x_1 + \beta_2 x_2$$

每次拟合时，都去掉一折数据. 表 13-1 将结果进行了汇总. 5 个不同回归模型的参数并不完全相同，但非常相似. 在训练集上的误差均方根也是相似的，这说明此处的模型并没有受到过拟合的影响. 查阅测试集上的误差均方根，可以期待在新房屋上的预测误差均方根将大约在 $7 \sim 8$（万美元）之间. (13.4) 中给出的交叉验证误差均方根为 75.41. 也可以看到，在不同的折上，模型参数也有了一些改变，但不是很显著的. 这给出了更大的置信度，例如，β_2 是负的并不是由数据造成的.

265

表 13-1 对房屋销售数据的简单回归模型进行的五折交叉验证. 交叉验证误差均方根为 75.41

折号	模型参数			误差均方根	
	v	β_1	β_2	训练	测试
1	60.65	143.36	−18.00	74.00	78.44
2	54.00	151.11	−20.30	75.11	73.89
3	49.06	157.75	−21.10	76.22	69.93
4	47.96	142.65	−14.35	71.16	88.35
5	60.24	150.13	−21.11	77.28	64.20

为进行对比，表 13-2 给出了常数模型 $\hat{y} = v$ 的误差均方根，其中 v 为测试集的平均价格. 其结果说明，常数模型可以预测房屋的价格，其预测误差大约在 $10.5 \sim 12$（万美元）. 常数模型的交叉验证误差均方根为 119.93.

表 13-2 房屋销售数据常数模型的五折交叉验证. 交叉验证的误差均方根为 119.93

折号	v	误差的均方根（训练）	误差的均方根（测试）
1	230.11	110.93	119.91
2	230.25	113.49	109.96
3	228.04	114.47	105.79
4	225.23	110.35	122.27
5	230.23	114.51	105.59

图 13-12 给出了五个训练集和测试集的真实价格和回归模型预测价格的散点图. 训练和测试集的结果在每种情形时都是相似的，它给出了回归模型对新的、未见房屋将得到类似性能的信心.

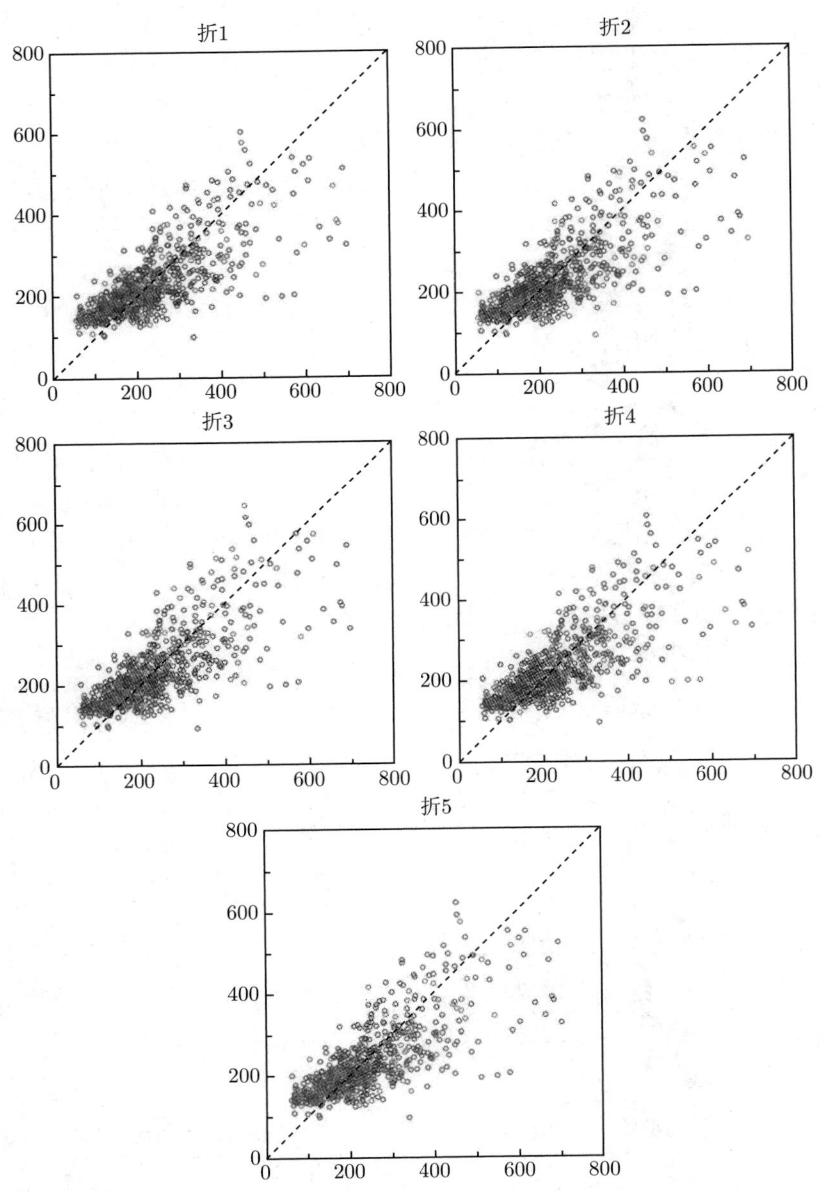

图 13-12　真实价格和表 13-1 中回归模型得到的预测价格的散点图. 横轴为真实的销售价格，纵轴为预测的价格，单位均为千美元. 蓝色的圆圈为训练集中的样本，红色的圆圈为测试集中的样本（见彩插）

时间序列预测的验证 在原始数据未进行重新排序的时候，例如，患者记录或消费者购买历史，将数据划分为训练集和测试集的过程通常是随机进行的. 相同的方法可被用于验证时间预测模型，例如 AR 模型，但它并没有给出当模型最终被应用时的一个好的仿真. 在实践上，模型使用过去的数据进行训练，然后用于对未来的数据进行预测. 当一个时间序列预测模型的训练数据是随机选择的时候，构造模型会用到一些未来数据的知识，这一现象称为**前瞻**. 前瞻可以使得模型在预测时看起来比其真实情形更好.

为避免前瞻现象，时间序列预测模型的训练集通常选为到某一时刻以前的数据，测试集则选择为该时刻以后的数据（有时，至少在过去时间中有 M 个样本被考虑用作预测时的记忆数据）. 通过这种方法，可以说模型使用了其从未见过的数据进行了预测检验. 例如，可以使用某物理量从 2006 年到 2008 年每天的数据训练一个 AR 模型，然后用 2009 年的数据检验这个 AR 模型.

例如，回顾 13.1.2 节描述的洛杉矶国际机场每小时温度的 AR 模型. 将其一个月的数据划分为训练集（5 月 $1\sim24$ 日）和测试集（5 月 $25\sim31$ 日）. AR 模型中的系数使用训练集中的 $(24)(24)-8=568$ 个样本进行训练. 在训练集上其预测误差的均方根为 1.03°F. 在测试集上其预测误差的均方根为 0.98°F，这一数值与训练集上的预测误差均方根是相近的，这表明该 AR 模型没有出现过拟合的情形. （事实是测试误差均方根比训练误差均方根略小，但不显著.）图 13-13 给出了测试集上前 5 天的预测. 该预测结果看起来与图 13-9 中的结果很像.

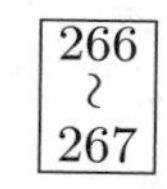

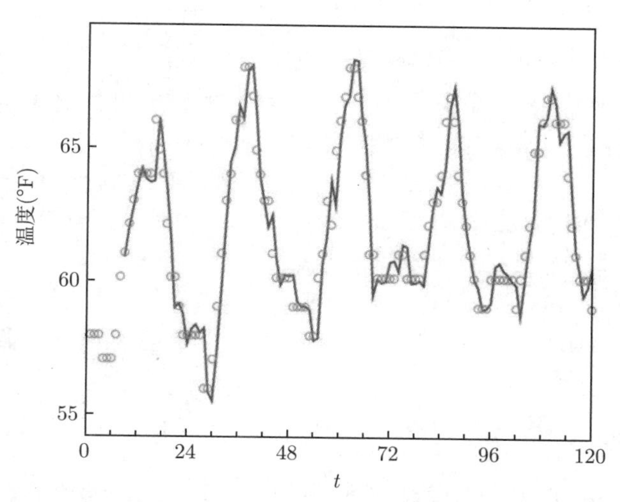

图 13-13 圆圈表示洛杉矶国际机场在 2016 年 5 月 25 日 12 : 53 AM 到 2016 年 5 月 29 日 11 : 53 PM 之间每小时的温度. 实线为有 8 个参数的自回归模型预测结果，该模型使用了从 5 月 1 日到 5 月 24 日的数据作为训练数据

样本外验证和交叉验证的局限性 此处指出样本外验证和交叉验证的一些局限性. 首先，测试数据和未来数据相似的最基本假设可能（事实上一定）在一些应用问题中会不成立.

例如，在预测消费者需求的一个模型中，用今年的数据进行训练和验证，可能会使得对明年的预测变得非常糟糕，其原因可能仅仅是消费者口味的变化. 在金融领域中，资产收益的模式是周期性变化的，因此对今年的数据预测和测试良好的模型，对明年就不一定能很好地预测.

另外一个局限性是由数据集很小带来的，分折使得实现样本外验证和交叉验证较为困难. 此时，样本外验证得到的误差均方根可能由于运气好而变得很小，或者由于运气差而变得很糟，这取决于测试集的选择. 在交叉验证时，测试结果会有很大的差异，因为在不同的折中缺少足够的数据点. 此处有太多的统计学概念可以将这一思想变得非常精细，但本书将抛弃它们而选择一个非正式的观点：使用较小的数据集，可以看到比使用大数据集更多的预测误差均方根的变化.

除了这些局限性，对评估一个模型的泛化能力，样本外验证和交叉验证是非常强大且极为有用的工具.

268

13.3 特征工程

本节讨论寻找适当的基函数或特征映射 $f_1, \cdots, f_p$ 的方法的问题. 通过前面的观察（13.1.2 节）可知，当新的特征可由原特征 x 通过基函数（或特征映射）$f_1, \cdots, f_p$ 映射得来时，拟合一个线性函数的参数问题可退化为回归问题. 选择特征映射函数的问题有时被称为**特征工程**，因为它得到的是回归时使用的特征.

对一个给定的数据集，将考虑一些，甚至很多可选的基函数. 为从这些备选基函数中进行选择，此处使用样本外验证和交叉验证的方法.

添加新的特征以得到一个富模型 在很多情形下，基函数中会包含常数函数，即有 $f_1(x) = 1$.（这等同于在回归模型中存在截距.）包含原有的特征也是非常常见的，正如 $f_i(x) = x_{i-1}$，$i = 2, \cdots, n+1$. 如果这样做，将有效地从基本的回归模型开始；之后可以添加新的特征以得到一个富模型. 此时有 $p > n$，故特征映射的个数超过了原有特征的个数.（添加新的特征是否是好的选择取决于样本外验证或交叉验证.）

降维 在某些情形下，特别是当原始特征非常多（n 个）时，特征映射被用于构造一个较小的特征的集合，其中 $p < n$. 此时，可将特征映射或基函数看作是**降维**或**数据聚合**的过程.

13.3.1 特征变换

特征的标准化 一般不直接使用原始特征，而是对每一个原始特征进行放缩或平移，例如，

$$f_i(x) = (x_i - b_i)/a_i, \quad i = 2, \cdots, n+1$$

使得在数据集上，$f_i(x)$ 的平均值接近零，标准差接近一.（这一做法中选择 b_i 接近特征 i 在数据集上取值的均值，并选择 a_i 为数据的标准差.）这称为**标准化**或 **z 值化**特征. 标准化

后的特征数据比较容易解释，因为它们对应于 z 值；例如，$f_2(x) = +3.3$ 意味着原始特征 2 是远比典型值高的值. 对每一个原始特征的标准化通常是特征工程的第一步.

请注意，常数特征 $f_1(x) = 1$ 不是标准化的.（事实上，它不能被标准化，因为在数据集上，其标准差是零.）

特征裁剪　当数据包含一些非常大的值时，它们会被认为是错误的（例如，在收集数据的时候会出现），对这种情况的一般处理是对数据进行**裁剪**. 这意味着将绝对值超过某一选定阈值的数据值修改为该阈值乘以数据对应的符号. 例如，假设一个已经被标准化的特征元素 x_5（因此它表示在样本上的 z 值），x_5 可按下面的方法进行裁剪（阈值为 3），

269

$$\tilde{x}_5 = \begin{cases} x_5 & |x_5| \leqslant 3 \\ 3 & x_5 > 3 \\ -3 & x_5 < -3 \end{cases}$$

术语"裁剪"以统计学家 Charles P. Winsor 的名字命名.

对数变换　当特征值为正，且变化的范围较大时，用它们的对数将其进行替换是常用的方法. 若特征数据也包含 0 值（此处对数函数没有定义），一种对数变换的常见改进是使用 $\tilde{x}_k = \log(x_k + 1)$. 这一操作压缩了需要考虑的取值范围. 例如，设原始特征记录了一段时间内访问网站的次数. 对一个受欢迎的网站和一个不受欢迎的网站来说，这一数值变化的范围很容易超过 10000 : 1（或者更甚）；对访问数量取对数能够得到一个变化较小的特征，这也许更容易理解.（是否对原始特征数据取对数，可通过验证的过程来确定.）

13.3.2　创建新特征

扩张分类　某些特征仅有很少的几个取值，例如 −1 和 1 或 0 和 1，它们可能被用于表示某些特定的值，例如是否有某些症状.（这些特征称为布尔型的.）Likert 评分（参见 4.1 节）一般只取很小的数值，例如 −2，−1，0，1，2. 另外一个例子是用取值 1，2，⋯，7 表示一周中的各天. 这些特征在统计学中被称为**分类**，因为它们给出样本属于什么类别，而不是某些实数.

将取 l 个值的分类特征扩张意味着将其用 $l-1$ 个新的特征进行替换，每一个特征都是一个布尔型的，且仅记录原始特征是否有对应的取值.（当所有这些特征都是零时，它表示原始特征取默认值.）例如，设原始特征 x_1 的取值仅为 −1，0 和 1. 将 0 作为默认特征取值，则 x_1 可用如下两个特征映射进行替换：

$$f_1(x) = \begin{cases} 1 & x_1 = -1 \\ 0 & \text{其他} \end{cases}, \quad f_2(x) = \begin{cases} 1 & x_1 = 1 \\ 0 & \text{其他} \end{cases}$$

用文字来说就是，$f_1(x)$ 指明 x_1 的取值是否为 −1，$f_2(x)$ 指明 x_1 的取值是否为 1.（对默认值 $x_1 = 0$ 不需要新的特征函数；它对应于 $f_1(x) = f_2(x) = 0$.）这一特征映射在表 13-3 中给出.

表 13-3　原始分类特征 x_1 仅取第一列中给出的三个数值. 该特征被两个特征 $f_1(x)$ 和 $f_2(x)$ 进行替换（扩张），其取值在第二列和第三列

x_1	$f_1(x)$	$f_2(x)$
-1	1	0
0	0	0
1	0	1

将一个取 l 个值的分类特征用 $l-1$ 个特征扩张，对特征是否取某一数值（非默认值）进行编码的过程有时被称为**独热编码**，因为对任意样本数据，只有一个新特征的取值为 1，其他特征的取值都是 0.（当原始特征取默认值时，所有的新特征都是零.）

270

若原始特征是布尔型的（即只取两个值），则没有必要进行扩张. 如果原始布尔型特征使用了 0 和 1 进行编码，且 0 是默认值，则这一个新特征的取值将与原特征的取值相同.

作为扩张分类的一个例子，考虑预测房屋价格的模型，使用的特征变量为房屋包含的卧室数量，（例如）其取值范围从 1 到 5. 在基本的回归模型中，直接使用卧室的数量作为一个特征. 基本模型中有一个参数对应于每一卧室的价格；将这一参数乘以卧室的数量就得到了卧室对价格预测值的贡献. 在该模型中，预测的价格随着卧室数量从 1 变到 2 与从 4 变到 5 有着相同的增加（或减少）值. 如果将这一分类特征进行扩张，用 2 作为卧室数的默认值，则可以得到 4 个布尔特征，分别对应房屋有 1，3，4 和 5 间卧室. 然后将四个参数加入到模型中，它们分别对房屋有 1，3，4 和 5 间卧室时的不同数值. 这样做使得模型更为灵活，能够捕捉到卧室从 1 个变到 2 个和从 4 个变到 5 个时的不同观点.

广义加性模型　可以引入原特征的非线性函数作为新的特征，例如，对每一个 x_i，可以引入函数 $\min\{x_i+a,0\}$ 和 $\max\{x_i-b,0\}$，其中 a 和 b 为参数. 这些新的特征是容易解释的：$\min\{x_i+a,0\}$ 为特征 x_i 低于 $-a$ 的量，$\max\{x_i-b,0\}$ 为特征 x_i 高于 b 的量. 一般情况下，假设 x_i 已经进行了标准化，且 $a=b=1$. 这将得到如下的预测：

$$\hat{y}=\psi_1(x_1)+\cdots+\psi_n(x_n) \tag{13.5}$$

其中 ψ_i 为分片线性函数

$$\psi_i(x_i)=\theta_{n+i}\min\{x_i+a,0\}+\theta_i x_i+\theta_{2n+i}\max\{x_i-b,0\} \tag{13.6}$$

它以点 $-a$ 和 $+b$ 为分段点. 对应于原始特征，及每一个原始特征附加的两个特征，模型 (13.5) 有 $3n$ 个参数. 预测值 $\hat{y}$ 为原始特征的一个函数和，且被称为**广义加性模型**.（其更为复杂的形式对每一个原始特征都添加了多于两个的附加函数.）

271

考虑有 $n=2$ 个原始特征的情形. 预测值 $\hat{y}$ 为两个分片线性函数的和，每一个函数都依赖于一个原始特征. 图 13-14 给出了一个例子. 在这个例子中，可以说增加 x_1 就增加预测的值 $\hat{y}$；但对 x_1 的较高的取值（即超过 1），预测值的增量不太明显，对较小的取值（即小于 -1），预测值的增量较为明显.

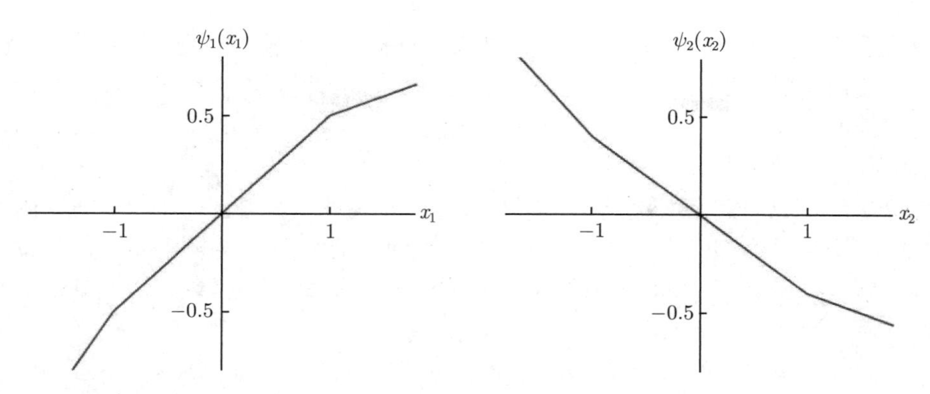

图 13-14　(13.6) 中的函数 ψ_i，其中 $n=2$，$a=b=1$，$\theta_1=0.5$，$\theta_2=-0.4$，$\theta_3=0.3$，$\theta_4=-0.2$，$\theta_5=-0.3$，$\theta_6=0.2$

乘积及其相互作用　新特征可以从一对原始特征中构造得到，例如，利用它们的乘积. 从原始特征中，可以添加 x_ix_j，其中 $i,j=1,\cdots,n$，$i\leqslant j$. 乘积通常用于模型化特征之间的相互作用. 当原始特征是布尔型时，即取值为 0 或 1 时，乘积特征是容易解释的. 此时，$x_1=1$ 意味着特征 i 出现或发生，而新乘积特征 x_ix_j 取值为 1 当且仅当特征 i 和 j 同时发生.

分层模型　在一个**分层模型**中，有很多不同的子模型，选择哪一个则取决于回归过程中变量的取值. 例如，对一个有关某些药品疗效回归模型中的单一变量“性别”，可以构建两个不同的子模型，一个针对女性患者，一个针对男性患者. 此时，选择何种子模型取决于原始特征“性别”的取值.

一个更一般的例子是，可以将原始特征向量进行聚类，然后对每一个簇分别拟合一个模型. 为计算一个新 x 对应的 $\hat{y}$，首先需确定 x 属于哪一个类，然后使用对应的模型. 使用分层模型是否是一个好的想法依赖于样本外验证的结果.

272

13.3.3　高级特征生成方法

自定义映射　在很多应用中，除了给定的原始特征以外，对原始数据进行自定义的映射也被用于增加特征. 例如，在一个使用前面的价格来预测某一资产未来价格的模型中，也可能用到上周的最高和最低价格. 经济模型中的另外一个熟知的例子是市盈率，它是用价格与（最近的）收益特征得到的.

在文档分析的应用中，单词计数特征通常被替换为**词频逆文档频率**，它将原始数据中的频率统计用单词在给定文档集合中出现的总次数进行了放缩，一般地，这种方法使得不常用单词的权重增加了.（有很多特定的、不同的放缩函数可以使用. 对给定的应用问题，应当使用哪一个放缩函数需要通过样本外验证或交叉验证来确定.）

利用其他模型的预测结果　对很多应用问题，已经有了很多对数据进行分析的模型. 一个常用的技巧是，将这些模型预测的结果作为新模型的特征. 此时，新模型可以被描述为将能够得到的原始数据和一个或多个已有的模型的预测值之间进行的组合或混合.

到簇代表向量的距离 新的特征可以通过将数据聚类为 k 个簇来创建. 一个简单的使用簇代表向量 z_1, $\cdots$, z_k 给出 k 个新特征的方法是，令 $f_i(x) = \mathrm{e}^{-\|x-z_i\|^2/\sigma^2}$，其中 $i=1,\cdots,k,\sigma$ 为一个参数.

随机特征 新特征可以使用将原始特征进行随机线性组合得到的一个非线性函数来构造. 为增加 K 个这种类型的新特征，首先生成一个随机的 $K \times n$ 矩阵 R. 然后用 $(Rx)_+$ 或 $|Rx|$ 生成新特征，其中 $(\cdot)_+$ 和 $|\cdot|$ 都是作用于向量 Rx 的每一个元素的.（其他的非线性函数也是可以使用的.）

这样做的结果是得到的新特征非常反直觉，因为，人们通常可能认为特征工程需要使用对特定问题的详尽的知识，包括直觉. 但无论如何，这一方法在一些应用问题中是非常有效的.

神经网络特征 一个**神经网络**计算由非线性映射（例如绝对值函数）进行线性复合变换后得到的特征. 这一结构源于生物学中的启示，它被用于对人类或动物大脑的工作进行粗糙的模拟. 神经网络背后的思想是非常古老的，但其应用则被最近几年与新技术的结合大大加速，这些新技术包括计算能力的大大提升，以及大量数据的出现. 在给出了大量数据的前提下，神经网络可以从数据中直接找到好的特征映射.

273

13.3.4 总结

前面的讨论澄清了一个事实，那就是选择模型中的特征是很有艺术性的. 但在构造新的特征时，始终要注意一些重要的事情：

- *简单模型首先考虑.* 从常数函数开始，然后使用简单的回归模型，并以此类推. 可以将更为复杂的模型与这些模型进行相互比较.
- *用验证方法比较可选模型.* 添加新的特征通常会减小训练集上模型的误差均方根，但重要的问题是，它是否会实质性减小测试集或验证集数据上误差的均方根.（因为在测试集上误差减小到很小并没有什么太大的意义，故此处添加修饰词“实质性”.）
- *添加新特征很容易导致过拟合.*（这一问题会在模型验证时出现.）最直接的避免过拟合的方法是保持模型的简单性. 此处指出另外一种避免过拟合的方法被称为**正则化**（第 15 章），在考虑特征工程时，它可以非常高效.

13.3.5 房屋价格预测

本节针对房屋销售数据利用特征工程的方法设计一个更为复杂的模型，通过这一过程来演示前面描述的方法. 正如在 2.3 节中提到的，数据集中包含了在 Sacramento 地区销售的 774 套住房的记录. 在较为复杂的模型中将使用四个基属性或原始特征：

- x_1 为房屋的面积（1000 平方英尺）.
- x_2 为卧室的数量.
- x_3 为 1 时表示是公寓，为 0 时表示其他.

- x_4 为 5 位邮政编码.

2.3 节中给出的简单回归模型，只使用了前两个属性

$$\hat{y}=\beta_1x_1+\beta_2x_2+v$$

在该模型中，没有使用任何特征工程或改进.

特征工程 此处考虑一个更为复杂的模型，它有 8 个基函数，

$$\hat{y}=\sum_{i=1}^{8}\theta_if_i\left(x\right)$$

这些基函数如表 13-4 所示.

274

表 13-4 基函数 f_6，f_7，f_8 均定义为 x_4（5 位邮政编码）的函数

x_4	$f_6(x)$	$f_7(x)$	$f_8(x)$
95811, 95814, 95816, 95817, 95818, 95819	0	0	0
95608, 95610, 95621, 95626, 95628, 95655, 85660, 95662, 95670, 95673, 95683, 95691, 95742, 95815, 95821, 95825, 95827, 95833, 95834, 95835, 95838, 95841, 95842, 95843, 95864	1	0	0
95624, 95632, 95690, 95693, 95757, 95758, 95820, 95822, 95823, 95824, 95826, 95828, 95829, 95831, 95832	0	1	0
95603, 95614, 95630, 95635, 95648, 95650, 95661, 95663, 95677, 95678, 95682, 95722, 95746, 95747, 95762, 95765	0	0	1

第一个基函数为常数函数 $f_1(x)=1$. 接下来的两个为房屋面积 x_1 的函数，

$$f_2\left(x\right)=x_1,\quad f_3\left(x\right)=\max\left\{x_1-1.5,0\right\}$$

用文字来说就是 $f_2\left(x\right)$ 为房屋的面积，$f_3\left(x\right)$ 为面积超过 1.5 的数量（即超过 1500 平方英尺）. 前三个基函数对价格预测模型的贡献是一个有关房屋面积的分片线性函数，

$$\theta_1f_1\left(x\right)+\theta_2f_2\left(x\right)+\theta_3f_3\left(x\right)=\begin{cases}\theta_1+\theta_2x_1 & x_1\leqslant 1.5\\ \theta_1+\left(\theta_2+\theta_3\right)x_1-1.5\theta_3 & x_1>1.5\end{cases}$$

其结点在 1.5 处. 这是一个 13.3.2 节描述的广义加性模型的例子.

基函数 $f_4\left(x\right)$ 等于卧室数 x_2. 基函数 $f_5\left(x\right)$ 等于 x_3，即如果是公寓时取值为一，否则取值为零. 此处简单使用原始特征的取值，不进行变换或修正.

最后三个基函数还是布尔型的，表示对房屋的位置进行了预测或编码. 将数据集中给出的 62 个不同的邮政编码分为四组，对应于以 Sacramento 为中心的不同的周边地区，如表 13-4 所示. 基函数 f_6，f_7 和 f_8 给出了四组邮政编码以 13.3.2 节描述的方法得到的独热编码.

模型的结果　最小二乘拟合中的系数为

$$\theta_1 = 115.62, \quad \theta_2 = 175.41, \quad \theta_3 = -42.75, \quad \theta_4 = -17.88,$$
$$\theta_5 = -19.05, \quad \theta_6 = -100.91, \quad \theta_7 = -108.79, \quad \theta_8 = -24.77$$

275

其拟合误差的均方根为 68.3，该结果比简单回归模型的拟合结果略好，简单回归模型拟合的误差均方根为 74.8. 图 13-15 给出了预测价格和真实价格的散点图.

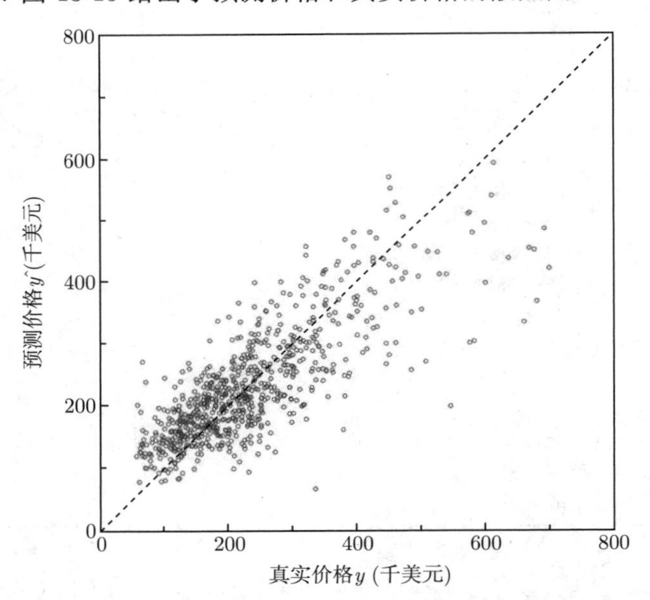

图 13-15　用八个参数的模型得到的真实价格和预测价格的散点图

为验证模型，使用 5 折交叉验证，各折与表 13-1 和图 13-12 中的一致. 结果在图 13-16 和表 13-5 中给出. 其在训练集和测试集上的误差相似，因此模型没有过拟合. 也可以看到测试集上的误差比使用简单回归模型拟合的误差略小；它们对应的交叉验证的误差均方根分别为 69.29 和 75.41. 利用特征工程，这个较为复杂的模型在预测能力上比仅基于房屋面积和卧室数量的简单回归模型有了少许（大概 8%）改进.（对更多的数据、更多的特征，以及更进一步的特征工程，可以得到更为精确的房屋价格模型.）

表格也说明模型的系数对不同折的数据有着良好的稳定性，这使得人们可以信任该模型. 另外一个有趣的现象是，第 5 折得到的测试误差与训练集上的误差相比有些低. 这时常会发生，它取决于如何将原始数据分折.

276

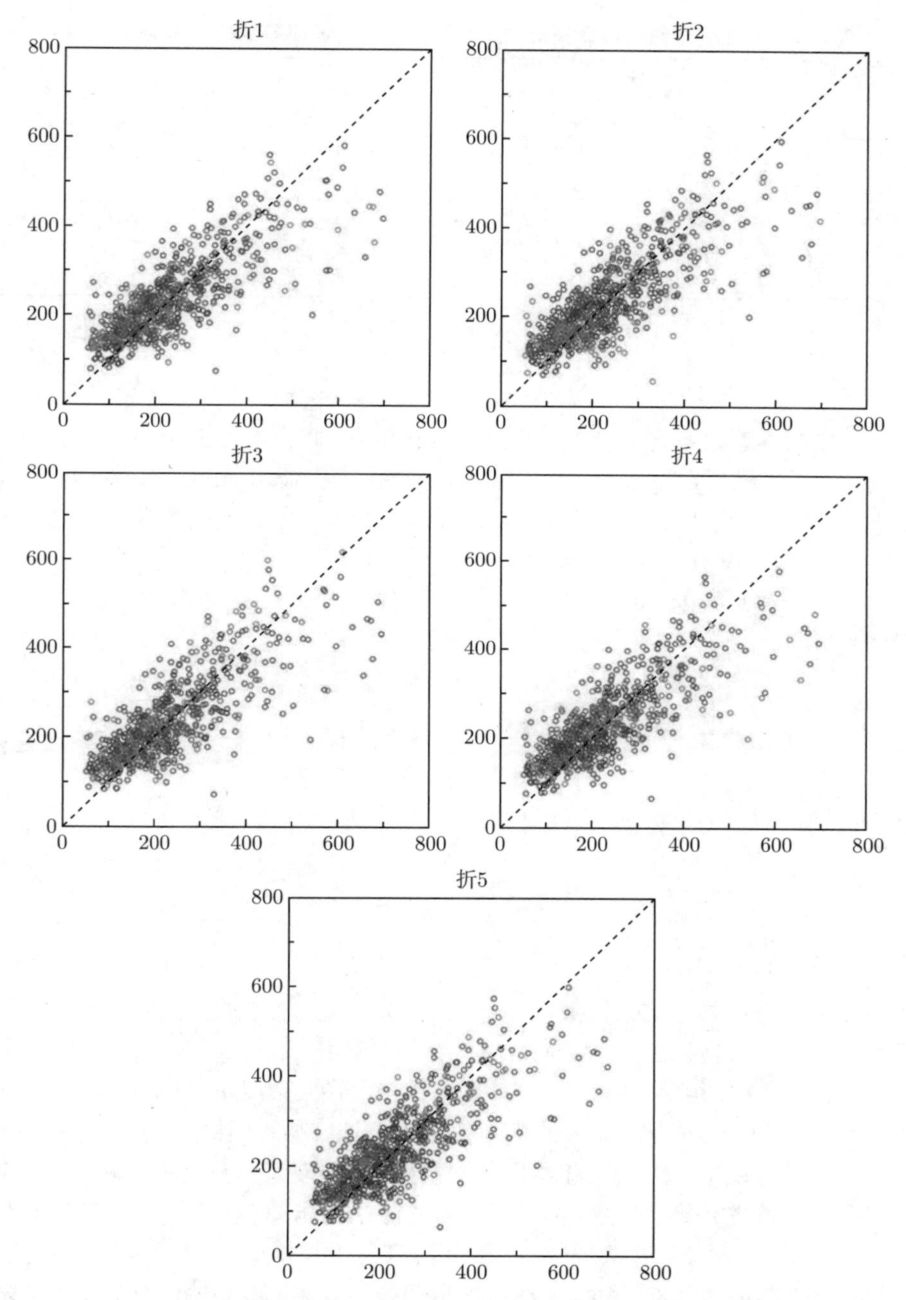

图 13-16　表 13-5 中的五个模型对应的真实价格和预测价格的散点图. 横轴为真实的销售价格，纵轴为预测的价格，单位均为千美元. 蓝色圆圈表示训练集中的样本，红色圆圈表示测试集中的样本（见彩插）

表 13-5　在房屋销售数据集上的五折验证. 其验证误差的均方根为 69.29

折号	模型参数								误差均方根	
	θ_1	θ_2	θ_3	θ_4	θ_5	θ_6	θ_7	θ_8	训练	测试
1	122.35	166.87	−39.27	−16.31	−23.97	−100.42	−106.66	−25.98	67.29	72.78
2	100.95	186.65	−55.80	−18.66	−14.81	−99.10	−109.62	−17.94	67.83	70.81
3	133.61	167.15	−23.62	−18.66	−14.71	−109.32	−114.41	−28.46	69.70	63.80
4	108.43	171.21	−41.25	−15.42	−17.68	94.17	−103.63	−29.83	65.58	78.91
5	114.45	185.69	−52.71	−20.87	−23.26	−102.84	−110.46	−23.43	70.69	58.27

278

练习

13.1 直线拟合的误差　考虑 13.1.1 节描述的直线拟合，其数据为 N 向量 x^{d} 和 y^{d}. 令 $r^{\mathrm{d}}=y^{\mathrm{d}}-\hat{y}^{\mathrm{d}}$ 表示直线拟合模型 (13.3) 的残差或预测误差. 证明 $\mathbf{rms}\left(r^{\mathrm{d}}\right)=\mathbf{std}\left(y^{\mathrm{d}}\right)\sqrt{1-\rho^{2}}$，其中 ρ 为 x^{d} 和 y^{d} 的相关系数（假设不是常数）. 这表明直线拟合的误差均方根以因子 $\sqrt{1-\rho^{2}}$ 小于常数拟合的误差均方根 $\mathbf{std}\left(y^{\mathrm{d}}\right)$. 由此可得，当 x^{d} 和 y^{d} 高度相关（$\rho\approx 1$）或负相关（$\rho\approx -1$）时，直线拟合比常数拟合的效果要好很多. 提示：从 (13.3) 可得

$$\hat{y}^{\mathrm{d}}-y^{\mathrm{d}}=\rho\frac{\mathbf{std}\left(y^{\mathrm{d}}\right)}{\mathbf{std}\left(x^{\mathrm{d}}\right)}\left(x^{\mathrm{d}}-\mathbf{avg}\left(x^{\mathrm{d}}\right)\mathbf{1}\right)-\left(y^{\mathrm{d}}-\mathbf{avg}\left(y^{\mathrm{d}}\right)\mathbf{1}\right)$$

将表达式中范数的平方展开，并利用

$$\rho=\frac{\left(x^{\mathrm{d}}-\mathbf{avg}\left(x^{\mathrm{d}}\right)\mathbf{1}\right)^{\mathrm{T}}\left(y^{\mathrm{d}}-\mathbf{avg}\left(y^{\mathrm{d}}\right)\mathbf{1}\right)}{\left\|x^{\mathrm{d}}-\mathbf{avg}\left(x^{\mathrm{d}}\right)\mathbf{1}\right\|\left\|y^{\mathrm{d}}-\mathbf{avg}\left(y^{\mathrm{d}}\right)\mathbf{1}\right\|}$$

13.2 均值回归　考虑如下的数据集，其中（标量）$x^{(i)}$ 为双亲的身高（母亲和父亲身高的平均值），$y^{(i)}$ 为他们子女的身高. 设在整个数据集上，双亲和子女的身高有着相同的均值 μ，且有相同的标准差 σ. 也假设双亲和子女身高之间的相关系数是（严格地）在零和一之间的.（在足够大的实际数据集上这一假设是成立的，至少近似成立.）考虑简单的直线拟合或 (13.3) 给出的回归模型，从双亲的身高来预测子女的身高. 证明对子女身高的预测（严格）位于双亲身高与平均身高 μ 之间（除非双亲身高恰好是平均身高 μ）. 例如，若双亲较高，即其身高高于平均值，可以预测他们的子女将会略矮，但仍然很高. 这一现象被称为**均值回归**，它首先由早期的统计学家 Sir Francis Galton 发现（他事实上研究了双亲与子女的身高）.

13.3 Moore 定律　下图和下表中给出了 13 种微处理器中晶体管的数量 N 以及生产年份.

年份	晶体管
1971	2250
1972	2500
1974	5000
1978	29000
1982	120000
1985	275000
1989	1180000
1993	3100000
1997	7500000
1999	24000000
2000	42000000
2002	220000000
2003	410000000

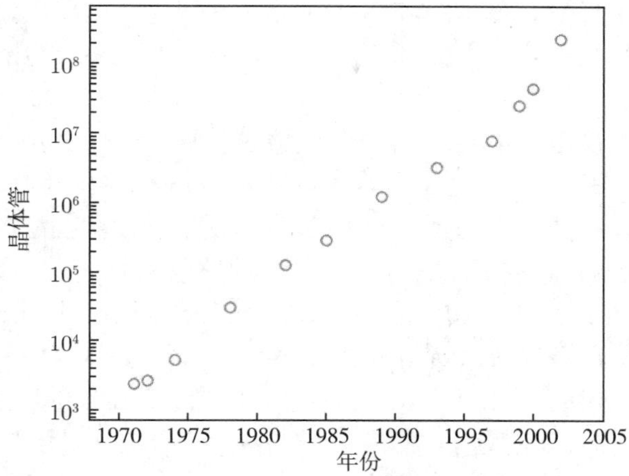

279

图中将晶体管的数量进行了对数变换. 利用模型

$$\log_{10} N \approx \theta_1 + \theta_2 (t - 1970)$$

给出数据的最小二乘直线拟合，其中 t 为年份，N 为晶体管的数量. 注意 θ_1 为模型预测的 1970 年晶体管数量的对数，10^{θ_2} 给出了模型预测的每年晶体管数量增加的比例.

(a) 对这些数据，求能使得预测误差均方根最小化的系数 θ_1 和 θ_2，并给出数据集上的误差均方根. 将求得的模型与数据点绘制在一张图上.

(b) 用得到的模型预测 2015 年微处理器中包含的晶体管的数量. 对比预测值与 2015 年生产的 IBM Z13 微处理器，该微处理器中晶体管的数量大约为 4×10^9 个.

(c) 将得到的结果与 Moore 定律进行比较，该定律声称每一年半到两年（粗略地讲）集成电路中晶体管的数量都会翻倍.

计算机科学家和 Intel 公司的联合创始人 Gordon Moore 给出了这个定律，该定律以他的名字命名，并发表在 1965 年的一本杂志上.

13.4 资产 α 和 β 及市场的相关性 设 T 向量 $r^{\text{ind}} = \left(r_1^{\text{ind}}, \cdots, r_T^{\text{ind}}\right)$ 和 $r^{\text{mkt}} = \left(r_1^{\text{mkt}}, \cdots, r_T^{\text{mkt}}\right)$ 分别为 13.1.1 节给出的某特定资产和整个市场的收益时间序列. 令 r^{rf} 为无风险利率，μ^{mkt} 和 σ^{mkt} 为市场的收益和风险（即 $\mathbf{avg}(r^{\text{mkt}})$ 和 $\mathbf{std}(r^{\text{mkt}})$），$\mu$ 和 σ 为资产的收益和风险（即 $\mathbf{avg}\left(r^{\text{ind}}\right)$ 和 $\mathbf{std}\left(r^{\text{ind}}\right)$）. 令 ρ 为市场和资产收益时间序列 r^{mkt} 和 r^{ind} 之间的相关系数. 用 r^{rf}，μ，σ，μ^{mkt}，σ^{mkt} 和 ρ 表示资产 α 和 β.

13.5 多个特征的多项式模型 13.1.1 节给出的仅有一个特征的多项式模型可以推广到有多个特征的情形. 本练习中，考虑有 3 个特征的一个二次（次数为 2）模型，即 x 为一个 3 向量. 其形式为

$$\hat{f}(x) = a + b_1x_1 + b_2x_2 + b_3x_3 + c_1x_1^2 + c_2x_2^2 + c_3x_3^2 + c_4x_1x_2 + c_5x_1x_3 + c_6x_2x_3$$

其中标量 a、3 向量 b 和 6 向量 c 为模型中的零次、一次和二次系数. 通过给出 p 和基函数 f_1，$\cdots$，f_p，将这一模型转化为有关参数的推广的线性模型（该模型将 2 向量映射为标量）.

13.6 预测误差的平均值 考虑一个数据拟合问题，其第一个基函数为 $\phi_1(x)=1$，数据集为 $x^{(1)},\cdots,x^{(N)}$，$y^{(1)},\cdots,y^{(N)}$. 设 (13.1) 中的矩阵 A 的各列线性无关，且令 $\hat{\theta}$ 表示最小化数据集上预测误差的参数取值. 令 N 向量 $\hat{r}^{\mathrm{d}}$ 为使用模型最优参数 $\hat{\theta}$ 得到的预测值. 证明 $\mathbf{avg}(\hat{r}^{\mathrm{d}})=0$. 用文字来说就是：利用最小二乘拟合，数据集上预测误差的均值为零. 提示：利用 (12.9) 给出的正交原理，取 $z=e_1$.

13.7 时间序列自回归模型中的数据矩阵 记忆数为 M 的自回归模型是用来拟合 13.1.2 节中给出的 T 个样本点 $z_1,\cdots,z_T$ 构成的数据集的，它使得预测误差平方和最小化. 求矩阵 A 和向量 y，使得 $\|A\beta-y\|^2$ 给出预测误差的平方和. 证明 A 为一个 Toeplitz 矩阵（参见 7.4 节），即对相同的 $i-j$ 值的矩阵元素 A_{ij} 是相等的.

13.8 卷积输入输出系统的拟合 令 u_1，$\cdots$，u_T 和 y_1，$\cdots$，y_T 为一个系统观测到的输入和输出时间序列，该系统被认为是一个卷积输入输出系统，即

280

$$y_t \approx \hat{y}_t = \sum_{j=1}^{n} h_j u_{t-j+1}, \quad t=1,\cdots,T$$

其中，当 $t\leqslant 0$ 时，u_t 为零. 此处，n 向量 h 为系统的冲击响应；参见 7.4 节. 这一输入和输出时间序列之间关系的模型也被称为**滑动平均**模型. 求矩阵 A 和向量 b 使得

$$\|Ah-b\|^2=(y_1-\hat{y}_1)^2+\cdots+(y_T-\hat{y}_T)^2$$

证明 A 是 Toeplitz 型的.（参见 7.4 节）

13.9 5 折交叉验证得到的结论 设已经构造了一个从维数为 20 的特征向量 x 中预测标量输出 y 的回归模型，它用到了一个含有 $N=600$ 个数据点的集合. 在给定的数据集上，变量 y 的均值为 1.85，其标准差为 0.32. 进行 5 折验证后，可以得到下面的测试误差均方根（基于排除第 i 折数据构造的模型，然后使用第 i 折数据进行测试）.

不包含的折号	测试误差均方根
1	0.13
2	0.11
3	0.09
4	0.11
5	0.14

(a) 对新的、未见过（但类似）的数据，模型做得怎么样呢？回答要尽量简洁，并验证答案.

(b) 一个合作者发现在 5 个不同的折上，回归模型的参数非常接近，但并不相同. 他

说对结果系统，应当使用从原始数据中排除第 3 折后得到的回归模型参数，因为该参数对应最好的测试误差均方根. 请对此进行简要评论.

13.10 用平均值增广特征 对给定的数据，拟合回归模型 $\hat{y}=x^{\mathrm{T}}\beta+v$，使用最小二乘法计算模型的系数 β 和 v. 一个朋友建议增加一个新的特征，它是原特征的平均值.（即他建议这个新的特征向量为 $\tilde{x}=(x,\mathbf{avg}(x))$.）他解释说，通过增加这一特征，可能会得到一个更好的模型.（当然，需要用验证的方法检验新的模型.）他的建议是一个好的想法吗?

13.11 解释模型的拟合结果 使用相同的训练集，拟合了 5 个不同的模型，并使用相同（但分别独立）的测试集（它们的大小与训练集的大小相同）. 在训练集和测试集上，它们的预测误差均方根列表如下. 简要评论每一个模型. 需要提及模型预测结果的好或坏，模型是否看起来能泛化到未见过的数据，或者它是否过拟合. 也欢迎回答你是否相信这些结果，或认为这些报告的数据是可疑的问题.

模型	训练误差均方根	测试误差均方根
A	1.355	1.423
B	9.760	9.165
C	5.033	0.889
D	0.211	5.072
E	0.633	0.633

13.12 布尔型特征的标准化（参见 13.3 节） 设 N 向量 x 给出了在包含 N 个样本的集合的一个布尔型特征.（布尔型意味着每一个 x_i 的取值是 0 或 1. 它可以表示某种症状的有或无，或者某一天是否是假期.）这一特征如何进行标准化? 给出的答案请使用 p，即 x_i 取值为 1 的比例描述.（可以假设 $p>0$ 且 $p<1$；否则该特征是常数.）

281

13.13 有布尔型特征相互作用模型 考虑所有 n 个原始特征均为布尔型的数据拟合问题，即 x 中所有元素的取值均为 0 或 1. 这些特征可以是一个患者（或者某症状有或无）的布尔检测结果，或是人们对调查表中为是/否的问题的回答. 希望使用这些数据来预测输出结果，即数值 y. 模型应当包括一个常数特征 1，原始的 n 个布尔型特征，以及所有的**相互作用项**，相互作用项的形式为 x_ix_j，其中 $1\leqslant i<j\leqslant n$.

(a) 该模型中全部基函数的个数 p 是多少? 当 $n=3$ 时，显式地给出基函数. 可以确定它们的次数. 提示：为计算满足 $1\leqslant i<j\leqslant n$ 的 i，j 对的个数，可以使用公式 (5.7).

(b) （整体）说明下面的三个 θ 中的系数：与原始特征 x_3 对应的系数；与原始特征 x_5 对应的系数；与新乘积特征 x_3x_5 对应的系数. 提示：考虑 x_3，x_5 对的所有四种可能.

13.14 最小二乘时间 设一台计算机（用最小二乘法）每秒可以拟合一个有 20 个参数，10^6 个数据点的回归模型.

(a) 试猜测一下使用相同的计算机拟合 20 个参数，但使用 10^7 个数据点（即大约 10

倍的数据点）的回归模型大约需要多长时间？

(b) 试猜测一下使用相同的计算机拟合 200 个参数（即大约 10 倍的模型参数），使用 10^6 个数据点的回归模型大约需要多长时间？

13.15 估计一个矩阵　设 n 向量 x 和 m 向量 y 之间的关系近似是一个线性关系，即 $y \approx Ax$，其中 A 是一个 $m \times n$ 矩阵. 此处，并不知道矩阵 A，但确实有观测数据，

$$x^{(1)}, \cdots, x^{(N)}, \qquad y^{(1)}, \cdots, y^{(N)}$$

矩阵 A 可以通过最小化

$$\sum_{i=1}^{N} \left\| Ax^{(i)} - y^{(i)} \right\|^2 = \|AX - Y\|^2$$

进行估计或猜测，其中 $X = \left[x^{(1)}, \cdots, x^{(N)}\right]$ 且 $Y = \left[y^{(1)}, \cdots, y^{(N)}\right]$. 将这一最小二乘估计值记为 $\hat{A}$.（此处的符号可能会引起混淆，因为 X 和 Y 是已知的，但 A 是未知的；使用字母表前面的符号（例如 A）表示已知的量，而使用靠后的符号（例如 X 和 Y）表示变量或未知量会比较方便.）

(a) 证明 $\hat{A} = YX^{\dagger}$，假设 X 的各行线性无关. *提示*：利用 $\|AX - Y\|^2 = \left\|X^{\mathrm{T}}A^{\mathrm{T}} - Y^{\mathrm{T}}\right\|^2$，它将问题转化为一个矩阵最小二乘问题；参见 12.3 节.

(b) 给出一个计算 $\hat{A}$ 的好方法，并用 n，m 和 N 给出复杂度.

13.16 相对拟合误差和拟合误差的对数（参见 13.1.3 节）　一个正输出 y 和其正的预测 $\hat{y}$ 之间的相对拟合误差定义为 $\eta = \max\{\hat{y}/y, y/\hat{y}\} - 1$.（它通常用百分比表示.）令 r 为它们的对数之间的残差，即 $r = \log y - \log \hat{y}$. 证明 $\eta = \mathrm{e}^{|r|} - 1$.

13.17 用多项式拟合一个有理函数　令 $x_1, \cdots, x_{11}$ 为 11 个在区间 $[-1, 1]$ 上均匀分布的点.（这意味着 $x_i = -1.0 + 0.2\,(i-1)$，其中 $i = 1, \cdots, 11$.）令 $y_i = (1 + x_i) \big/ \left(1 + 5x_i^2\right)$，其中 $i = 1, \cdots, 11$. 求对这些点次数为 0，1，⋯，8 的多项式拟合. 在区间 $[-1.1, 1.1]$ 上，绘制出拟合多项式，以及真实的函数 $y = (1 + x) \big/ \left(1 + 5x^2\right)$（例如，使用 100 个点）. 注意，绘图区间 $[-1.1, 1.1]$ 比拟合多项式使用的区间 $[-1, 1]$ 略宽；这样做可以得到多项式拟合在外推时是否性能良好的概念. 在区间 $[-1.1, 1.1]$ 上通过均匀地选择 $u_1, \cdots, u_{10}$ 来生成测试数据，其中 $v_i = (1 + u_i) \big/ \left(1 + 5u_i^2\right)$. 绘制在这一数据集上求得的多项式拟合的误差均方根. 在相同的图中，给出在训练集上多项式拟合的误差均方根. 利用在训练和测试数据上的拟合误差均方根，对多项式拟合中多项式的合理次数给出建议. *注*：不存在可行的用多项式拟合有理函数的原因. 本练习仅仅是演示拟合的基本思想，包括使用不同的基函数、过拟合及使用测试集进行验证的方法.

282

13.18 向量自回归模型　自回归时间序列模型（参见 13.1.2 节）可被推广到处理时间序列 $z_1, z_2, \cdots$，其中 z_t 为 n 向量. 这一问题在很多应用中都会出现，例如经济问题，其中向量的元素给出了不同的经济总量. 向量自回归模型（在 9.1 节中给出的）与一个

标量形式的自回归模型的形式是相同的，

$$\hat{z}_{t+1} = \beta_1 z_t + \cdots + \beta_M z_{t-M+1}, \quad t = M, M+1, \cdots$$

其中 M 为模型的**记忆数**；此处的区别是模型参数 $\beta_1, \cdots, \beta_M$ 均为 $n \times n$ 矩阵. 向量自回归模型中的（标量）参数的个数为 Mn^2. 这些参数能够最小化在数据集 $z_1, \cdots, z_T$ 上预测误差范数的平方和，

$$\|z_{M+1} - \hat{z}_{M+1}\|^2 + \cdots + \|z_T - \hat{z}_T\|^2$$

(a) 给出 $(\beta_2)_{13}$ 的一个解释. 如果这个系数非常小，其含义是什么？

(b) 拟合一个向量自回归模型的问题可以表示为一个矩阵的最小二乘问题（参见 12.3 节），即求提取矩阵 X，使得 $\|AX - B\|^2$ 被最小化，其中 A 和 B 为矩阵. 求矩阵 A 和 B. 可以考虑当 $M = 2$ 时的情形.（容易看出答案是如何推广到更大 M 值的.）

提示： 使用 $(2n) \times n$ 矩阵变量 $X = [\beta_1 \quad \beta_2]^{\mathrm{T}}$ 及右端项（$(T-2) \times n$ 矩阵）$B = [z_3 \quad \cdots \quad z_T]^{\mathrm{T}}$. 试求矩阵 A，使得 $\|AX - B\|^2$ 为预测误差范数的平方和.

13.19 正弦时间序列模型的和㊀ 设 $z_1, z_2, \cdots$ 为一个时间序列. 一种常见的近似时间序列的方法是将其近似为 K 个**正弦**的和

$$z_t \approx \hat{z}_t = \sum_{k=1}^{K} a_k \cos(\omega_k t - \phi_k), \quad t = 1, 2, \cdots$$

该和的第 k 项被称为**正弦信号**. 系数 $a_k \geqslant 0$ 称为**振幅**，$\omega_k > 0$ 称为**频率**，ϕ_k 称为第 k 个正弦信号的**相位**.（相位的取值通常在 $-\pi$ 到 π 之间.）在很多应用中，频率是 ω_1 的倍数，即 $\omega_k = k\omega_1$，其中 $k = 2, \cdots, K$. 此时，该近似称为 **Fourier 近似**，它以数学家 Jean-Baptiste Joseph Fourier 的名字命名.

设观测到的数据是 $z_1, \cdots, z_T$，希望选择正弦振幅 $a_1, \cdots, a_K$ 和相位 $\phi_1, \cdots, \phi_K$ 最小化近似误差 $(\hat{z}_1 - z_1, \cdots, \hat{z}_T - z_T)$ 的均方根值.（假设频率是给定的.）说明如何用最小二乘模型拟合求解这一问题.

提示： 一个振幅为 A、频率为 ω、相位为 ϕ 的正弦可以用余弦和正弦系数 α 和 β 表示，其中

$$a \cos(\omega t - \phi) = \alpha \cos(\omega t) + \beta \sin(\omega t)$$

㊀ 原文作者在此处使用了名称 “sinusoid” 来说明近似的方法. 通常 “sinusoid” 表示正弦，即形如 $\sin(\omega_k t + \phi_k)$，$k = 1, 2, \cdots$ 的函数，但原文中使用了余弦函数的形式. 严格地讲，原文中给出的近似应当是“余弦”近似. 但为尊重原文，此处仍按照原文的内容，将“sinusoid”译为“正弦”. —— 译者注

其中（利用和的余弦公式）$\alpha = a\cos\phi$，$\beta = a\sin\phi$. 正弦的振幅和相位可以用其余弦与正弦系数表示为

$$a = \sqrt{\alpha^2 + \beta^2}, \quad \phi = \arctan(\beta/\alpha)$$

283

使用余弦和正弦的系数表示该问题.

13.20 用连续和间断的分片线性函数进行拟合　考虑拟合问题 $n = 1$，此时 $x^{(1)}$，$\cdots$，$x^{(N)}$ 和 $y^{(1)}$，$\cdots$，$y^{(N)}$ 都是数. 考虑两种类型相近的相关模型. 第一个是在 13.1.1 节描述的，结点在 -1 和 1 处的分片线性函数，它在图 13-8 中给出. 第二个是分层模型（参见 13.3.2 节），它是三个独立的仿射模型，一个对 $x < -1$，一个对 $-1 \leqslant x \leqslant 1$，一个对 $x > 1$.（用文字来说就是，将 x 的取值分为低、中、高三个类型.）这两个模型是否相同？其中一个是否比另外一个更一般？每一个模型有多少个参数？提示：参见问题的标题.

对这两个模型使用最小二乘法在训练集和测试集上能够达到的误差均方根你能如何评价？

13.21 高效的交叉验证　拟合一个有 p 个基函数和 N 个数据点的模型（例如，使用 QR 分解法）需要的开销为 $2Np^2$ 次浮点运算. 在本练习中，研究使用在相同数据集上 10 折交叉验证的复杂度问题. 将数据集划分为 10 折，每折数据点的个数为 $N/10$. 最基本的方法是拟合 10 个不同的模型，每次使用其中 9 折的数据，利用 QR 分解法，需要的计算量为 $10 \cdot 2(0.9)Np^2 = 18Np^2$ 次浮点运算.（为在剩余 1 折数据集上评估这些模型，每一个需要 $2(N/10)p$ 次浮点运算，它与拟合模型的开销来比，是可以忽略不计的.）因此，不出预料，使用最基本的方法实现 10 折交叉验证需要的浮点运算次数为拟合一个模型的 10 倍.

下面的方法给出了实现 10 折交叉验证的另外一种方法. 给出每一步需要的总浮点运算数，只保留主要项，然后对比该方法与最基本方法的总开销. 令 A_1，$\cdots$，A_{10} 表示 $(N/10) \times p$ 与折数对应的数据矩阵，令 b_1，$\cdots$，b_{10} 表示最小二乘拟合问题的右边项.

(a) 构造 Gram 矩阵 $G_i = A_i^{\mathrm{T}} A_i$ 和向量 $c_i = A_i^{\mathrm{T}} b_i$.

(b) 构造 $G = G_1 + \cdots + G_{10}$ 和 $c = c_1 + \cdots + c_{10}$.

(c) 对 $k = 1$，$\cdots$，10，计算 $\theta_k = (G - G_k)^{-1}(c - c_k)$.

13.22 竞赛结果的预测　一些公司支持一些向公众开放的竞赛. Netflix 就有一个著名的竞赛，该竞赛为第一个击败它们现有的用户影视评级方法的预测方法奖励一百万美元，其现有的评级方法在测试集上的预测误差均方根为 10%. 该竞赛的工作原理大致如下（尽管在其形式和很多更复杂的地方有着一些变体）：公司给出一个公开数据集，包括对大量样本的回归变量或特征，以及输出结果. 它们也同时给出在测试数据集（通常较小）上的特征，但不是结果. 参赛选手（通常是一些使用了昵称的队伍）提交他们在测试集上得到的预测结果. 通常，会存在有关一个队伍多长时间、或多么频繁提

交他们在测试集上结果的限制. 公司计算每次提交的测试集上的预测误差均方根. 队伍预测的性能被排列在排行榜上，其中按预测结果的好坏顺序给出了 100 个名单.

用模型验证的术语讨论这一竞赛. 一个参赛队伍如何在提交之前验证预测结果？如果对所有参赛队伍的提交次数没有限制会发生什么？给出一个显然的方法（通常是竞赛规则不允许的）使一个队伍的结果在所有提交的预测结果的极限位置附近.（当然，该方法已经被实现了.）

284

第 14 章　最小二乘分类

本章考虑一个数据拟合的模型，其中输出的取值形如 TRUE 与 FALSE（这与第 13 章中给出的数是不同的）. 可以看到，最小二乘法也可以应用于该类问题.

14.1　分类

在第 13 章的数据拟合问题中，方法的目标为基于 n 向量 x 再现或预测输出一个（标量）数值 y. 在一个**分类问题**中，输出结果或因变量 y 仅取有限多个数值，因此，有时又称其为**标签**，或者在统计学中，称其为**分类的**. 在最简单的情形，y 只有两个取值，例如 TRUE 与 FALSE，或 SPAM 与 NOT SPAM. 这称为**二分类问题**、**二值分类问题**，或**布尔型分类问题**. 因为输出结果 y 仅可以取两个值. 此处首先考虑布尔型分类问题.

y 将被按照实数进行编码，令 $y=+1$ 表示 TRUE，$y=-1$ 表示 FALSE.（也可以将输出编码为 $y=+1$ 和 $y=0$，或者任何两个不同的数对.）与取值为实数的数据拟合一样，假设存在一个近似的形如 $y \approx f(x)$ 的关系，其中 $f:\mathbb{R}^n \to \{-1,+1\}$.（这一记号意味着函数 f 以 n 向量为参数，并给出 $+1$ 或 -1 的结果.）模型的形式为 $\hat{y}=\hat{f}(x)$，其中 $\hat{f}:\mathbb{R}^n \to \{-1,+1\}$. 模型 $\hat{f}$ 也被称为**分类器**，因为它将 n 向量划分为 $\hat{f}(x)=+1$ 和 $\hat{f}(x)=-1$ 两类. 与取值为实数的数据拟合类似，该方法也使用一些观测数据选择或构造分类器 $\hat{f}$.

例子　布尔型分类器在很多应用领域中有着广泛的应用.

- *垃圾邮件检测*.　向量 x 包含了一个电子邮件的特征. 它可以包括电子邮件正文中单词的计数信息，其他的特征例如感叹号的个数，或所有大写单词的个数，以及与原始邮件相关的特征. 如果该邮件是 SPAM 则输出为 $+1$，否则是 -1. 被用于构造分类器的用户数据都显式地被标记了什么样的信息是垃圾信息.

- *欺诈检测*.　向量 x 给出了与一个信用卡持有人相关的特征集合，例如她每月平均消费的水平、上周采购物品的中间价、不同类型采购物品的数量、平均余额等，还有一些与特定目的相关的交易. 输出 y 在出现欺诈交易时为 $+1$，否则为 -1. 用于创建分类器的数据来源于历史数据，其中包括了（一些）在后面被验证为欺诈的交易样本以及（很多）被验证为好的样本.
- *布尔型文档分类*.　向量 x 为一个文档的单词计数（或直方图）向量，输出 y 在文档有某些特定主题（例如，政治）时为 $+1$，其他时候为 -1. 构造分类器的数据应当来源于主题被标记了的文件语料库.
- *疾病检测*.　样本对应于患者，若患者有某种特定的疾病，则 $y=+1$，如果没有，则

$y=-1$. 向量 x 包含了与患者相关的医疗特征，包括样本的年龄、性别、测试结果和特定的症状. 用于构造模型的数据来源于医院医疗学习的记录；其输出为相关的诊断结果（有或没有该疾病），这些结果都已经被医生确认.

- *数字通信接收机*. 在现代电子通信系统中，y 表示一个比特（传统上用 0 和 1 进行表示），它被从一台发射机发送到一台接收机. 向量 x 表示一个接收信号的 n 个测量值. 预测 $\hat{y}=\hat{f}(x)$ 被称为**译码位**. 在通信系统中，分类器 $\hat{f}$ 被称为**译码器**或**探测器**. 构造译码器的数据来自于**训练信号**，它是接收机接收到的一个已知传输比特的序列.

预测误差 对给定的数据点 x，y，其预测输出为 $\hat{y}=\hat{f}(x)$，它们有四种可能的结果：

- *真阳性*. $y=+1$ 且 $\hat{y}=+1$.
- *真阴性*. $y=-1$ 且 $\hat{y}=-1$.
- *假阳性*. $y=-1$ 且 $\hat{y}=+1$.
- *假阴性*. $y=+1$ 且 $\hat{y}=-1$.

在前两种情形中，预测的标签是正确的，在后两种情形中，预测的标签是错误的. 第三种情形被称为**假阳性**或**第 I 类错误**，第四种情形被称为**假阴性**或**第 II 类错误**. 在很多应用中，这两类错误都被同等看待；有一些应用则对第 I 类错误比第 II 类错误更关注.

286

错误比例和混淆矩阵 对给定的数据集

$$x^{(1)},\cdots,x^{(N)},\qquad y^{(1)},\cdots,y^{(N)}$$

和模型 $\hat{f}$，可以在数据集上计算每一种可能的错误数量，并将它们展示在一个**列联表**或**混淆矩阵**中，它是一个 2×2 的表格，其列对应于 $\hat{y}^{(i)}$ 的值，行对应于 $y^{(i)}$ 的值.（这是在机器学习中传统的使用方法；在统计学中，行和列有时会交换.）如表 14-1 所示，其中的元素给出了前述四种情形每一种对应的数量. 对角元素对应正确判断的数量，左上元素为真阳性的数量，右下元素为真阴性的数量. 非对角元素对应错误数量，右上元素为假阴性的数量，左下元素为假阳性的数量. 这四个数字的总和为 N，即数据集中样本的总数. 有时也给出各行和列的总和，如表 14-1 所示.

表 14-1 混淆矩阵. 非对角线元素 N_{fn} 和 N_{fp} 给出了两类错误的数量

输出	预测值		总计
	$\hat{y}=+1$	$\hat{y}=-1$	
$y=+1$	N_{tp}	N_{fn}	N_{p}
$y=-1$	N_{fp}	N_{tn}	N_{n}
总计	$N_{\text{tp}}+N_{\text{fp}}$	$N_{\text{fn}}+N_{\text{tn}}$	N

利用混淆矩阵中各项，可以构造不同的性能指标.

- **错误率**为错误的总数（包含所有种类的错误）除以样本总数，即 $(N_{\text{fp}}+N_{\text{fn}})/N$.
- **真阳性率**（也称为**敏感度**或**召回率**）为 $N_{\text{tp}}/N_{\text{p}}$. 它给出了数据集中 $y=+1$ 的数据点中被正确预测为 $\hat{y}=+1$ 的比例.

- **假阳性率**（也被称为**误报率**）为 $N_{\mathrm{fp}}/N_{\mathrm{n}}$. 假阳性率为 $y=-1$ 的数据点中被错误预测为 $\hat{y}=+1$ 的比例.
- **特异性**或**真阴性率**等于 1 减去假阳性率，即 $N_{\mathrm{tn}}/N_{\mathrm{n}}$. 真阴性率为 $y=-1$ 的数据点中被正确预测为 $\hat{y}=-1$ 的比例.
- **精度**定义为 $N_{\mathrm{tp}}/\left(N_{\mathrm{tp}}+N_{\mathrm{fp}}\right)$，它是预测为真的结果中正确的比例.

287

好的分类器应当有很小（接近 0）的错误率和假阳性率、较高（接近 1）的真阳性率、真阴性率和精度. 这些指标中的哪一个更重要依赖于特定的应用.

表 14-2 中给出了一个混淆矩阵的例子，它给出了垃圾邮件检测在有 $N=1266$ 个样本（电子邮件）的数据集上的性能，数据集中有 SPAM（$y=+1$）127 个，其余的 1139 个均为 NOT SPAM（$y=-1$）. 在数据集上，该分类器有 95 个真阳性，1120 个真阴性，19 个假阳性和 32 个假阴性. 其错误率为 $(19+32)/1266=4.03\%$. 其真阳性率为 $95/127=74.8\%$（其含义为数据集中 75% 的垃圾邮件被检测了出来），其假阳性率为 $19/1139=1.67\%$（其含义为大约 1.7% 的正常邮件被错误标记为垃圾邮件了）.

表 14-2　在有 1266 个样本的数据集上进行 SPAM 检测得到的混淆矩阵

输出	预测值		总计
	$\hat{y}=+1$ (SPAM)	$\hat{y}=-1$ (NOT SPAM)	
$y=+1$ (SPAM)	95	32	127
$y=-1$ (NOT SPAM)	19	1120	1139
总计	114	1152	1266

分类问题的验证　在分类问题中，本书关注错误率、真阳性率和假阳性率. 因此样本外验证和交叉验证可以用性能指标或关心的指标来构造，即错误率或者其他的真阳性率和假阴性率的组合. 在这些指标中，我们也许更为关注其中一个指标.

14.2　最小二乘分类器

对一个数据集上的布尔型模型或分类器，已经开发了很多复杂的模型. **Logistic 回归**和**支持向量机**是两个被广泛使用的方法，但它们超出了本书的范畴. 此处，仅讨论一个非常简单的基于最小二乘法的模型，尽管它不像其他更复杂的模型那么好，但它的性能很好.

首先要实现通常对输出实数值的最小二乘拟合，此时，忽略输出 y 取值只能为 -1 和 $+1$ 的要求. 选择基函数 $f_1, \cdots, f_p$，然后选择参数 $\theta_1, \cdots, \theta_p$ 使得误差的平方和

$$\left(y^{(1)}-\tilde{f}\left(x^{(1)}\right)\right)^2+\cdots+\left(y^{(N)}-\tilde{f}\left(x^{(N)}\right)\right)^2$$

288

最小化，其中 $\tilde{f}(x)=\theta_1 f_1(x)+\cdots+\theta_p f_p(x)$. 此处使用记号 $\tilde{f}$，因为该函数并不是最终模型 $\hat{f}$. 函数 $\tilde{f}$ 为数据集上的最小二乘拟合，且对一般的向量 x，$\tilde{f}(x)$ 是一个数.

最终的分类器可由下式给出

$$\hat{f}(x) = \mathbf{sign}\left(\tilde{f}(x)\right) \tag{14.1}$$

其中 $\mathbf{sign}(a)$ 当 $a \geqslant 0$ 时为 $+1$，当 $a < 0$ 时为 -1. 这一分类器称为**最小二乘分类器**.

最小二乘分类器背后的直觉是简单的. 数值 $\tilde{f}(x)$ 是一个数字，（理想情况下）当 $y^{(i)} = +1$ 时，它应当接近 $+1$，当 $y^{(i)} = -1$ 时，它应当接近 -1. 如果将猜测的结果限制在两个可能的输出 $+1$ 或 -1 上，选择 $\mathbf{sign}\left(\tilde{f}(x)\right)$ 是自然的. （事实上，$\mathbf{sign}\left(\tilde{f}(x)\right)$ 是 -1 和 $+1$ 之间最接近 $\tilde{f}(x)$ 的邻点.）直觉表明，$\tilde{f}(x)$ 与预测 $\hat{y} = \mathbf{sign}\left(\tilde{f}(x)\right)$ 是可信的：当 $\tilde{f}(x)$ 接近 1 时，预测 $\hat{y} = +1$ 是可信的；当它很小且为负的时候（例如，$\tilde{f}(x) = -0.03$），可以猜测 $\hat{y} = -1$，但可信度较低. 对于这一想法在本书后面的内容中将不去考虑，除了多类分类器的情形，这一内容将在 14.3 节中讨论.

最小二乘分类器通常被用于构造一个回归模型，即 $\tilde{f}(x) = x^{\mathrm{T}}\beta + v$，此时的分类器具有的形式为

$$\hat{f}(x) = \mathbf{sign}\left(x^{\mathrm{T}}\beta + v\right) \tag{14.2}$$

这个模型中的系数可以容易地解释. 例如，当 β_7 为负时，这意味着 x_7 的取值越大，我们就越可能预测 $\hat{y} = -1$. 若 β_4 为系数中绝对值最大的，则称 x_4 为对模型预测结果贡献最大的特征.

14.2.1 鸢尾花分类

此处使用一个著名的数据集来演示最小二乘分类法，该数据集首先由统计学家 Ronald Fisher 于 20 世纪 30 年代使用. 数据集用四个属性度量了三种类型的鸢尾花：**山鸢尾**、**杂色鸢尾**和**维吉尼亚鸢尾**. 数据集中的每一类包含 50 个样本. 四个属性为：

- x_1 为花萼的长度，单位为厘米.
- x_2 为花萼的宽度，单位为厘米.
- x_3 为花瓣的长度，单位为厘米.
- x_4 为花瓣的宽度，单位为厘米.

运行 (14.2) 中给出的布尔型分类器，将维吉尼亚鸢尾与其他两种分开. 利用全部的 150 个样本，求得的系数为

$$v = -2.39, \quad \beta_1 = -0.0918, \quad \beta_2 = 0.406, \quad \beta_3 = 0.00798, \quad \beta_4 = 1.10$$

与该分类器对应的混淆矩阵参见表 14-3. 其错误率为 7.3%.

289

验证 为测试最小二乘分类法，使用 5 折交叉验证. 将数据集随机划分为 5 折，每折有 30 个样本（每一类有 10 个）. 其结果在表 14-4 中给出. 因为测试数据集仅有 30 个样本，故对一次预测来说预测和测试错误率有着显著的变化（即达到 3.3%）. 这就解释了在测试集

上的错误率为什么看起来会有很大变化. 可以猜测，将该分类器应用于未见数据时，其错误率的范围为 7% ~ 10%，但测试集不够大，故无法对预测性能得到比当前更准确的估计.（这是一个当数据集很小时，交叉验证受限的例子；关于这个问题的讨论请参见 13.2 节.）

表 14-3 鸢尾花布尔型分类器的混淆矩阵

输出	预测值		总计
	$\hat{y}=+1$	$\hat{y}=-1$	
$y=+1$	46	4	50
$y=-1$	7	93	100
总计	53	97	150

表 14-4 鸢尾花布尔型分类器的 5 折验证

折号	模型参数					错误率 (%)	
	v	β_1	β_2	β_3	β_4	训练	测试
1	−2.45	0.0240	0.264	−0.00571	0.994	6.7	3.3
2	−2.38	−0.0657	0.398	−0.07593	1.251	5.8	10.0
3	−2.63	0.0340	0.326	−0.08869	1.189	7.5	3.3
4	−1.89	−0.3338	0.577	0.09902	1.151	6.7	16.7
5	−2.42	−0.1464	0.456	0.11200	0.944	8.3	3.3

14.2.2 手写数字的分类

现在考虑一个更大的例子，使用 4.4.1 节中给出的 MNIST 数据集. 其（训练）数据集包含 60000 张大小为 28×28 的图片.（部分样本在图 4-6 中给出.）对每一个数字，样本的个数在 5421（数字 5）和 6742（数字 1）之间. 像素点的强度范围被放缩到 0 和 1 之间. 移除非零次数在训练样本中少于 600 的像素点. 剩余的 493 个像素点显示在图 14-1 中的白色区域. 数据集还有一个独立的包含 10000 张图片的测试集. 此处考虑将数字 0 与其他 9 个数字分开的分类器.

在第一个实验中，使用 493 个像素点的强度特征，加上一个取值为 1 的附加特征，作为最小二乘分类器 (14.1) 的 $n=494$ 个特征. 在（训练）数据集上的性能可以用表 14-5 中的混淆矩阵表示. 其错误率为 1.6%，其真阳性率为 87.1%，其假阳性率为 0.3%.

290

图 14-2 给出了在训练集上对两类对应的 $\tilde{f}\left(x^{(i)}\right)$ 的取值的分布. 区间 $[-2.1, 2.1]$ 被等分为 100 份. 对每一个区间，蓝色条形的高度为训练集中 +1 类（字符 0）样本 $x^{(i)}$ 对应的 $\tilde{f}\left(x^{(i)}\right)$ 的值在该区间内的数量占该类样本点总数的比例. 红色条形的高度为训练集中 −1 类（字符 1 ~ 9）样本对应的 $\tilde{f}\left(x^{(i)}\right)$ 的值在该区间内的数量占该类样本点总数的比例. 竖直的虚线给出了判决的边界：对其左侧的 $\tilde{f}\left(x^{(i)}\right)$（即负值），猜测该数据来自 −1 类，即数字 1 ~ 9；对其右侧的 $\tilde{f}\left(x^{(i)}\right)$，猜测该数据来自 +1 类，即数字 0. 假阳性对应于虚线右侧的红色条形，假阴性对应于虚线左侧的蓝色条形.

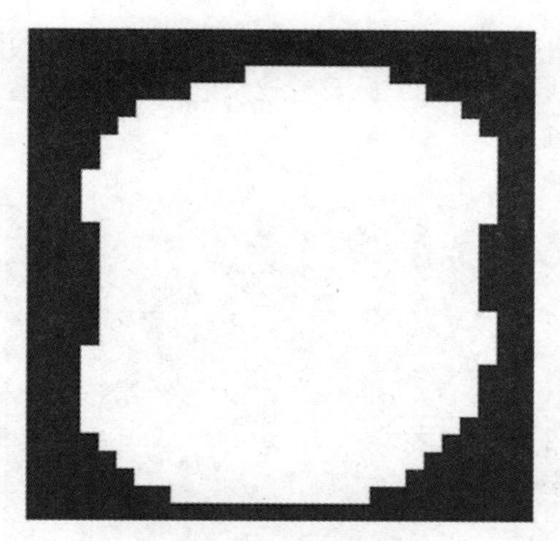

图 14-1 在手写数字分类的例子中被用作特征的像素点的位置

表 14-5 在 60000 个样本的训练集上，识别数字 0 的分类器对应的混淆矩阵

输出	预测值		总计
	$\hat{y}=+1$	$\hat{y}=-1$	
$y=+1$	5158	765	5923
$y=-1$	167	53910	54077
总计	5325	54675	60000

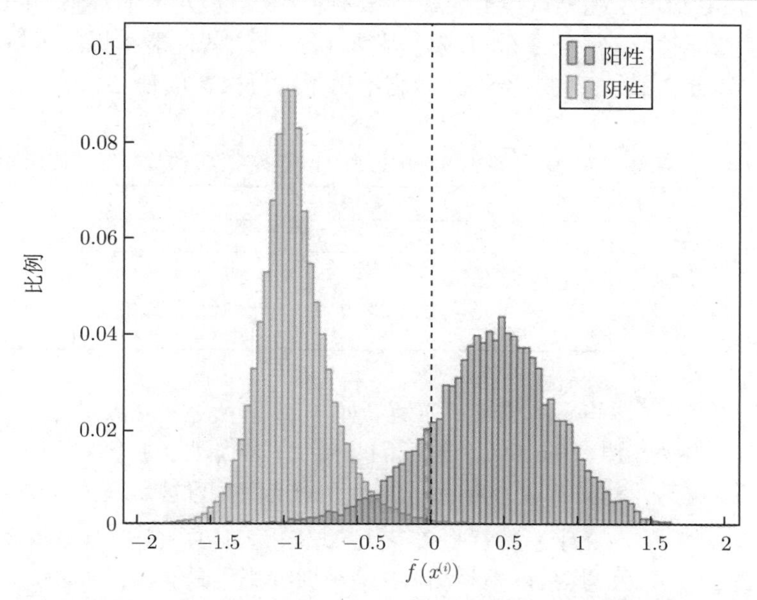

图 14-2 对所有训练集中的元素 $x^{(i)}$，(14.1) 给出识别数字 0 的布尔型分类器对应的 $\tilde{f}\left(x^{(i)}\right)$ 的分布. 红色条形对应于 -1 类（即数字 $1\sim9$）中的数字；蓝色条形对应于 $+1$ 类（即数字 0）中的数字（见彩插）

291 ~ 292

图 14-3 用一张图像给出了系数 β_k 的值. 这一图像可被解释为分类器对像素的敏感性图像. $\beta_i = 0$ 的像素点实际上并未使用; β_i 具有较大正值对应的位置取值越大, 则图像越有可能被猜测为数字 0.

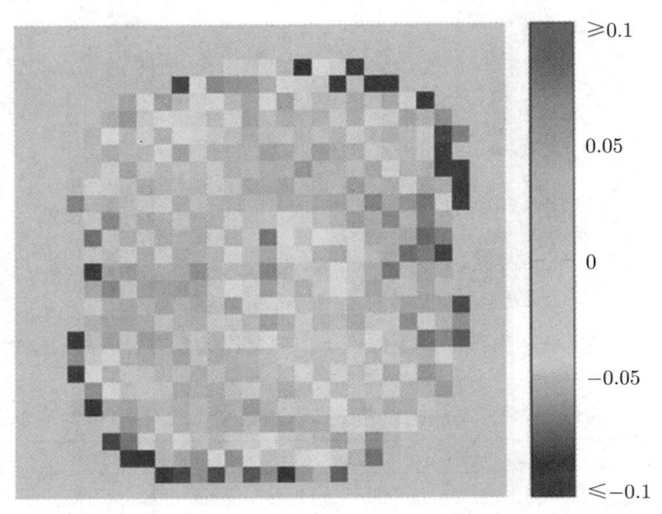

图 14-3　将数字 0 从其他数字中区分出来的最小二乘分类器的系数 β_k

验证　表 14-6 给出了在测试集上的最小二乘分类器性能对应的混淆矩阵. 在测试集上, 错误率为 1.6%, 真阳性率为 88.2%, 假阳性率为 0.5%. 这些性能指标与训练集上的数据是相似的, 因此可知分类器没有过拟合, 并且它给出了对分类器的信心.

表 14-6　在有 10000 个样本的测试集上, 识别数字 0 的分类器的混淆矩阵

输出	预测值		总计
	$\hat{y}=+1$	$\hat{y}=-1$	
$y=+1$	864	116	980
$y=-1$	42	8978	9020
总计	906	9094	10000

特征工程　现在做一些简单的特征工程 (如 13.3 节所述) 来改进分类器. 类似 13.3.3 节所述, 按照如下方法在原有的 494 个特征的基础上, 添加 5000 个新特征. 首先生成一个 5000×494 的矩阵 R, 其元素随机取值为 ±1. 5000 个新的函数可被定义为 $\max\left\{0,(Rx)_j\right\}$, $j=1,\cdots,5000$. 在添加了 5000 个新特征后 (特征的总数为 5494 个), 训练和测试数据集对应的混淆矩阵如表 14-7 所示. 其错误率是相容的, 在训练集上是 0.21%, 在测试集上是 0.24%, 与第一个实验中的 1.6% 相比, 有了显著的改进. 比较图 14-4 和图 14-2 中的分布也能够看到, 新分类器对训练集中分两类的数据会好很多. 由此可得, 这是特征工程的一个成功应用.

293

表 14-7　在添加了 5000 个新特征后，识别数字 0 的布尔型分类器的混淆矩阵. 左侧的表格是在训练集上的；右侧的表格是在测试集上的

输出	预测值 $\hat{y}=+1$	预测值 $\hat{y}=-1$	总计	输出	预测值 $\hat{y}=+1$	预测值 $\hat{y}=-1$	总计
$y=+1$	5813	110	5923	$y=+1$	963	17	980
$y=-1$	15	54062	54077	$y=-1$	7	9013	9020
总计	5828	54172	60000	总计	970	9030	10000

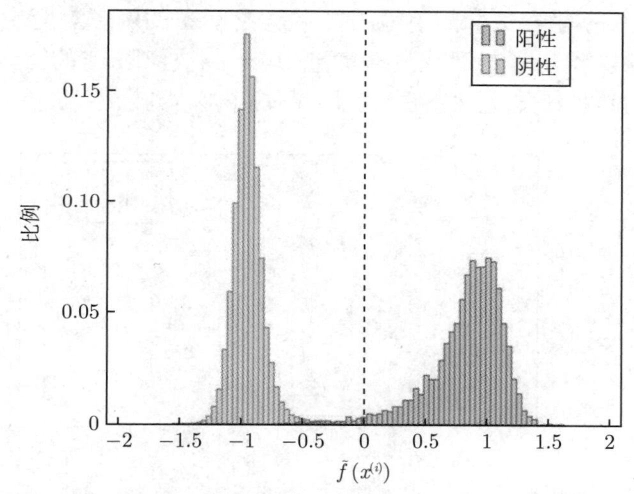

图 14-4　在添加了 5000 个新的特征后，识别数字 0 的布尔型分类器 (14.1) 中 $\tilde{f}\left(x^{(i)}\right)$ 取值的分布

14.2.3　受试者工作特征

最小二乘分类器 (14.1) 的一个有用的改进是修改判决边界，它是通过在取符号之前将 $\tilde{f}(x)$ 减去一个常数实现的：

$$\hat{f}(x) = \mathbf{sign}\left(\tilde{f}(x) - \alpha\right) \tag{14.3}$$

此时分类器为

$$\hat{f}(x) = \begin{cases} +1 & \tilde{f}(x) \geqslant \alpha \\ -1 & \tilde{f}(x) < \alpha \end{cases}$$

称 α 为改进的分类器**判决门限**. 基本的最小二乘分类器 (14.1) 的判决门限为 $\alpha = 0$.

通过将 α 取为正值，可使 $\hat{f}(x) = +1$ 的预测结果出现的频率减少，故混淆矩阵中第一列中的数字会减少，第二列中的数字会增加.（因为每一行数字的和总是相同的.）这意味着，选择 α 为正值可以减少正阳性率（这是不好的），但它也会减少假阳性率（这是好的）.

取 α 为负值的影响正相反，它增加了正阳性率（这是好的），同时增加了假阳性率（这是不好的）. 在特定的应用中，参数 α 的选择依赖于对这两个对立指标中的哪一个更关注.

通过将 α 在一个区域上进行扫描，可以得到一族分类器，它们的真阳性率和假阳性率是变化的. 可以将假阳性率和假阴性率，连同错误率，绘制为一个 α 的函数. 一个绘制这一数据的更一般的方法有一个奇怪的名字 ——**受试者工作特征**（ROC）. ROC 用纵轴给出了真阳性率，用横轴给出了假阳性率. 它的名字来源于第二次世界大战中的雷达系统，其中 $y=+1$ 意味着出现敌方车辆（或船只、飞机），$\hat{y}=+1$ 表示敌方车辆被探测到.

294

例子　此处考察上述尝试检测手写的数字是否为 0 的例子对应的偏阈值的最小二乘分类器 (14.3). 图 14-5 给出了对训练数据集，依赖于判决门限 α 的错误率、真阳性率和假阳性率. 可以看到，对这种特殊情形总错误率在 $\alpha=-0.1$ 达到最小，最小的错误率是 1.4%，它

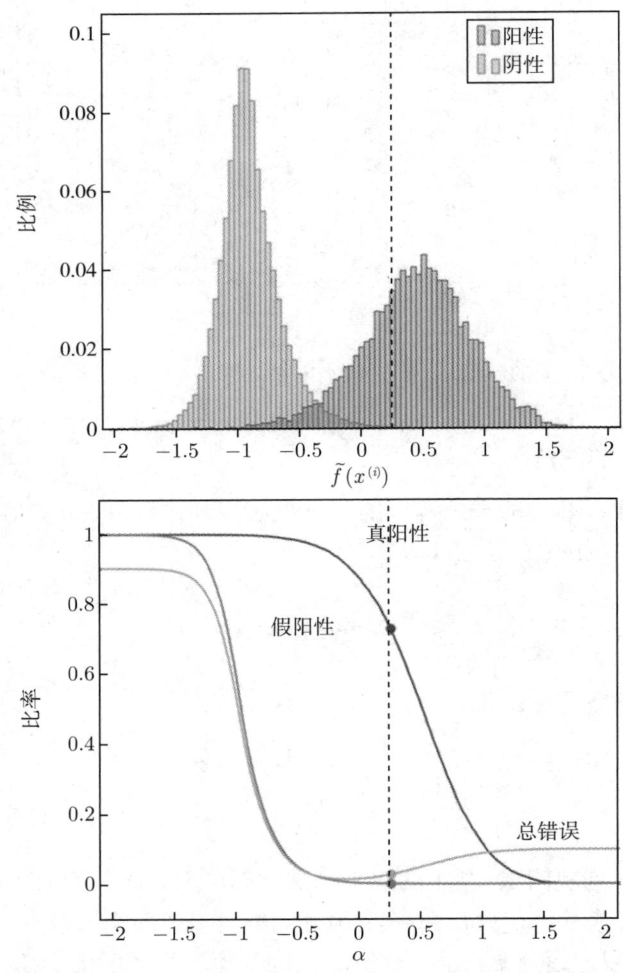

图 14-5　真阳性率、假阳性率和总错误率与判决门限 α 的关系. 竖直的虚线表示判决门限 $\alpha=0.25$

比基本的最小二乘分类器略小. 极限的情形是当 α 向负方向足够小时，或者向正方向足够大时，它们也是容易理解的. 当 α 向负方向足够小时，预测结果总是 $\hat{y}=+1$，错误率就是数据集中 $y=-1$ 数据的比例；当 α 向正方向足够大时，预测结果总是 $\hat{y}=-1$，错误率就是数据集中 $y=+1$ 数据的比例.

使用传统的 ROC 曲线表示的同样信息（没有总错误率）如图 14-6 所示. 实心圆点给出了基本的最小二乘分类器（其中 $\alpha=0$）和偏阈值最小二乘分类器（其中 $\alpha=-0.25$ 和 $\alpha=0.25$）. 这些曲线都是针对训练数据的；对测试数据来说，它们看起来是类似的，表明所有分类器在遇到新的、未见数据时都表现出相似的置信度.

295～296

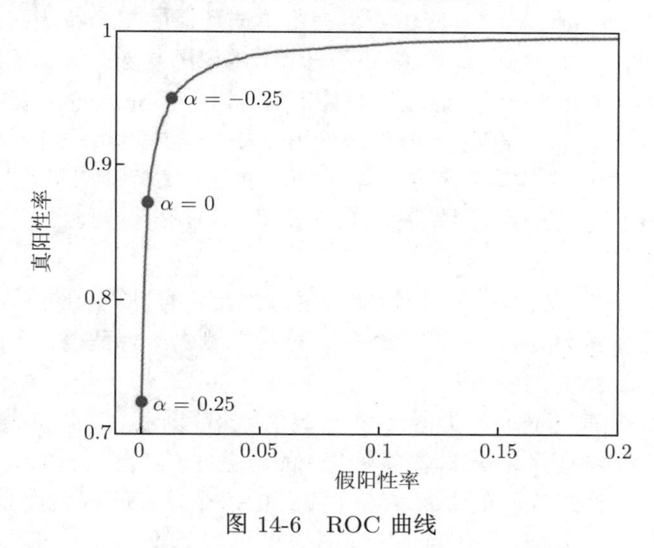

图 14-6　ROC 曲线

14.3　多类分类器

在一个多类分类问题中，有 $K>2$ 个可能的标签. 它有时被简称为 K 类分类. （当 $K=2$ 时，就是前面已经讨论过的布尔型分类. ）对一般的多类分类器，使用 $y=1, 2, \cdots, K$ 对标签进行编码. 在很多应用中，有很多自然的编码. 例如，在 Likert 评分表中标签为**强烈反对**、**反对**、**中性**、**赞同**和**强烈赞同**，它们通常被分别编码为 -2，-1，0，1 和 2.

多类分类器是一个函数 $\hat{f}:\mathbb{R}^n\rightarrow\{1,\cdots,K\}$. 给定一个特征向量 x，$\hat{f}(x)$（是一个在 1 到 K 之间的整数）为相应于输出的预测值. 一个多类分类器将 n 向量划分为 K 个组，对应的值为 1，$\cdots$，K.

例子　多类分类器可被用于很多应用领域中.

- *手写数字分类*. 给定一个手写的数字（也许是从图像中提取的其他特征），希望猜测它表示 10 个数字中的哪一个. 该分类器被用于自动（基于计算机的）读取手写数字.
- *市场人群分类*. 商品交易的数据或网站的访问记录可被用于训练一个对市场人群进行

的多类分类器，例如 25 ~ 30 岁之间受过大学教育的妇女，45 ~ 55 岁之间没有受过大学教育的男性，等等. 该分类器预测一个新消费者的分类，仅仅基于它们采购的历史. 它可被用于对仅知道购买记录的消费者选择推荐内容. 这一分类器使用已知消费者的数据进行训练.

297

- *疾病诊断.* 标签为一个疾病的集合（包括一个表示没有疾病的标签），其特征为医疗相关的数据，例如患者的属性及检测的结果. 这一分类器会输出诊断结果（给出疾病对应的标签）. 分类器使用经过了初步诊断的病例进行训练.
- *翻译过程中的单词选择.* 一个机器翻译系统将源语言中的一个单词翻译为目标语言中若干可能单词中的一个. 标签对应于源语言中单词翻译的一个特定选择. 特征包括了全世界文档的信息，例如，单词计数或在同一段中出现的次数. 例如，英文单词“bank”，如果有“river”在其附近，可以翻译为一种语言，如果“financial”或“reserves”出现在附近，则会被翻译为另一种语言. 分类器使用（人类）专家翻译的结果数据进行训练.
- *文档主题预测.* 每一个样本对应于一个文档或文章，其特征向量包括单词计数或直方图，以及相应的主题或分类，例如 POLITICS（政治），SPORTS（体育），ENTERTAINMENT（娱乐）等.
- *通信中的判决.* 很多电子通信系统传输的信息为一个有 K 种可能**符号**的序列. 向量 x 包含了接收信号的测量值. 本书中分类器 $\hat{f}$ 称为**探测器**或**译码器**；其目标是正确地确定传输的是 K 个信号中的哪一个.

预测误差和混淆矩阵　对多分类器 $\hat{f}$ 和一个给定的数据点 (x, y)，预测结果为 $\hat{y} = \hat{f}(x)$，它有 K^2 种可能性，对应于所有 y（即真实输出）的数据对，以及预测的输出 $\hat{y}$. 对一个有 N 个元素的给定数据集（训练或验证集），K^2 个事件中每个发生的次数被排列到一个 $K \times K$ 的混淆矩阵中，其中 N_{ij} 为当 $y = i$ 且 $\hat{y} = j$ 时数据点的个数.

K 个对角元素 $N_{11}, \cdots, N_{KK}$ 对应于预测正确的情形；$K^2 - K$ 个非对角元素 $N_{ij}\ (i \neq j)$ 对应于预测错误的情形. 对每一个 i，N_{ii} 为预测值为 $\hat{y} = i$ 时，数据集中数据的标签为 i 的数据点个数. 当 $i \neq j$ 时，N_{ij} 为错误地将标签 i（其真实取值）预测为标签 j（算法不正确的预测）的数据点个数. 当 $K = 2$ 时（布尔型分类问题）只有两类预测错误，假阳性和假阴性. $K > 2$ 的情形较为复杂，因为可能出现太多的预测误差了. 根据混淆矩阵的元素，可以给出关于预测结果的不同度量. 令 N_i（用一个索引）表示数据点 $y = i$ 的总数，即 $N_i = N_{i1} + \cdots + N_{iK}$. 则有 $N = N_1 + \cdots + N_K$.

298

最简单的度量是总体的**错误率**，它是错误的总数（混淆矩阵所有非对角元素的和）除以数据集的大小（混淆矩阵中所有元素的和）：

$$(1/N) \sum_{i \neq j} N_{ij} = 1 - (1/N) \sum_{i} N_{ii}$$

这一度量隐含的假设是所有的错误都是一样的糟糕. 在很多应用问题中却不是这样的；例如，一些医疗的误诊可能对某一患者比其他患者更严重.

也可以考察每一个标签预测结果的正确率. 比值 N_{ii}/N_i 称为**真标签 i 比率**. 它是标签为 $y=i$ 的数据点中被正确预测为 $\hat{y}=i$ 的比例. (对布尔型分类器，真标签 i 比率就退化为真阳性和真阴性比率.)

对 $K=3$ 个标签（**不喜欢、中性**和**喜欢**）的简单例子，以及总数为 $N=500$ 的数据点，其结果在表 14-8 中给出. 在 500 个数据点中，454 个（对角线元素的和）被正确分类. 剩余的 46 个数据点（非对角线元素的和）对应于 6 种不同的错误. 总错误率为 $46/500=9.2\%$. 真标签“不喜欢”率为 $183/(183+10+5)=92.4\%$，即在所有被标记为“不喜欢”的数据点中，正确标记了其中 92.4% 的数据. 真标签“中性”率为 $61/(7+61+8)=80.3\%$，真标签“喜欢”率为 $210/(3+13+210)=92.9\%$.

表 14-8 三个类的多类分类器的混淆矩阵例子

y	$\hat{y}$		
	不喜欢	中性	喜欢
不喜欢	183	10	5
中性	7	61	8
喜欢	3	13	210

14.3.1 最小二乘多类分类器

最小二乘布尔型分类器背后的思想可被推广到处理多类分类问题. 对每一个可能的标签值，用布尔标签构造一个新的数据集，+1 表示标签是给定的数据，−1 表示其他.（这有时被称为**一对多**分类器.）利用这些 K 布尔型分类器需要构造一个从 K 个可能的标签中选择一个的分类器. 通过选择最小二乘回归拟合中拟合效果最好的标签即可实现这一过程. 于是，分类器就定义为

$$\hat{f}(x)=\underset{k=1,\cdots,K}{\arg\max}\,\tilde{f}_k(x)$$

其中 $\tilde{f}_k$ 为将标签 k 与其他标签区分的最小二乘回归模型. 记号 $\arg\max$ 的含义是 $\tilde{f}_k(x)$ 取值最大的索引，其中 $k=1,\cdots,K$. 注意到 $\tilde{f}_k(x)$ 是一个对类 k 区别于非 k 类的布尔型分类器的实预测值；它不是一个布尔型分类器 $\mathbf{sign}\left(\tilde{f}_k(x)\right)$. 299

以一个有三个标签的多类分类器为例子. 可以构造三个不同的最小二乘分类器，类 1 对类 2 或类 3、类 2 对类 1 或类 3，及类 3 对类 1 或类 2. 假设对给定的特征向量 x，求得

$$\tilde{f}_1(x)=-0.7,\quad \tilde{f}_2(x)=+0.2,\quad \tilde{f}_3(x)=+0.8$$

这三个值中最大的值为 $\tilde{f}_3(x)$，因此预测值 $\hat{f}(x)=3$. 这些数字与最终判决结果之间的关系是可以解释的. 第一个分类器对标签不是 1 比较有信心. 根据第二个分类器，标签可能是 2，但是对这一预测值的信心不高. 最后，第三个分类器预测标签是 3，而且对这一猜测的信心也相对较高. 所以最终猜测标签为 3.（这一解释说明，若必须做第二选择，则标签应当为 2.）

当然，此处对每一个标签分类器进行了拟人化的处理，因为它们的预测中并没有给出置信的水平. 但是这一故事对于理解前述的分类器背后的动机是有帮助的.

偏判决　在布尔型分类器中，可以修改判决门限（参见 14.2.3 节）以平衡真阳性率和假阳性率. 在一个 K 类分类器中，类似的方法可用于平衡 K 真标签 i 比率. 在求最大的值之前，对 $\tilde{f}_k(x)$ 先作用偏移 α_k. 这给出了预测

$$\hat{f}(x)=\underset{k=1,\cdots,K}{\arg\max}\left(\tilde{f}_k(x)-\alpha_k\right)$$

其中 α_k 为平衡真标签 k 比率而选择的常数. 若减小 α_k，则预测 $\hat{f}(x)=k$ 更频繁，因此，混淆矩阵中所有第 k 列的元素都会增加. 它增加了标签 k 的真阳性率（因为 N_{kk} 增加了），这是好的. 但它减小了其他标签的真阳性率.

复杂度　在最小二乘多类分类器中，需求解 K 最小二乘问题，其每一个都有 N 行及 p 个变量. 计算一对多分类器中的系数 $\theta_1,\cdots,\theta_K$ 最基本的方法的开销为 $2KNp^2$ 次浮点运算. 但所有需要求解的 K 最小二乘问题都使用了相同的矩阵；只有右边项向量改变了. 这意味着只需完成 QR 分解一次，就可以用它计算所有 K 分类器的系数. 或者说，所有一对多分类器的系数可以用矩阵最小二乘问题求得（参见 12.3 节）. 当 K（簇或标签的数量）与 p（基函数或分类器中系数的个数）相比较小时，其开销大概与仅求解一个最小二乘问题类似.

K 最小二乘分类器的另外一个简单形式是在求解 K 个最小二乘问题时，当右边项有特殊形式的情形下被提出的. 这 K 个问题的右边项中都是布尔向量，其元素对某一簇中的对象取 $+1$，其他簇的对象取 -1. 由此，这 K 个右边项的和是一个所有元素都为 $2-K$ 的向量，即 $(2-K)\mathbf{1}$. 由于从右边项到最小二乘近似 $\hat{\theta}_k$ 的映射是线性的（参见 12.2 节），则有 $\hat{\theta}_1+\cdots+\hat{\theta}_k=(2-K)a$，其中 a 为当右边项为 $\mathbf{1}$ 时，解的最小二乘近似. 设第一个基函数为 $f_1(x)=1$，则有 $a=e_1$. 故有

300

$$\hat{\theta}_1+\cdots+\hat{\theta}_K=(2-K)e_1$$

其中 $\hat{\theta}_k$ 为将第 k 类与其他类区分时所用的系数向量. 一旦求得了 $\hat{\theta}_1,\cdots,\hat{\theta}_{K-1}$，即可使用简单的向量减法求得 $\hat{\theta}_K$.

这解释了为什么对布尔型分类情形虽然 $K=2$，但只需要求解一次最小二乘问题. 在 14.2 节中，计算了一个系数向量 θ；若考虑一个相同的 K 分类问题，其中 $K=2$，则应当有 $\theta_1=\theta$.（这是一个将类 1 从类 2 中区分出来的问题.）其他的系数向量则是 $\theta_2=-\theta_1$.（这是一个将类 2 从类 1 中区分出来的问题.）

14.3.2　鸢尾花分类

此处计算 14.2.1 节中给出的对鸢尾花数据集的一个 3 分类算法. 样本被随机地划分为大小为 120 的训练集，每个类包括 40 个样本，以及一个大小为 30 的测试集，每个类包括 10

个样本. 训练集上的 3×3 混淆矩阵在表 14-9 中给出. 其错误率为 14.2%. 测试集上的结果在表 14-10 中给出. 其错误率为 13.3%，它与训练集上的错误率足够接近，这一结果给分类器提供了信心. 真“山鸢尾”率对训练集和测试集都是 100%，表明分类器可以很好地检测这种类型. 真“杂色鸢尾”率在训练集上为 67.5%，在测试集上是 60%. 真“维吉尼亚鸢尾”率在训练集上是 90%，在测试集上是 100%. 这说明分类器可以很好地检测“维吉尼亚鸢尾”，但并不像“山鸢尾”那样好.（在测试集上“维吉尼亚鸢尾”的识别率为 100% 可以说是运气，因为每一类中的测试样本数量都很少；参见 13.2 节的讨论.）

301

表 14-9 对包含 120 个样本的测试集，鸢尾花数据集上的 3 分类混淆矩阵

分类	预测值			总计
	山鸢尾	杂色鸢尾	维吉尼亚鸢尾	
山鸢尾	40	0	0	40
杂色鸢尾	0	27	13	40
维吉尼亚鸢尾	0	4	36	40
总计	40	31	49	120

表 14-10 对包含 30 个样本的测试集，鸢尾花数据集上的 3 分类混淆矩阵

分类	预测值			总计
	山鸢尾	杂色鸢尾	维吉尼亚鸢尾	
山鸢尾	10	0	0	10
杂色鸢尾	0	6	4	10
维吉尼亚鸢尾	0	0	10	10
总计	10	6	14	30

手写数字的分类

此处演示如何在 MNIST 数据集上使用最小二乘多类分类方法. 对 10 个数字 $0, \cdots, 9$ 中的每一个（将其编码为 $k = 1, \cdots, 10$），计算一个最小二乘布尔型分类器

$$\hat{f}_k(x) = \mathbf{sign}\left(x^{\mathrm{T}}\beta_k + v_k\right)$$

将数字 k 从其他数字中区分出来. 将 10 个布尔型分类器组合在一起得到一个多类分类器

$$\hat{f}(x) = \underset{k=1,\cdots,10}{\arg\max}\left(x^{\mathrm{T}}\beta_k + v_k\right)$$

在训练集和测试集上的 10×10 混淆矩阵分别在表 14-11 和表 14-12 中给出.

训练集上的错误率为 14.5%；在测试集上是 13.9%. 在测试集上真标签率的范围为从对数字 5 的 73.5% 到对数字 1 的 97.5%. 混淆矩阵中的很多元素都非常有意义. 从矩阵的第一行，可以看到手写的 0 很少被错误分类为 1，2 或 9；想必是这几个数字看起来足够不同，故很容易区分. 最多的错误（80）对应于 $y = 9$ 和 $\hat{y} = 4$，即手写的 9 被错误识别为 4. 这也是容易理解的，因为这两个数字看起来非常像.

表 14-11　手写数字最小二乘多类分类的混淆矩阵（训练集）

数字	预测值										总计
	0	1	2	3	4	5	6	7	8	9	
0	5669	8	21	19	25	46	65	4	60	6	5923
1	2	6543	36	17	20	30	14	14	60	6	6742
2	99	278	4757	153	116	17	234	92	190	22	5958
3	38	172	174	5150	31	122	59	122	135	128	6131
4	13	104	41	5	5189	52	45	24	60	309	5842
5	164	94	30	448	103	3974	185	44	237	142	5421
6	104	78	77	2	64	106	5448	0	36	3	5918
7	55	191	36	48	165	9	4	5443	13	301	6265
8	69	492	64	225	102	220	64	21	4417	177	5851
9	67	66	26	115	365	12	4	513	39	4742	5949
总计	6280	8026	5262	6182	6180	4588	6122	6277	5247	5836	60000

表 14-12　手写数字最小二乘多类分类的混淆矩阵（测试集）

数字	预测值										总计
	0	1	2	3	4	5	6	7	8	9	
0	944	0	1	2	2	8	13	2	7	1	980
1	0	1107	2	2	3	1	5	1	14	0	1135
2	18	54	815	26	16	0	38	22	39	4	1032
3	4	18	22	884	5	16	10	22	20	9	1010
4	0	22	6	0	883	3	9	1	12	46	982
5	24	19	3	74	24	656	24	13	38	17	892
6	17	9	10	0	22	17	876	0	7	0	958
7	5	43	14	6	25	1	1	883	1	49	1028
8	14	48	11	31	26	40	17	13	756	18	974
9	16	10	3	17	80	0	1	75	4	803	1009
总计	1042	1330	887	1042	1086	742	994	1032	898	947	10000

特征工程　在添加了 5000 个随机生成的新特征后（如 14.2.2 节所述．），训练集上的错误减少到大概 1.5%，测试集上的错误减少到 2.6%. 混淆矩阵在表 14-13 和表 14-14 中给出. 由于（大大）减少了测试集上的错误，可知使用特征工程添加的这 5000 个新特征是一个成功的实验.

当然有理由关注使用特征工程的方法对这些样本的改进是多少的问题. 对手写数字识别数据集，人类的错误率大约是 2%（使用真实的数字进行的验证，这些数字来源于真实的地址、邮政编码等）. 更进一步的特征工程（即使用更多随机添加的特征，或使用神经网络特征）最好能够使错误率低于 2%，即优于人类的能力. 这应当可以给读者一个本书中介绍的方法是多么强大的印象.

302~303

表 14-13 添加了 5000 个特征后手写数字最小二乘多类分类的混淆矩阵（训练集）

数字	预测值										总计
	0	1	2	3	4	5	6	7	8	9	
0	5888	1	2	1	3	2	10	0	14	2	5923
1	1	6679	27	6	11	0	0	10	6	2	6742
2	11	7	5866	6	12	0	3	22	26	5	5958
3	1	4	31	5988	0	27	0	24	34	22	6131
4	1	15	3	0	5748	1	13	4	5	52	5842
5	6	2	4	26	7	5335	23	2	9	7	5421
6	8	5	0	0	3	15	5875	0	11	1	5918
7	3	25	23	4	8	0	1	6159	5	37	6265
8	5	16	11	12	9	17	11	7	5749	14	5851
9	10	5	1	29	41	16	2	35	25	5785	5949
总计	5934	6759	5968	6072	5872	5413	5938	6263	5884	5927	60000

表 14-14 添加了 5000 个特征后手写数字最小二乘多类分类的混淆矩阵（测试集）

数字	预测值										总计
	0	1	2	3	4	5	6	7	8	9	
0	972	0	0	2	0	1	1	1	3	0	980
1	0	1126	3	1	1	0	3	0	1	0	1135
2	6	0	998	3	2	0	4	7	11	1	1032
3	0	0	3	977	0	13	0	5	8	4	1010
4	2	1	3	0	953	0	6	3	1	13	982
5	2	0	1	5	0	875	5	0	3	1	892
6	8	3	0	0	4	6	933	0	4	0	958
7	0	8	12	0	2	0	1	992	3	10	1028
8	3	1	3	6	4	3	2	2	946	4	974
9	4	3	1	12	11	7	1	3	3	964	1009
总计	997	1142	1024	1006	977	905	956	1013	983	997	10000

304

练习

14.1 Chebyshev 界 令 $\tilde{f}(x)$ 为布尔型输出 y 的连续型预测值，$\hat{f}(x) = \mathbf{sign}\left(\tilde{f}(x)\right)$ 为真正的分类器. 令 σ 为连续的预测值在某数据集上的预测误差均方根，即

$$\sigma^2 = \frac{\left(\tilde{f}\left(x^{(1)}\right) - y^{(1)}\right)^2 + \cdots + \left(\tilde{f}\left(x^{(N)}\right) - y^{(N)}\right)^2}{N}$$

使用 Chebyshev 界研究在这一数据集上的错误率，即满足 $\hat{f}\left(x^{(i)}\right) \neq y^{(i)}$ 的数据点所占的比例不超过 σ^2，其中假设 $\sigma < 1$.

注：这个错误率的界通常是很糟糕的，也即，真实的错误率通常比这个界小很多. 但它确实说明，如果连续型预测值是好的，则分类器必然性能良好.

14.2 回归分类器中参数的解释　考虑一个形如 $\hat{y} = \mathbf{sign}\left(x^{\mathrm{T}}\beta + v\right)$ 的分类器，其中 $\hat{y}$ 为预测值，n 向量 x 为特征向量，n 向量 β 和标量 v 为分类器参数. 此处假设 $v \neq 0$，且 $\beta \neq 0$. 显然 $\hat{y} = \mathbf{sign}(v)$ 是特征向量 x 为零时的预测值. 证明：当 $\|x\| < |v| / \|\beta\|$ 时，有 $\hat{y} = \mathbf{sign}(v)$. 提示：若两个数字 a 和 b 满足 $|a| < |b|$，则 $\mathbf{sign}(a+b) = \mathbf{sign}(b)$.

这意味着，$\mathbf{sign}(v)$ 可被理解为在特征很小时，分类器的预测值. 比值 $|v| / \|\beta\|$ 说明了特征向量在进入分类器之前必须有多大，才会使分类器“改变主意”并得到预测值 $\hat{y} = -\mathbf{sign}(v)$.

14.3 Likert 分类器　对一个问题可能的回答为**强烈反对**、**反对**、**中性**、**赞同**和**强烈赞同**时，通常将它们分别编码为 -2，-1，0，1 和 2. 希望建立一个以 x 为特征向量的多类分类器，并预测反馈结果. 一个多类最小二乘分类器分别对每一个反馈结果建立一个（连续的）预测器，将它与其他结果分开. 基于一个拟合这些数值的连续型回归模型 $\tilde{f}(x)$，使用最小二乘法给出一个简单的分类器.

14.4 多类分类器与矩阵最小二乘　考虑 14.3 节中给出的最小二乘多类分类器，其中一对多分类器的一个回归模型是 $\tilde{f}_k(x) = x^{\mathrm{T}}\beta_k$.（假设偏移项包含在一个常数特征中.）证明系数向量 $\beta_1, \cdots, \beta_K$ 可用求解最小化 $\left\|X^{\mathrm{T}}\beta - Y\right\|^2$ 的矩阵最小二乘问题求得，其中 β 是各列为 $\beta_1, \cdots, \beta_K$ 的 $n \times K$ 矩阵，Y 为一个 $N \times K$ 的矩阵.

(a) 给出 Y，即给出其元素. Y 的第 i 行是什么？

(b) 假设 X 的各行（即数据特征向量）是线性无关的，证明最小二乘估计为 $\hat{\beta} = \left(X^{\mathrm{T}}\right)^{\dagger}Y$.

14.5 列表分类器　考虑一个 K 个类的多类分类问题. 一种标准的多类分类器是对于一个给定的 n 特征向量 x，返回一个类（标签为 $1, \cdots, K$ 中的一个）的分类函数 $\hat{f}$. $\hat{f}(x)$ 可以理解为对 x，分类器给出的猜测的类别. **列表分类器**则返回猜测结果的一个列表，通常按照“最可能”到“最不可能”进行排列. 例如，对特定的特征向量 x，一个列表分类器的返回值可能是 3，6，2，其含义（粗略地）是其首选的猜测结果是类别 3，接下来的猜测结果是类别 6，第三个猜测结果是类别 2.（对特征向量的不同取值，列表的长度可能不同.）如何将 14.3.1 节中给出的最小二乘多类分类器修改为一个列表分类器？注：列表分类器在电子通信系统中广泛使用，其中特征向量 x 为接收到的信号，类对应于 K 个传送的信息. 此时，它被称为**列表译码器**. 列表译码器产生一个可能信息的列表，并允许后续的处理过程做出最终的判决或猜测.

305

14.6 有一个特征的多项式分类器　生成在区间 $[-1, 1]$ 之间均匀分布的 200 个点 $x^{(1)}, \cdots, x^{(200)}$，并令

$$y^{(i)} = \begin{cases} +1 & -0.5 \leqslant x^{(i)} < 0.1 \text{ 或} 0.5 \leqslant x^{(i)} \\ -1 & \text{其他} \end{cases}$$

其中 $i = 1, \cdots, 200$. 对这个训练集分别拟合 $0, \cdots, 8$ 次多项式最小二乘分类器.

(a) 计算在训练集上的错误率. 在提高多项式次数时，错误率是否下降？

(b) 对每一个次数，绘制多项式 $\tilde{f}(x)$ 和分类器 $\hat{f}(x)=\mathbf{sign}\left(\tilde{f}(x)\right)$.

(c) 此数据集可以用一个分类器 $\hat{f}(x)=\mathbf{sign}(\tilde{f}(x))$ 和一个三次多项式

$$\tilde{f}(x)=c(x+0.5)(x-0.1)(x-0.5)$$

很好地分类，其中 c 为任意正数. 比较这一分类器与求得的 3 次最小二乘分类器，并说明为什么它们之间有差异.

14.7 两个特征的多项式分类器　生成一个平面上服从标准正态分布的 200 个随机 2 向量 $x^{(1)}$，$\cdots$，$x^{(200)}$. 定义

$$y^{(i)}=\begin{cases}+1 & x_1^{(i)}x_2^{(i)}>0\\ -1 & \text{其他}\end{cases}$$

其中 $i=1,\cdots,200$. 换句话说，当 $x^{(i)}$ 在第一或第三象限时，$y^{(i)}$ 为 $+1$，否则为 -1. 拟合一个针对该数据集的 2 次多项式最小二乘分类器，即使用多项式

$$\tilde{f}(x)=\theta_1+\theta_2x_1+\theta_3x_2+\theta_4x_1^2+\theta_5x_1x_2+\theta_6x_2^2$$

给出分类器的错误率. 给出平面上使得 $\hat{f}(x)=1$ 和 $\hat{f}(x)=-1$ 的区域. 将求得的系数与多项式 $\tilde{f}(x)=x_1x_2$ 进行比较，该多项式对数据点的分类错误为 0.

14.8 作者归属　设 N 个 n 特征向量 $x^{(1)},\cdots,x^{(N)}$ 为单词计数直方图，标签 $y^{(1)},\cdots,y^{(N)}$ 给出了文档的作者（取值为 1，$\cdots$，K 中的一个）. 一个分类器在 K 个作者中猜测是哪一位撰写了一个新的文档，这称为**作者归属**. 一个最小二乘分类器使用回归方法拟合数据，结果分类器为

$$\hat{f}(x)=\underset{k=1,\cdots,K}{\arg\max}\left(x^{\mathrm{T}}\beta_k+v_k\right)$$

对每一个作者（即 $k=1$，$\cdots$，K），找出 n 向量 β_k 中 10 个最大（最大的正数）元素和 10 个最小（最小的负数）元素. 它们对每一个作者，给出了字典中的两个包含 10 个单词的集合. 简单解释这些单词.

14.9 多类分类器的最近邻解释　考虑 14.3.1 节中的 K 类最小二乘分类器. 给每一个数据点关联一个 n 向量 x，以及 1，$\cdots$，K 中的一个作为类别的标签. 如果数据点属于类 k，将其关联一个 K 向量 y，元素为 $y_k=+1$ 和 $y_j=-1$，其中 $j\neq k$.（这个向量可以写为 $y=2e_k-\mathbf{1}$.）定义 $\tilde{y}=\left(\tilde{f}_1(x),\cdots,\tilde{f}_K(x)\right)$，它为（实值的或连续的）标签 y 的预测值. 多类分类器为 $\hat{f}(x)=\underset{k=1,\cdots,K}{\arg\max}\,\tilde{f}_k(x)$. 证明 $\hat{f}(x)$ 也是 $\tilde{y}$ 在向量 $2e_k-\mathbf{1}$，$k=1$，$\cdots$，K 中的最近邻. 换句话说，对类的猜测 $\hat{y}$ 为编号后的类标签中连续预测值 $\tilde{y}$ 的最近邻.

14.10 一对一多类分类器　在 14.3.1 节中用 K 个布尔型分类器尝试将某一类从其他类中分离出来. 在本练习中，描述另外一种构造一个 K 分类器的方法. 首先针对每一**对**类 i 和 j（$i<j$）构造布尔型分类器. 共有 $K(K-1)/2$ 个这样的成对分类器，它们被称为**一对一**分类器. 给定一个特征向量 x，令 $\hat{y}_{ij}$ 为 i 对 j 分类器的预测值，$\hat{y}_{ij}=1$ 意味着一对一分类器猜测 $y=i$. 将 $\hat{y}_{ij}=1$ 认为是给类 i 的一"票"，$\hat{y}_{ij}=-1$ 为给类 j 的一"票". 最终的对类的估计采用**多数表决法**：选择 $\hat{y}$ 为票数最多的类.（可以使用一些简单的方法打破僵局，例如选择达到最大票数的最小下标.）

(a) 对一个多类（训练）数据集，构造最小二乘分类器和一对一分类器. 给出两个分类器在训练集和一个独立测试集上的混淆矩阵及错误率.

(b) 比较一对一多类分类器的计算复杂度与最小二乘多类分类器的复杂度（参见 14.3.1 节）. 假设训练集中每个类包含 N/K 个样本，且 N/K 远大于特征个数 p. 使用一对一多类分类器区分两个方法. 首先，最基本的是，方法求解 N/K 行和 p 列的 $K(K-1)/2$ 最小二乘问题. 其次，更为高效地，预先计算 Gram 矩阵 $G_i=A_iA_i^{\mathrm{T}}$，$i=1,\cdots,K$，然后使用预先求出来的 Gram 矩阵加速求解 $K(K-1)/2$ 的最小二乘问题.

14.11 利用训练信息设计均衡器　考虑一个电子通信系统，需要传输的信息用一个 N 向量 s 给出，其元素为 -1 或 $+1$，接收的信号为 y，其中 $y=c*s$，c 为一个 n 向量，表示信道的冲击响应. 接收机对接收的信号使用均衡方法，即计算 $\tilde{y}=h*y=h*c*s$，其中 h 为一个 n 向量，表示均衡器的冲击响应. 然后，接收机使用 $\hat{s}=\mathbf{sign}(\tilde{y}_{1:N})$ 来估计原始的信息. 当 $h*c\approx 1$ 时，该方法工作性能很好.（参见练习 7.15.）若信道响应 c 是已知的或者可被测量的，即可使用练习 12.6 中的最小二乘法设计或选择 h.

在本练习中，探讨直接选择 h 的方法，该方法不估计或测量 c. 发射机首先传输一个*已知*的信息给接收机，称为**训练信息**，s^{train}.（从通信的观点看，这是无用的传输，因此被称为**开销**.）从训练信息中，接收机接收到信号 $y^{\mathrm{train}}=c*s^{\mathrm{train}}$，然后选择 h 最小化 $\left\|\left(h*y^{\mathrm{train}}\right)_{1:N}-s^{\mathrm{train}}\right\|^2$.（在实际中，这一均衡器会一直使用，直到比特误码率增加，此时意味着信道改变了，此时也会另外传输一个训练信息.）说明这种方法是与最小二乘分类相同的. 训练集数据 $x^{(i)}$ 和 $y^{(i)}$ 是什么？为确定均衡器的冲击响应 h，必须求解什么样的最小二乘问题？

307

第 15 章　多目标最小二乘

本章考虑选择一个向量，使得两个或更多范数的平方目标函数最小化的权衡问题. 该思想在数据拟合、图像重构、控制和其他应用中被广泛使用.

15.1　简介

在基本的最小二乘问题 (12.1) 中，寻找向量 $\hat{x}$ 最小化一个单目标函数 $\|Ax-b\|^2$. 在一些应用中，会有多个目标函数，它们都希望被最小化：

$$J_1=\|A_1x-b_1\|^2,\cdots,J_k=\|A_kx-b_k\|^2$$

此处 A_i 为一个 $m_i\times n$ 的矩阵，b_i 为一个 m_i 向量. 可以使用最小二乘法求 x，使得这些目标函数中的任何一个尽可能小（给出的矩阵各列向量线性无关）. 这将得到（一般地）k 个不同的最小二乘近似解. 但要寻找一个 $\hat{x}$ 则需要权衡，尽可能使得它们都很小. 这一问题被称为**多目标**最小二乘问题，并称 J_1，$\cdots$，J_k 为 k 个目标函数.

加权和多目标最小二乘　一个标准的求一个 x 值的方法是使得所有目标函数较小的一个权衡结果，该方法求一个将**加权的目标函数**最小化的 x：

$$J=\lambda_1J_1+\cdots+\lambda_kJ_k=\lambda_1\|A_1x-b_1\|^2+\cdots+\lambda_k\|A_kx-b_k\|^2 \tag{15.1}$$

其中 λ_1，$\cdots$，λ_k 为正的**权重**，它表明对该项最小化的相对需求. 如果所有的 λ_i 都取值为 1，则加权的目标函数和就是目标函数项的和；它们中的每一个权重都一样. 若 λ_2 是 λ_1 的两倍，则意味着目标函数 J_2 比 J_1 附加的权重大两倍. 粗略地讲，它意味着要求 J_2 较小的关注度是要求 J_1 较小的关注度的两倍. 后面将讨论如何选择这些权重.

308 ～ 309

将加权目标函数和 (15.1) 的权重放缩一个正数倍数等价于将加权和目标函数 J 放缩这个倍数，这并不改变其最小值点. 由于可以将权重放缩任意正数倍，选择 $\lambda_1=1$ 是自然的. 这使得第一个目标函数项 J_1 成为**主**目标函数；可以将其他权重解释为主目标函数的相对值.

用堆叠表示加权最小二乘　可以将加权和目标函数 (15.1) 表示为一个标准的最小二乘问题最小化. 首先将 J 表示为一个单一向量的范数平方：

$$J=\left\|\begin{bmatrix}\sqrt{\lambda_1}\,(A_1x-b_1)\\ \vdots\\ \sqrt{\lambda_k}\,(A_kx-b_k)\end{bmatrix}\right\|^2$$

其中利用了性质 $\|(a_1,\cdots,a_k)\|^2=\|a_1\|^2+\cdots+\|a_k\|^2$，$a_1$，$\cdots$，$a_k$ 为任意向量. 因此有

$$J=\left\|\begin{bmatrix}\sqrt{\lambda_1}A_1\\ \vdots\\ \sqrt{\lambda_k}A_k\end{bmatrix}x-\begin{bmatrix}\sqrt{\lambda_1}b_1\\ \vdots\\ \sqrt{\lambda_k}b_k\end{bmatrix}\right\|^2=\left\|\tilde{A}x-\tilde{b}\right\|^2$$

其中 $\tilde{A}$ 与 $\tilde{b}$ 为矩阵与向量

$$\tilde{A}=\begin{bmatrix}\sqrt{\lambda_1}A_1\\ \vdots\\ \sqrt{\lambda_k}A_k\end{bmatrix},\quad \tilde{b}=\begin{bmatrix}\sqrt{\lambda_1}b_1\\ \vdots\\ \sqrt{\lambda_k}b_k\end{bmatrix} \tag{15.2}$$

矩阵 $\tilde{A}$ 是 $m\times n$ 的，向量 $\tilde{b}$ 的长度为 m，其中 $m=m_1+\cdots+m_k$.

现在这个问题将最小化加权最小二乘目标函数化简成为一个标准的最小二乘问题. 在矩阵 $\tilde{A}$ 的各列线性无关时，其最小化元素是唯一的，由下式给出

$$\begin{aligned}\hat{x}&=\left(\tilde{A}^{\mathrm{T}}\tilde{A}\right)^{-1}\tilde{A}^{\mathrm{T}}\tilde{b}\\&=\left(\lambda_1A_1^{\mathrm{T}}A_1+\cdots+\lambda_kA_k^{\mathrm{T}}A_k\right)^{-1}\left(\lambda_1A_1^{\mathrm{T}}b_1+\cdots+\lambda_kA_k^{\mathrm{T}}b_k\right)\end{aligned} \tag{15.3}$$

这就简化成为求解当 $k=1$，$\lambda_1=1$ 时的标准最小二乘问题.（事实上，当 $k=1$ 时，λ_1 的取值并无影响.）可以使用 $\tilde{A}$ 的 QR 分解算法求 $\hat{x}$.

堆叠矩阵各列的线性无关性 (12.2) 中假设 (15.2) 中矩阵 $\tilde{A}$ 的各列是线性无关的，它与假设 A_1，$\cdots$，A_k 的各列是线性无关的不同. 可以断言 $\tilde{A}$ 的各列是线性无关的：如果不存在非零的向量 x 满足 $A_ix=0$，$i=1$，$\cdots$，k. 这蕴含着若矩阵 A_1，$\cdots$，A_k 中只要有一个的列线性无关，则 $\tilde{A}$ 就线性无关.

310

即使 $A_1,\cdots,A_k$ 中没有各列线性无关的矩阵，堆叠矩阵 $\tilde{A}$ 的各列仍可能线性无关. 这种情形发生在对所有的 i，$m_i<n$ 时，即所有的 A_i 都是宽形矩阵. 但是，必然有 $m_1+\cdots+m_k\geqslant n$，因为在假设其各列线性无关时，$\tilde{A}$ 必然是高形或者方形矩阵.

最优权衡曲线 首先考虑有两个目标函数的特殊情形（也称为**双准则问题**），记加权和目标函数为

$$J=J_1+\lambda J_2=\|A_1x_1-b_1\|^2+\lambda\|A_2x-b_2\|^2$$

其中 $\lambda>0$ 为第二个目标函数与第一个目标函数相比的相对权重. 对较小的 λ，对 J_1 较小比 J_2 较小更为关注；对较大的 λ，对 J_1 较小比 J_2 较小更不关注.

令 $\hat{x}(\lambda)$ 为以 λ 为函数的加权和最小二乘解 $\hat{x}$，假设堆叠矩阵的各列线性无关. 这些点被称为**Pareto 最优点**（以经济学家 Vilfredo Pareto 的名字命名），它意味着不存在点 z 满足

$$\|A_1z-b_1\|^2\leqslant\|A_1\hat{x}(\lambda)-b_1\|^2,\quad \|A_2z-b_2\|^2\leqslant\|A_2\hat{x}(\lambda)-b_2\|^2$$

其中一个不等式严格成立. 换句话说，不存在点 z 使得一个目标函数比 $\hat{x}(\lambda)$ 更好，且在另外一个目标函数中也这样. 为看到为什么会这样，注意到任何这样的 z 应当比 $\hat{x}(\lambda)$ 对应的 J 值更好，因此它最小化 J，这与 $\hat{x}(\lambda)$ 是最小值点矛盾.

可以将两个目标函数 $\|A_1\hat{x}(\lambda)-b_1\|^2$ 和 $\|A_2\hat{x}(\lambda)-b_2\|^2$ 随 λ 在 $(0,\infty)$ 上的变化进行对比，以理解这两个目标函数之间的权衡. 这一曲线称为两个目标函数之间的**最优权衡曲线**. 不存在点 z，使得 J_1 和 J_2 的取值在最优权衡曲线下方或左侧.

简单的例子 考虑一个有两个目标函数的简单例子，其中 A_1 和 A_2 都是 10×5 矩阵. 加权的最小二乘解 $\hat{x}(\lambda)$ 相对 λ 的变化绘制在图 15-1 中. 在其左侧，λ 的取值较小，$\hat{x}(\lambda)$ 很接近对 A_1 和 b_1 的最小二乘近似解；在其右侧，λ 的取值较大，$\hat{x}(\lambda)$ 很接近对 A_2 和 b_2 的最小二乘近似解；在它们之间，$\hat{x}(\lambda)$ 的行为很有趣，例如，可以看到 $\hat{x}(\lambda)_3$ 首先随着 λ 的增加而增加，最后才下降.

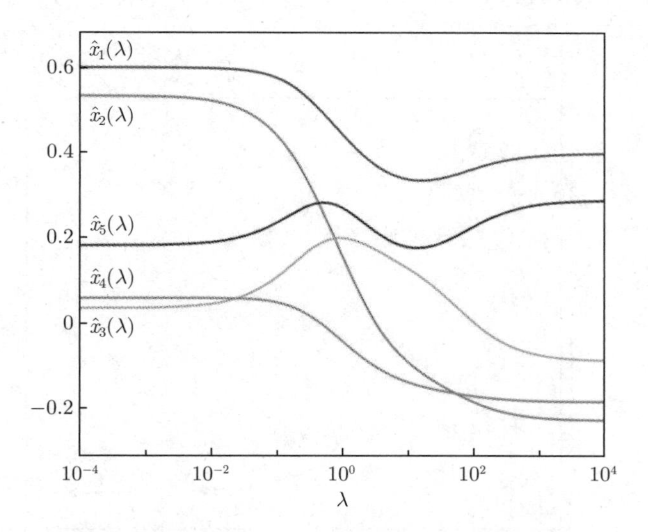

图 15-1 对有 5 个变量的双准则最小二乘问题，加权和最小二乘解 $\hat{x}(\lambda)$ 是 λ 的一个函数

图 15-2 给出了两个目标函数 J_1 和 J_2 随 λ 变化的函数值. 不出意外，J_1 在 λ 增加的时候增加，J_2 在 λ 增加的时候减小.（可以证明，这总是成立的.）粗略地讲，当 λ 增加时，对 J_2 较小更为关注，其结果是使得 J_1 的取值较大. 对这一双准则问题的最优权衡曲线在图 15-3 给出. 左端点对应于最小化 $\|A_1\hat{x}(\lambda)-b_1\|^2$，右端点对应于最小化 $\|A_2\hat{x}(\lambda)-b_2\|^2$. 可以得到，例如，不存在向量 z 使得 $\|A_1z-b_1\|^2\leqslant 8$ 且 $\|A_2z-b_2\|^2\leqslant 5$.

在最优权衡曲线接近左端点处的斜率较大意味着只需使得 J_1 有很小的增加，J_2 就会显著减小. 在最优权衡曲线接近右端点处的斜率很小意味着只要使得 J_2 有一个很小的增加，J_1 就会有显著的减少. 这是非常典型的，事实上，这是多准则最小二乘有用的原因.

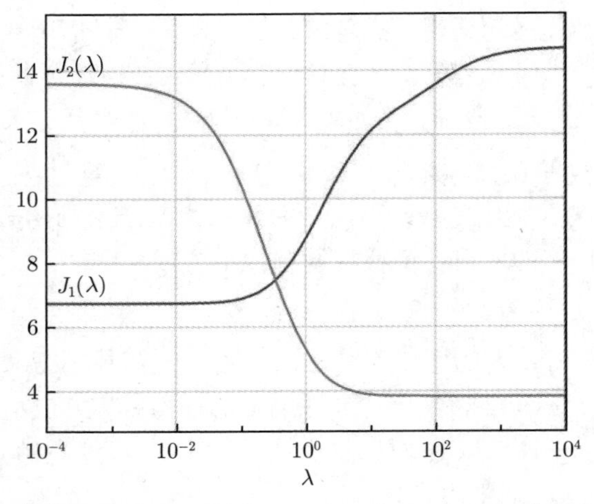

311 ~ 312

图 15-2　图 15-1 中双准则问题对应的目标函数 $J_1=\|A_1\hat{x}(\lambda)-b_1\|^2$ 和 $J_2=\|A_2\hat{x}(\lambda)-b_2\|^2$ 是 λ 的一个函数

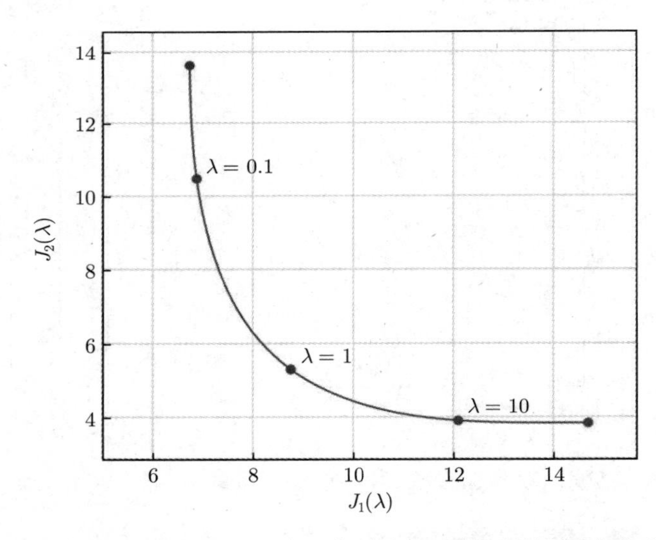

图 15-3　图 15-1 和图 15-2 中双准则最小二乘问题的最优权衡曲线

最优权衡曲面　上面讨论了有 $k=2$ 个目标函数的情形. 在多于 2 个目标函数时，解释是类似的，尽管很难绘制目标函数，或 $\hat{x}$ 的值与权重之间的关系. 例如，对 $k=3$ 个目标函数，有两个权重 λ_2 和 λ_3，它们给出了 J_2 和 J_3 与 J_1 的相对权重. 任意加权最小二乘问题的解 $\hat{x}(\lambda)$ 都是一个 Pareto 最优点，也即不存在点，使得 J_1，J_2，J_3 小于或等于 $\hat{x}(\lambda)$ 处取得的值，其中至少一个不等式是严格成立的. 当参数 λ_2 和 λ_3 在 $(0,\infty)$ 变化时，J_1，J_2，J_3 的取值扫出了**最优权衡曲面**.

应用多目标最小二乘　在本章的最后，将会看到一些多目标最小二乘的应用. 此处给出在应用中如何使用它们的一些通常的说明.

首先，确定希望被最小化的主目标函数 J_1. 典型的目标函数 J_1 为在通常的单目标最小二乘方法中希望被考虑的函数，例如在训练集上一个模型的误差平方的平均值，或者偏离某些目标的偏差平方的平均值.

313

接下来确定一个或多个**次目标函数** J_2，J_3，$\cdots$，J_k，它们也是希望被最小化的. 这些次目标通常是更为一般的，例如希望某些参数是“小的”或者“光滑的”，或者接近某些已知或先验的数据. 在应用估计中，这些典型的次目标对应于要求的向量 x 的某些先验知识或假设. 在次目标能够被有效降低的情况下，虽然希望最小化主目标，但也能够接受它的一些增大.

权重可被看作是方法的“结点”，通过改变它们来得到希望得到（或可接受）的 $\hat{x}$ 的值. 对给定的 λ 的可选值，可以对目标函数进行评估；若觉得 J_2 比期待的数值大，但可以容忍 J_3 稍微大一些，则可以增大 λ_2 的值并减小 λ_3 的值，然后用新的权重求出 $\hat{x}$ 和对应的 J_1，J_2 和 J_3 的值. 不断地重复这一过程，直到它们达到合理的权衡结果. 有些时候，可以有原则地调整权重；例如，在数据拟合时，可以使用验证来帮助选择权重. 在另外一些应用中，它们则会归因于（特定应用的）判断，甚至是喜好.

添加到主目标 J_1 的附加项 $\lambda_2 J_2$，$\cdots$，$\lambda_k J_k$ 有时又被称为**正则项**. 次目标有时又用它们的名字进行描述，例如“带有光滑正则项的最小二乘拟合”.

在探索目标函数之间的权衡时，权重通常在一个很大的范围内变化，通常如图 15-1 和图 15-2 所示，按照对数分隔选择有限个取值（也许十个或者几十个）. 这意味着对 N 个在 $\lambda^{\min}$ 和 $\lambda^{\max}$ 之间的 λ，使用数值

$$\lambda^{\min}, \quad \theta\lambda^{\min}, \quad \theta^2\lambda^{\min}, \quad \cdots, \quad \theta^{N-1}\lambda^{\min} = \lambda^{\max}$$

其中 $\theta = \left(\lambda^{\max}/\lambda^{\min}\right)^{1/(N-1)}$.

15.2 控制

在控制类应用中，目标是在一组行动或输入中作出决策，以达到某些目标，这些决策用一个 n 向量 x 给出. 行动的结果会得到某些输出或效果，用一个 m 向量 y 给出. 此处考虑输入和输出用一个仿射模型关联的情形

$$y = Ax + b$$

$m \times n$ 矩阵 A 和 m 向量 b 刻画了系统的**输入输出映射**. 模型参数 A 和 b 可通过解析模型、实验、计算机仿真或对过去（观测）数据进行拟合得到. 典型的输入或行动 $x = 0$ 有着特殊的含义. m 向量 b 给出了当输入为零时的输出. 在很多情形下，向量 x 和 y 表示输入和输出相对于某些标准位置的**偏差**.

314

一般会有要求的或目标输出，记为 m 向量 y^{des}. 主目标函数为

$$J_1 = \left\| Ax + b - y^{\text{des}} \right\|^2$$

即输出与要求的输出之间偏差范数的平方. 问题的主要目标为选择一个行动 x，使得输出与要求的输出尽可能接近.

可以附加很多可能的次目标函数. 最简单的是输入数据范数的平方，$J_2 = \|x\|^2$，此时的问题就是来优化与目标的偏差（用 $\left\|y - y^{\text{des}}\right\|^2$ 度量）和保持输入量较小（用 $\|x\|^2$ 度量）之间的权衡结果.

另一个常用次目标函数的形式为 $J_2 = \|x - x^{\text{nom}}\|^2$，其中 x^{nom} 为输入值名义的或标准化的值. 此时，次目标函数的目的是使得输入值与其名义值尽量接近. 这一目标函数有时被用在 x 表示输入的一个新选择，且 x^{nom} 为当前的值时. 此时，目的是在不对输入的当前值作较大改变的情况下得到与目标接近的输出.

制热和制冷的控制　作为一个例子，令 n 向量 x 表示在一个有 n 个空气处理单元的商业建筑物中，n 个制热（或制冷）的功率水平（$x_i > 0$ 意味着制热，$x_i < 0$ 意味着制冷），y 表示在建筑物中 m 个位置处的温度. 矩阵 A 给出 n 个建筑物中制热/制冷单元对 m 个位置每一个的作用；向量 b 给出了在无制热或制冷时，m 个位置上的温度. 要求的或目标输出应为 $y^{\text{des}} = T^{\text{des}}\mathbf{1}$，此时假设目标温度在所有的位置都是相同的. 主目标函数 $\left\|y - y^{\text{des}}\right\|^2$ 是所有位置温度与目标温度偏差的平方和. 次目标函数 $J_2 = \|x\|^2$ 为制热/制冷功率向量范数的平方和，它是合理的，因为至少粗略关联了制热和制冷的能耗.

通过最小化变量为 λ_2 的 $J_1 + \lambda_2 J_2$，求解临时的输入选择. 如果对当前 λ_2 的取值，制热/制冷功率超过了期望的值，则增加 λ_2 并重新计算 $\hat{x}$.

产品需求调节　在**需求调节**中，调节或改变一个有 n 种产品的集合，以使得对产品的需求移动到某些给定的目标需求向量，使得需求能更好地与可用的供给匹配. 标准的需求价格弹性模型是 $\delta^{\text{dem}} = E^{\text{d}}\delta^{\text{price}}$，其中 δ^{dem} 为需求变化的比例，δ^{price} 为价格变化的比例，E^{d} 为需求矩阵的价格弹性.（这些都在 8.2 节进行了描述.）在这一例子中，价格变化向量 δ^{price} 表示可以进行的行动；其结果是改变需求 δ^{dem}. 主目标函数应为

$$J_1 = \left\|\delta^{\text{dem}} - \delta^{\text{tar}}\right\|^2 = \left\|E^{\text{d}}\delta^{\text{price}} - \delta^{\text{tar}}\right\|^2$$

315　其中 δ^{tar} 为需求的目标改变量.

与此同时，也希望价格的变化不大. 这给出了次目标函数 $J_2 = \left\|\delta^{\text{price}}\right\|^2$. 然后对不同的 λ 的取值，最小化 $J_1 + \lambda J_2$，它是需求改变如何接近目标与价格变动大小之间的权衡.

动态　系统可以是动态的，意味着考虑系统输入和输出中的时间变化. 在最简单的情形下，x 为一个标量输入的时间序列，则 x_i 为在周期 i 采取的行动，y_i 为在周期 i（标量）的输出. 在这种设定下，y^{des} 为要求的输出的轨迹. 一个对动态系统建模的非常常用的模型是一个卷积：$y = h * x$，其中 x 和 y 表示标量的输入和输出时间序列. 此时，A 为 Toeplitz 的，b 表示一个时间序列，它是在 $x = 0$ 时的输出.

作为这一类问题中的一个经典例子，输入 x_i 表示作用于一台蒸汽机车驱动轮的扭矩（比如，时间间隔为一秒钟），y_i 为机车的速度.

考虑到通常的次目标函数 $J_2 = \|x\|^2$，容易得到目标函数对输入是光滑的，也即，相对时间的变化不是太剧烈. 这可以通过添加目标函数 $\|Dx\|^2$ 来达到，其中 D 为 $(n-1)\times n$ 的一阶差分矩阵

$$D = \begin{bmatrix} -1 & 1 & 0 & \cdots & 0 & 0 & 0 \\ 0 & -1 & 1 & \cdots & 0 & 0 & 0 \\ \vdots & \vdots & \vdots & & \vdots & \vdots & \vdots \\ 0 & 0 & 0 & \cdots & -1 & 1 & 0 \\ 0 & 0 & 0 & \cdots & 0 & -1 & 1 \end{bmatrix} \tag{15.4}$$

15.3 估计与反演

在**估计**（也称为**反演**）的广阔应用领域中，目标为估计 n 个数据的集合（也称为参数），它们为 n 向量 x 的元素. 给定一个有 m 个**测量值**的集合，它们是一个 m 向量 y 的元素. 参数与测量值的关系为

$$y = Ax + v$$

其中 A 为一个已知的 $m\times n$ 矩阵，v 为一个未知的 m 向量. 矩阵 A 刻画了测量数据（即 y_i）是如何依赖于未知参数（即 x_j）的. m 向量 v 为**测量误差** 或**测量噪声**，它是未知的，但假设是较小的. 估计问题就是给出一个对给定的 y（和 A）以及 x 的先验知识，关于 x 是什么的有意义的猜测.

如果测量的噪声是零，且 A 的各列线性无关，x 可用 $x = A^{\dagger}y$ 精确解出.（这称为**精确反演**.）此处要做的是即便这些强的假设并不成立时，猜测x 的值. 当然，在测量噪声非零，或 A 的各列不是线性相关时不能期望准确地找到 x. 这称为**近似反演**，或者在某些教材中，仅称为**反演**.

316

矩阵 A 可以是宽形、方形或高形的；对所有这三种情形，都使用相同的方法对 x 进行估计. 当 A 是宽形时，将没有足够的测量值使得从 y 能确定 x，即便没有噪声（即 $v=0$）. 此时，将不得不依赖于有关 x 的先验信息以得到合理的猜测. 当 A 是方形或高形时，若没有噪声出现，应当可以有足够的测量值来确定 x. 即便在这种情形，使用多目标最小二乘将先验的知识用于估计是明智的，并能得到好得多的结果.

15.3.1 正则反演

若猜测 x 的值为 $\hat{x}$，则意味着猜测的 v 的值为 $y - A\hat{x}$. 若假设 v 的值很小（用 $\|v\|$ 度量）比很大更合理，则 $\hat{x}$ 的合理选择就是最小二乘近似解，它最小化了 $\|A\hat{x}-y\|^2$. 这一函数将被作为主目标函数. 关于 x 的先验信息可以作为一个或多个次目标函数. 一些简单的例子列出如下.

- $\|x\|^2$：x 应当较小. 这对应于（先验地）假设 x 看起来更像是小的而不是大的.
- $\|x-x^{\text{prior}}\|^2$：x 应当接近 x^{prior}. 这对应于假设 x 应接近于某已知向量 x^{prior}.
- $\|Dx\|^2$：其中 D 为一阶差分矩阵 (15.4). 这对应于假设 x 应当是光滑的，即 x_{i+1} 应当接近 x_i. 这种正则化通常用于 x 表示一个时间序列的情形.
- Dirichlet 能量 $\mathcal{D}(x)=\|A^{\mathrm{T}}x\|^2$：其中 A 为一个图的邻接矩阵（参见 7.3.1 节）. 这对应于假设 x 在图上光滑变化，即当 i 和 j 之间存在一条边相连时，x_i 与 x_j 很接近. 当使用 Dirichlet 能量进行正则化时，有时又被称为**Laplace 正则化**.（如前面的例子，$\|Dx\|^2$ 是在图为链式时，Dirichlet 能量的一个特例.）

最后，估计 $\hat{x}$ 可通过最小化

$$\|Ax-y\|^2+\lambda_2 J_2(x)+\cdots+\lambda_p J_p(x)$$

实现，其中 $\lambda_i>0$ 为权重，J_2，$\cdots$，J_p 为正则项. 这一问题被称为**正则反演**或**正则估计**. 对不同的权重选择，将可能多次进行这一运算，并对特定的应用选择最好的估计.

Tikhonov 正则反演 选择 $\hat{x}$，对一些给定的 $\lambda>0$，最小化

$$\|Ax-y\|^2+\lambda\|x\|^2$$

的问题被称为**Tikhonov 正则反演**，该问题以数学家 Andrey Tikhonov 的名字命名. 此问题的目的是求与测量值相容的猜测值 $\hat{x}$（即 $\|A\hat{x}-y\|^2$ 较小），同时该值也不太大.

317

此时，堆叠矩阵

$$\tilde{A}=\begin{bmatrix} A \\ \sqrt{\lambda}I \end{bmatrix}$$

的各列总是线性无关的，不需要对矩阵 A 附加任何假设，它可以是任意维数的，且不要求其各列线性无关. 为证明之，注意到 $\tilde{A}x=\left(Ax,\sqrt{\lambda}x\right)=0$ 意味着 $\sqrt{\lambda}x=0$，这又意味着 $x=0$. $\tilde{A}$ 的 Gram 矩阵为

$$\tilde{A}^{\mathrm{T}}\tilde{A}=A^{\mathrm{T}}A+\lambda I$$

因此（当 $\lambda>0$ 时）它总是可逆的. 于是 Tikhonov 正则近似解为

$$\hat{x}=\left(A^{\mathrm{T}}A+\lambda I\right)^{-1}A^{\mathrm{T}}y$$

均衡 设向量 x 表示传输的信号或信息，它含有 n 个实数. 矩阵 A 表示从传输的信号到接收的信号之间的变换（称为**信道**）；$y=Ax+v$ 同时包含了噪声和信道的作用. 对给定的 y，猜测 x 可被认为是对信道效应进行反作用. 在本书中，这一估计被称为**均衡**.

15.3.2 估计周期时间序列

设 T 向量 y 为一个（测得的）时间序列，认为它是一个带扰动的周期时间序列，即每隔 P 个周期它就会重复自己. 同时也许知道或假设周期时间序列是光滑的，即其相邻值之间的差距不太大.

在很多时间序列中都会有周期性. 例如，可以期望，在某地点每小时温度变化的时间序列大概会在 24 小时后重复自己，或者在某地区每月的降雪量将会大概每 12 个月重复自己. （周期为 24 小时的周期性称为**日周期性**；周期为年的周期性被称为**季节性**或**年周期性**. ）又如，可以期望一个饭店的日销售总额大概每周会重复自己. 在给定一些历史日销售数据的前提下，目标可以是得到周二日销售总额的一个估计.

周期时间序列将被表示为一个 P 向量 x，它给出了一个周期上的值. 它对应的完整时间序列为

$$\hat{y} = (x, x, \cdots, x)$$

其中只重复 x，此处为简单起见，假设 T 为 P 的一个倍数. （若不是这种情形，最后一个 x 将被替换为形如 $x_{1:k}$ 的切片. ）$\hat{y}$ 可被表示为 $\hat{y} = Ax$，其中 A 是一个 $T \times P$ 提取矩阵

$$A = \begin{bmatrix} I \\ \vdots \\ I \end{bmatrix}$$

318

总的估计误差平方为 $\|Ax - y\|^2$.

这一目标函数可被解析地最小化. 解 $\hat{x}$ 可通过对 x 中不同元素对应的 y 值取平均得到. 例如，估计周二的销售情况可通过将 y 中所有对应于周二的元素取平均得到. （参见练习 15.10. ）如果有效的周期数很多，即若 T/P 很大，这一简单的平均得到的结果很好.

一个更为复杂的估计可以通过对 x 附加光滑性正则化要求达到，该方法基于如下的假设

$$x_1 \approx x_2, \quad \cdots, \quad x_{P-1} \approx x_P, \quad x_P \approx x_1$$

（请注意，此处包括了“环绕”对 x_P 和 x_1. ）度量不光滑性的方法为 $\|D^{\text{circ}} x\|^2$，其中 D^{circ} 为 $P \times P$**循环差分矩阵**.

$$D^{\text{circ}} = \begin{bmatrix} -1 & 1 & 0 & \cdots & 0 & 0 & 0 \\ 0 & -1 & 1 & \cdots & 0 & 0 & 0 \\ \vdots & \vdots & \vdots & & \vdots & \vdots & \vdots \\ 0 & 0 & 0 & \cdots & -1 & 1 & 0 \\ 0 & 0 & 0 & \cdots & 0 & -1 & 1 \\ 1 & 0 & 0 & \cdots & 0 & 0 & -1 \end{bmatrix}$$

通过最小化

$$\|Ax-y\|^2+\lambda\|D^{\text{circ}}x\|^2$$

可以实现对周期时间序列的估计. 当 $\lambda=0$ 时，就再次回到了前述简单的取平均方法；当 λ 变得较大后，估计的信号变得较为光滑，极端情况下，它会收敛到一个常数（它就是原始时间序列的均值.）

时间序列 $A\hat{x}$ 被称为给定时间序列数据 y 的**被提取季节性成分**（假设考虑以年为周期的变体）. 将其从原始数据中减去就得到时间序列 $y-A\hat{x}$，它被称为**季节性调整**时间序列.

参数 λ 可以使用验证的方法进行选择. 它可通过选择一个用于建立估计模型的时间区间，以及另外一个用于验证模型的时间区间来实现. 例如，对 4 年的数据，可以用前 3 年的数据来训练模型，然后用最后一年的数据测试模型.

例子 在图 15-4 中，该方法被应用到一个臭氧测试序列上. 上面的图给出了 14 天内每小时测量得到的数据（2014 年 7 月 1 日至 14 日）. 将这些数据表示为一个 336 向量 c，其中 $c_{24(j-1)+i}$（$i=1,\cdots,24$）为第 j 天每小时的测量数据，其中 $j=1,\cdots,14$. 注意到图中的间断处，表示记录中部分测量值是缺失的（在 $336=24\times14$ 个测量值中，只有 275 个是可用的）. 用记号 $M_j\subseteq\{1,2,\cdots,24\}$ 表示第 j 天可用测量值包含的下标. 例如，$M_8=\{1,2,3,4,6,7,8,23,24\}$，因为在 7 月 8 日，上午 4 点及从上午 8 点到下午 9 点处的测量值是缺失的. 中间和底部的图给出了两个周期的时间序列. 这些时间序列利用一个 24 向量 x 进行了参数化，将其重复 14 次就得到了完整的序列 $(x,x,\cdots,x)$. 图中两个对 x 的估计是通过最小化下式得到的：

319

$$\sum_{j=1}^{14}\sum_{i\in M_j}\left(x_i-\log\left(c_{24(j-1)+i}\right)\right)^2+\lambda\left(\sum_{i=1}^{23}(x_{i+1}-x_i)^2+(x_1-x_{24})^2\right)$$

其中分别取 $\lambda=1$ 和 $\lambda=100$.

15.3.3 图像去模糊

向量 x 是一个图像，矩阵 A 给出了模糊化作用，因此 $y=Ax+v$ 为一个模糊的，有噪声的图像. 有关 x 的先验信息是它是光滑的；相邻像素之间的取值相差不大. 估计过程就是猜测 x 是什么的问题，这被称为**去模糊**.

在最小二乘去模糊的过程中，估计值 $\hat{x}$ 可通过最小化如下的成本函数：

$$\|Ax-y\|^2+\lambda\left(\|D_{\text{h}}x\|^2+\|D_{\text{v}}x\|^2\right) \tag{15.5}$$

求得，此处 D_{v} 和 D_{h} 表示垂直和水平差分算子，在加权和中第二项的角色是对被重构图像中的非光滑性进行惩罚. 特别地，设向量 x 的长度为 MN 且包含像素的强度用一个列优先存储的 $m\times n$ 矩阵 x 存储. 令 D_{h} 为 $M(N-1)\times MN$ 矩阵

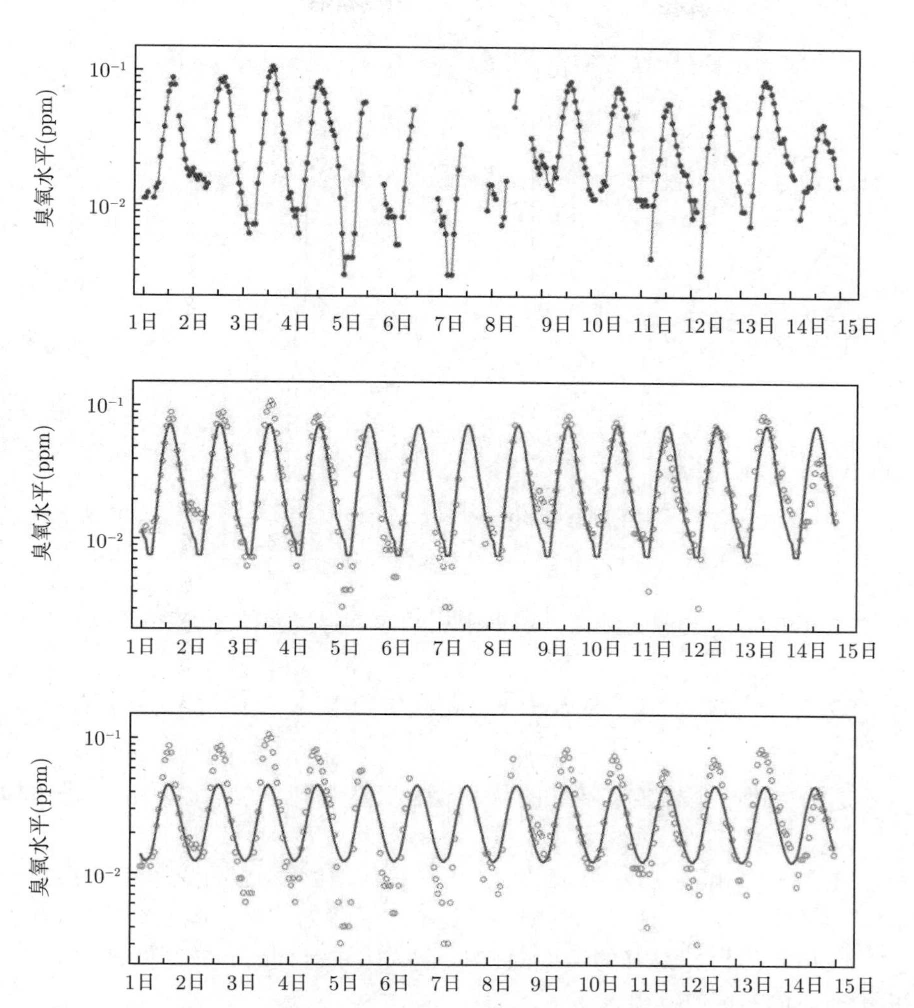

图 15-4　上图：加利福尼亚州 Azusa 在 2014 年 7 月的前 14 天中每小时的臭氧水平（加利福尼亚州环境保护局，空气资源局，www.arb.ca.gov）．测量值起始于 7 月 1 日中午 12 时，终止于 7 月 14 日下午 11 时．注意，其中有大量缺失的数据．特别是，所有上午 4 时的数据都是缺失的．中图：用 $\lambda = 1$ 对对数变换后的测量值得到的平滑周期最小二乘拟合．下图：用 $\lambda = 100$ 得到的光滑周期最小二乘拟合

$$D_{\mathrm{h}} = \begin{bmatrix} -I & I & 0 & \cdots & 0 & 0 & 0 \\ 0 & -I & I & \cdots & 0 & 0 & 0 \\ \vdots & \vdots & \vdots & & \vdots & \vdots & \vdots \\ 0 & 0 & 0 & \cdots & -I & I & 0 \\ 0 & 0 & 0 & \cdots & 0 & -I & I \end{bmatrix}$$

其中所有的子块的大小都是 $M \times M$，令 D_{v} 为 $(M-1)N \times MN$ 矩阵

$$D_{\mathrm{v}} = \begin{bmatrix} D & 0 & \cdots & 0 \\ 0 & D & \cdots & 0 \\ \vdots & \vdots & \ddots & \vdots \\ 0 & 0 & \cdots & D \end{bmatrix}$$

其 N 个对角线上的子块 D 是一个 $(M-1) \times M$ 的差分矩阵

$$D = \begin{bmatrix} -1 & 1 & 0 & \cdots & 0 & 0 & 0 \\ 0 & -1 & 1 & \cdots & 0 & 0 & 0 \\ \vdots & \vdots & \vdots & & \vdots & \vdots & \vdots \\ 0 & 0 & 0 & \cdots & -1 & 1 & 0 \\ 0 & 0 & 0 & \cdots & 0 & -1 & 1 \end{bmatrix}$$

320～321

利用这些定义，(15.5) 中的惩罚项为行或列中相邻像素强度差的平方和：

$$\|D_{\mathrm{h}}x\|^2 + \|D_{\mathrm{v}}x\|^2 = \sum_{i=1}^{M}\sum_{j=1}^{N-1}(X_{i,j+1} - X_{ij})^2 + \sum_{i=1}^{M-1}\sum_{j=1}^{N}(X_{i+1,j} - X_{ij})^2$$

这一数值就是图中每一个像素点相邻的从左到右及从上到下邻居的 Dirichlet 能量（参见 7.3.1 节）.

例子 在图 15-5 和图 15-6 中，针对一张大小为 512×512 的图像演示了这一方法. 模糊的、带有噪声的图像在图 15-5 的左侧. 图 15-6 给出了对四种不同的参数 λ 取值，利用最小化 (15.5) 得到的估计 $\hat{x}$. 最好的结果（此时，用人眼进行判断）在 $\lambda = 0.007$ 左右取得，这一结果在图 15-5 的右侧中给出.

图 15-5 *左图*：模糊的，有噪声的图像. *右图*：用 $\lambda = 0.007$ 正则化后的最小二乘去模糊结果. 图像来源：NASA（美国国家航空航天局）

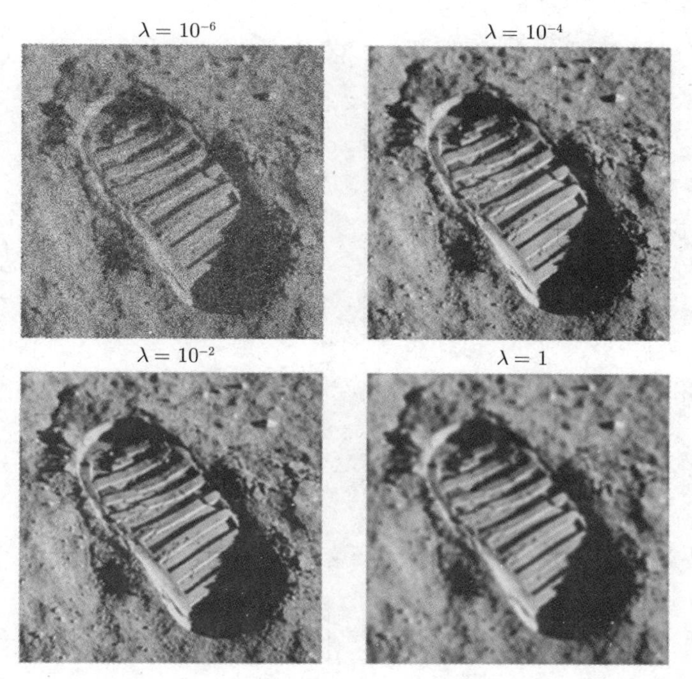

图 15-6　去模糊图像，其中 $\lambda = 10^{-6}$，10^{-4}，10^{-2}，1. 图像来源：NASA（美国国家航空航天局）

15.3.4　层析成像

在**层析成像**中，向量 x 表示在三维空间（或二维空间）某关注的区域内，n 个体素（或像素）处某些量（例如密度）的取值. 向量 y 的元素是在一束射线穿过该关注区域后，通过在射线离开位置测量得到的射线强度.

一个熟悉的应用为医学领域的计算机辅助层析成像（computer-aided tomography，CAT）扫描. 在该应用中，X 射线束会穿过一个患者的身体，一组探测器会测量射线在穿过患者身体后的强度. 这些强度的测量值是与沿着 X 射线路径上对射线吸收量的积分相关的. 断层成像也可以被应用于例如制造业中，它可以辅助探测焊接点内部的损伤或检验其质量.

322～323

线积分测量　为简单起见，设每一个射线都是一条直线，此时，接收到的数据 y_i 为一个区域上的积分，再加上一些测量噪声.（相同的方法可用于射线更为复杂的情形.）此处考虑二维的情形.

（例如）令 $d(x,y)$ 为在区域内点 (x,y) 处的密度.（此处 x 和 y 表示二维坐标平面上坐标的标量，不是在估计问题中的向量 x 和 y.）假设在关注的区域外 $d(x,y)=0$. 一条通过区域的直线为如下定义的点集：

$$p(t) = (x_0, y_0) + t(\cos\theta, \sin\theta)$$

其中 (x_0, y_0) 表示直线（基准）点，θ 为直线相对于 x 轴的夹角. 参数 t 给出了沿着直线到点

(x_0, y_0) 的距离. 对 d 的**线积分**定义为

$$\int_{-\infty}^{\infty} d\,(p\,(t))\,\mathrm{d}t$$

假设给出了 m 条直线（例如，通过它们的基准点和夹角给出），测量值 y_i 为 d 的线积分加上一些假设为很小的噪声.

将关注的区域划分为 n 个像素（或者在三维情形时的体素），并假设像素 i 上的密度值 x_i 为一个常数. 图 15-7 给出了 $n=25$ 时的一个简单例子.（在应用问题中，像素或体素的数量通常数以千或百万计.）此时，线积分则可用 x_i（像素 i 上的密度）乘以直线与像素 i 相交部分长度的和来计算. 在图 15-7 中，像素编号以行优先的方式从左上角开始，其宽和高都是一，对给出直线的线积分为

$$1.06x_{16} + 0.80x_{17} + 0.27x_{12} + 1.06x_{13} + 1.06x_{14} + 0.53x_{15} + 0.54x_{10}$$

其中 x_i 的系数是直线与像素 i 相交部分的长度.

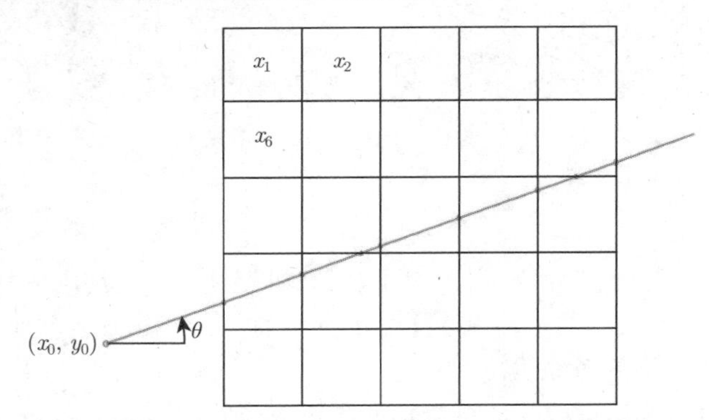

图 15-7　一个受关注的正方形区域被划分为 25 个像素，一条直线穿过该区域

测量模型　可以将 m 个线积分测量值向量表示为 Ax，忽略噪声，其中 $m \times n$ 矩阵 A 的元素为

$$A_{ij} = \text{直线}i\text{ 在像素}j\text{ 中的长度}, \quad i=1,\cdots,m, \quad j=1,\cdots,n$$

如果直线 i 与像素 j 不相交，则 $A_{ij}=0$.

层析成像重构　在层析成像中，估计或反演通常被称为**层析成像重构**或**层析成像反演**.

目标函数项 $\|Ax-y\|^2$ 为预测的（无噪声）线积分 Ax 与真实测量的线积分 y 之间残差的平方和. 正则项捕捉有关体素的先验信息或假设值，例如，它们在区域上非常光滑等. 一个简单且常用的正则项是与图形每个体素相关的 6 个邻居（在三维情形）或 4 个邻居（在二维情形）相关的 Dirichlet 能量（参见 7.3.1 节）. 使用 Dirichlet 能量作为正则因子的方法也被称为 Laplace 正则化.

例子 图 15-8～图 15-10 给出了一个简单的二维例子. 图 15-8 中给出了 $m = 4000$ 条直线和一个方形区域的几何图形. 方形区域被划分为 100×100 个像素，故 $n = 10000$.

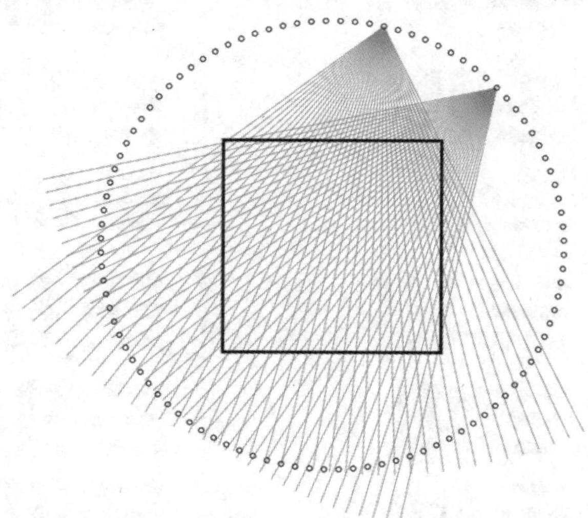

图 15-8 图形中间的方形区域被 100 个点环绕，它们用小圆圈表示. 从每一个点可以引出 40 条（射线）.（仅给出了两个点相关的直线.）这总共给出了 4000 条与区域相交的直线

成像对象的密度在图 15-9 中给出. 在此对象中每一个像素的密度为 0 或 1（分别显示为白或黑）. 需要从这 4000 条（有噪声的）直线积分测量值中重构或估计物体的密度问题就是求解如下正则化的最小二乘问题：

$$\text{最小化} \quad \|Ax - y\|^2 + \lambda \|Dx\|^2$$

其中 $\|Dx\|^2$ 为像素点与其相邻像素差值的平方和. 图 15-10 给出了 6 种不同的 λ 值对应的结果. 可以看到，对较小的 λ，重构的结果相对较为尖锐，但会受到噪声的影响. 对较大的 λ，噪声在重构过程中比较小，但结果太光滑了.

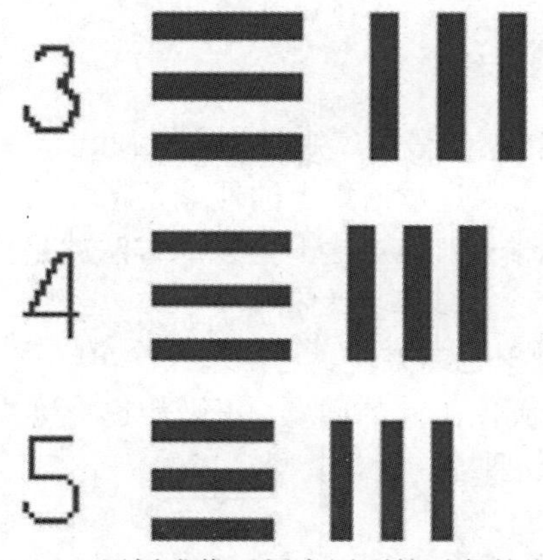

图 15-9 层析成像示例中用到的对象的密度

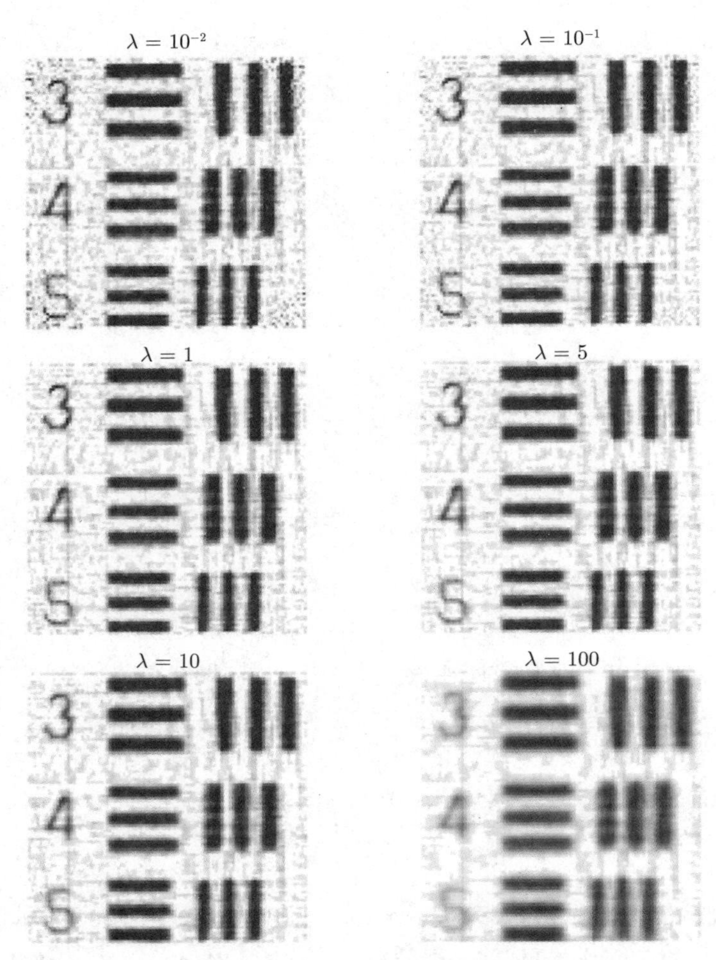

图 15-10　对 6 种重构因子，正则化的最小二乘重构结果

15.4　正则化的数据拟合

考虑第 13 章中给出的对数据的最小二乘拟合. 在 13.2 节中，考虑了有关过拟合的问题，如果模型过拟合了，它在新的、未见数据集上的性能是糟糕的，这会发生在对于给定的数据集来讲，模型的复杂度过高的情形. 应对这一问题的方法就是保持模型的简单性，例如，如果使用多项式拟合，多项式的次数就不要太高.

324 ≀ 327

正则化是另外一种避免过拟合的方法，它与选择简单模型（即不要使用过多的基函数）的方法是不同的. 根据将要遇到的不同的问题，正则化也被称为**去谐**、**收缩**或**岭回归**.

动机　为说明正则化的必要性，考虑模型

$$\hat{f}(x) = \theta_1 f_1(x) + \cdots + \theta_p f_p(x) \tag{15.6}$$

θ_i 可理解为预测值依赖于 $f_i(x)$ 的程度，因此，若 θ_i 较大，预测值将会对 $f_i(x)$ 的取值非常敏感，正如在新的、未见数据中所期望的那样. 这表明，θ_i 应当尽可能小，以使得模型不会过度敏感. 但存在一个特例：若 $f_i(x)$ 为一个常数（例如，数一），则可以不必担心 θ_i 的大小，因为 $f_i(x)$ 不会变化. 但如果可能，应当期望所有其他的值都比较小.

这表明，双准则最小二乘问题应当选择的主目标函数为 $\|y-A\theta\|^2$，即预测误差的平方和，次目标函数为 $\|\theta_{2:p}\|^2$，其中假设 f_1 为常数函数一. 因此，应当最小化

$$\|y-A\theta\|^2+\lambda\|\theta_{2:p}\|^2 \tag{15.7}$$

其中 $\lambda>0$ 称为**正则参数**.

对回归模型，这一加权的目标函数可表示为

$$\left\|y-X^{\mathrm{T}}\beta-v\mathbf{1}\right\|^2+\lambda\|\beta\|^2$$

此处惩罚了较大的 β（因为它将使得模型过于敏感），而不是偏斜值 v. 选择 β 最小化这一加权目标函数的方法被称为**岭回归**.

正则化的作用　正则化的作用是接受较差的拟合平方和（$\|y-A\theta\|^2$）的取值以换得较小的 $\|\theta_{2:p}\|^2$，该量度量了参数的大小（除 θ_1 外，因为它对应的基函数是常数函数）. 这解释了为什么将其称为收缩：得到的参数比没有正则化时要小，即它们被收缩了. 术语去谐说明通过正则化，模型没有过度“调谐”到训练数据（否则会造成过拟合）.

正则化路径　对每一个选定的 λ，都可以得到不同的模型. 参数随 λ 的变化扫过的路径被称为**正则化路径**. 当 p 足够小时（例如，不超过 15 或其他类似的值），参数的取值可用图像表示出来，其横轴为 λ 的取值. 通常考虑 30 到 50 个不同的 λ，一般在一个很大的范围上使用对数间隔取值（参见 15.1 节）.

合适的 λ 可以用样本外或交叉验证进行选择. 当 λ 增加时，对训练数据拟合的均方根会恶化（增加）. 但（与模型次数有关的）测试集的预测误差均方根通常在 λ 增大时会减小，然后，当 λ 变得非常大时，它又会上升. 好的正则参数的选择是大约能最小化在测试集上预测误差均方根的值. 当 λ 的倍数大约能最小化误差的均方根时，常见的选择是取 λ 中最大的值. 此处的想法是，当使用 $\|\beta\|^2$ 度量敏感性时，在那些可以在测试集上做很好估计的模型中，使用敏感性最小的模型.

328

例子　为说明这些想法，此处给出一个使用合成（仿真）数据的小例子. 如图 15-11 所示，首先给出一个信号，它由一个常数加上四个正弦构成：

$$s(t)=c+\sum_{k=1}^{4}\alpha_k\sin(\omega_k t+\phi_k)$$

其系数为

$$c=1.54,\quad \alpha_1=0.66,\quad \alpha_2=-0.90,\quad \alpha_3=-0.66,\quad \alpha_4=0.89 \tag{15.8}$$

（其他的参数为 $\omega_1 = 13.69$，$\omega_2 = 3.55$，$\omega_3 = 23.25$，$\omega_4 = 6.03$，$\phi_1 = 0.21$，$\phi_2 = 0.02$，$\phi_3 = -1.87$，$\phi_4 = 1.72$. ）下面将拟合一个形如 (15.6) 的模型，其中 $p = 5$，

$$f_1(x) = 1, \quad f_{k+1}(x) = \sin(\omega_k x + \phi_k), \quad k = 1, \cdots, 4$$

（请注意，当模型参数取为 $\theta_1 = c$，$\theta_k = \alpha_{k-1}$，$k = 2, \cdots, 5$ 时，模型是精确相等的. 这种情形在实际情况中是极少发生的. ）对 10 个图 15-11 中用空心圆圈表示的带噪声的样本，使用正则化的最小二乘法拟合函数. 使用 20 个图 15-11 中用实心圆圈表示的带噪声的数据点来检验得到的模型.

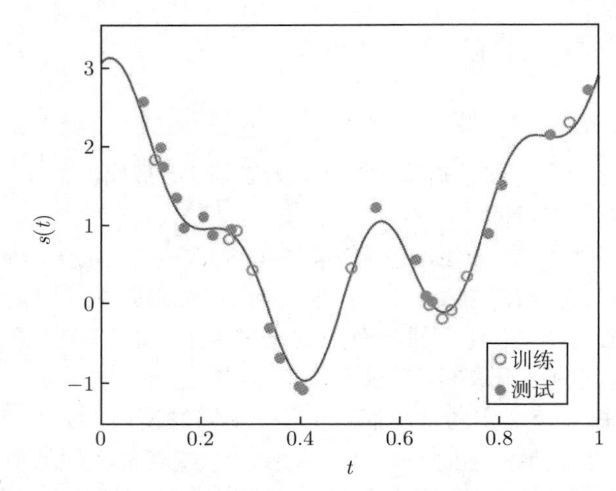

图 15-11　一个信号 $s(x)$ 和 30 个有噪声的样本. 10 个样本被用作训练集，20 个样本为测试集

图 15-12 中，将正则化路径和训练集及测试集上的误差均方根都表示为正则参数 λ 的函数，其中 λ 的变化是在一个很大范围上的. 正则化路径表明当 λ 增大时，参数 θ_2，$\cdots$，θ_5 变得越来越小（即收缩），当 λ 非常大时它们收敛到零. 可以看到训练预测误差随着 λ 的增大而增加（因为在模型的敏感性和拟合误差平方和之间作了权衡）. 测试误差则遵循着经典的模式：它首先减小到一个较小的值，然后再次增加. 最小的测试误差大概在 $\lambda = 0.079$ 处取得；（比如说）任何在 $\lambda = 0.065$ 和 0.100 之间的选择都是合理的. 水平的虚线显示了 (15.8) 中“真实”的系数（即那些用于合成数据的参数）. 可以看到，当 λ 的取值接近 0.079 时，估计的参数与“真实”取值是非常接近的.

329

各列的线性无关性　如 (15.7) 那样在基本的最小二乘拟合方法中附加正则化的一个好处是，对应的堆叠矩阵的各列总是线性无关的，即便矩阵 A 的各列并非如此. 为证明之，假设

$$\begin{bmatrix} A \\ \sqrt{\lambda}B \end{bmatrix} x = 0$$

其中 B 为 $(p-1)\times p$ 的提取矩阵

$$B=\left(e_2^{\mathrm{T}},\cdots,e_p^{\mathrm{T}}\right)$$

则 $B\theta=\theta_{2:p}$. 从上面方程中的最后 $p-1$ 个元素中，可得 $\sqrt{\lambda}x_i=0$，其中 $i=2,\cdots,p$，这意味着 $x_2=\cdots=x_p=0$. 利用 $x_2,\cdots,x_p$ 的值，以及 A 的第一列为 $\mathbf{1}$ 的事实，上面的 m 个方程可化为 $\mathbf{1}x_1=0$，故可得 $x_1=0$. 因此，堆叠矩阵的各列总是线性无关的.

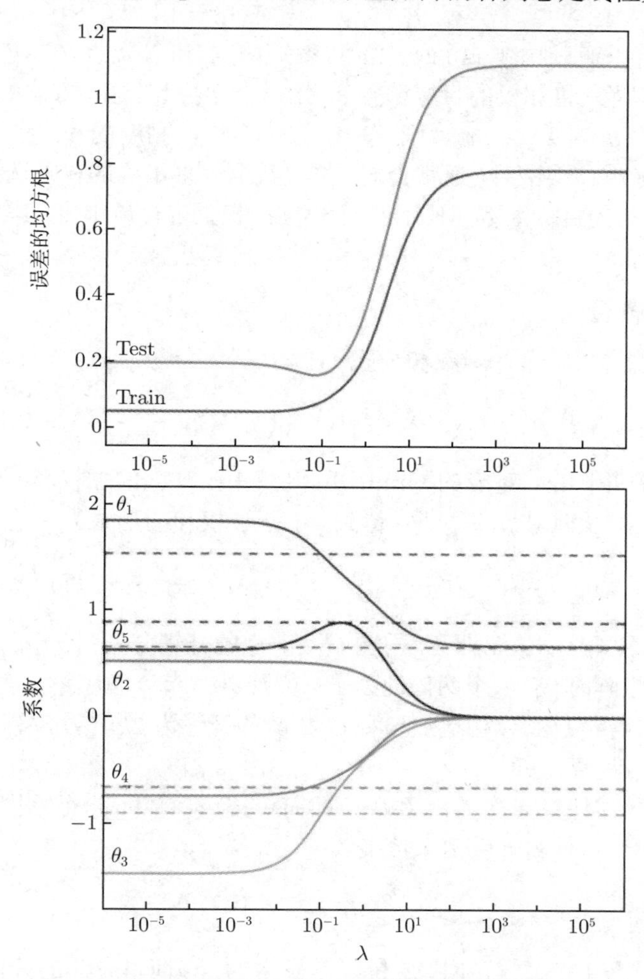

图 15-12　上图：以正则参数 λ 为变量的训练和测试误差的均方根函数. 下图：正则化路径. 水平的虚线给出了生成数据的系数取值

特征工程和正则的最小二乘　避免过拟合最简单的方法是保持模型的简单性，这一般意味着应当使用很多的特征. 一种典型且粗糙的经验规则是特征的数量应当比数据点的数量少（例如，不超过 10% 或 20%）. 过拟合是否出现可使用样本外或交叉验证进行检验，这些过程在拟合了一个模型后总是会被执行的.

正则化是另一个避免模型过拟合的强有力的工具. 利用正则化，可以拟合一个特征的个数超过没有使用正则化时合适的特征个数的模型. 甚至可以拟合一个特征个数超过数据点个数的模型，此时，矩阵 A 是宽形的. 正则化通常是特征工程成功的一个关键，因为特征工程会大量增加特征的数量.

15.5 复杂度

一般情形下，可以通过构建 (15.2) 中的堆叠矩阵 $\tilde{A}$ 和 $\tilde{b}$，然后使用 QR 分解的方法求解得到的最小二乘问题，将加权的目标函数和 (15.1) 最小化. 这一方法的复杂度是 mn^2 次浮点运算，其中 $m = m_1 + \cdots + m_k$ 为矩阵 A_1，$\cdots$，A_k 的高度的和.

当应用多目标最小二乘法时，通常会对一些，甚至很多不同的权重选择来最小化加权的目标函数和. 假设加权的目标函数和使用 L 个不同的权重进行最小化，其总复杂度的阶数就是 Lmn^2 次浮点运算.

330 ~ 331

15.5.1 Gram 缓存

首先考虑最小化加权的目标函数和公式 (15.3)

$$\hat{x} = \left(\lambda_1 A_1^{\mathrm{T}} A_1 + \cdots + \lambda_k A_k^{\mathrm{T}} A_k\right)^{-1} \left(\lambda_1 A_1^{\mathrm{T}} b_1 + \cdots + \lambda_k A_k^{\mathrm{T}} b_k\right)$$

在逆中出现的矩阵为矩阵 A_i 对应的 Gram 矩阵 $G_i = A_i^{\mathrm{T}} A_i$ 的加权和. 计算 $\hat{x}$ 即可通过构造这些 Gram 矩阵 G_i 及向量 $h_i = A_i^{\mathrm{T}} b_i$ 得到，于是加权和的形式为

$$G = \lambda_1 G_1 + \cdots + \lambda_k G_k, \quad h = \lambda_1 h_1 + \cdots + \lambda_k h_k$$

最后，求解 $n \times n$ 方程组 $G\hat{x} = h$ 即可. 构造 G_i 和 h_i 的开销分别为 $m_i n^2$ 和 $2m_i n$ 次浮点运算.（在构造 Gram 矩阵时，有一个两倍的因子；参见 10.1 节.）忽略第二项并对 $i = 1$，$\cdots$，k 求和需要总共 mn^2 次浮点运算. 构造加权和 G 和 h 的开销为 $2kn^2$ 次浮点运算. 求解 $G\hat{x} = h$ 的开销为 $2n^3$ 次浮点运算.

Gram 缓存为只需计算一次 G_i（及 h_i）的简单技巧，它对 L 个不同的权重选择，重复利用这些矩阵和向量. 这使得计算复杂度变为

$$mn^2 + L(k + 2n)n^2$$

次浮点运算. 当 m 比 $k + n$ 大很多时，这是经常发生的，该简单方法的开销是小于 Lmn^2 的.

作为 Tikhonov 正则化的一个简单例子，下面计算

$$\hat{x}^{(i)} = \left(A^{\mathrm{T}} A + \lambda^{(i)} I\right)^{-1} A^{\mathrm{T}} b$$

其中 $i = 1$，$\cdots$，L，A 为一个 $m \times n$ 矩阵. 该简单方法的开销是 $2Lmn^2$ 次浮点运算；使用 Gram 缓存后的开销为 $mn^2 + 2Ln^3 = (m + 2Ln)\,n^2$ 次浮点运算.（忽略项 Lkn^2，因为此时

$k=2$.）当 $m=100n$ 且 $L=100$ 时，Gram 缓存使得开销变为原来开销的 1/50. 这意味着整个正则化路径（即 100 个 λ 的解）不比计算一个 λ 的情形大多少.

15.5.2　核技巧

本节关注另外一种特殊情形，它也是在很多应用问题中出现的：

$$J=\|Ax-b\|^2+\lambda\|x-x^{\mathrm{des}}\|^2 \tag{15.9}$$

其中 $m\times n$ 矩阵 A 是宽形的，即 $m<n$ 且 $\lambda>0$.（此处将 A，b 和 m 中的下标忽略，因为在这个问题中只有一个矩阵.）其对应的 $(m+n)\times n$ 堆叠矩阵（参见 (15.2)）为

$$\tilde{A}=\begin{bmatrix} A \\ \sqrt{\lambda}I \end{bmatrix}$$

其各列总是线性无关. 利用 QR 分解法求堆叠的最小二乘问题需要 $2(m+n)n^2$ 次浮点运算，其增长的模式类似 n^3. 将会看到，当 m 远小于 n 时，这一特殊问题可使用被称为**核技巧**的方法极为高效地求解. 回顾 J 的最小值点（参见 (15.3)） 332

$$\begin{aligned}
\hat{x} &= \left(A^{\mathrm{T}}A+\lambda I\right)^{-1}\left(A^{\mathrm{T}}b+\lambda x^{\mathrm{des}}\right) \\
&= \left(A^{\mathrm{T}}A+\lambda I\right)^{-1}\left(A^{\mathrm{T}}b+\left(\lambda I+A^{\mathrm{T}}A\right)x^{\mathrm{des}}-\left(A^{\mathrm{T}}A\right)x^{\mathrm{des}}\right) \\
&= \left(A^{\mathrm{T}}A+\lambda I\right)^{-1}A^{\mathrm{T}}\left(b-Ax^{\mathrm{des}}\right)+x^{\mathrm{des}}
\end{aligned}$$

此处逆矩阵的大小为 $n\times n$.

利用等式

$$\left(A^{\mathrm{T}}A+\lambda I\right)^{-1}A^{\mathrm{T}}=A^{\mathrm{T}}\left(AA^{\mathrm{T}}+\lambda I\right)^{-1} \tag{15.10}$$

它对任意矩阵 A 和任意的 $\lambda>0$ 都成立. 注意到等式左边需要计算一个 $n\times n$ 矩阵，而在右边需要计算一个（小的）$m\times m$ 矩阵.（这是练习 11.9 中推送等式的一个变体.）

为证明等式 (15.10)，首先注意到矩阵 $A^{\mathrm{T}}A+\lambda I$ 和 $AA^{\mathrm{T}}+\lambda I$ 是可逆的. 从公式

$$A^{\mathrm{T}}\left(AA^{\mathrm{T}}+\lambda I\right)=\left(A^{\mathrm{T}}A+\lambda I\right)A^{\mathrm{T}}$$

开始，在其两边分别左乘 $\left(A^{\mathrm{T}}A+\lambda I\right)^{-1}$ 并右乘 $\left(AA^{\mathrm{T}}+\lambda I\right)^{-1}$ 即可得到上面的等式.

利用 (15.10)，可以将 J 的最小值点表示为

$$\hat{x}=A^{\mathrm{T}}\left(AA^{\mathrm{T}}+\lambda I\right)^{-1}\left(b-Ax^{\mathrm{des}}\right)+x^{\mathrm{des}}$$

项 $\left(AA^{\mathrm{T}}+\lambda I\right)^{-1}\left(b-Ax^{\mathrm{des}}\right)$ 可用对 $(m+n)\times m$ 的矩阵

$$\bar{A}=\begin{bmatrix} A^{\mathrm{T}} \\ \sqrt{\lambda}I \end{bmatrix}$$

进行 QR 分解得到，其开销为 $2(m+n)m^2$ 次浮点运算. 其他运算包括矩阵与向量的乘积，其复杂度（最多）为 mn 阶的浮点运算，因此，使用这一方法计算 $\hat{x}$ 的复杂度大约为 $2(m+n)m^2$ 次浮点运算. 这一复杂度随 n 的增长是线性的.

综上，(15.9) 中的正则化最小二乘法可使用两种不同的方法计算. 一个使用对 $(m+n)\times n$ 矩阵 $\tilde{A}$ 进行 QR 分解，其开销为 $2(m+n)n^2$ 次浮点运算. 另一个（使用核技巧）需要对 $(m+n)\times m$ 的矩阵 $\bar{A}$ 进行 QR 分解，其开销为 $2(m+n)m^2$ 次浮点运算. 当 $m<n$ 时，显然会选择核技巧. 其复杂度于是可以被表示为

$$(m+n)\min\left\{m^2,n^2\right\}\approx\min\left\{mn^2,nm^2\right\}=(\max\{m,n\})(\min\{m,n\})^2$$

其中 $\approx$ 表示忽略了一些不主要的项.

这是一个**大数乘小数平方**规则或记法的一个实例，这一规则表明很多包含一个矩阵 A 的运算可用阶数为

$$(\text{大数})\times(\text{小数})^2\text{次浮点运算}$$

333

来实现，其中“大数”和“小数”指矩阵大和小的维数. 一些其他的例子可以参见附录 B.

练习

15.1 标量多目标最小二乘问题　考虑多目标最小二乘问题的一个特殊情况，其中变量 x 是一个标量，k 矩阵 A_i 为 1×1 的矩阵，其中 $A_i=1$，因此 $J_i=(x-b_i)^2$. 此时的目标为选择一个数 x，同时接近所有的数 b_1，…，b_k. 令 λ_1，…，λ_k 为正的权重，并令 $\hat{x}$ 为加权目标函数 (15.1) 的最小值点. 证明 $\hat{x}$ 为数 b_1，…，b_k 的加权平均（或者凸组合；参见 1.3 节），即其形式为

$$x=w_1b_1+\cdots+w_kb_k$$

其中 w_i 为非负的，且它们的和为一. 用多目标最小二乘问题的权重 λ_i 给出组合权重 w_i 的一个显式公式.

15.2 考虑正则化的数据拟合问题 (15.7). 回顾 A 的第一列元素都是一. 令 $\hat{\theta}$ 为 (15.7) 的解，即

$$\|A\theta-y\|^2+\lambda\left(\theta_2^2+\cdots+\theta_p^2\right)$$

的最小值点，并令 $\tilde{\theta}$ 为

$$\|A\theta-y\|^2+\lambda\|\theta\|^2=\|A\theta-y\|^2+\lambda\left(\theta_1^2+\theta_2^2+\cdots+\theta_p^2\right)$$

的最小值点，其中 θ_1 也被惩罚了. 假设 A 的第 2 列到第 p 列的均值均为零（例如，因为特征 2，…，p 都在数据集上进行了标准化；参见 13.3 节）. 证明 $\hat{\theta}_k=\tilde{\theta}_k$，其中 $k=2$，…，p.

15.3 加权的 Gram 矩阵 考虑矩阵为 A_1，$\cdots$，A_k 的一个多目标最小二乘问题，其正的权重为 λ_1，$\cdots$，λ_k. 矩阵

$$G = \lambda_1 A_1^{\mathrm{T}} A_1 + \cdots + \lambda_k A_k^{\mathrm{T}} A_k$$

称为**加权的 Gram 矩阵**；它是多目标问题对应（(15.2) 中给出）的堆叠矩阵 $\tilde{A}$ 对应的 Gram 矩阵. 证明 G 由满足 $A_1 x=0$，$\cdots$，$A_k x=0$ 的非零向量 x 构成且是可逆的.

15.4 线性方程组的鲁棒近似解 希望求解一个对 n 向量 x 的 n 个线性方程组 $Ax = b$. 若 A 是可逆的，则解为 $x = A^{-1}b$. 在本练习中，给出一种经常发生的情况：A 并不是准确知道的. 一个简单的方法是仅选择一个典型 A 的值来使用. 此处，探索另一个方法，该方法考虑了矩阵 A 的变体. 求出一个由 K 个 A 的不同取值构成的集合，并将这些取值记为 $A^{(1)}$，$\cdots$，$A^{(K)}$.（例如，这种情况可能发生在不同时间测得的矩阵 A.）然后选择 x 最小化

$$\left\|A^{(1)}x - b\right\|^2 + \cdots + \left\|A^{(K)}x - b\right\|^2$$

即 K 个 A 的不同取值得到的残差平方和. 这种 x 的选择，被记为 x^{rob}，称作**鲁棒**（近似）解. 用项 $A^{(1)}$，$\cdots$，$A^{(K)}$ 和 b 给出 x^{rob} 的一个表达式.（可以假设，构造的矩阵各列是线性无关的.）验证当 $K = 1$ 时，表达式退化为 $x^{\mathrm{rob}} = \left(A^{(1)}\right)^{-1} b$.

15.5 双目标最小二乘的一些性质 考虑目标函数为

$$J_1(x) = \|A_1 x - b_1\|^2, \quad J_2(x) = \|A_2 x - b_2\|^2$$

的双目标最小二乘问题. 当 $\lambda > 0$ 时，令 $\hat{x}(\lambda)$ 表示 $J_1(x) + \lambda J_2(x)$ 的最小值点.（假设堆叠矩阵的各列是线性无关的.）定义 $J_1^\star(\lambda) = J_1(\hat{x}(\lambda))$ 及 $J_2^\star(\lambda) = J_2(\hat{x}(\lambda))$，它们是权重参数为变量的目标. 最优权衡曲线为点集 $(J_1^\star(\lambda), J_2^\star(\lambda))$，其中 λ 取遍所有正数.

334

(a) *无权衡的双目标问题*. 设 μ 和 γ 为不同的正权重，$\hat{x}(\mu) = \hat{x}(\gamma)$. 证明 $\hat{x}(\lambda)$ 对所有 $\lambda > 0$ 都是常数. 因此，点 $(J_1^\star(\lambda), J_2^\star(\lambda))$ 对所有的 λ 都是相同的，且权衡曲线坍缩为一个点.

(b) *一个双目标问题目标函数中权重的影响*. 设 $\hat{x}(\lambda)$ 不是常数. 证明下面的结论：对 $\lambda < \mu$，有

$$J_1^\star(\lambda) < J_1^\star(\mu), \quad J_2^\star(\lambda) > J_2^\star(\mu)$$

这意味着，如果增加（第二个目标函数的）权重，第二个目标函数值会减小，同时第一个目标函数值会增加. 换句话说，权衡曲线的斜率减小.

提示：请克制住写出任何方程或公式的冲动. 使用 $\hat{x}(\lambda)$ 是 $J_1(x) + \lambda J_2(x)$ 的唯一最小值点的事实，类似地 $\hat{x}(\mu)$ 也是如此，来导出不等式

$$J_1^\star(\mu) + \lambda J_2^\star(\mu) > J_1^\star(\lambda) + \lambda J_2^\star(\lambda), \quad J_1^\star(\lambda) + \mu J_2^\star(\lambda) > J_1^\star(\mu) + \mu J_2^\star(\mu)$$

联合这些不等式证明 $J_1^\star(\lambda) < J_1^\star(\mu)$ 及 $J_2^\star(\lambda) > J_2^\star(\mu)$.

(c) **权衡曲线的斜率.** 在点 $(J_1^\star(\lambda), J_2^\star(\lambda))$ 处权衡曲线的斜率为

$$S = \lim_{\mu \to \lambda} \frac{J_2^\star(\mu) - J_2^\star(\lambda)}{J_1^\star(\mu) - J_1^\star(\lambda)}$$

（这一极限在 μ 从 λ 的下侧或上侧趋向 λ 时是相同的.）证明 $S = -1/\lambda$. 这给出了参数 λ 的另外一个解释：$(J_1^\star(\lambda), J_2^\star(\lambda))$ 为权衡曲线上曲线斜率为 $-1/\lambda$ 的点.

提示： 首先假设 μ 从上侧趋向 λ（即 $\mu > \lambda$）并使用 (b) 的提示中给出的不等式证明 $S \geqslant -1/\lambda$. 然后假设 μ 从下侧趋向 λ，并证明 $S \leqslant -1/\lambda$.

15.6 光滑正则的最小二乘 考虑加权和的最小二乘目标函数

$$\|Ax - b\|^2 + \lambda\|Dx\|^2$$

其中 n 向量 x 为变量，A 为一个 $m \times n$ 矩阵，D 为 $(n-1) \times n$ 差分矩阵，其第 i 行为 $(e_{i+1} - e_i)^{\mathrm{T}}$，$\lambda > 0$. 尽管在这个问题中无关紧要，但这一目标函数在 x 近似满足 $Ax \approx b$ 且其元素为光滑变化时可被最小化. 这一目标函数可以使用大小为 $(m+n-1) \times n$ 的堆叠矩阵表示为一个标准的最小二乘目标函数.

证明堆叠矩阵各列线性无关的充要条件是 $A\mathbf{1} \neq 0$，即 A 各列的和不等于零.

15.7 贪婪正则原则 考虑一个线性动力系统，它被描述为 $x_{t+1} = Ax_t + Bu_t$，其中 n 向量 x_t 为 t 时刻的状态，m 向量 u_t 是 t 时刻的输入量. 正则化的目标就是选择输入使得状态比较小.（在应用中，状态 $x_t = 0$ 对应于期望的操作点，因此，小的 x_t 意味着状态比较靠近期望的操作点.）一种能够达到这一目标的方法是选择 u_t 以最小化

$$\|x_{t+1}\|^2 + \rho\|u_t\|^2$$

其中 ρ 为一个（给定的）正参数，用于在输入较小和使得（下一）状态较小之间进行权衡. 证明这种方式选择的 u_t 可以得到一个状态反馈原则 $u_t = Kx_t$，其中 K 为一个 $m \times n$ 矩阵. 给出 K 的一个公式（用项 A，B 和 ρ 表示）. 如果逆矩阵出现在公式中，说明在什么条件下这个逆矩阵是存在的.

注： 这一规则被称为**贪婪**或**短视**原则，因为它并不考虑输入 u_t 对超过 x_{t+1} 之后未来状态的影响. 在实际应用中，该方法的性能可能非常糟糕.

335

15.8 估计弹性矩阵 在本问题中，读者将基于一些观测的数据，建立一个关于需求随集合中商品价格变化的标准模型. 共有 n 种不同的商品，其（正的）价格用一个 n 向量 p 给出. 价格在某一些周期上是保持常数的，例如一天之内. 每天对产品的（正的）需求用一个 n 向量 d 表示. 在不同的日期，需求是会发生变化的，但它被认为是可以（近似）用一个关于价格的函数表示.

名义价格用 n 向量 p^{nom} 给出. 可以将其看作是商品过去收取的价格. **名义需求**是一个 n 向量 d^{nom}. 它是在价格设定为 p^{nom} 时，需求的一个平均值.（每天的实际

需求在 d^{nom} 周围振荡.）已知 p^{nom} 和 d^{nom}. 价格将被描述为它们相对名义价格的变体（比例），需求也是如此. 定义 δ^p 和 δ^d 为相对价格变化（向量）和需求变化（向量）：

$$\delta_i^p = \frac{p_i - p_i^{\text{nom}}}{p_i^{\text{nom}}}, \quad \delta_i^d = \frac{d_i - d_i^{\text{nom}}}{d_i^{\text{nom}}}, \quad i = 1, \cdots, n$$

因此 $\delta_3^p = +0.05$ 意味着产品 3 的价格在其名义价格的基础上增加了 5%，$\delta_5^d = -0.04$ 意味着某天对产品 5 的需求低于其名义值的 4%.

要求建立一个将需求表示为价格的函数的模型，其形式为

$$\delta^d \approx E\delta^p$$

其中 E 为 $n \times n$ 弹性矩阵. E 是未知的，但你有某天价格相对其名义值变化后，当天需求记录的一些实验数据. 这些数据的形式为

$$(p_1, d_1), \cdots, (p_N, d_N)$$

其中 p_i 为第 i 天的价格，d_i 为观察到的需求.

解释如何从给定的价格–需求数据中估计E. 一定要说明是如何进行验证的，（如果需要）应如何避免过拟合. *提示*：将这一问题模型化为一个矩阵最小二乘问题；参见 12.3 节.

注：请注意 15.2 节讨论的弹性估计和需求调节的区别. 在需求调节中，弹性矩阵是已知的，需要选择价格；在弹性估计中，需要从观测到的价格和需求数据猜测弹性矩阵.

15.9 分层模型的正则化　在一个**分层**模型（参见 13.3.2 节）中，数据会根据一些特征（通常是布尔型）的取值，被划分为不同的集合. 例如，为开发一个与健康相关的模型，可能会对女人和男人分别建立模型. 在某些情形下，分层模型中使用彼此相近的模型时，能够得到更好的模型. 一个布尔型特征的分层模型可以通过选择两个模型参数 $\theta^{(1)}$ 和 $\theta^{(2)}$ 来最小化

$$\left\|A^{(1)}\theta^{(1)} - y^{(1)}\right\|^2 + \left\|A^{(2)}\theta^{(2)} - y^{(2)}\right\|^2 + \lambda\left\|\theta^{(1)} - \theta^{(2)}\right\|^2$$

其中 $\lambda \geqslant 0$ 为一个参数. 公式中的第一项为第一个模型在第一个数据集（例如，女人）上的最小二乘残差；第二项为第二个模型在第二个数据集（例如，男人）上的最小二乘残差；第三项是一个正则化项，使得两个模型参数彼此接近. 当 $\lambda = 0$ 时，就是独立地对两个模型进行拟合；当 λ 很大时，就是对所有数据拟合一个模型. 当然，一个合适的 λ 可以使用样本外验证（或交叉验证）的方法进行选择.

336

(a) 给出最优值点 $(\hat{\theta}^{(1)}, \hat{\theta}^{(2)})$ 满足的公式.（若公式要求一个或多个矩阵的各列线性无关，应对其进行说明.）

(b) **按照年龄分组进行分层.** 假设每一个数据点表示一个人，构造一个按照年龄组进行分层的分层模型，年龄组的连续年龄区间可为 $18\sim24$，$24\sim32$，$33\sim45$，等等. 目标是对 k 个年龄组分别拟合一个模型，相邻年龄组的参数彼此之间要相似，或差距不太大. 给出一种达到这一目的的方法.

15.10 周期时间序列的估计（参见 15.3.2 节）　设 T 向量 y 为一个测量得到的时间序列，希望用一个周期为 P 的 T 向量对其进行近似. 为简化问题，当 K 为一个整数时，设 $T=KP$. 令 $\hat{y}$ 为简单的最小二乘拟合，没有使用正则化方法，即 P 周期向量最小化 $\|\hat{y}-y\|^2$. 证明：对 $i=1,\cdots,P-1$，有

$$\hat{y}_i=\frac{1}{K}\sum_{k=1}^{K}y_{i+(k-1)P}$$

换句话说，周期性估计的每一个元素为原始向量对应下标位置元素的平均值.

15.11 广义伪逆　在第 11 章中，对各列线性无关的高形矩阵、各行线性无关的宽形矩阵及方形可逆矩阵引入了伪逆的概念. 在本练习中，给出一个一般矩阵伪逆的概念，即针对不属于这些类型矩阵的类似概念. 广义伪逆可以使用 Tikhonov 正则反演（参见 15.3.1 节）来定义. 令 A 为任意矩阵且 $\lambda>0$. $Ax=b$ 的 Tikhonov 正则化近似解，即 $\|Ax-b\|^2+\lambda\|x\|^2$ 唯一的最小值点，由 $\left(A^{\mathrm{T}}A+\lambda I\right)^{-1}A^{\mathrm{T}}b$ 给出. 故 A 的伪逆定义为

$$A^{\dagger}=\lim_{\lambda\to 0}\left(A^{\mathrm{T}}A+\lambda I\right)^{-1}A^{\mathrm{T}}$$

换句话说，$A^{\dagger}b$ 为 $Ax=b$ 的 Tikhonov 正则化近似解在正则参数收敛到零时的极限.（可以证明这一极限总是存在的.）利用核技巧 (15.10)，也可以将伪逆表示为

$$A^{\dagger}=\lim_{\lambda\to 0}A^{\mathrm{T}}\left(AA^{\mathrm{T}}+\lambda I\right)^{-1}$$

(a) $m\times n$ 零矩阵的伪逆是什么？

(b) 设 A 的各列线性无关. 说明为什么上面所述的极限会退化到前面的定义 $A^{\dagger}=\left(A^{\mathrm{T}}A\right)^{-1}A^{\mathrm{T}}$.

(c) 设 A 的各行线性无关. 说明为什么上面的极限会退化到前面的定义 $A^{\dagger}=A^{\mathrm{T}}\left(AA^{\mathrm{T}}\right)^{-1}$.

提示： 对 (b) 和 (c)，可以使用矩阵的逆是连续函数的事实，这意味着一个矩阵逆的极限就是极限的逆，因此极限矩阵是可逆的.

337

第 16 章　带约束最小二乘

本章讨论最小二乘问题的一种有用推广，该问题带有线性等式约束. 类似于最小二乘，带约束最小二乘问题可以被化简为一个线性方程组，它可使用 QR 分解法进行求解.

16.1　带约束最小二乘问题

在基本的最小二乘问题中，要寻求使目标函数 $\|Ax-b\|^2$ 最小化的 x. 现在对这一问题附加**约束**，使得 x 满足线性方程组 $Cx=d$，其中矩阵 C 和向量 d 是给定的. **线性带约束最小二乘问题**（或简称带约束最小二乘问题）可写为

$$\begin{array}{ll} \text{最小化} & \|Ax-b\|^2 \\ \text{使得} & Cx=d \end{array} \tag{16.1}$$

此处 x 为要求的变量，它是一个 n 向量. 问题的数据（已给定）为 $m\times n$ 矩阵 A，m 向量 b，$p\times n$ 矩阵 C 和 p 向量 d.

函数 $\|Ax-b\|^2$ 被称为问题的**目标**函数，p 个线性等式约束 $Cx=d$ 被称为问题的**约束**. 它们可被写为 p 个标量约束（方程）

$$c_i^{\mathrm{T}}x=d_i,\quad i=1,\cdots,p$$

其中 c_i^{T} 为 C 的第 i 行.

n 向量 x 被称为（对问题 (16.1)）**可行**，指的是它满足约束，即 $Cx=d$. 一个 n 向量被称为最优化问题 (16.1) 的**最优点或解**，指的是 $\|A\hat{x}-b\|^2\leqslant\|Ax-b\|^2$ 对任何可行的 x 都成立. 换句话说，$\hat{x}$ 求解了问题 (16.1) 指的是它是可行的，且是所有可行向量中目标函数值最小的.

338
~
339

带约束最小二乘问题将一个线性方程组（求满足 $Cx=d$ 的 x）和最小二乘问题（求最小化 $\|Ax-b\|^2$ 的 x）进行了组合. 事实上，每一个这样的问题都可以被认为是带约束最小二乘问题 (16.1) 的一个特殊情形.

带约束最小二乘问题也可以被认为是一个双目标最小二乘问题的极限，其主目标函数为 $\|Ax-b\|^2$，次目标函数为 $\|Cx-d\|^2$. 粗略地讲，是给第二个目标函数无穷大的权重，因此任何非零的取值都是不可接受的（这要求 x 满足 $Cx=d$）. 因此可以期待（并且可以验证）它最小化加权的目标

$$\|Ax-b\|^2+\lambda\|Cx-d\|^2$$

当其中的 λ 为一个很大的值时，就可以得到一个满足约束条件的最小二乘问题 (16.1) 的近似解. 这一思想将在第 19 章中考虑非线性约束最小二乘问题时再次遇到.

例子　在图 16-1 中，对一个有 $N=140$ 个点 (x_i, y_i) 的平面集合，拟合了一个**分片多项式**函数 $\hat{f}(x)$. 函数 $\hat{f}(x)$ 定义为

$$\hat{f}(x)=\begin{cases} p(x) & x \leqslant a \\ q(x) & x > a \end{cases}$$

其中 A 是给定的，$p(x)$ 和 $q(x)$ 是三次或更低次数的多项式：

$$p(x)=\theta_1+\theta_2 x+\theta_3 x^2+\theta_4 x^3, \quad q(x)=\theta_5+\theta_6 x+\theta_7 x^2+\theta_8 x^3$$

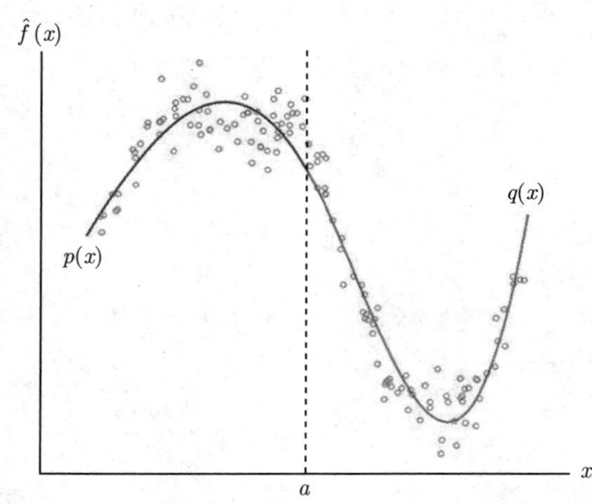

图 16-1　用两个三次多项式对 140 个点进行最小二乘拟合，它满足连续性约束条件 $p(a)=q(a)$ 及 $p'(a)=q'(a)$

340　同时附加条件 $p(a)=q(a)$ 及 $p'(a)=q'(a)$，这样 $\hat{f}(x)$ 是连续的，且在 $x=a$ 处有一阶导数. 假设 N 个数据点被编号为 x_1，$\cdots$，$x_M \leqslant a$，且 x_{M+1}，$\cdots$，$x_N > a$. 预测误差的平方和为

$$\sum_{i=1}^{M}\left(\theta_1+\theta_2 x_i+\theta_3 x_i^2+\theta_4 x_i^3-y_i\right)^2+\sum_{i=M+1}^{N}\left(\theta_5+\theta_6 x_i+\theta_7 x_i^2+\theta_8 x_i^3-y_i\right)^2$$

条件 $p(a)-q(a)=0$ 和 $p'(a)-q'(a)=0$ 是两个线性方程

$$\begin{aligned} \theta_1+\theta_2 a+\theta_3 a^2+\theta_4 a^3-\theta_5-\theta_6 a-\theta_7 a^2-\theta_8 a^3&=0 \\ \theta_2+2\theta_3 a+3\theta_4 a^2-\theta_6-2\theta_7 a-3\theta_8 a^2&=0 \end{aligned}$$

在连续性假设下，最小化预测误差平方和的系数 $\hat{\theta}=\left(\hat{\theta}_1,\cdots,\hat{\theta}_8\right)$ 可通过求解带约束最小二乘问题

$$\begin{array}{ll}\text{最小化} & \|A\theta-b\|^2 \\ \text{使得} & C\theta=d\end{array}$$

得到，其中矩阵与向量 A，b，C，d 定义为

$$A=\begin{bmatrix}1 & x_1 & x_1^2 & x_1^3 & 0 & 0 & 0 & 0\\ 1 & x_2 & x_2^2 & x_2^3 & 0 & 0 & 0 & 0\\ \vdots & \vdots & \vdots & \vdots & \vdots & \vdots & \vdots & \vdots\\ 1 & x_M & x_M^2 & x_M^3 & 0 & 0 & 0 & 0\\ 0 & 0 & 0 & 0 & 1 & x_{M+1} & x_{M+1}^2 & x_{M+1}^3\\ 0 & 0 & 0 & 0 & 1 & x_{M+2} & x_{M+2}^2 & x_{M+2}^3\\ \vdots & \vdots & \vdots & \vdots & \vdots & \vdots & \vdots & \vdots\\ 0 & 0 & 0 & 0 & 1 & x_N & x_N^2 & x_N^3\end{bmatrix},\quad b=\begin{bmatrix}y_1\\ y_2\\ \vdots\\ y_M\\ y_{M+1}\\ y_{M+2}\\ \vdots\\ y_N\end{bmatrix}$$

$$C=\begin{bmatrix}1 & a & a^2 & a^3 & -1 & -a & -a^2 & -a^3\\ 0 & 1 & 2a & 3a^2 & 0 & -1 & -2a & -3a^2\end{bmatrix},\quad d=\begin{bmatrix}0\\ 0\end{bmatrix}$$

这一方法很容易推广到超过两个区间的分片多项式函数. 这一类函数称为**样条函数**.

广告预算配置 继续讨论 12.4 节中描述的例子，其目标是在 n 个不同的渠道中投放广告使得有 m 个不同的消费人群达到（或近似达到）期望的观看数或者印象数. 将渠道开销记为一个 n 向量 s，这一开销获得的观看数集合（在所有不同人群中）可用一个 m 向量 Rs 表示. 模型的目标是最小化目标集上用 v^{des} 给出的观看数散布的平方和. 此外，用约束 $\mathbf{1}^{\mathrm{T}}s=B$ 来限定广告投入的总量，其中 B 为一个给定的总广告预算.（它也可以描述为在 n 个不同的渠道中**配置**的总预算 B. ）这将得到带约束最小二乘问题

$$\begin{array}{ll}\text{最小化} & \left\|Rs-v^{\text{des}}\right\|^2 \\ \text{使得} & \mathbf{1}^{\mathrm{T}}s=B\end{array}$$

341

（这一问题的解 $\hat{s}$ 并不能保证使得元素在此应用中必须有意义所需的所有元素都非负的结论. 但在此处，忽略问题的这一方面. ）

考虑与 12.4 节相同的问题实例，其中人群数为 $m=10$，渠道数 $n=3$，以及那里给出的可达矩阵 R. 最小二乘方法得到的误差均方根为 133（大概 13.3%），其总预算为 $\mathbf{1}^{\mathrm{T}}s^{\text{ls}}=1605$. 希望寻找一个开支计划，使其预算总额减少 20%，$B=1284$. 求解相应的带约束最小二乘问题得到支出向量 $s^{\text{cls}}=(315,110,859)$，目标观看数误差的均方根为 161. 可以将这一开支向量与简单地把最小二乘开支向量放缩 0.8 倍得到的结果进行比较. 简单放缩得到的误差均方根为 239. 对两种支出计划最终得到的印象数在图 16-2 中给出.

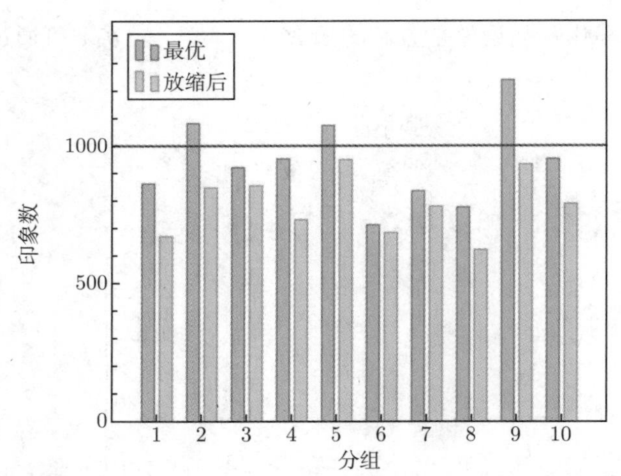

图 16-2 有预算限制的广告投放. “最优”给出了在有预算约束的条件下，带约束最小二乘问题解的向量. “放缩后”则给出了将无约束最小二乘问题的解在满足预算要求的情况下进行放缩后得到的向量，它是图 12-4 中给出向量的标量倍数

最小范数问题

带约束最小二乘问题 (16.1) 的一种重要的特殊情形是 $A=I$，$b=0$ 时：

$$\begin{array}{ll}\text{最小化} & \|x\|^2 \\ \text{使得} & Cx=d\end{array} \tag{16.2}$$

在本问题中，寻找满足线性方程组 $Cx=d$ 且最小化范数的向量. 因此，问题 (16.2) 被称为**最小范数问题**.

342

例子 10 向量 f 表示一系列在没有摩擦的平面上对单位质量物体施加力的作用，每一个力作用 1 秒. 物体初始时速度为零，且位置为零. 利用牛顿定律，其最终的速度和位置由下式给出：

$$\begin{aligned} v^{\mathrm{fin}} &= f_1+f_2+\cdots+f_{10} \\ p^{\mathrm{fin}} &= (19/2)\,f_1+(17/2)\,f_2+\cdots+(1/2)\,f_{10} \end{aligned}$$

（参见练习 2.3. ）

现在假设希望选择力的序列以得到结果 $v^{\mathrm{fin}}=0$，$p^{\mathrm{fin}}=1$，即力的序列将物体移动到右侧 1 米的静止位置. 存在着很多这样的力的序列：例如 $f^{\mathrm{bb}}=(1,-1,0,\cdots,0)$. 这一力的序列将物体 1 秒后加速到 0.5，然后在下一秒将其减速，因此它在两秒后达到速度 0、位置 1. 这之后，给其施加的力为零，因此物体保持它所在的位置，即静止在位置 1. 上标“bb”表示**梆梆**㊀，它意味着一个很大的力作用在移动物体上（第一个“梆”），然后另一个大力（第二

㊀ “梆梆”是一个象声词，描述的是一种控制方法，就好像使用棍棒敲击物体进行控制时所发出的声音. 这一控制方法在不同的领域中有着不同的称呼，但在此处，仍形象地用象声词进行翻译. —— 译者注

个“梆”）作用在物体上将其速度降到零. 对这样选择的 f，力与位置随时间变化的图在图 16-3 中给出.

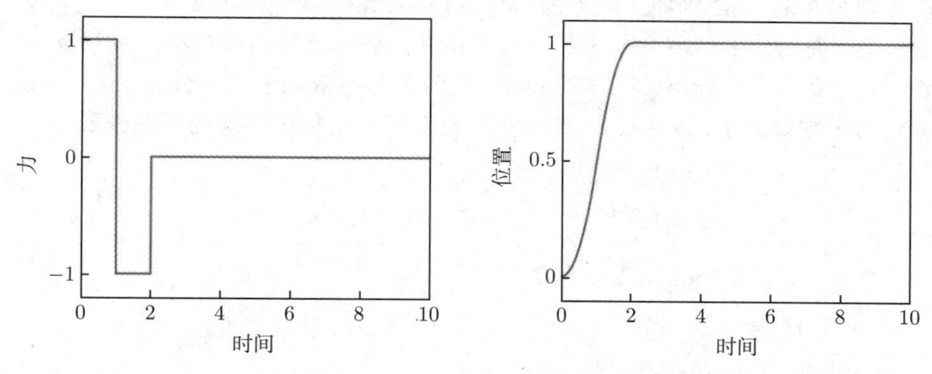

图 16-3　左图：一个力的序列 $f^{\mathrm{bb}}=(1,-1,0,\cdots,0)$ 将物体在 10 秒的时间内移动一个单位距离. 右图：物体在力作用下的位置 $p(t)$

问题是：什么是最小的力的序列使得 $v^{\mathrm{fin}}=0$，$p^{\mathrm{fin}}=1$，其中，最小是使用作用力的平方和 $\|f\|^2=f_1^2+\cdots+f_{10}^2$ 来度量的？这一问题可用如下的最小范数问题进行表示：

$$\begin{array}{ll}\text{最小化} & \|f\|^2 \\ \text{使得} & \begin{bmatrix} 1 & 1 & \cdots & 1 & 1 \\ 19/2 & 17/2 & \cdots & 3/2 & 1/2 \end{bmatrix} f=\begin{bmatrix} 0 \\ 1 \end{bmatrix}\end{array}$$

其变量为 f. 解 f^{ln} 以及最终的位置在图 16-4 中给出. 最小范数解 f^{ln} 的范数平方为 0.0121；相对地，梆梆力序列范数的平方和是 2，是最小范数解的 165 倍. （请特别注意图 16-4 和图 16-3 中纵坐标轴的刻度. ）

343

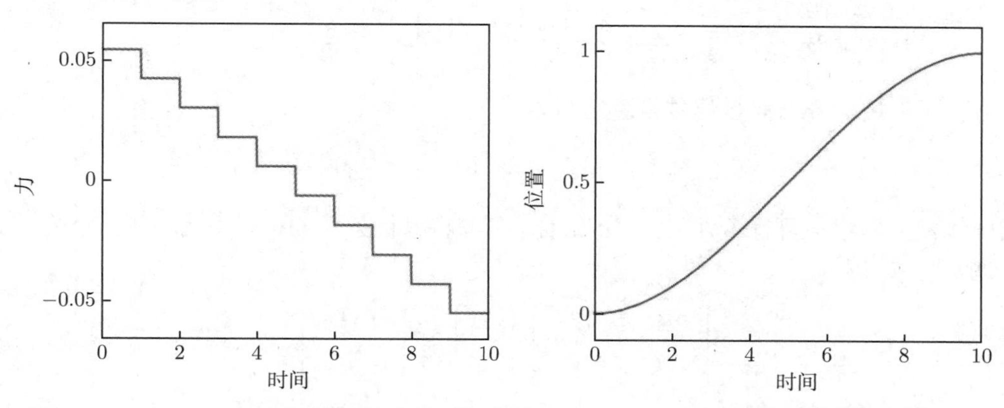

图 16-4　左图：10 步将物体移动单位距离的最小的力的序列 f^{ln}. 右图：物体的最终位置 $p(t)$

16.2 解

最优控制与 Lagrange 乘数 下面将使用**Lagrange 乘数法**（该方法由数学家 Joseph-Louis Lagrange 提出，在 C.3 节中对其进行了概括）来求解带约束最小二乘问题 (16.1). 然后，给出一个独立的关于导出解正确的验证，该验证并不依赖于微积分或 Lagrange 乘数.

首先写出带约束最小二乘问题，其约束为一个有 p 个标量等式约束的列表：

$$\begin{array}{ll}\text{最小化} & \|Ax-b\|^2 \\ \text{使得} & c_i^{\mathrm{T}}x=d_i, \quad i=1,\cdots,p\end{array}$$

其中 c_i^{T} 为 C 的行. 构造**Lagrange 函数**

$$L(x,z)=\|Ax-b\|^2+z_1\left(c_1^{\mathrm{T}}x-d_1\right)+\cdots+z_p\left(c_p^{\mathrm{T}}x-d_p\right)$$

其中 z 为**Lagrange 乘数**对应的 p 向量. Lagrange 乘数法说明，若 $\hat{x}$ 为带约束最小二乘问题的解，则存在一个 Lagrange 乘数 $\hat{z}$ 的集合，满足

$$\frac{\partial L}{\partial x_i}(\hat{x},\hat{z})=0, \quad i=1,\cdots,n, \quad \frac{\partial L}{\partial z_i}(\hat{x},\hat{z})=0, \quad i=1,\cdots,p \tag{16.3}$$

它们是带约束最小二乘问题的**最优条件**. 任何带约束最小二乘问题的解必然满足它们. 现在我们将会看到，最优条件可以表示为一组线性方程的集合.

在最优条件中，第二个方程组可以写为

344

$$\frac{\partial L}{\partial z_i}(\hat{x},\hat{z})=c_i^{\mathrm{T}}\hat{x}-d_i=0, \quad i=1,\cdots,p$$

它表明 $\hat{x}$ 满足等式约束 $C\hat{x}=d$（这已经知道了）. 但是，第一个方程组的信息更为丰富. 将目标 $\|Ax-b\|^2$ 展开为包含元素 x 的项之和的形式（如 12.2 节所做的），并将 L 对 x_i 求偏导数可得

$$\frac{\partial L}{\partial x_i}(\hat{x},\hat{z})=2\sum_{j=1}^{n}\left(A^{\mathrm{T}}A\right)_{ij}\hat{x}_j-2\left(A^{\mathrm{T}}b\right)_i+\sum_{j=1}^{p}\hat{z}_j(c_j)_i=0$$

这些方程可以用矩阵与向量记号紧凑地写为

$$2\left(A^{\mathrm{T}}A\right)\hat{x}-2A^{\mathrm{T}}b+C^{\mathrm{T}}\hat{z}=0$$

将这一线性方程组与可行条件 $C\hat{x}=d$ 结合，可以将最优条件 (16.3) 写为 $n+p$ 个关于变量 $(\hat{x},\hat{z})$ 的线性方程：

$$\left[\begin{array}{cc}2A^{\mathrm{T}}A & C^{\mathrm{T}} \\ C & 0\end{array}\right]\left[\begin{array}{c}\hat{x} \\ \hat{z}\end{array}\right]=\left[\begin{array}{c}2A^{\mathrm{T}}b \\ d\end{array}\right] \tag{16.4}$$

这些方程被称为带约束最小二乘问题的 KKT 方程.（KKT 为 William Karush、Harold Kuhn 和 Albert Tucker 姓氏的第一个字母，他们是对一般形式带约束最优化问题导出最优条件的

三位研究人员.）KKT 方程 (16.4) 为无约束最小二乘问题的正规方程 (12.4) 的推广. 因此，带约束最小二乘问题被化简为求变量为 $(\hat{x}, \hat{z})$ 的一个 $n+p$ 个方程的（方形）线性方程组解的问题.

KKT 矩阵的可逆性 (16.4) 的 $(n+p)\times(n+p)$ 系数矩阵被称为**KKT 矩阵**. 它是可逆的，充要条件是

$$C\text{的各行线性无关，且}\begin{bmatrix} A \\ C \end{bmatrix}\text{的各列线性无关} \tag{16.5}$$

第一个条件要求 C 是宽形（或方形）的，即约束的数量比变量少. 第二个条件依赖于 A 和 C，它甚至在 A 的各列线性相关时也是成立的. 条件 (16.5) 为无约束最小二乘问题的假设 (12.2) 的推广（即 A 的各列线性无关）.

在继续之前，首先验证 KKT 矩阵可逆的充要条件为 (16.5) 成立. 首先假设 KKT 矩阵是不可逆的. 这意味着存在一个非零向量 $(\bar{x}, \bar{z})$ 及

$$\begin{bmatrix} 2A^{\mathrm{T}}A & C^{\mathrm{T}} \\ C & 0 \end{bmatrix}\begin{bmatrix} \bar{x} \\ \bar{z} \end{bmatrix} = 0$$

对上部的分块方程 $2A^{\mathrm{T}}A\bar{x} + C^{\mathrm{T}}\bar{z} = 0$ 左侧乘以向量 $\bar{x}^{\mathrm{T}}$ 得到

$$2\|A\bar{x}\|^2 + \bar{x}^{\mathrm{T}}C^{\mathrm{T}}\bar{z} = 0$$

345

第二个分块方程 $C\bar{x} = 0$ 意味着（通过转置）$\bar{x}^{\mathrm{T}}C^{\mathrm{T}} = 0$，因此上述方程成为 $2\|A\bar{x}\|^2 = 0$，即 $A\bar{x} = 0$. 又由于 $C\bar{x} = 0$，故

$$\begin{bmatrix} A \\ C \end{bmatrix}\bar{x} = 0$$

由于左边矩阵的各列线性无关（由假设），可以得到 $\bar{x} = 0$. 于是，上面的第一块方程变为 $C^{\mathrm{T}}\bar{z} = 0$. 但根据假设，$C^{\mathrm{T}}$ 的各列是线性无关的，故 $\bar{z} = 0$. 由此可得 $(\bar{x}, \bar{z}) = 0$，这便得到了矛盾.

相反的结果也是成立的. 首先假设 C 的各行为线性相关的. 故存在一个非零向量 $\bar{z}$ 使得 $C^{\mathrm{T}}\bar{z} = 0$. 因此

$$\begin{bmatrix} 2A^{\mathrm{T}}A & C^{\mathrm{T}} \\ C & 0 \end{bmatrix}\begin{bmatrix} 0 \\ \bar{z} \end{bmatrix} = 0$$

这说明 KKT 矩阵是不可逆的. 假设 (16.5) 中堆叠矩阵的各列是线性相关的，这意味着存在一个非零向量 $\bar{x}$，使得

$$\begin{bmatrix} A \\ C \end{bmatrix}\bar{x} = 0$$

直接计算表明

$$\begin{bmatrix} 2A^{\mathrm{T}}A & C^{\mathrm{T}} \\ C & 0 \end{bmatrix}\begin{bmatrix} \bar{x} \\ 0 \end{bmatrix}=0$$

这说明 KKT 矩阵是不可逆的.

当条件 (16.5) 成立时，带约束最小二乘问题 (16.1) 有唯一解 $\hat{x}$，

$$\begin{bmatrix} \hat{x} \\ \hat{z} \end{bmatrix}=\begin{bmatrix} 2A^{\mathrm{T}}A & C^{\mathrm{T}} \\ C & 0 \end{bmatrix}^{-1}\begin{bmatrix} 2A^{\mathrm{T}}b \\ d \end{bmatrix} \tag{16.6}$$

（这一公式也给出了 $\hat{z}$，即 Lagrange 乘数集合.）从 (16.6)，观察到解 $\hat{x}$ 是一个 (b,d) 的线性函数.

带约束最小二乘解的直接验证　下面将不使用微积分知识，而采用直接的方法验证 (16.6) 中给出的解 $\hat{x}$ 是在条件 (16.5) 成立时，所有满足约束 $Cx=d$ 的 x 中最小化 $\|Ax-b\|^2$ 的唯一向量. 令 $\hat{x}$ 和 $\hat{z}$ 表示 (16.6) 中给出的向量，故它们满足

$$2A^{\mathrm{T}}A\hat{x}+C^{\mathrm{T}}\hat{z}=2A^{\mathrm{T}}b, \quad C\hat{x}=d$$

假设 $x\neq\hat{x}$ 为任何满足 $Cx=d$ 的向量. 下面证明 $\|Ax-b\|^2>\|A\hat{x}-b\|^2$.

使用与最小二乘问题相同的方法：

346

$$\begin{aligned} \|Ax-b\|^2 &= \|(Ax-A\hat{x})+(A\hat{x}-b)\|^2 \\ &= \|Ax-A\hat{x}\|^2+\|A\hat{x}-b\|^2+2(Ax-A\hat{x})^{\mathrm{T}}(A\hat{x}-b) \end{aligned}$$

展开最后一项：

$$\begin{aligned} 2(Ax-A\hat{x})^{\mathrm{T}}(A\hat{x}-b) &= 2(x-\hat{x})^{\mathrm{T}}A^{\mathrm{T}}(A\hat{x}-b) \\ &= -(x-\hat{x})^{\mathrm{T}}C^{\mathrm{T}}\hat{z} \\ &= -(C(x-\hat{x}))^{\mathrm{T}}\hat{z} \\ &= 0 \end{aligned}$$

第二行中用到了 $2A^{\mathrm{T}}(A\hat{x}-b)=-C^{\mathrm{T}}\hat{z}$，并在最后一行用到了 $Cx=C\hat{x}=d$. 故得到了与无约束最小二乘问题完全相同的结果：

$$\|Ax-b\|^2=\|A(x-\hat{x})\|^2+\|A\hat{x}-b\|^2$$

由此可得 $\|Ax-b\|^2\geqslant\|A\hat{x}-b\|^2$. 因此 $\hat{x}$ 在约束 $Cx=d$ 下，最小化了 $\|Ax-b\|^2$.

剩下的只要证明，当 $x\neq\hat{x}$ 时有严格的不等式 $\|Ax-b\|^2>\|A\hat{x}-b\|^2$，利用上面的方程，它等价于 $\|A(x-\hat{x})\|^2>0$. 若它不成立，则 $A(x-\hat{x})=0$. 此时也有 $C(x-\hat{x})=0$，因此

$$\begin{bmatrix} A \\ C \end{bmatrix}(x-\hat{x})=0$$

根据假设，左边矩阵的各列是线性无关的，故 $x=\hat{x}$.

16.3　求解带约束最小二乘问题

(16.6) 中的带约束最小二乘问题可通过构造并求解 KKT 方程组 (16.4) 求得.

算法 16.1　用 KKT 方程组求解带约束最小二乘问题

给定 一个 $m \times n$ 矩阵 A，一个满足 (16.5) 的 $p \times n$ 矩阵 C，一个 m 向量 b，一个 p 向量 d.

1. *构造 Gram 矩阵*. 计算 $A^{\mathrm{T}}A$.
2. *求解 KKT 方程组*. 利用 QR 分解和回代法求解 KKT 方程组 (16.4).

在假设 (16.5) 成立的前提下，该算法的第二步不会失败. 下面分析该算法的复杂度. 在第一步中，构造 Gram 矩阵，需要 mn^2 次浮点运算（参见 10.1 节）. 第二步要求解一个 $n+p$ 个方程的方形方程组，开销是 $2(n+p)^3$ 次浮点运算，故合计为

$$mn^2 + 2(n+p)^3$$

次浮点运算. 它以 m 的线性形式增长，以 n 和 p 的三次方形式增长. 假设 (16.5) 意味着 $p \leqslant n$，因此就阶数来讲，$(n+p)^3$ 可以用 n^3 替换.

347

用 QR 分解法求解带约束最小二乘问题　下面给出一个求解带约束最小二乘问题的方法，该方法将求解无约束最小二乘问题的 QR 分解法（算法 12.1）推广到带约束最小二乘问题. 假设 A 和 C 满足条件 (16.5).

首先改写 KKT 方程组 (16.4) 为

$$2\left(A^{\mathrm{T}}A + C^{\mathrm{T}}C\right)\hat{x} + C^{\mathrm{T}}w = 2A^{\mathrm{T}}b, \quad C\hat{x} = d \tag{16.7}$$

其中有一个新的变量 $w = \hat{z} - 2d$. 为得到 (16.7)，将方程 $C\hat{x} = d$ 的两边左乘 $2C^{\mathrm{T}}$，然后将其结果加到 (16.4) 中的第一个方程上，最后用变量 $\hat{z}$ 替换 $w + 2d$.

接下来使用 QR 分解

$$\begin{bmatrix} A \\ C \end{bmatrix} = QR = \begin{bmatrix} Q_1 \\ Q_2 \end{bmatrix} R \tag{16.8}$$

来化简 (16.7). 这一分解是存在的，因为根据假设 (16.5)，堆叠矩阵的各列是线性无关的. 在 (16.8) 中，Q 也被划分为两块 Q_1 和 Q_2，它们的大小分别为 $m \times n$ 和 $p \times n$. 若利用 $A = Q_1R$，$C = Q_2R$ 和 $A^{\mathrm{T}}A + C^{\mathrm{T}}C = R^{\mathrm{T}}R$ 对（16.7）进行代换，可以得到

$$2R^{\mathrm{T}}R\hat{x} + R^{\mathrm{T}}Q_2^{\mathrm{T}}w = 2R^{\mathrm{T}}Q_1^{\mathrm{T}}b, \quad Q_2R\hat{x} = d$$

将第一个方程左乘 $R^{-\mathrm{T}}$（已知它是存在的）可得

$$R\hat{x} = Q_1^{\mathrm{T}}b - (1/2)\,Q_2^{\mathrm{T}}w \tag{16.9}$$

将这一表达式代入 $Q_2R\hat{x}=d$ 可得一个关于 w 的方程：

$$Q_2Q_2^{\mathrm{T}}w=2Q_2Q_1^{\mathrm{T}}b-2d \tag{16.10}$$

现在使用假设 (16.5) 的第二部分证明矩阵 $Q_2^{\mathrm{T}}=R^{-\mathrm{T}}C^{\mathrm{T}}$ 的各列是线性无关的．设 $Q_2^{\mathrm{T}}z=R^{-\mathrm{T}}C^{\mathrm{T}}z=0$．乘以 R^{T} 后得到 $C^{\mathrm{T}}z=0$．因为 C 的各行线性无关，这意味着 $z=0$，并可得到 Q_2^{T} 的各列是线性无关的．

因此矩阵 Q_2^{T} 的 QR 分解为 $Q_2^{\mathrm{T}}=\tilde{Q}\tilde{R}$．将其代入 (16.10) 得到

$$\tilde{R}^{\mathrm{T}}\tilde{R}w=2\tilde{R}^{\mathrm{T}}\tilde{Q}^{\mathrm{T}}Q_1^{\mathrm{T}}b-2d$$

它可被写为

$$\tilde{R}w=2\tilde{Q}^{\mathrm{T}}Q_1^{\mathrm{T}}b-2\tilde{R}^{-\mathrm{T}}d$$

这一结果可被用于计算 w，首先可以计算 $\tilde{R}^{-\mathrm{T}}d$（利用前代法），然后构造右端项，最后用回代法求解 w．一旦知道了 w，就可以从 (16.9) 中求 $\hat{x}$．该方法可总结为算法 16.2．

348

算法 16.2 用 QR 分解法求解带约束最小二乘问题

给定 满足 (16.5) 的一个 $m\times n$ 矩阵 A 和一个 $p\times n$ 矩阵 C，一个 m 向量 b，一个 p 向量 d．

1. QR 分解．计算 QR 分解

$$\begin{bmatrix} A \\ C \end{bmatrix}=\begin{bmatrix} Q_1 \\ Q_2 \end{bmatrix}R, \quad Q_2^{\mathrm{T}}=\tilde{Q}\tilde{R}$$

2. 用前代法计算 $\tilde{R}^{-\mathrm{T}}d$．
3. 构造右边项并用回代法求解

$$\tilde{R}w=2\tilde{Q}^{\mathrm{T}}Q_1^{\mathrm{T}}b-2\tilde{R}^{-\mathrm{T}}d$$

4. 计算 $\hat{x}$．构造右边项并用回代法求解

$$R\hat{x}=Q_1^{\mathrm{T}}b-(1/2)\,Q_2^{\mathrm{T}}w$$

对无约束的情形（当 $p=0$ 时），第 1 步化简为计算 A 的 QR 分解，第 2 步和第 3 步并不需要，第 4 步化简为求解 $R\hat{x}=Q_1^{\mathrm{T}}b$．这与求解（无约束）最小二乘问题的算法 12.1 是相同的．

下面给出复杂度分析．第 1 步包括了对一个 $(m+p)\times n$ 和一个 $n\times p$ 矩阵的 QR 分解，其开销为 $2\,(m+p)\,n^2+2np^2$ 次浮点运算．第 2 步需要 p^2 次浮点运算．第 3 步首先计算

$Q_1^{\mathrm{T}} b$（$2mn$ 次浮点运算），将其结果乘以 $\tilde{Q}^{\mathrm{T}}$（$2pn$ 次浮点运算），然后用前代法求解 w（p^2 次浮点运算）. 第 4 步需要 $2mn+2pn$ 次浮点运算来构造右边项，回代法用到 n^2 次浮点运算. 第 2，3，4 步的开销是维数的二次方，故相对于第 1 步，其开销可以忽略不计，最终复杂度就是

$$2\,(m+p)\,n^2+2np^2$$

次浮点运算. 假设（16.5）表明不等式 $p \leqslant n \leqslant m+p$ 成立，因此 $(m+p)n^2 \geqslant np^2$. 所以上述浮点运算数不大于 $4(m+p)n^2$. 特别地，它的阶数为 $(m+p)n^2$.

稀疏带约束最小二乘 考虑很多应用问题中提出的系数为稀疏矩阵 A 和 C 的带约束最小二乘问题，下一章中将看到很多例子. 正如求解线性代数方程组或（无约束）最小二乘问题一样，存在比算法 16.1 或算法 16.2 更高效的求解系数矩阵为稀疏矩阵 A 和 C 的带约束最小二乘问题的方法. 其中最简单的方法使用如下基本算法，即使用稀疏的 QR 分解算法替换传统的 QR 分解算法（参见 10.4 节）.

349

算法 16.1 中构造 KKT 矩阵的一个潜在问题是 Gram 矩阵 $A^{\mathrm{T}}A$ 的稀疏性远小于矩阵 A 的稀疏性. 这一问题可以使用与 12.3 节求解稀疏（无约束）最小二乘问题类似的技巧来避免. 构造一个 $m+n+p$ 个方程的方形线性方程组：

$$\left[\begin{array}{ccc} 0 & A^{\mathrm{T}} & C^{\mathrm{T}} \\ A & -(1/2)\,I & 0 \\ C & 0 & 0 \end{array}\right]\left[\begin{array}{c} \hat{x} \\ \hat{y} \\ \hat{z} \end{array}\right]=\left[\begin{array}{c} 0 \\ b \\ d \end{array}\right] \qquad (16.11)$$

如果 $(\hat{x},\hat{y},\hat{z})$ 满足这些方程，容易看到 $(\hat{x},\hat{z})$ 满足 KKT 方程组 (16.4)；反之，若 $(\hat{x},\hat{z})$ 满足 KKT 方程组 (16.4)，$(\hat{x},\hat{y},\hat{z})$ 满足上面的方程组，其中 $\hat{y}=2\,(A\hat{x}-b)$. 给定稀疏矩阵 A 和 C，上面的系数矩阵是稀疏的，且任何求解稀疏线性方程组的方法都可用于对其进行求解.

最小范数问题的解 此处将前述一般的带约束最小二乘问题 (16.1) 特殊化为最小范数问题 (16.2).

首先从条件 (16.5) 开始. 此时的堆叠矩阵是

$$\left[\begin{array}{c} I \\ C \end{array}\right]$$

它的各列总是线性无关的. 因此条件 (16.5) 化简为：C 的各行线性无关. 此处使用这一假设.

对最小二乘问题，其 KKT 方程组 (16.4) 化简为

$$\left[\begin{array}{cc} 2I & C^{\mathrm{T}} \\ C & 0 \end{array}\right]\left[\begin{array}{c} \hat{x} \\ \hat{z} \end{array}\right]=\left[\begin{array}{c} 0 \\ d \end{array}\right]$$

求解这一问题可以使用一般的带约束最小二乘问题的解法，或者像现在一样直接导出解. 这一方程中第一行的块为 $2\hat{x}+C^{\mathrm{T}}\hat{z}=0$，因此

$$\hat{x}=-(1/2)\,C^{\mathrm{T}}\hat{z}$$

将该结果代入第二块方程 $C\hat{x}=d$，可得

$$-(1/2)\,CC^{\mathrm{T}}\hat{z}=d$$

因为 C 的各行是线性无关的，故 CC^{T} 是可逆的，因此

$$\hat{z}=-2\left(CC^{\mathrm{T}}\right)^{-1}d$$

将这一有关 $\hat{z}$ 的表达式代入上述 $\hat{x}$ 的表达式可得

350

$$\hat{x}=C^{\mathrm{T}}\left(CC^{\mathrm{T}}\right)^{-1}d \tag{16.12}$$

这一个公式中的矩阵以前曾经见过：它是一个各行线性无关的宽形矩阵的伪逆. 因此最小范数问题 (16.2) 的解可以用非常紧凑的形式表示为

$$\hat{x}=C^{\dagger}d$$

在 11.5 节中，已经看到 $C^{\dagger}$ 为 C 的右逆；此处看到，不仅 $\hat{x}=C^{\dagger}d$ 满足 $Cx=d$，它也给出了满足 $Cx=d$ 的最小范数问题的解.

在 11.5 节中，也看到 C 的伪逆可以表示为 $C^{\dagger}=QR^{-\mathrm{T}}$，其中 $C^{\mathrm{T}}=QR$ 为 C^{T} 的 QR 分解. 于是最小范数问题的解可以表示为

$$\hat{x}=QR^{-\mathrm{T}}d$$

并由此得到一个使用 QR 分解算法求解最小范数问题的算法.

算法 16.3　使用 QR 分解法求解最小范数问题

给定 一个各行线性无关的 $p\times n$ 矩阵 C 和一个 p 向量 d.

1. QR 分解. 计算 QR 分解 $C^{\mathrm{T}}=QR$.
2. 计算 $\hat{x}$. 用前代法求解 $R^{\mathrm{T}}y=d$.
3. 计算 $\hat{x}=Qy$.

351

这一算法的复杂度主要是第 1 步中 QR 分解的开销，即 $2np^2$ 次浮点运算.

练习

16.1 最小右逆 设 $m\times n$ 矩阵 A 是宽形的，其各行线性无关. 其伪逆 $A^{\dagger}$ 为 A 的一个右逆. 事实上，A 有很多右逆，并且可以证明 $A^{\dagger}$ 是矩阵范数意义下，这些右逆中最小的一个. 换句话说，若 X 满足 $AX=I$，则 $\|X\|\geqslant\|A^{\dagger}\|$. 需要证明如下的问题.

(a) 设 $AX=I$，并令 $x_1,\cdots,x_m$ 为 X 的各列. 令 b_j 为 $A^{\dagger}$ 的第 j 列. 说明为什么 $\|x_j\|^2\geqslant\|b_j\|^2$. 提示：证明 $z=b_j$ 为满足 $Az=e_j$，$j=1,\cdots,m$ 的最小范数向量.

(b) 使用 (a) 中的不等式证明 $\|X\| \geqslant \|A^\dagger\|$.

16.2 矩阵最小范数问题　矩阵最小范数问题为

$$\begin{array}{ll}\text{最小化} & \|X\|^2 \\ \text{使得} & CX = D\end{array}$$

其中要求的变量为 $n \times k$ 矩阵 X；$p \times n$ 矩阵 C 和 $p \times k$ 矩阵 D 是给定的. 假设 C 的各行线性无关，证明这一问题的解是 $\hat{X} = C^\dagger D$. **提示：** 证明可以通过求解每一个最小范数问题，分别求出 X 的各列.

16.3 与给定点最接近的解　设宽形矩阵 A 的各行线性无关. 在所有满足条件 $Ax = b$ 的向量中，求一个与给定向量 y 最接近（即最小化 $\|x - y\|^2$）的点 x 的表达式.

注：这一问题在 x 为一些要求的输入集合时会出现，$Ax = b$ 表示对集合的要求，y 为某些输入的名义值. 例如，当输入表示每天重新计算的动作（例如，由于 b 每天都会发生改变），y 也许是昨天的动作，今天找到的动作 x 为按照上面方法给出的相对昨天动作变化最小的动作，但前提是满足今天的需要.

16.4 与给定均值最近的向量　令 a 为一个 n 向量，β 为一个标量. 如何求 n 向量 x 使得它与一个所有 n 向量的平均值 β 最接近？给出 x 满足的公式并用文字进行描述.

16.5 验证带约束最小二乘解　随机生成一个 20×10 的矩阵 A 和一个随机 5×10 矩阵 C. 然后生成随机向量 b 和 d，其维数满足带约束最小二乘问题

$$\begin{array}{ll}\text{最小化} & \|Ax - b\|^2 \\ \text{使得} & Cx = d\end{array}$$

通过构造并求解 KKT 方程组来求解 $\hat{x}$. 验证条件非常接近成立，即 $C\hat{x} - d$ 非常小. 求出 $Cx = d$ 的最小范数解 x^{ln}. 向量 x^{ln} 也满足 $Cx = d$（非常接近）. 验证 $\left\|Ax^{\text{ln}} - b\right\|^2 > \|A\hat{x} - b\|^2$.

16.6 改进日常饮食以达到营养需求（练习 8.9 续）　当前每天的饮食情况可用一个 n 向量 d^{curr} 来表示. 说明如何求出满足用 m 向量 n^{des} 表示的营养需要且与 d^{curr} 最接近的饮食 d^{mod}，同时要求开支与当前的饮食 d^{curr} 相同.

16.7 达到行业敞口目标的最小交易成本　当前的投资组合用 n 向量 h^{curr} 给出，其中的元素给出了以美元表示的 n 种资产的数量. 投资组合的总值（或净资产）为 $\mathbf{1}^{\mathrm{T}} h^{\text{curr}}$. 寻找一个新的投资组合，用 n 向量 h 给出，与 h^{curr} 的总值相等. 差 $h - h^{\text{curr}}$ 称为**交易向量**；它给出了每一种资产（用美元表示的）购买或出售的数量. n 种资产可被分为 m 个企业行业，例如药品企业或电子消费品企业. 令 m 向量 s 表示（用美元计的）m 个行业的行业敞口.（参见练习 8.13.）它们由 $s = Sh$ 给出，其中 S 为 $m \times n$ 行业敞口矩阵，其定义为：若资产 j 在行业 i 中，则 $S_{ij} = 1$；若资产 j 不在行业 i 中，则 $S_{ij} = 0$. 新的投资组合必须为一个给定的行业敞口向量 s^{des}.（给定的行业敞口是基于对不同行业中的企业在将来运行好坏的预测给出的.）

352

在所有的投资组合中，都与当前的投资组合有着相同的取值并达到要求的敞口，希望能最小化交易成本，定义为

$$\sum_{i=1}^{n} \kappa_i (h_i - h_i^{\text{curr}})^2$$

它是各资产交易平方的加权和. 权重 κ_i 是正的.（它们依赖于每天的资产交易量，同时也有其他的量. 一般地，有较高交易量的资产交易会比较廉价.）

说明如何用带约束最小二乘法求出 h. 给出可以用来求解 h 的 KKT 方程组.

16.8 最小能量调节器　考虑一个线性动力系统，其动力学方程为 $x_{t+1} = Ax_t + Bu_t$，其中 n 向量 x_t 为时刻 t 的状态，m 向量 u_t 为 t 时刻的输入. 假设 $x = 0$ 表示需要的操作点；目标是寻找一个输入的序列 $u_1, \cdots, u_{T-1}$，使得对给定的初始状态 x_1 有 $x_T = 0$. 选择一个输入序列将状态在时刻 T 变到需要的操作点的过程被称为**调节**.

用 A，B，T 和 x_1，给出输入序列得到调节的一个显式公式，使其最小化 $\|u_1\|^2 + \cdots + \|u_{T-1}\|^2$. 这一输入序列称为**最小能量调节器**.

提示：将 x_T 用 x_1，A，**可控矩阵**

$$C = [A^{T-2}B \quad A^{T-3}B \quad \cdots \quad AB \quad B]$$

和 $(u_1, u_2, \cdots, u_{T-1})$ 进行表示. 可以假设 C 为宽形，且各行线性无关.

16.9 移动物体最光滑的力的序列　考虑 16.1.1 节给出例子中的相同设置，其中 10 向量 f 表示一个在 10 个 1 秒区间内作用在一个单位质量物体上力的序列. 与该例相同，希望找到一个力的序列 f 使得物体达到最终速度为零，且最终位置为 1. 在 16.1.1 节的例子中，选择了范数（平方）最小的 f. 但此处，想要寻找**最光滑**的力的序列，即最小化

$$f_1^2 + (f_2 - f_1)^2 + \cdots + (f_{10} - f_9)^2 + f_{10}^2$$

的序列.（它是假设 $f_0 = 0$，$f_{11} = 0$ 为差的平方和.）说明如何求得这一力的序列. 将其绘制出来，并给出其与 16.1.1 节求得的力序列的一个简单比较.

16.10 移动一个物体到一个给定位置的最小力序列　考虑 16.1.1 节给出例子的相同设置，其中 10 向量 f 表示一个在 10 个 1 秒时间段内作用于一个单位质量物体上力的序列. 在这个例子中，目标为求最小力序列（以 $\|f\|^2$ 度量），使得物体的最终速度为零且最终位置为 1. 此处的问题是，到达最终位置 1 的最小力序列是什么？（对最终速度没有限定.）说明如何求得这一序列，将其与例子中的序列进行对比，给出它们之间差异的一个简单直观的解释.

注：此处，物体的最终位置是给定的，但最终速度没有要求，这种问题通常会出现在与日常生活关系不大的问题中，例如导弹的控制.

16.11 最小距离问题 最小范数问题 (16.2) 的一个变体是最小距离问题，

$$\begin{array}{ll} \text{最小化} & \|x-a\|^2 \\ \text{使得} & Cx=d \end{array}$$

其中 n 向量 x 是需要被确定的，n 向量 a 是给定的，$p\times n$ 矩阵 C 是给定的，p 向量 d 也是给定的. 证明这一问题的解是

$$\hat{x}=a-C^{\dagger}(Ca-d)$$

假设 C 的各行是线性无关的. *提示*：可以直接从最小距离问题的 KKT 方程中直接开始讨论，或者对变量 $y=x-a$ 而不是 x 求解.

16.12 最小范数多项式插值（练习 8.7 续） 求练习 8.7 中给出的满足插值条件且次数为 4 的插值多项式，并最小化其系数的平方和. 绘制出它以验证满足插值条件.

16.13 使用最小范数法的隐写术 在隐写术中，秘密信息使用一种图像看起来相同，但同伴可以识别的方法嵌入到一个图像中. 本练习中，研究一种依赖带约束最小二乘方法的简单隐写术. 秘密信息用一个 k 向量 s 给出，其每一个元素的取值为 $+1$ 或 -1（即布尔向量）. 原始的图像用一个 n 向量 x 给出，其中 n 通常比 k 大很多. 传递（或印制或传输）修改后的信息 $x+z$，其中 z 是一个 n 修正向量. 应当期望 z 是很小的，因此原始图像 x 和修改后的图像 $x+z$（几乎）是相同的. 同伴通过将修改的图像乘以一个 $k\times n$ 的矩阵 D，得到一个 k 向量 $y=D(x+z)$，将接收的信息 s 进行解码. 于是，解码的信息为 $\hat{s}=\mathbf{sign}(y)$.（写为 $\hat{s}$ 以表明它是一个估计，可能与原始的信息并不相同.）矩阵 D 的各列必须线性无关，但其他则是任意的.

(a) *用最小范数编码*. 令 α 为一个正常数. 选择 z 在条件 $D(x+z)=\alpha s$ 下，最小化 $\|z\|^2$.（这保证了解码的信息是正确的，即 $\hat{s}=s$.）用 $D^{\dagger}$，α 和 x 给出 z 的公式.

(b) *复杂度*. 将要加密的信息编码进一张图像中的复杂度是多少？（可以假设 $D^{\dagger}$ 已经计算并进行了存储.）解码秘密信息的复杂度是多少？用一个计算能力为 1Gflops/s 的计算机分别计算当 $k=128$，$n=512^2=262144$（一个 512×512 图像）时，它们需要多长时间？

(c) *试一试*. 选择一张图像 x，其元素的取值在 0（黑色）和 1（白色）之间，一个加密的信息 s，其中 k 比 n 小，例如对一张 512×512 的图像，$k=128$.（这对应于 16 字节，可以被用来编码 16 个符号，即字母、数字或标点符号.）随机选择 D 的元素，并计算 $D^{\dagger}$. 修改后的图像 $x+z$ 的元素可能会超过 $[0,1]$ 的范围. 将任何修改后的图像中的负数用 0 来替换，任何大于 1 的数用 1 来替换. 调整 α，直到原始的和修改后的图像看起来是相同的，但秘密信息仍然被正确进行了编码.（若 α 太小，计算过程中会出现对修改后的图像进行裁剪，或有舍入误差，它们

会导致解码错误，即 $\hat{s} \neq s$. 若 α 太大，对图像的修改会很容易被肉眼分辨. ）一旦选定了 α，就可以用不同的原始图像传递不同的加密信息.

16.14 稀疏带约束最小二乘公式中矩阵的可逆性　证明方程 (16.11) 中的 $(m+n+p) \times (m+n+p)$ 系数矩阵可逆的充要条件是 KKT 矩阵为可逆的，即条件 (16.5) 成立.

354

16.15 将矩阵的每一列用其他各列的线性组合近似　设 A 为一个 $m \times n$ 矩阵，其各列 $a_1, \cdots, a_n$ 线性无关. 对每一个 i，考虑寻找 $a_1, \cdots, a_{i-1}, a_{i+1}, \cdots, a_n$ 的一个最接近 a_i 的线性组合的问题. 这是 n 个标准的最小二乘问题，它们可以用第 12 章给出的方法进行求解. 在本练习中，探讨一个简单的公式，它允许一次性求解 n 个最小二乘问题. 令 $G = A^{\mathrm{T}}A$ 为 Gram 矩阵，$H = G^{-1}$ 为其逆矩阵，各列为 $h_1, \cdots, h_n$.

(a) 说明为什么在 $x_i^{(i)} = -1$ 时，最小化 $\|Ax^{(i)}\|^2$ 就找到了 $a_1, \cdots, a_{i-1}, a_{i+1}, \cdots, a_n$ 的一个最接近 a_i 的线性组合. 这是 n 个带约束最小二乘问题.

(b) 求这些带约束最小二乘问题的 KKT 方程组

$$\begin{bmatrix} 2A^{\mathrm{T}}A & e_i \\ e_i^{\mathrm{T}} & 0 \end{bmatrix} \begin{bmatrix} x^{(i)} \\ z_i \end{bmatrix} = \begin{bmatrix} 0 \\ -1 \end{bmatrix}$$

得到 $x^{(i)} = -(1/H_{ii})\,h_i$. 换句话说：$x^{(i)}$ 为 $(A^{\mathrm{T}}A)^{-1}$ 的第 i 个列向量放缩后使得其第 i 个元素为 -1.

(c) n 个原始最小二乘问题中的每一个都有 $n-1$ 个变量，因此总的复杂度为 $n(2m \cdot (n-1)^2)$ 次浮点运算，它可以近似为 $2mn^3$ 次浮点运算. 将这个复杂度与基于 (b) 部分结果的复杂度进行比较可得：首先求解 A 的 QR 分解；然后计算 H.

(d) 令 d_i 表示 a_i 与其最接近的其他列向量的线性组合的距离. 证明 $d_i = 1/\sqrt{H_{ii}}$.

注：若矩阵 A 是一个数据矩阵，其中 A_{ij} 为第 i 个例子中第 j 个特征的取值，此处给出的问题就是从其他向量中预测每一个特征的问题. 数字 d_i 就给出了每一个特征可从其他向量中预测的好坏程度.

355 ~ 356

第 17 章　带约束最小二乘的应用

本章讨论带等式约束最小二乘的一些应用.

17.1　投资组合优化

在**投资组合优化**（也称为**投资组合选择**）中，需要在某投资周期内投资不同的资产，通常是股票. 其目的是设计投资策略，使得所有投资的组合收益率尽可能地高.（必须接受这样的观点，即要使得平均收益较高，就必须容忍一些收益的变化，即一些风险.）优化一个资产投资组合的想法最早由 Harry Markowitz 在 1953 年提出，由于在经济学中的贡献，他在 1990 年获得诺贝尔奖. 在本节中将说明这一问题的一个版本可以被形式化，并使用线性约束最小二乘问题进行求解.

17.1.1　投资组合风险与收益

投资组合配置权重　将一定额度的资金投资到 n 种不同的资产. 在 n 种资产之间资金的配置被表示为一个配置 n 向量 w，它满足 $\mathbf{1}^{\mathrm{T}}w=1$，即其元素的和为 1. 如果在某周期内，投资总量为 V（美元），则 Vw_j 就给出了资产 j 的投资量.（它可以是负数，表示资产 j 的空头头寸为 $|Vw_j|$.）w 的元素有着不同的称呼，包括**配置比例**、**资产权重**、**资产配置**或就是**权重**.

例如，资产配置 $w=e_j$ 意味着将所有资金都投入到资产 j.（采用这种方式，可以将每一种资产单独看作一个简单的投资组合.）资产配置 $w=(-0.2,0.0,1.2)$ 意味着对资产 1 选择投资总量的五分之一为空头头寸，并将空头头寸处提取的资金加上原有的资金投资给资产 3. 对资产 2 则不予投资.

投资组合的杠杆定义为

$$L=|w_1|+\cdots+|w_n|$$

它是权重绝对值的和. 如果 w 的所有元素都是非负的（它被称为**仅限多头投资组合**），则有 $L=1$；如果某些元素是非负的，则 $L>1$. 如果一个投资组合的杠杆为 5，意味着投资组合的每 1 美元价值中有 3 美元持有的是多头，2 美元持有的是空头.（也可以使用其他方式定义杠杆，例如，$(L-1)/2$.）

采用配置权重的多周期投资　设投资的持有期为 T，例如，一天.（周期也可以是小时、周或月）. 投资收益用一个 $T\times n$ 矩阵 R 表示，其中 R_{tj} 为周期 t 中资产 j 的收益率. 因此 $R_{61}=0.02$ 表示在周期 6 中，资产 1 的收益率是 2%，$R_{82}=-0.03$ 表示在周期 8 中，资产 2

损失了 3%. R 的第 j 列为资产 j 收益的时间序列；R 的第 t 行给出了在周期 t 时，所有投资的收益. 通常假设其中一项资产是现金，其收益率为（正）常数 μ^{rf}，其中上标表示**无风险**. 如果无风险资产是资产 n，则 R 的最后一列是 $\mu^{\mathrm{rf}}\mathbf{1}$.

设在周期 t 开始时，投资总额为（正的）V_t，则第 j 种资产的投资额为 $V_t w_j$. 在第 t 周期末，资产 j 的美元价值为 $V_t w_j\left(1+R_{tj}\right)$，整个投资组合的总美元价值为

$$V_{t+1}=\sum_{j=1}^{n} V_t w_j\left(1+R_{tj}\right)=V_t\left(1+\tilde{r}_t^{\mathrm{T}} w\right)$$

其中 $\tilde{r}_t^{\mathrm{T}}$ 为 R 的第 t 行. 假设 V_{t+1} 是正的；若总投资组合值变成了负值，则称投资组合已经破产，并停止交易.

投资组合在周期 t 上的总收益（比例），即价值增加的比例为

$$\frac{V_{t+1}-V_t}{V_t}=\frac{V_t\left(1+\tilde{r}_t^{\mathrm{T}} w\right)-V_t}{V_t}=\tilde{r}_t^{\mathrm{T}} w$$

请注意，在每一个周期的总投资组合值都是依赖于权重 w 的. 这就需要不断购买和销售资产，使得美元价值的比例再次由 w 给出. 这称为投资组合的**再平衡**.

在 T 个周期的每一个周期，投资组合收益可以被完全地使用矩阵与向量记号表示为

$$r=Rw$$

其中 r 为在 T 个周期中的投资组合收益 T 向量，即投资组合收益的时间序列.（注意到 r 是一个 T 向量，它表示总投资组合收益时间序列，其中 $\tilde{r}_t$ 为一个 n 向量，它给出了在周期 t 内，n 种资产的收益率.）若资产 n 是无风险的，且选择配置 $w=e_n$，则 $r=Re_n=\mu^{\mathrm{rf}}\mathbf{1}$，即在每一个周期上，都得到了一个常数收益 μ^{rt}.

358

周期 t 内的总投资组合值可表示为

$$V_t=V_1\left(1+r_1\right)\left(1+r_2\right)\cdots\left(1+r_{t-1}\right) \tag{17.1}$$

其中 V_1 为周期 $t=1$ 初始的总量. 为方便起见，这一总量的时间序列通常使用 $V_1=10000$ 美元作为初始投资来绘制图形. (17.1) 中的乘积在每一个周期重新计算总投资组合值的时候就会出现（其中包含了所有过去的收益率或亏损率）. 在最简单的情形为，最后的资产是无风险资产，且选择 $w=e_n$ 时，总量增长为 $V_t=V_1\left(1+\mu^{\mathrm{rf}}\right)^{t-1}$. 这称为比例为 μ^{rf} 的**复利**.

当收益率 r_t 很小（比如，几个百分点），且 T 不是太大（比如，几百）时，上面的乘积可以用和或平均收益来估计. 为此，将 (17.1) 写成各项和的形式，每一项都包含了一些收益的乘积. 有一项不包含任何收益，就是 V_1. 有 $t-1$ 项仅包含一个收益率，其形式为 $V_1 r_s$，其中 $s=1,\cdots,t-1$. 展开式中所有的其他项都包含至少两个收益，由于假设收益都很小，故它们可被忽略. 这就得到如下的近似

$$V_t \approx V_1+V_1\left(r_1+\cdots+r_{t-1}\right)$$

当 $t = T + 1$ 时，它可写为

$$V_{T+1} \approx V_1 + T\mathbf{avg}(r)V_1$$

这一近似表明，为最大化最终的总投资组合值，需要寻找较高的收益，即一个使得 $\mathbf{avg}(r)$ 较大的值.

投资组合收益和风险　权重向量 w 的选择是通过投资组合收益时间序列 $r = Rw$ 来评估的. 投资组合（在 T 个周期上的）**平均收益率** 通常简称为**收益率**，它用 $\mathbf{avg}(r)$ 给出.（在 T 个周期上的）投资组合**风险**为投资组合收益的标准差，$\mathbf{std}(r)$.

$\mathbf{avg}(r)$ 和 $\mathbf{std}(r)$ 的取值给出了**每周期**的收益和风险. 它们通常被转化为与它们等价的年度值，此时被称为**年化收益和风险**，一般被表示为百分比. 若一年中有 p 个周期，它们分别定义为

$$P\mathbf{avg}(r), \quad \sqrt{P}\mathbf{std}(r)$$

例如，假设每一个周期为一天（一个交易日）. 则一年中有大概 250 个交易日，因此年化收益和风险为 $250\mathbf{avg}(r)$ 和 $15.81\mathbf{std}(r)$. 因此，一个每周期（每天）收益为 0.05%（0.0005），风险为 0.5%（0.005）的日收益序列 r，其年化收益和风险分别为 12.5% 和 7.9%.（年化风险中 p 的平方根来自假设收益中的偏差随机变化，且周期与周期之间无关.）

359

17.1.2　投资组合优化

人们总是希望寻找 w，既可以达到高收益，又具有低风险. 这意味着寻找投资组合收益 r_t 尽可能地高. 它是一个有两个目标的最优化问题，这两个目标就是收益和风险. 由于有两个目标，这将会得到一族解，它们在收益和风险之间进行权衡. 例如，当最后一种资产是无风险时，投资组合权重 $w = e_n$ 会达到无风险（它是最小可能的取值），其收益率为 μ^{rf}. 可以看到，w 的其他选择可以得到高一些的收益，但风险也同时增加. 在达到某一给定的收益水品的前提下，最小化风险（或在给定的风险水平下，最大化收益）的投资组合权重被称为**Pareto 最优解**. 这一族权重对应的风险和收益通常被绘制在一个风险–收益图中，其横轴为风险，纵轴为收益. 每一个资产都可被（简单）认为是投资组合，对应于 $w = e_j$. 此时，对应的投资组合收益和风险就简单为资产 j 对应的收益和风险（在相同的 T 个周期内）.

一项研究成果是将投资组合收益值固定为一个给定的值 ρ，并最小化所有达到收益要求的投资组合风险. 对一些不同的 ρ 就得到（不同的）投资组合配置向量，它们对风险和收益进行了权衡. 要求投资组合收益为 ρ 可表示为

$$\mathbf{avg}(r) = (1/T)\mathbf{1}^{\mathrm{T}}(Rw) = \mu^{\mathrm{T}}w = \rho$$

其中 $\mu = R^{\mathrm{T}}\mathbf{1}/T$ 是平均资产收益对应的 n 向量. 这是一个 w 的单变量线性方程组. 假设它成立，则风险的平方可以表示为

$$\mathbf{std}(r)^2 = (1/T)\|r - \mathbf{avg}(v)\mathbf{1}\|^2 = (1/T)\|r - \rho\mathbf{1}\|^2$$

因此，为最小化收益值为 ρ 的（平方后的）风险，需要求解带约束最小二乘问题

$$\begin{array}{ll}\text{最小化} & \|Rw-\rho\mathbf{1}\|^2 \\ \text{使得} & \begin{bmatrix}\mathbf{1}^{\mathrm{T}} \\ \mu^{\mathrm{T}}\end{bmatrix} w=\begin{bmatrix}1 \\ \rho\end{bmatrix}\end{array} \tag{17.2}$$

（将因子 $1/T$ 从目标函数中去除，这并不影响结果.）这是一个有两个等式约束条件的带约束最小二乘问题. 第一个约束令配置权重的和为 1，第二个约束要求平均的投资组合收益为 ρ.

投资组合优化问题的解为

$$\begin{bmatrix}w \\ z_1 \\ z_2\end{bmatrix}=\begin{bmatrix}2R^{\mathrm{T}}R & \mathbf{1} & \mu \\ \mathbf{1}^{\mathrm{T}} & 0 & 0 \\ \mu^{\mathrm{T}} & 0 & 0\end{bmatrix}^{-1}\begin{bmatrix}2\rho T\mu \\ 1 \\ \rho\end{bmatrix} \tag{17.3}$$

其中 z_1 和 z_2 为等式约束对应的 Lagrange 乘数（无须关注它们的取值）.

从历史的观点看，投资组合优化问题 (17.2) 与 Markowitz 提出的并不完全一样. 他的公式使用了收益的统计模型，此处使用了实际的（或**实现的**）收益进行了替换.（参见练习 17.2 中给出的一个问题的公式，那是一个接近 Markowitz 原始公式的问题.）

360

未来的收益率及臆测　投资组合优化问题 (17.2) 受到一个概念的严重影响：它需要我们知道资产在周期 $t=1,\cdots,T$ 上的收益以计算在这些周期上的最优配置. 这是愚蠢的：如果我们知道任何未来的收益，就可以使得投资组合收益达到任意想要的数值，只需在具有正收益的资产前附加一个正的大权重，在具有负收益的资产前附加一个负的大权重即可. 但真正的挑战是，无法知道未来的收益.

假设当前时刻是周期 T，知道的（被称为*实现的*）收益矩阵为 R. 基于在周期 $t=1,\cdots,T$ 上观察到的收益，由 (17.2) 求得的投资组合权重 w 仍然很有用，但前提是作如下的臆测：

未来的收益与过去的收益类似　　(17.4)

换句话说，如果在未来周期 $T+1$，$T+2$，$\cdots$ 的资产收益与过去周期 $t=1,\cdots,T$ 的收益自然地相似，则使用 (17.2) 求得的投资组合配置 w 就是可被用在未来周期上的明智选择.

每次投资时，都会被警示假设 (17.4) 并不一定总是成立的；必须要知道，过去的表现并不能保证将来的表现. 假设 (17.4) 通常能够被满足得足够好，因此变得有用，但在“市场转换”时，它不一定成立.

这一情形与第 13 章和第 14 章中使用观察到的数据拟合模型的情形是类似的. 模型使用观察到的过去数据进行训练；但它将被用于对未来的未见数据进行预测. 一个模型只有在未来数据看起来和过去数据相似的情形时才会有用. 并且这一假设通常（但不总是）成立得相当不错.

与模型拟合类似，投资配置向量可以（也应当）在使用之前验证. 例如，利用在某些过去的训练周期上，过去的收益数据求解 (17.2) 得到的权重向量，然后再用其他一些过去的训练周期上的结果来检验其性能. 若投资组合的性能在训练和测试周期上是合理相容的，则对权重向量在未来周期上的使用就会有信心（但无保证）. 例如，确定权重也许使用的是两年前实现的收益，然后在最近一年检验这些权重的性能. 如果通过了检验，则在下一年会使用这些权重. 在投资组合优化中，验证有时又被称为**事后检验**，因为检验投资的方法是使用前面实现的收益，通过检验得到该方法是否能够适用于未来（未知）的收益.

基本假设 (17.4) 通常并不像数据拟合中类似假设成立得一样好，即未来数据应当看起来与过去数据相似. 因此，与一个一般数据拟合的应用问题相比，对投资组合在训练集和测试集上的相关性并没有多大的期待. 这在测试周期的周期数较小，例如 100 时，更是如此；参见 13.2 节的讨论.

361

17.1.3　例子

此处使用 2000 天（8 年）中 19 只股票的日收益数据. 在其中增加一个年化收益为 1% 的无风险资产后，可以得到一个 2000×20 的收益矩阵 R. 图 17-1 中的圆圈给出了 20 种资产的年化风险和收益，即点

$$\begin{bmatrix} \sqrt{250}\,\textbf{std}\,(Re_i) \\ 250\,\textbf{avg}\,(Re_i) \end{bmatrix}, \quad i = 1, \cdots, 20$$

它同时给出了 Pareto 最优风险–收益曲线，以及使用均匀投资组合权重 $w_i = 1/n$ 时的风险和收益. 年化风险、收益和五种投资组合的杠杆（图中的四个 Pareto 最优投资组合和 $1/n$ 投资组合）在表 17-1 中给出.

表 17-1　五种投资组合的年化风险、收益和杠杆

投资组合	收益		风险		杠杆
	训练	测试	训练	测试	
无风险	0.01	0.01	0.00	0.00	1.00
10%	0.10	0.08	0.09	0.07	1.96
20%	0.20	0.15	0.18	0.15	3.03
40%	0.40	0.30	0.38	0.31	5.48
$1/n$	0.10	0.21	0.23	0.13	1.00

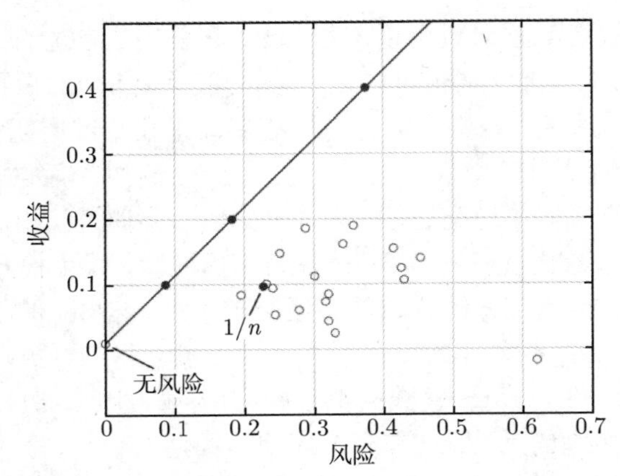

图 17-1 空心的圆圈给出了 20 种资产的年化风险和收益（包含 19 只股票及一个收益率为 1% 的无风险资产）. 实线给出了 Pareto 最优投资组合风险和收益. 点给出了三个收益率为 10%，20% 和 40% 的 Pareto 最优投资组合，投资组合的权重为 $w_i = 1/n$

图 17-2 给出了五种投资组合的投资组合总值 (17.1). 图 17-3 给出了另一个 500 天（两年）测试中投资组合的值.

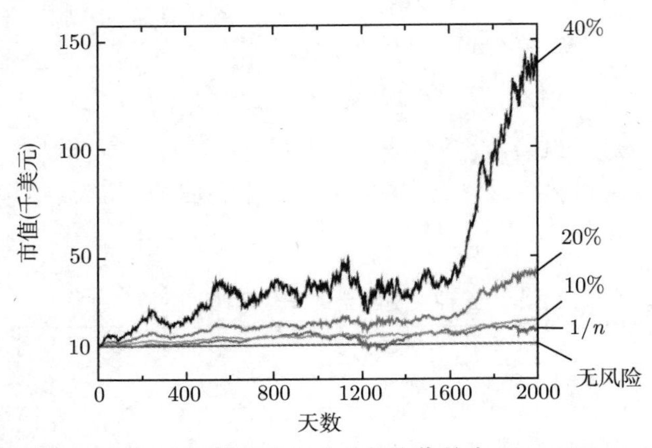

362
~
363

图 17-2 五种投资组合的总值：无风险投资组合的年化收益为 1%，10%，20% 和 40% 的 Pareto 最优投资组合，及均匀投资组合. 总值使用 2000×20 的日收益矩阵 R 来计算

17.1.4 变体

基本的投资组合优化问题 (17.2) 有很多的变体. 此处对其中的一小部分方法进行介绍；其他的一小部分方法在练习中进行探索.

正则化 与数据拟合相同，投资组合优化的公式也会受到过拟合的影响，这意味着根据过去（已经实现的）收益选择的性能很好的权重，在应用于新的（未来的）收益时性能可能很糟糕. 过拟合可通过正则化的方法避免或减轻，此处意味着对不是现金的资产进行惩罚.（这与模型拟合中的正则化是类似的，除与常数特征相关的系数外，所有其他模型系数的大小都受到了惩罚. ）一种自然地在投资组合优化问题 (17.2) 中引入正则化的方法是在平方和各项的权重上乘以一个正的因子 λ

$$\sigma_1^2 w_1^2 + \cdots + \sigma_{n-1}^2 w_{n-1}^2$$

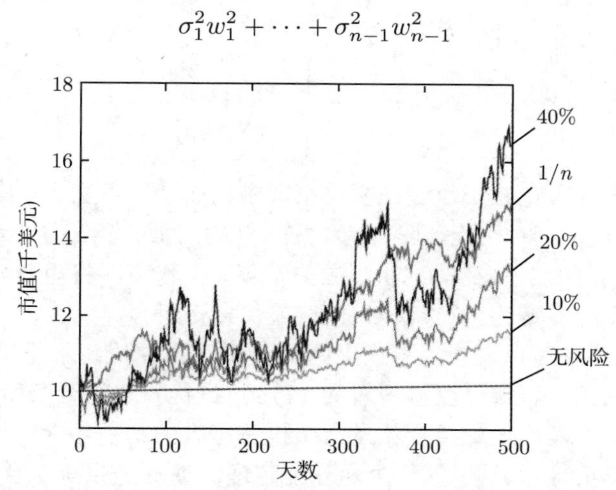

图 17-3 图 17-2 中给出的五种投资组合值用 500 天的数据进行测试

来构造 (17.2) 中的目标函数. 注意，并不惩罚 w_n，因为它与无风险资产相关. 常数 σ_i 为（实现）收益的标准差，即 $\sigma_i = \mathbf{std}(Re_i)$. 这种正则化的权重对风险较大的资产比风险较小的资产权重惩罚得大. 好的 λ 可以通过事后验证进行选择.

364

时变权重 市场是在不断变化的，因此周期性更新或改变配置权重并非不是常见的. 一种极端的情形是，每一个周期都使用一个新的配置向量. 任一周期的配置权重都可以通过求解其在前 M 个周期上的投资组合优化问题得到. （这一方法也可修改为包括测试周期在内.）这一方法中的参数 M 可通过在前面实现的收益上进行验证来选择，即事后验证.

当配置权重随时间变化时，可以在目标函数中增加一个（正则）项 $\kappa \|w^{\text{curr}} - w\|^2$，其中 κ 为一个正常数. 此处 w^{curr} 为当前使用的配置，w 为给出的新配置向量. 附加的正则项促使新分配的向量靠近当前的向量. （当此情形不成立时，投资组合将会过度地购买或销售资产. 这被称为**营业额**，它导致交易成本不包含在简单的模型中. ）参数 κ 应当使用事后验证的方法进行选择，验证时需要考虑对交易成本的估计.

17.1.5 两基金定理

投资组合优化问题 (17.3) 可以表示为如下的形式：

$$\begin{bmatrix} w \\ z_1 \\ z_2 \end{bmatrix} = \begin{bmatrix} 2R^{\mathrm{T}}R & \mathbf{1} & \mu \\ \mathbf{1}^{\mathrm{T}} & 0 & 0 \\ \mu^{\mathrm{T}} & 0 & 0 \end{bmatrix}^{-1} \begin{bmatrix} 0 \\ 1 \\ 0 \end{bmatrix} + \rho \begin{bmatrix} 2R^{\mathrm{T}}R & \mathbf{1} & \mu \\ \mathbf{1}^{\mathrm{T}} & 0 & 0 \\ \mu^{\mathrm{T}} & 0 & 0 \end{bmatrix}^{-1} \begin{bmatrix} 2T\mu \\ 0 \\ 1 \end{bmatrix}$$

取其前 n 个分量，可得

$$w = w^0 + \rho v \tag{17.5}$$

其中 w^0 和 v 为 $(n+2)$ 向量的前 n 个元素, 分别为

$$\begin{bmatrix} 2R^{\mathrm{T}}R & \mathbf{1} & \mu \\ \mathbf{1}^{\mathrm{T}} & 0 & 0 \\ \mu^{\mathrm{T}} & 0 & 0 \end{bmatrix}^{-1} \begin{bmatrix} 0 \\ 1 \\ 0 \end{bmatrix}, \quad \begin{bmatrix} 2R^{\mathrm{T}}R & \mathbf{1} & \mu \\ \mathbf{1}^{\mathrm{T}} & 0 & 0 \\ \mu^{\mathrm{T}} & 0 & 0 \end{bmatrix}^{-1} \begin{bmatrix} 2T\mu \\ 0 \\ 1 \end{bmatrix},$$

方程 (17.5) 表明 Pareto 最优投资组合在权重空间中构成了一条直线，其参数为实现的收益 ρ. 投资组合 w^0 为直线上的一个点，且满足 $\mathbf{1}^{\mathrm{T}}v = 0$ 的向量 v 给出了直线的方向. 这一方程表明，无须对每一个 ρ 的取值求解 (17.3). 首先计算 w^0 和 v（将矩阵分解一次，并用两个步骤求解），然后将收益 ρ 变为 $w^0 + \rho v$ 来构造最优投资组合.

直线上的任意一点都可以表示为直线上两个不同点的仿射组合. 因此，若求出了两个不同的 Pareto 最优投资组合，就可以将一般的 Pareto 最优投资组合表示为它们的仿射组合. 换句话说，所有 Pareto 最优投资组合就是两个投资组合的仿射组合（事实上，任意两个不同的 Pareto 最优投资组合即可）. 这称为**两基金定理**（基金是投资组合的另外一个术语.）

365

假设最后一个资产是无风险的. 投资组合 $w = e_n$ 为 Pareto 最优解，因为它以零风险率达到了收益率 μ^{rf}. 然后求出另一个 Pareto 最优投资组合，例如，可以达到收益 $2\mu^{\mathrm{rf}}$ 的 w^2，其收益是无风险收益的两倍. （此处可以选择任意与 μ^{rf} 不同的收益.）然后可以将一般的 Pareto 最优投资组合表示为

$$w = (1-\theta)\, e_n + \theta w^2$$

其中 $\theta = \rho/\mu^{\mathrm{rf}} - 1$.

17.2 线性二次控制

考虑一个时变的线性动力系统，其状态量为 n 向量 x_t，输入量为 m 向量 u_t，其动力学方程为

$$x_{t+1} = A_t x_t + B_t u_t, \quad t = 1, 2, \cdots \tag{17.6}$$

系统有一个输出，p 向量 y_t，定义为

$$y_t = C_t x_t, \quad t = 1, 2, \cdots \tag{17.7}$$

通常 $m \leqslant n$ 且 $p \leqslant n$，即输入和输出的数量比状态少.

在控制类应用中，输入 u_t 表示可以选择或人为改变的量，如飞机上控制面的偏转或者发动机的推力. 状态 x_t，输入 u_t 和输出 y_t 通常表示相对于某一标准或要求的操作条件处的偏转，如飞行速度和飞行高度相对要求数值的偏离. 正是由于这个原因，x_t，y_t 和 u_t 通常是比较小的.

线性二次控制指的是在时间周期 $t=1,\cdots,T$ 上，选择输出和状态序列的问题，使得目标的平方和在满足动力学方程 (17.6)、输出方程 (17.7) 和附加线性等式约束前提下被最小化.（在“线性二次”中，“线性”指的是线性动力学方程，“二次”指的是目标函数，它是一个平方和.）

多数控制问题都有一个**初始状态约束**，其形式为 $x_1=x^{\text{init}}$，其中 x^{init} 为一个给定的初始状态. 某些控制问题也包括**终止状态约束** $x_T=x^{\text{des}}$，其中 x^{des} 为一个给定的（“需要的”）终止（也被称为最终或目标）状态.

目标函数的形式为 $J=J_{\text{output}}+\rho J_{\text{input}}$，其中

$$
\begin{aligned}
J_{\text{output}} &= \|y_1\|^2+\cdots+\|y_T\|^2=\|C_1x_1\|^2+\cdots+\|C_Tx_T\|^2 \\
J_{\text{input}} &= \|u_1\|^2+\cdots+\|u_{T-1}\|^2
\end{aligned}
$$

正参数 ρ 将输入目标 J_{input} 相对于输出目标 J_{output} 进行了加权.

366

线性二次控制问题（连同初始和终止状态约束）为

$$
\begin{array}{ll}
\text{最小化} & J_{\text{output}}+\rho J_{\text{input}} \\
\text{使得} & x_{t+1}=A_tx_t+B_tu_t, \quad t=1,\cdots,T-1 \\
 & x_1=x^{\text{init}}, \quad x_T=x^{\text{des}}
\end{array}
\tag{17.8}
$$

其中变量是选择 $x_1,\cdots,x_T$ 和 $u_1,\cdots,u_{T-1}$.

带约束最小二乘问题形式　线性二次控制问题 (17.8) 可通过构造一个大的线性约束最小二乘问题进行求解. 定义向量 z 为这些变量的堆叠：

$$
z=(x_1,\cdots,x_T,u_1,\cdots,u_{T-1})
$$

z 的维数为 $Tn+(T-1)m$. 控制目标可以表示为 $\left\|\tilde{A}z-\tilde{b}\right\|^2$，其中 $\tilde{b}=0$ 且 $\tilde{A}$ 为分块矩阵

$$
\tilde{A}=\left[\begin{array}{cccc|ccc}
C_1 & & & & & & \\
 & C_2 & & & & & \\
 & & \ddots & & & & \\
 & & & C_T & & & \\
\hline
 & & & & \sqrt{\rho}I & & \\
 & & & & & \ddots & \\
 & & & & & & \sqrt{\rho}I
\end{array}\right]
$$

在这一矩阵中，没有给出的（分块）元素都是零，右下角单位矩阵的维数为 m.（矩阵中的分隔线将矩阵分为分别与状态和输入相关的部分.）动力学约束、初始和终止状态约束可以

表示为 $\tilde{C}z = \tilde{d}$，其中

$$\tilde{C} = \left[\begin{array}{cccc|cccc} A_1 & -I & & & B_1 & & & \\ & A_2 & -I & & & B_2 & & \\ & & \ddots & \ddots & & & \ddots & \\ & & A_{T-1} & -I & & & & B_{T-1} \\ \hline I & & & & & & & \\ & & & I & & & & \end{array}\right], \quad \tilde{d} = \left[\begin{array}{c} 0 \\ 0 \\ \vdots \\ 0 \\ \hline x^{\text{init}} \\ x^{\text{des}} \end{array}\right]$$

其中没有给出的（分块）元素都是零.（矩阵中的竖线将矩阵分为分别与状态和输入相关的部分，水平线将动力学方程和初始及终止状态约束隔开.）

带约束最小二乘问题

$$\begin{array}{ll} \text{最小化} & \left\|\tilde{A}z - \tilde{b}\right\|^2 \\ \text{使得} & \tilde{C}z = \tilde{d} \end{array} \tag{17.9}$$

的解 $\hat{z}$ 给出了最优输入的轨迹及相应的最优状态（和输出）轨迹. 解 $\hat{z}$ 是 $\tilde{b}$ 和 $\tilde{d}$ 的线性函数，因为 $\tilde{b} = 0$，它是 x^{init} 和 x^{des} 的线性函数.

367

复杂度 较大的带约束最小二乘问题 (17.9) 的维数是

$$\tilde{n} = Tn + (T-1)\,m, \quad \tilde{m} = Tp + (T-1)\,m, \quad \tilde{p} = (T-1)\,n + 2n$$

因此使用 16.2 节中的标准方法需要阶数为

$$(\tilde{p} + \tilde{m})\,\tilde{n}^2 \approx T^3\,(m+p+n)\,(m+n)^2$$

次浮点运算，其中，符号 $\approx$ 意味着丢掉了较小的项. 但矩阵 $\tilde{A}$ 和 $\tilde{C}$ 是非常稀疏的，根据有关稀疏矩阵的研究（参见 16.3 节），较大的带约束最小二乘问题可用阶数为 $T\,(m+p+n)\,(m+n)^2$ 次浮点运算求解，其增长仅是 T 的线性函数.

17.2.1 例子

考虑时不变的线性动力系统，其中

$$A = \begin{bmatrix} 0.855 & 1.161 & 0.667 \\ 0.015 & 1.073 & 0.053 \\ -0.084 & 0.059 & 1.022 \end{bmatrix}, \quad B = \begin{bmatrix} -0.076 \\ -0.139 \\ 0.342 \end{bmatrix}$$

$$C = \begin{bmatrix} 0.218 & -3.597 & -1.683 \end{bmatrix}$$

其初始条件为 $x^{\text{init}} = (0.496, -0.745, 1.394)$，要达到的目标或被要求的终止状态为 $x^{\text{des}} = 0$，$T = 100$. 在本例中，输入 u_t 和输出 y_t 的维数都是一，即标量. 图 17-4 给出了当输入是

0 时的输出

$$y_t = CA^{t-1}x^{\text{init}}, \quad t = 1, \cdots, T$$

它称为开环输出. 图 17-5 给出了目标 J_{input} 和 J_{output} 的最优权衡曲线，它们是通过对不同的参数 ρ，求解问题 (17.9)，并对目标 J_{input} 和 J_{output} 进行评估得到的. 对应于 $\rho = 0.05$, $\rho = 0.2$ 和 $\rho = 1$ 的点在图中用圆圈标出. 通常，当 J_{output} 的开销增加时，增加 ρ 会使得 J_{input} 下降.

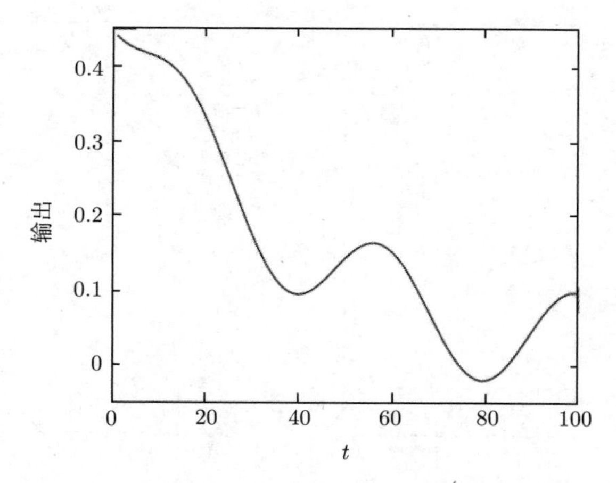

图 17-4　开环响应 $CA^{t-1}x^{\text{init}}$

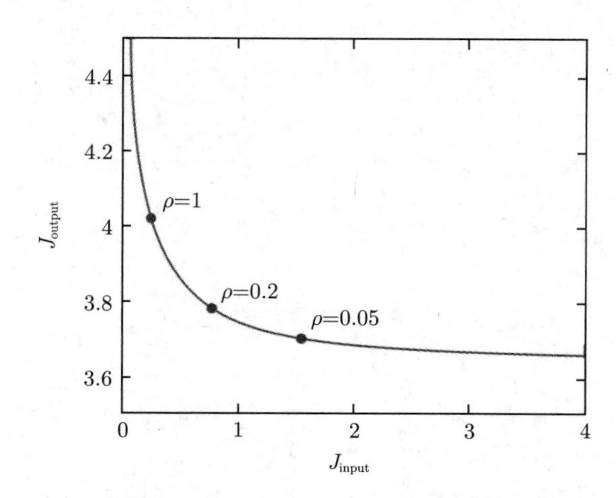

图 17-5　目标 J_{input} 和 J_{output} 的最优权衡曲线

对这三个 ρ 的取值，最优输入和输出轨迹在图 17-6 中给出. 此处也看到，对较大的 ρ，输入较小但输出较大.

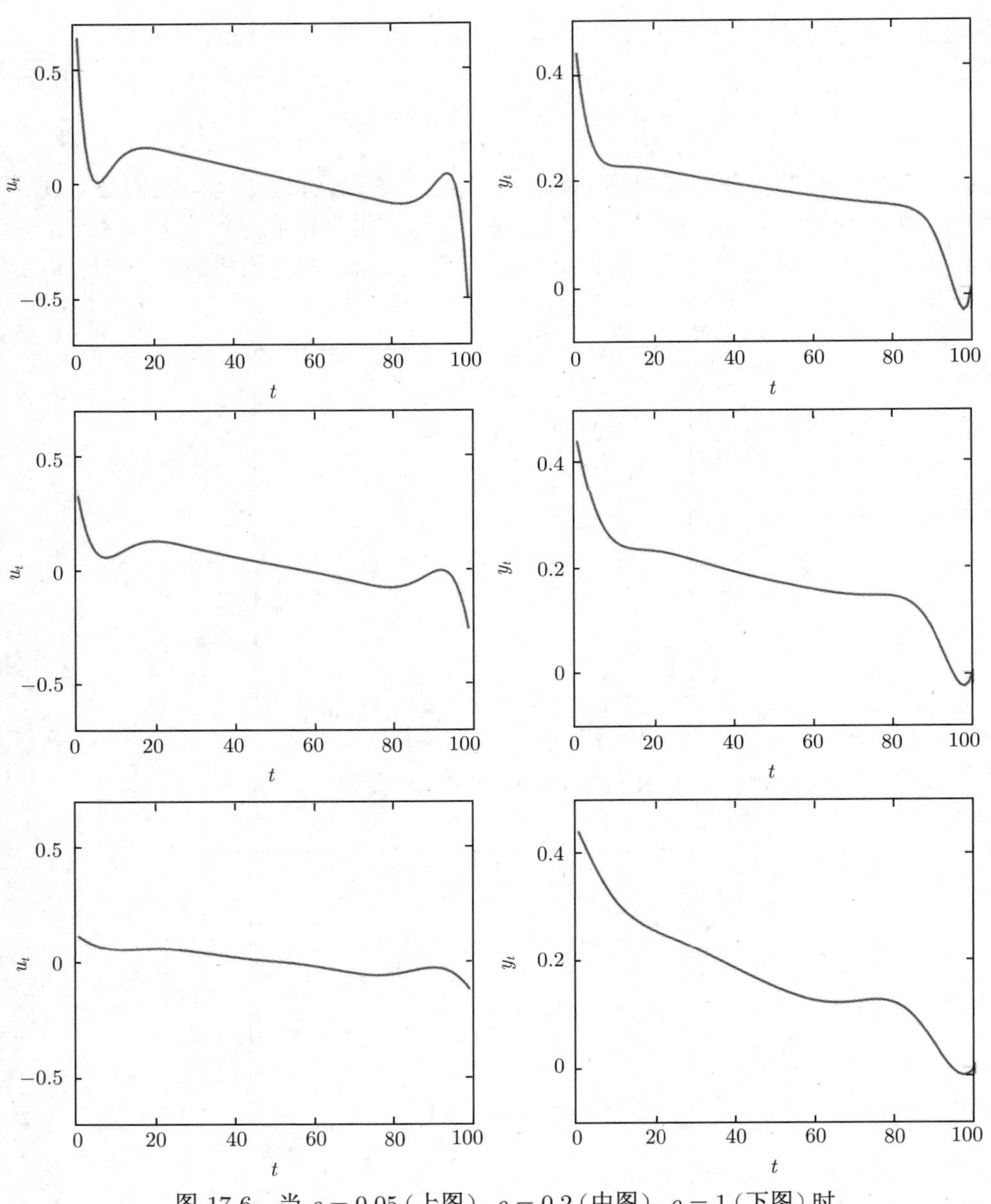

图 17-6 当 $\rho = 0.05$（上图），$\rho = 0.2$（中图），$\rho = 1$（下图）时，最优输入（左图）和输出（右图）

17.2.2 变体

前述基本的线性二次控制问题有很多变体. 下面介绍其中一部分.

跟踪 将 J_{output} 中的 y_t 替换为 $y_t - y_t^{\text{des}}$，其中 y_t^{des} 是一个给定的被要求的轨迹. 此时，目标函数 J_{output} 被称为**跟踪误差**. 当输入轨迹的成本较大时，减小参数 ρ 会得到较好

的跟踪输出. 这一线性二次控制问题的变体可表示为一个线性带约束最小二乘问题，它有着同样大小的矩阵 $\tilde{A}$ 和 $\tilde{C}$，相同的向量 $\tilde{d}$ 和一个非零向量 $\tilde{b}$. 被要求的轨迹 y_t^{des} 在向量 $\tilde{b}$ 中给出.

368 ~ 370

时间加权目标 将 J_{output} 替换为

$$J_{\mathrm{output}} = w_1\|y_1\|^2 + \cdots + w_T\|y_T\|^2$$

其中 w_1，$\cdots$，w_T 为给定的正常数. 这样做就达到了对新旧输出数据施加不同的权重的目的. 一种常见的选择，被称为**指数加权**，即 $w_t = \theta^t$，其中 $\theta > 0$. 当 $\theta > 1$，新数据的权重比旧数据的权重大；对 $\theta < 1$，相反的结果是成立的（此时的 θ 有时被称为**折扣或遗忘因子**）.

路径约束 一种具体的路径约束为 $y_\tau = y^{\mathrm{wp}}$，其中 y^{wp} 为一个给定的 p 向量，τ 为一个给定的路径时间. 该约束通常被用于当 y_t 表示一个车辆的位置的情形；它要求车辆在时间 $t = \tau$ 通过位置 y^{wp}. 路径约束可被表示为在较大向量 z 上的一个线性等式约束.

17.2.3 线性状态反馈控制

在线性二次控制问题中，通过求解带约束最小二乘问题 (17.8)，得到一系列作用到系统中的输入 u_1，$\cdots$，u_{T-1}. 它通常被用于当 $t = T$ 有某些具体含义的情形，例如着陆或车辆停靠的时间.

曾经提到过（在 10.2 节）另外一个简化的线性动力系统的控制结果. 在**线性状态反馈控制**中，每一个周期都会测量状态，并使用输入

$$u_t = Kx_t$$

其中 $t = 1$，2，$\cdots$. 矩阵 K 称为**状态反馈增益矩阵**（state feedback gain matrix）. 状态反馈控制在很多应用问题中广泛使用，特别是在状态必须达到某些被要求的值，但没有固定的未来时间 T 的情形；事实上，要求 x_t 和 u_t 应当很小并收敛到零. 线性状态反馈控制的一个实用优势为可以求得前一时刻的状态反馈矩阵 K；在系统实际操作时，输入的值使用一个简单的矩阵与向量乘法即可. 此处给出如何使用线性二次控制找到一个合适的状态反馈增益矩阵 K.

令 $\hat{z}$ 为线性二次控制问题的解，即线性带约束最小二乘问题 (17.8) 的解，其中 $x^{\mathrm{des}} = 0$. 解 $\hat{z}$ 为 x^{init} 和 x^{des} 的一个线性函数；因为此处 $x^{\mathrm{des}} = 0$，$\hat{z}$ 就是 $x^{\mathrm{init}} = x_1$ 的一个线性函数. 因为在时刻 $t = 1$ 时的最优输入 $\hat{u}_1$ 为 $\hat{z}$ 的一个切片或子向量，由此可得 $\hat{u}_1$ 为 x_1 的一个线性函数，因此可以写为 $u_1 = Kx_1$，其中 K 为 $m \times n$ 矩阵. K 的各列可通过求解 (17.8) 在初始条件为 $x^{\mathrm{init}} = e_1$，$\cdots$，e_n 时的解求得. 这可通过将系数矩阵分解一次，然后求解 n 次来高效地得到.

这一矩阵通常给出了一个状态反馈增益矩阵的好的选择. 利用这样的选择，有状态反馈控制的输入 u_1 与线性二次控制中的值是一样的；当 $t > 1$ 时，这两个输入是不同的. 一个有趣的现象是，采用这种方法求得的状态反馈增益矩阵 K 并不强烈依赖于 T，只要将其选择得足够大即可，但这一内容超过了本书的范围.

371

例子　对 17.2.1 节中的例子，$\rho = 1$ 时的状态反馈增益矩阵为

$$K = \begin{bmatrix} 0.308 & -2.659 & -1.446 \end{bmatrix}$$

在图 17-7 中，给出了线性二次控制和使用简化的线性状态反馈控制 $u_t = Kx_t$ 的轨迹. 可以看到使用线性二次控制求得的输入序列准确地达到 $y_T = 0$；用线性状态反馈控制得到的输入序列使得 y_T 很小，但并不为零.

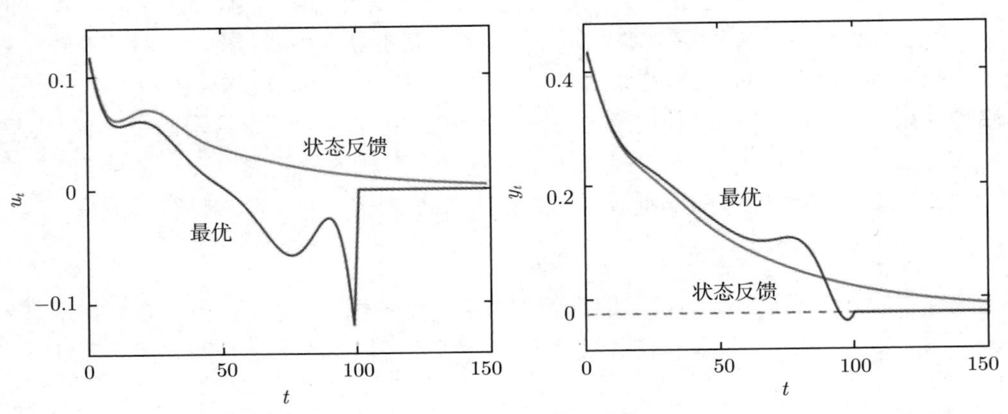

图 17-7　$\rho = 1$ 时 (17.8) 的解，以及线性状态反馈 $u_t = Kx_t$ 的输入和输出结果

17.3　线性二次状态估计

考虑一个线性动力系统，其形式为

$$x_{t+1} = A_t x_t + B_t w_t, \quad y_t = C_t x_t + v_t, \quad t = 1, 2, \cdots \tag{17.10}$$

此处 n 向量 x_t 为系统的状态，p 向量 y_t 为测量值，m 向量 w_t 为输入或过程噪声，p 向量 v_t 为测量到的噪声或残差. 矩阵 A_t, B_t 和 C_t 分别为动力学、输入和输出矩阵.

在**状态估计**中，知道时间周期为 $t = 1, \cdots, T$ 上的矩阵 A_t, B_t 和 C_t，同时得到测量值 $y_1, \cdots, y_T$，但不知道过程或测量中的噪声. 目标是猜测或估计状态序列 $x_1, \cdots, x_T$. 状态估计在很多应用领域中被广泛使用，包括所有制导和导航系统，如全球定位系统（Global Position System，GPS）.

372

由于不知道过程或测量噪声，无法准确地推断状态序列. 事实上，将在满足动力系统模型 (17.10) 的要求下，猜测或估计状态序列 $x_1, \cdots, x_T$ 和过程噪声序列 $w_1, \cdots, w_{T-1}$. 在猜测状态序列时，隐式地猜测了测量误差为 $v_t = y_t - C_t x_t$. 一个最基本的假设是：过程和测量噪声都是较小的，至少不是太大.

主目标函数为测量残差范数的平方和，

$$J_{\text{meas}} = \|v_1\|^2 + \cdots + \|v_T\|^2 = \|C_1x_1 - y_1\|^2 + \cdots + \|C_Tx_T - y_T\|^2$$

如果这个量很小，意味着给出的状态序列猜测与测量的结果是相容的. 请注意，上述的范数平方和的取值与 $-v_t$ 是相同的.

次目标函数为过程噪声范数的平方和，

$$J_{\text{proc}} = \|w_1\|^2 + \cdots + \|w_{T-1}\|^2$$

前面假设过程噪声较小就对应于这一目标函数值较小.

最小二乘状态估计 下面将猜测 $x_1, \cdots, x_T$ 和 $w_1, \cdots, w_{T-1}$，使得目标函数的加权和最小化，并满足动力学约束条件：

$$\begin{array}{ll} \text{最小化} & J_{\text{meas}} + \lambda J_{\text{proc}} \\ \text{使得} & x_{t+1} = A_t x_t + B_t w_t, \quad t = 1, \cdots, T-1 \end{array} \tag{17.11}$$

其中 λ 为一个正参数，它使得强调测量差异较小（令 λ 为一个很小的值），或过程噪声很小（令 λ 为一个很大的值）成为可能. 粗略地讲，小的 λ 意味着更信任测量结果，而大的 λ 意味着对测量结果不太信任，并在选择一个与动力系统相容的轨迹上辅以更大的权重，即有着较小的过程噪声. 后面将看到，如何使用验证的方法选择 λ.

估计与控制 最小二乘状态估计问题与线性二次控制问题非常相似，但表示方法非常不同. 在控制问题中，输入是可以选择的；它们是在控制之下的. 一旦选择了输入，状态序列就知道了. 通过输入来影响状态轨迹是典型的操作. 在估计问题中，输入（在估计问题中被称为过程噪声）是未知的，而问题就是要猜测它们. 主要的工作就是猜测未知的状态序列. 这是一个被动的过程. 它并不通过选择输入来影响状态；而是通过观测输出，并希望由此推导状态序列. 但是，这两个问题的数学表达式则是紧密相关的. 这两个问题之间的紧密关系有时被称为**控制/估计对偶**.

373

带约束最小二乘问题的形式 最小二乘估计问题 (17.11) 可使用堆叠的方法，被形式化为一个线性约束最小二乘问题. 定义堆叠向量

$$z = (x_1, \cdots, x_T, w_1, \cdots, w_{T-1})$$

则 (17.11) 中的目标函数可被表示为 $\left\|\tilde{A}z - \tilde{b}\right\|^2$，其中

$$\tilde{A} = \left[\begin{array}{cccc|ccc} C_1 & & & & & & \\ & C_2 & & & & & \\ & & \ddots & & & & \\ & & & C_T & & & \\ \hline & & & & \sqrt{\lambda}I & & \\ & & & & & \ddots & \\ & & & & & & \sqrt{\lambda}I \end{array}\right], \quad \tilde{b} = \left[\begin{array}{c} y_1 \\ y_2 \\ \vdots \\ y_T \\ \hline 0 \\ \vdots \\ 0 \end{array}\right]$$

(17.11) 中的约束可表示为 $\tilde{C}z=\tilde{d}$，其中 $\tilde{d}=0$ 且

$$\tilde{C}=\left[\begin{array}{cccccc|cccc} A_1 & -I & & & & & B_1 & & & \\ & A_2 & -I & & & & & B_2 & & \\ & & \ddots & \ddots & & & & & \ddots & \\ & & & A_{T-1} & -I & & & & & B_{T-1} \end{array}\right]$$

带约束最小二乘问题的维数为

$$\tilde{n}=Tn+(T-1)\,m,\quad \tilde{m}=Tp+(T-1)\,m,\quad \tilde{p}=(T-1)\,n$$

因此使用 16.2 节中的标准方法进行求解需要使用阶数为

$$(\tilde{p}+\tilde{m})\,\tilde{n}^2\approx T^3\,(m+p+n)\,(m+n)^2$$

次浮点运算. 与线性二次控制相同，矩阵 $\tilde{A}$ 和 $\tilde{C}$ 是非常稀疏的，通过研究这种稀疏性（参见 16.3 节），最大的带约束最小二乘问题可使用阶数为 $T\,(m+p+n)\,(m+n)^2$ 的浮点运算求解，它是随 T 线性增长的.

最小二乘状态估计问题是大约在 1960 年由 Rudolf Kalman 等人（在统计学的框架下）建立的. 他们一起开发了一个特殊的递归算法来求解这一问题，其整个方法逐渐被人们了解并被称为**Kalman 滤波**. 由于这一工作，Kalman 赢得了 1985 年的京都奖（Kyoto Prize）.

17.3.1 例子

考虑一个 $n=4$，$p=2$，$m=2$ 的系统，及时不变矩阵

$$A=\begin{bmatrix} 1 & 0 & 1 & 0 \\ 0 & 1 & 0 & 1 \\ 0 & 0 & 1 & 0 \\ 0 & 0 & 0 & 1 \end{bmatrix},\quad B=\begin{bmatrix} 0 & 0 \\ 0 & 0 \\ 1 & 0 \\ 0 & 1 \end{bmatrix},\quad C=\begin{bmatrix} 1 & 0 & 0 & 0 \\ 0 & 1 & 0 & 0 \end{bmatrix}$$

374

这是一个物体在二维空间中运动的简单模型. x_t 的前两个分量表示位置坐标；第 3 个和第 4 个分量表示速度坐标. 输入 w_t 表示作用在物体上的力，因为它使得速度增加. 将 2 向量 Cx_t 看作是物体在周期 t 时的准确或真实位置. 测量值 $y_t=Cx_t+v_t$ 为物体位置的测量值. 我们希望估计的是在 $t=1,\cdots,T$ 时的状态轨迹，其中 $T=100$.

在图 17-8 中，100 个测量的位置 y_t 用圆圈在二维平面中给出. 曲线给出了 Cx_t，即物体的真实位置. 对 λ 在一定范围上的取值，求解最小二乘状态估计问题 (17.11). 三个 λ 的值对应的估计轨迹 $C\hat{x}_t$ 用另一曲线给出. 可以看到 $\lambda=1$ 对本例来讲太小了：估计的状态过于相信测量值，且它随着测量噪声的变化而变化. 也可以看到 $\lambda=10^5$ 太大了：估计的状态过于光滑（因为估计的过程噪声太小了），但输入噪声的测量值太大了. 本例中，λ 的选择是简单的，因为知道真实的位置轨迹. 以后将会看到如何使用验证的方法对一般的情形选择 λ.

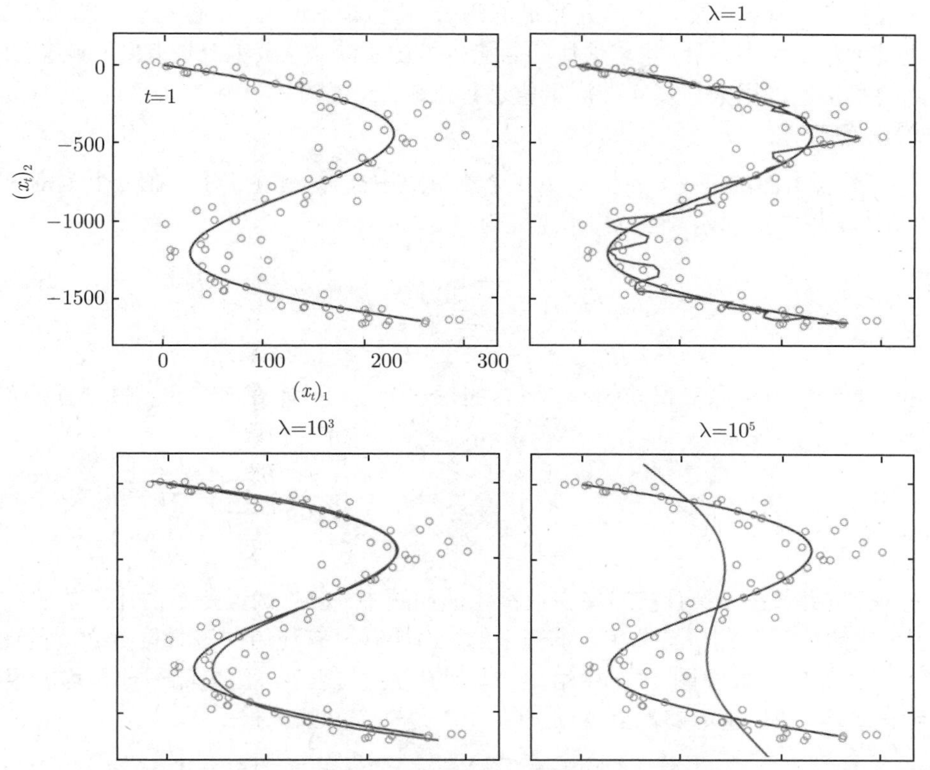

图 17-8　圆圈给出了二维空间中 100 个带噪声的测量值. 每一个图中的其中一条曲线为准确的位置 Cx_t. 后三个图中的另外一条曲线为三个 λ 的取值得到的估计轨迹 $C\hat{x}_t$

17.3.2　变体

已知初始状态　状态估计问题有很多有趣的变体. 例如，若知道初始状态 x_1. 此时只需增加一个等式约束 $x_1 = x_1^{\text{known}}$ 即可.

测量值的缺失　最小二乘状态估计问题的另外一个变体是允许存在**测量值的缺失**，即仅知道 y_t，其中 $t \in \mathcal{T}$，其中 $\mathcal{T}$ 是一个时间的集合，在这一集合上存在测量值. 这一变体可通过两种（等价的）方法进行处理：可以将 $\sum\limits_{t=1}^{T} \|v_t\|^2$ 替换为 $\sum\limits_{t\in\mathcal{T}} \|v_t\|^2$，或将 y_t，其中 $t \notin \mathcal{T}$，也作为优化变量.（两种方法都会得到相同的状态估计序列.）当存在缺失测量值时，可以估计缺失的测量值为

$$\hat{y}_t = C_t\hat{x}_t, \quad t \notin \mathcal{T}$$

（此处假设 $v_t = 0$.）

17.3.3　验证

估计缺失测量值的技术似乎已经直接地给出一个二次状态估计方法的验证方法，且在

实践中来选择 λ. 为实现之，将部分测量值删去（例如，20%），并假设这些测量值缺失了，然后完成最小二乘状态估计. 状态估计的结果也给出了缺失（事实上是有的）测量值的预测，这些预测的结果可以用来与真实的测量值进行比较. 此处选择一个 λ，它可以近似最小化这一（测试）预测误差.

375～376

例子　继续上面的例子，随机从 100 个测量点中去掉 20 个. 对 λ 在一个范围内的取值求解与 (17.11) 相同的问题，但 J_{meas} 定义为

$$J_{\text{meas}} = \sum_{t \in \mathcal{T}} \|Cx_t - y_t\|^2$$

即仅对知道的测量值求测量误差的和. 对 λ 的每一个取值，计算训练和测试误差的均方根

$$E_{\text{train}} = \frac{1}{\sqrt{80p}} \left(\sum_{t \in \mathcal{T}} \|C\hat{x}_t - y_t\|^2 \right)^{1/2}, \quad E_{\text{test}} = \frac{1}{\sqrt{20p}} \left(\sum_{t \notin \mathcal{T}} \|C\hat{x}_t - y_t\|^2 \right)^{1/2}$$

训练误差（平方并放缩后）直接出现在最小化的问题中. 但测试误差是估计方法的一个好的测试，因为它给出了预测位置与（在本例中的）估计时没有使用的测量位置之间的比较. 其误差作为参数 λ 的函数在图 17-9 中给出，本例有些过拟合了，因为测试误差均方根明显超过了训练误差均方根. 也能够看到 λ 大约在 10^3 是一个好的选择.

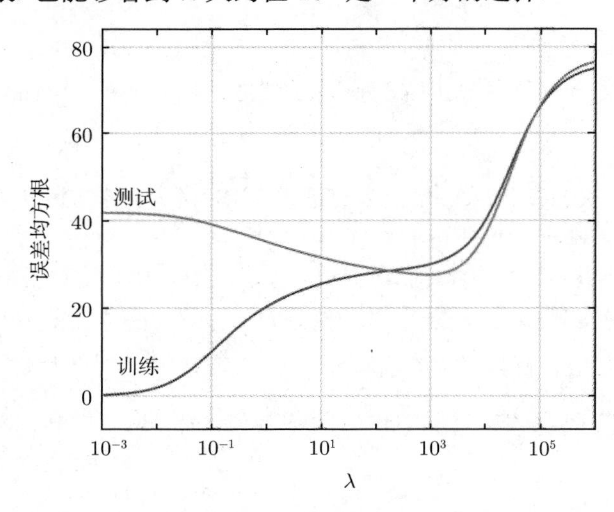

图 17-9　状态估计例子中的测试和训练误差

377

练习

17.1 投资组合优化公式的一个变体　考虑如下线性带约束最小二乘问题 (17.2) 的一个

变体:

$$
\begin{array}{ll}
\text{最小化} & \|Rw\|^2 \\
\text{使得} & \begin{bmatrix} \mathbf{1}^{\mathrm{T}} \\ \mu^{\mathrm{T}} \end{bmatrix} w = \begin{bmatrix} 1 \\ \rho \end{bmatrix}
\end{array}
\tag{17.12}
$$

其变量为 w.（不同之处在于将 (17.2) 范数平方目标函数中出现的项 $\rho\mathbf{1}$ 去掉了.）证明这一问题与 (17.2) 是等价的. 这意味着 w 为 (17.12) 的解的充要条件是它为 (17.2) 的解.

提示: 可以直接将 (17.2) 中的目标函数展开进行讨论，或通过这两个问题的 KKT 系统讨论.

17.2 投资组合优化问题的一个更传统形式 在本问题中，将导出一个与投资组合优化问题 (17.2) 等价的形式，其他形式更为常见.（等价意味着这两个问题总是存在相同的解.）这一形式是基于**收益协方差矩阵**的，这一矩阵将在下面定义.（也请参见练习 10.16.）

资产收益矩阵 R 各列的含义是向量 μ 的元素. **去均值收益矩阵**定义为 $\tilde{R} = R - \mathbf{1}\mu^{\mathrm{T}}$.（矩阵 $\tilde{R} = R - \mathbf{1}\mu^{\mathrm{T}}$ 的各列为资产的去均值收益时间序列.）收益协方差矩阵，通常记为 Σ，为其 Gram 矩阵 $\Sigma = (1/T)\,\tilde{R}^{\mathrm{T}}\tilde{R}$.

(a) 证明 $\sigma_i = \sqrt{\Sigma_{ii}}$ 为资产 i 收益的标准差（风险）.（符号 σ_i 为表示资产 i 收益标准差的传统符号.）

(b) 证明资产 i 和资产 j 收益的相关系数由 $\rho_{ij} = \Sigma_{ij}/(\sigma_i\sigma_j)$ 给出.（假设没有资产的收益是常数；如果有一个资产的收益是常数，则它们是不相关的.）

(c) *使用收益协方差矩阵的投资组合优化*. 证明下面的问题等价于投资组合优化问题 (17.2):

$$
\begin{array}{ll}
\text{最小化} & w^{\mathrm{T}}\Sigma w \\
\text{使得} & \begin{bmatrix} \mathbf{1}^{\mathrm{T}} \\ \mu^{\mathrm{T}} \end{bmatrix} w = \begin{bmatrix} 1 \\ \rho \end{bmatrix}
\end{array}
\tag{17.13}
$$

其中变量为 w. 这是在文献中将会见到的投资组合优化问题的一种形式. *提示*: 证明目标函数是与 $\left\|\tilde{R}w\right\|^2$ 相同的，且对任意可行的 w，它与 $\|Rw - \rho\mathbf{1}\|^2$ 是相同的.

17.3 一个简单的投资组合优化问题

(a) 给出对 $n = 2$ 种资产投资组合优化问题的解析解. 可以假设 $\mu_1 \neq \mu_2$，即两种资产的平均收益是不同的. *提示*: 最优权重仅依赖于 μ 和 ρ，不（直接）依赖于收益矩阵 R.

(b) 给出最优投资组合中所有资产都是多头的条件：一个是空头一个是多头的条件，以及两种资产都是空头的条件. 可以假设 $\mu_1 < \mu_2$，即资产 2 的收益较高. *提示*:

答案需要依赖于 $\rho < \mu_1$，$\mu_1 < \rho < \mu_2$，或 $\mu_2 < \rho$，即被要求的收益与两种资产收益的比较.

17.4 指数跟踪　指数跟踪是 17.1 节中给出的投资组合优化问题的一个变体. 与该问题类似，选择投资组合配置权重向量 w，它满足 $\mathbf{1}^{\mathrm{T}}w = 1$. 这一权重向量给出了一个投资组合收益时间序列 Rw，它是一个 T 向量. 在指数跟踪中，目标是这一收益时间序列与给定的目标收益时间序列 r^{tar} 跟踪（或跟随）得尽可能近. 选择使目标收益时间序列 r^{tar} 和最优投资组合收益时间序列 r 之间偏差均方根最小的 w.（通常目标收益为一个指数的收益，比如道琼斯工业平均指数和罗素 3000 指数.）将指数追踪问题形式化为一个类似 (17.2) 的线性约束最小二乘问题. 类似 (17.3)，给出一个显式的解.

378

17.5 市场中性约束的投资组合优化　在投资组合优化问题 (17.2) 中，投资组合收益时间序列为 T 向量 Rw. 令 r^{mkt} 表示在时刻 $t = 1, \cdots, T$ 整个市场收益的 T 向量.（这是与总市场价值相关的收益，即它是在所有资产的范围内，资产股价与持有量乘积的和.）若一个投资组合的 Rw 与 r^{mkt} 无关，则它被称为是**市场中性**的.

说明如何将带有市场中性约束的投资组合优化问题形式化为一个带约束最小二乘问题. 与 (17.3) 类似，给出一个显式的解.

17.6 波音 747 飞机纵向运动的状态反馈控制　本例中考虑波音 747 飞机在稳定飞行过程中纵向运动的控制问题，飞机的飞行高度为 40000 英尺（12192 米），速度为 774 英尺/秒，即 528 英里每小时（约 850 千米每小时）或 460 节，在这个高度大概是 0.8 马赫.（纵向运动意味着考虑爬升率和速度，但不考虑转弯或翻滚运动.）对于这些稳态或**微调条件**的适度调整，其动力学关系用线性动力系统 $x_{t+1} = Ax_t + Bu_t$ 给出，其中

$$A = \begin{bmatrix} 0.99 & 0.03 & -0.02 & -0.32 \\ 0.01 & 0.47 & 4.70 & 0.00 \\ 0.02 & -0.06 & 0.40 & 0.00 \\ 0.01 & -0.04 & 0.72 & 0.99 \end{bmatrix}, \quad B = \begin{bmatrix} 0.01 & 0.99 \\ -3.44 & 1.66 \\ -0.83 & 0.44 \\ -0.47 & 0.25 \end{bmatrix}$$

时间单位为秒. 状态 4 向量 x_t 包含了偏离微调条件的下列偏差.

- $(x_t)_1$ 为沿飞机机体轴线的速度，单位是英尺/秒，前进方向为正向.
- $(x_t)_2$ 为垂直于机体轴线的速度，单位是英尺/秒，向下的方向为正向.
- $(x_t)_3$ 为机体轴线与水平方向的夹角，单位是 0.01 弧度（0.57°）.
- $(x_t)_4$ 为机体轴线夹角的导数，称为**俯仰率**，单位为 0.01 弧度/秒（0.57°/秒）.

输入的 2 向量 u_t（是可以被控制的）包含了偏离微调条件的如下偏差.

- $(u_t)_1$ 为升降舵（控制面）夹角，单位为 0.01 弧度.
- $(u_t)_2$ 为引擎推力，单位为 10000 磅（约 4.5 吨）.

读者无须知道这些细节；此处提到它们不过是希望读者知道 x_t 和 u_t 元素的含义.

(a) *开环轨迹*. 对初始条件为 $x_1 = e_4$ 时的开环（即 $u_t = 0$）情形，仿真波音 747 的

运动. 绘制出时间变量为 $t=1, \cdots, 120$(两分钟)时状态变量的图像. 在开环仿真中将会看到的震荡对飞行员来说非常熟悉，它被称为**沉浮模态**.

(b) 线性二次控制. 求解线性二次控制问题，其中 $C=I$，$\rho=100$，$T=100$，初始状态为 $x_1=e_4$，需要的终止状态为 $x^{\text{des}}=0$. 绘制 $t=1, \cdots, 120$ 时的状态和输入变量.（当 $t=100, \cdots, 120$ 时，状态和输入变量为零.）

379

(c) 通过求解线性二次控制问题，求 2×4 状态反馈增益矩阵 K，如 17.2.3 节所述，其中 $C=I$，$\rho=100$，$T=100$. 验证它与 $T=50$ 时得到的结果几乎是一样的.

(d) 在初始条件为 $x_1=e_4$ 时仿真状态反馈控制下的波音 747 的运动（即 $u_t=Kx_t$）. 绘制出时间区间为 $t=1, \cdots, 120$ 的状态和输入变量.

17.7 生物量估计 一个生物反应器用来生长三种不同的细菌. 令 x_t 为在时间周期 t（例如，小时）时三种细菌的生物量的 3 向量，其中 $t=1, \cdots, T$. 我们相信这些细菌都会独立地以给定的 3 向量表示的速度增长（其元素都是正的）. 这意味着 $(x_{t+1})_i \approx (1+r_i)(x_t)_i$，其中 $i=1, 2, 3$.（这些方程都是近似的；真实的速率不是常数.）对每一时刻的样本，测量反应器中的生物量，即有测量值 $y_t \approx \mathbf{1}^{\mathrm{T}} x_t$，其中 $t=1, \cdots, T$.（测量值不会精确等于物质总量；存在很小的测量误差.）虽然并不知道生物总量 $x_1, \cdots, x_T$，但希望基于测量值 $y_1, \cdots, y_T$ 估计它们.

将这一问题构建为类似 17.3 节中的线性二次状态估计问题. 确定矩阵 A_t, B_t 和 C_t. 解释参数对生物量估计轨迹 $\hat{x}_1, \cdots, \hat{x}_T$ 的影响.

380

第 18 章　非线性最小二乘

在前面的章节中，研究了求解一个线性方程组或求它们最小二乘近似解的问题. 在本章中，研究这些问题的一些推广，其中，将线性替换为非线性. 这些非线性问题通常很难精确求解，但此处给出一种在实践中一般表现良好的启发式算法.

18.1　非线性方程组和最小二乘

18.1.1　非线性方程组

考虑 m 个有 n 个未知量（或变量）$x=(x_1,\cdots,x_n)$ 的，可能是非线性的方程，它被写为

$$f_i(x)=0,\quad i=1,\cdots,m$$

其中 $f_i:\mathbb{R}^n\to\mathbb{R}$ 是一个标量函数. 称 $f_i(x)=0$ 为第 i 个方程. 对任意 x，称 $f_i(x)$ 为第 i 个**残差**，因为它是一个被期望为零的量. 很多有趣的应用问题可以被表示为求解，也许是近似求解，一个非线性方程组的问题.

为简化问题的记号，令方程的右边项为零. 若需要求解 $f_i(x)=b_i$，$i=1$，$\cdots$，m，其中 b_i 为某给定的非零数字，定义 $\tilde{f}_i(x)=f_i(x)-b_i$，并求解 $\tilde{f}_i(x)=0$，$i=1$，$\cdots$，m，它将给出原始方程组的解. 将方程的右边项假设为零将使得公式和方程得以简化.

通常将方程组写成紧凑的向量形式

$$f(x)=0\tag{18.1}$$

其中 $f(x)=(f_1(x),\cdots,f_m(x))$ 是一个 m 向量，右边零向量的维数为 m. 可以将 f 看作是将 n 向量映射到 m 向量的一个函数，即 $f:\mathbb{R}^n\to\mathbb{R}^m$. 若称 m 向量 $f(x)$ 为与选择的 n 向量相关的残差（向量），则目标就是求使得残差为零的 x.

381

当 f 为一个仿射函数时，方程组 (18.1) 就是 m 个有 n 个未知量的线性方程组，它可以使用前面章节中给出的方法进行求解（或当 $m>n$ 时，在最小二乘的意义下近似求解）. 此处关心的是当 f 不是仿射函数的情形.

下面将不定、方形和超定方程组的概念推广到非线性的情形. 当 $m<n$ 时，方程的个数比未知量少，方程组 (18.1) 就被称为不定的; 当 $m=n$ 时，方程的个数与未知量的个数相等，方程组就被称为方形的; 当 $m>n$ 时，方程的个数比未知量的个数多，方程组就被称为超定的.

18.1.2 非线性最小二乘

在无法求得方程组 (18.1) 的解时，可以通过最小化残差平方和的 x，寻求一个近似解，

$$f_1(x)^2+\cdots+f_m(x)^2=\|f(x)\|^2$$

这意味着求 $\hat{x}$，使得 $\|f(x)\|^2 \geqslant \|f(\hat{x})\|^2$ 对所有 x 都成立. 这样的点被称为 (18.1) 的最小二乘近似解，或更为直接地，称为**非线性最小二乘问题**

$$\text{最小化} \quad \|f(x)\|^2 \tag{18.2}$$

的一个解. 其中 n 向量 x 为一个要求的变量. 当函数 f 为一个仿射函数时，非线性最小二乘问题 (18.2) 退化为第 12 章中的（线性）最小二乘问题.

非线性最小二乘问题 (18.2) 将求解非线性方程组 (18.1) 的问题作为其一个特例，因为任何满足 $f(x)=0$ 的 x 也是非线性最小二乘问题的一个解. 但正如线性方程组的情形，一个非线性方程组的最小二乘近似解通常也非常有用，即便它无法求解方程组. 因此，此处将关注非线性最小二乘问题 (18.2).

18.1.3 最优条件

微积分给出了一个 $\hat{x}$ 为 (18.2) 解的必要条件，即最小化 $\|f(x)\|^2$.（这意味着解必然满足这些条件，但一些不是解的点也满足这些条件.）$\|f(x)\|^2$ 对 x_1，$\cdots$，x_n 的偏导数必须在 $\hat{x}$ 处消失：

$$\frac{\partial}{\partial x_i}\|f(\hat{x})\|^2=0, \quad i=1,\cdots,n$$

382

或者，用向量的形式表示为 $\nabla\|f(\hat{x})\|^2=0$（参见 C.2 节）. 这一梯度可以表示为

$$\nabla\|f(x)\|^2=\nabla\left(\sum_{i=1}^m f_i(x)^2\right)=2\sum_{i=1}^m f_i(x)\nabla f_i(x)=2Df(x)^{\mathrm{T}}f(x)$$

其中 $m\times n$ 矩阵 $Df(x)$ 为函数 f 在点 x 处的 Jacobi 矩阵，即其所有偏导数构成的矩阵（参见 8.2.1 节和 C.1 节）. 因此，若 $\hat{x}$ 最小化了 $\|f(x)\|^2$，则它必然满足

$$2Df(\hat{x})^{\mathrm{T}}f(\hat{x})=0 \tag{18.3}$$

这一**最优条件**必然对非线性最小二乘问题 (18.2) 的所有解都成立. 但最优条件对不是非线性最小二乘问题的解也会成立. 因此，最优条件 (18.3) 被称为最优解的**必要条件**，因为它对任意解 $\hat{x}$ 是必须满足的. 它不是最优解的一个**充分条件**，因为最优条件 (18.3) 还不足以（即不充分）保证得到的点是非线性最小二乘问题的解.

当函数 f 为仿射函数时，最优条件 (18.3) 退化为通常的方程 (12.4)，即（线性）最小二乘问题的最优条件.

18.1.4　求解非线性方程组的困难

求解非线性方程组 (18.1)，或求解非线性最小二乘问题 (18.2)，通常比求解一个线性方程组或一个线性最小二乘问题要困难很多. 对非线性方程组，可能会无解，或有多个解，或有无穷多个解. 与线性方程组不同的是，对一个特定的方程组很难使用可计算的问题来确定它属于这些情形的哪一种；没有类似可应用于线性方程组和最小二乘问题的 QR 分解法的方法. 尽管确定一个非线性方程组是否有解的问题听起来很简单，但它是非常难以计算的. 存在着高级的非启发式算法来精确求解非线性方程组，或精确求解非线性最小二乘问题，但它们是非常复杂的，并且对计算能力的需求极高，因此很少在应用中使用.

了解了求解非线性方程组，或求解非线性最小二乘问题的困难后，就需要降低期望. 仅能期望一个算法通常求得一个解（如果存在一个），或如果无法最小化目标函数，给出一个具有较小残差范数的 x 值即可. 类似这样的算法，通常是可行的，如果不能总得到可能的最好点，则倾向于给出一个较好的点，它们被称为**启发式方法**. 第 4 章中介绍的 k-means 算法就是一个启发式算法的例子. 求解线性方程组或线性最小二乘问题使用的 QR 分解法*不是*启发式的. 这些算法*总是*可以使用的.

对非线性最小二乘问题，很多启发式算法，包括本章后面介绍的方法，都计算一个满足最优条件 (18.3) 的点 $\hat{x}$. 但是，除非 $f(\hat{x})=0$，上述点并不必须是非线性最小二乘问题 (18.2) 的一个解.

383

18.1.5　例子

在本节中，给出一些可以化简为求解一个非线性方程组或一个非线性最小二乘问题的应用问题.

计算平衡点　平衡点的思想在很多应用领域中都会出现，它表明某种类型的消耗和产生是相互平衡的. 消耗和产生依赖于某些参数的取值，这种关系通常是非线性的，问题的目标是寻求参数的取值，使得平衡点可以达到. 这些例子通常满足 $m=n$，即非线性方程组是方形的.

- *价格的平衡点*. 考虑 n 种商品或货物，它们的价格用 n 向量 p 给出. 对 n 种商品的需求（一个 n 向量）为价格的非线性函数，记为 $D(p)$.（8.2 节的例子中，给出了有关需求的一个近似模型，当价格变化为名义价格的几个百分点时，该结果是准确的. 此处考虑在一个较大的价格变动范围上的需求.）商品的供给（一个 n 向量）也是依赖于价格的，定义为 $S(p)$.（例如，当商品的价格较高时，很多生产商都会希望生产它，因此供给量会增加.）

  一个商品价格的集合 p 如果使得供给量与需求量达到平衡，则称之为一个**平衡价格向量**，即 $S(p)=D(p)$. 求平衡价格的集合与求解非线性最小二乘方程组

$$f(p)=S(p)-D(p)=0$$

是相同的.（向量 $f(p)$ 称为在价格集合 p 上的超额供给.）图 18-1 中给出了 $n=1$ 时的简单情形.

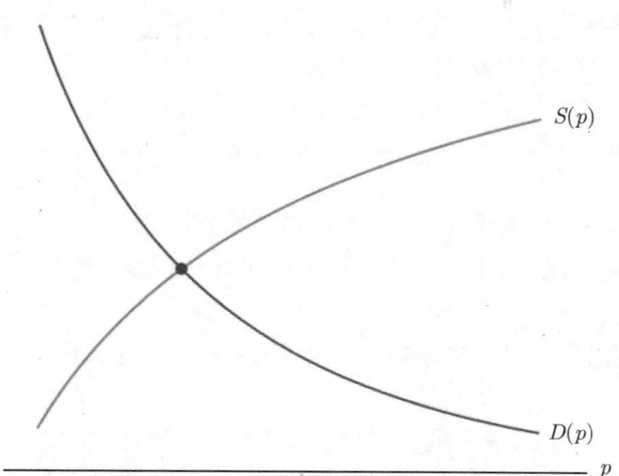

图 18-1 供给与需求是图中横轴表示的价格的函数. 它们的交点用一个圆圈表示. 对应的价格称为平衡价格

- **化学平衡**. 考虑一个反应中的 n 种化学物质. n 向量 c 表示 n 种物质的浓度. 这些物质之间的反应会消耗其中的部分物质（反应物）并生成其他的（生成物）. 每一个反应的速度都是反应物浓度的一个函数（假设其他参数都是固定的，例如温度或催化剂的存在.）令 $C(c)$ 为所有反应中，n 种生成物的总消耗量向量，令 $G(c)$ 为所有反应中，n 种生成物的生成量向量.

  浓度向量 c 若满足 $C(c)=G(c)$, 则称其处于化学平衡状态，即所有物质的消耗速率和生成速率都是平衡的. 计算平衡浓度的集合与求解非线性方程组

$$f(c)=C(c)-G(c)=0$$

  是相同的.

- **力学平衡**. 一个有 N 个结点的三维空间中的力学系统可用结点在空间中的位置刻画，它使用一个 $3N$ 向量 q 将结点的位置堆叠得到，被称为**广义位置**. 每一个结点上的净力是一个 3 向量，依赖于 q，即结点的位置. 它可表示为一个力的 $3N$ 向量 $F(q)$.

  如果在每一个结点上的净力为零，则称该系统处于力学平衡状态.（一个更复杂的力学平衡模型会考虑夹角的位置和在每一结点上的扭矩.）

- **Nash 均衡**. 考虑一个简单的数学游戏. n 个选手或参与者中的每一个都选择一个数 x_i. 每一个选手会得到一个（数值的）奖励（例如，钱），该奖励不仅依赖于自己的选择，同时也依赖于所有其他选手的选择. 对选手 i 的奖励依赖于函数 $R_i(x)$，它被称为支付函数. 每一个选手都希望作出使自己的奖励最大化的选择. 这一问题是非常复杂的，因为奖励并不仅仅依赖于选手自己的选择，它同时依赖于其他选手的选择.

一个**Nash 均衡点**（以数学家 John Forbes Nash，Jr 的名字命名.）为用 n 向量 x 给出的一组选择的集合，它使得没有选手能够通过改变自己的选择来改善（增加）其自身的奖励. 这一选择被称为“稳定的”，因为没有选手愿意改变自身的选择. 在一个 Nash 均衡点，x_i 最大化了 $R_i(x)$，故必然有

$$\frac{\partial R_i}{\partial x_i}(x)=0,\quad i=1,\cdots,n$$

这一 Nash 均衡的必要条件是一个方形的非线性方程组.

384 ≀ 385

Nash 均衡的想法在经济学、社会科学和工程中广泛使用. 基于这一工作，Nash 在 1994 年获得了诺贝尔奖.

非线性最小二乘的例子　非线性最小二乘问题在问题设定和应用方面与线性最小二乘问题是类似的.

- *距离测量中的位置*. 3 向量（或 2 向量）x 表示某物体或目标在三维空间（或二维空间）中的位置，它是需要确定或猜测的. 已知 m 个**距离测量**值，即从 x 到某些已知位置 a_1，$\cdots$，a_m 的距离，

$$\rho_i=\|x-a_i\|+v_i,\quad i=1,\cdots,m$$

其中 v_i 为一个未知的测量误差，假设它很小. 估计的位置 $\hat{x}$ 是通过最小化距离残差的平方和得到的，

$$\sum_{i=1}^{m}\left(\|x-a_i\|-\rho_i\right)^2$$

在 GPS 设备中使用了一个类似的方法，其中 a_i 为已知的可见的 GPS 卫星的位置.

- *非线性模型拟合*. 考虑模型 $y\approx\hat{f}(x;\theta)$，其中 x 为一个特征向量，y 为一个标量的输出，$\hat{f}$ 为与 x 和 y 相关的函数模型，θ 为需要寻找的模型参数向量. 在第 13 章中，$\hat{f}$ 为模型参数为 p 向量 θ 的仿射函数；但此处不一定是这样. 如第 13 章，通过最小化 N 个样本构成的数据集上残差的平方和来选择模型的参数，

$$\sum_{i=1}^{N}\left(\hat{f}\left(x^{(i)};\theta\right)-y^{(i)}\right)^2 \tag{18.4}$$

（正如线性最小二乘模型拟合，可以在这一目标函数中添加正则项.）这是一个非线性最小二乘问题，其变量为 θ.

18.2　Gauss-Newton 算法

本节给出一个求解非线性最小二乘问题 (18.2) 的强大的启发式算法，该算法用两个著名的数学家的名字命名，他们是 Carl Friedrich Gauss 和 Isaac Newton. 在下一节中将描述

Gauss-Newton 算法的一个变体，它称为 Levenberg-Marquardt 算法，该算法弥补了一些基本 Gauss-Newton 算法的不足.

Gauss-Newton 和 Levenberg-Marquardt 算法都是迭代算法，它们能得到一系列点 $x^{(1)}$，$x^{(2)}$，…. 向量 $x^{(1)}$ 被称为算法的**起点**，$x^{(k)}$ 被称为**第 k 次迭代**. 从 $x^{(k)}$ 到 $x^{(k+1)}$ 称为算法的一次**迭代**. 评估迭代使用相关残差的范数，$\|f(x^{(k)})\|$，或者它的平方. 当 $\|f(x^{(k)})\|$ 足够小时，或 $x^{(k+1)}$ 很接近 $x^{(k)}$ 时，或达到了最大的迭代次数时，算法会终止.

386

18.2.1 基本的 Gauss-Newton 算法

Gauss-Newton 算法背后的思想是简单的：在当前迭代中求解函数 f 的一个仿射近似和求解相应线性最小二乘拟合问题来得到下一个迭代点这两步之间交替进行. 它是两个应用数学领域最有力思想的组合：*微积分*被用于构造一个函数在一个给定点附近的仿射近似，*最小二乘*被用于计算得到的仿射方程组的近似解.

下面对这一算法进行更为详细的描述. 在每一个迭代步 k 中，构造在当前迭代点 $x^{(k)}$ 处函数 f 的仿射近似 $\hat{f}$，该结果可用 Taylor 近似给出

$$\hat{f}\left(x;x^{(k)}\right)=f\left(x^{(k)}\right)+Df\left(x^{(k)}\right)\left(x-x^{(k)}\right) \tag{18.5}$$

其中 $m\times n$ 矩阵 $Df(x^{(k)})$ 为函数 f 的 Jacobi 或导数矩阵（参见 8.2.1 节和 C.1 节）. 仿射函数 $\hat{f}(x;x^{(k)})$ 在 x 接近 $x^{(k)}$ 时，是 $f(x)$ 的一个非常好的近似，即 $\|x-x^{(k)}\|$ 非常小.

于是，下一个迭代点 $x^{(k+1)}$ 可通过最小化 $\left\|\hat{f}(x;x^{(k)})\right\|^2$ 求得，它是在 $x^{(k)}$ 处，f 仿射近似的范数平方. 假设导数矩阵 $Df(x^{(k)})$ 的各列是线性无关的（它要求 $m\geqslant n$），则有

$$x^{(k+1)}=x^{(k)}-\left(Df\left(x^{(k)}\right)^{\mathrm{T}}Df\left(x^{(k)}\right)\right)^{-1}Df\left(x^{(k)}\right)^{\mathrm{T}}f\left(x^{(k)}\right) \tag{18.6}$$

这一迭代给出了基本的 Gauss-Newton 算法.

算法 18.1 非线性最小二乘的基本 Gauss-Newton 算法

给定 一个可微函数 $f:\mathbb{R}^n\to\mathbb{R}$，一个初始点 $x^{(1)}$.

对 $k=1$，2，…，$k^{\max}$

1. *在当前迭代点处利用微积分构造仿射近似.* 计算 Jacobi 矩阵 $Df(x^{(k)})$ 并定义

$$\hat{f}\left(x;x^{(k)}\right)=f\left(x^{(k)}\right)+Df\left(x^{(k)}\right)\left(x-x^{(k)}\right)$$

2. *使用线性最小二乘法更新迭代点.* 令 $x^{(k+1)}$ 为 $\left\|\hat{f}(x;x^{(k)})\right\|^2$ 的最小值点，

$$x^{(k+1)}=x^{(k)}-\left(Df\left(x^{(k)}\right)^{\mathrm{T}}Df\left(x^{(k)}\right)\right)^{-1}Df\left(x^{(k)}\right)^{\mathrm{T}}f\left(x^{(k)}\right)$$

Gauss-Newton 算法在 $f(x)$ 很小，或 $x^{(k+1)} \approx x^{(k)}$ 时会提前终止. 如果 $Df\left(x^{(k)}\right)$ 的各列线性相关，则其终止时存在误差.

条件 $x^{(k+1)} = x^{(k)}$（终止条件的准确形式）在

$$\left(Df\left(x^{(k)}\right)^{\mathrm{T}} Df\left(x^{(k)}\right)\right)^{-1} Df\left(x^{(k)}\right)^{\mathrm{T}} f\left(x^{(k)}\right) = 0$$

时成立，该条件只有在 $Df\left(x^{(k)}\right)^{\mathrm{T}} Df\left(x^{(k)}\right) = 0$ 时才会发生（因为已经假设 $Df\left(x^{(k)}\right)$ 的各列线性无关）. 因此 Gauss-Newton 算法只有在最优条件 (18.3) 成立时才会终止.

387

也可以观察到

$$\left\|\hat{f}\left(x^{(k+1)}; x^{(k)}\right)\right\|^2 \leqslant \left\|\hat{f}\left(x^{(k)}; x^{(k)}\right)\right\|^2 = \left\|f\left(x^{(k)}\right)\right\|^2 \tag{18.7}$$

成立，因为 $x^{(k+1)}$ 最小化了 $\left\|\hat{f}\left(x; x^{(k)}\right)\right\|^2$，及 $\hat{f}\left(x^{(k)}; x^{(k)}\right) = f\left(x^{(k)}\right)$. 故**近似残差**的范数在每一次迭代中都是减小的. 这与

$$\left\|f\left(x^{k+1}\right)\right\|^2 \leqslant \left\|f\left(x^{(k)}\right)\right\|^2 \tag{18.8}$$

是不同的，即*残差*在每次迭代后是下降的才是期望的结果.

基本 Gauss-Newton 算法的不足 在下面的例子中将看到，在迭代点 $x^{(k)}$ 快速收敛到一个残差很小的点的时候，Gauss-Newton 算法的效果良好. 但 Gauss-Newton 算法有两个相互关联的严重不足.

第一个是当产生的点列残差范数 $\left\|f\left(x^{(k)}\right)\right\|$ 增大到一个较大的值，而不是相反地期望减小到一个较小的值，算法可能失效.（此时，算法被称为是**发散**的.）这种失效背后的机理与 (18.7) 和 (18.8) 之间的差别有关. 近似公式

$$\|f(x)\|^2 \approx \left\|\hat{f}\left(x; x^{(k)}\right)\right\|^2$$

只有在 x 很接近 $x^{(k)}$ 时才能保证. 因此，当 $x^{(k+1)}$ 不接近 $x^{(k)}$ 时，$\left\|f\left(x^{(k+1)}\right)\right\|^2$ 和 $\left\|\hat{f}\left(x^{(k+1)}; x^{(k)}\right)\right\|^2$ 可能会非常不同. 特别地，在 $x^{(k+1)}$ 的（真实）残差可能比在 $x^{(k)}$ 处的残差大.

第二个是基本的 Gauss-Newton 算法假设导数矩阵 $Df\left(x^{(k)}\right)$ 的各列是线性无关的. 在一些应用问题中，这一假设永远不会成立；在其他一些应用中，该假设可能在某些迭代点 $x^{(k)}$ 不成立，此时，Gauss-Newton 算法会终止，因为 $x^{(k+1)}$ 无法求得.

在 18.3 节中将看到对 Gauss-Newton 算法的一个简单的修正，它弥补了所有这些不足.

18.2.2 牛顿算法

对 $m = n$ 的特殊情形，Gauss-Newton 算法退化为另一种求解 n 个变量 n 个非线性方程构成的方程组的著名方法，称为 Newton 算法.（该算法有时又被称为 Newton-Raphson

算法，因为 Newton 只给出了这一方法在 $n=1$ 时的情形，之后 Joseph Raphson 将其推广到 $n>1$ 的情形. ）

当 $m=n$ 时，矩阵 $Df\left(x^{(k)}\right)$ 是方形的，因此基本的 Gauss-Newton 更新 (18.6) 可以化简为

$$\begin{aligned} x^{(k+1)} &= x^{(k)} - \left(Df\left(x^{(k)}\right)\right)^{-1}\left(Df\left(x^{(k)}\right)^{\mathrm{T}}\right)^{-1} Df\left(x^{(k)}\right)^{\mathrm{T}} f\left(x^{(k)}\right) \\ &= x^{(k)} - \left(Df\left(x^{(k)}\right)\right)^{-1} f\left(x^{(k)}\right) \end{aligned}$$

这一迭代就给出了 Newton 算法.

388

算法 18.2　求解非线性方程组的 Newton 算法

给定一个可微函数 $f:\mathbb{R}^n \to \mathbb{R}^n$，一个初始点 $x^{(1)}$.

对 $k=1，2，\cdots，k^{\max}$

1. *在当前迭代点处利用微积分构造仿射近似.* 计算 Jacobi 矩阵 $Df\left(x^{(k)}\right)$ 并定义

$$\hat{f}\left(x; x^{(k)}\right) = f\left(x^{(k)}\right) + Df\left(x^{(k)}\right)\left(x - x^{(k)}\right)$$

2. *使用线性最小二乘更新迭代点.* 令 $x^{(k+1)}$ 为 $\hat{f}(x;x^{(k)})=0$ 的解，

$$x^{(k+1)} = x^{(k)} - \left(Df\left(x^{(k)}\right)\right)^{-1} f\left(x^{(k)}\right)$$

基本的 Newton 算法与基本的 Gauss-Newton 算法有着相同的不足，即它们可能发散，且当导数矩阵不可逆时迭代会终止.

$n=1$ 时的 Newton 算法

在 $n=1$ 时，Newton 算法很容易理解. 其迭代过程为

$$x^{(k+1)} = x^{(k)} - f\left(x^{(k)}\right) / f'\left(x^{(k)}\right) \tag{18.9}$$

其说明见图 18-2. 为更新 $x^{(k)}$，构造 Taylor 近似

$$\hat{f}\left(x; x^{(k)}\right) = f\left(x^{(k)}\right) + f'\left(x^{(k)}\right)\left(x - x^{(k)}\right)$$

并令其为零以求得下一个迭代点 $x^{(k+1)}$. 若 $f'\left(x^{(k)}\right) \neq 0$，则 $\hat{f}\left(x; x^{(k)}\right) = 0$ 的解可通过 (18.9) 的右边项求得. 如果 $f'(x^{(k)}) = 0$，则 Newton 算法会由于出错而终止.

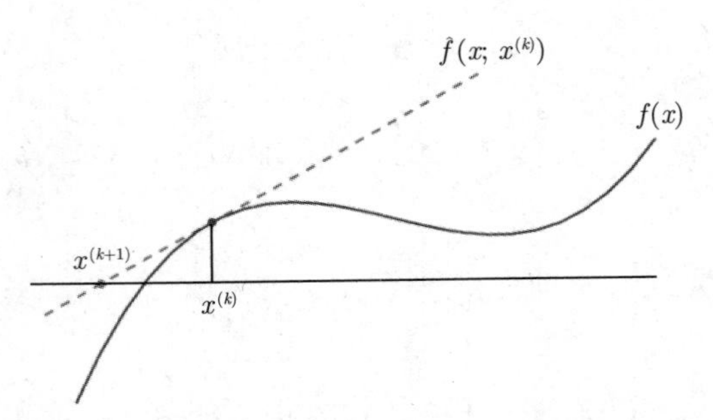

389

图 18-2　求解单变量方程 $f(x)=0$ Newton 算法的一个迭代过程

例子　函数

$$f(x)=\frac{\mathrm{e}^{x}-\mathrm{e}^{-x}}{\mathrm{e}^{x}+\mathrm{e}^{-x}} \tag{18.10}$$

在原点有唯一的零点，即 $f(x)=0$ 的唯一解为 $x=0$.（这一函数被称为**sigmoid 函数**，在后面它还会再次出现.）从起点 $x^{(1)}=0.95$ 开始的 Newton 迭代快速地收敛到解 $x=0$. 但若起点为 $x^{(1)}=1.15$，则迭代是发散的. 这些过程在图 18-3 和图 18-4 中给出.

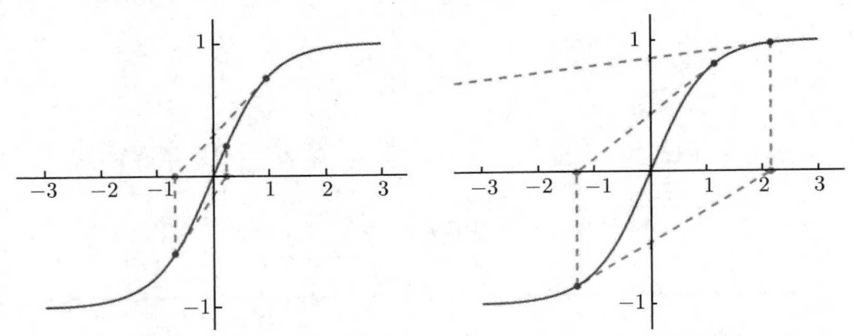

图 18-3　求解 $f(x)=0$ 的第一次迭代，其两个起点为：$x^{(1)}=0.95$ 和 $x^{(1)}=1.15$

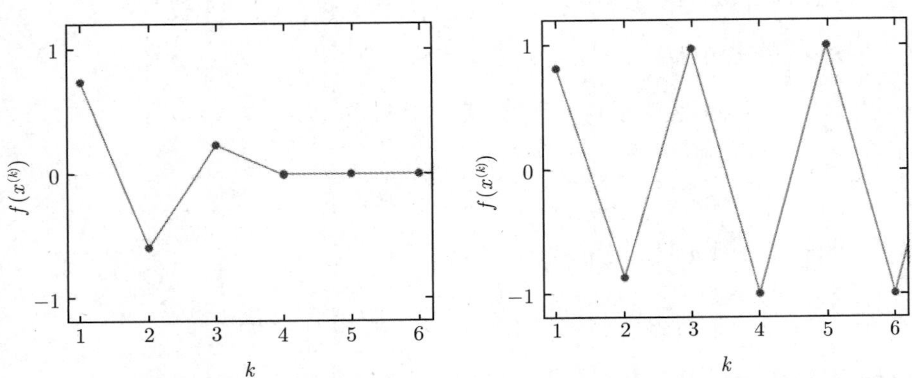

图 18-4　图 18-3 Newton 算法的例子中，$f(x^{(k)})$ 的取值随迭代步数 k 的变化，起点分别为 $x^{(1)}=0.95$ 和 $x^{(1)}=1.15$

390

18.3 Levenberg-Marquardt 算法

本节介绍一个基本的 Gauss-Newton 算法（也是 Newton 算法）的变体，该算法解决了前面描述的不足. 这一变体直接来源于本书曾经介绍过的思想. 该方法首先由 Kenneth Levenberg 和 Donald Marquardt 提出，并被称为 Levenberg-Marquardt 算法. 有时它也被称为 Gauss-Newton 算法，因为它是前述基本 Gauss-Newton 算法的一个自然推广.

多目标更新公式 Gauss-Newton 算法的主要问题是近似 $\left\|\hat{f}\left(x;x^{(k)}\right)\right\|^2$ 的最小值点可能与当前迭代点 $x^{(k)}$ 相差很远，此时，近似式 $\hat{f}\left(x;x^{(k)}\right) \approx f(x)$ 不一定成立，这意味着 $\left\|\hat{f}\left(x;x^{(k)}\right)\right\|^2 \approx \|f(x)\|^2$ 不一定成立. 因此，在选择 $x^{(k+1)}$ 时，有两个目标：期望 $\left\|\hat{f}\left(x;x^{(k)}\right)\right\|^2$ 较小，并且 $\|x-x^{(k)}\|^2$ 也较小. 第一个目标实际上是希望最小化地近似；第二个目标表明不能偏离得太远，否则仿射近似不再可信. 这表明，应当选择 $x^{(k+1)}$ 为

$$\left\|\hat{f}\left(x;x^{(k)}\right)\right\|^2+\lambda^{(k)}\left\|x-x^{(k)}\right\|^2 \tag{18.11}$$

的最小值点，其中 $\lambda^{(k)}$ 为一个正参数. 在参数 λ 的上面增加一个迭代上标，因为它在不同的迭代中可以取不同的值. 当 $\lambda^{(k)}$ 很小时，主要最小化第一项，即最小化近似范数平方；当 $\lambda^{(k)}$ 较大时，选择接近 $x^{(k)}$ 的 $x^{(k+1)}$.（当 $\lambda^{(k)}=0$ 时，它与基本的 Gauss-Newton 算法给出下一个迭代点的过程是一致的.）(18.11) 的第二项有时被称为**置信惩罚**项，它惩罚了与 $x^{(k)}$ 距离较远的 x 的选择，因为仿射近似不可信. 参数 $\lambda^{(k)}$ 有时被称为**置信参数**（尽管称为“不置信参数”更为准确.）

计算 (18.11) 的最小值是一个多目标最小二乘或正则最小二乘问题，它等价于最小化

$$\left\|\left[\begin{array}{c} Df\left(x^{(k)}\right) \\ \sqrt{\lambda^{(k)}}I \end{array}\right]x-\left[\begin{array}{c} Df\left(x^{(k)}\right)x^{(k)}-f\left(x^{(k)}\right) \\ \sqrt{\lambda^{(k)}}x^{(k)} \end{array}\right]\right\|^2$$

因为 $\lambda^{(k)}$ 是正的，此最小二乘问题堆叠矩阵的各列是线性无关的，即便 $Df\left(x^{(k)}\right)$ 并非如此. 由此可得最小二乘问题的解存在且唯一. 利用最小二乘问题的正规方程组，可以导出 $x^{(k+1)}$ 的一个有用的公式：

$$\begin{aligned}
&\left(Df\left(x^{(k)}\right)^{\mathrm{T}}Df\left(x^{(k)}\right)+\lambda^{(k)}I\right)x^{(k+1)} \\
&=Df\left(x^{(k)}\right)^{\mathrm{T}}\left(Df\left(x^{(k)}\right)x^{(k)}-f\left(x^{(k)}\right)\right)+\lambda^{(k)}x^{(k)} \\
&=\left(Df\left(x^{(k)}\right)^{\mathrm{T}}Df\left(x^{(k)}\right)+\lambda^{(k)}I\right)x^{(k)}-Df\left(x^{(k)}\right)^{\mathrm{T}}f\left(x^{(k)}\right)
\end{aligned}$$

391

因此

$$x^{(k+1)}=x^{(k)}-\left(Df\left(x^{(k)}\right)^{\mathrm{T}}Df\left(x^{(k)}\right)+\lambda^{(k)}I\right)^{-1}Df\left(x^{(k)}\right)^{\mathrm{T}}f\left(x^{(k)}\right) \tag{18.12}$$

其中矩阵的逆总是存在的.

利用 (18.12) 可见，只有在 $2Df\left(x^{(k)}\right)^{\mathrm{T}} f\left(x^{(k)}\right)=0$ 时，有 $x^{(k+1)}=x^{(k)}$，即只有当最优条件 (18.3) 对 $x^{(k)}$ 成立时才可以. 因此，正如 Gauss-Newton 算法，Levenberg-Marquardt 算法只有在最优条件 (18.3) 成立时会终止（或更为准确地，在 $x^{(k+1)}=x^{(k)}$ 时才重复自身）.

置信参数的更新　最后一个问题是如何选择置信参数 $\lambda^{(k)}$. 当 $\lambda^{(k)}$ 太小时，$x^{(k+1)}$ 可能距离 $x^{(k)}$ 很远，$\left\|f\left(x^{(k+1)}\right)\right\|^2>\left\|f\left(x^{(k)}\right)\right\|^2$ 就可能成立，即真正的目标函数却增加了，这不是希望得到的结果. 当 $\lambda^{(k)}$ 太大时，$x^{(k+1)}-x^{(k)}$ 较小，因此仿射近似较好，且目标函数是减少的（这是好的）. 但此时 $x^{(k+1)}$ 会非常靠近 $x^{(k)}$，因此目标函数的下降是很小的，故需要很多次迭代才能取得进展. 总是期望 $\lambda^{(k)}$ 在这两种情形之间，即足够大以使得近似足够好地成立，保证目标函数是下降的; 但也不能太大，避免收敛速度太慢.

一些算法可以用来调整 λ. 一种简单的方法是利用当前的 λ 值构造 $x^{(k+1)}$，并检验目标函数是否下降. 如果是，接受这个新的点并在下一次迭代中将 λ 减小一点. 如果目标函数不下降，则意味着 λ 太小了，不更新点 $x^{(k+1)}$，并显著增加置信参数 λ.

Levenberg-Marquardt 算法　上面的思想可被形式化为如下给出的算法.

算法 18.3　非线性最小二乘的 Levenberg-Marquardt 算法

给定一个可微函数 $f:\mathbb{R}^n\to\mathbb{R}^m$，一个初始点 $x^{(1)}$，一个初始的置信参数 $\lambda^{(1)}>0$.

对 $k=1,2,\cdots,k^{\max}$

1. *在当前迭代点处构造仿射近似*. 计算 Jacobi 矩阵 $Df\left(x^{(k)}\right)$ 并定义

$$\hat{f}\left(x;x^{(k)}\right)=f\left(x^{(k)}\right)+Df\left(x^{(k)}\right)\left(x-x^{(k)}\right)$$

2. *计算试探性迭代*. 令 $x^{(k+1)}$ 为

$$\left\|\hat{f}\left(x;x^{(k)}\right)\right\|^2+\lambda^{(k)}\left\|x-x^{(k)}\right\|^2$$

的最小值点.

3. *检验试探性迭代*. 若 $\left\|f\left(x^{(k+1)}\right)\right\|^2<\left\|f\left(x^{(k)}\right)\right\|^2$，接受迭代结果，并减小 λ：$\lambda^{(k+1)}=0.8\lambda^{(k)}$. 否则，增加 λ 且不更新 x：$\lambda^{(k+1)}=2\lambda^{(k)}$ 及 $x^{(k+1)}=x^{(k)}$.

392

终止条件　如果下列两个条件中的一个成立，算法就可以在达到最大迭代次数 $k^{\max}$ 之前提前终止.

- *残差小*. $\left\|f\left(x^{(k+1)}\right)\right\|^2$ 足够小. 这意味着已经（几乎）求解了方程组 $f(x)=0$，因此（几乎）最小化了 $\|f(x)\|^2$.
- *最优条件残差小*. $\|2Df(\hat{x})^{\mathrm{T}} f(\hat{x})\|$ 足够小，即最优条件 (18.3) 几乎成立.

当算法在最优条件残差小时终止，则很难肯定地对求得的 $x^{(k+1)}$ 说什么. 求得的这一点可能是 $\|f(x)\|^2$ 的一个极小值点，也可能不是. 因为算法并不总能求得 $\|f(x)\|^2$ 的极小值

点，它是一个启发式算法. 正如也是启发式算法的 k-means 算法，Levenberg-Marquardt 算法在很多应用中被广泛使用，即便不能确定它找到的点是否给出了最小可能的残差范数.

热启动 对很多应用问题，需求解一系列相似或相关的非线性最小二乘问题. 此时，用前一个问题求得的解启动 Levenberg-Marquardt 算法是一个通常的选择. 如果需要求解的问题与前一个问题没有太大的不同，这可以大大减少达到收敛需要的迭代次数. 这一技术被称为**热启动**. 它通常被用于因为改变了正则化参数而需要拟合多个模型的非线性模型拟合问题.

重复运行 对不同的起点 $x^{(1)}$，多次运行 Levenberg-Marquardt 算法也是非常常用的. 若从不同的初始点，通过运行算法最终求得的点都相同，或非常接近，则增加了对已经求得非线性最小二乘问题解的信心. 如果不同的算法运行得到了不同的点，则使用找到的最好的结果，即选择具有最小 $\|f(x)\|^2$ 值的那一个点.

复杂度 每一次执行第 1 步都需要计算 f 的导数矩阵. 这一步的复杂度依赖于特定函数 f. 每一次执行第 2 步都需要求解一个正则最小二乘问题. 使用对堆叠矩阵的 QR 分解需要 $2(m+n)n^2$ 次浮点运算（参见 15.5 节）. 当 m 与 n 同阶，或更大时，它与 mn^2 是同阶的. 当 m 比 n 大很多时，$x^{(k+1)}$ 可使用 15.5 节中给出的核技巧进行计算，该算法需要 $2nm^2$ 次浮点运算.

$n=1$ 的 Levenberg-Marquardt 更新 求解 $n=1$ 时 $f(x)=0$ 的牛顿更新在 (18.9) 中给出. 最小化 $f(x)^2$ 的 Levenberg-Marquardt 更新为

$$x^{(k+1)}=x^{(k)}-\frac{f'\left(x^{(k)}\right)}{\lambda^{(k)}+\left(f'\left(x^{(k)}\right)\right)^2}f\left(x^{(k)}\right) \tag{18.13}$$

当 $\lambda^{(k)}=0$ 时，它们是相同的；但是（例如当 $f'\left(x^{(k)}\right)=0$ 时）Levenberg-Marquardt 更新是有意义的（因为 $\lambda^{(k)}>0$），而 Newton 更新则是无意义的.

393

例子

非线性方程 第一个例子是 (18.10) 给出的 sigmoid 函数. 在图 18-3 和图 18-4 中给出了 Gauss-Newton 法的结果，此时它退化为 Newton 法，其结果在起点 $x^{(1)}$ 为 1.15 时是发散的. 但是，Levenberg-Marquardt 算法求解了这个问题. 图 18-5 给出了使用 Levenberg-Marquardt 时残差 $f\left(x^{(k)}\right)$ 和 $\lambda^{(k)}$ 的取值, 起点为 $x^{(1)}=1.15$ 和 $\lambda^{(1)}=1$. 算法在经过大约 10 次迭代后收敛到解 $x=0$.

平衡价格 下面用一个平衡价格的问题来演示算法 18.3，其中供给和需求函数为

$$D(p)=\exp\left(E^{\mathrm{d}}\left(\log p-\log p^{\mathrm{nom}}\right)+d^{\mathrm{nom}}\right)$$
$$S(p)=\exp\left(E^{\mathrm{s}}\left(\log p-\log p^{\mathrm{nom}}\right)+s^{\mathrm{nom}}\right)$$

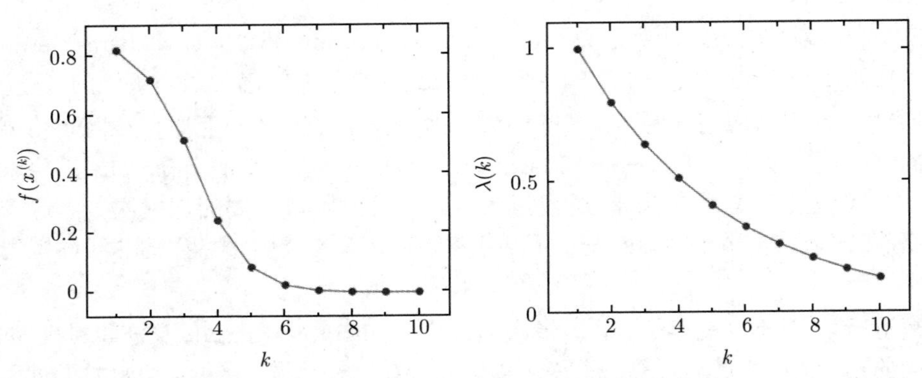

图 18-5　对函数 $f(x) = (\exp(x) - \exp(-x)) / (\exp(x) + \exp(-x))$ 使用 Levenberg-Marquardt 算法时，$f\left(x^{(k)}\right)$ 和 $\lambda^{(k)}$ 的取值随迭代次数 k 的变化. 起点为 $x^{(1)} = 1.15$，$\lambda^{(1)} = 1$

其中 E^{d} 和 E^{s} 为需求和供给弹性矩阵，d^{nom} 和 s^{nom} 为名义需求和供给向量，方程中出现的 log 和 exp 都是作用在向量的每一个元素上的. 图 18-6 给出了 $\|f(p)\|^2$ 的等值线图，其中 $f(p) = S(p) - D(p)$ 为超额供给，

$$p^{\mathrm{nom}} = (1, 1), \quad d^{\mathrm{nom}} = (3, 1), \quad s^{\mathrm{nom}} = (2, 2)$$

且

$$E^{\mathrm{d}} = \begin{bmatrix} -0.5 & 0.2 \\ 0 & -0.5 \end{bmatrix}, \quad E^{\mathrm{s}} = \begin{bmatrix} 0.5 & -0.3 \\ -0.15 & 0.8 \end{bmatrix}$$

图 18-7 给出了算法 18.3 的迭代过程，起点为 $p = (3, 9)$，$\lambda^{(1)} = 1$. $\left\|f\left(p^{(k)}\right)\right\|^2$ 的值和置信参数 $\lambda^{(k)}$ 随迭代次数 k 的变化在图 18-8 中给出.

394

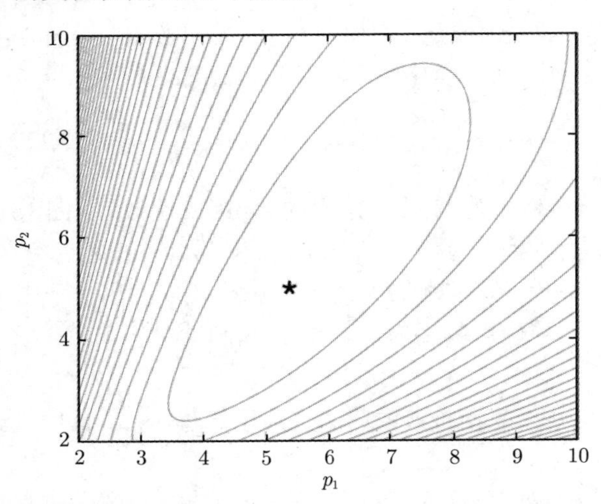

图 18-6　对一个有两种商品的小例子，超额供给 $f(p) = S(p) - D(p)$ 范数平方的等值线图. 用星号标记的点为平衡价格，此处 $f(p) = 0$

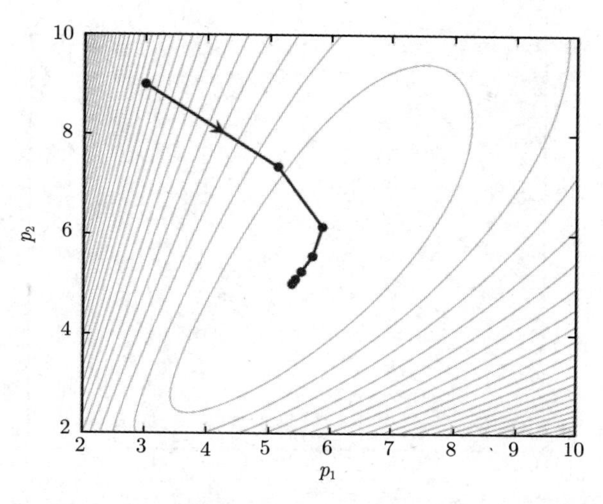

图 18-7　从 $p=(3,9)$ 开始，Levenberg-Marquardt 算法的迭代过程

395

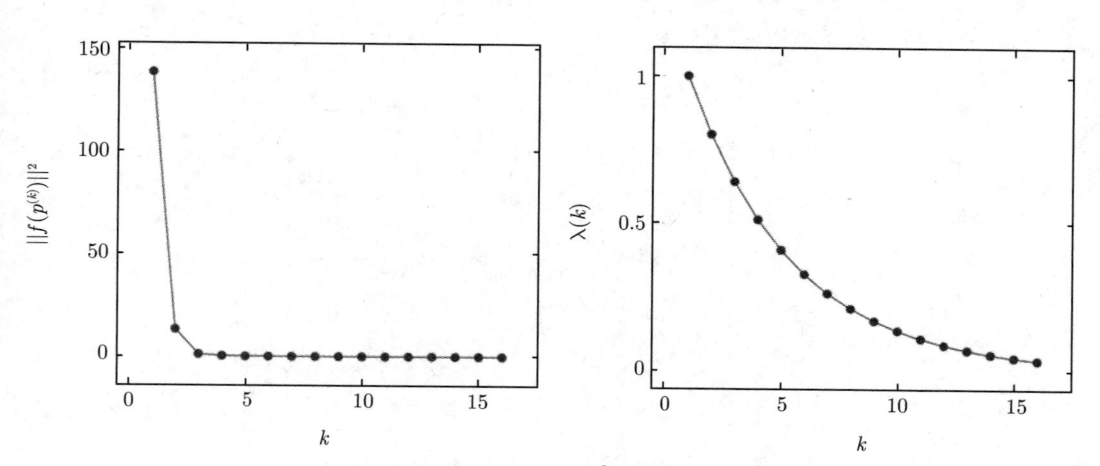

图 18-8　图 18-7 的例子中，成本函数 $\left\|f\left(p^{(k)}\right)\right\|^2$ 与置信参数 $\lambda^{(k)}$ 随迭代次数 k 的变化

距离测量中的位置　下面将用一个距离测量中位置问题的小例子来说明算法 18.3，如图 18-9 所示，给定了一个平面上的五个点 a_i. 距离测量中的 ρ_i 为到“真实”点 $(1,1)$ 的距离加上一些测量误差. 图 18-9 也给出了 $\|f(x)\|^2$ 的等值线图，点 $(1.18,0.82)$（用星号标记的点）最小化 $\|f(x)\|^2$.（这个点接近，但不等于“真实”值 $(1,1)$，因为距离测量中添加了噪声.）图 18-10 给出了 $\|f(x)\|$ 的图像.

可以从三个不同的起点

$$x^{(1)}=(1.8,3.5)\,,\quad x^{(1)}=(2.2,3.5)\,,\quad x^{(1)}=(3.0,1.5)$$

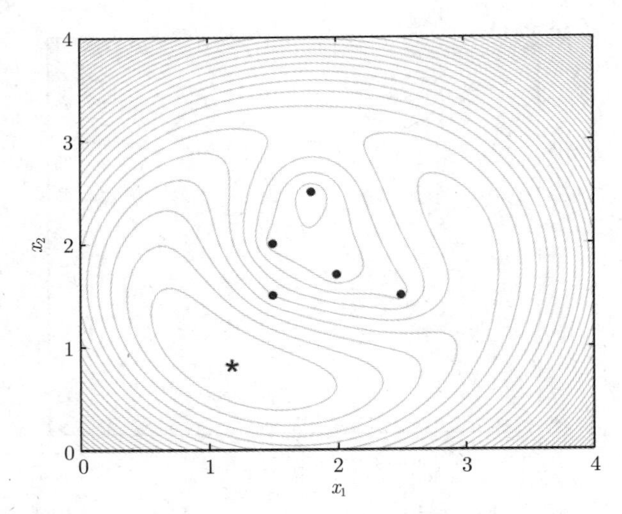

图 18-9　$\|f(x)\|^2$ 的等值线图，其中 $f_i(x)=\|x-a_i\|-\rho_i$. 点给出了 a_i，用星号标记的为最小化 $\|f(x)\|^2$ 的点

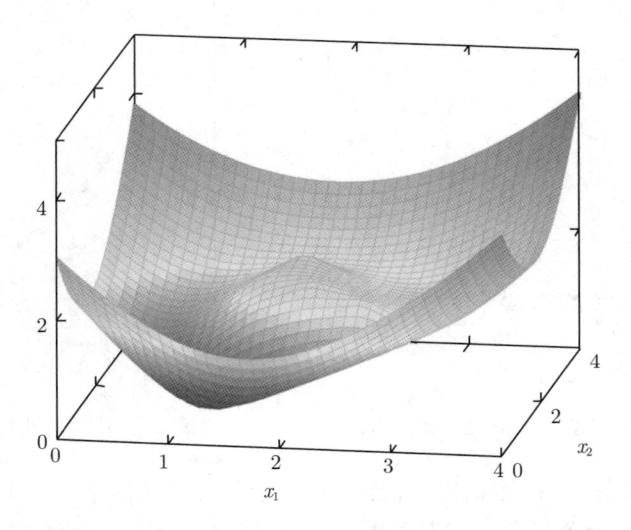

图 18-10　在距离测量中位置的例子中 $\|f(x)\|$ 的图像

运行三次算法 18.3，其中 $\lambda^{(1)}=0.1$. 图 18-11 给出了从三个起点出发的各个迭代点 $x^{(k)}$. 当从 $(1.8,3.5)$（圆圈）或 $(3.0,1.5)$（菱形）出发时，算法收敛到 $(1.18,0.82)$，即最小化 $\|f(x)\|^2$ 的点. 当算法从 $(2.2,3.5)$ 出发时，它收敛到一个非最优点 $(2.98,2.12)$（这将给出“真实”位置 $(1,1)$ 的一个不好的估计）.

在迭代过程中，$\|f(x^{(k)})\|^2$ 及置信参数 $\lambda^{(k)}$ 的取值在图 18-12 中给出. 从这个图中可以看出，在第一次运行算法时（圆圈），$\lambda^{(k)}$ 在第三次迭代时是增加的. 相应地，在图 18-12

中，$x^{(3)}=x^{(4)}$. 对第二个起点（方块），$\lambda^{(k)}$ 是单调递减的. 对第三个起点（菱形），$\lambda^{(k)}$ 在第 2 次和第 4 次迭代时是增加的.

396 ~ 397

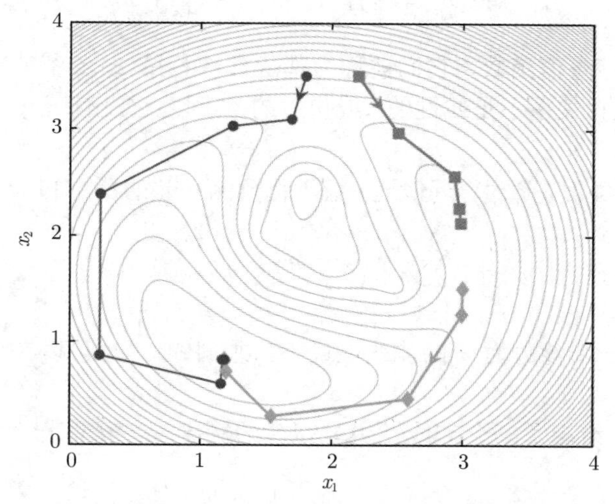

图 18-11 Levenberg-Marquardt 算法从三个不同的起点开始的各次迭代

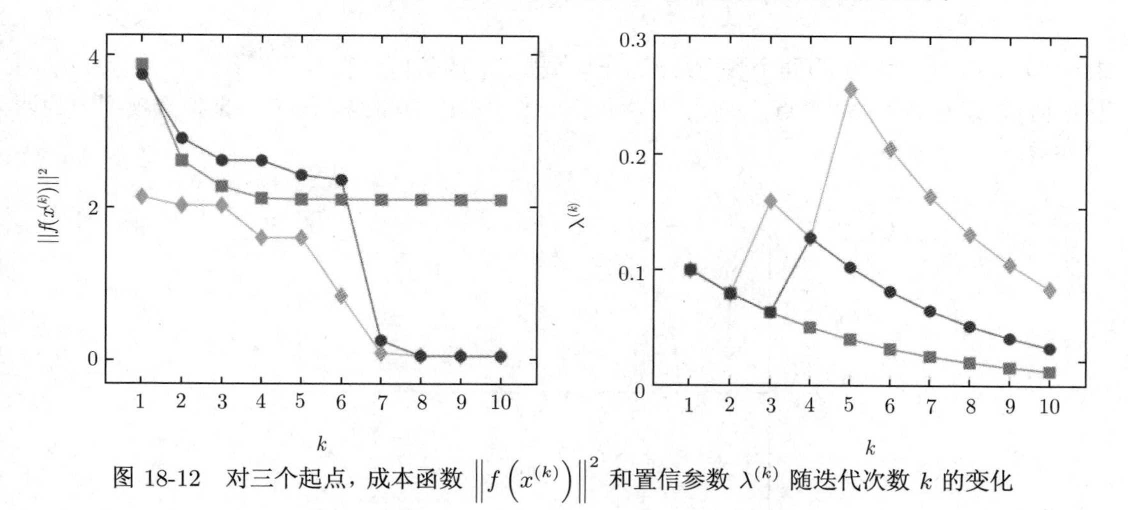

图 18-12 对三个起点，成本函数 $\left\|f\left(x^{(k)}\right)\right\|^2$ 和置信参数 $\lambda^{(k)}$ 随迭代次数 k 的变化

398

18.4 非线性模型拟合

Levenberg-Marquardt 算法被广泛地应用于**非线性模型拟合**. 如在 13.1 节中，给出了一个点集，$x^{(1)}$，$\cdots$，$x^{(N)}$，$y^{(1)}$，$\cdots$，$y^{(N)}$，其中 n 向量 $x^{(1)}$，$\cdots$，$x^{(N)}$ 为特征向量，标量 $y^{(1)}$，$\cdots$，$y^{(N)}$ 为相应的输出.（故在此处，上标表示给定的数据；在本章前面的内容中，上标表示迭代的步数.）

在非线性模型拟合中，一般用形如 $y \approx \hat{f}(x;\theta)$ 的函数对给定的数据进行拟合，其中 p 向量 θ 为模型的参数. 在线性模型拟合中，$\hat{f}(x;\theta)$ 为一个有关参数的线性函数，故其特殊的

形式为

$$\hat{f}(x;\theta)=\theta_1 f_1(x)+\cdots+\theta_p f_p(x)$$

其中 f_1，$\cdots$，f_p 为标量值函数，它们被称为基函数（参见 13.1 节）．在非线性模型拟合中，$\hat{f}(x;\theta)$ 与 θ 的依赖关系不是线性的（或仿射的），因此它没有 p 个基函数线性组合的简单形式．

与线性模型拟合类似，通过（近似地）最小化预测残差的平方和

$$\sum_{i=1}^{N}\left(\hat{f}\left(x^{(i)};\theta\right)-y^{(i)}\right)^2$$

来选择参数 θ，它是一个参数为 θ 的非线性最小二乘问题．（也可以在这一目标中添加一个正则项．）

例子　图 18-13 给出了一个非线性模型拟合的例子．该模型是一个指数衰减的正弦函数

$$\hat{f}(x;\theta)=\theta_1 \mathrm{e}^{\theta_2 x}\cos(\theta_3 x+\theta_4)$$

其中，θ_1，θ_2，θ_3 和 θ_4 为四个参数．（这一模型是 θ_1 的仿射函数，但它不是 θ_2, θ_3 和 θ_4 的仿射函数．）对 $N=60$ 个点 $\left(x^{(i)},y^{(i)}\right)$，用最小化 (18.4) 中的残差平方和来拟合模型中的四个参数．

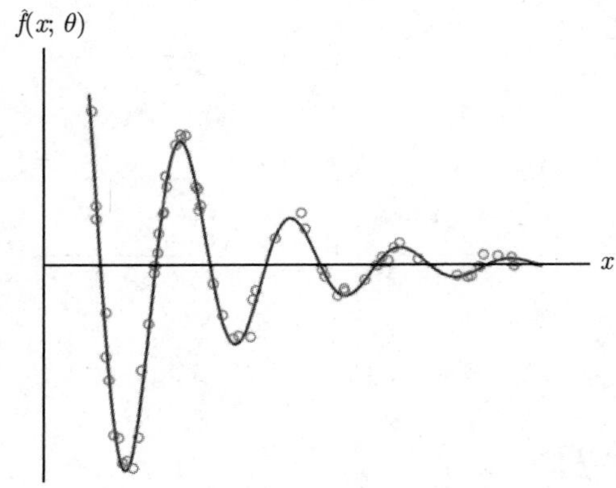

图 18-13　对 $N=60$ 个点 $\left(x^{(i)},y^{(i)}\right)$ 用函数 $\hat{f}(x;\theta)=\theta_1 \mathrm{e}^{\theta_2 x}\cos(\theta_3 x+\theta_4)$ 进行的最小二乘拟合

正交距离回归　考虑带参数的线性模型

$$\hat{f}(x;\theta)=\theta_1 f_1(x)+\cdots+\theta_p f_p(x)$$

其基函数为 $f_i:\mathbb{R}^n\to\mathbb{R}$，同时有一个给定的 N 对点集 $\left(x^{(i)},y^{(i)}\right)$．常见的目标函数是模型预测值 $\hat{f}\left(x^{(i)}\right)$ 和观测值 $y^{(i)}$ 差的平方和，这将得到一个线性最小二乘问题．在**正交距离回

归中使用另外一个目标函数，即 N 个点 $\left(x^{(i)}, y^{(i)}\right)$ 到 $\hat{f}$ 的图像距离的平方和，$\hat{f}$ 的图像是形如 $\left(u, \hat{f}(u)\right)$ 的点集. 这一模型可以通过求解非线性最小二乘问题

$$\text{最小化} \quad \sum_{i=1}^{N}\left(\hat{f}\left(u^{(i)}; \theta\right)-y^{(i)}\right)^{2}+\sum_{i=1}^{N}\left\|u^{(i)}-x^{(i)}\right\|^{2}$$

得到，其变量为 θ_1，$\cdots$，θ_p 和 $u^{(1)}$，$\cdots$，$u^{(N)}$. 在正交距离回归中，可以在模型中选择参数，也可以修改 $x^{(i)}$ 到 $u^{(i)}$ 的特征向量来得到更好的拟合.（正交距离回归是一个**带误差变量模型**，因为它考虑了回归因子或自变量中的误差.）图 18-14 给出了一个使用这个模型对 25 个点进行的三次多项式拟合的结果. 空心圆圈为点 $\left(x^{(i)}, y^{(i)}\right)$. 多项式图像上的小圆圈表示点 $\left(u^{(i)}, \hat{f}\left(u^{(i)}; \theta\right)\right)$. 粗略地讲，用点到曲线的（最小）距离来衡量时，拟合曲线几乎通过了所有数据点. 与此相反，通常的最小二乘回归求得的曲线最小化了曲线上的点和数据点之间的竖直误差.

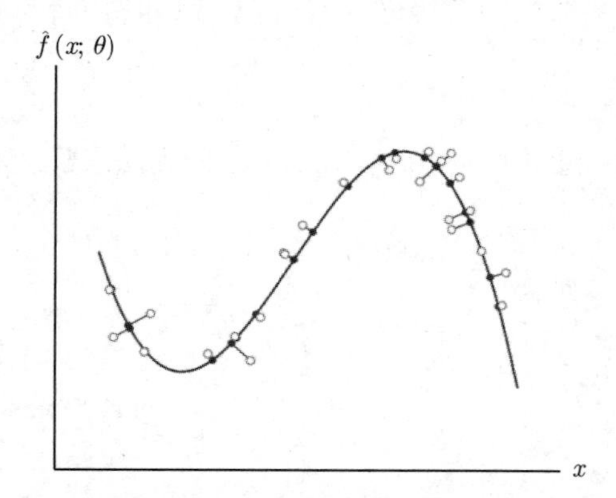

图 18-14　实线最小化了各点与多项式图像之间正交距离的平方和

399～400

18.5　非线性最小二乘分类

本节描述一个第 14 章和第 15 章中讨论的最小二乘分类器的推广，它是在应用中性能胜过基本最小二乘分类器的经典方法.

第 14 章中的布尔型分类器是对数据点 $\left(x^{(i)}, y^{(i)}\right)$, $i=1$，$\cdots$，N，用最小二乘拟合一个线性参数函数

$$\tilde{f}(x)=\theta_1 f_1(x)+\cdots+\theta_p f_p(x)$$

其中 $y^{(i)} \in\{-1,1\}$. 参数 θ_1，$\cdots$，θ_p 使得平方和目标函数

$$\sum_{i=1}^{N}\left(\tilde{f}\left(x^{(i)}\right)-y^{(i)}\right)^{2} \tag{18.14}$$

最小化，同时也可选择性地增加一个正则项. 其（期望的）结果是 $\tilde{f}\left(x^{(i)}\right) \approx y^{(i)}$，这粗略地讲也是希望得到的. 可将 $\tilde{f}(x)$ 看作是布尔型输出 y 的连续型估计. 分类器则定义为 $\tilde{f}(x) = \mathbf{sign}\left(\tilde{f}(x)\right)$；这是布尔型的预测结果.

考虑用布尔型预测错误的平方和替换连续预测错误的平方和，

$$\sum_{i=1}^{N}\left(\hat{f}\left(x^{(i)}\right)-y^{(i)}\right)^2=\sum_{i=1}^{N}\left(\mathbf{sign}\left(\tilde{f}\left(x^{(i)}\right)\right)-y^{(i)}\right)^2 \tag{18.15}$$

它是训练集上分类错误值的 4 倍. 为证明之，注意到，当 $\hat{f}\left(x^{(i)}\right)=y^{(i)}$ 时，它意味着对第 i 个数据点预测正确，则有 $\left(\hat{f}\left(x^{(i)}\right)-y^{(i)}\right)^2=0$. 当 $\hat{f}\left(x^{(i)}\right)\neq y^{(i)}$ 时，这意味着对第 i 个数据点预测错误，则其中一个值是 $+1$，而另一个是 -1，因此有 $\left(\hat{f}\left(x^{(i)}\right)-y^{(i)}\right)^2=4$.

目标函数 (18.15) 是实际上想要的；最小二乘目标函数 (18.14) 是对实际需要的一个**替代**. 但不能使用 Levenberg-Marquardt 算法最小化目标 (18.15)，因为符号函数是不可导的. 为克服这一困难，将符号函数用一个可微函数近似，例如用 sigmoid函数

$$\phi(u)=\frac{\mathrm{e}^{u}-\mathrm{e}^{-u}}{\mathrm{e}^{u}+\mathrm{e}^{-u}} \tag{18.16}$$

该函数在图 18-15 中给出. 利用 Levenberg-Marquardt 算法求解最小化

$$\sum_{i=1}^{N}\left(\phi\left(\tilde{f}\left(x^{(i)}\right)\right)-y^{(i)}\right)^2 \tag{18.17}$$

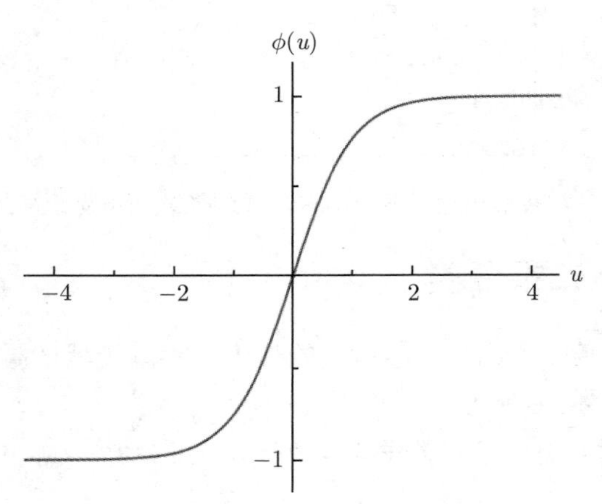

图 18-15　sigmoid 函数 ϕ

的非线性最小二乘问题，即可求得 θ.（也可以在目标函数中增加一个正则项.）最小化非线性最小二乘目标函数 (18.17) 对参数向量 θ 的选择是一个好的近似，即可将训练集上的分类错误数最小化.

401

损失函数的解释　说明目标函数 (18.14)、(18.15) 和 (18.17) 可以用依赖于连续预测值 $\tilde{f}\left(x^{(i)}\right)$ 和输出值 $y^{(i)}$ 的**损失函数**来解释. 三个目标函数中的每一个都具有形式

$$\sum_{i=1}^{N} \ell\left(\tilde{f}\left(x^{(i)}\right), y^{(i)}\right)$$

其中 ℓ 为一个损失函数. 首先说明损失函数是一个实数，其次说明它是布尔型的，取值为 -1 或 $+1$. 对线性最小二乘目标函数 (18.14)，损失函数为 $\ell(u,y)=(u-y)^2$. 对使用符号函数的非线性最小二乘目标函数 (18.15)，损失函数为 $\ell(u,y)=(\phi(u)-y)^2$. 粗略地讲，损失函数 $\ell(u,y)$ 表明当 $y=y^{(i)}$ 时，$\tilde{f}\left(x^{(i)}\right)=u$ 有多差.

由于输出 y 只取两个值，-1 和 $+1$，可以将损失函数表示为对 y 的两种取值时 u 的函数. 图 18-16 给出了这三个函数，其中 $y=-1$ 的值在左列，$y=+1$ 的值在右列. 可以看到，所有三个损失函数都不鼓励预测错误，因为它们的值在 $\mathbf{sign}(u)\neq y$ 时都比 $\mathbf{sign}(u)=y$ 时大. 使用符号函数的非线性最小二乘分类损失函数（在中间一行）在预测正确时给出损失 0，在预测错误时给出损失 4. 使用 sigmoid 函数的最小二乘分类器（在最下一行）为前述损失函数的光滑近似.

402

手写数字分类

在第 14 章中使用的手写数字识别数据集 MNIST 上应用非线性最小二乘. 首先考虑数字零的布尔型识别. 使用线性特征，即

$$\tilde{f}(x)=x^{\mathrm{T}}\beta+v$$

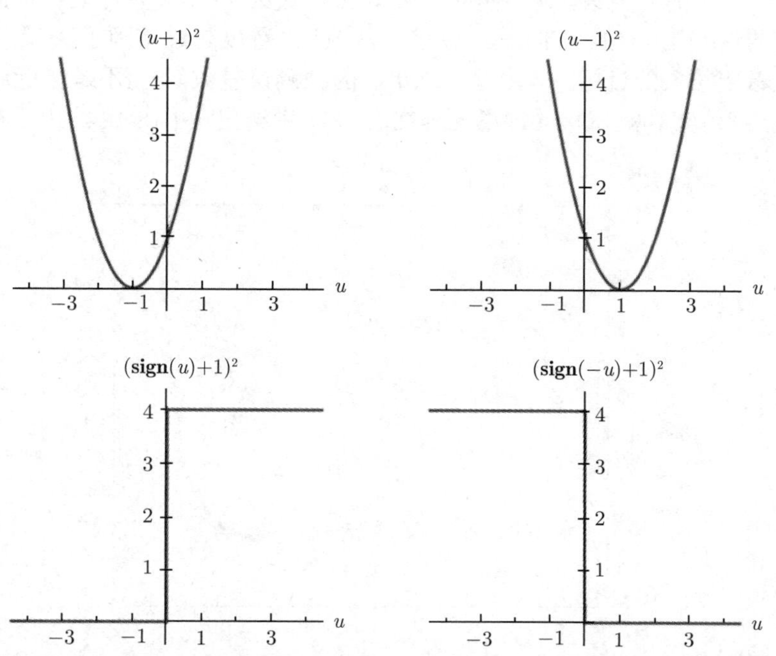

图 18-16　线性最小二乘分类（上图）、使用符号函数的非线性最小二乘分类（中图）和使用 sigmoid 函数的非线性最小二乘分类（下图）的损失函数 $\ell(u,y)$. 左列给出了 $\ell(u,-1)$，右列给出了 $\ell(u,+1)$

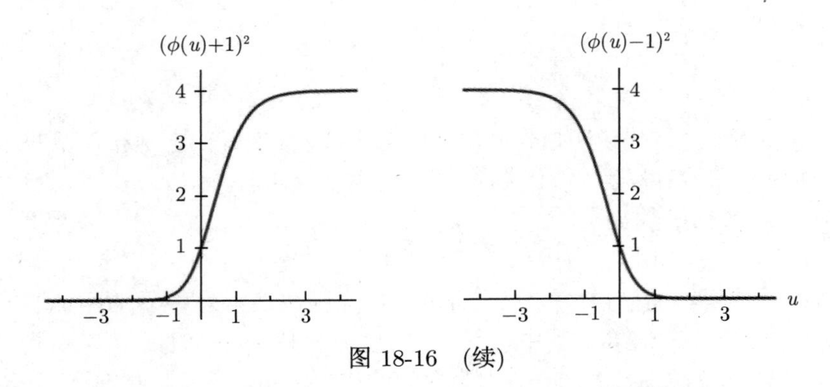

图 18-16　(续)

其中 x 为表示像素亮度的 493 向量. 为确定参数 v 和 β，求解非线性最小二乘问题

$$\text{最小化}\quad \sum_{i=1}^{N}\left(\phi\left(\left(x^{(i)}\right)^{\mathrm{T}}\beta+v\right)-y^{(i)}\right)^{2}+\lambda\|\beta\|^{2} \tag{18.18}$$

其中 ϕ 为 (18.16) 中的 sigmoid 函数，λ 为一个正的正则化参数.（这一 λ 在分类问题中是正则化参数，它与 Levenberg-Marquardt 迭代算法中的置信参数 $\lambda^{(k)}$ 没有关系.）

图 18-17 显示了在训练集和测试集上分类错误为正则化参数 λ 的函数. 当 $\lambda=100$ 时，在训练集和测试集上的分类错误大约为 0.7%. 这大约是第 14 章使用相同特征向量的布尔型最小二乘问题的误差 1.6% 的一半. 这一性能上的改进，程度超过了因子 2，是来源于最小化了一个更接近希望结果的目标（即接近训练集上的预测误差数），而不是接近线性最小二乘替代目标函数. 训练集和测试集的混淆矩阵在表 18-1 中给出. 图 18-18 给出了在两个数据集上 $\tilde{f}\left(x^{(i)}\right)$ 的取值.

403 ~ 404

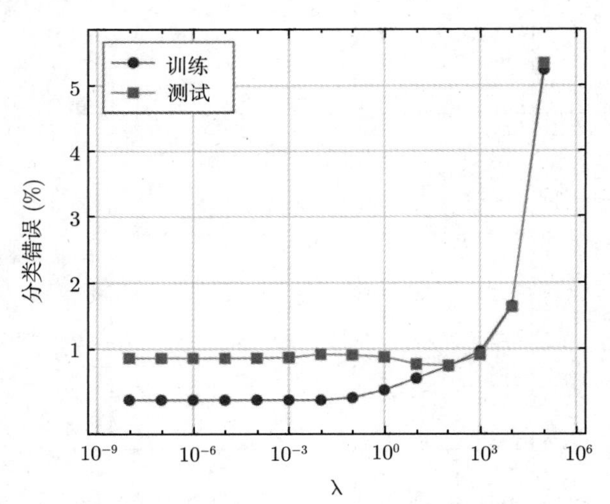

图 18-17　用百分比表示的布尔型分类器错误与 λ

表 18-1　识别数字零的布尔型分类器混淆矩阵. 左侧的表为训练集, 右侧的表为测试集

输出	预测值		总计
	$\hat{y}=+1$	$\hat{y}=-1$	
$y=+1$	5627	296	5923
$y=-1$	148	53929	54077
总计	5775	54225	60000

输出	预测值		总计
	$\hat{y}=+1$	$\hat{y}=-1$	
$y=+1$	945	35	980
$y=-1$	40	8980	9020
总计	985	9015	10000

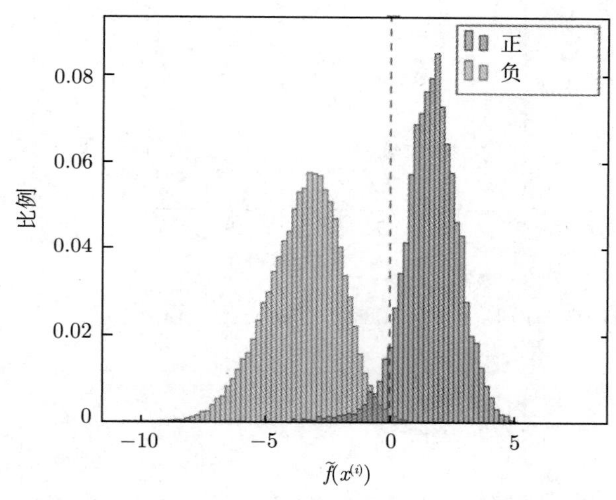

图 18-18　在识别数字零的布尔型分类器 (14.1) 中 $\tilde{f}\left(x^{(i)}\right)$ 取值的分布. 函数 $\tilde{f}$ 通过求解非线性最小二乘问题 (18.17) 求得

405

Levenberg-Marquardt 算法的收敛性　Levenberg-Marquardt 算法可被用于计算非线性最小二乘分类器中的参数. 这这个例子中，算法需要经过几十次迭代才收敛，即直到非线性最小二乘问题的终止条件被满足. 但在这一应用中，我们更关注分类器的性能，而不是最小化非线性最小二乘问题的目标. 图 18-19 给出了分类器（在训练集和测试集上）的**分类错误**，在 Levenberg-Marquardt 算法的第 k 次迭代中，其参数为 $\theta^{(k)}$. 可以看到，仅仅经过了很少的几次迭代，分类错误率就达到了最终为 0.7% 的值. 这一现象在非线性数据拟合问题中非常常见. 远在收敛之前，Levenberg-Marquardt 算法求得模型参数就已经与算法收敛时得到的参数同样地好（使用测试误差来判断）.

特征工程　用第 14 章中给出的方法随机添加了 5000 个特征后，得到的训练和测试分类错误在图 18-20 中给出. 对较小的 λ，训练集上的错误为零. 对 $\lambda=1000$，测试集上的错误为 0.24%，它们的混淆矩阵在表 18-2 中. $\tilde{f}\left(x^{(i)}\right)$ 在训练集上的分布由图 18-21 中给出，它说明了为什么训练错误为零.

图 18-22 给出了分类错误与 Levenberg-Marquardt 迭代之间的关系，若 Levenberg-Marquardt 算法在开始时有 $\beta=0$，$v=0$.（这就是在第一次迭代中得到的线性最小二乘分类器的系数.）在第 5 次迭代时，训练集上的错误精确地为零. 在一次迭代后，测试集上

406

的错误自始至终都几乎是相等的.

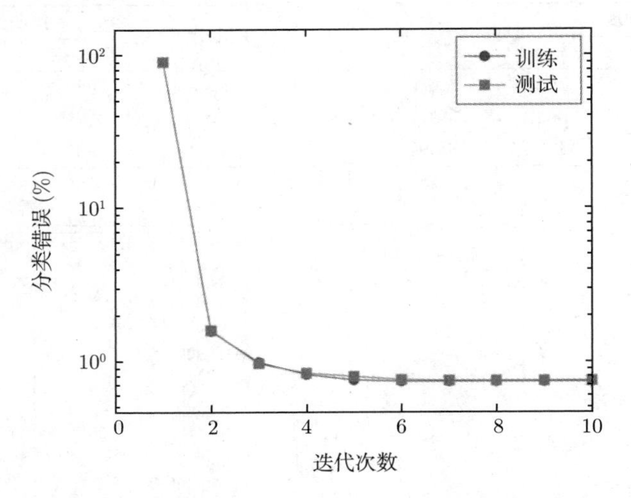

图 18-19 训练与测试错误与 $\lambda = 100$ 的 Levenberg-Marquardt 迭代方法之间的关系

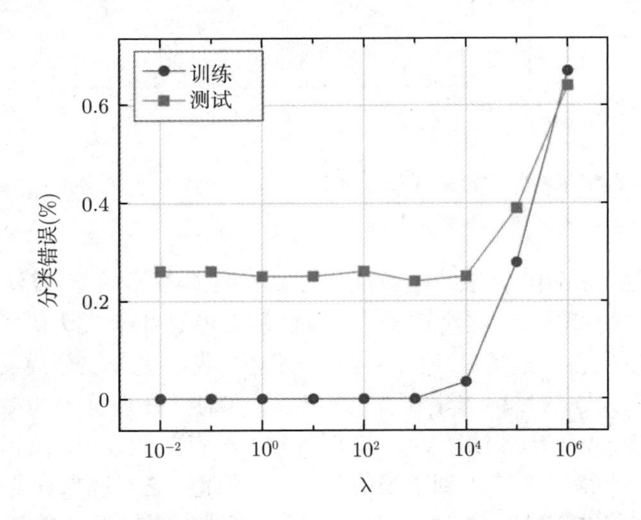

图 18-20 在添加了 5000 个随机特征后，以百分比形式给出的布尔型分类错误随 λ 的变化

表 18-2 在增加了 5000 个新特征后，识别数字零的布尔型分类器在测试集上的混淆矩阵

输出	预测值		总计
	$\hat{y}=+1$	$\hat{y}=-1$	
$y=+1$	967	13	980
$y=-1$	11	9009	9020
总计	978	9022	10000

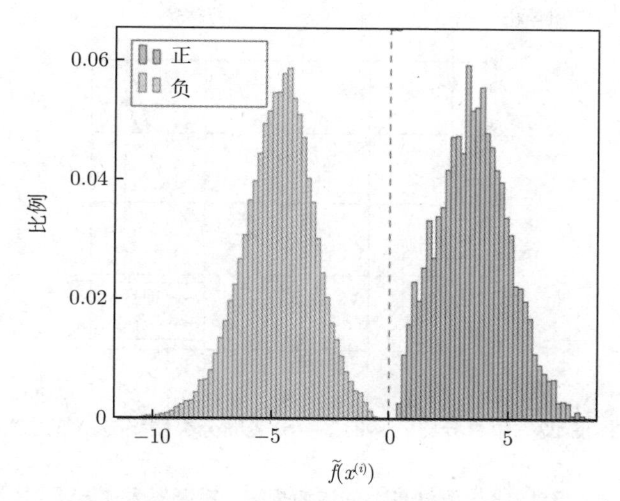

图 18-21 在添加了 5000 个新特征后，识别数字零的分类器 (14.1) 中 $\tilde{f}\left(x^{(i)}\right)$ 的分布. 函数 $\tilde{f}$ 使用非线性最小二乘问题 (18.17) 求得

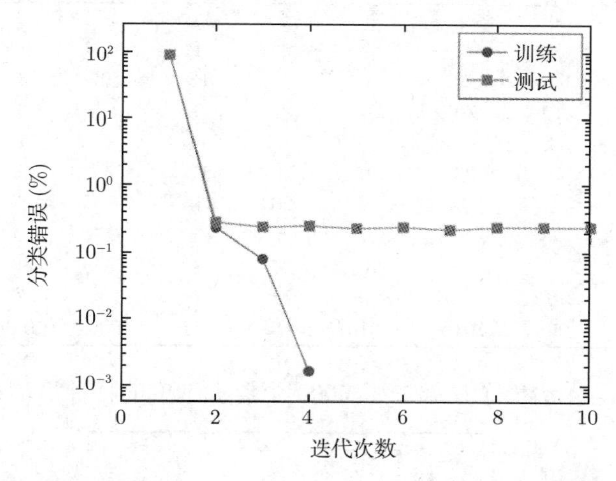

图 18-22 训练和测试错误与 $\lambda = 1000$ 的 Levenberg-Marquardt 迭代方法之间的关系

408

多类分类器 下面将非线性最小二乘方法应用于在 MNIST 数据集上识别 10 个数字的多类分类器中. 对每一个数字 k，通过求解一个正则的非线性最小二乘问题 (18.18) 来计算一个布尔型分类器 $\tilde{f}_k(x) = x^{\mathrm{T}}\beta_k + v_k$. 在 10 个非线性最小二乘问题中都使用相同的 λ. 布尔型分类器被组合为一个多类分类器

$$\hat{f}(x) = \underset{k=1,\cdots,10}{\arg\max}\left(x^{\mathrm{T}}\beta_k + v_k\right)$$

图 18-23 给出了分类错误与 λ 的关系. 测试集的混淆矩阵（对 $\lambda = 1$）在表 18-3 中给出. 测试集上的分类错误为 7.6%，低于第 14 章介绍的使用相同特征集合的最小二乘法得到的错误 13.9%.

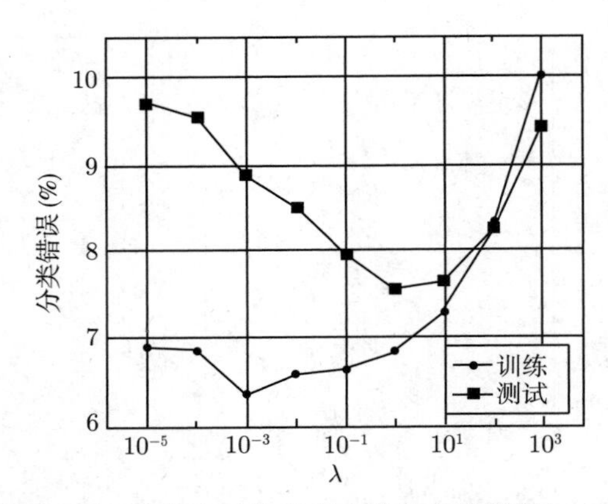

图 18-23　用百分比表示的多类分类的分类错误与 λ 的关系

表 18-3　测试集上的混淆矩阵. 错误率为 7.6%

数字	预测值										总计
	0	1	2	3	4	5	6	7	8	9	
0	964	0	0	2	0	2	5	3	3	1	980
1	0	1112	4	3	0	1	4	1	10	0	1135
2	5	5	934	13	7	3	13	10	38	4	1032
3	3	0	19	926	1	21	2	8	21	9	1010
4	1	2	4	2	917	0	7	1	10	38	982
5	10	2	4	31	10	782	17	7	23	8	892
6	8	3	3	1	5	20	910	1	7	0	958
7	2	6	25	5	11	5	0	947	4	23	1028
8	13	10	4	18	16	27	8	9	865	4	974
9	8	6	0	12	43	11	1	19	23	886	1008
总计	1014	1146	995	1013	1010	872	967	1006	1004	973	10000

特征工程　图 18-24 给出了在添加了 5000 个随机生成的特征后的错误率. 此时的训练

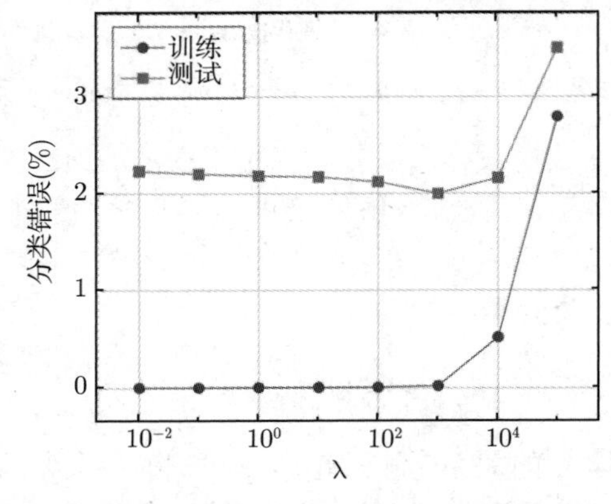

图 18-24　在添加了 5000 个随机特征后，用百分比表示的多类分类的分类错误与 λ 的关系

和测试错误为 0.02% 和 2%. 对 $\lambda = 1000$，测试集的混淆矩阵在表 18-4 中给出. 这一分类器与人类进行数字分类时的性能匹配得非常好. 更进一步，或更为复杂地，特征工程可以将测试性能提高到人类能够达到的更高水平.

409 ≀ 410

表 18-4　在添加了 5000 个特征之后的混淆矩阵. 错误率为 2.0%

数字	预测值										总计
	0	1	2	3	4	5	6	7	8	9	
0	972	1	1	1	0	1	1	1	2	0	980
1	0	1124	2	2	0	0	3	1	3	0	1135
2	5	0	1006	1	3	0	2	6	9	0	1032
3	0	0	3	986	0	5	0	3	7	6	1010
4	0	0	4	1	966	0	4	1	0	6	982
5	2	0	2	5	2	875	5	0	1	0	982
6	7	2	0	1	3	2	941	0	2	0	958
7	1	7	6	1	2	0	0	1003	3	5	1028
8	3	0	0	4	4	5	3	4	949	2	974
9	2	5	0	5	6	4	1	6	2	978	1009
总计	992	1139	1024	1007	986	892	960	1025	978	997	10000

411

练习

18.1 Lambert W 函数　Lambert W 函数记为 $W : [0,\infty) \to \mathbb{R}$，定义为 $W(u) = x$，其中 x 为使得 $xe^x = u$ 的唯一数字，$x \geqslant 0$.（记号仅仅意味着将参数 x 限制为非负.）Lambert 函数在很多应用中都会遇到，它以数学家 Johann Heinrich Lambert 的名字命名. $W(u)$ 没有解析公式；它必须使用数值计算. 在本练习中，需要开发一个计算 $W(u)$ 的求解器，对所有的 x，使用 Levenberg-Marquardt 算法最小化 $f(x)^2$ 来得到一个非负的 u，其中 $f(x) = xe^x - u$.

(a) 对 f 给出 Levenberg-Marquardt 更新 (18.13).

(b) 实现最小化 $f(x)^2$ 的 Levenberg-Marquardt 算法. 可以从 $x^{(1)} = 1$ 和 $\lambda^{(1)} = 1$ 开始（但算法应当对其他起点也能工作）. 可以使算法在 $|f(x)|$ 很小时终止，例如，小于 10^{-6}.

18.2 内部收益率　令 n 向量 c 表示在 n 个时间周期上的现金流，其中正的元素意味着收到现金，负元素意味着支付. 假设利率为 $r \geqslant 0$ 的 NPV（净现值，参见 1.4 节）由下式给出

$$N(r) = \sum_{i=1}^{n} \frac{c_i}{(1+r)^{i-1}}$$

则现金流的**内部收益率**（IRR）定义为一个小的正数 r，满足 $N(r) = 0$. Levenberg-Marquardt 算法可用于对一个给定的现金流计算其 IRR，它对所有的 r 最小化 $N(r)^2$.

(a) 给出 Levenberg-Marquardt 更新 r 的计算公式，即 (18.13).

(b) 实现对现金流

$$c = (-\mathbf{1}_3, 0.3\ \ \mathbf{1}_5, 0.6\ \ \mathbf{1}_6)$$

求 IRR 的 Levenberg-Marquardt 算法，其中下标给出了维数.（它对应于投资的三个周期，收益按照一个比例持续 5 个周期，然后在后续的 6 个周期中按照一个更高的比例收益.）可以使用初始值 $r^{(0)} = 0$，且当 $N\left(r^{(k)}\right)^2$ 较小时终止. 绘制 $N\left(r^{(k)}\right)^2$ 随 k 的变化.

18.3 残差的一般形式　在很多非线性最小二乘问题中，残差函数 $f:\mathbb{R}^n \to \mathbb{R}^m$ 有着特殊的形式

$$f_i(x) = \phi_i\left(a_i^{\mathrm{T}} x - b_i\right), \quad i = 1, \cdots, m$$

其中 a_i 为一个 n 向量，b_i 为一个标量，$\phi_i:\mathbb{R}\to\mathbb{R}$ 为一个标量的标量值函数. 换句话说，$f_i(x)$ 为 x 的一个仿射函数的标量值函数. 此时，非线性最小二乘问题的目标函数形式为

$$\|f(x)\|^2 = \sum_{i=1}^{m}\left(\phi_i\left(a_i^{\mathrm{T}} x - b_i\right)\right)^2$$

定义 $m\times n$ 矩阵 A 的各行为 a_1^{T}，$\cdots$，a_m^{T}，m 向量 b 的元素为 b_1，$\cdots$，b_m. 注意到，如果函数 ϕ_i 为恒等函数，即对所有 u，有 $\phi_i(u) = u$，则目标函数化为 $\|Ax-b\|^2$，并且此时非线性最小二乘问题退化为线性最小二乘问题. 证明导数矩阵 $Df(x)$ 的形式为

$$Df(x) = \mathbf{diag}(d)\, A$$

其中 $d_i = {\phi'}_i(r_i)$，$i = 1$，$\cdots$，m，其中 $r = Ax - b$.

*注：*这意味着在 Gauss-Newton 方法的每一次迭代中，都求解一个加权的最小二乘问题（在 Levenberg-Marquardt 算法中，为求解一个正则的加权最小二乘问题）；参见练习 12.4. 权重在每一次迭代后都会变化.

412

18.4 对数据进行指数拟合　使用 Levenberg-Marquardt 算法将数据

$$0, 1, \cdots, 5 \qquad 5.2, 4.5, 2.7, 2.5, 2.1, 1.9$$

拟合为一个指数函数 $\hat{f}(x;\theta) = \theta_1 \mathrm{e}^{\theta_2 x}$.（第一个列表给出了 $x^{(i)}$；第二个列表给出了 $y^{(i)}$.）绘制出模型 $\hat{f}(x;\hat{\theta})$ 相对 x 的变化，同时绘制数据点.

18.5 力学平衡　在由 2 向量 x 给出的位置处，有三个力作用于物体 m 上. 第一个力 F^{grav} 为重力，它满足 $F^{\mathrm{grav}} = -mg(0,1)$，其中 $g = 9.8$ 为重力加速度.（这个力垂直向下，其大小不依赖于位置 x.）物体固定在两条绳索上，它们的另一端分别固定在（2 向量）a_1 和 a_2 处. 绳索 i 作用在物体上的力 F_i 为

$$F_i = T_i\left(a_i - x\right) / \left\|a_i - x\right\|$$

其中 T_i 为绳索的张力.（这意味着每条绳索都对物体作用了一个从物体指向绳索端点的力，其大小由张力 T_i 给出.）绳索的张力为

$$T_i = k\frac{\max\{\|a_i - x\| - L_i, 0\}}{L_i}$$

其中 k 为一个正常数，L_i 为绳索 i 自然或无荷载的长度（也是正的）. 用文字来说就是：张力与绳索相对于自然长度伸长的比例成正比.（在这一公式中出现的 max 意味着当 $\|a_i - x\| = L_i$ 时，张力不是位置的可微函数，但此处将其简单地忽略.）物体在位置 x 平衡时，作用在其上的三个力的和为零，即

$$F^{\text{grav}} + F_1 + F_2 = 0$$

该式左边项被称为残力. 它是物体位置 x 的一个函数，将其记为 $f(x)$.

对

$$a_1 = (3,2), \quad a_2 = (-1,1), \quad L_1 = 3, \quad L_2 = 2, \quad m = 1, \quad k = 100$$

使用 Levenberg-Marquardt 算法计算残力 $f(x)$ 的平衡位置. 将 $x^{(1)} = (0,0)$ 作为起点.（请注意，从 $T_1 > 0$ 且 $T_2 > 0$ 开始是非常重要的，因为若非如此，导数矩阵 $Df\left(x^{(1)}\right)$ 将为零，且 Levenberg-Marquardt 更新给出 $x^{(2)} = x^{(1)}$.）绘制表示物体位置的各分量和残力随迭代次数的变化.

18.6 拟合一个简单的神经网络模型 神经网络是一种被广泛使用的形如 $\hat{y} = \hat{f}(x;\theta)$ 的模型，其中 n 向量 x 为特征向量，且 p 向量 θ 为模型参数. 在一个神经网络模型中，函数 $\hat{f}$ 不是一个参数向量 θ 的仿射函数. 在本练习中，考虑一个非常简单的神经网络，它有两层，包含三个内部结点和两个输入结点（即 $n = 2$）. 这一模型有 $p = 13$ 个参数，它们是

$$\begin{aligned}\hat{f}(x;\theta) = &\theta_1\phi(\theta_2 x_1 + \theta_3 x_2 + \theta_4) + \theta_5\phi(\theta_6 x_1 + \theta_7 x_2 + \theta_8)\\ &+ \theta_9\phi(\theta_{10} x_1 + \theta_{11} x_2 + \theta_{12}) + \theta_{13}\end{aligned}$$

其中 $\phi: \mathbb{R} \to \mathbb{R}$ 为在 (18.16) 中定义的 sigmoid 函数. 这一函数就是图 18-25 中给出的**信号流图**. 在这一图像中，每一条从输入结点到内部结点，或从内部结点到输出结点的边都对应于某个参数的乘法. 在每一个结点（用小实心圆圈给出）输入的数据和常数偏置相加在一起，然后通过 sigmoid 函数，形成输出边的值.

413

对包含 n 向量 $x^{(1)}, \cdots, x^{(N)}$ 及相关的标量输出 $y^{(1)}, \cdots, y^{(N)}$ 的数据集，通过最小化残差的平方和来拟合这样一个模型是一个目标函数为 (18.4) 的非线性最小二乘问题.

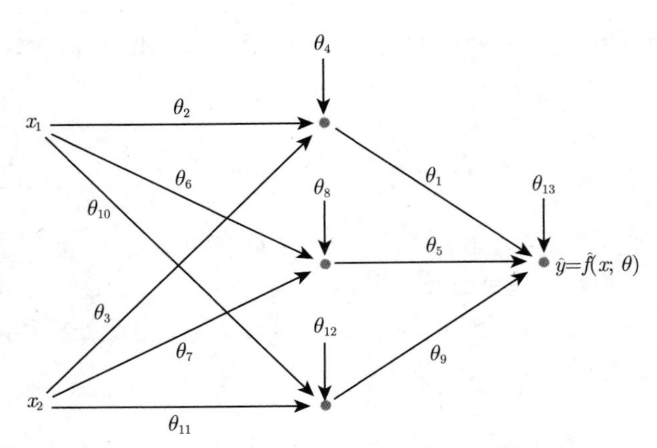

图 18-25 一个简单的神经网络信号流图

(a) 导出 $\nabla_\theta \hat{f}(x;\theta)$ 的表达式. 表达式可以使用 ϕ 和 ϕ'，sigmoid 函数及其导数.（不需要将其用指数形式表示.）

(b) 导出导数矩阵 $Dr(\theta)$ 的表达式，其中 $r:\mathbb{R}^p \to \mathbb{R}^N$ 为模型拟合残差

$$r(\theta)_i = \hat{f}\left(x^{(i)};\theta\right) - y^{(i)}, \quad i=1,\cdots,N$$

的向量形式. 表达式可以使用 (a) 中求得的梯度.

(c) 尝试将这一神经网络拟合为函数 $g(x_1,x_2)=x_1x_2$. 首先生成 $N=200$ 个随机的点 $x^{(i)}$，并令 $y^{(i)}=\left(x^{(i)}\right)_1\left(x^{(i)}\right)_2$，$i=1$，$\cdots$，200. 使用 Levenberg-Marquardt 算法尝试最小化

$$f(\theta)=\|r(\theta)\|^2+\gamma\|\theta\|^2$$

其中 $\gamma=10^{-5}$. 绘制 f 的值和其梯度随迭代次数变化的图形. 给出使用神经网络模型达到的拟合误差均方根. 选择不同的起点进行实验，观察它们对模型结果的影响.

(d) 使用相同的数据集拟合一个（线性）回归模型 $\hat{f}^{\text{lin}}(x;\beta,v)=x^{\mathrm{T}}\beta+v$ 并给出达到的拟合误差均方根.（可以在拟合中添加正则项，但那不会使性能提高.）比较 (c) 中使用神经网络模型得到的拟合误差均方根.

注：实践中的神经网络会使用很多的回归因子、层及内部模式. 特定的方法和软件被用于最小化拟合目标，并评估需要的梯度和导数.

414

18.7 机械手 图 18-26 给出了飞机上的一个两连杆机械手. 机械手的末端在位置

$$p=L_1\begin{bmatrix}\cos\theta_1\\ \sin\theta_2\end{bmatrix}+L_2\begin{bmatrix}\cos(\theta_1+\theta_2)\\ \sin(\theta_1+\theta_2)\end{bmatrix}$$

其中 L_1 和 L_2 为第一和第二连杆的长度，θ_1 为第一个关节的夹角，θ_2 为第二个关节的夹角. 假设 $L_2<L_1$，即第二个连杆比第一个短. 给定一个要求的终点位置 p^{des}，并求夹角 $\theta=(\theta_1,\theta_2)$，使得 $p=p^{\text{des}}$.

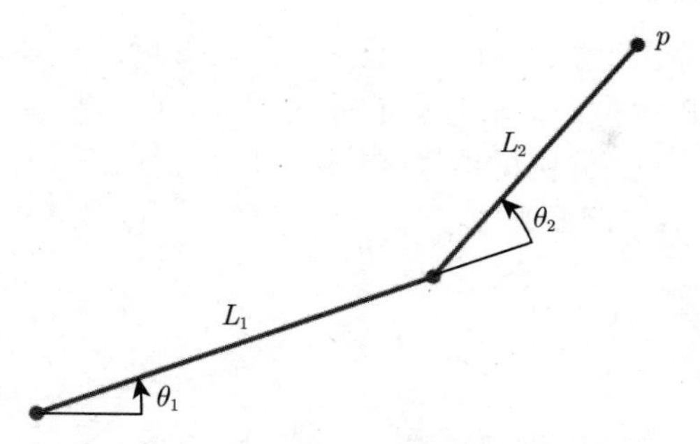

图 18-26 飞机上的两连杆机械手

这一问题可以解析求解. 用方程

$$\begin{aligned}\left\|p^{\mathrm{des}}\right\|^2 &= (L_1 + L_2\cos\theta_2)^2 + (L_2\sin\theta_2)^2 \\ &= L_1^2 + L_2^2 + 2L_1L_2\cos\theta_2\end{aligned}$$

求 θ_2. 当 $L_1 - L_2 < \left\|p^{\mathrm{des}}\right\| < L_1 + L_2$ 时，θ_2 有两个可选的夹角（一个正的和一个负的）. 对每一个 θ_2 的解，可以用

$$\begin{aligned}p^{\mathrm{des}} &= L_1\begin{bmatrix}\cos\theta_1 \\ \sin\theta_1\end{bmatrix} + L_2\begin{bmatrix}\cos(\theta_1+\theta_2) \\ \sin(\theta_1+\theta_2)\end{bmatrix} \\ &= \begin{bmatrix}L_1 + L_2\cos\theta_2 & -L_2\sin\theta_2 \\ L_2\sin\theta_2 & L_1 + L_2\cos\theta_2\end{bmatrix}\begin{bmatrix}\cos\theta_1 \\ \sin\theta_1\end{bmatrix}\end{aligned}$$

求得 θ_1. 在本练习中，将使用 Levenberg-Marquardt 算法，通过最小化 $\left\|p - p^{\mathrm{des}}\right\|^2$ 寻找关节的夹角.

(a) 确定非线性最小二乘问题中的函数 $f(\theta)$，并给出其导函数 $Df(\theta)$.

(b) 实现求解非线性最小二乘问题的 Levenberg-Marquardt 算法. 对 $L_1 = 2$，$L_2 = 1$ 及需要的端点

$$(1.0, 0.5), \quad (-2.0, 1.0), \quad (-0.2, 3.1)$$

尝试在一个机械臂上实现算法. 对每一个端点，绘制出成本函数 $\left\|f\left(\theta^{(k)}\right)\right\|^2$ 随迭代次数 k 的变化. 注意，最后一个端点的范数超过了 $L_1 + L_2 = 3$，因此不存在关节夹角满足 $p = p^{\mathrm{des}}$. 解释此时算法求得的夹角.

415

18.8 用平面上的点拟合一个椭圆 平面上的椭圆可以表示为如下的点集

$$\hat{f}(t;\theta) = \begin{bmatrix}c_1 + r\cos(\alpha+t) + \delta\cos(\alpha-t) \\ c_2 + r\sin(\alpha+t) + \delta\sin(\alpha-t)\end{bmatrix}$$

其中 t 的范围从 0 到 2π. 向量 $\theta = (c_1, c_2, r, \delta, \alpha)$ 有五个参数，其几何意义如图 18-27 所示. 考虑用 N 个平面上的点 $x^{(1)}, \cdots, x^{(N)}$ 拟合一个椭圆的问题，如图 18-28 所示.

圆显示了 N 个点短线将每一个点和椭圆上与其最近的点相连. 拟合这个椭圆将使用最小化 N 个点到椭圆的距离平方和的方法进行.

(a) 一个数据点 $x^{(i)}$ 到椭圆的距离平方是对所有标量 $t^{(i)}$，$\left\|\hat{f}\left(t^{(i)};\theta\right)-x^{(i)}\right\|^2$ 的最小值（图 18-28）. 因此，最小化 50 个点 $x^{(1)}$，…，$x^{(N)}$ 到椭圆距离的平方和就是对 $t^{(1)}$，…，$t^{(N)}$ 和 θ 最小化

$$\sum_{i=1}^{N}\left\|\hat{f}\left(t^{(i)};\theta\right)-x^{(i)}\right\|^2$$

将这一问题形式化为一个非线性最小二乘问题. 给出残差导数的表达式.

(b) 使用 Levenberg-Marquardt 算法对如下的 10 个点拟合一个椭圆：

$$(0.5,1.5),\quad(-0.3,0.6),\quad(1.0,1.8),\quad(-0.4,0.2),\quad(0.2,1.3)$$
$$(0.7,0.1),\quad(2.3,0.8),\quad(1.4,0.5),\quad(0.0,0.2),\quad(2.4,1.7)$$

为选择起点，可以令参数 θ 描述一个半径为 1、中心在数据点均值处的圆，$t^{(i)}$ 的初值为使得对那些 θ 的初值，能够最小化目标函数的值.

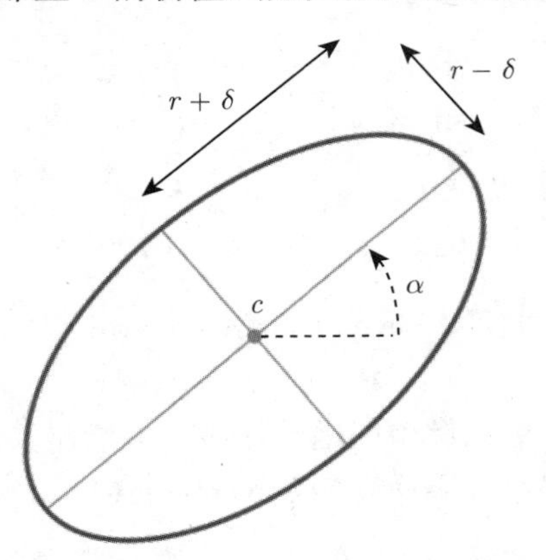

图 18-27　中心为 (c_1,c_2)，半轴长为 $r+\delta$ 和 $r-\delta$ 的椭圆. 最大的半轴与水平方向的夹角为 α

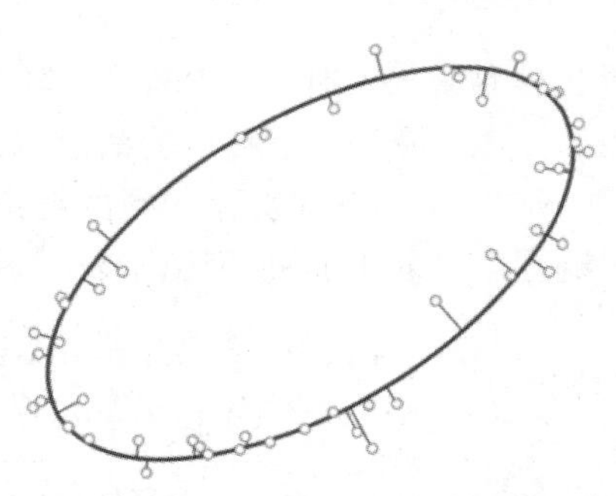

图 18-28　平面上 50 个点拟合的椭圆

416
~
417

第 19 章　带约束非线性最小二乘

本章考虑包含非线性约束的非线性最小二乘问题的一个推广. 正如求解一个非线性方程组，或求解一个非线性方程组的最小二乘近似解一样，带约束非线性最小二乘问题通常也是难于精确求解的. 此处给出一种在实践中表现良好的启发式算法.

19.1　非线性最小二乘问题的推广

本节考虑一个非线性最小二乘问题 (18.2) 的推广，它包含了等式约束：

$$\begin{array}{ll}\text{最小化} & \|f(x)\|^2 \\ \text{使得} & g(x)=0\end{array} \tag{19.1}$$

其中 n 向量 x 为要求的变量. 此处 $f(x)$ 为一个 m 向量，$g(x)$ 为一个 p 向量. 有时将 $f(x)$ 和 $g(x)$ 的各个分量写出，将这个问题表示为

$$\begin{array}{ll}\text{最小化} & f_1(x)^2+\cdots+f_m(x)^2 \\ \text{使得} & g_i(x)=0, \quad i=1,\cdots,p\end{array}$$

称 $f_i(x)$ 为第 i 个（标量）残差，$g_i(x)=0$ 为第 i 个（标量）等式约束. 当函数 f 和 g 是仿射函数时，等式约束非线性最小二乘问题 (19.1) 就退化为第 16 章介绍的等式约束（线性）最小二乘问题.

称一个点 x 对问题 (19.1) 是可行的，就是说它满足 $g(x)=0$. 一个点 $\hat{x}$ 为问题 (19.1) 的解，就是说它是可行的且是所有可行点中目标值最小的，即当 $g(x)=0$ 时，总有 $\|f(x)\|^2 \geqslant \|f(\hat{x})\|^2$.

418
～
419

类似非线性最小二乘问题，或者求解一个非线性方程组的问题，带约束非线性最小二乘问题一般也是难于精确求解的. 但求解（无约束）非线性最小二乘问题 (18.2) 的 Levenberg-Marquardt 算法是可被用于求解有等式约束问题的. 这一基本算法将在下面进行介绍，即**罚算法**，此外，也介绍一个在实践中性能更好的基本算法的一个变体，即**增广的 Lagrange 算法**. 这些算法都是针对（近似）求解非线性最小二乘问题 (19.1) 的启发式算法.

线性等式约束　带约束非线性最小二乘问题 (19.1) 的一个特殊情形是约束函数 g 是仿射的，此时，约束 $g(x)=0$ 可被写为 $Cx=d$，其中 C 为一个 $p\times n$ 矩阵，且 d 为一个 p 向量. 问题 (19.1) 则被称为线性等式约束非线性最小二乘问题. 使用第 18 章中给出的 Levenberg-Marquardt 算法可对它（近似）求解，只需要在算法第 2 步求解线性最小二乘问题时附加线性等式约束即可. 更有挑战性的问题是当 g 不是仿射函数时的情形.

最优条件

使用 Lagrange 乘数（参见 C.3 节）可以导出带约束非线性最小二乘问题 (19.1) 的解必须满足的条件. 问题 (19.1) 的 Lagrange 函数是

$$L(x,z)=\|f(x)\|^2+z_1g_1(x)+\cdots+z_pg_p(x)=\|f(x)\|^2+g(x)^{\mathrm{T}}z \tag{19.2}$$

其中 p 向量 z 为 Lagrange 乘数向量. Lagrange 乘数说明，对 (19.1) 的任意解 $\hat{x}$，存在一个 Lagrange 乘数 $\hat{z}$ 的集合满足

$$\frac{\partial L}{\partial x_i}(\hat{x},\hat{z})=0,\quad i=1,\cdots,n,\qquad \frac{\partial L}{\partial z_i}(\hat{x},\hat{z})=0,\quad i=1,\cdots,p$$

（给定矩阵 $Dg(\hat{x})$ 的各行是线性无关的）. p 向量 $\hat{z}$ 被称为一个**最优 Lagrange 乘数**.

第二个方程的集合可以被写为 $g_i(\hat{x})=0$，$i=1$，$\cdots$，p，用向量形式可写为

$$g(\hat{x})=0 \tag{19.3}$$

即 $\hat{x}$ 是可行的，这一点已经知道了. 第一个方程组可用向量形式写为

$$2Df(\hat{x})^{\mathrm{T}}f(\hat{x})+Dg(\hat{x})^{\mathrm{T}}\hat{z}=0 \tag{19.4}$$

这一方程是对无约束非线性最小二乘问题 (18.2) 的条件 (18.3) 的推广. 方程 (19.4) 与方程 (19.3)，即 $\hat{x}$ 是可行的，一起构成了问题 (19.1) 的最优条件.

420

若 $\hat{x}$ 为带约束非线性最小二乘问题 (19.1) 的解，则它对某些 Lagrange 乘数向量 $\hat{z}$ 满足最优条件 (19.4)（给定矩阵 $Dg(\hat{x})$ 的各行是线性无关的）. 因此 $\hat{x}$ 和 $\hat{z}$ 满足最优条件.

但是，这些最优条件不是充分的，可能会有很多 x 和 z 的选择满足它们，但 x 不是带约束非线性最小二乘问题的解.

19.2　罚算法

从（16.1 节已经得到的）观察结果开始，等式约束的问题可被认为是一个目标为 $\|f(x)\|^2$ 和 $\|g(x)\|^2$ 的双目标问题在第二个目标的权重趋向于无穷大时的极限. 令 μ 为一个正数，考虑复合目标函数

$$\|f(x)\|^2+\mu\|g(x)\|^2 \tag{19.5}$$

它可以用对

$$\left\|\begin{bmatrix} f(x) \\ \sqrt{\mu}g(x)\end{bmatrix}\right\|^2 \tag{19.6}$$

的 Levenberg-Marquardt 算法进行（近似）最小化. 通过对复合目标函数 (19.5) 的最小化，不再坚持 $g(x)$ 必须是 0，但在残差中增加了一个成本或惩罚 $\mu\|g(x)\|^2$. 如果对足够大的 μ 进

行求解，则可得到使得 $g(x)$ 很小的 x，且 $\|f(x)\|^2$ 也是很小的，即 (19.1) 的一个近似解. 第二项 $\mu\|g(x)\|^2$ 惩罚了使得 $g(x)$ 非零的 x.

对一个取值单调增加的 μ 的序列，最小化复合目标函数 (19.5) 的方法被称为**罚算法**.

算法 19.1　带约束最小二乘问题的罚算法

给定可微函数 $f:\mathbb{R}^n\to\mathbb{R}^m$ 和 $g:\mathbb{R}^n\to\mathbb{R}^p$，以及一个初始点 $x^{(1)}$. 令 $\mu^{(1)}=1$.

对 $k=1, 2, \cdots, k^{\max}$

1. *求解无约束最小二乘问题*. 令 $x^{(k+1)}$ 为

$$\|f(x)\|^2+\mu^{(k)}\|g(x)\|^2$$

使用 Levenberg-Marquardt 算法，从初始点 $x^{(k)}$ 得到（近似）的最小值点.

2. *更新* $\mu^{(k)}$:$\mu^{(k+1)}=2\mu^{(k)}$.

罚算法在 $\|g(x^{(k)})\|$ 较小时会提前终止，即等式约束几乎被满足了.

罚算法是简单并容易实现的，但有着一个严重的不足：参数 $\mu^{(k)}$ 随着迭代的增加迅速增长（它必须是这样，因为 $g(x)$ 的导数会趋向于零）. 当 Levenberg-Marquardt 算法被用于有非常大的 μ 值的最小化 (19.5) 的问题时，会需要大量的迭代，或者简单说就是失败. 下面讨论的增广的 Lagrange 算法克服了这一不足，并给出了一个更为可靠的算法. 421

可以将罚算法的迭代与最优条件 (19.4) 进行联系. 当 (19.5) 取得最小时，迭代 $x^{(k+1)}$（几乎）满足最优条件，

$$2Df\left(x^{(k+1)}\right)^{\mathrm{T}}f\left(x^{(k+1)}\right)+2\mu^{(k)}Dg\left(x^{(k+1)}\right)^{\mathrm{T}}g\left(x^{(k+1)}\right)=0$$

定义

$$z^{(k+1)}=2\mu^{(k)}g\left(x^{(k+1)}\right)$$

为在第 $k+1$ 次迭代时一个合适的 Lagrange 乘数的估计，可以看到，最优条件 (19.4)对 $x^{(k+1)}$ 和 $z^{(k+1)}$（几乎）成立.（可行性条件 $g\left(x^{(k)}\right)=0$ 只有当极限中的 $k\to\infty$ 时才成立.）

19.3　增广的 Lagrange 算法

增广的 Lagrange 算法是罚算法的一个改进，它克服了罚参数 $\mu^{(k)}$ 变得很大的困难. 该方法在 20 世纪 60 年代由 Magnus Hestenes 和 Michael Powell 提出.

增广 Lagrange 问题　问题 (19.1) 的参数 $\mu>0$ 的**增广 Lagrange 问题** 定义为

$$L_\mu(x,z)=L(x,z)+\mu\|g(x)\|^2=\|f(x)\|^2+g(x)^{\mathrm{T}}z+\mu\|g(x)\|^2 \tag{19.7}$$

这是在一个 Lagrange 问题，增广了一个新项 $\mu\|g(x)\|^2$；换句话说，它可以被理解为罚算法中目标函数 (19.5) 通过添加一个 Lagrange 乘数项 $g(x)^{\mathrm{T}}z$ 进行的复合.

增广的 Lagrange 问题 (19.7) 也是问题

$$\begin{array}{ll} \text{最小化} & \|f(x)\|^2+\mu\|g(x)\|^2 \\ \text{使得} & g(x)=0. \end{array}$$

对应的常规 Lagrange 问题. 这一问题等价于原带约束非线性最小二乘问题 (19.1)：一个点 x 为其中一个问题解的充要条件是它是另一个问题的解. （这是因为对任意可行的 x，项 $\mu\|g(x)\|^2$ 都是零. ）

最小化增广 Lagrange 问题　在增广 Lagrange 算法中，对一系列 μ 和 z 的取值，针对所有变量 x，最小化增广 Lagrange 问题. 此处说明如何使用 Levenberg-Marquardt 算法实现它. 首先建立等式

422

$$L_\mu(x,z)=\|f(x)\|^2+\mu\|g(x)+z/(2\mu)\|^2-\mu\|z/(2\mu)\|^2 \tag{19.8}$$

将右边的第二项展开得到

$$\begin{aligned} &\mu\|g(x)+z/(2\mu)\|^2 \\ &\quad=\mu\|g(x)\|^2+2\mu g(x)^{\mathrm{T}}(z/(2\mu))+\mu\|z/(2\mu)\|^2 \\ &\quad=g(x)^{\mathrm{T}}z+\mu\|g(x)\|^2+\mu\|z/(2\mu)\|^2 \end{aligned}$$

将其代入 (19.8) 的右边即可验证等式.

当对变量 x 最小化 $L_\mu(x,z)$ 时，(19.8) 中的项 $-\mu\|z/(2\mu)\|^2$ 为一个常数（即它不依赖于 x），且不影响 x 的选择. 由此可得，可以通过最小化函数

$$\|f(x)\|^2+\mu\|g(x)+z/(2\mu)\|^2 \tag{19.9}$$

对所有 x 最小化 $L_\mu(x,z)$，上式还可表示为

$$\left\|\left[\begin{array}{c} f(x) \\ \sqrt{\mu}g(x)+z/\left(2\sqrt{\mu}\right) \end{array}\right]\right\|^2 \tag{19.10}$$

它可使用 Levenberg-Marquardt 算法（近似）最小化.

任何 $L_\mu(x,z)$ 的最小值点 $\tilde{x}$ （或等价地说，(19.9)）满足最优条件

$$\begin{aligned} 0&=2Df(\tilde{x})^{\mathrm{T}}f(\tilde{x})+2\mu Dg(\tilde{x})^{\mathrm{T}}(g(\tilde{x})+z/(2\mu)) \\ &=2Df(\tilde{x})^{\mathrm{T}}f(\tilde{x})+Dg(\tilde{x})^{\mathrm{T}}(2\mu g(\tilde{x})+z) \end{aligned}$$

由这个方程可以看到，若 $\tilde{x}$ 最小化增广的 Lagrange 问题，且是可行的（即 $g(\tilde{x})=0$），则它满足最优条件 (19.4)，其中向量 z 为 Lagrange 乘数. 最下面的方程也给出了一个当 $\tilde{x}$ 不可行时更新 Lagrange 乘数向量 z 好的选择. 此时，选择

$$\tilde{z}=z+2\mu g(\tilde{x}) \tag{19.11}$$

满足对 $\tilde{x}$ 和 $\tilde{z}$ 的最优条件 (19.4).

增广 Lagrange 算法在最小化增广 Lagrange 问题（使用 Levenberg-Marquardt 算法近似求解）和使用上面介绍 (19.11) 的方法更新参数 z（估计的合适的 Lagrange 乘数）之间交替. 罚参数 μ 只有在需要的时候即 $\|g(x)\|$ 没有足够的减小量时，才会增加.

423

算法 19.2　增广 Lagrange 算法

给定可微函数 $f:\mathbb{R}^n\to\mathbb{R}^m$，$g:\mathbb{R}^n\to\mathbb{R}^p$，以及一个初始点 $x^{(1)}$. 令 $z^{(1)}=0$，$\mu^{(1)}=1$.

对 $k=1,2,\cdots,k^{\max}$

1. 求解无约束非线性最小二乘问题. 令 $x^{(k+1)}$ 为

$$\|f(x)\|^2+\mu^{(k)}\left\|g(x)+z^{(k)}/(2\mu^{(k)})\right\|^2$$

使用 Levenberg-Marquardt 算法，从初始点 $x^{(k)}$ 得到（近似）的最小值点.

2. 更新 $z^{(k)}$.

$$z^{(k+1)}=z^{(k)}+2\mu^{(k)}g(x^{(k+1)})$$

3. 更新 $\mu^{(k)}$.

$$\mu^{(k+1)}=\begin{cases}\mu^{(k)} & \left\|g\left(x^{(k+1)}\right)\right\|<0.25\left\|g\left(x^{(k)}\right)\right\| \\ 2\mu^{(k)} & \left\|g\left(x^{(k+1)}\right)\right\|\geqslant 0.25\left\|g\left(x^{(k)}\right)\right\|\end{cases}$$

增广 Lagrange 算法在 $g\left(x^{(k)}\right)$ 很小时会提前终止. 注意到由于特别选择了 $z^{(k)}$ 的更新方法，迭代点 $x^{(k+1)}$（几乎）满足 $z^{(k+1)}$ 时的最优条件 (19.4).

增广 Lagrange 算法并不比罚算法更复杂，但在实践中它的性能却非常好. 其中的部分原因是罚参数 $\mu^{(k)}$ 并不需要随着算法的进行而增加.

例子　考虑两个变量的例子，且

$$f(x_1,x_2)=\begin{bmatrix}x_1+\exp(-x_2)\\ x_1^2+2x_2+1\end{bmatrix},\quad g(x_1,x_2)=x_1+x_1^3+x_2+x_2^2$$

图 19-1 给出了成本函数 $\|f(x)\|^2$（实线）和约束函数 $g(x)$ 的等值线（虚线）. 点 $\hat{x}=(0,0)$

对 Lagrange 乘数 $\hat{z}=-2$ 是最优的. 可以验证 $g(\hat{x})=0$ 且

$$2Df(\hat{x})^{\mathrm{T}}f(\hat{x})+Dg(\hat{x})^{\mathrm{T}}\hat{z}=2\begin{bmatrix}1 & 0\\ -1 & 2\end{bmatrix}\begin{bmatrix}1\\ 1\end{bmatrix}-2\begin{bmatrix}1\\ 1\end{bmatrix}=0$$

在 $x=(-0.666,-0.407)$ 的圆圈表示 $\|f(x)\|^2$ 的无约束最小值点.

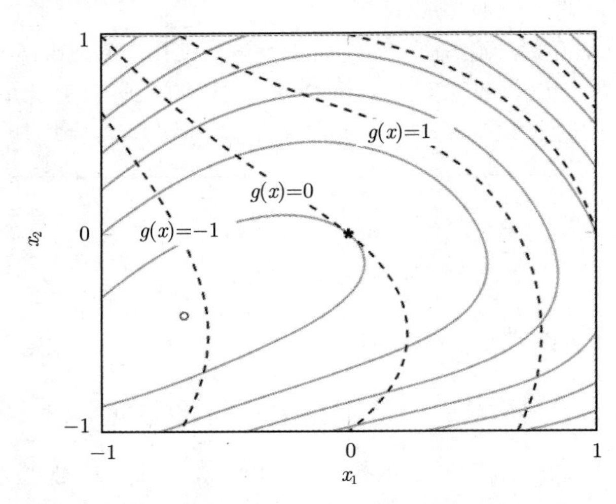

图 19-1 一个两变量一个等式约束的非线性最小二乘问题的成本函数 $\|f(x)\|^2$（实线）和约束函数 $g(x)$（虚线）的等值线

增广 Lagrange 算法从点 $x^{(1)}=(0.5,-0.5)$ 开始. 图 19-2 给出了其前六步迭代. 实线为 $L_\mu\left(x,z^{(k)}\right)$ 的等值线，该函数为当前 Lagrange 乘数对应的增广 Lagrange 问题. 为进行对比，在图 19-3 中也给出了罚算法从相同的初始点开始的前六步迭代. 其中的实线为 $\|f(x)\|^2+\mu^{(k)}\|g(x)\|^2$ 的等值线.

在图 19-4 中，展示了算法是如何收敛的. 横轴为 Levenberg-Marquardt 迭代的累计次数. 计算这些点都需要求解一个线性最小二乘问题（分别最小化（19.10）和（19.6））. 两条线给出了可行性残差的绝对值 $\left|g\left(x^{(k)}\right)\right|$ 及残差最优条件的范数

$$\left\|2Df\left(x^{(k)}\right)^{\mathrm{T}}f\left(x^{(k)}\right)+Dg\left(x^{(k)}\right)^{\mathrm{T}}z^{(k)}\right\|$$

在增广 Lagrange 算法中的第 2 步和第 3 步，以及罚算法的第 2 步中，当参数 μ 和 z 更新的时候，最优条件的范数出现了垂直方向的跳变.

图 19-5 给出了罚参数 μ 与两个算法中的累计 Levenberg-Marquardt 迭代次数之间的关系.

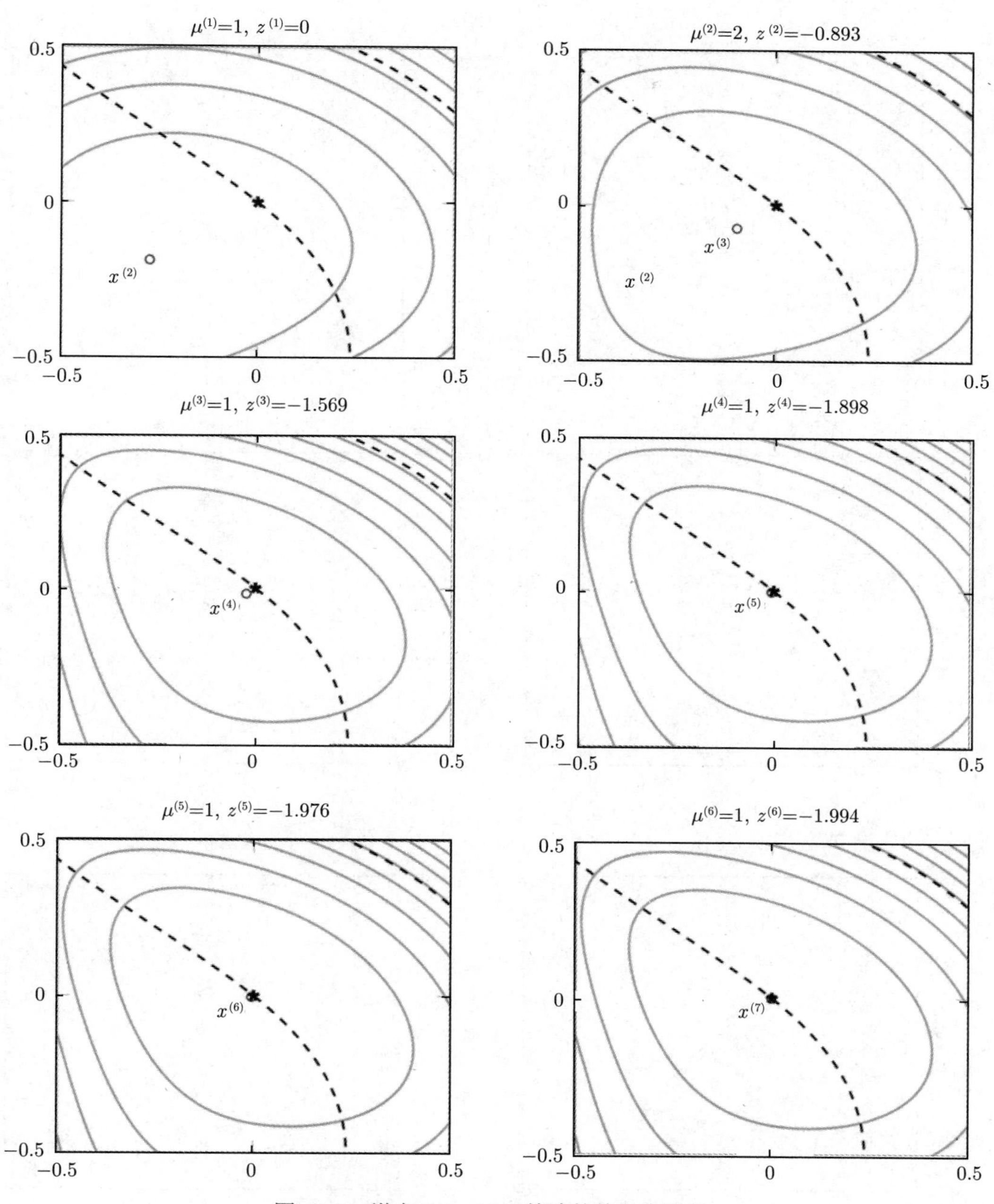

图 19-2 增广 Lagrange 算法的前六步迭代

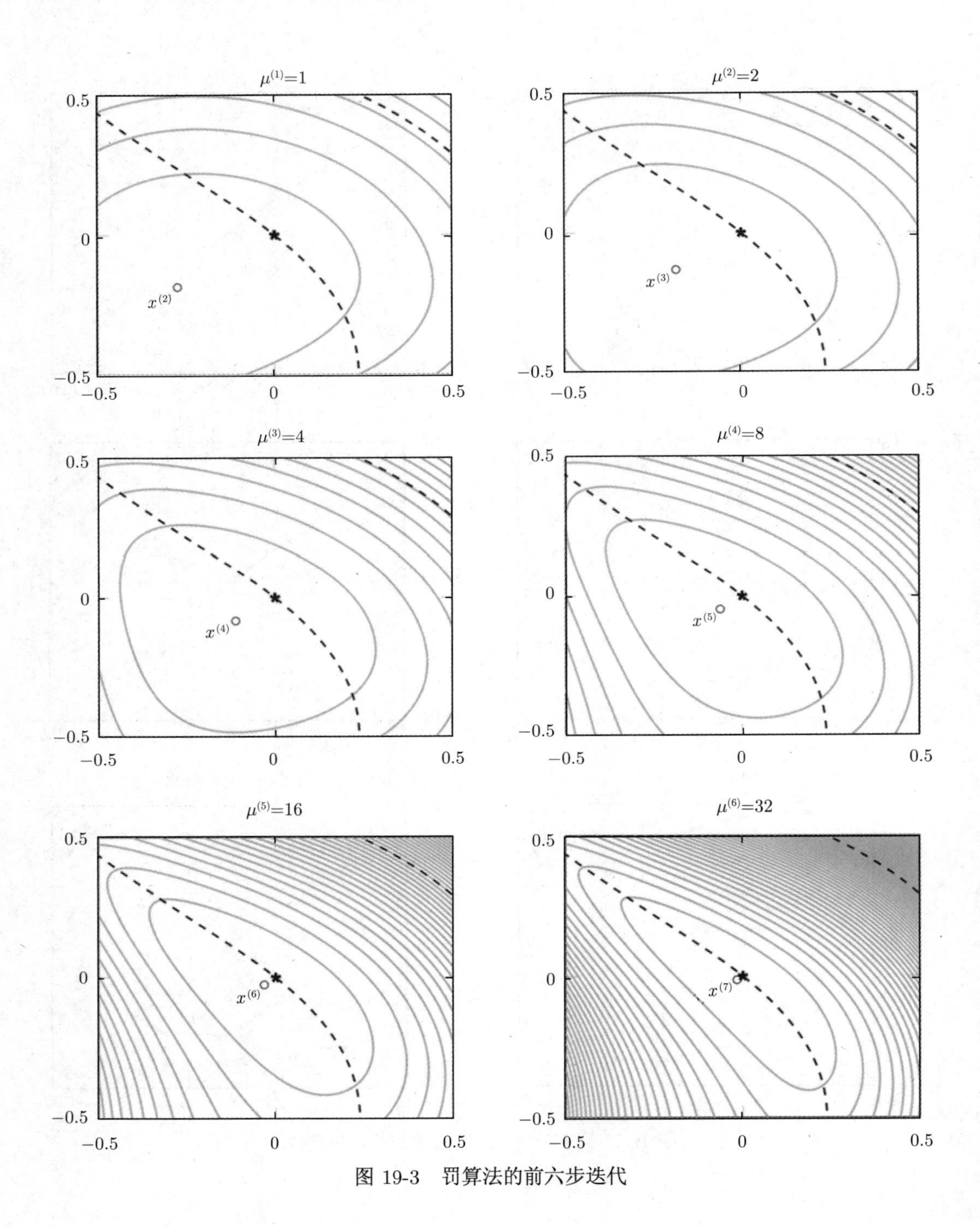

图 19-3　罚算法的前六步迭代

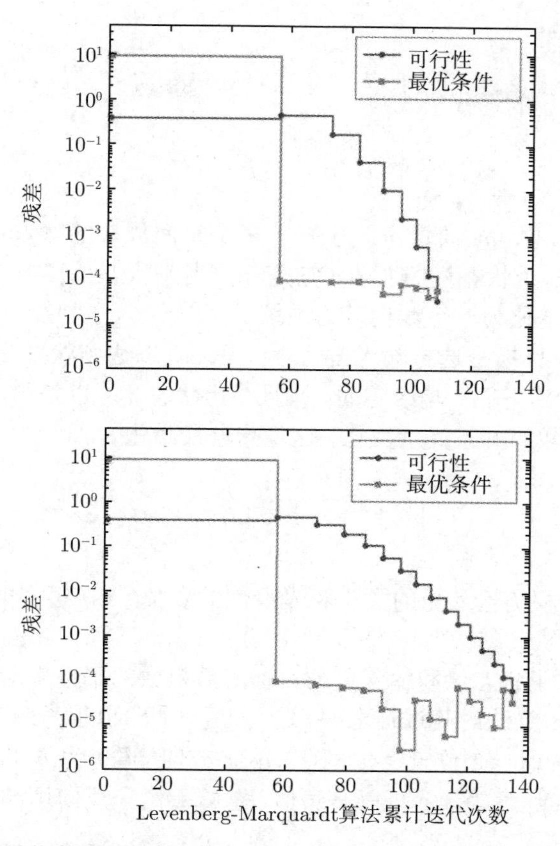

图 19-4 可行性和最优条件误差随增广 Lagrange 算法（上图）和罚算法（下图）中累计 Levenberg-Marquardt 迭代次数的变化

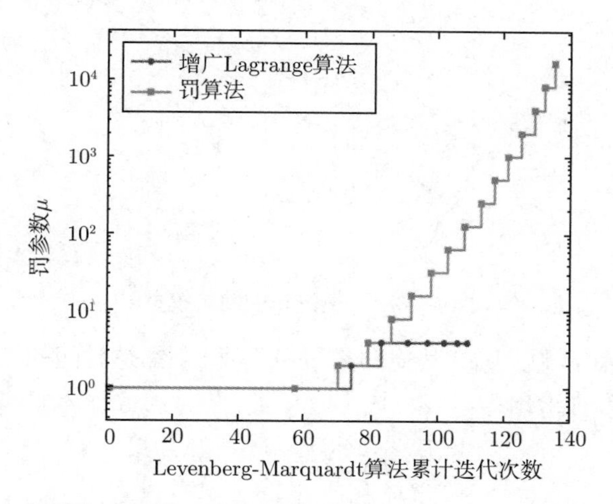

图 19-5 罚参数 μ 与增广 Lagrange 算法和罚算法中 Levenberg-Marquardt 累计迭代次数之间的关系

19.4 非线性控制

一个非线性动力系统的迭代形式为

$$x_{k+1} = f(x_k, u_k), \quad k = 1, 2, \cdots, N$$

其中 n 向量 x_k 为状态量，m 向量 u_k 为在第 k 个时间周期的输入量或控制量. 函数 $f: \mathbb{R}^{n+m} \to \mathbb{R}^n$ 给出了下一个状态量的取值，它是一个当前状态量和当前输入量的函数. 当 f 是一个仿射函数时，它退化为一个线性动力系统.

424 ~ 428

在非线性控制中，目标是选择输入 $u_1, \cdots, u_{N-1}$ 以达到状态量和输入轨迹的某些目标. 在很多问题中，初始状态 x_1 是给定的，并且终止状态 x_N 也是给定的. 在这些条件的约束下，希望控制输入量较小并且光滑变化，这意味着最小化

$$\sum_{k=1}^{N} \|u_k\|^2 + \gamma \sum_{k=1}^{N-1} \|u_{k+1} - u_k\|^2$$

其中 $\gamma > 0$ 为一个用于权衡输入量的大小和光滑性的参数.（在很多非线性控制问题的目标中，也包含了状态量的轨迹.）

可以只用一个包含了状态量和输入量的目标函数范数的平方来形式化非线性控制问题，然后使用增广 Lagrange 算法对其进行求解. 这一过程用下面的例子进行演示.

控制一辆汽车 考虑一个位置在 $p = (p_1, p_2)$，方向（角）为 θ 的汽车. 汽车的轴距（长度）为 L，转向角为 ϕ，速度为 s（可以是负值，意味着汽车反向运动）. 如图 19-6 所示.

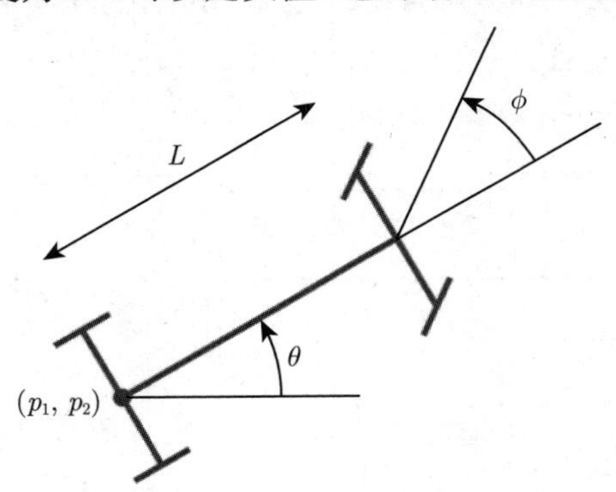

图 19-6 一辆汽车的简单模型

轴距 L 为一个已知常数，所有其他的量 p, θ, ϕ 和 s 都是时间的函数. 汽车运动的动力学方程组由下列微分方程给出：

$$\frac{\mathrm{d}p_1}{\mathrm{d}t}(t) = s(t)\cos\theta(t)$$
$$\frac{\mathrm{d}p_2}{\mathrm{d}t}(t) = s(t)\sin\theta(t)$$

$$\frac{\mathrm{d}\theta}{\mathrm{d}t}(t)=(s(t)/L)\tan\phi(t)$$

429

此处假设转向角总是小于 90°，故最后一个方程中的正切项总是有意义的. 前面两个方程表明，汽车沿着夹角 $\theta(t)$（其方向角）以速度 $s(t)$ 运动. 最后一个方程将方向角的变化表示为汽车速度和转向角的一个函数. 对一个固定的转向角和速度，汽车沿着圆周运动.

可以控制汽车的速度 s 和转向角 ϕ；目标为从一个给定的初始位置和方向角开始，在某些时间周期内将汽车移动到最终的位置和方向角.

下面将方程对时间进行离散. 选取一个小的时间区间 h，并进行近似

$$\begin{aligned}
p_1(t+h) &\approx p_1(t)+hs(t)\cos\theta(t)\\
p_2(t+h) &\approx p_2(t)+hs(t)\sin\theta(t)\\
\theta(t+h) &\approx \theta(t)+h(s(t)/L)\tan\phi(t)
\end{aligned}$$

这些近似将被用于推导汽车运动的非线性状态方程，其状态量为 $x_k=(p_1(kh),p_2(kh),\theta(kh))$，输入量为 $u_k=(s(kh),\phi(kh))$. 故有

$$x_{k+1}=f(x_k,u_k)$$

其中

$$f(x_k,u_k)=x_k+h(u_k)_1\begin{bmatrix}\cos(x_k)_3\\ \sin(x_k)_3\\ (\tan(u_k)_2)/L\end{bmatrix}$$

接下来考虑非线性最优控制问题

$$\begin{array}{ll}
\text{最小化} & \sum_{k=1}^{N}\|u_k\|^2+\gamma\sum_{k=1}^{N-1}\|u_{k+1}-u_k\|^2\\
\text{使得} & x_2=f(0,u_1),\\
& x_{k+1}=f(x_k,u_k),\quad k=2,\cdots,N-1\\
& x_{\text{final}}=f(x_N,u_N)
\end{array}\tag{19.12}$$

其中变量为 u_1，$\cdots$，u_N 和 x_2，$\cdots$，x_N.

430

图 19-7 中给出了当

$$L=0.1,\quad N=50,\quad h=0.1,\quad \gamma=10$$

时，对不同 x_{final} 值的解. 它们都是使用增广 Lagrange 算法求得的. 对每一个例子，算法的起始点都相同. 输入变量 u_k 初始时的取值是随机选择的，状态量 x_k 的起始点为零. 图 19-8 给出了两个输入量（速度和夹角）的轨迹，图 19-9 给出了增广 Lagrange 算法的可行性和最优残差条件.

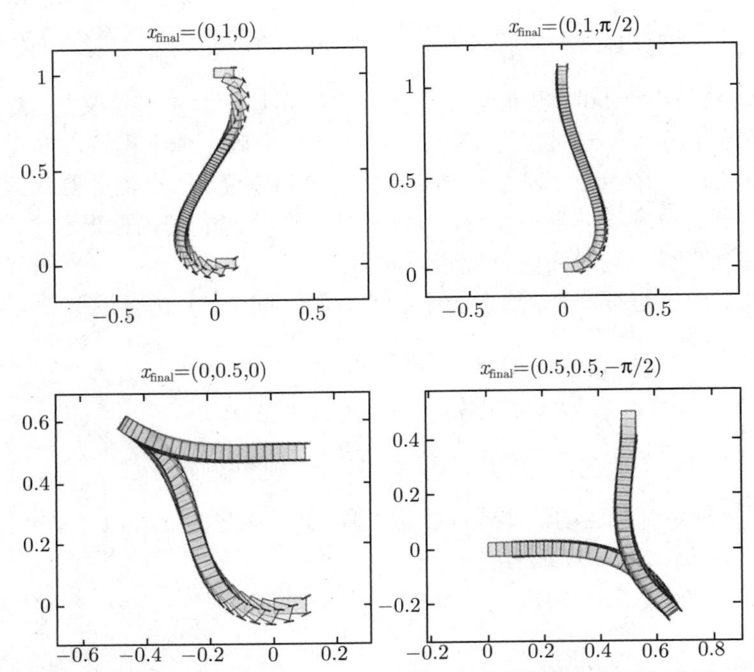

图 19-7　对不同的终止状态量 x_{final}，(19.12) 解的轨迹. 车辙给出了在时刻 kh 时，位置为 $(p_1(kh), p_2(kh))$，方向角为 $\theta(kh)$，转向角为 $\phi(kh)$

431

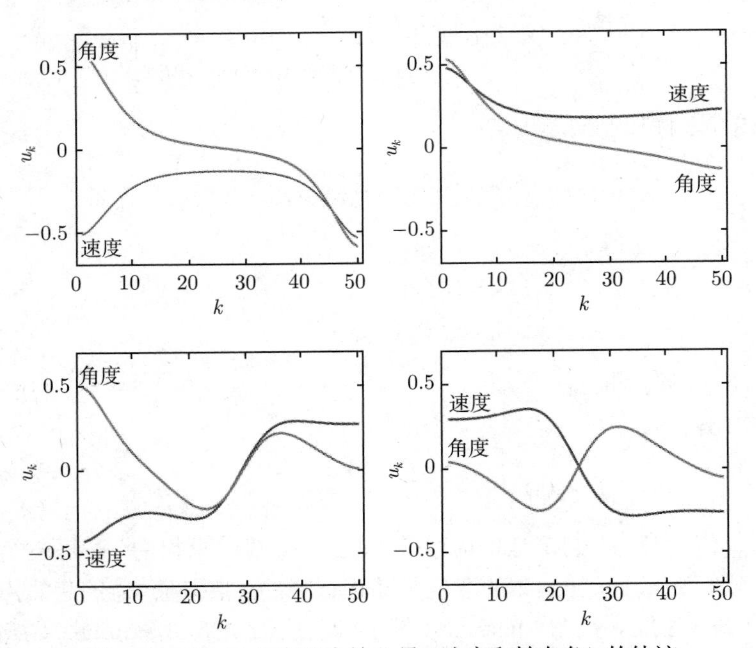

432

图 19-8　图 19-7 中两个输入量（速度和转向角）的轨迹

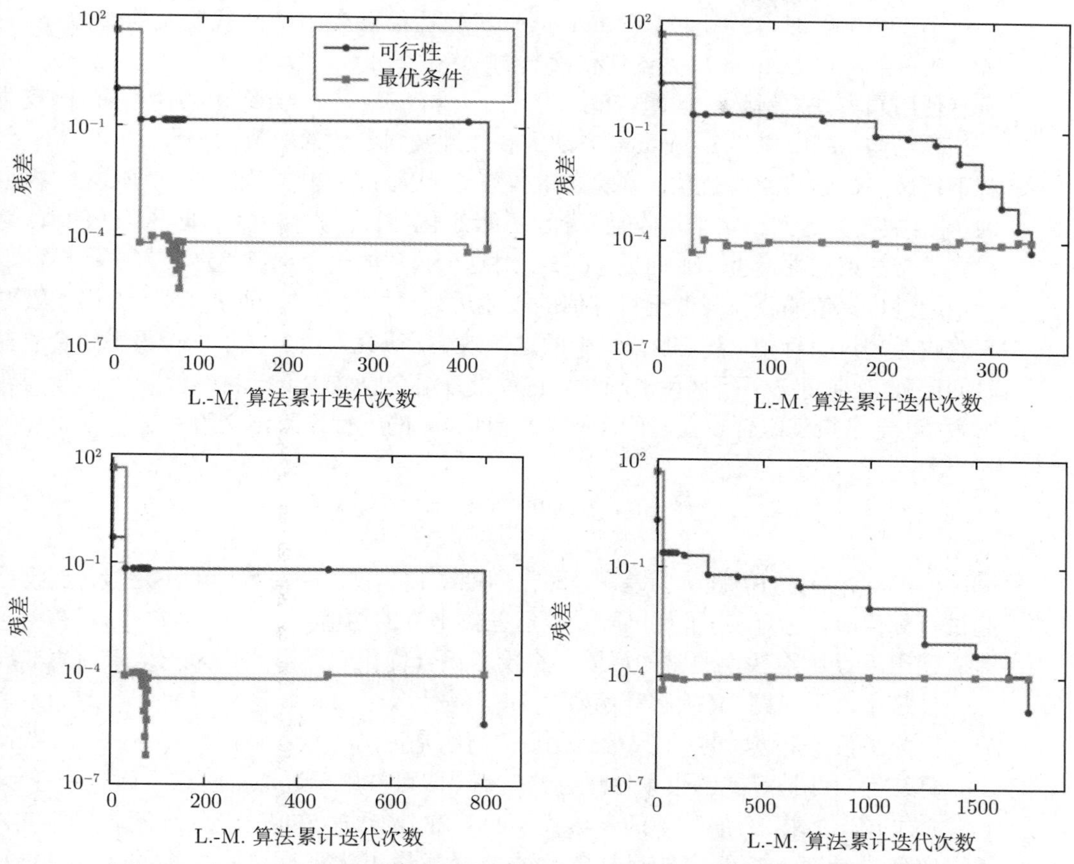

图 19-9　图 19-7 中计算轨迹所有的增广 Lagrange 算法的可行性和最优条件残差

433

练习

19.1 一个曲线上的投影　考虑三个变量 $x=(x_1,x_2,x_3)$ 和两个方程的带约束非线性最小二乘问题:

$$\begin{array}{ll} \text{最小化} & (x_1-1)^2+(x_2-1)^2+(x_3-1)^2 \\ \text{使得} & x_1^2+0.5x_2^2+x_3^2-1=0 \\ & 0.8x_1^2+2.5x_2^2+x_3^2+2x_1x_3-x_1-x_2-x_3-1=0 \end{array}$$

其解为由两个方程定义的非线性曲线上最接近 $(1,1,1)$ 的点.

(a) 使用增广 Lagrange 方法求解这一问题. 算法可以从点 $x^{(1)}=0$，$z^{(1)}=0$，$\mu^{(1)}=0$ 开始，且每次开始 Levenberg-Marquardt 方法时令 $\lambda^{(1)}=1$. 当可行性残差 $\left\|g\left(x^{(k)}\right)\right\|$ 和最优条件残差

$$\left\|2Df\left(x^{(k)}\right)^{\mathrm{T}}f\left(x^{(k)}\right)+Dg\left(x^{(k)}\right)^{\mathrm{T}}z^{(k)}\right\|$$

小于 10^{-5} 时，终止增广 Lagrange 算法. 绘图表示两个残差及罚参数 μ 与 Levenberg-Marquardt 累计迭代次数的关系.

(b) 使用罚方法求解这一问题，起点为 $x^{(1)}=0$，$\mu^{(1)}=1$，且终止条件相同. 比较罚算法与 (a) 中增广 Lagrange 方法的收敛性及罚参数的取值.

19.2 有下行风险的投资组合优化　在标准的投资组合优化问题中（如 17.1 节所述），权重向量 w 被选为达到给定平均收益目标，并最小化与目标收益偏差（即风险）的值. 这得到了带约束线性最小二乘问题 (17.2). 对这一公式的一个抱怨是这一方法将投资组合中超过目标值的收益与低于目标值的收益进行了同等看待，而事实上，人们一般更喜欢收益超过目标值. 为克服公式中的这一缺陷，研究人员定义了一个投资组合收益时间序列 T 向量 r **下行风险**的概念，它对投资组合收益中低于目标值 ρ^{tar} 的收益较为敏感. 一个投资组合收益时间序列（T 向量）r 的下行风险定义为

$$D=\frac{1}{T}\sum_{t=1}^{T}\left(\max\left\{\rho^{\text{tar}}-r_t,0\right\}\right)^2$$

$\max\{\rho^{\text{tar}}-r_t,0\}$ 的值被称为差额，即在周期 t 内，收益相对目标的不足量；当收益超过目标值时，它为零. 下行风险是收益差额平方的均值.

(a) 使用下行风险替换通常的风险，将投资组合优化问题形式化为一个带约束非线性最小二乘问题. 必须解释函数 f 和 g 是什么.

(b) 因为函数 g 是仿射的（如果形式化后的问题是正确的），在将 Levenberg-Marquardt 算法针对线性等式约束条件进行修改后，即可被用于近似求解这一问题.（参见 19.1.1 节.）求 $Df\left(x^{(k)}\right)$ 的表达式. 可以忽略函数 f 在某些点上不可微的事实.

(c) 实现求针对一个给定的目标年化收益寻找最小化下行风险权重的 Levenberg-Marquardt 算法. 一个非常合理的初始点是在相同目标收益条件下，标准投资组合优化问题的解. 用一些仿真的或实际的数据（网上可查），对实现的方法进行检验. 比较最小化投资组合风险和下行风险时的权重、风险和下行风险.

434

19.3 布尔型最小二乘　**布尔型最小二乘问题**为带约束非线性最小二乘问题 (19.1) 的一个特殊情形，其形式为

$$\begin{array}{ll}\text{最小化} & \|Ax-b\|^2\\ \text{使得} & x_i^2=1,\quad i=1,\cdots,n\end{array}$$

其中 n 向量 x 为需要选择的变量，$m\times n$ 矩阵 A 和 m 向量 b 为问题（给定的）数据. 约束条件要求 x 的每一个元素只能为 -1 或 $+1$，即 x 为一个布尔型向量. 因为每一个元素可以取两个值，故共有 2^n 个可行的向量 x. 布尔型最小二乘问题在很多应用中都会出现.

求解布尔型最小二乘问题的一个简单方法是对 2^n 个可能取值中的每一个，计算目标函数 $\|Ax-b\|^2$ 的值，并选择取最小值的那一个，这一方法有时又被称为**暴力方**

法. 这一方法在 n 超过 30 或类似的情形时，是没有实践意义的. 有很多启发式方法比暴力方法对问题进行近似求解的速度更快，即找到一个使得目标函数值较小的 x，而不是在所有 2^n 个可行值中寻找最小的那个. 其中一种启发式方法为增广 Lagrange 算法 19.2.

(a) 对布尔型最小二乘问题，给出增广 Lagrange 算法每一次迭代中 Levenberg-Marquardt 算法更新步的细节.

(b) 对布尔型最小二乘问题，实现增广 Lagrange 算法. 可以选择初始点 $x^{(1)}$ 为 $\|Ax-b\|^2$ 的最小值点. 在每一次迭代时，可以将 $x^{(k)}$ 的每一个元素四舍五入为 ± 1 以得到一个可行点 $\tilde{x}^{(k)}$，即 $\tilde{x}^{(k)} = \mathbf{sign}\left(x^{(k)}\right)$. 应当计算并绘制出这些可行点处的目标函数，即 $\left\|A\tilde{x}^{(k)}-b\right\|^2$. 实现的方法应当可以返回在每次迭代时舍入后得到的最好可行点. 对一些小问题使用该方法，例如，$n=m=10$，对这些情形可以使用暴力方法求得真正的解. 尝试用这一方法对更大的问题进行求解，例如，$n=m=500$，此时，暴力方法就不再实用了.

435

附录 A　记号

向量

$\begin{bmatrix} x_1 \\ \vdots \\ x_n \end{bmatrix}$	元素为 x_1，$\cdots$，x_n 的 n 向量	3[一]
$(x_1,\cdots,x_n)$	元素为 x_1，$\cdots$，x_n 的 n 向量	3
x_i	一个向量 x 的第 i 个元素	3
$x_{r:s}$	元素从 r 到 s 的子向量	4
0	所有元素都为零的向量	5
$\mathbf{1}$	所有元素都为 1 的向量	5
e_i	标准单位向量的第 i 个元素	5
$x^{\mathrm{T}}y$	向量 x 和 y 的内积	19
$\lVert x\rVert$	向量 x 的范数	45
$\mathbf{rms}\,(x)$	一个向量 x 的均方根值	46
$\mathbf{avg}\,(x)$	一个向量 x 的元素的平均值	20
$\mathbf{std}\,(x)$	一个向量 x 的标准差	52
$\mathbf{dist}\,(x,y)$	向量 x 和 y 的距离	48
$\angle(x,y)$	向量 x 和 y 之间的夹角	56
$x\perp y$	向量 x 和 y 是正交的	58

矩阵

$\begin{bmatrix} X_{11} & \cdots & X_{1n} \\ \vdots & & \vdots \\ X_{m1} & \cdots & X_{mn} \end{bmatrix}$	元素为 $X_{11},\cdots,X_{mn}$ 的 $m\times n$ 矩阵	107
X_{ij}	矩阵 X 的第 i，j 元素	107
$X_{r:s,p:q}$	行为 r，$\cdots$，s，列为 p，$\cdots$，q 的子矩阵	109
0	所有元素都为 0 的矩阵	113

[一] 此页码为英文原书页码，与书中页边标注的页码一致. —— 编辑注

(续)

I	单位矩阵	113
X^{T}	矩阵 X 的转置	115
$\|X\|$	矩阵 X 的范数	117
X^k	(方形) 矩阵 X 的 k 次幂	186
X^{-1}	(方形) 矩阵 X 的逆	202
$X^{-\mathrm{T}}$	矩阵 X 转置的逆	205
$X^{\dagger}$	矩阵 X 的伪逆	215
$\mathbf{diag}\,(x)$	对角元素为 x_1，$\cdots$，x_n 的对角矩阵	114

函数和导数

$f: A \to B$	从集合 A 到集合 B 的函数
$\nabla f\,(z)$	函数 $f: \mathbb{R}^n \to \mathbb{R}$ 在点 z 处的梯度
$Df\,(z)$	函数 $f: \mathbb{R}^n \to \mathbb{R}^m$ 在点 z 处的导数（Jacobi）矩阵

省略号

本书在列表与求和中使用标准数学记号中的省略号. k，$\cdots$，l 就是所有从 k 到 l 整数的列表. 例如，3，$\cdots$，7 表示 3，4，5，6，7. 这一记号被用于描述一个数字或向量的列表，或用在和式中，如 $\sum_{i=1,\cdots,n} a_i$，也可以写为 $a_1 + \cdots + a_n$. 它们都意味着 n 项 a_1，a_2，$\cdots$，a_n 的和.

集合

本书中的少数地方遇到了数学中集合的概念. 记号 $\{a_1, \cdots, a_n\}$ 表示元素为 a_1，$\cdots$，a_n 的一个**集合**. 这与元素为 a_1，$\cdots$，a_n 的向量是不同的，向量被记为 $(a_1, \cdots, a_n)$. 对集合来讲，元素的顺序是无关的，因此，例如有 $\{1,2,6\} = \{6,1,2\}$. 与向量不同，一个集合中不允许有重复的元素. 也可以通过给出集合中元素必须满足的条件来给出集合，使用记号 $\{x|$条件$(x)\}$ 表示集合中 x 满足的条件，它是依赖于 x 的. 用记号 $\in$ 表示集合包含的元素，或元素在集合中，例如 $2 \in \{1,2,6\}$. 符号 $\notin$ 表示元素不在集合中，或者不是集合的元素，例如，$3 \notin \{1,2,6\}$.

可以使用集合来描述对一个列表中某些元素的求和. 记号 $\sum_{i\in S} x_i$ 表示对集合内元素 i 指定的元素 x_i 进行求和. 例如 $\sum_{i\in\{1,2,6\}} a_i$ 表示 $a_1 + a_2 + a_6$.

少数集合有着特殊的名字：$\mathbb{R}$ 为实数（或标量）的集合，$\mathbb{R}^n$ 为所有 n 向量的集合. 因此，$\alpha \in \mathbb{R}$ 表示 α 为一个数，$x \in \mathbb{R}^n$ 表示 x 是一个 n 向量.

附录 B　复杂度

此处将对本书中遇到的各种运算和算法的近似复杂度或浮点运算数进行汇总. 所有的低阶项将被舍弃. 当算子或参数是稀疏时，运算或算法可以针对稀疏性进行修改，所需的浮点运算数有可能比原有方法大幅度减小.

向量运算

下表中，x 和 y 都是 n 向量且 a 为一个标量

ax	n
$x+y$	n
$x^{\mathrm{T}}y$	$2n$
$\|x\|$	$2n$
$\|x-y\|$	$3n$
$\mathbf{rms}(x)$	$2n$
$\mathbf{std}(x)$	$4n$
$\angle(x,y)$	$6n$

一个 n 向量 a 和 m 向量 b 的卷积 $a*b$ 可以使用需要 $5(m+n)\log_2(m+n)$ 次浮点运算的特殊算法计算.

矩阵运算

下表中，A 和 B 都是 $m\times n$ 矩阵，C 为一个 $n\times p$ 矩阵，x 为一个 n 向量，a 为一个标量.

aA	mn
$A+B$	mn
Ax	$2mn$
AC	$2mnp$
$A^{\mathrm{T}}A$	mn^2
$\|A\|$	$2mn$

分解和逆

在下表中，A 为一个高形或方形 $m\times n$ 矩阵，R 为一个 $n\times n$ 三角矩阵，b 为一个 n 向量. 假设分解或逆是存在的，特别地，在任何包含 A^{-1} 的表示式中，A 必须是方形的.

A 的 QR 分解	$2mn^2$
$R^{-1}b$	n^2
$A^{-1}b$	$2n^3$
A^{-1}	$3m^3$
$A^{\dagger}$	$3mn^2$

宽形 $m \times n$ 矩阵的伪逆 $A^{\dagger}$（矩阵各行线性无关）可使用 $3m^2n$ 次浮点运算求得.

求解最小二乘问题

在下表中，A 是一个 $m \times n$ 矩阵，C 是一个宽形 $p \times n$ 矩阵，b 为一个 m 向量. 假设相关的无关性条件都是成立的.

最小化 $\|Ax-b\|^2$	$2mn^2$
最小化 $\|Ax-b\|^2$ 使得$Cx=d$	$2(m+p)n^2+2np^2$
最小化 $\|x\|^2$ 使得$Cx=d$	$2np^2$

大数乘小数平方的助记法

前述的很多复杂度都包含了两个维数，它们可以用一个简单的助记法记忆：开销的阶数为

$$(\text{大数}) \times (\text{小数})^2$$

次浮点运算，其中“大数”和“小数”指的是问题大的和小的维度. 下面给出了一些例子的列表.

- 计算一个高形 $m \times n$ 矩阵的 Gram 矩阵需要 mn^2 次浮点运算. 此处 m 为大数的维数，n 是小数的维数.
- 在一个 $m \times n$ 矩阵的 QR 分解中，$m \geqslant n$，因此 m 为大数的维数，n 为小数的维数. 其复杂度为 $2mn^2$ 次浮点运算.
- 当一个 $m \times n$ 矩阵 A 为高形矩阵（且其各列线性无关）时，伪逆的计算开销是 $3mn^2$ 次浮点运算. 当 A 为一个宽形矩阵（且其各行线性无关）时，其开销为 $3nm^2$ 次浮点运算.
- 对最小二乘问题，有 $m \geqslant n$，因此 m 为大数的维数，n 为小数的维数. 计算最小二乘问题的开销为 $2mn^2$ 次浮点运算.
- 对最小范数问题，有 $p \leqslant n$，因此 n 为大维数，p 为小维数. 其开销为 $2np^2$ 次浮点运算.
- 带约束最小二乘问题包含了两个矩阵 A 和 C，且三个维数满足 $m+p \geqslant n$. 数 $m+p$ 和 n 为堆叠矩阵 $\begin{bmatrix} A \\ C \end{bmatrix}$ 大的和小的维数. 求解带约束最小二乘问题的开销为 $2(m+p)n^2 + 2np^2$ 次浮点运算，其取值在 $2(m+p)n^2$ 次浮点运算和 $4(m+p)n^2$ 次浮点运算之间，因为 $n \leqslant m+p$.

附录 C　导数和优化

除第 18 章和第 19 章（对非线性最小二乘问题和带约束非线性最小二乘问题）外，本书中，微积分并不扮演重要的角色，在这两章中用到了导数、Taylor 近似和 Lagrange 乘数. 在本附录中，汇总了一些有关导数和优化的基本材料，重点关注用到的少量结果和公式.

C.1　导数

C.1.1　标量的标量值函数

定义　设 $f:\mathbb{R}\to\mathbb{R}$ 为一个实（标量）变量的实值函数. 对任意数值 x，数 $f(x)$ 为函数的**值**，x 称为函数的**参数**. 数

$$\lim_{t\to 0}\frac{f(z+t)-f(z)}{t}$$

（若极限存在）被称为函数 f 在点 z 的**导数**. 它给出了函数 f 的图像在点 $(z,f(z))$ 处的斜率. f 在 z 处的导数被记为 $f'(z)$. 可以将 f' 看作一个标量变量的标量值函数，这一函数称为 f 的导数（函数）.

Taylor 近似　固定数 z. 函数 f 在点 z 的（一阶）**Taylor 近似**定义为，对任意 x，

$$\hat{f}(x)=f(z)+f'(z)(x-z)$$

此处 $f(z)$ 为 f 在 z 处的值，$x-z$ 为 x 相对 z 的偏移，$f'(z)(x-z)$ 为由于 x 偏离了 z 使得函数值变化的近似值. 有时，Taylor 近似也给出第二个参数，用分号分隔，来表示近似是在点 z 给出的. 使用这一记号，上述方程的左边可以写为 $\hat{f}(x;z)$. Taylor 近似有时又被称为 f 在 z 处的**线性近似**.（此处的线性使用了非正式的数学语言，仿射有时也被称为线性.）Taylor 近似函数 $\hat{f}$ 为 x 的一个仿射函数，即 x 的一个线性函数加上一个常数.

Taylor 近似 $\hat{f}$ 满足 $\hat{f}(z;z)=f(z)$，即在点 z 与函数 f 相同. 对接近 z 的 x，$\hat{f}(x;z)$ 是 $f(x)$ 的一个非常好的近似. 但当 x 与 z 不够接近时，这一近似可能非常糟糕.

求导数　在基本的微积分课程中，很多常用函数的导数已经得到. 例如，当 $f(x)=x^2$ 时，有 $f'(z)=2z$，当 $f(x)=\mathrm{e}^x$ 时，$f'(z)=\mathrm{e}^z$. 更为复杂函数的导数可以使用常用函数的导数结合少量求解不同函数组合的公式求得. 例如，**链式法则**给出了两个函数复合得到的函数的求导规则. 若 $f(x)=g(h(x))$，其中 g 和 h 为一个标量变量的标量值函数，则

$$f'(z)=g'(h(z))\,h'(z)$$

另一个有用的法则是乘积的求导法则，对 $f(x)=g(x)h(x)$，该公式为

$$f'(z)=g'(z)h(z)+g(z)h'(z)$$

导数运算是线性的，这意味着若 $f(x)=ag(x)+bh(x)$，其中 a 和 b 为常数，则有

$$f'(z)=ag'(z)+bh'(z)$$

具备了少量常见函数的导数及一些如上的组合规则的知识后，就足够处理很多函数的导数了.

C.1.2 向量的标量值函数

设 $f:\mathbb{R}^n\rightarrow\mathbb{R}$ 是一个以 n 向量为参数的标量值函数. $f(x)$ 的值为函数 f 在 n 向量（参数）x 处的取值. 有时将 f 的参数写出，使其可以被认为是 n 个标量参数 x_1，$\cdots$，x_n 的函数：

$$f(x)=f(x_1,\cdots,x_n)$$

偏导数 f 在点 z 处，相对于第 i 个参数的**偏导数**定义为

$$\begin{aligned}\frac{\partial f}{\partial x_i}(z)&=\lim_{t\rightarrow 0}\frac{f(z_1,\cdots,z_{i-1},z_i+t,z_{i+1},\cdots,z_n)-f(z)}{t}\\&=\lim_{t\rightarrow 0}\frac{f(z+te_i)-f(z)}{t}\end{aligned}$$

（如果这个极限存在）. 粗略地讲，偏导数就是在其他参数固定的前提下，只针对第 i 个变量的导数.

梯度 f 相对于其 n 个参数的偏导数可用一个称为 f（在 z 处）的**梯度** n 向量表示：

$$\nabla f(z)=\begin{bmatrix}\dfrac{\partial f}{\partial x_1}(z)\\ \vdots\\ \dfrac{\partial f}{\partial x_n}(z)\end{bmatrix}$$

Taylor 近似 f 在点 z 的（一阶）Taylor 近似为函数 $\hat{f}:\mathbb{R}^n\rightarrow\mathbb{R}$，对任意的 x，其定义为

$$\hat{f}(x)=f(z)+\frac{\partial f}{\partial x_1}(z)(x_1-z_1)+\cdots+\frac{\partial f}{\partial x_n}(z)(x_n-z_n)$$

x_i-z_i 可解释为 x_i 从 z_i 处的偏离，项 $\dfrac{\partial f}{\partial x_i}(z)(x_i-z_i)$ 可解释为由于 x_i 从 z_i 处的偏离造成的函数 f 改变量的近似值. 有时 $\hat{f}$ 也将第二个向量参数写出，即 $\hat{f}(x;z)$，这样的方法用以表示该近似是在点 z 附近得到的. Taylor 近似可以写为一个简单的形式

$$\hat{f}(x;z)=f(z)+\nabla f(z)^{\mathrm{T}}(x-z)$$

Taylor 近似 $\hat{f}$ 是 x 的一个仿射函数.

Taylor 近似 $\hat{f}$ 在点 z 与函数 f 是相等的，即 $\hat{f}(z;z)=f(z)$. 当所有 x_i 与对应的 z_i 都接近时，$\hat{f}(x;z)$ 是 $f(x)$ 的一个很好的近似. Taylor 近似有时被称为 f（在 z 处）的线性近似或线性化近似，尽管它通常是仿射的，不是线性的.

求梯度 一个函数的梯度可以通过使用常见函数的导数和对标量值函数的求导规则计算偏导数得到，这些值被组装为一个向量. 在很多情形，这一结果可以被表示为一个更紧凑的矩阵向量形式. 例如求函数

$$f(x)=\|x\|^2=x_1^2+\cdots+x_n^2$$

的梯度，该函数为参数的平方和. 其偏导数为

$$\frac{\partial f}{\partial x_i}(z)=2z_i,\quad i=1,\cdots,n$$

由此得到一个非常简单的向量公式

$$\nabla f(z)=2z$$

（注意它与一个标量变量的导数公式的相似性.）

一个函数组合的梯度与一个标量变量的函数也是相似的. 例如，若 $f(x)=ag(x)+bh(x)$，则有

$$\nabla f(z)=a\nabla g(z)+b\nabla h(z)$$

C.1.3 向量的向量值函数

设 $f:\mathbb{R}^n\to\mathbb{R}^m$ 为一个向量的向量值函数. n 向量 x 为参数；m 向量 $f(x)$ 为函数 f 在点 x 处的值. 可以将 f 的 m 个分量写为

$$f(x)=\begin{bmatrix} f_1(x)\\ \vdots\\ f_m(x)\end{bmatrix}$$

其中 f_i 为 $x=(x_1,\cdots,x_n)$ 的一个标量值函数.

Jacobi 矩阵 $f(x)$ 在点 z 处求得的对各个分量的偏导数可以排列为一个 $m\times n$ 的矩阵，记为 $Df(z)$，它称为**导数矩阵** 或 f 在 z 处的**Jacobi 矩阵**.（在记号 $Df(z)$ 中，D 和 f 是在一起的，例如，Df 并不表示一个矩阵与向量的乘积.）偏导数矩阵定义为

$$Df(z)_{ij}=\frac{\partial f_i}{\partial x_j}(z),\quad i=1,\cdots,m,\quad j=1,\cdots,n$$

Jacobi 矩阵的行为 $\nabla f_i(z)^{\mathrm{T}}$，$i=1,\cdots,m$. 当 $m=1$ 时，即 f 为一个标量值函数，导数矩阵为一个大小为 n 的行向量，其转置就是函数的梯度. 一个向量的向量值函数的导数矩阵是一个标量的标量值函数的导数的推广.

Taylor 近似 f 在 z 附近的（一阶）Taylor 近似为

$$\begin{aligned}\hat{f}(x)_i &= f_i(z)+\frac{\partial f_i}{\partial x_1}(z)(x_1-z_1)+\cdots+\frac{\partial f_i}{\partial x_n}(z)(x_n-z_n)\\ &= f_i(z)+\nabla f_i(z)^{\mathrm{T}}(x-z)\end{aligned}$$

其中 $i=1,\cdots,m$. 这一近似可用紧凑的形式写为

$$\hat{f}(x)=f(z)+Df(z)(x-z)$$

当 x 在 z 附近时，$\hat{f}(x)$ 是 $f(x)$ 的一个很好的近似. 正如标量的情形，Taylor 近似有时也给出第二个参数，即写为 $\hat{f}(x;z)$，以表明近似是在点 z 附近进行的. Taylor 近似 $\hat{f}$ 是 x 的一个仿射函数，尽管通常它不是一个线性函数，但有时仍将其称为 f 的线性近似.

求 Jacobi 矩阵 通过计算函数 f 的元素对参数向量各个分量的偏导数总可以计算导数矩阵. 在很多情形中，结果可以使用矩阵与向量记号简单表示. 例如，求（标量值）函数

$$h(x)=\|f(x)\|^2=f_1(x)^2+\cdots+f_m(x)^2$$

的导函数，其中 $f:\mathbb{R}^n\to\mathbb{R}^m$. 在点 z，对 x_j 的偏导数为

$$\frac{\partial h}{\partial x_j}(z)=2f_1(z)\frac{\partial f_1}{\partial x_j}(z)+\cdots+2f_m(z)\frac{\partial f_m}{\partial x_j}(z)$$

将这些结果作为 $Dh(z)$ 的行，则它可以用矩阵乘法的形式写为

$$Dh(z)=2f(z)^{\mathrm{T}}Df(z)$$

h 的梯度为该表达式的转置，

$$\nabla h(z)=2Df(z)^{\mathrm{T}}f(z) \tag{C.1}$$

（注意它与标量变量的标量值函数之间的相似性，当 $h(x)=f(x)^2$ 时，$h'(z)=2f'(z)f(z)$.）

很多在标量情形的导数公式对向量情形也是成立的，只要将标量乘法替换为矩阵乘法（按照正确的项的顺序）即可. 例如，考虑复合函数 $f(x)=g(h(x))$，其中 $h:\mathbb{R}^n\to\mathbb{R}^k$，$g:\mathbb{R}^k\to\mathbb{R}^m$. 在点 z 处，f 的 Jacobi 矩阵或导数矩阵为

$$Df(z)=Dg(h(z))Dh(z)$$

（这是一个矩阵乘法；可将其与前面针对标量的标量值函数给出的公式进行对比.）这一链式法则在 10.2 节进行了描述.

C.2　优化

最小化的导数条件　设 h 为一个标量参数的标量值函数. 若 $\hat{x}$ 最小化了 $h(x)$，则必然有 $h'(\hat{x})=0$. 这一事实很容易理解：若 $h'(\hat{x})\neq 0$，则可以选取一个比 $\hat{x}$ 稍小的点 $\tilde{x}$（若 $h'(\hat{x})>0$）或一个比 $\hat{x}$ 稍大的点 $\tilde{x}$（若 $h'(\hat{x})<0$），将可能得到 $h(\tilde{x})<h(\hat{x})$，这说明 $\hat{x}$ 没有最小化 $h(x)$. 根据这一事实，可以得到基于经典微积分的求一个函数 f 最小值点的方法：求函数的导数，然后令其等于零. 有一个细微的地方是，可能会存在（一般都有）点满足 $h'(z)=0$，但并不是 h 的最小值点. 因此，通常需要检查哪一个 $h'(z)=0$ 的解最小化 h.

最小化时的梯度条件　这一针对最小化一个标量值函数的基于微积分的基本方法可以被推广到以向量为参数的函数的情形. 若 n 向量 $\hat{x}$ 最小化 $h:\mathbb{R}^n\to\mathbb{R}$，则必有

$$\frac{\partial h}{\partial x_i}(\hat{x})=0,\quad i=1,\cdots,n$$

使用向量的记号，必有

$$\nabla h(\hat{x})=0$$

与标量情形类似，当 $\hat{x}$ 最小化 h 时，容易看到它是成立的. 与标量情形也类似的是，存在满足 $\nabla h(z)=0$，但不最小化 h 的点. 因此需要检验用这一方法求得的点是否确实是 h 的最小值点.

非线性最小二乘　例如，考虑非线性最小二乘问题，其目标函数为 $h(x)=\|f(x)\|^2$，$f:\mathbb{R}^n\to\mathbb{R}^m$. 最优条件 $\nabla h(\hat{x})=0$ 为

$$2Df(\hat{x})^{\mathrm{T}}f(\hat{x})=0$$

（使用 (C.1) 中关于梯度的表达式可以导出上式）. 这一方程将对一个最小值点成立，但也可以存在满足这个方程，但不是非线性最小二乘问题解的点.

C.3　Lagrange 乘数

带约束优化问题　现在考虑最小化一个标量值函数 $h:\mathbb{R}^n\to\mathbb{R}$ 的问题，必须满足的要求或约束为

$$g_1(x)=0,\cdots,g_p(x)=0$$

其中 $g_i:\mathbb{R}^n\to\mathbb{R}$ 为给定的函数. 这些约束可以写成紧凑的向量形式为 $g(x)=0$，其中 $g(x)=(g_1(x),\cdots,g_p(x))$，则问题可表示为

$$\begin{array}{ll}\text{最小化} & h(x)\\ \text{使得} & g(x)=0\end{array}$$

寻求这一优化问题的解，即求一个满足 $g(\hat{x}) = 0$（即可行）的点 $\hat{x}$，且对任意其他的满足 $g(x) = 0$ 的点 x，都有 $h(x) \geqslant h(\hat{x})$.

Lagrange 乘数法为求解（无约束）最小化问题的导数或梯度条件的推广，并可被用来求解带约束最优化问题.

Lagrange 乘数 与带约束问题关联的 Lagrange 函数定义为

$$\begin{aligned} L(x, z) &= h(x) + z_1 g_1(x) + \cdots + z_p g_p(x) \\ &= h(x) + g(x)^{\mathrm{T}} z \end{aligned}$$

其参数为 x（最优化问题中需要被确定的原始变量），以及一个 p 向量 z，该向量被称为**Lagrange 乘数**（向量）. Lagrange 函数是在原目标函数的基础上，对每一个约束函数增加一个项. 新增的每一项都约束了函数与 z_i 的乘积，因此，这些数字被称为乘数.

KKT 条件 **KKT 条件**（以 Karush、Kuhn 和 Tucker 的名字命名）表明，如果 $\hat{x}$ 为带约束最优化问题的一个解，则存在一个向量 $\hat{z}$ 满足

$$\frac{\partial L}{\partial x_i}(\hat{x}, \hat{z}) = 0, \quad i = 1, \cdots, n, \qquad \frac{\partial L}{\partial z_i}(\hat{x}, \hat{z}) = 0, \quad i = 1, \cdots, p$$

（这需要 $Dg(\hat{x})$ 的各行是线性无关的，这是被忽略的一个技术性要求. ）与无约束情形类似，可以存在点对 x，z 满足 KKT 条件，但 $\hat{x}$ 不是带约束最优化问题的解.

KKT 条件给出了一种求解带约束最优化问题类似求解无约束最优化问题的方法. 可首先尝试用 KKT 方程求解 $\hat{x}$ 和 $\hat{z}$；然后检验求得的点是否真的是解.

KKT 条件可被继续化简，可以使用紧凑的矩阵记号表示它们. 最后 p 个方程可被表示为 $g_i(\hat{x}) = 0$，这是已经知道的. 前 n 个方程可被表示为

$$\nabla_x L(\hat{x}, \hat{z}) = 0$$

其中 ∇_x 为相对于参数 x_i 的梯度. 它可被写为

$$\nabla h(\hat{x}) + \hat{z}_1 \nabla g_1(\hat{x}) + \cdots + \hat{z}_p \nabla g_p(\hat{x}) = \nabla h(\hat{x}) + Dg(\hat{x})^{\mathrm{T}} \hat{z} = 0$$

故对带约束最优化问题，其 KKT 条件为

$$\nabla h(\hat{x}) + Dg(\hat{x})^{\mathrm{T}} \hat{z} = 0, \quad g(\hat{x}) = 0$$

这是对无约束最优化问题的梯度条件在有约束情形时的推广.

带约束非线性最小二乘 例如，考虑带约束最小二乘问题

$$\begin{array}{ll} \text{最小化} & \|f(x)\|^2 \\ \text{使得} & g(x) = 0 \end{array}$$

其中 $f:\mathbb{R}^n\to\mathbb{R}^m$，$g:\mathbb{R}^n\to\mathbb{R}^p$. 定义 $h(x)=\|f(x)\|^2$. 其在点 $\hat{x}$ 处的梯度为 $2Df(\hat{x})^{\mathrm{T}}f(\hat{x})$（如前），故 KKT 条件为

$$2Df(\hat{x})^{\mathrm{T}}f(\hat{x})+Dg(\hat{x})^{\mathrm{T}}\hat{z}=0,\quad g(\hat{x})=0$$

这些条件将对问题的解成立（假设 $Dg(\hat{x})$ 的各行线性无关）. 但仍可能存在满足它们但不是解的点.

附录D　进一步学习

在本附录中，列出了一些与本书中的材料紧密相关，可被用于进一步学习的主题，它们给出了相同材料的不同视角，可对学习材料进行补充，或者给出了材料的有用扩展. 这些主题被划分为不同的组，但各组之间存在重叠，并且它们之间有着很多联系.

数学方面

概率和统计　本书中并未使用概率和统计，尽管涵盖了一些传统上属于概率和统计思想的主题，它们包括数据拟合和分类、控制、状态估计及投资组合优化. 本书中有关这些问题的进一步研究需要概率和统计的基础知识，因此强烈鼓励读者去学习这些材料.（也请记住像数据拟合这样的主题，也可以不使用概率和统计的思想进行讨论.）

抽象线性代数　本书涵盖了很多重要的线性代数基本思想，例如，线性无关性. 在更抽象的课程中，将学习有关向量空间、子空间、零子空间和值域等概念. 特征值和奇异值是非常有用的主题，但本书中并未涵盖. 利用这些概念，将可以在本书中的基本假设（即某些矩阵的各列是线性无关的）不成立时，分析和求解线性方程组及最小二乘问题. 另外一个在求解线性微分方程组中出现的更高级主题是矩阵指数.

数学中的优化　本书只关注了很少的优化问题：最小二乘问题、线性约束最小二乘问题及其非线性推广. 在优化课程中，你将学习更多、更一般的优化问题，例如包含不等式约束的问题. 凸优化是一类特殊的线性约束最小二乘问题的推广. 凸优化问题可使用非启发式方法高效求解，它包含了在很多应用领域中提出的非常广泛的有益问题，包括在本书中看到的所有例子. 强烈鼓励读者学习有关凸优化的知识，它在很多应用中被广泛使用. 学习一般的非凸优化问题也是非常有益的.

计算机科学

线性代数的语言和软件包　本书中介绍的思想和方法希望能真正应用于实践问题. 这需要很好地掌握并理解至少一种支持线性代数计算的计算机语言和软件包. 作为最初的入门，可以使用本书材料中给出的软件包之一，用数值的方法，使用本书中的方法验证结论及实验. 熟练地使用一种或多种语言和软件包进行开发将大大提高应用本书中思想的效率.

计算线性代数　在有关计算或数值线性代数的课程中，你将会学到有关浮点数的更多知识，以及在数值计算过程中很小的舍入误差是如何影响计算结果的. 也将学到用于稀疏矩阵的方法、求解线性方程组的迭代法或对极其巨大的问题计算最小二乘解的方法，例如那些在图像处理或偏微分方程求解时提出的问题.

应用

机器学习和人工智能 本书涵盖了一些机器学习和人工智能的基本思想，包括首次对聚类、数据拟合、分类、验证和特征工程的探索. 在有关这些材料的更进一步的课程中，将会学习关于无监督学习方法（类似 k-means），例如主成分分析、非负矩阵分解和更为复杂的聚类方法. 也将学习更为复杂的回归和分类方法，例如 Logistic 回归和支持向量机，同时也有计算模型参数范围可以极大的问题. 更多的主题可能包括特征工程和深度神经网络.

线性动力系统、控制和估计 此处仅涵盖了这些主题中的基本内容；它们的相关课程更为深入. 在这些课程中，你将学到关于连续时间的线性动力学系统（用微分方程组描述）及矩阵指数，有关线性二次控制和状态估计中更多的内容，以及在航天、导航和 GPS 中的应用.

金融和投资组合优化 此处的投资组合优化问题是非常基础的. 在进一步的课程中，你将学到有关收益的统计模型、因素模型、交易成本、更复杂的风险率模型和使用凸优化方法处理约束的内容，例如对杠杆的约束或要求投资组合仅限多头.

信号和图像处理 在工程领域中使用的传统信号处理的关注点在卷积、Fourier 变换和被称为频域的概念上. 最新的一些研究结果使用了凸优化方法，特别是在非实时应用中，例如图像强化或医疗图像重构. （还有更新的结果使用了神经网络. ）可以找到有关某一特定应用领域的信号处理的完整课程，例如通信、语音、音频和雷达；对图像处理，完整的课程有显微成像、计算摄影、层析成像和医疗影像.

时间序列分析 时间序列分析及特殊的预测在很多应用领域中扮演着重要的角色，这些领域包括金融和供应链优化. 通常它被认为是在统计或运筹学的课程，或者作为一个特殊领域，如经济学课程中的一个特殊课程进行讲授.

索　引

索引中的页码为英文原书页码，与书中页边标注的页码一致.

B

C

G

H

I

J

K

L

T

U

V

推荐阅读

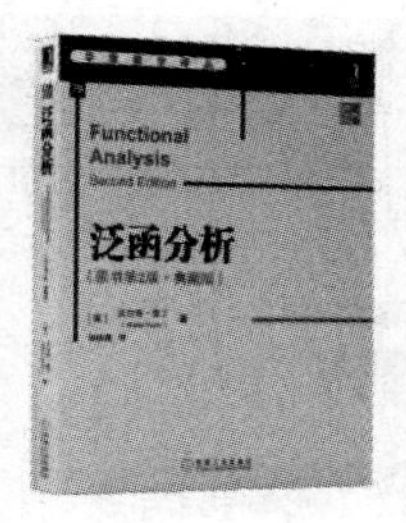

泛函分析（原书第2版·典藏版）

作者：Walter Rudin ISBN：978-7-111-65107-9 定价：79.00元

数学分析原理（英文版·原书第3版·典藏版）

作者：Walter Rudin ISBN：978-7-111-61954-3 定价：69.00元

数学分析原理（原书第3版）

作者：Walter Rudin ISBN：978-7-111-13417-6 定价：69.00元

实分析与复分析（英文版·原书第3版·典藏版）

作者：Walter Rudin ISBN：978-7-111-61955-0 定价：79.00元

实分析与复分析（原书第3版）

作者：Walter Rudin ISBN：978-7-111-17103-9 定价：79.00元